深水钻完井关键技术

路继臣 等编著

石油工业出版社

内容提要

本书是"十一五"期间"863"重大项目"南海深水油气勘探开发关键技术及装备"研究中"深水钻完井关键技术研究"课题的研究成果。本书以 HG1 井为工程依托,围绕深水井身结构设计、深水钻井隔水管及井口、深水钻井液和固井工艺、深水钻井井控和深水油气完井测试管串设计与工艺五大关键技术进行了论述。

本书可供从事深水钻完井的技术人员和管理人员参考使用。

图书在版编目（CIP）数据

深水钻完井关键技术 / 路继臣等编著.
北京：石油工业出版社，2014.5
ISBN 978—7—5021—9985—2

Ⅰ. 深⋯
Ⅱ. 路⋯
Ⅲ. 海上油气田－海上钻进－完井
Ⅳ. TE52

中国版本图书馆 CIP 数据核字（2014）第 060056 号

出版发行：石油工业出版社
　　　（北京安定门外安华里 2 区 1 号　100011）
　　网　址：www.petropub.com.cn
　　编辑部：(010) 64523583　发行部：(010) 64523620
经　　销：全国新华书店
印　　刷：北京中国石油彩色印刷有限责任公司

2014 年 5 月第 1 版　2014 年 5 月第 1 次印刷
787×1092 毫米　开本：1/16　印张：24.25
字数：620 千字

定价：96.00 元
（如出现印装质量问题，我社发行部负责调换）
版权所有，翻印必究

前　言

20世纪70年代末期，国外油公司开始进行深水油气勘探，经过40多年的发展，发现了一批大型油气田。进入21世纪深水油气勘探已向更深领域挺进，在作业水深不断被刷新的同时，大型油气田也不断发现，油气储量、产量也在快速增长。世界深水油气勘探开发投资一直在增长，已探明的世界深水区待钻探和正开发的油气资源潜力相当大。目前深水区油气资源已经进入开发阶段。

我国水深300～3000米的深水领域，包括南海南、北缘的深水盆地和台湾海峡西南盆地等。可实施深水油气勘探的领域在南海北部，包括琼东南盆地南部深水区及珠江口盆地珠二坳陷和潮汕坳陷周缘的深水区，总面积约为153.7万平方千米。我国南海蕴藏着丰富的油气资源，石油地质储量为230亿～300亿吨，占我国总资源量的三分之一，属于世界四大海洋油气富集区之一，其中70%蕴藏于深水区，有"第二个波斯湾"之称。

随着我国国民经济的持续快速发展，对石油天然气的需求也快速增长，油气资源勘探开发向深海进军已成必然，也符合世界油气勘探开发之潮流。但是，目前实施深水油气勘探开发的关键技术只掌握在少数几个国家手中，引进中存在技术壁垒；同时我国南海特有的强热带风暴、内波等环境以及复杂原油物性和油气藏特性本身也是世界石油领域面临的难题，这就决定了我国深水油气田勘探钻完井技术将面临更多的挑战，只有通过核心技术自主研发、突破关键技术，才能获得深水油气资源勘探开发的主动权。为此，"十一五"期间，决定进行"863"重大项目"南海深水油气勘探开发关键技术及装备"研究。深水钻完井是进行深水油气勘探开发的重要手段和环节，掌握"深水钻完井关键技术"，是实现我国南海深水油气自主勘探开发的重点，对于减少对国外技术装备的依赖性、打破国外技术垄断、培养深水油气勘探开发人才、实现我国深海油气勘探开发技术的跨越发展，有重要意义。

笔者作为"863"重大项目"南海深水油气勘探开发关键技术及装备"研究中"深水钻完井关键技术研究"课题的项目长，从2006年到2010年，与项目组全体人员围绕深水井身结构设计、深水钻井隔水管及井口、深水钻井液和固井工艺、深水钻井井控和深水油气完井测试管串设计与工艺五大关键技术，以HG1井为工程依托，深入调研和跟踪国外深水油气勘探的动态和成功经验、潜心研制深水油气试验装备、精心组织室内试验、认真安排现场验证，取得了许多成果，形成了深水钻完井技术的基本体系，为我国深水油气资源的勘探开发提供了一定的技术支持。本书是在"深水钻完井关键技术研究"课题研究的基础上编著完成，希望对我国从事深水钻完井技术的工程技术人员具有借鉴和参考作用。

本书书稿几经修改，编写出版得到了中国石油大学（华东、北京）和石油工业出版社的大力支持。高德利院士、孙宝江教授、管志川教授、李相方教授、邱正松教授、陈国明教授、邹德永教授等还参与了审校，王多万工程师参与了初稿的编排。对所有参加"深水钻完井关键技术研究"课题研究的人员深表谢意。

由于水平有限，错误难免，恳请读者批评指正。

编著者

2014 年 5 月

目 录

第1章 深水钻井井身结构优化设计 ... 1
1.1 钻井地质环境描述 ... 1
1.1.1 区域三维岩石物理参数综合反演方法 ... 1
1.1.2 深水钻井三压力剖面建立 ... 2
1.1.3 HG1井三压力剖面建立及钻前井壁稳定预测 ... 9
1.2 深水钻井井筒温度及压力计算 ... 13
1.2.1 井筒传热模型建立 ... 13
1.2.2 井筒温度计算 ... 16
1.2.3 井筒压力计算 ... 20
1.3 不确定地层压力条件下套管下入深度及层次确定 ... 27
1.3.1 含可信度的各类地层压力预测方法 ... 27
1.3.2 含可信度安全钻井液密度上下限区间及概率分布状态的确定 ... 28
1.3.3 套管层次及下深确定方法 ... 30
1.3.4 套管层次及下深风险评价 ... 34
1.3.5 套管下入深度及层次确定方法应用实例 ... 38
1.4 水下井口力学分析及表层套管承载力与下深计算 ... 41
1.4.1 导管及表层套管竖向承载力分析模型及计算方法 ... 41
1.4.2 导管及表层套管横向承载力理论模型及求解 ... 44
1.4.3 水下井口力学稳定性分析 ... 45
1.4.4 导管喷射下入深度计算 ... 47
1.5 深水钻井套管柱安全可靠性分析 ... 52
1.5.1 传统安全系数设计方法存在的不足 ... 53
1.5.2 基于可靠性理论套管失效风险评价方法的建立 ... 53
1.5.3 HG1井套管安全可靠性评价分析 ... 56
1.6 深水钻井井身结构设计软件 ... 60
1.6.1 软件简介 ... 60
1.6.2 数值计算步骤 ... 61
1.6.3 软件模块设计 ... 61
1.7 深水井身结构设计应用实例 ... 63
参考文献 ... 89

第2章 深水钻井隔水管与水下井口 ... 91
2.1 深水钻井隔水管静态与动态强度及涡激振动计算 ... 91
2.1.1 静态性能 ... 91
2.1.2 随机非线性动力分析 ... 95

    2.1.3　耦合动力分析 ……………………………………………………………… 98
    2.1.4　涡激振动数值模拟 ………………………………………………………… 100
    2.1.5　材料试验研究 ……………………………………………………………… 103
  2.2　深水钻井隔水管寿命预测、耐久性与检测方法 …………………………………… 106
    2.2.1　失效模式识别与损伤评估 ………………………………………………… 107
    2.2.2　波致疲劳、涡激疲劳寿命分析 …………………………………………… 112
    2.2.3　检测与监测方法 …………………………………………………………… 118
    2.2.4　完整性管理技术框架 ……………………………………………………… 120
  2.3　深水钻井隔水管作业风险分析与控制 ………………………………………………… 122
    2.3.1　钻井船动力定位失效风险分析与控制 …………………………………… 123
    2.3.2　关键作业风险定量评估 …………………………………………………… 124
    2.3.3　失效风险评估与可靠性分析 ……………………………………………… 125
    2.3.4　悬挂动力分析与避台撤离 ………………………………………………… 129
    2.3.5　涡激振动抑制技术 ………………………………………………………… 131
    2.3.6　漂浮减重技术 ……………………………………………………………… 134
  2.4　水下井口强度及稳定性 ………………………………………………………………… 136
    2.4.1　井口结构和表层套管下放产生的超孔隙水压力 ………………………… 136
    2.4.2　井口表层套管竖向承载力的时效性 ……………………………………… 139
    2.4.3　井口表层套管模型试验 …………………………………………………… 143
    2.4.4　喷射下表层套管水平承载力、变形的时效性 …………………………… 143
    2.4.5　井口表层套管承载力设计软件 …………………………………………… 147
  2.5　深水钻井隔水管系统工程设计与分析软件 …………………………………………… 147
    2.5.1　软件主要功能 ……………………………………………………………… 147
    2.5.2　软件工作流程 ……………………………………………………………… 148
    2.5.3　软件模块划分 ……………………………………………………………… 148
    2.5.4　与国外软件的比较 ………………………………………………………… 149
    2.5.5　软件精度验证 ……………………………………………………………… 149
  2.6　HG1井钻井隔水管系统分析与评估 …………………………………………………… 150
    2.6.1　隔水管系统设计要素与概念设计 ………………………………………… 150
    2.6.2　隔水管系统设计影响因素 ………………………………………………… 151
    2.6.3　HG1井的隔水管系统配置与分析 I ……………………………………… 153
    2.6.4　HG1井的隔水管系统配置与分析 II ……………………………………… 157
  参考文献 ……………………………………………………………………………………… 162

第3章　深水钻井钻井液与固井工艺 ………………………………………………………… 165
  3.1　概述 ……………………………………………………………………………………… 165
    3.1.1　存在的主要问题 …………………………………………………………… 165
    3.1.2　国外研究进展 ……………………………………………………………… 167
  3.2　大直径隔水管携岩水力学及携岩能力 ………………………………………………… 169
    3.2.1　钻井液水力学和携岩性能研究 …………………………………………… 169

- 3.2.2 钻井液悬浮性能研究 ……………………………………………………171
- 3.2.3 钻井液排量与流变参数的优选 ……………………………………172
- 3.2.4 携岩水力参数计算软件 ……………………………………………174
- 3.3 温度对钻井液、水泥浆、前置液流变性能的影响 ………………………174
  - 3.3.1 海水温度场 …………………………………………………………174
  - 3.3.2 井筒温度场模型 ……………………………………………………176
  - 3.3.3 温度对钻井液性能的影响 …………………………………………177
  - 3.3.4 温度对水泥浆流变性能的影响 ……………………………………182
  - 3.3.5 温度对前置液流变性能的影响 ……………………………………185
- 3.4 深水钻井浅层井壁稳定机理及对策 ………………………………………186
  - 3.4.1 概述 …………………………………………………………………186
  - 3.4.2 浅层井壁稳定机理 …………………………………………………189
  - 3.4.3 钻井液防治浅层井壁失稳技术 ……………………………………192
- 3.5 深水钻井液中天然气水合物生成机理及其抑制 …………………………192
  - 3.5.1 概述 …………………………………………………………………193
  - 3.5.2 深水钻井液中水合物生成机理 ……………………………………193
  - 3.5.3 深水钻井液水合物抑制 ……………………………………………194
- 3.6 深水钻井液研究及其性能评价 ……………………………………………197
  - 3.6.1 深水水基钻井液 ……………………………………………………197
  - 3.6.2 深水油基钻井液 ……………………………………………………202
- 3.7 深水固井低密度水泥浆的配方及其性能 …………………………………203
  - 3.7.1 低密度水泥浆配方 …………………………………………………203
  - 3.7.2 深水固井低密度水泥浆性能 ………………………………………206
- 3.8 深水低温前置液 ……………………………………………………………211
  - 3.8.1 稀释剂 ………………………………………………………………211
  - 3.8.2 加重材料需水量 ……………………………………………………211
  - 3.8.3 悬浮剂 ………………………………………………………………212
  - 3.8.4 前置液的流变性 ……………………………………………………213
  - 3.8.5 前置液的稳定性 ……………………………………………………213
  - 3.8.6 前置液与水泥浆的相容性 …………………………………………214
  - 3.8.7 前置液与钻井液的相容性 …………………………………………214
- 3.9 HG1 井的钻井液与固井设计 ………………………………………………215
  - 3.9.1 工程设计基础数据 …………………………………………………215
  - 3.9.2 地层评价要求 ………………………………………………………219
  - 3.9.3 分段钻井液设计 ……………………………………………………220
  - 3.9.4 钻井液体系及现场维护处理程序 …………………………………222
  - 3.9.5 各井段钻井液处理和维护管理程序 ………………………………224
  - 3.9.6 井下复杂情况应急处理 ……………………………………………228
  - 3.9.7 浅水流评价及解决措施 ……………………………………………230

3.9.8 提高顶替效率 ····· 231
参考文献 ····· 231

第4章 深水钻井井控 ····· 234
4.1 气体侵入井筒规律及井筒水合物的生成与分解 ····· 234
4.1.1 深水钻井井控气体侵入井筒规律 ····· 234
4.1.2 深水钻井井筒中水合物生成与分解 ····· 239
4.2 深水钻井溢流及井涌早期监测 ····· 241
4.2.1 基于 LWD 和 PWD 技术钻井溢流及井涌早期监测 ····· 241
4.2.2 基于小截面流量测量法钻井溢流及井涌早期监测 ····· 245
4.3 深水钻井井涌压井技术 ····· 247
4.3.1 基于 LWD 和 PWD 技术的地层压力预测和合理钻井液密度确定 ····· 247
4.3.2 基于深水窄安全密度窗口压井法 ····· 250
4.3.3 计算机优化压井控制系统 ····· 259
4.4 深水钻井浅层流与浅层气动态压井技术 ····· 265
4.4.1 动态压井钻井装备 ····· 266
4.4.2 动态压井水力参数计算方法 ····· 267
4.4.3 动态压井水力参数计算软件 ····· 268
4.4.4 钻遇浅层气的处理程序 ····· 270
4.4.5 海上动力压井基本操作步骤 ····· 271
4.5 深水钻井井控过程模拟软件系统 ····· 271
4.5.1 深水井控模拟仿真模型及其求解 ····· 271
4.5.2 深水井控软件主要功能 ····· 272
4.5.3 溢流及压井软件算例 ····· 273
4.6 深水钻井井控配套设备 ····· 273
4.6.1 深水防喷器 ····· 273
4.6.2 深水防喷器控制系统 ····· 277
4.6.3 HG1 井井控设备配置建议 ····· 277
4.7 深水钻井井控作业程序 ····· 279
4.7.1 早期检测溢流 ····· 279
4.7.2 发现溢流关井作业程序 ····· 280
4.7.3 压井难易程度评价程序 ····· 280
4.7.4 发现溢流作业程序 ····· 280
4.7.5 防止井喷失控作业程序 ····· 282
4.7.6 海洋浅层气井控作业程序 ····· 284
4.7.7 带转喷器的隔水管钻进井控程序 ····· 287
4.7.8 紧急脱开作业程序 ····· 287
4.7.9 回挤法压井作业程序 ····· 288
4.7.10 体积法压井作业程序 ····· 288
4.7.11 顶部压井法井控作业程序 ····· 289

4.7.12 裸眼电测井控作业程序 ……………………………………………… 289
4.7.13 深水下套管和固井作业井控程序 ……………………………………… 289
4.7.14 压井过程中可能出现的复杂情况及应对措施 …………………………… 290
4.7.15 深水井控需要考虑的主要因素 ………………………………………… 293
参考文献 ……………………………………………………………………………… 295

第5章 深水钻井完井测试管串设计与工艺 …………………………………… 298
5.1 深水钻井完井测试井筒温度及压力计算 ……………………………………… 298
5.1.1 气液两相管流与井筒传热计算模型 …………………………………… 298
5.1.2 流体力学特性参数及热物性参数计算 ………………………………… 304
5.1.3 井筒温度及压力计算程序 ……………………………………………… 309
5.1.4 实例计算与验证 ………………………………………………………… 310
5.2 深水钻井完井测试管串优化设计 ……………………………………………… 312
5.2.1 设计的一般原则 ………………………………………………………… 312
5.2.2 结构设计与构件选型 …………………………………………………… 312
5.2.3 受力、变形计算模型与方法 …………………………………………… 318
5.2.4 强度设计模型与方法 …………………………………………………… 319
5.2.5 优化设计软件 …………………………………………………………… 323
5.3 深水钻井完井测试井筒水合物与结蜡预测及防控 …………………………… 324
5.3.1 水合物预测 ……………………………………………………………… 324
5.3.2 结蜡预测 ………………………………………………………………… 329
5.3.3 水合物与结蜡防控 ……………………………………………………… 335
5.4 深水钻井完井测试工艺技术 …………………………………………………… 337
5.4.1 影响测试参数获取的储层因素 ………………………………………… 337
5.4.2 测试工作制度及工艺参数优化设计 …………………………………… 340
5.4.3 测试方案优化设计软件 ………………………………………………… 343
5.4.4 测试工艺技术规程 ……………………………………………………… 343
5.5 HG1井完井测试工程设计 …………………………………………………… 362
5.5.1 HG1井地层及邻井资料 ………………………………………………… 362
5.5.2 HG1井完井测试井筒温度与压力模拟计算 …………………………… 363
5.5.3 HG1井完井测试方案设计 ……………………………………………… 363
5.5.4 HG1井完井测试管串设计 ……………………………………………… 366
5.5.5 HG1井完井测试中水合物的预测及防治方案 ………………………… 371
参考文献 ……………………………………………………………………………… 373

第 1 章　深水钻井井身结构优化设计

1.1　钻井地质环境描述

1.1.1　区域三维岩石物理参数综合反演方法

1.1.1.1　多参数地震反演方法

多参数地震反演综合地质、地震、测井、钻井、岩心、岩屑、录井等信息求得的地质参数，结合地震信息建立三维地质参数属性模型，通过非线性函数映射技术，反演出速度、密度、电阻率、自然电位、自然伽马、孔隙度、渗透率、饱和度等地质信息。多参数岩性地震反演是在地质模型的控制下，通过主组分分析和模型估算技术，建立地震信息和地层参数之间的关系，实现多参数岩性信息的地震反演，它突破了传统意义上的褶积模型概念，克服了常规地震反演技术只能反演声波、密度和波阻抗 3 种有限信息的缺陷，拓宽了测井信息和地震资料结合的领域。

这一反演方法的核心是：地震道数据之间是彼此相关的，在同一模型层内，任何一道数据都可以通过其他道的数据加权得到。因此任何一个反演地震道，都可以由已知的有限口数的样本井声波、密度测井曲线，经过合适的插值、外推之后，运用褶积模型，通过正演得到；也可以由井旁地震道的地震样本，通过适当的插值外推，进行逼近得到。基于主组分分析方法，利用奇异值分解技术，剔除样本井数据中或地震样本数据中存在的非特征成分，以主组分进行地震道反演，然后通过模型估算，从初始地质模型出发，构造出与实际地震道相似程度最大的反演地震道，经过多次迭代运算，不断调整与优化空间的权值分配关系，得到残差最小且能表征各样本井特征成分或地震样本成分的反演地震道，进而得到模型层内含有各样本井特征或地震样本特征的权系数空间分配数据体。将权系数数据体应用于其他类型的测井数据，得到相应的地层参数数据体。

（1）建立地质模型。

首先产生地层框架、垂直曲线组分和内插权，以供生成完整的三维属性数据体。从这些参数模型出发，将所选择的测井曲线内插，产生所有道都包括内插测井组分的三维属性模型体，即：

$$T = \sum_i w_i P_i^v \quad (i=1, 2, 3, \cdots) \qquad (1-1-1)$$

式中：T 是在任意地震道处生成的属性；P_i^v 为垂直组分；w_i 为垂直组分的权，$\sum_i w_i = 1$；

（2）主组分分析。

地质模型中的最主要参数是垂直组分及其权值，在进行模型驱动的参数反演之前，需要进行垂直组分及其权值的主组分分析。进行主组分分析可以增加地震垂直组分、减少模型参数、稳定参数反演过程，主组分分析的过程通常利用奇异值分解来完成。通过主组分分析最终产生主组分和主组分的权，它们是互相配对使用的。

(3) 模型评估。

模型评估主要是修改初始模型以匹配地震数据，而初始模型是由主组分和主组分的权来确定的。模型参数的反演是受约束的，以使不偏离初始值太远，保证模型落在合理地质意义的范围内。模型评估算法在定义的约束范围内，通过反复改变模型参数，寻找能够与实际地震记录达到最佳匹配的解。

多参数岩性地震反演适用于各类复杂地层的地震预测，尤其适合于岩性参数差异明显的地层，其算法稳定，具有较高的反演精度。它可以先分别反演出声速和密度以进一步计算地应力；也可以直接反演地应力。该方法的可靠性与井网密度关系密切，通常工区内用来约束反演的井必须在 8 口以上，否则主组分分析的结果不具普遍意义，自然会影响反演精度。另外这种方法计算速度偏慢。

1.1.1.2 虚拟井技术

虚拟井技术基于测井和地震属性的关系建立。根据勘探地震学原理，探区内的地震记录与反射界面的反射系数密切相关，而反射系数又可由声波和密度测井所确定，所以地震记录和声波及密度测井资料之间存在着非线性关系，运用神经网络非线性建模工具，通过地震资料预测声波和密度测井数据。地震属性是从地震记录中通过特定数学方法提取的特征参数，可以从不同角度反映地震信息的内在特征，因此通过地震属性预测测井信息有理论基础。

基于以上原理，开发出一种利用地震属性预测测井曲线的方法。首先针对待钻井提取出井旁地震记录的地震参数，利用该井已钻开地层的测井和地震资料建立地震属性和测井数据之间的神经网络映射关系模型，将待钻地层的地震属性输入该神经网络模型，即可预测待钻地层的测井数据。地球科学的研究成果说明，要准确建立井震关系，神经网络的输入应包括 7 种地震属性：(1) 振幅属性；(2) 瞬时属性；(3) 傅立叶谱属性；(4) 功率谱属性；(5) 自相关属性；(6) 自回归属性；(7) 非线性属性。

地震属性与地层岩性、物性及含油气性之间的关系是很复杂的，不同地震属性对给定地层参数的敏感性之间的差异是相当大的。按以上方法提取的地震属性共有 38 种，它们所反映的信息存在一定的冗余度，与目标参数无关的属性可能会干扰这些参数的预测，而且属性的增加会带来计算上的困难，所以必须优选出对所求解问题最敏感、最有效的地震属性组合，提高预测问题的求解效率和精度。

神经网络的输出包括声波时差测井和密度测井。为此建立了一个 9 输入、2 输出的多层 BP 神经网络。为训练该神经网络建立较准确的井震关系，选取了冀东南堡、尼日利亚 JDZ-1、大港张东、沙特阿拉伯、加蓬、川东北和塔里木等分布范围较广的 50 余口井的井旁地震属性和测井曲线对神经网络进行了训练，训练后的网络能适应以上范围内的测井曲线预测，如图 1-1-1 ~ 图 1-1-4 所示。

1.1.2 深水钻井三压力剖面建立

1.1.2.1 岩石物理参数及力学参数解释方法

进行井壁稳定分析所需的地层参数包括岩石物理、弹性和强度参数。基于所预测的声波和密度测井数据，利用经典的测井解释技术可以计算出弹性模量和泊松比这两个参数，

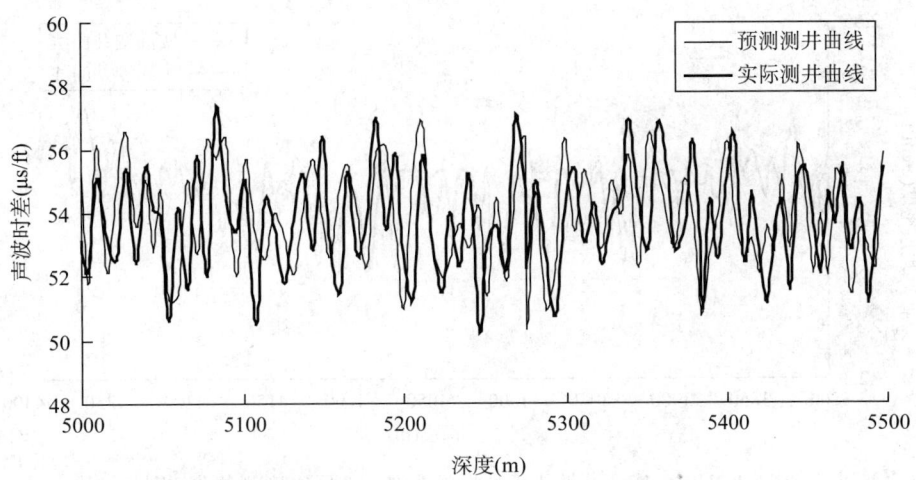

图 1-1-1 河坝 1 井待钻井段的预测和实际声波测井曲线对比

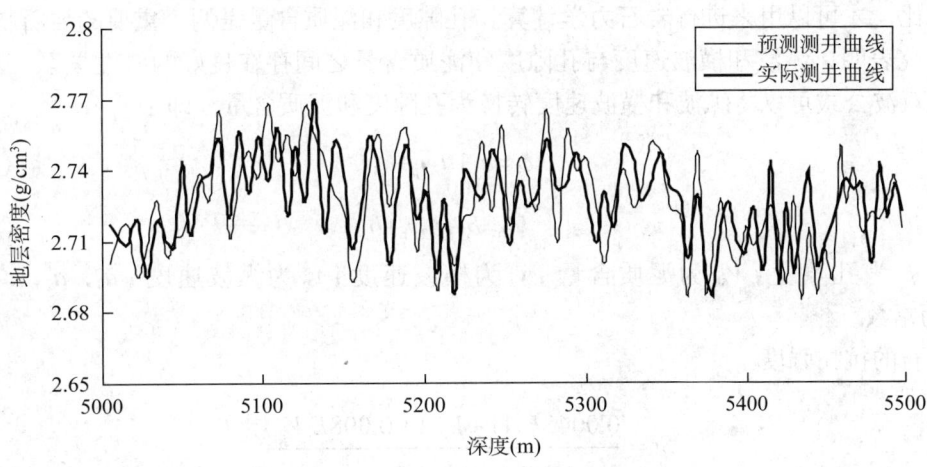

图 1-1-2 河坝 1 井待钻井段的预测和实际密度测井曲线对比

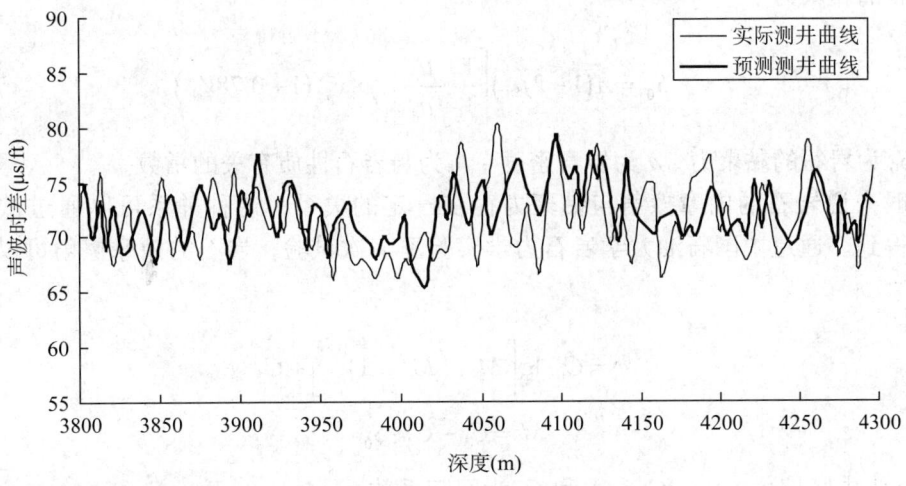

图 1-1-3 庄 3 井钻头下地层的预测和实际声波测井曲线对比

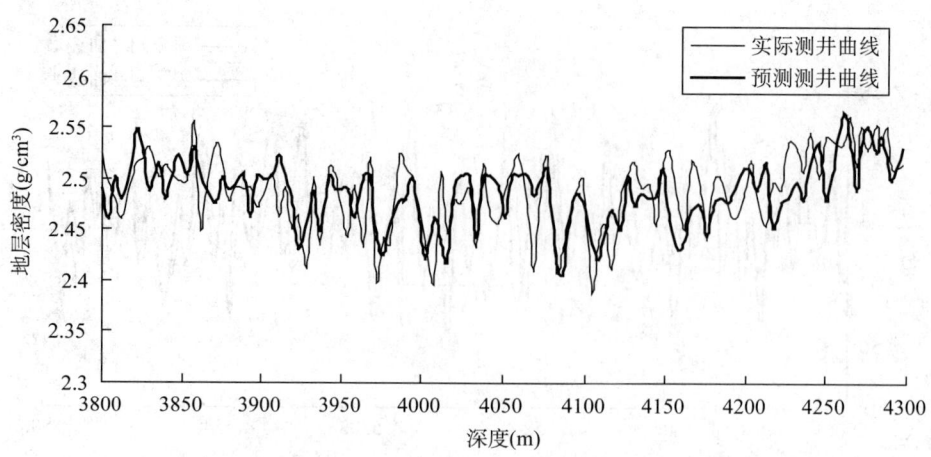

图 1-1-4　庄 3 井钻头下地层的预测和实际密度测井曲线对比

同时根据所研究区块的实际情况，将所计算的动态弹性模量和泊松比转换为静态弹性模量和泊松比，才可以用来进行岩石力学计算。孔隙度和泥质含量是两个重要的岩石物理参数，大量研究表明，纵波和横波速度与孔隙度和泥质含量之间存在良好的线性关系，利用下面的线性双波公式可以将纵波和横波速度转换为孔隙度和泥质含量，即：

$$\phi = a_1 + a_2 v_p + a_3 v_s \tag{1-1-2a}$$

$$V_{sh} = b_1 + b_2 v_p + b_3 v_s \tag{1-1-2b}$$

式中：ϕ 为孔隙度；V_{sh} 为泥质含量；v_s 为横波速度；v_p 为纵波速度；a_1，a_2，a_3，b_1，b_2 和 b_3 为常数。

岩石的抗拉强度：

$$St = \frac{0.0045 E_d (1 - V_{sh}) + 0.008 E_d V_{sh}}{K} \tag{1-1-3}$$

式中：St 为抗拉强度；E_d 为动态弹性模量；K 为抗拉比例系数。

岩石的黏聚力：

$$S_0 = A(1 - 2\mu_d)\left[\frac{1+\mu_d}{1-\mu_d}\right]^2 \rho^2 v_p^4 (1 + 0.78 V_{sh}) \tag{1-1-4}$$

式中：S_0 为岩石的黏聚力；ρ 为岩石密度；A 为与岩石性质有关的常数。

一般来说岩石的内摩擦角与黏聚力存在一定的关系，这种关系可以通过试验数据的回归来得到，通过中国石油大学岩石力学实验室多次试验，岩石的内摩擦角可以通过下式计算：

$$\varphi = C_1 \cdot \lg\left[M + (M^2 + 1)^{1/2}\right] + C_2$$

其中

$$M = C_3 - C_4 \cdot S_0 \tag{1-1-5}$$

式中：φ 为内摩擦角；C_1，C_2，C_3 和 C_4 为回归系数。

在得到地层的岩石物理和力学参数的基础上，运用深层岩石力学原理计算地层的地应力和孔隙压力,再利用岩石破坏准则计算地层的坍塌压力和破裂压力,对以上压力曲线进行综合分析,就可以预测能够保持井壁稳定的安全钻井液密度窗口。

水平最大主地应力和水平最小主地应力的计算方法很多,多次证明下面的模型很有效:

$$\sigma_H = \frac{E_s}{1-\mu_s^2}\varepsilon_H + \frac{\mu_s E_s}{1-\mu_s^2}\varepsilon_h + \frac{\mu_s}{1-\mu_s}(p_0 - \alpha p_0) + \alpha p_p \quad (1-1-6a)$$

$$\sigma_h = \frac{\mu_s E_s}{1-\mu_s^2}\varepsilon_H + \frac{E_s}{1-\mu_s^2}\varepsilon_h + \frac{\mu_s}{1-\mu_s}(p_0 - \alpha p_p) + \alpha p_p \quad (1-1-6b)$$

式中:σ_H,σ_h 分别为水平最大主地应力和水平最小主地应力;α 为有效应力系数;E_s,μ_s 分别为静态弹性模量和静态泊松比;ε_H,ε_h 分别为水平应力构造系数。

1.1.2.2 孔隙压力剖面的确定方法

利用密度测井曲线可以计算上覆地层压力(垂向地应力)。传统的孔隙压力计算基于正常压实趋势线,操作比较繁琐,且不能保证精度,本书利用有效应力原理计算孔隙压力,即孔隙压力是上覆地层压力和垂直有效应力的差值,即:

$$p_e = p_o - p_p \quad (1-1-7)$$

式中:p_e 为垂直有效应力;p_o 为上覆地层压力;p_p 为地层孔隙压力。根据试验研究,垂直有效应力可以通过下式求出:

$$v_p = B_0 + B_1\phi + B_2\sqrt{V_{sh}} + B_3\left(p_e - e^{-Dp_e}\right) \quad (1-1-8)$$

式中:ϕ 为孔隙度;V_{sh} 为泥质含量;v_p 为纵波速度;B_0,B_1,B_2,B_3 和 D 为模型参数。

1.1.2.3 破裂压力剖面的确定方法

井内一定深度出露的地层,其承压能力是有限的,当井内流体柱的压力达到一定值时会将地层压裂。用地层破裂压力或地层裂缝传播压力来描述地层的这种承压能力。一般将地层破裂压力定义为:在井下一定深度处,使地层破裂并产生裂缝时井内流体柱的压力。地层的破裂压力与岩性、上覆岩层压力、地层孔隙压力、地层年代及该处岩石的应力状态等因素有关。总的趋势是地层破裂压力随井深的增加而增加。由于构造运动或钻头的破碎作用,井眼周围的岩石中往往存在许多微裂缝,使这些已存在的微裂缝张开并扩展的压力称为裂缝传播压力。裂缝传播压力略小于地层的破裂压力。因此,有些专家、学者将其作为地层破裂压力的下限,并作为设计套管下深与确定钻井液密度上限值的依据。

地层破裂压力的大小和地应力的大小密切相关。从力学上说,地层破裂是由于井内钻井液密度过大使岩石所受的周向应力达到岩石的抗拉强度而造成的,即:

$$\sigma_\theta = -St \quad (1-1-9)$$

$$\sigma_\theta = -p_i + (1 - 2\cos 2\theta)\sigma_H + (1 + 2\cos 2\theta)\sigma_h + \delta\left[\frac{\alpha(1-2\nu)}{1-\nu} - \phi\right](p_i - p_p) \quad (1-1-10)$$

式中:St 为岩石抗拉强度;p_i 为井眼中的液柱压力;θ 为位置矢径与最大地应力方向的夹角。从式(1-1-10)可以看出,当 p_i 增大时,σ_θ 变小,当 p_i 增大到一定程度时,σ_θ 将变成负值,即岩石所受周向应力由压缩应力变为拉伸应力,当拉伸应力大到足以克服岩石的抗拉强度时，地层则产生破裂造成井漏。破裂发生在 σ_θ 最小处，即 $\theta=0°$ 或 $\theta=180°$ 处，此时 σ_θ 值为：

$$\sigma_\theta = 3\sigma_h - \sigma_H - \alpha p_p - p_i + K_1(p_i - p_p) \tag{1-1-11}$$

将式（1-1-10）代入式（1-1-11），可得岩石产生拉伸破坏时地层破裂压力 p_f：

$$p_f = \frac{3\sigma_h - \sigma_H - \delta\left[\dfrac{\zeta(1-2\nu)}{1-\nu} - \phi\right]p_p + S_t}{1 - \delta\left[\dfrac{\zeta(1-2\nu)}{1-\nu}\right] - \phi} \tag{1-1-12}$$

式中：ϕ 为有效应力；ζ 为有效应力系数；ν 为泊松比；p_p 为孔隙压力。

1.1.2.4 坍塌压力剖面的确定方法

从力学角度说，造成井壁坍塌的原因主要是由于井内液柱压力较低，使得井壁周围岩石所受应力超过岩石本身的强度而产生剪切破坏所致，对于软而塑性大的泥页岩表现为塑性变形而缩径；对于硬脆性的泥页岩一般表现为剪切破坏而坍塌扩径。

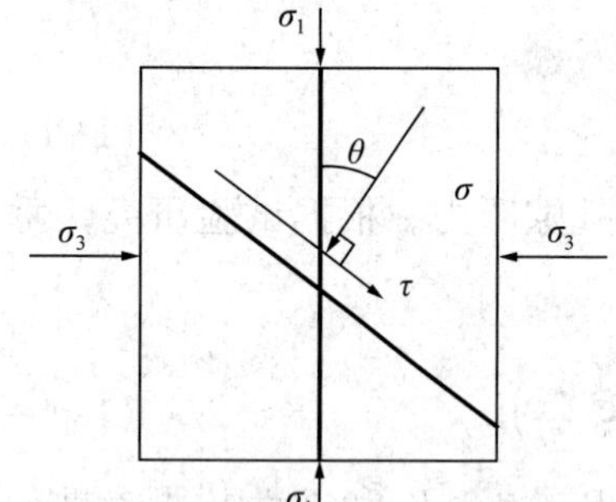

井壁坍塌与否与井壁围岩的应力状态、围岩的强度特性等密切相关。剪切破坏如图 1-1-5 所示，剪切面的法向和 σ_1 的夹角等于 θ，法向正应力为 σ，剪应力为 τ。

根据 Mohr–Coulomb 的研究，岩石破坏时剪切面上的剪应力必须克服岩石的固有剪切强度 S_0（称为黏聚力）与作用于剪切面上的摩擦阻力 $\mu\sigma$（图 1-1-5），即：

图 1-1-5 Mohr–Coulomb 准则破坏示意图

$$\tau = S_0 + \mu\sigma \tag{1-1-13}$$

式中：μ 为岩石的内摩擦系数，$\mu = \tan\varphi$，其中，φ 为岩石的内摩擦角。

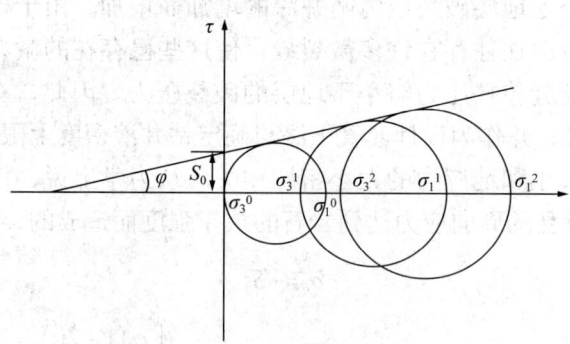

图 1-1-6 Mohr–Coulomb 准则包络线

式（1-1-13）用主应力 σ_1 和 σ_3 改写成：

$$\sigma_1 = \sigma_3 \cot^2\left(45° - \frac{\varphi}{2}\right) + 2S_0 \cot\left(45° - \frac{\varphi}{2}\right) \tag{1-1-14}$$

当岩石孔隙中有孔隙压力 p_p 时，式（1–1–14）用有效应力可表示为：

$$\sigma_1 - \zeta p_p = \left(\sigma_3 - \zeta p_p\right)\cot^2\left(45° - \frac{\varphi}{2}\right) + 2S_0 \cot\left(45° - \frac{\varphi}{2}\right) \quad (1–1–15)$$

式中：ζ 为有效应力系数。

由式（1–1–14）知，岩石的黏聚力和内摩擦角可用两个以上不同围压的三轴压缩强度试验进行确定。

岩石剪切破坏与否主要有所受到的最大、最小主应力控制，σ_1 与 σ_3 的差值越大，井壁越易坍塌。井壁岩石最大和最小主应力分别为周向应力和径向应力，这说明导致井壁失稳的关键是井壁岩石所受的周向应力 σ_θ 和径向应力 σ_r 的差值，即（$\sigma_\theta - \sigma_r$）大小。若水平地应力不均匀（$\sigma_H \neq \sigma_h$），井壁岩石周向应力 σ_θ 是随 θ 而变化的。当 θ 为 90° 或 270° 时，$\cos 2\theta = -1$，σ_θ 达到最大值，那么该两处的差应力值（$\sigma_\theta - \sigma_r$）也是最大的。这说明井壁失稳坍塌位置为 $\theta = 90°$ 或 $\theta = 270°$ 处，即井壁失稳方位与最小水平地应力方向一致。

当井壁有渗透流时（$\delta = 1$），有：

$$\sigma_r = p_i - \phi(p_i - p_p) - \zeta p_p \quad (1–1–16a)$$

$$\sigma_\theta = 3\sigma_H - \sigma_h - p_i + K_1(p_i - p_p) - \zeta p_p \quad (1–1–16b)$$

$$\sigma_z = \sigma_v + 2\nu(\sigma_H - \sigma_h) + K_1(p_i - p_p) - \zeta p_p \quad (1–1–16c)$$

$$\tau_{r\theta} = 0 \quad (1–1–16d)$$

式中：ϕ 为孔隙度；ν 为泊松比；K_1 为渗流效应系数，有：

$$K_1 = \delta\left[\frac{\zeta(1-2\nu)}{\nu} - \phi\right]$$

当井壁为不可渗透流时（$\delta = 0$），有：

$$\sigma_r = p_i - \zeta p_p \quad (1–1–17a)$$

$$\sigma_\theta = 3\sigma_H - \sigma_h - p_i - \zeta p_p \quad (1–1–17b)$$

$$\sigma_z = \sigma_v + 2\nu(\sigma_H - \sigma_h) - \zeta p_p \quad (1–1–17c)$$

$$\tau_{r\theta} = 0 \quad (1–1–17d)$$

上述分析是在假设井壁围岩为线弹性体的基础上得出的，而碳酸盐岩弹性模量与围压、酸化时间有关，一般随围压 σ_3 的增加，弹性模量 E 也明显增大，且呈非线性关系，随酸化时间的增加，弹性模量 E 也明显降低。用线弹性理论计算的保持井壁稳定所需的压差与实际值相比偏大。为此，应考虑岩石非线性特性对井壁应力的影响，修正围岩弹性模量变化对保持井壁稳定所需的压差。对均匀水平地应力作用下，无孔隙压力作用时，要考虑岩石弹性模量与围岩相关的井壁应力进行计算，把井内壁的径向应力 σ_r 视为最小应力，据此得出：

$$E = E_0 \sigma_r^n \quad (1–1–18)$$

式中：E_0 为零围压下的弹性模量；n 为修正系数。

经过推导得到修正后的井壁围岩应力 σ_θ 和 σ_r 的表达式为：

$$\sigma_r = \sigma_a \left\{ \left[\left(\frac{p_i}{\sigma_a}\right)^{1-n} - 1 \right] \left(\frac{R}{r}\right)^N + 1 \right\}^{\frac{1}{1-n}} \tag{1-1-19a}$$

$$\sigma_\theta = M\sigma_r - \frac{N}{1-n} \sigma_r^n \sigma^{1-n} \tag{1-1-19b}$$

其中

$$N = \frac{1}{1-\nu} \left[(2\nu-1)(1-n) - 1 \right]$$

$$M = \frac{\nu(1-n)-1}{(1-n)(1-\nu)}$$

式中：R 为井眼半径；σ_a 为远场均匀地应力。

当 $n=0.1$，$\nu=0.2$ 时，式（1-1-19）计算的井眼应力分布图如图 1-1-7 所示。

从图中可以看出，考虑了弹性模量的非线性变化后得到的 σ_θ 值要比线弹性的低，当井内压力 p_i 较小时，这种差别就更加明显了。应力差（$\sigma_\theta - \sigma_r$）不是在井壁上达到最大值，其最大值发生在距井壁一定深处的某个位置上，因此，井眼围岩破坏不一定发生在井壁上，而是发生在距井壁一定距离的某个位置。对于非均匀地应力的情况，当考虑了弹性模量随围压变化时，无法求得井壁围岩应力分布的解析式，这里用均匀地应力情况下，求得的围岩应力降低系数来对非均匀地应力下的井壁应力进行修正。

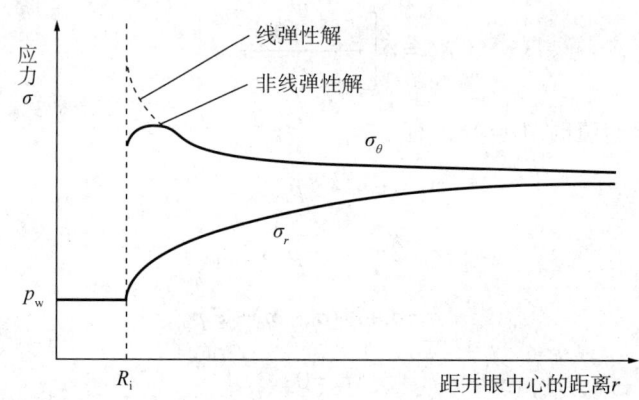

图 1-1-7　考虑岩石弹性模量随围压变化时的井壁应力分布图

在均匀地应力下：

$$\sigma_\theta^r = 2\sigma_a - p_p \quad \text{（线弹性解）} \tag{1-1-20}$$

$$\sigma_\theta^b = \frac{\nu(1-n)-1}{(1-n)(1-\nu)} p_i - \frac{(2\nu-1)(1-n)-1}{(1-\nu)(1-n)} p_i^n \sigma_a^{1-n} \quad \text{（非线弹性解）} \tag{1-1-21}$$

取 $\sigma_a = \frac{\sigma_H + \sigma_h}{2} = 0.021H$，$p_i = 0.12$，$\nu = 0.25$，$n = 0.1$（试验结果），将它们代入式

(1-1-20)、式（1-1-21），则可求得应力降低系数：

$$\eta = \frac{\sigma_\theta^r}{\sigma_\theta^b} = 0.95 \tag{1-1-22}$$

因此，非均匀地应力作用下，井壁上在 $\theta=90°$ 和 $\theta=270°$ 处的有效切向应力应修正为：

有渗流时

$$\sigma_\theta = \eta(3\sigma_H - \sigma_h - p_i) + K_1(p_i - p_p) - \zeta p_p \tag{1-1-23}$$

无渗流时

$$\sigma_\theta = \eta(3\sigma_H - \sigma_h - p_i) - \zeta p_p \tag{1-1-24}$$

在分析计算中可取系数 $\eta = 0.95$，对切向应力的计算结果进行修正。

根据分析可知，井壁坍塌失稳发生在 $\theta=90°$ 和 $\theta=270°$ 处，该处的有效差应力（$\sigma_\theta - \sigma_r$）有最大值。将 σ_θ 和 σ_r 代入 Mohr–Coulomb 强度准则式（1-1-15），便得保持井壁稳定的坍塌压力计算公式为：

$$p_{cr} = \frac{\eta(3\sigma_H - \sigma_h) - 2S_0 A + \zeta p_p(A^2 - 1)}{(A^2 + \eta)H} \times 100 \tag{1-1-25}$$

其中

$$A = \cot\left(45° - \frac{\varphi}{2}\right)$$

式中：H 为井深，m；p_{cr} 为坍塌压力，g/cm³；S_0 为岩石的黏聚力，MPa；η 为应力非线性修正系数。

1.1.3　HG1井三压力剖面建立及钻前井壁稳定预测

1.1.3.1　井位情况

华光凹陷是琼东南盆地西南部的一个新生代沉积凹陷，面积约为 9000km²，新生界最厚为 10000m。本区的构造解释和区域构造研究表明，华光凹陷的构造特征与琼东南盆地的整体构造特征基本相同，以 T_6^0 为界可分成上、下两个构造层。下构造层相当于古近系，具有典型的断陷特征，断层发育，地层的发育主要受断层活动控制，横向上厚度变化大，凹陷整体具有"北断南超"的"半地堑"结构特征和"西强东弱"的不对称发育特点，上构造层相当于新近系，凹陷整体沉降，断层不发育，地层的发育主要受物源补给控制，具有典型坳陷特征。受早期北东向和后期北西向断层控制，自西向东可划分出 7 个三级构造单元（3 个负向沉积洼陷和 4 个正向构造单元），即西部洼陷带、西部断垒带、中部洼陷带、中部背斜带、中部潜山带、东部洼陷带及南侧的南部斜坡带，本次钻探目标位于中部背斜带上。

中部背斜带位于华光凹陷中部，近北西向展布，北、西、南三侧以斜坡的形式侵没到中部洼陷中，东侧与中部潜山相连，面积（T_6^2）1100km²。该构造带上古近系比较完整，而且有一定的厚度，虽然地层也有从低部位向高部位减薄的趋势，但厚度变化相对不大。中部背斜带主要受一组北东向断层的切割，共划分出 4 个局部构造单元，分别是 HG1 号、HG2 号、HG3-1 号、HG3-2 号构造。落实有一定规模的圈闭 6 个，T_6^2 反射层累计圈闭面积 93.5km²，圈闭类型为断半背斜和断背斜。该构造带被生油洼陷包围，为油气聚集的有利区带。HG1 井位于中部背斜带 HG1 号构造上。

HG1 井是一口深水勘探井,最近的邻井是已完成的崖城 13-1 气井,距离 180km 以外。井位水深 1280m,从海面计,设计完钻井深 5150m。第一目的层是三亚组和陵水组,第二目的层是梅山组、崖城组和邻头组。

从地震解释来看,研究区域的岩性特征为砂泥岩互层为主,崖城组夹薄煤层,黄流组底部、梅山组和三亚组中部都有碳酸盐岩沉积。

1.1.3.2 HG1 井所在区块三维岩石物理参数反演

在测井约束下进行区块三维岩石物理参数反演,得到纵波速度和密度的三维数据体,如图 1-1-8、图 1-1-9 所示。

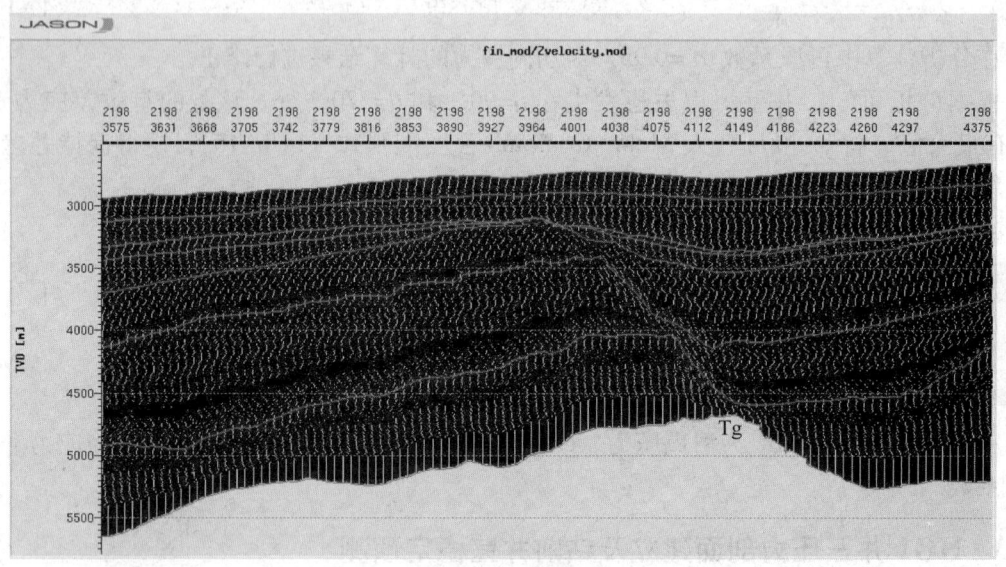

(a)未放大

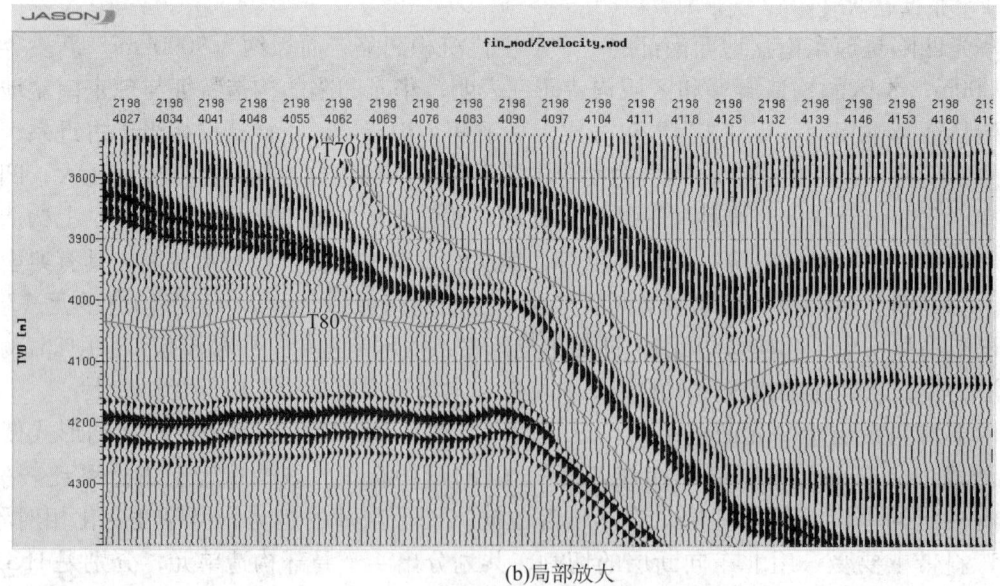

(b)局部放大

图 1-1-8 反演得到的纵波速度剖面及局部放大图

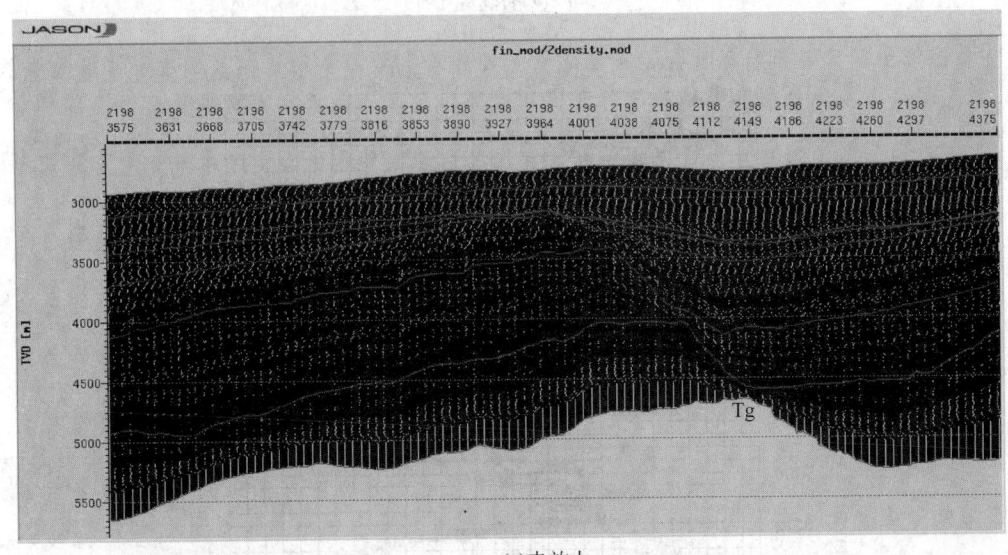

(a)未放大

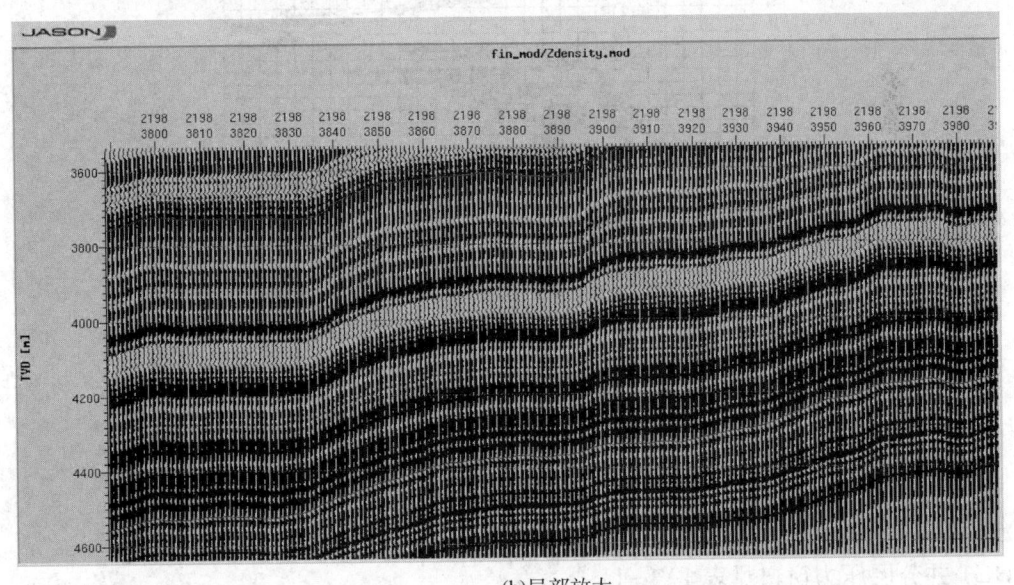

(b)局部放大

图 1-1-9　反演得到的密度剖面及局部放大图

1.1.3.3　声速密度剖面

提取 HG1 井位结果（L2260，T3975），得到的声波速度和密度剖面如图 1-1-10 所示。

1.1.3.4　HG1 井三压力剖面建立

HG1 井压力剖面如图 1-1-14 所示。

地层压力在 4100m 以上趋于正常，4100～5150m 之间地层压力梯度为 1.1～1.15g/cm^3。坍塌压力趋势与孔隙压力一致，4100m 以上坍塌压力梯度为 1.06～1.14g/cm^3，4100～5150m 坍塌压力梯度为 1.14～1.20g/cm^3。破裂压力与上覆压力趋势一致，数值相差 0.12～0.18g/cm^3。

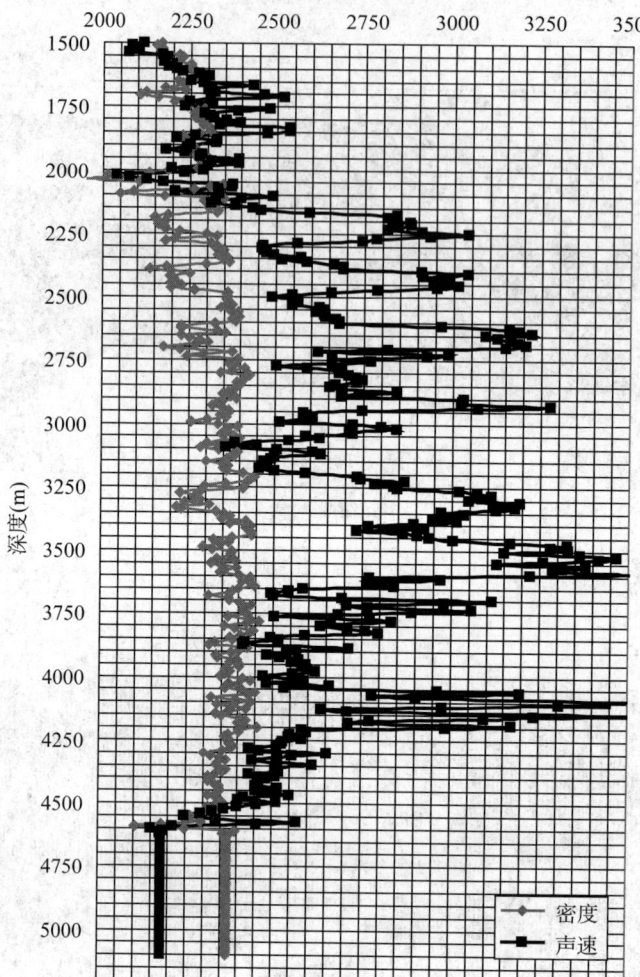

图 1-1-10　HG1 井声波速度和密度剖面

1.1.3.5　HG1 井压力窗口

HG1 井分层压力窗口见表 1-1-1。

表 1-1-1　HG1 井分层压力窗口

地层	底界深度 (m)	孔隙压力梯度 (g/cm³)	坍塌压力梯度 (g/cm³)	破裂压力梯度 (g/cm³)
莺歌海组	2338	1.04	1.08～1.09	1.20～1.35
黄流组	2880	1.04	1.09～1.10	1.35～1.40
梅山组	3210	1.04	1.10	1.40～1.41
三亚组	3440	1.04	1.10～1.12	1.42
陵水组	4050	1.04	1.12～1.13	1.42～1.43
崖城组	4050	1.04～1.15	1.13～1.20	1.43～1.45
邻头组	5150	1.10	1.20	1.45

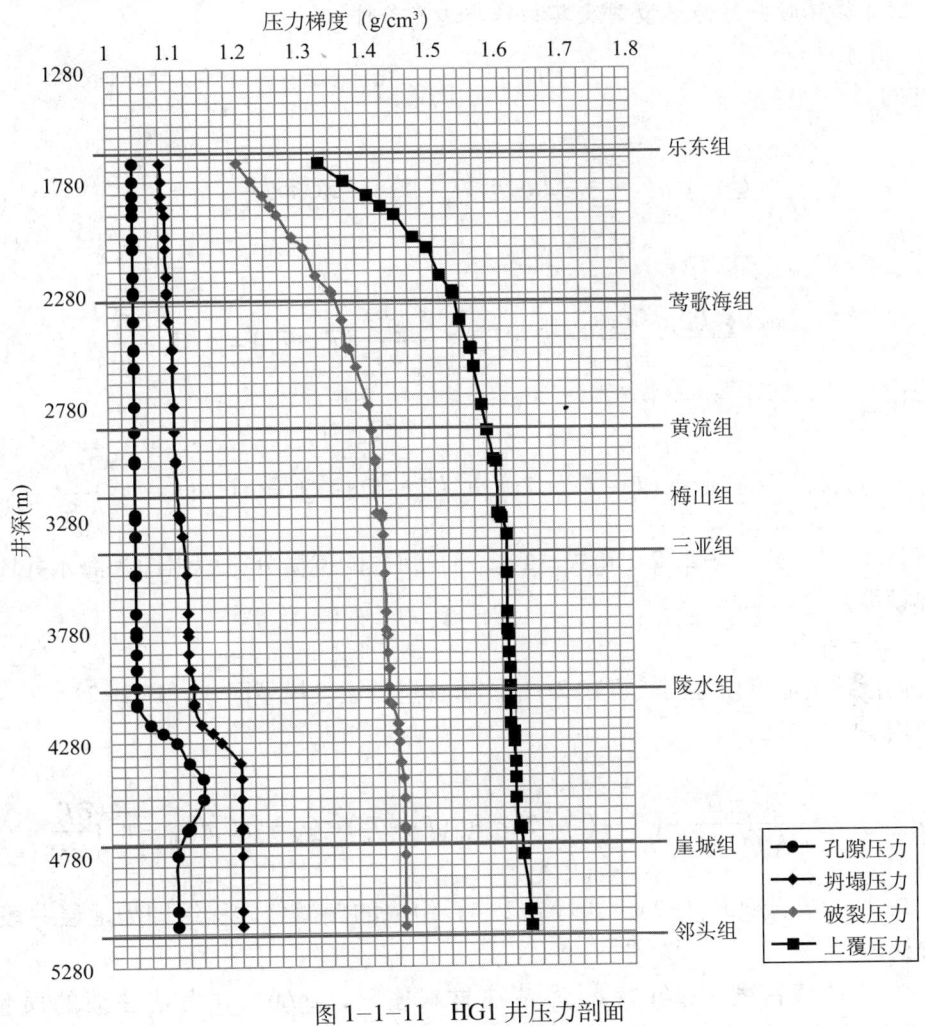

图 1-1-11 HG1 井压力剖面

1.2 深水钻井井筒温度及压力计算

1.2.1 井筒传热模型建立

在深水钻井条件下的井筒传热过程也有所不同,但是钻井过程的物理模型是相同的。钻井过程中液体的循环可分为3个阶段:(1)液体泵入钻柱或套管柱,并在钻柱内向下流动;(2)液体经钻头或套管鞋流出进入环空;(3)液体在环空中向上流动并返至井口。

液体在不同阶段的温度取决于不同的热交换过程。在第一阶段具有一定温度的液体进入管柱向下流动时,其温度的变化由液体向下的热对流速率和液体、管柱壁及环空内液体的径向传热(即传热过程,它是由热液体与管柱壁面的对流换热、管柱壁的导热、冷液体与管柱壁面的对流换热3个分过程组成)速率决定。在第二阶段显然管柱出口的液体温度等于环空入口的液体温度。在第三阶段,进入环空的液体向上流动时,它的温度取决于沿环空向上的热对流速率,环空液体、管柱壁和管柱内的液体之间的径向传热速率,及通过井壁的径向对流换热速率。

1.2.1.1 钻井循环时井筒传热模型及其初始与边界条件
1.2.1.1.1 海水井段
管柱内

$$Q_{\mathrm{c}} - \rho_{\mathrm{l}} q C_{\mathrm{l}} \frac{\partial T_{\mathrm{c}}}{\partial z} - 2\pi r_{\mathrm{ci}} h_{\mathrm{ci}} (T_{\mathrm{c}} - T_{\mathrm{w}}) = \rho_{\mathrm{l}} C_{\mathrm{l}} \pi r_{\mathrm{ci}}^{2} \frac{\partial T_{\mathrm{c}}}{\partial t} \tag{1-2-1}$$

管柱壁

$$k_{\mathrm{w}} \frac{\partial^{2} T_{\mathrm{w}}}{\partial z^{2}} + \frac{2 r_{\mathrm{co}} h_{\mathrm{co}}}{r_{\mathrm{co}}^{2} - r_{\mathrm{ci}}^{2}} (T_{\mathrm{a}} - T_{\mathrm{w}}) + \frac{2 r_{\mathrm{ci}} h_{\mathrm{ci}}}{r_{\mathrm{co}}^{2} - r_{\mathrm{ci}}^{2}} (T_{\mathrm{c}} - T_{\mathrm{w}}) = \rho_{\mathrm{w}} C_{\mathrm{w}} \frac{\partial T_{\mathrm{w}}}{\partial t} \tag{1-2-2}$$

环空内

$$\rho_{\mathrm{l}} q C_{\mathrm{l}} \frac{\partial T_{\mathrm{a}}}{\partial z} + 2\pi r_{\mathrm{ri}} h_{\mathrm{s}} (T_{\mathrm{s}} - T_{\mathrm{a}}) + 2\pi r_{\mathrm{co}} h_{\mathrm{co}} (T_{\mathrm{w}} - T_{\mathrm{a}}) + Q_{\mathrm{a}} = \rho_{\mathrm{l}} C_{\mathrm{l}} \pi (r_{\mathrm{ri}}^{2} - r_{\mathrm{co}}^{2}) \frac{\partial T_{\mathrm{a}}}{\partial z} \tag{1-2-3}$$

式（1-2-1）、式（1-2-2）和式（1-2-3）组成的偏微分方程组即为海水井段井筒循环的传热模型。

1.2.1.1.2 地层井段
管柱内液体的温度模型同式（1-2-1）。管柱壁的温度模型同式（1-2-2）。
环空内

$$\rho_{\mathrm{l}} q C_{\mathrm{l}} \frac{\partial T_{\mathrm{a}}}{\partial z} + \frac{2\pi k_{\mathrm{e}} r_{\mathrm{b}} U_{\mathrm{b}}}{r_{\mathrm{b}} U_{\mathrm{b}} f(t) + k_{\mathrm{e}}} (T_{\mathrm{f}} - T_{\mathrm{a}}) + 2\pi r_{\mathrm{co}} h_{\mathrm{co}} (T_{\mathrm{w}} - T_{\mathrm{a}}) + Q_{\mathrm{a}} = \rho_{\mathrm{l}} C_{\mathrm{l}} \pi (r_{\mathrm{b}}^{2} - r_{\mathrm{co}}^{2}) \frac{\partial T_{\mathrm{a}}}{\partial t} \tag{1-2-4}$$

式（1-2-1）、式（1-2-2）、式（1-2-4）组成的偏微分方程组即为地层井段井筒循环的传热模型。

式中：ρ_{l} 为钻井液密度，kg/m³；ρ_{w} 为钻柱材料密度，kg/m³；q 为钻井液的质量流量，kg/s；C_{l} 为钻井液的比热容，J/(kg·℃)；C_{w} 为钻柱材料比热容，J/(kg·℃)；T_{c} 为钻柱内钻井液的温度，℃；T_{w} 为钻柱壁温度，℃；T_{a} 为环空钻井液温度，℃；T_{wb} 为地层与井筒交界面温度，℃；T_{s} 为海水温度，℃；T_{f} 为地层温度，℃；k_{w} 为钻柱材料的导热系数，W/(m·℃)；k_{l} 为钻井液的导热系数，W/(m·℃)；k_{s} 为海水的导热系数，W/(m·℃)；k_{e} 为地层的导热系数，W/(m·℃)；r_{ci} 为钻柱的内半径，m；r_{co} 为钻柱的外半径，m；r_{b} 为井眼半径，m；r_{ri} 为隔水管的内半径，m；r_{ro} 为隔水管的外半径，m；h_{ci} 为钻柱内壁与钻井液的对流换热系数，W/(m²·℃)；h_{co} 为钻柱外壁与钻井液的对流换热系数，W/(m²·℃)；h_{s} 为海水与环空钻井液的对流换热系数，W/(m²·℃)；U_{b} 为地层环空交界面与环空流体的传热系数，W/(m²·℃)；T_{DS} 为海水井段的无量纲时间；T_{Df} 为地层井段的无量纲时间。

1.2.1.1.3 初始与边界条件
为求解前面的偏微分方程组，要给出相应的初始条件和边界条件。
（1）对两个井段，管柱内液体、管柱壁和环空内液体的初始温度分布分别为未受扰动的海水温度和未受扰动的地层温度，因此偏微分方程组的初始条件可表示为：

$$\left.\begin{array}{l}T_{\mathrm{c}}\left(0{\leqslant}z{\leqslant}H_{\mathrm{s}},\ t=0\right)=T_{\mathrm{s}}(z)\\ T_{\mathrm{c}}\left(H_{\mathrm{s}}{<}z{\leqslant}H,\ t=0\right)=T_{\mathrm{f}}(z)\\ T_{\mathrm{w}}\left(0{\leqslant}z{\leqslant}H_{\mathrm{s}},\ t=0\right)=T_{\mathrm{s}}(z)\\ T_{\mathrm{w}}\left(H_{\mathrm{s}}{<}z{\leqslant}H,\ t=0\right)=T_{\mathrm{f}}(z)\\ T_{\mathrm{a}}\left(0{\leqslant}z{\leqslant}H_{\mathrm{s}},\ t=0\right)=T_{\mathrm{s}}(z)\\ T_{\mathrm{a}}\left(H_{\mathrm{s}}{<}z{\leqslant}H,\ t=0\right)=T_{\mathrm{f}}(z)\end{array}\right\} \quad (1-2-5)$$

式中：$T_{\mathrm{s}}(z)$ 为深度 z 处的海水温度；$T_{\mathrm{f}}(z)$ 为深度 z 处的地层温度。

（2）管柱入口的液体温度可直接测量，因此井口的边界条件为：

$$T_{\mathrm{c}}(z=0,\ t)=T_{\mathrm{in}} \quad (1-2-6)$$

（3）管柱内液体、管柱壁和环空内液体在井底（$z=H$）处的温度相等，即：

$$T_{\mathrm{c}}(z=H,\ t)=T_{\mathrm{w}}(z=H,\ t)=T_{\mathrm{a}}(z=H,\ t) \quad (1-2-7)$$

式中，H 为井底深度（包括水深），m。

（4）在井底下部一定距离处的地层温度等于未受扰动的地层温度，即：

$$T_{\mathrm{f}}(z=H+\Delta z,\ t)=T_{\mathrm{f}}(H+\Delta z) \quad (1-2-8)$$

1.2.1.2 停止循环时井筒传热模型

1.2.1.2.1 海水井段

当停止循环时，井筒内的钻井液温度是随时间变化的，海水井段的井筒中的钻井液温度会逐渐接近于周围海水的温度。钻井液温度随时间变化的解析解为：

$$T_{\mathrm{m}}=T_{\mathrm{si}}-\left(T_{\mathrm{si}}-T_{\mathrm{mo}}\right)\mathrm{e}^{\int_{0}^{t}\frac{1}{a}\mathrm{d}t} \quad (1-2-9)$$

其中

$$a=\frac{mC_{\mathrm{m}}(k_{\mathrm{s}}+r_{\mathrm{ro}}U_{\mathrm{s}}T_{\mathrm{DS}})}{2\pi r_{\mathrm{ro}}U_{\mathrm{s}}k_{\mathrm{s}}}$$

式中：T_{m} 为单位高度钻井液的温度；T_{mo} 为钻井液循环末时刻环空的温度；T_{si} 为未扰动海水温度。

由于 a 的求解方程中 T_{D} 是时间的函数，所以式（1–2–9）中的积分式不容易求出，采用数值积分方法可以求出其值，这里采用的是复化辛普森求积式。

1.2.1.2.2 地层井段

停止循环时，同样在地层井段中钻井液的温度也会随时间发生变化，井筒中的钻井液温度会逐渐接近于周围地层的原始温度。井内钻井液温度随时间变化的解析解为：

$$T_{\mathrm{m}}=T_{\mathrm{ei}}-\left(T_{\mathrm{ei}}-T_{\mathrm{mo}}\right)\mathrm{e}^{\int_{0}^{t}\frac{1}{a}\mathrm{d}t} \quad (1-2-10)$$

式中：T_{mo} 为钻井液循环末时刻环空的温度；T_{ei} 为未扰动地层温度。

对于积分式同样也需要采用数值积分方法可以求出其值。

1.2.2 井筒温度计算

1.2.2.1 深水钻井循环时井筒温度模型的求解

(1) 偏微分方程组的离散。

利用有限差分方法对所建立的循环温度的数学模型进行空间和时间的离散，使数学模型化为数值模型（有限差分方程组的形式）。

从稳定性的角度考虑，对偏微分方程进行全隐式差分处理，分别用两点向前和两点向后差分来近似代替偏微分方程中的一阶空间导数和时间导数，二阶空间导数用三点中心差分近似代替。为了便于偏微分方程组的离散化，先对方程组进行适当的简化处理，得到钻井循环时海水井段的传热模型：

管柱内的液体

$$Q_{cs} + a_{1s}\frac{T_{c,m}^{n+1} - T_{c,m-1}^{n+1}}{\Delta z} - b_{1s}(T_{c,m}^{n+1} - T_{w,m}^{n+1}) = \frac{T_{c,m}^{n+1} - T_{c,m}^{n}}{\Delta t} \quad (1-2-11)$$

管柱壁处

$$a_{2s}\frac{T_{w,m+1}^{n+1} - 2T_{w,m}^{n+1} + T_{w,m-1}^{n+1}}{(\Delta z)^2} + b_{2s}\left(T_{a,m}^{n+1} - T_{w,m}^{n+1}\right) + c_{2s}\left(T_{c,m}^{n+1} - T_{w,m}^{n+1}\right) = \frac{T_{w,m}^{n+1} - T_{w,m}^{n}}{\Delta t} \quad (1-2-12)$$

环空中的液体

$$a_{3s}\frac{T_{a,m+1}^{n+1} - T_{a,m}^{n+1}}{\Delta z} + b_{3s}(T_{s,m} - T_{a,m}^{n+1}) + c_{3s}(T_{w,m}^{n+1} - T_{a,m}^{n+1}) + Q_{as} = \frac{T_{a,m}^{n+1} - T_{a,m}^{n}}{\Delta z} \quad (1-2-13)$$

同理对钻井循环时地层井段的传热模型，也可得到：

管柱内的液体

$$Q_{cf} + a_{1f}\frac{T_{c,m}^{n+1} - T_{c,m-1}^{n+1}}{\Delta z} - b_{1f}(T_{c,m}^{n+1} - T_{w,m}^{n+1}) = \frac{T_{c,m}^{n+1} - T_{c,m}^{n}}{\Delta t} \quad (1-2-14)$$

管柱壁处

$$a_{2f}\frac{T_{w,m+1}^{n+1} - 2T_{w,m}^{n+1} + T_{w,m-1}^{n+1}}{(\Delta z)^2} + b_{2f}\left(T_{a,m}^{n+1} - T_{w,m}^{n+1}\right) + c_{2f}\left(T_{c,m}^{n+1} - T_{w,m}^{n+1}\right) = \frac{T_{w,m}^{n+1} - T_{w,m}^{n}}{\Delta t} \quad (1-2-15)$$

环空中的液体

$$a_{3f}\frac{T_{a,m+1}^{n+1} - T_{a,m}^{n+1}}{\Delta z} + b_{3f}\left(T_{f,m} - T_{a,m}^{n+1}\right) + c_{3f}\left(T_{w,m}^{n+1} - T_{a,m}^{n+1}\right) + Q_{af} = \frac{T_{a,m}^{n+1} - T_{a,m}^{n}}{\Delta z} \quad (1-2-16)$$

(2) 初边值条件的离散化。

(3) 线性方程组的求解。

把所有的有限差分方程用矩阵形式表示，有：

$$A\overline{T}^{n+1} = \overline{C} \quad (1-2-17)$$

在一维网格上的所有节点的离散方程组成的代数方程组，组成了井筒温度模型的差分格式。求解代数方程组，即得到节点上的温度值。根据差分方程的极值原理及线性代数方程组理论,可以证明,对于一个有意义的传热问题,其有限差分方程组的解,存在且唯一。

1.2.2.2 深水环境下井筒温度计算方法应用

某井相关数据见表1-2-1。

表1-2-1 某井相关数据表

项目		套管外径(mm)	线重(kg/m)	钢级	悬挂深度(m)	探水泥塞面深度(m)	套管鞋深度(m)	井径(mm)
井身结构	打入套管	762	460.9	X-52	1554.5		1645.9	
	导向套管	508	197.9	K-55	1554.5	1554.5	1859.3	660.4
	表层套管	339.7	101.2	N-80	1554.5	1554.5	2316.5	444.5
	技术套管	244.5	79.6	P-110	1554.5	1676.4	3048	311
	油层衬管	177.8	47.6	P-100	2956.6	2956.6	3810	215.9
	油层衬管	127	26.8	Q-125	3718.6	3718.6	4572	165
项目		外径(mm)	线重(kg/m)	钢级	内径(mm)	长度(m)	数量	大小(mm)
钻具组合	钻铤	171.5	156.3		63.5	9.14	喷嘴 3	12.7
	钻铤	171.5	156.3		63.5	51.8		
	加重钻柱	127	74	E	76.2	243.8		
	钻柱	127	29	S	108.6	3505.2		
钻井液	密度(g/cm³)	塑性黏度(mPa·s)	动切力(Pa)	初终切力(Pa)	滤饼厚度(mm)	固相含量(%)	pH值	卤化物(mg/L)	钙含量(mg/L)
	1.09	3	14	4/7	2.38	5.7	11.4	1500	280

(1) 不同循环时间下的环空温度。图1-2-1给出了环空内钻井液温度与循环时间的函数关系曲线,该曲线反映了环空循环温度的动态变化。

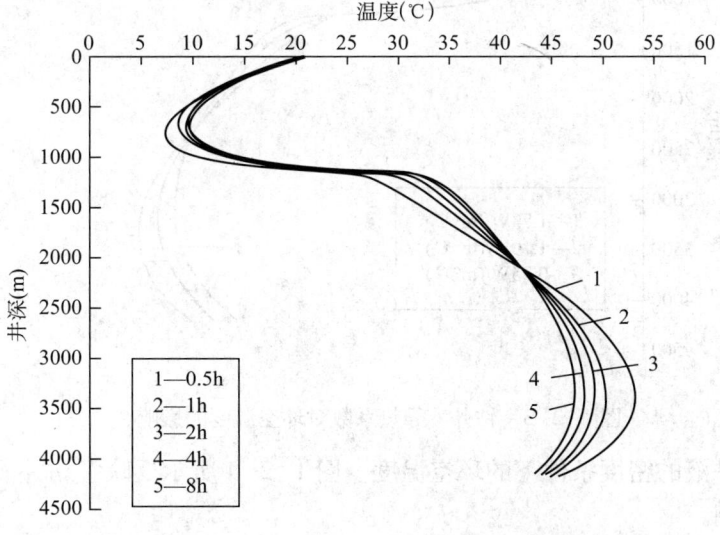

图1-2-1 环空温度与循环时间的关系曲线

（2）不同钻井液的比热容下的环空温度。钻井液比热容的取值来自于实验测量结果，钻井液比热容对环空温度的影响如图 1-2-2 所示。

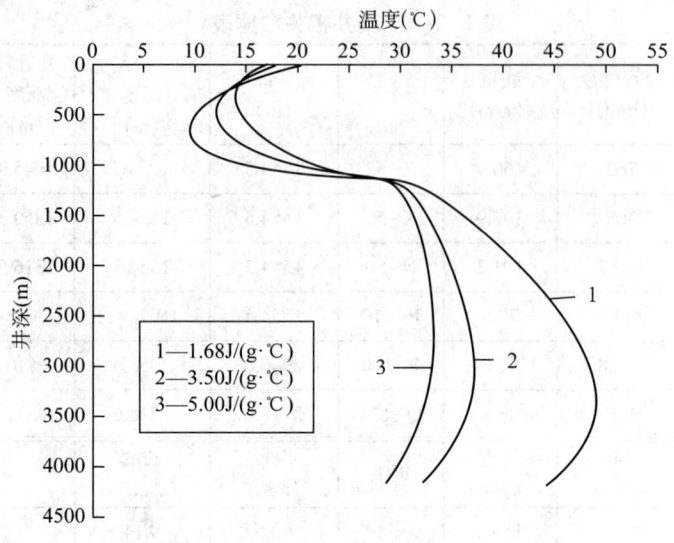

图 1-2-2　钻井液比热容对环空温度的影响

（3）不同钻井液的导热系数条件下的环空温度。在计算中采用的钻井液比热容的取值范围来自文献，图 1-2-3 反映了钻井液不同导热系数对环空温度的影响，导热系数由 1.73W/（m·℃）变化到 1.1W/（m·℃），井底温度变化了 3℃左右。

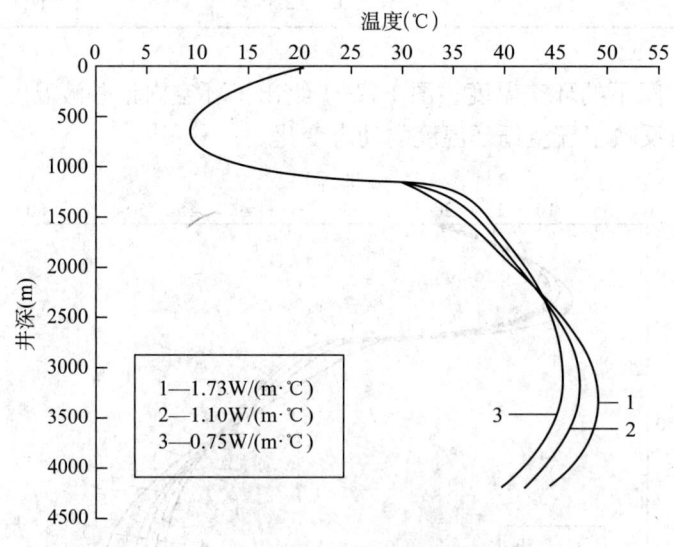

图 1-2-3　钻井液导热系数对环空温度的影响

（4）不同钻井液的密度条件下的环空温度。图 1-2-4 所示反映了钻井液在不同密度下对环空温度的影响。

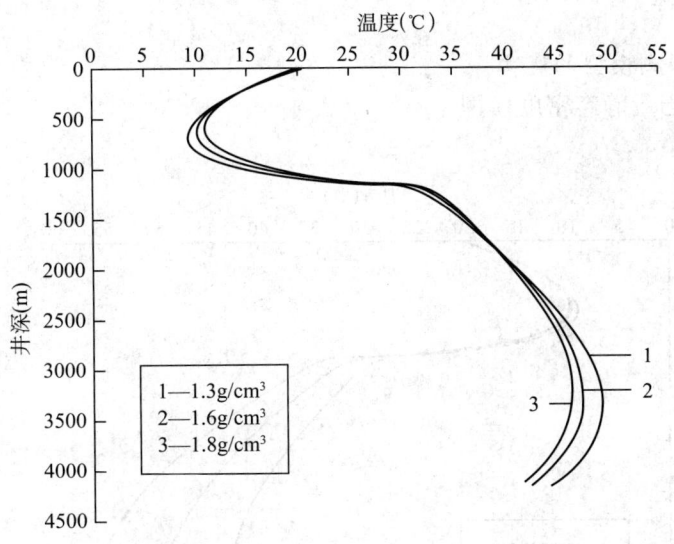

图 1-2-4　钻井液密度对环空温度的影响

(5) 不同循环排量条件下的环空温度。图 1-2-5 所示为其他参数不变时循环排量的变化对井筒环空温度的影响。

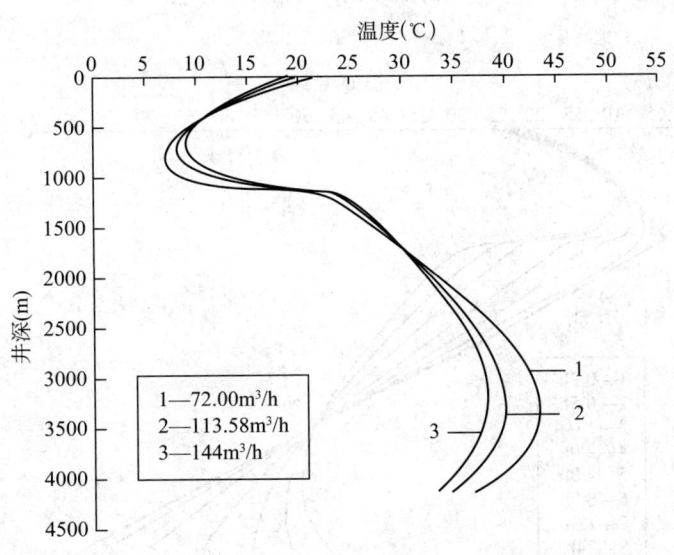

图 1-2-5　循环排量对环空温度的影响

(6) 不同地温梯度条件下的环空温度。图 1-2-6 所示反映了不同地温梯度对环空温度的影响。

(7) 不同静止时间条件下的环空温度。图 1-2-7 所示，是以书中算例的数据为基础，在循环温度计算的基础上，模拟计算得到的不同静止时间下的环空温度。

1.2.3 井筒压力计算

1.2.3.1 钻井液密度预测模型的建立

采用如下钻井液当量静态密度模型：

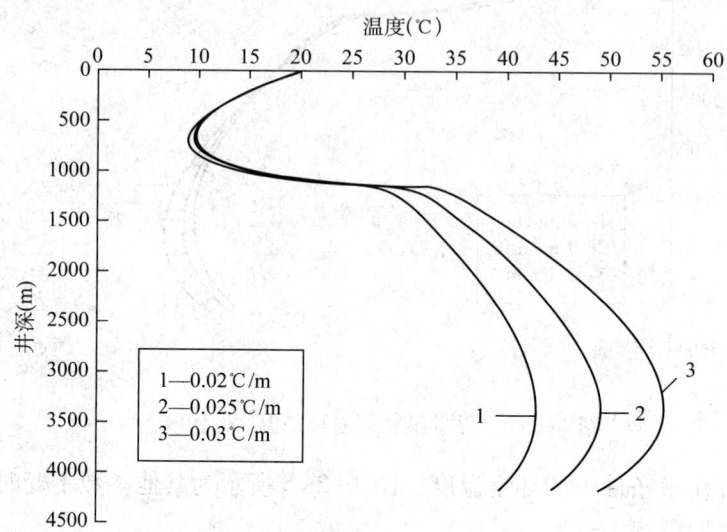

图 1-2-6 地温梯度对环空温度的影响

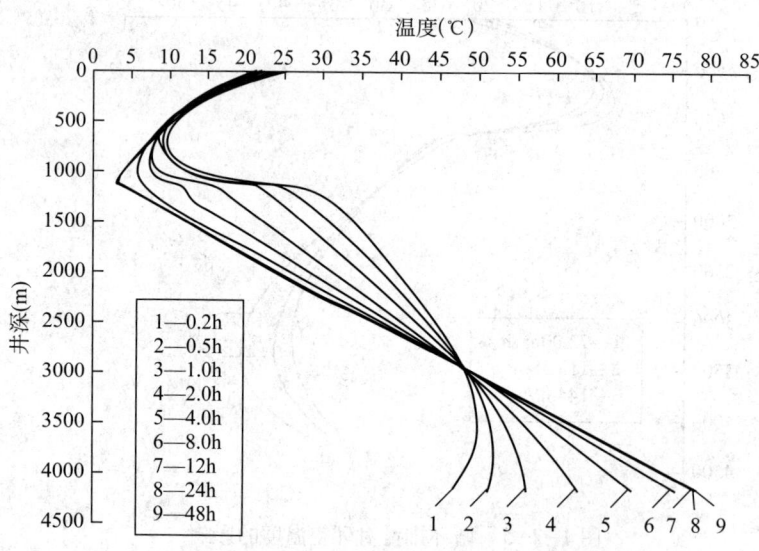

图 1-2-7 环空温度随静止时间的变化

$$\rho = \rho_0 e^{\Gamma(p,T)} \tag{1-2-18}$$

其中

$$\Gamma(p,T) = \gamma_P(p-p_0) + \gamma_{PP}(p-p_0)^2 + \gamma_T(T-T_0) + \gamma_{TT}(T-T_0)^2 + \gamma_{PT}(p-p_0)(T-T_0)$$

(1-2-19)

通过大量的实验，上述模型对钻井液密度的预测是较为准确的，可以满足工程的要求。

1.2.3.2 钻井液当量静态密度的确立

钻井液当量静态密度是表示钻井液在井筒截面的任意一点所受液柱压力的当量密度值，它是钻井液密度和液柱高度的函数，有：

$$ESD = \frac{p-p_0}{gH}$$

(1-2-20)

式中：ESD 为井深 H 处的钻井液当量静态密度，kg/m^3；p_0 为地面压力，MPa；p 为井深 H 处的静液柱压力，MPa；H 为井深，m；g 为重力加速度，取 $9.81m/s^2$。

综合考虑压力和温度对钻井液的影响，ESD 与标准条件下的钻井液密度 ρ 有所不同，ESD 与 ρ 的关系式为：

$$ESD = \frac{1}{H}\int_0^H \rho \mathrm{d}z$$

(1-2-21)

在建立了井筒温度场模型和高温高压钻井液密度模型的基础上，采用了迭代数值计算方法建立钻井液循环期间 ESD 模型：

$$ESD = \frac{p-p_0}{gH} = \frac{\rho_0}{H}\sum_{i=1}^{n}\left[e^{\Gamma(p_i,T_i)}\Delta h_i\right]$$

(1-2-22)

该模型描述了高温高压条件下，钻井液当量静态密度（ESD）随温度和压力变化的模式，利用该模式可以求解井底实际静液柱压力以及不同井深处的钻井液密度和当量静态密度变化情况。

1.2.3.3 深水环境井筒内压力计算方法应用

表 1-2-2 为实例计算采用的各项参数值，表 1-2-3 为不同类型钻井液密度预测模型的参数值。分别以表 1-2-3 中的 1 号油基钻井液和 5 号水基钻井液为例，计算其井筒的温度场及井筒中钻井液的当量静态密度。可以得到在排量、循环时间和地温梯度一定的条件下，不同水深的环空钻井液温度剖面，同理可以得出在其他参数不变的条件下，不同排量、循环时间、钻井液比热容及热传导系数和地温梯度条件下的钻井液温度随井深的变化情况。而根据计算出的温度剖面，以及 1 号油基钻井液和 5 号水基钻井液的密度预测模型，采用上述钻井液当量静态密度预测模型计算方法，可得出油基钻井液和水基钻井液在不同条件下的钻井液当量静态密度，如图 1-2-8 ~ 图 1-2-16 所示。

表 1-2-2 实例计算参数表

钻井液参数	密度：$1.33g/cm^3$，比热容：$1.70J/(g\cdot℃)$，热传导系数：$1.731W/(m\cdot℃)$，塑性黏度：$60mPa\cdot s$，动切力：$20Pa$，钻井液入口温度：$25℃$
地层参数	密度：$2.64g/cm^3$，比热容：$837J/(kg\cdot℃)$，热传导系数：$2.25W/(m\cdot℃)$，地温梯度：$2.31℃/100m$，海面温度：$25℃$

续表

钻井参数	钻头直径：215.9mm，钻杆外径：168.28mm，钻杆内径：151.5mm，钻铤长度：200m，钻铤外径：177.8mm，钻铤内径：71.4mm
井身结构参数	30in 导管下深 85m，20in 表层套管 500m，13^3/$_8$in 技术套管 800m，9^5/$_8$in 技术套管 850m，剩余井段为裸眼井段

表 1-2-3 部分类型钻井液密度预测模型回归数据

钻井液序号	钻井液类型		ρ_0 (kg/m³)	ξ_P (Pa^{-1})	ξ_{PP} (Pa^{-2})	ξ_T (℃$^{-1}$)	ξ_{TT} (℃$^{-2}$)	ξ_{PT} (℃$^{-1}$·Pa^{-1})
1	油基	柴油	1329.8302	5.3637×10^{-10}	−1.5726×10^{-18}	−7.3867×10^{-4}	4.4311×10^{-7}	1.7564×10^{-12}
2		矿物油	1329.6125	6.5149×10^{-10}	−1.9477×10^{-18}	−7.7420×10^{-4}	3.7569×10^{-7}	2.1079×10^{-12}
3		柴油	2049.9289	4.2932×10^{-10}	−1.2803×10^{-18}	−5.2290×10^{-4}	1.9651×10^{-7}	1.4650×10^{-12}
4		矿物油	2050.6529	4.8307×10^{-10}	−1.5571×10^{-18}	−5.4944×10^{-4}	1.0743×10^{-7}	1.6635×10^{-12}
5	水基		1292.2956	4.2795×10^{-10}	−5.4898×10^{-19}	−4.2240×10^{-4}	−1.5067×10^{-6}	8.3951×10^{-13}
6			1640.1078	4.9224×10^{-10}	−9.6877×10^{-19}	−3.2196×10^{-4}	−1.7432×10^{-6}	4.9186×10^{-13}
7			2166.4603	4.6122×10^{-10}	−8.7471×10^{-19}	−2.4714×10^{-4}	−1.3784×10^{-6}	3.7083×10^{-13}

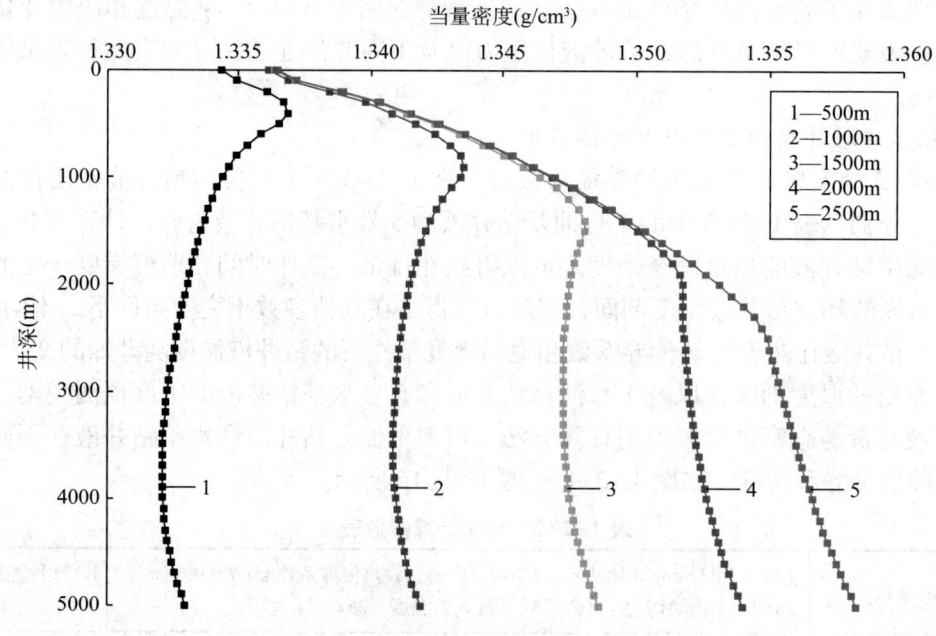

图 1-2-8 油基钻井液不同水深条件下环空的钻井液当量静态密度
排量 25L/s，地温梯度 2.31℃/100m，循环时间 4h

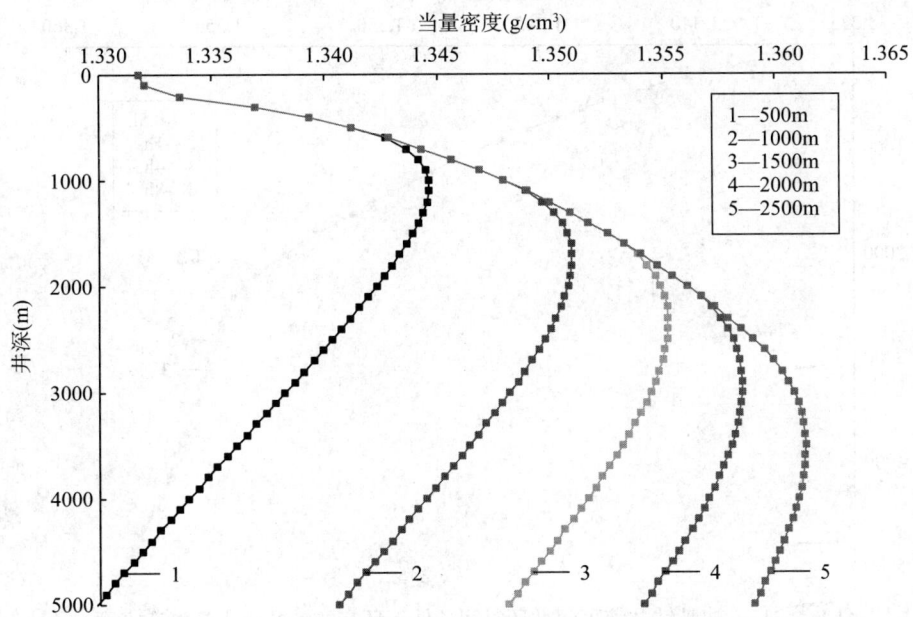

图1-2-9 油基钻井液停钻时不同水深条件下环空的钻井液当量静态密度

地温梯度2.31℃/100m

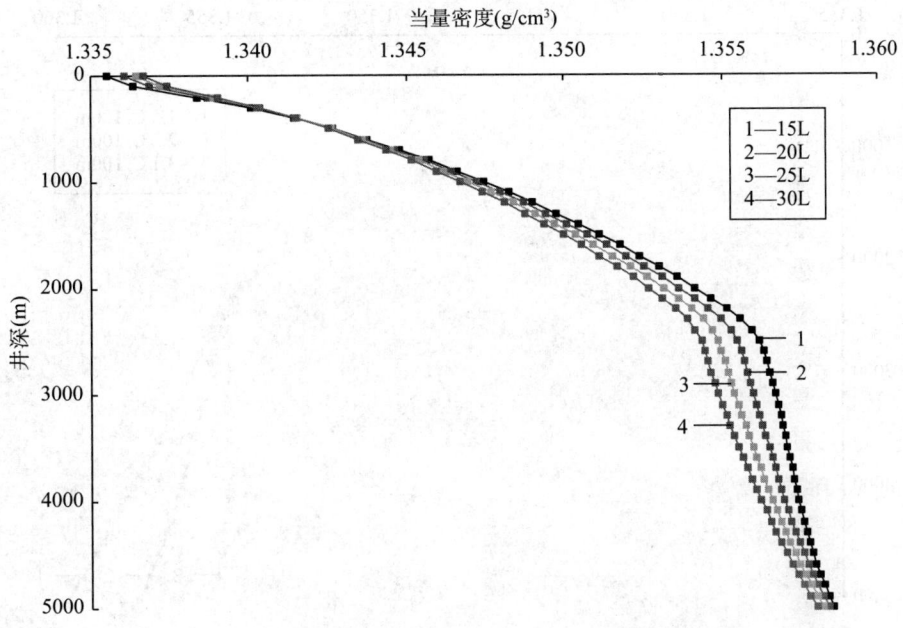

图1-2-10 油基钻井液不同排量下环空的钻井液当量静态密度

水深2500m,地温梯度2.31℃/100m,循环时间4h

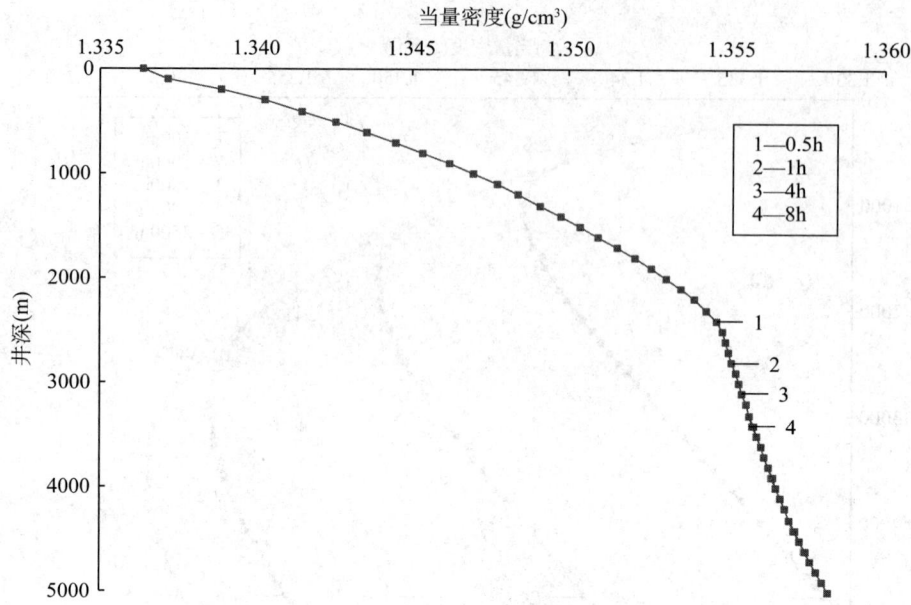

图 1-2-11 油基钻井液不同循环时间条件下环空的钻井液当量静态密度

水深 2500m，排量 25L/s，地温梯度 2.31℃/100m

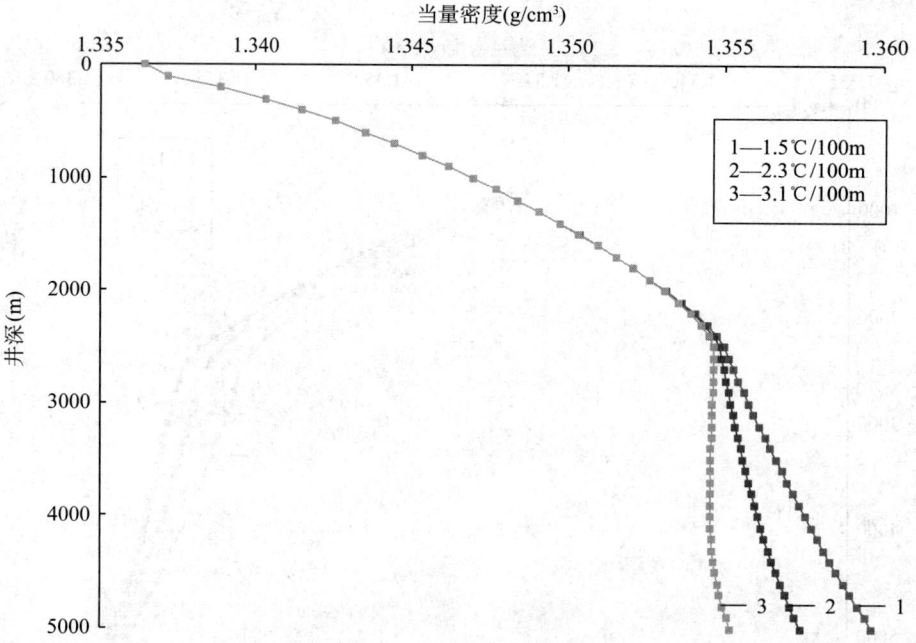

图 1-2-12 油基钻井液不同地温梯度下环空的钻井液当量静态密度

水深 2500m，排量 25L/s，循环时间 4h

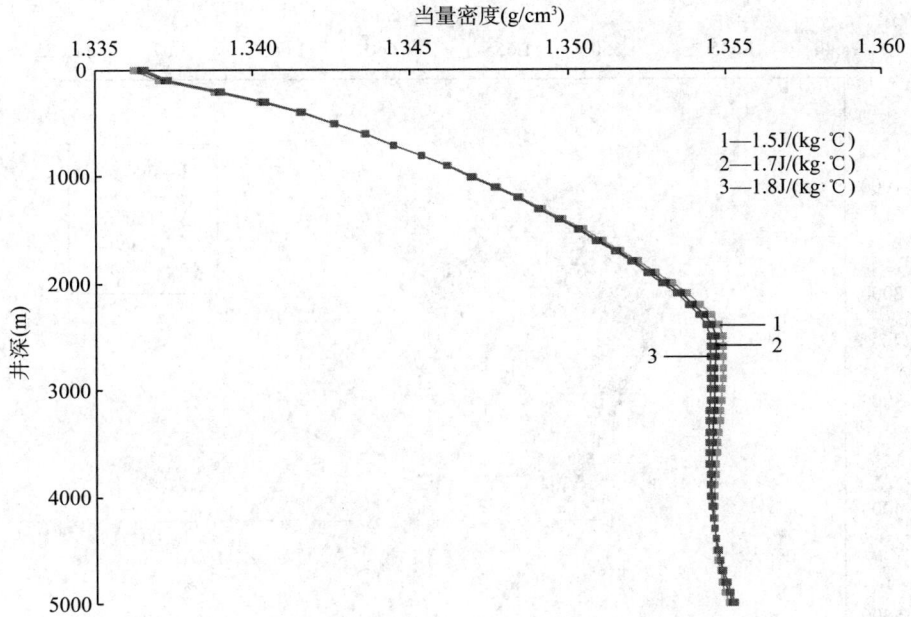

图 1-2-13 油基钻井液不同比热容时环空的钻井液当量静态密度

水深 2500m,排量 25L/s,地温梯度 2.31℃/100m,循环时间 4h

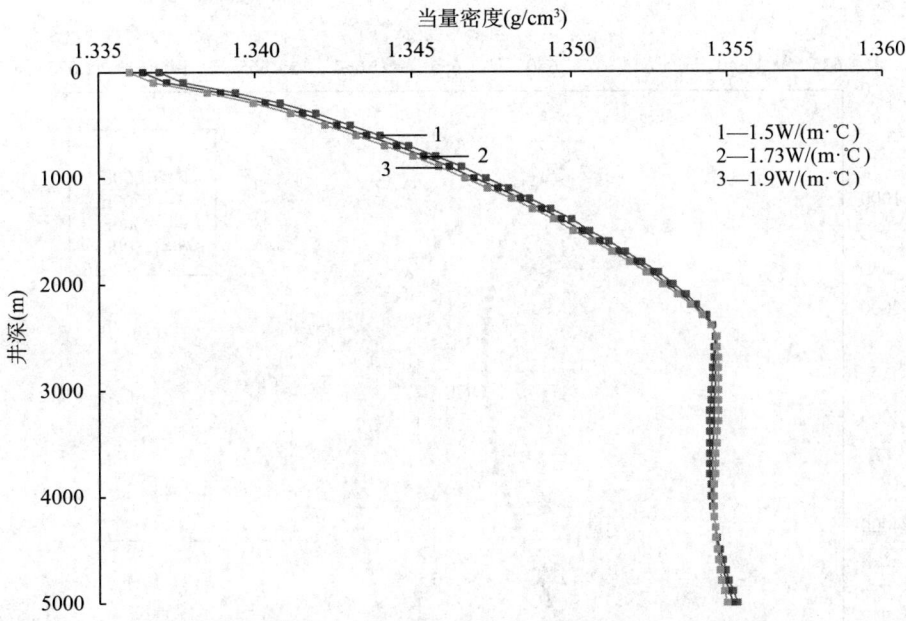

图 1-2-14 油基钻井液不同热传导系数环空的钻井液当量静态密度

排量 25L/s,地温梯度 2.31℃/100m,循环时间 4h

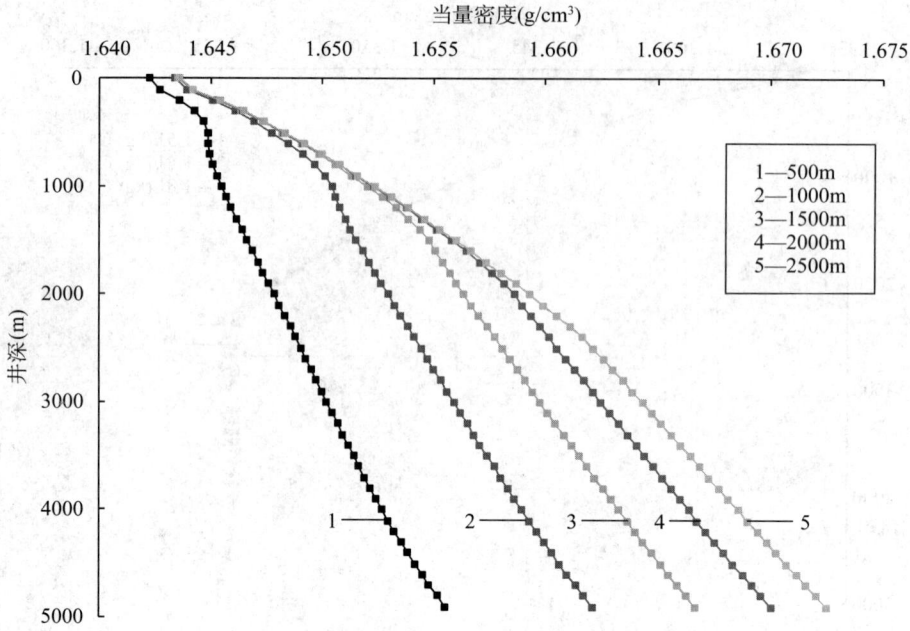

图 1-2-15 水基钻井液不同水深条件下环空的钻井液当量静态密度

排量 25L/s，地温梯度 2.31℃/100m，循环时间 4h

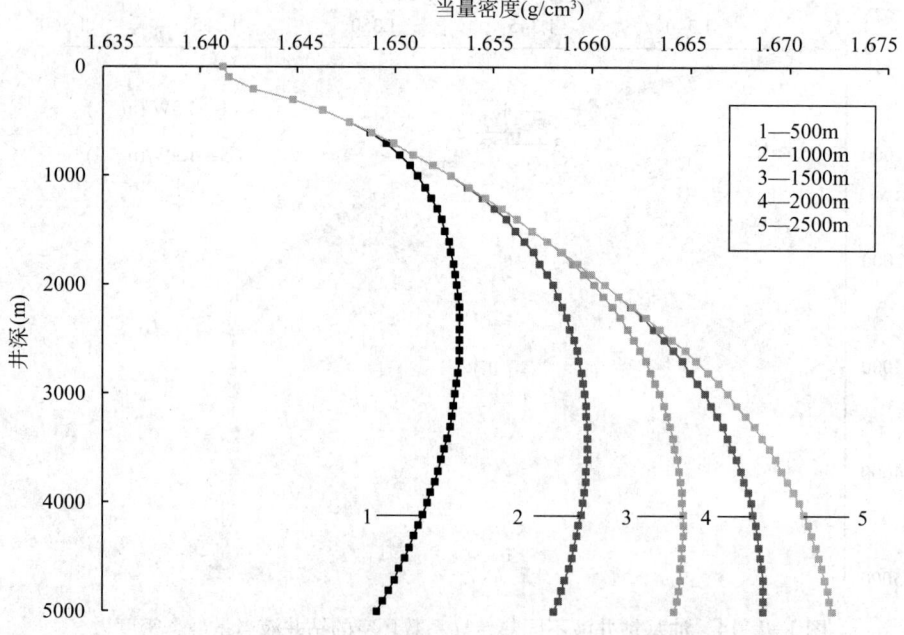

图 1-2-16 水基钻井液停钻时不同水深条件下环空的钻井液当量静态密度

地温梯度 2.31℃/100m

1.3 不确定地层压力条件下套管下入深度及层次确定

1.3.1 含可信度的各类地层压力预测方法

压力预测方法有多种，而每一种压力预测模型都是多个参数的函数。设压力预测模型如下（某一深度处）：

$$p_t = p_t(X_1, X_2, X_3, \cdots, X_n) \tag{1-3-1}$$

式中：p_t 表示地层压力预测值；t 代表地层压力的种类，可分别表示地层孔隙压力（$t=p_p$）、坍塌压力（$t=p_c$）或者破裂压力（$t=p_F$）；$p_t(X_1, X_2, X_3, \cdots, X_n)$ 表示以 n 个参数 $X_1, X_2, X_3, \cdots, X_n$ 为变量的函数。

由于参数具有不确定性，对每个参数依据概率理论进行分析，可得出每个参数的概率分布情况，其概率密度函数表达式如下：

$$P_{X_i}(x) = f_i(x_{i1}, x_{i2}, x_{i3}, \cdots, x_{im}) \quad (i=1, 2, 3, \cdots, n) \tag{1-3-2}$$

式中：$P_{X_i}(x)$ 表示参数 X_i 的概率密度分布函数，$x_{i1}, x_{i2}, x_{i3}, \cdots, x_{im}$ 则表示此函数的参量。在正态分布中，共有两个参量 x_{i1} 和 x_{i2}，分别表示位置参数 μ 和尺度参数 σ。

压力预测函数中每一变量都具有其各自的分布形式，对变量较少、分布形式简单的，可直接由概率统计理论得出其压力值 p_t 的概率密度函数，确定其分布状态。对于变量繁多、直接理论计算过程过于繁琐的压力预测函数来说，可由 Monte Carlo 模拟，据其结果寻求较简单的概率分布函数进行拟合。多位学者研究表明，其压力值的分布多为贝塔分布、正态分布或对数正态分布形式。

在深度 h_i 处的地层压力 p_t 的累积概率函数 $F_{h_i}(p_t)$，在不同深度处分别求取其地层压力 p_t 的累积概率分布函数，即可组成一累积概率分布集合：

$$F(p_t) = \{F_{h_1}(p_t), F_{h_2}(p_t), F_{h_3}(p_t), \cdots F_{h_n}(p_t)\} \quad (h_1 < h_2 < h_3 < \cdots < h_n) \tag{1-3-3}$$

用符号 $(p_t)_{h_i}^j$ 表示深度为 h_i 处地层压力 p_t 的累积概率函数 $F_{h_i}(p_t)$ 中累积概率为 j 的地层压力值 p_t，在式（1-3-3）中的每一深度处的累积概率函数中取相同累积概率值 j_0 的地层压力值，则原集合中的元素由一个分布变成一个具体的压力值，其组成的新集合如下：

$$(p_t)^{j_0} = \{(p_t)_{h_1}^{j_0}, (p_t)_{h_2}^{j_0}, (p_t)_{h_3}^{j_0}, \cdots, (p_t)_{h_n}^{j_0}\} \quad (h_1 < h_2 < h_3 < \cdots < h_n) \tag{1-3-4}$$

将式（1-3-4）中的元素，以压力值 $(p_t)_{h_i}^j$ 为横坐标，深度 h_i 为纵坐标，连点成线即得出累积概率为 j_0 的地层压力曲线，用符号 $(p_t)^{j_0}$ 表示，由于预测深度 h_i 不连续，两相邻深度间的压力值采用线性插值获得。因此，累积概率为 j_0 的地层压力曲线可表示为：

$$f_{j=j_0}(p_t, h) = \begin{cases} (p_t)_{h_i}^{j_0} & (h=h_i,\ i=1, 2, 3, \cdots, n) \\ \dfrac{(p_t)_{h_{i+1}}^{j_0} - (p_t)_{h_i}^{j_0}}{h_{i+1} - h_i} h + \dfrac{(p_t)_{h_i}^{j_0} h_{i+1} - (p_t)_{h_{i+1}}^{j_0} h_i}{h_{i+1} - h_i} & (h_i < h < h_{i+1},\ i=1, 2, 3, \cdots, n-1) \end{cases} \tag{1-3-5}$$

式中，$f_{j=j_0}(p_t, h)$ 表示深度为 h、累积概率为 j_0 时地层压力 p_t 的值。

同理，当获得累积概率为 j_1 和 j_2 ($j_1 \neq j_2$) 的地层压力曲线 $(p_t)_{j_1}$ 和 $(p_t)_{j_2}$ 后，两条曲线构成可信度为 $|j_1-j_2| \times 100\%$ 的地层压力剖面，它表示深度 h_i 处的地层压力落在区间 $\left[(p_t)_{h_i}^{j_1} - (p_t)_{h_i}^{j_2}\right]$ 中的几率为 $|j_1-j_2| \times 100\%$，例如累积概率为 10% 的地层孔隙压力曲线和 90% 的地层孔隙压力曲线构成了可信度为 90% － 10%=80% 的地层孔隙压力剖面，即表示地层孔隙压力有 80% 的可能落在此区间内。由此可建立起含可信度的地层孔隙压力、坍塌压力及破裂压力剖面。

根据概率统计理论，每一深度处地层压力的概率密度函数和累积概率分布函数解析解表达式为：

$$p_{t(h)}\left[p_{t(h)}\right] = \begin{cases} p_{h_i}\left[p_{t(h_i)}\right] \\ \int_{-\infty}^{+\infty} \frac{h_{i+1}-h}{h_{i+1}-h_i} \cdot p_{h_i}\left[\frac{h_{i+1}-h_i}{h_{i+1}-h}(y-y_2)\right] \cdot \frac{h-h_i}{h_{i+1}-h_i} p_{h_{i+1}}\left[\frac{h_{i+1}-h_i}{h-h_i}y_2\right]dy_2 \end{cases}$$

$(h=h_i, \ i=1, 2, 3, \cdots, n)$
$(h_i < h < h_{i+1}, \ i=1, 2, 3, \cdots, n)$ （1–3–6）

$$F_{t(h)}\left[p_{t(h)}\right]\begin{cases} F_{h_i}\left[p_{t(h_i)}\right] \\ \int_{-\infty}^{p_{t(h)}} \int_{-\infty}^{+\infty} \frac{h_{i+1}-h}{h_{i+1}-h_i} \cdot p_{h_i}\left[\frac{h_{i+1}-h_i}{h_{i+1}-h}(y-y_2)\right] \cdot \frac{h-h_i}{h_{i+1}-h_i} p_{h_{i+1}}\left[\frac{h_{i+1}-h_i}{h-h_i}y_2\right]dy_2 dy \end{cases}$$

$(h=h_i, \ i=1, 2, 3, \cdots, n)$
$(h_i < h < h_{i+1}, \ i=1, 2, 3, \cdots, n)$ （1–3–7）

其中，$y_1 = \left(\frac{h_{i+1}-h}{h_{i+1}-h_i}\right)p_{t(h_i)}$，$y_2 = \left(\frac{h-h_i}{h_{i+1}-h_i}\right)p_{t(h_{i+1})}$。

通过上述步骤，可建立起地层压力（包括地层孔隙压力、地层破裂压力、地层坍塌压力）随深度的概率分布模型。

1.3.2 含可信度安全钻井液密度上下限区间及概率分布状态的确定

根据压力约束准则，可确定安全钻井液密度上下限。

（1）防井涌钻井液密度下限值 $\rho_{k(h)}$：

$$\rho_{k(h)} = p_{t(h)} + S_b + \Delta\rho \quad (1-3-8)$$

式中：$t=p_p$ 表示地层孔隙压力。

（2）防井壁坍塌钻井液密度下限值 $\rho_{c1(h)}$ 和钻井液密度上限值 $\rho_{c2(h)}$：

$$\rho_{c1(h)} = p_{t(h)} + S_b \quad (1-3-9)$$

式中：$t=p_{c\min}$ 表示地层最小坍塌压力。

$$\rho_{c2(h)} = p_{t(h)} - S_g \quad (1-3-10)$$

式中：$t=p_{c\,max}$ 表示地层最大坍塌压力。

(3) 防压差卡钻钻井液密度上限值 $\rho_{sk\,(h)}$：

$$\rho_{sk(h)} = p_{t(h)} + \frac{\Delta p}{h \times 0.0098} \qquad (1-3-11)$$

式中：$t=p_p$ 表示地层孔隙压力。

(4) 防井漏钻井液密度上限值 $\rho_{L\,(h)}$：

$$\rho_{L\,(h)} = p_{t\,(h)} - S_g - S_f \qquad (1-3-12)$$

式中：$t=p_f$ 表示地层破裂压力。

在设计过程中，抽汲压力系数 S_b、激动压力系数 S_g、附加钻井液密度 $\Delta\rho$、地层破裂压力安全增值 S_f、压差卡钻允值 Δp 等系数既可以根据经验取一确定数值，也可根据井的复杂情况分井段取不同的范围区间，结合相邻区块已钻井的统计资料，确定其分布形式（多数分布形式为均匀分布、三角分布和正态分布）。因此，可得出任意深度处的抽汲压力系数概率密度函数 $p_h(S_b)$；激动压力系数概率密度函数 $p_h(S_g)$；附加钻井液密度概率密度函数 $p_h(\Delta\rho)$；地层破裂压力安全增值概率密度函数 $p_h(S_f)$；压差卡钻允值概率密度函数 $p_h(\Delta p)$。结合地层压力概率密度函数 [式（1-3-13）]，利用概率统计理论可推导出任意深度处各钻井液密度上下限的概率密度函数和累积概率分布函数。

$\rho_{k\,(h)}$、$\rho_{c1\,(h)}$、$\rho_{c2\,(h)}$、$\rho_{sk\,(h)}$ 和 $\rho_{L\,(h)}$ 的概率密度函数和累积概率分布函数表达式分别如下所示：

$$\begin{cases} p_{\rho_{k(h)}}\left(\rho_{k(h)}\right) = \int_{-\infty}^{+\infty}\int_{-\infty}^{+\infty} p_{t(h)}\left[\rho_{k(h)} - x_1 - x_4\right] \cdot p_{X_1(h)}(x_1) \cdot p_{X_4(h)}(x_4)\mathrm{d}x_1\mathrm{d}x_4 \\ F_{\rho_{k(h)}}\left(\rho_{k(h)}\right) = \int_{-\infty}^{\rho_{k(h)}}\int_{-\infty}^{+\infty}\int_{-\infty}^{+\infty} p_{t(h)}\left[\rho_{k(h)} - x_1 - x_4\right] \cdot p_{X_1(h)}(x_1) \cdot p_{X_4(h)}(x_4)\mathrm{d}x_1\mathrm{d}x_4\mathrm{d}y \end{cases} \quad (t=p_p)$$

$$(1-3-13)$$

$$\begin{cases} p_{\rho_{c1(h)}}\left(\rho_{c1(h)}\right) = \int_{-\infty}^{+\infty} p_{t(h)}\left[\rho_{c1(h)} - x_1\right] \cdot p_{X_1(h)}(x_1)\mathrm{d}x_1 \\ F_{\rho_{c1(h)}}\left(\rho_{c1(h)}\right) = \int_{-\infty}^{\rho_{c1(h)}}\int_{-\infty}^{+\infty} p_{t(h)}\left[\rho_{c1(h)} - x_1\right] \cdot p_{X_1(h)}(x_1)\mathrm{d}x_1\mathrm{d}y \end{cases} \quad (t=p_{c\,min}) \quad (1-3-14)$$

$$\begin{cases} p_{\rho_{c2(h)}}\left(\rho_{c2(h)}\right) = \int_{-\infty}^{+\infty} p_{t(h)}\left[\rho_{c2(h)} - x_2\right] \cdot p_{X_2(h)}(x_2)\mathrm{d}x_2 \\ F_{\rho_{c2(h)}}\left(\rho_{c2(h)}\right) = \int_{-\infty}^{\rho_{c2(h)}}\int_{-\infty}^{+\infty} p_{t(h)}\left[\rho_{c2(h)} - x_2\right] \cdot p_{X_2(h)}(x_2)\mathrm{d}x_2\mathrm{d}y \end{cases} \quad (t=p_{c\,max}) \quad (1-3-15)$$

$$\begin{cases} p_{\rho_{sk(h)}}\left(\rho_{sk(h)}\right) = \int_{-\infty}^{+\infty} p_{t(h)}\left[\rho_{sk(h)} - x_5\right] \cdot p_{X_5(h)}(x_5)\mathrm{d}x_5 \\ F_{\rho_{sk(h)}}\left(\rho_{sk(h)}\right) = \int_{-\infty}^{\rho_{sk(h)}}\int_{-\infty}^{+\infty} p_{t(h)}\left[\rho_{sk(h)} - x_5\right] \cdot p_{X_5(h)}(x_5)\mathrm{d}x_5\mathrm{d}y \end{cases} \quad (t=p_p) \quad (1-3-16)$$

$$\begin{cases} p_{\rho_{L(h)}}\left(\rho_{L(h)}\right) = \int_{-\infty}^{+\infty}\int_{-\infty}^{+\infty} p_{t(h)}\left[\rho_{L(h)} - x_2 - x_3\right] \cdot p_{X_2(h)}(x_2) \cdot p_{X_3(h)}(x_3)\mathrm{d}x_2\mathrm{d}x_3 \\ F_{\rho_{L(h)}}\left(\rho_{L(h)}\right) = \int_{-\infty}^{\rho_{L(h)}}\int_{-\infty}^{+\infty}\int_{-\infty}^{+\infty} p_{t(h)}\left[\rho_{L(h)} - x_2 - x_3\right] \cdot p_{X_2(h)}(x_2) \cdot p_{X_3(h)}(x_3)\mathrm{d}x_2\mathrm{d}x_3\mathrm{d}y \end{cases} \quad (t=p_f)$$

$$(1-3-17)$$

式中，$x_1=S_b$，$x_2=-S_g$，$x_3=-S_f$，$x_4=\Delta\rho$，$x_5=\dfrac{\Delta p}{h\times 0.0098}$。

若各压力和统计出的设计安全系数的分布形式较为复杂，求解解析解时过于繁琐，也可按照式（1-3-8）～式（1-3-12）通过 Monte Carlo 方法对各个钻井液密度上下限的分布进行模拟，根据模拟出的统计结果寻求分布进行拟合。

通过上述钻井液密度上下限的分布形式，可得累积概率为 j_0 的安全钻井液密度窗口为：

$$\max\left\{\rho_{k,j=j_0}(h),\rho_{c1,j=j_0}(h)\right\}\leqslant \rho_{k,j=j_0}(h)\leqslant \min\left\{\rho_{c2,j=j_0}(h),\rho_{1,j=j_0}(h),\rho_{sk,j=j_0}(h)\right\} \quad (1-3-18)$$

从而可知，深度 h 处累积概率 $j=j_0$ 时的安全钻井液密度上下限分别如下：

$$L(h)_{j=j_0}=\max\left\{\rho_{k,j=j_0}(h),\rho_{c1,j=j_0}(h)\right\} \quad (1-3-19)$$

$$H(h)_{j=j_0}=\min\left\{\rho_{c2,j=j_0}(h),\rho_{1,j=j_0}(h),\rho_{sk,j=j_0}(h)\right\} \quad (1-3-20)$$

与地层压力曲线类似，累积概率为 j_0 时，连续的安全钻井液密度的上下限曲线的数学函数表达式为：

$$H(h)_{j=j_0}=\begin{cases} H_{j_0,h_i} & (i=1,2,3,\cdots,n) \\ \dfrac{H_{j_0,h_{i+1}}-H_{j_0,h_i}}{h_{i+1}-h_i}h+\dfrac{H_{j_0,h_i}h_{i+1}-H_{j_0,h_{i+1}}h_i}{h_{i+1}-h_i} & (h_i<h<h_{i+1},i=1,2,3,\cdots,n) \end{cases}$$

$$(1-3-21)$$

$$L(h)_{j=j_0}=\begin{cases} L_{j_0,h_i} & (i=1,2,3,\cdots,n) \\ \dfrac{L_{j_0,h_{i+1}}-L_{j_0,h_i}}{h_{i+1}-h_i}h+\dfrac{L_{j_0,h_i}h_{i+1}-L_{j_0,h_{i+1}}h_i}{h_{i+1}-h_i} & (h_i<h<h_{i+1},i=1,2,3,\cdots,n) \end{cases}$$

$$(1-3-22)$$

式中：$L(h)_{j=j_0}$ 为累积概率为 j_0 的安全钻井液密度下限曲线函数表达式；$H(h)_{j=j_0}$ 为累积概率 j 为 j_0 的钻井液密度上限曲线函数表达式。

同理可得累积概率为 j_1 的安全钻井液密度下限曲线 $L(h)_{j=j_1}$ 和上限曲线 $H(h)_{j=j_1}$，从而得到含有可信度 $|j_1-j_0|\times 100\%$ 的安全钻井液密度上限剖面和下限剖面，以便后续的套管层次及下深的风险评价。

1.3.3 套管层次及下深确定方法

1.3.3.1 自上而下的套管层次及下深确定方法

对于探井而言，对地层信息的了解程度有限，为了给后续钻进留有较大的调整空间，常采用自上而下的井身结构设计方法，使得每一层套管下至最深。此方法在实际工程设计中广泛使用。

如图 1-3-1 所示，按照上述步骤建立出的含可信度的钻井液密度上下限剖面，图中

L_{j_0} 和 L_{j_1} 分别表示累积概率为 j_0 和 j_1 的钻井液密度下限曲线，H_{j_0} 和 H_{j_1} 分别为累积概率为 j_0 和 j_1 的钻井液密度上限曲线，安全钻井液密度上下限剖面可信度都为 $|j_1-j_0|\times 100\%$。

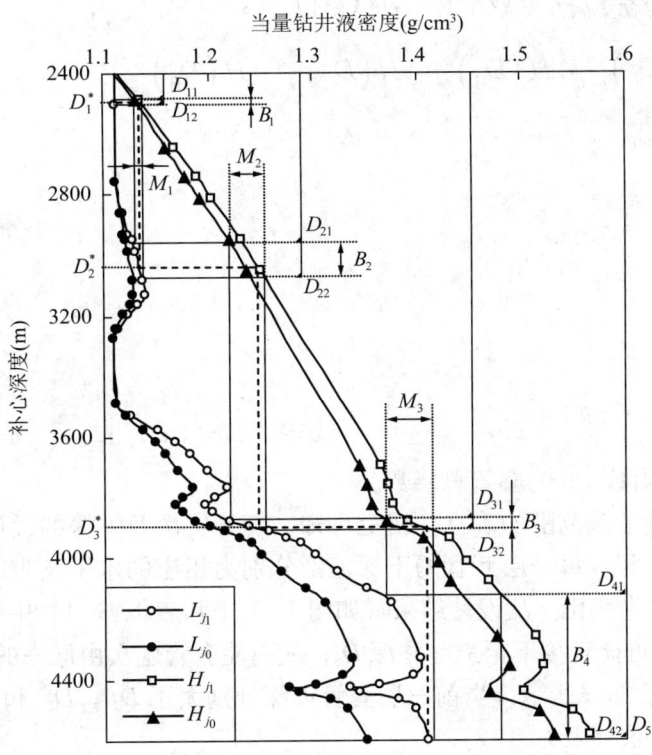

图 1-3-1 自上而下压力不确定条件下套管层次及下深方法示意图

（1）表层套管下深范围（第一水平带带宽）的确立。根据地层岩性资料及可参考邻井表层套管的下深数据，综合考虑确定表层套管下深范围为 $D_{11}\sim D_{12}$（$D_{11}<D_{12}$）。如图 1-3-1 所示，将深度范围 $B_1=D_{12}-D_{11}$ 定义为第一水平带的带宽，并称 D_{11} 为水平条带的顶边，D_{12} 为底边。

（2）第一竖直条带带宽的确立。将带宽为 B_1 的水平条带水平延伸，条带分别与曲线 H_{j_0} 和 H_{j_1} 相交于 4 点，即点 $\left(H(D_{11})_{j=j_0}, D_{11}\right)$，点 $\left(H(D_{11})_{j=j_1}, D_{11}\right)$，点 $\left(H(D_{12})_{j=j_0}, D_{12}\right)$ 和点 $\left(H(D_{12})_{j=j_1}, D_{12}\right)$，并 M_1 定义为第一竖直带的带宽，有：

$$M_1 = \max\left\{H(D_{11})_{j=j_0}, H(D_{11})_{j=j_1}, H(D_{12})_{j=j_0}, H(D_{12})_{j=j_1}\right\} \\ - \min\left\{H(D_{11})_{j=j_0}, H(D_{11})_{j=j_1}, H(D_{12})_{j=j_0}, H(D_{12})_{j=j_1}\right\} \tag{1-3-23}$$

与水平条带类似，称 $\min\left\{H(D_{11})_{j=j_0}, H(D_{11})_{j=j_1}, H(D_{12})_{j=j_0}, H(D_{12})_{j=j_1}\right\}$ 为此竖直条带的顶边，$\max\left\{H(D_{11})_{j=j_0}, H(D_{11})_{j=j_1}, H(D_{12})_{j=j_0}, H(D_{12})_{j=j_1}\right\}$ 为底边。

（3）带的延伸和折叠。与第一水平条带和第一竖直条带的确立方法类似，将第一竖直条带向下延伸，与曲线 L_{j_1} 相交产生第二水平条带，以此类推，条带成阶梯状延伸和折叠，直至最终井深。延伸和折叠过程中竖直条带和水平条带带宽的计算公式为：

$$\begin{cases} M_{i\max} = \max\left\{H(D_{i1})_{j=j_0}, H(D_{i1})_{j=j_1}, H(D_{i1})_{j=j_0}, H(D_{i1})_{j=j_1}\right\} \\ M_{i\min} = \min\left\{H(D_{i1})_{j=j_0}, H(D_{i1})_{j=j_1}, H(D_{i1})_{j=j_0}, H(D_{i1})_{j=j_1}\right\} \\ M_i = M_{i\max} - M_{i\min} \\ D_{k1} = L^{-1}(M_{i\min})_{j=j_1} \\ D_{k2} = L^{-1}(M_{i\max})_{j=j_1} \\ B_{i+1} = D_{k2} - D_{k1} \\ D_{i1} < D_{i2} \end{cases}$$

$$(k=i+1, \ i=1, 2, 3, \cdots, n-1) \qquad (1-3-24)$$

式中：L^{-1} 为 L 的反函数；n 为套管总层数。

（4）套管层次及下深范围的确立。由上可知，套管层次及下深的设计结果不再是单一的数值，而是一个区间。每一层套管的下深范围分别为相应的水平条带的顶边和底边。且套管层次可能也会发生变化。从设计结果（如图 1-3-1 和表 1-3-1）中可以看出第 4 层次套管的最深下深 D_{42} 可能直接下至最终井深 D_5，从而使套管层次由原来的 5 层减少至 4 层，如图 1-3-1 中虚线阶梯线所示，当前三层套管下深分别大于 D_1^*，D_2^* 和 D_3^* 时，只需 4 层套管即可满足设计要求（表 1-3-2）。

表 1-3-1　套管层次及下深设计结果

套管层次	下深或下深范围	可信度
表层套管	$D_{11} \sim D_{12}$	—
技术套管 1	$D_{21} \sim D_{22}$	$\|j_1-j_0\| \times 100\%$
技术套管 2	$D_{31} \sim D_{32}$	$\|j_1-j_0\| \times 100\%$
技术套管 3	$D_{41} \sim D_{42}$	$\|j_1-j_0\| \times 100\%$
油层套管（或裸眼完井）	D_5	$\|j_1-j_0\| \times 100\%$

表 1-3-2　四层次方案每一层套管层次及下深所需达到的要求

4 层次方案	下深或下深范围	可信度
表层套管	$D_1^* \sim D_{12}$	—
技术套管 1	$D_2^* \sim D_{21}$	$\|j_1-j_0\| \times 100\%$
技术套管 2	$D_3^* \sim D_{32}$	$\|j_1-j_0\| \times 100\%$
油层套管（或裸眼完井）	D_5	$\|j_1-j_0\| \times 100\%$

1.3.3.2 自下而上的套管层次及下深确定方法

同自上而下的方法类似,只是条带是自下而上延伸,其带宽的确定方法和自上而下方法类似(图1-3-2),其设计步骤如下:

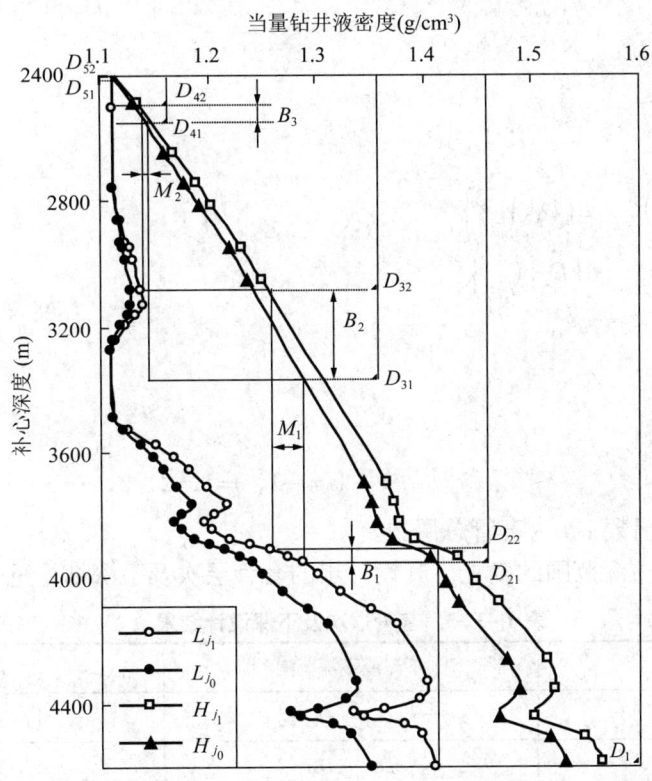

图1-3-2 自下而上压力不确定条件下套管层次及下深方法示意图

(1)第一水平条带带宽的确立。由设计井深处 D_1 累积概率为 j_0 的钻井液密度下限曲线 $L_{j=j_0}$ 上的点 $\left(L(D_1)_{j=j_0}, D_1\right)$ 竖直向上延伸,分别交累积概率为 j_0 和 j_1 的钻井液密度上限曲线 $H_{j=j_0}$ 和 $H_{j=j_1}$ 于点 $\left(H(D_{21})_{j=j_0}, D_{21}\right)$ 和点 $\left(H(D_{22})_{j=j_1}, D_{22}\right)$,则第一水平条带带宽为:

$$B_1 = D_{21} - D_{22} \qquad (1-3-25)$$

(2)第一竖直条带带宽的确立。将第一水平条带水平向左延伸,分别与累积概率为 j_1 的钻井液密度下限曲线交于点 $\left(L(D_{21})_{j=j_0}, D_{21}\right)$ 和点 $\left(L(D_{22})_{j=j_0}, D_{22}\right)$,则第一竖直条带带宽为:

$$M_1 = \left| L(D_{21})_{j=j_0} - L(D_{22})_{j=j_0} \right| \qquad (1-3-26)$$

(3)带的折叠和延伸。与第一水平条带和第一竖直条带的确立方法类似,将第一竖直条带向上延伸,与曲线 H_{j_1} 和 H_{j_0} 相交产生第二水平条带,以此类推,条带成阶梯状延伸和折叠,直至表层套管下深处。延伸和折叠过程中竖直条带和水平条带带宽的计算公式为:

$$\begin{cases} D_{k1} = \max\left\{H^{-1}\left(L(D_{i1})_{j=j_1}\right)_{j=j_0}, H^{-1}\left(L(D_{i1})_{j=j_1}\right)_{j=j_1}, H^{-1}\left(L(D_{i2})_{j=j_1}\right)_{j=j_0}, H^{-1}\left(L(D_{i2})_{j=j_1}\right)_{j=j_1}\right\} \\ D_{k2} = \min\left\{H^{-1}\left(L(D_{i1})_{j=j_1}\right)_{j=j_0}, H^{-1}\left(L(D_{i1})_{j=j_1}\right)_{j=j_1}, H^{-1}\left(L(D_{i2})_{j=j_1}\right)_{j=j_0}, H^{-1}\left(L(D_{i2})_{j=j_1}\right)_{j=j_1}\right\} \\ B_i = D_{k1} - D_{k2} \\ D_{k1} = L^{-1}(M_{i\min})_{j=j_1} \\ D_{k2} = L^{-1}(M_{i\max})_{j=j_1} \\ M_{i\max} = \max\left\{L(D_{k1})_{j=j_1}, L(D_{k2})_{j=j_1}\right\} \\ M_{i\min} = \min\left\{L(D_{k1})_{j=j_1}, L(D_{k2})_{j=j_1}\right\} \\ M_i = M_{i\max} - M_{i\min} \\ D_{i1} > D_{i2} \end{cases}$$

$$(k=i+1,\ i=1,\ 2,\ 3,\ \cdots,\ n-1) \quad (1-3-27)$$

式中：H^{-1} 为 H 的反函数；n 为套管总层数。

（4）套管层次及下深范围的确立。其设计出的套管层次及下深结果见表 1-3-3。

表 1-3-3 套管层次及下深设计结果

套管层次	下深或下深范围	可信度
表层套管	$D_{52} \sim D_{51}$	$\|j_1-j_0\| \times 100\%$
技术套管 1	$D_{42} \sim D_{41}$	$\|j_1-j_0\| \times 100\%$
技术套管 2	$D_{32} \sim D_{31}$	$\|j_1-j_0\| \times 100\%$
技术套管 3	$D_{22} \sim D_{21}$	$\|j_1-j_0\| \times 100\%$
油层套管（或裸眼完井）	D_1	$\|j_1-j_0\| \times 100\%$

1.3.4 套管层次及下深风险评价

1.3.4.1 套管层次及下深风险评价模型的建立

根据安全钻井液密度上下限及其分布状态，5 种风险分别为井涌风险 R_k、井壁坍塌风险 R_c、钻进井漏风险 R_L、压差卡钻风险 R_{sk}、发生井涌后的关井井漏风险 R_{KL}。定义如下：

$$R_{k(h)} = P(\rho_d < \rho_{k(h)}) = 1 - F_{\rho_{k(h)}}(\rho_d) \quad (1-3-28)$$

$$R_{c(h)} = \max\left\{P(\rho_d < \rho_{c1(h)}), P(\rho_d < \rho_{c2(h)})\right\} = \max\left\{1 - F_{\rho_{c1(h)}}(\rho_d), F_{\rho_{c2(h)}}(\rho_d)\right\} \quad (1-3-29)$$

$$R_{sk(h)} = P(\rho_d < \rho_{sk(h)}) = F_{\rho_{sk(h)}}(\rho_d) \quad (1-3-30)$$

$$R_{\mathrm{L}(h)} = P\left(\rho_{\mathrm{d}} < \rho_{\mathrm{L}(h)}\right) = F_{\rho_{\mathrm{L}(h)}}\left(\rho_{\mathrm{d}}\right) \tag{1-3-31}$$

$$R_{\mathrm{KL}(h)} = P\left(\rho_{\mathrm{kick}} < \rho_{\mathrm{L}(h)}\right) = F_{\rho_{\mathrm{L}(h)}}\left(\rho_{\mathrm{kick}}\right) \tag{1-3-32}$$

式中：$R_{\mathrm{k}(h)}$，$R_{\mathrm{c}(h)}$，$R_{\mathrm{sk}(h)}$，$R_{\mathrm{L}(h)}$ 和 $R_{\mathrm{KL}(h)}$ 分别表示深度 h 处的井涌风险、井壁坍塌风险、钻进井漏风险、压差卡钻风险和发生井涌后的关井井漏风险；ρ_{d} 为钻进时的钻井液密度，g/cm³；ρ_{kick} 为井涌关井时环空压力梯度，用当量钻井液密度表示，g/cm³。

由上可知，某一深度 h 处的井涌风险值，为钻进时的钻井液密度 ρ_{d} 小于此深度处防井涌钻井液密度下限值 $\rho_{\mathrm{k}(h)}$ 的概率值 $P_{\mathrm{k}(h)}(\rho_{\mathrm{d}} < \rho_{\mathrm{k}(h)})$，根据概率基础理论（图1-3-3），$P_{\mathrm{k}(h)}(\rho)$ 为防井涌钻井液密度上限值的概率密度分布函数，因此钻井液密度小于防井涌钻井液密度上限值的概率 $P(\rho_{\mathrm{d}} < \rho_{\mathrm{k}(h)})$ 即为图1-3-3中阴影部分的面积，其值即为 $1 - F_{\rho_{\mathrm{k}(h)}}(\rho_{\mathrm{d}})$，其中 $F_{\rho_{\mathrm{k}(h)}}(\rho)$ 为防井涌钻井液密度上限值的累积概率分布函数，$F_{\rho_{\mathrm{k}(h)}}(\rho_{\mathrm{d}})$ 即为防井涌钻井液密度上限值 $\rho_{\mathrm{k}(h)}$ 等于钻进时钻井液密度 ρ_{d} 的累积概率。

与井涌风险的确定方式类似，井壁坍塌的风险为钻井液密度 ρ_{d} 小于防坍塌钻井液密度下限值 $\rho_{\mathrm{c}1(h)}$ 的概率 $P(\rho_{\mathrm{d}} < \rho_{\mathrm{c}1(h)})$ 和大于防坍塌钻井液密度上限值 $\rho_{\mathrm{c}2(h)}$ 的概率 $P(\rho_{\mathrm{d}} > \rho_{\mathrm{c}2(h)})$ 中的较大值；压差卡钻风险为钻井液密度 ρ_{d} 大于防压差卡钻钻井液密度上限值 $\rho_{\mathrm{sk}(h)}$ 的概率 $P(\rho_{\mathrm{d}} < \rho_{\mathrm{sk}(h)})$；钻进井漏风险即为钻井液密度 ρ_{d} 大于防井漏钻井液密度上限值 $\rho_{\mathrm{L}(h)}$ 的概率 $P(\rho_{\mathrm{d}} < \rho_{\mathrm{L}(h)})$；井涌关井井漏风险为井涌关井时环空压力梯度 ρ_{kick} 大于防井漏钻井液密度上限值 $\rho_{\mathrm{L}(h)}$ 的概率 $P(\rho_{\mathrm{kick}} > \rho_{\mathrm{L}(h)})$。

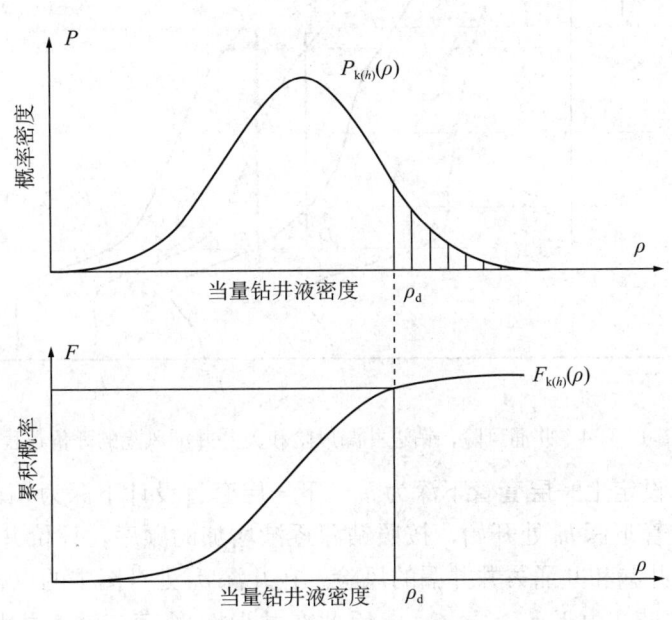

图1-3-3　井涌风险定义示意图

在实际设计中，某些分布（例如正态分布）无法取无穷值进行计算，因此设计人员通常取累积概率接近0或接近1的变量值近似作为累积概率为0和1的边界值，这样可以有效地缩小其值范围，减小不确定域，但仍能满足工程应用。因此分别取累积概率为 $j_{\min}$ 和

j_{max} 时的各压力值 $\rho_{k(h),j_{min}}$, $\rho_{k(h),j_{max}}$, $\rho_{c1(h),j_{min}}$, $\rho_{c1(h),j_{max}}$, $\rho_{c2(h),j_{min}}$, $\rho_{c2(h),j_{max}}$, $\rho_{sk(h),j_{min}}$, $\rho_{sk(h),j_{max}}$, $\rho_{L(h),j_{min}}$ 和 $\rho_{L(h),j_{max}}$ 作为各钻井液密度上下限值的最大和最小边界值,并定义:

$$\begin{cases} P(\rho < \rho_{m(h),j_{min}}) = 0 \\ P(\rho < \rho_{m(h),j_{max}}) = 0 \end{cases} \quad (1-3-33)$$

式(1-3-33)表示钻井液密度 ρ 小于 $\rho_{m(h),j_{min}}$ 和大于 $\rho_{m(h),j_{max}}$ 的概率都为0,式中 m 可分别为 k、c1、c2、sk 和 L,表示不同种类的钻井液密度上限或下限值。

1.3.4.2 套管层次及下深风险评价方法

根据上述模型,可对某一套管层次及下深设计结果进行全井段的风险评价,下面以井涌风险、钻进井漏风险和关井井漏风险为例介绍其评价过程。

根据不同深度处防井涌钻井液密度上限值和防井漏钻井液密度上限值的累积概率分布函数,取累积概率分别为 j_0(接近0)和 j_1(接近1)时的防井涌钻井液密度下限值 $\rho_{k(h),j_0}$ 和 $\rho_{k(h),j_1}$ 及防井漏钻井液密度上限值 $\rho_{L(h),j_0}$ 和 $\rho_{L(h),j_1}$ 作为各自范围的上下界限,且满足式(1-3-33),从而得出防井涌钻井液密度下限值曲线 L_{k,j_0} 和 L_{k,j_1} 构成的防井涌钻井液密度下限剖面,以及由防井漏钻井液密度上限曲线 L_{L,j_0} 和 L_{L,j_1} 构成的防井漏钻井液密度上限剖面,如图1-3-4所示。

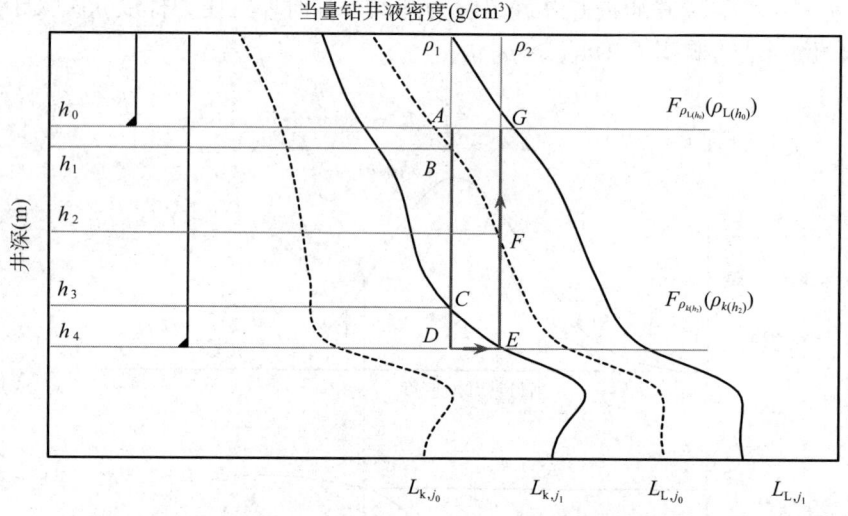

图1-3-4 井涌风险,钻进井漏风险和关井井漏风险的评价过程

如图1-3-4,设定上一层套管下深为 h_0,下一层套管设计下深为 h_4,设计钻井液密度为 ρ_1,从上一层套管下深 h_0 处开始,按照钻深逐渐增加的顺序,评价井深 h_0 至 h_4 间井段的钻井井涌、钻进井漏和井涌关井井漏的风险。在井深 h_0 处(图中的点A)以密度为 ρ_1 的钻井液开始向下钻进,由于 $\rho_1 > \rho_{L(h_0),j_0}$,因此在井深 h_0 处存有钻进井漏风险,由于井深 h_0 处的防井漏钻井液密度上限分布函数为 $F_{\rho_{L(h_0)}}(\rho)$(图1-3-5),则此处的钻进井漏风险值为 $F_{\rho_{L(h_0)}}(\rho_1)$,继续钻进至井深 h_1 处(图中点B处),从此深度开始,$\rho_1 < \rho_{L(h),j_0}$,因此其钻进井漏风险值为0,从而可以得知存有钻进井漏风险的井段为 h_0 至 h_1 井段(图中AB段),其风险值为:

$$R_{L(h)} = F_{\rho_{L(h)}}(\rho_1) \qquad h \in [h_0, h_1] \qquad (1-3-34)$$

继续钻进至井深 h_3 处时，由于 $\rho_1 < \rho_{k(h_3),j_1}$，因此具有井涌风险，由于井深 h_3 处的防井涌钻井液密度下限分布函数为 $F_{\rho_{k(h_3)}}(\rho)$（图 1-3-6），其风险值为 $1 - F_{\rho_{k(h_3)}}(\rho)$；钻进至设计井深 h_4 处，由于 h_3 至 h_4 井段，始终存有：

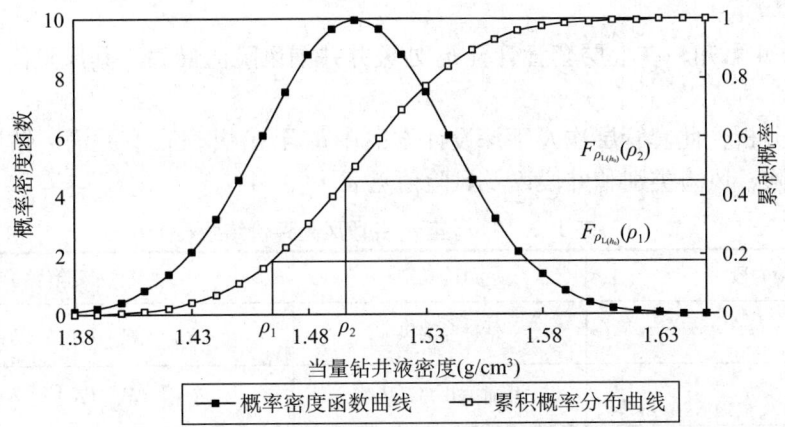

图 1-3-5 深度 h_0 处的防井漏钻井液密度上限的概率密度及累积概率分布示意图

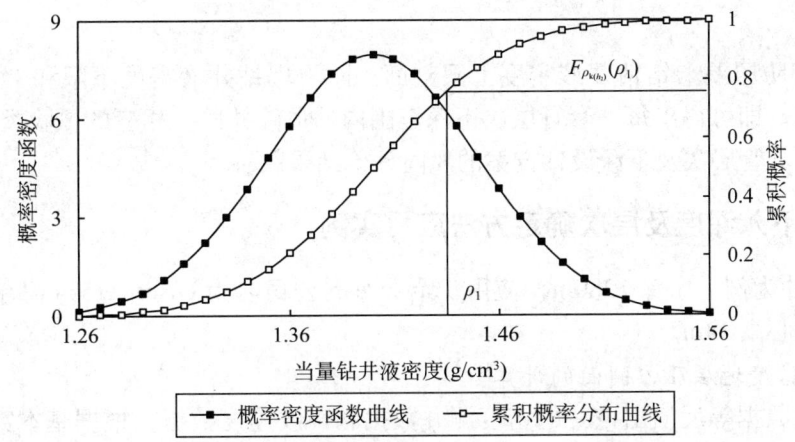

图 1-3-6 深度 h_3 处的防井涌钻井液密度下限的概率密度及累积概率分布示意图

$$\rho_1 < \rho_{k(h),j_1} \qquad h \in [h_3, h_4] \qquad (1-3-35)$$

因此此井段均存有井涌风险，其风险值为：

$$R_{k(h)} = 1 - F_{\rho_{k(h)}}(\rho_1) \qquad h \in [h_3, h_4] \qquad (1-3-36)$$

按照设计结果，若钻进至井深 h_4 发生井涌，则关井平衡地层压力后井筒中的钻井液液柱压力（用当量钻井液密度表示）应为：

$$\rho_{\text{kick}} = \max\{\rho_{k(h),j_1}\} \qquad h \in [h_3, h_4] \qquad (1-3-37)$$

图中设定的 $\rho_{kick} = \max\{\rho_{k(h),j_1}\} = \rho_{k(h_4),j_1} = \rho_2$，则关井后，$h_0$ 至 h_2 井段 $\rho_{kick} > \rho_{L(h),j_0}$，因此存有关井井漏风险，其风险值为：

$$R_{kL(h)} = F_{\rho_{L(h)}}(\rho_2) \qquad h \in [h_0, h_2] \qquad (1-3-38)$$

由图 1-3-4 可知，在上层套管管鞋 h_0 处关井井漏风险值最大，其风险值为 $F_{\rho_{L(h_0)}}(\rho_2)$（图 1-3-5）。

通过上述分析，此套管层次及下深设计方案在 h_0 至 h_4 井段存有井涌、钻进井漏及井涌关井井漏的风险，风险类别和井段以及风险值见表 1-3-4。

表 1-3-4　h_0 至 h_4 井段风险评价结果

风险井段	风险类别	风险值
$h_0 \sim h_1$	钻进井漏风险	$R_{L(h)} = F_{\rho_{L(h)}}(\rho_1)$, $h \in [h_0, h_1]$
$h_0 \sim h_2$	井涌关井井漏风险	$R_{kL(h)} = F_{\rho_{L(h)}}(\rho_2)$, $h \in [h_0, h_2]$
$h_3 \sim h_4$	井涌风险	$R_{k(h)} = 1 - F_{\rho_{k(h)}}(\rho_1)$, $h \in [h_3, h_4]$

当具备了防压差卡钻钻井液密度上限剖面、防坍塌钻井液密度下限和上限剖面之后，类似上述方法，即可得出每一套管层次下深范围内的风险井段、相应的风险类别和风险值。最后得出整个套管层次及下深设计方案的风险评价结果。

1.3.5　套管下入深度及层次确定方法应用实例

以 HG1 井为例，水深 1280m，使用 Transocean 公司名为 Discover534 号钻井船进行作业，钻井船补心高 14m。

1.3.5.1　含可信度地层压力剖面的计算

通过地震数据等反演出该井的密度测井数据和声波速度数据。根据基本数据可进行地层压力剖面的预测，按照书中所介绍的地层压力预测方法以及含可信度地层压力剖面的确定方法，得出具有可信度的各类地层压力剖面，如图 1-3-7 所示。

1.3.5.2　含可信度安全钻井液密度窗口剖面的求取

根据安全钻井液密度必须满足的条件，可以得出具有可信度信息的安全钻井液密度上下限剖面，如图 1-3-8 所示。

通过已经求取的安全钻井液上下限剖面，可构成不同安全程度的安全钻井液密度窗口剖面，如图 1-3-9 所示。

1.3.5.3　套管层次及下深的确定

根据不同程度的安全钻井液密度窗口剖面，可得出多套套管层次及下深设计方案。如表 1-3-5、表 1-3-6，即可靠度分别为 95% 和 5% 时，采取自上而下方法的套管层次及下深设计方案。

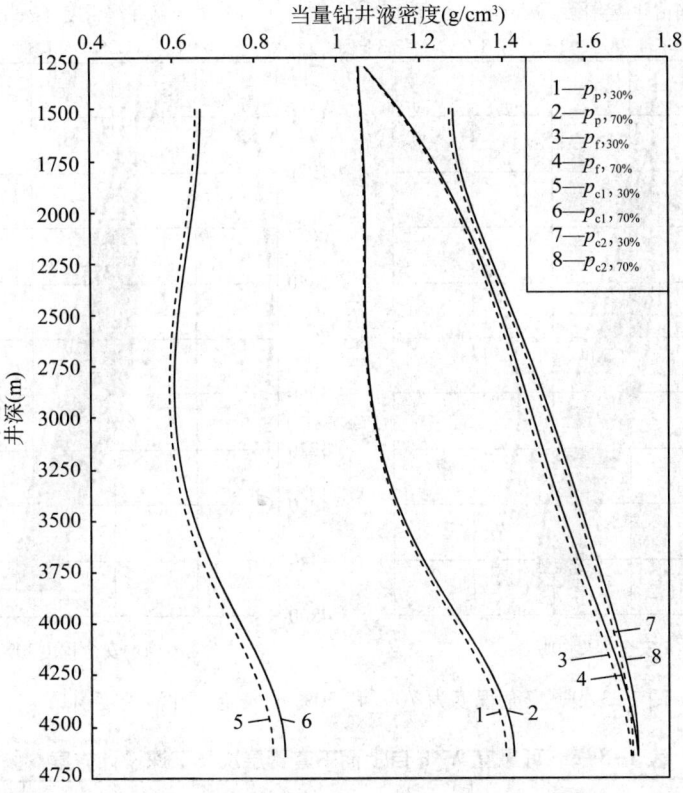

图 1-3-7　可信度为 40% 的地层压力剖面

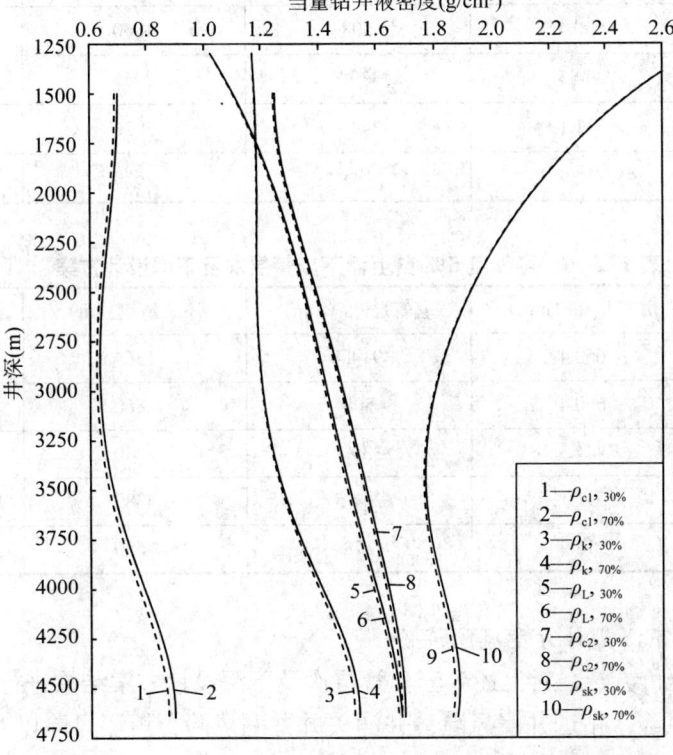

图 1-3-8　可信度为 40% 的安全钻井液密度上下限剖面

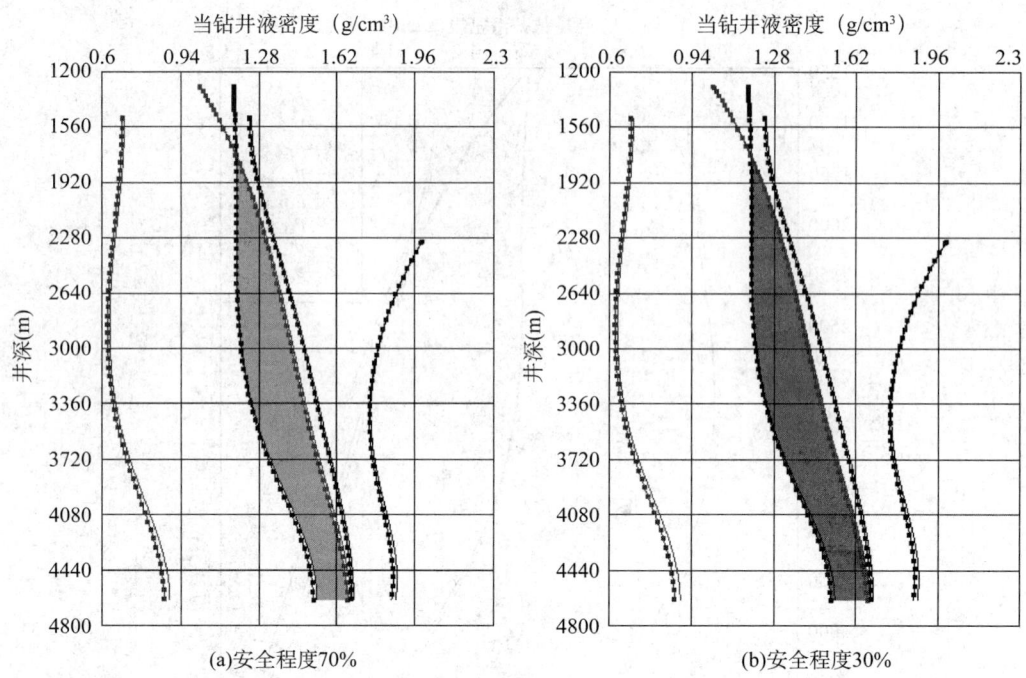

图 1-3-9 安全程度为 70% 和 30% 的安全钻井液密度窗口

表 1-3-5 可靠度 95% 自上而下套管层次及下深设计方案

套管层次	井眼尺寸（mm）	套管尺寸（mm）	下入深度（m）	钻井液密度（g/cm³）
导管	660.4	914.4	1364	1.03
表层套管	660.4	508	1860	1.03
技术套管1	444.5	339.7	2965	1.19
技术套管2	311.1	244.5	3926	1.40
油层套管	215.9	178	4650	1.55

表 1-3-6 可靠度 5% 自上而下套管层次及下深设计方案

套管层次	井眼尺寸（mm）	套管尺寸（mm）	下入深度（m）	钻井液密度（g/cm³）
导管	660.4	914.4	1364	1.03
表层套管	660.4	508	1860	1.03
技术套管1	444.5	339.7	3240	1.22
技术套管2	311.1	244.5	4389	1.47
油层套管	215.9	178	4650	1.67

1.3.5.4 套管层次及下深设计方案风险评价

依据书中风险评价方法，对上述8套套管层次及下深设计方案结果进行了全井段风险评价，分别包括井涌风险、钻进井漏风险、井涌关井井漏风险、坍塌风险以及压差卡钻风险。以可靠度为5%自上而下套管层次及下深设计方案为例，图1-3-10即为方案风险评价结果。

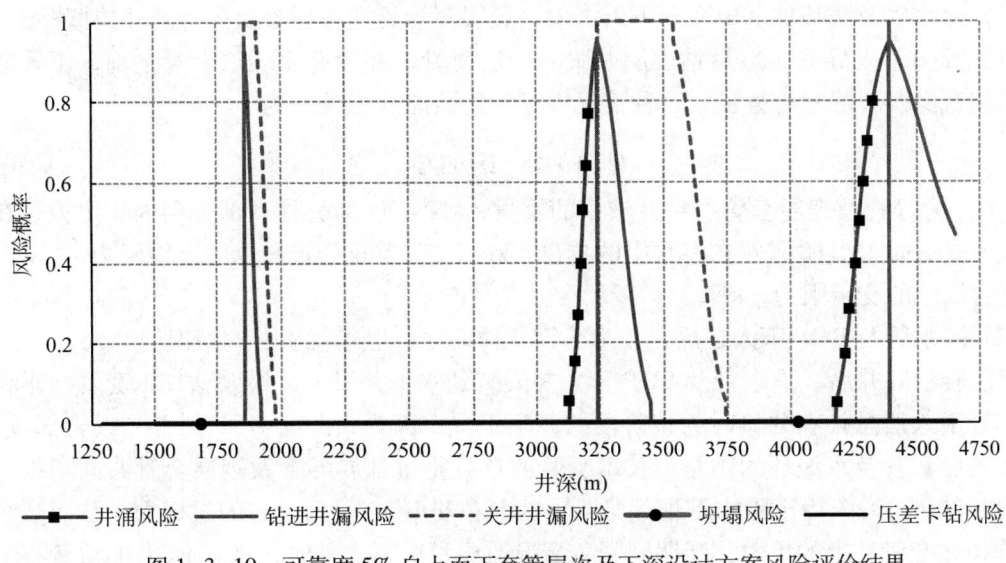

图 1-3-10 可靠度 5% 自上而下套管层次及下深设计方案风险评价结果

1.4 水下井口力学分析及表层套管承载力与下深计算

1.4.1 导管及表层套管竖向承载力分析模型及计算方法

1.4.1.1 导管及表层套管竖向承载力分析模型

深水钻井一般采用喷射方式下入导管,所以这里重点分析喷射下导管后套管柱的承载力。套管柱受到管柱顶部(井口)竖向外力及其管柱自身重力的作用,如果管柱的竖向承载力不足,将会引起整个管柱下陷的危险。根据深水钻井的工况,导管及表层套管的竖向受力示意如图 1-4-1 所示。

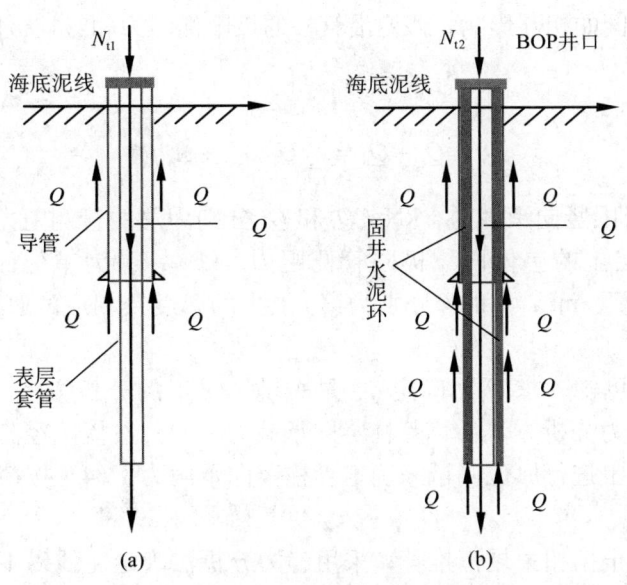

图 1-4-1 深水钻井导管及表层套管竖向受力示意图

(1) 隔水管及防喷器（BOP）下入之前，表层套管悬挂在导管上等待固井的情况。

首先喷射下入导管，然后钻表层井眼下表层套管，在没有固表层套管之前，下入的导管将承担自身及表层套管重量，这种情况下导管的竖向受力关系为：

$$Q_{w1}+N_{t1} < Q_{f1}+Q_{p1} \tag{1-4-1}$$

式中：Q_{w1} 为导管及表层套管在钻井液中的重量，kN；N_{t1} 为管柱顶部受到的作用力，在这种工况下是井口及其附属件在海水中的重量，kN；Q_{f1} 为导管管侧总的摩擦阻力，kN；Q_{p1} 为导管管端总的支承阻力，kN。

(2) 隔水管及 BOP 下入之后，技术套管悬挂在井口上等待固井的情况。

表层套管固井后，隔水管及 BOP 下入并安装到水下井口上，继续钻技术套管井眼，当技术套管下入后悬挂在井口时为该阶段的危险工况。因为，此时 BOP 的部分或全部重量、导管和表层套管及水泥环的重量、技术套管的自身重量都要导管及表层套管共同承担。在正常钻井作业阶段，由于隔水管顶部张紧力的存在使 BOP 受到一定的过提力，从而减轻了 BOP 作用在套管柱上的重力。当遇到紧急情况需要脱离隔水管时，水下 BOP 的重量将全部由套管柱来承担。这种情况下导管及表层套管的竖向受力关系为：

$$Q_{w2}+N_{t2} < Q_{f1}+Q_{f2}+Q_{p1}+Q_{p2} \tag{1-4-2}$$

式中：Q_{w2} 为导管、表层套管、水泥环、技术套管在钻井液中的重量，kN；N_{t2} 为管柱顶部受到的作用力，在这种情况下为 BOP、井口及其附属件在海水中的重量，kN；Q_{f2} 为导管鞋深度以下表层套管外水泥环的侧摩擦阻力，kN；Q_{p2} 为表层套管及水泥环下端的总支承阻力，kN。

由式（1-4-1）和式（1-4-2）可知，如果要满足套管柱不下沉的要求，需要套管柱提供一定的竖向承载力，按照土力学和桩基理论，管柱的竖向承载力主要由管柱周围的海底浅部地基对其侧面产生的摩擦阻力和管柱底端对其产生的支承阻力来控制。因此，管柱的极限竖向承载力 Q_u 由极限侧阻力（表面摩擦力）Q_f 和极限端阻力（下端部支承力）Q_p 组成，若忽略二者之间的相互影响，假定沿管柱的极限侧阻力和管柱极限端阻力同时发生，则可表示为：

$$Q_u = Q_f + Q_p = \sum_{i=0}^{l} U_i l_i q_{sui} + A_p q_{pu} \tag{1-4-3}$$

式中：Q_u 为管柱的极限竖向承载力，kN；Q_f 和 Q_p 分别为总的管侧阻力和管端阻力，kN；q_{sui} 为管柱周围第 i 层土的单位面积极限管侧阻力，kPa；q_{pu} 为单位面积极限管端阻力，kPa；A_p 为管端底面积，m²；l_i 和 U_i 分别为第 i 层土的厚度及相应的管柱周长，m；l 为管柱的入土长度，m。

由式（1-4-3）可知，求 Q_u，确定 q_{sui} 是关键，采用的分析方法一般分为四类：(1) 依据土力学原理以静力分析方法估算管柱竖向承载力；(2) 按规范经验方法确定管柱竖向承载力；(3) 对地基土进行原位测试来确定管柱竖向承载力；(4) 按荷载传递函数法确定管柱竖向承载力。

对于海洋作业，根据相关规范推荐，采用静力分析法确定泥线以下海底浅部地层中管柱的竖向承载力，可以满足初步设计要求。

1.4.1.2 单位面积极限管侧阻力计算

q_{sui} 的计算可分总应力法和有效应力法两大类,包括 α 法,β 法、λ 法等。

(1) α 法。

α 法表达式为:

$$q_{sui}=\alpha C_u \tag{1-4-4}$$

式中:α 为黏着系数,取决于地基土的不排水抗剪强度和管柱进入土层的深度比。

(2) β 法。

β 法表达式为:

$$q_{sui}=K\sigma'_v\tan\delta \tag{1-4-5}$$

式中:K 为地层侧压力系数,对于轴向压缩载荷,K 为 0.5~1.0;δ 为土和管壁界面的外摩擦角,一般取为 $\delta=\varphi-5°$,φ 为内摩擦角。

(3) λ 法。

综合 α 法和 β 法的特点,λ 法表达为:

$$q_{sui}=\lambda(\sigma'_v+2C_u) \tag{1-4-6}$$

式中:λ 为系数,是桩长 l 的函数。有学者提出:

$$\lambda=2k_\lambda(\omega_\lambda l-1+e^{-\omega_\lambda l})/(\omega_\lambda l)^2 \tag{1-4-7}$$

还有学者实测统计认为 $k_\lambda=0.3$;$\omega_\lambda=0.1$,则:

$$\lambda=60(0.1l-1+e^{-0.1l})/l^2 \tag{1-4-8}$$

式中:k_λ 和 ω_λ 为经验系数。

1.4.1.3 单位面积极限管端阻力计算

(1) 计算端阻力的极限平衡理论公式。

对于极限端阻力,用承载力理论分析。假设基础土体为刚塑体,在管柱端部以下发生一定形态的剪切破坏滑动面,便可导出不同的极限端阻力理论表达式。单位面积极限管端阻力公式为:

$$q_{pu}=\xi_c C N_c+\xi_q l\gamma_u N_q+\xi_\gamma D\gamma_d N_\gamma \tag{1-4-9}$$

式中:γ_u 为管柱端部平面以上土的有效重度,kN/m³;γ_d 为管柱端部平面以下土的有效重度,kN/m³;D 为管柱底端的直径,m;ξ_c,ξ_q 和 ξ_γ 为形状系数;N_c,N_q 和 N_γ 为承载力系数。

当地基土的类型为饱和黏性土时,式 (1-4-9) 可以简化为:

$$q_{pu}=(6\sim 9)C_u+\gamma_u l \tag{1-4-10}$$

(2) 考虑土的压缩性计算端阻力的极限平衡理论公式。

考虑地基土的压缩性的端阻力计算公式为:

$$q_p=(N_q-1)(\sigma'_v+a)\tan\Psi \tag{1-4-11}$$

其中

$$N_q = \left(\tan\psi + \sqrt{1 + (\tan\psi)^2}\right)^2 e^{2\psi\tan\psi}$$

式中：Ψ 为塑性区范围由边界线与竖直线的夹角，可通过原位测试方法确定，(°)；a 为表观吸引力，$a = C/\tan\Psi$。

1.4.1.4 管柱承载力的时间效应

由于海底浅部地层多为软黏土层，处于其中的导管承载力同样具有随时间增长的现象，但是，为了安全起见，在校核导管及表层套管的承载力时一般可不考虑时间效应的影响。

1.4.2 导管及表层套管横向承载力理论模型及求解

在下入防喷器组和隔水管系统后，导管和表层套管组成的套管柱要承受隔水管底部传递的外力及防喷器组和套管柱的重力作用。由于钻井船或平台漂移的影响，井口以下的套管柱在隔水管底部传递的外力作用下将发生挠曲，由于海底土壤的存在，泥线以下的管柱会受到连续分布的地基反力作用。

1.4.2.1 套管柱横向承载力分析模型

以前对管柱的挠曲变形分析，一般假设管径沿深度不变，同时不考虑竖向载荷的影响，本书中的分析模型可以考虑管柱的管径变化、管柱抗弯强度的变化以及竖向载荷的作用，更准确地描述套管柱在横向及竖向载荷共同作用下的工作状态。为进行理论分析及计算，对泥线中的套管柱进行抽象简化，假设：

（1）套管柱的管段接头与管身具有相同的特性；
（2）套管内充满钻井液，不考虑钻柱对套管弯曲刚度的影响；
（3）套管柱在自重和外载作用下仅发生小的变形；
（4）套管柱上部的受力即反映井口的受力情况。

为建立套管柱横向承载力分析模型，设作用于管柱顶部（井口）的横向弯矩 M_t 和竖向力 N_t 已知，则在泥线以下支撑管柱的地基中产生连续分布的反力 $\bar{p}$。深水钻井导管及表层套管管柱受力如图 1-4-2 所示。

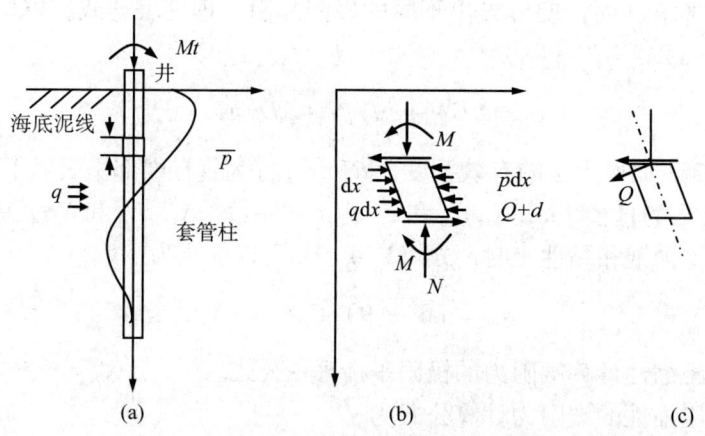

图 1-4-2 深水钻井导管及表层套管横向受力示意图

可得深水钻井导管及表层套管横向受力微分方程：

$$\frac{d^2}{dx^2}\left(E_c I_c(x)\frac{d^2 y}{dx^2}\right)+\frac{d}{dx}\left[N(x)\frac{dy}{dx}\right]+D_c(x)p(x,y)=q(x) \tag{1-4-12}$$

式中：$E_c I_c(x)$ 为组合管柱沿 x 方向变化的抗弯刚度，$kN \cdot m^2$；$D_c(x)$ 为套管柱外径，m；$N(x)$ 为沿 x 方向变化的轴向力，kN；$p(x,y)$ 为单位面积上的地基反力，kPa。对于泥线以上的管柱不受地基反力的作用，即 $p(x,y)=0$；$q(x)$ 为单位长度上的分布载荷，kN。

1.4.2.2 套管柱横向承载力分析模型数值化及求解

由于管柱与地基相互作用的复杂性，一般采用有限差分或有限单元方法求模型的数值解。有限单元法属于物理上的近似，要求管柱的刚度确定准确。有限差分法属于数学上的近似，对于管柱的处理方便。书中建立了考虑管柱的管径变化、管柱抗弯强度的变化、横向及竖向载荷共同作用的分析模型的差分格式，并根据 Glesser 方法推导出更为通用的求解格式，这种格式未见相关报导。

从套管柱上各节点的挠度（横向位移），得到各节点的偏移角度、弯矩、剪力、地基反力如下：

$$\begin{cases} \theta_i = -\dfrac{y_{i+1}-y_{i-1}}{2h} \\ M_i = -\dfrac{(E_c I_c)_i (y_{i+1}-2y_i+y_{i-1})}{h^2} \\ Q_i = -\dfrac{(E_c I_c)_{i+1} y_{i+2} - \left[2(E_c I_c)_{i+1}-N_i h^2\right] y_{i+1} + \left[(E_c I_c)_{i+1}-(E_c I_c)_{i-1}\right] y_i}{2h^3} \\ \qquad + \dfrac{\left[2(E_c I_c)_{i-1}-N_i h^2\right] y_{i-1} - (E_c I_c)_{i-1} y_{i-2}}{2h^3} \\ p_i = (E_s)_i y_i \end{cases}$$

$$(1-4-13)$$

1.4.3 水下井口力学稳定性分析

深水钻井水下井口，上联防喷器组及隔水管，下接套管串，其受力非常复杂。深水恶劣的海况、低强度的海底浅部地层、长长的隔水管柱、笨重的防喷器组等因素都对水下井口的稳定性提出较高的要求。国外文献提出深水井口存在稳定性问题，但并没有针对该问题进行定量的理论分析。为防止深水井口发生失稳破坏，有必要建立水下井口力学稳定性分析方法，为深水钻井设计及施工提供理论依据。

1.4.3.1 水下井口系统组合及其整体受力情况

深水钻井水下井口承受的作用力，主要来自于隔水管底部接头处的竖向和横向反力、防喷器组及悬挂套管串的重力、作用于防喷器组及井口的横向波流力、海底土层对套管的竖向和横向阻力等。这些作用力的共同作用引起井口下陷或倾斜，当井口承受的弯矩值超出设计极限时，有整个井口坍塌的危险。深水钻井水下井口系统组合及其整体受力情况如图 1-4-3 所示。

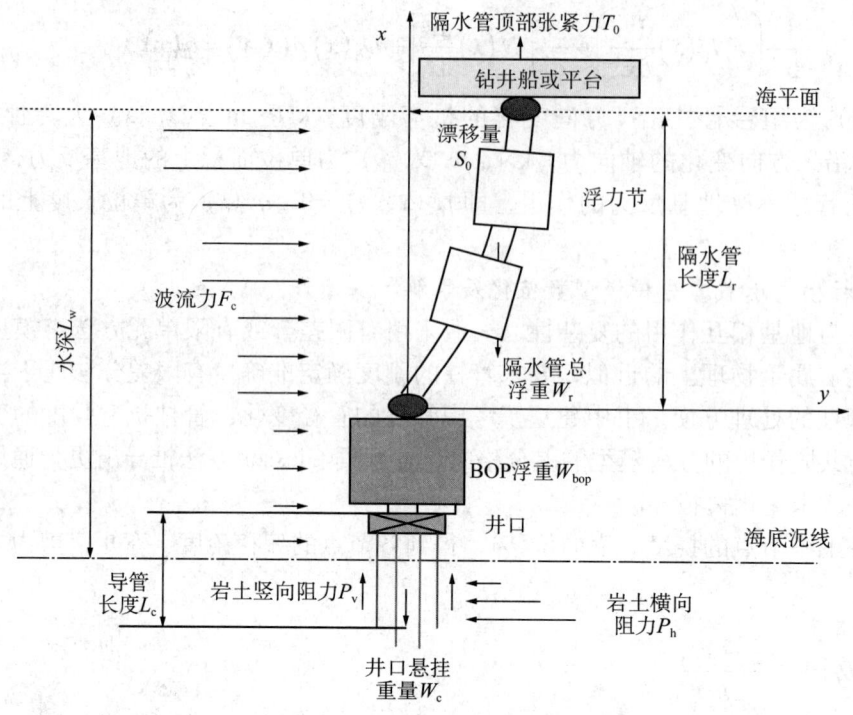

图1-4-3 深水钻井水下井口系统受力示意图

1.4.3.2 水下井口力学稳定性综合分析方法建立及求解

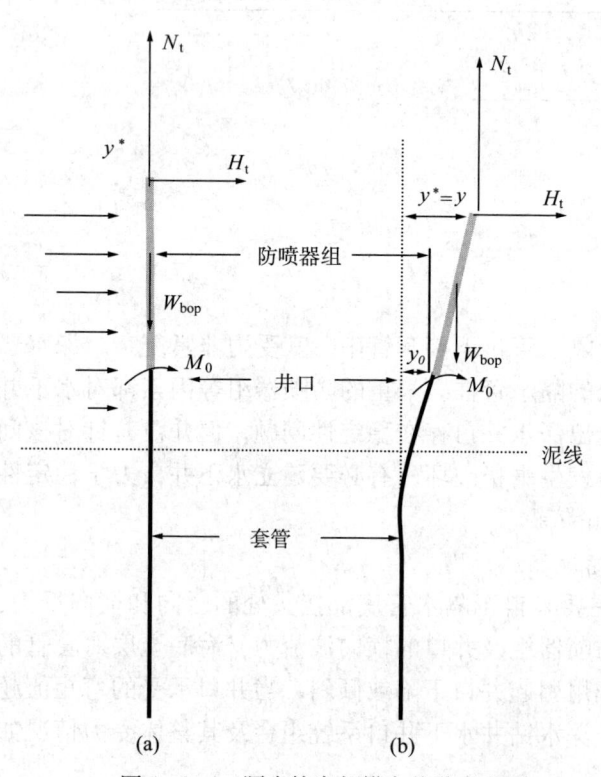

图1-4-4 隔水管底部横向偏移示意图

（1）综合分析的控制方程组。隔水管力学分析中一般假设其底部球形接头处没有横向偏移，如图1-4-4（a），而实际上隔水管底部球形接头处的横向力将导致井口以下的套管柱发生挠曲，致使球形接头处产生一定的横向偏移 y_r，如图1-4-4（b）。由于偏移的存在，使球形接头处横向力和纵向力改变，同时防喷器组重量开始对井口施加作用力，导致井口受到的弯矩随偏移而发生变化。在图1-4-4（b）分析的基础上，建立水下井口力学稳定性分析方法，该方法可以综合考虑海洋环境载荷、钻井船或平台漂移、隔水管力学性能、防喷器组作用力、套管柱与地层之间的非线性响应等因素的影响，实现水下井口的力学性能分析。

水下井口系统综合分析微分方程组为：

$$\begin{cases} E_r I_r \dfrac{d^4 y}{dx^4} - \dfrac{d}{dx}\left(T_e(x)\dfrac{dy}{dx}\right) - W_r \dfrac{dy}{dx} = F_y(x) & (0 \leq x \leq L_r) \\ \dfrac{d^2}{dx^2}\left(E_c I_c(x)\dfrac{d^2 y}{dx^2}\right) + \dfrac{d}{dx}\left(N(x)\dfrac{dy}{dx}\right) + D_c(x) p(x,y) = p(x) & (-L_{bop} \geq x \geq -(L_{bop}+L_{sc})) \end{cases}$$

(1-4-14)

其边界条件为：

$$\begin{cases} M\big|_{x=L_r} = K_{ru}\theta_{ru}, & y\big|_{x=L_r} = S_0 \\ M\big|_{x=0} = K_{rd}\theta_{rd}, & y\big|_{x=0} = y_r \\ M\big|_{x=-L_{bop}} = -M_0, & Q\big|_{x=-L_{bop}} = -H_0 \\ M\big|_{x=-(L_{bop}+L_{sc})} = 0, & Q\big|_{x=-(L_{bop}+L_{sc})} = 0 \end{cases}$$

(1-4-15)

式中：M_0 为井口上受到的弯矩，kN·m；H_0 为井口上受到的横向力，kN；y_r 为隔水管底部球形/挠性接头的横向偏移，m；L_{bop} 为防喷器组高度，m；L_{sc} 为导管及表层套管组合管柱长度，m。

（2）综合分析的连续性条件。为了对式（1-4-14）和式（1-4-15）联合求解，需要剪力隔水管和套管柱之间的连续条件，根据图1-4-4 可以得到连续条件为：

$$\begin{cases} y_r = y_c + L_{bop} \sin\theta_c \\ y\big|_{x=0} = y_r, \quad y\big|_{x=-L_{bop}} = y_c \end{cases}$$

(1-4-16)

式中：y_c 为套管柱上部井口处的横向偏移，m；θ_c 为套管柱上部井口处的转动角度，rad。

（3）综合分析求解方法。具体步骤如图1-4-5 所示。

1.4.4 导管喷射下入深度计算

采用水力喷射方式下导管到设计深度是多数深水或超深水钻井作业的首选，因为该方式能极大地节约时间、节省昂贵的深水钻井日费。深水导管仅提供结构支撑不能承受压力，其下入深度一般为 30~120m。下入深度主要取决于深水海底浅部软土支撑导管及套管柱的能力。如果下入深度过浅可能带来水下井口下陷失稳

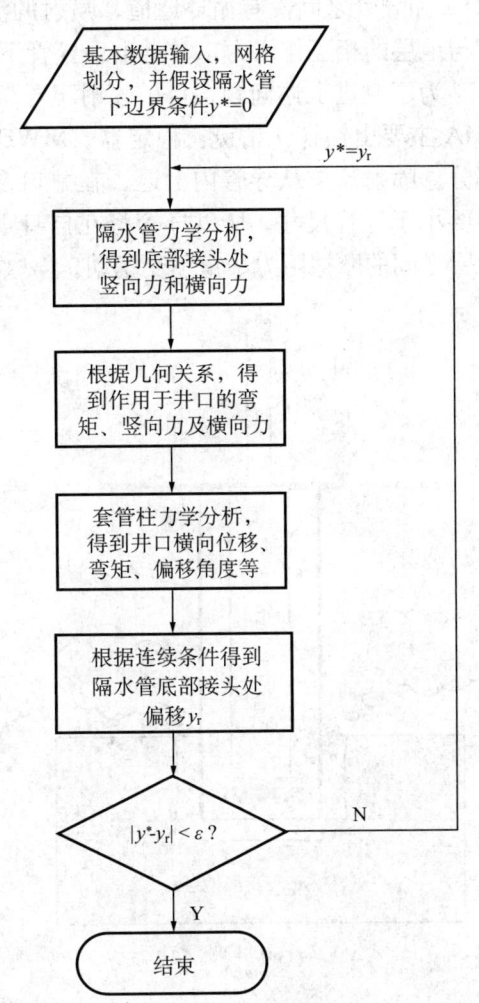

图 1-4-5 井口稳定性分析计算机求解程序流程图

等事故,如果下入深度过深则造成经济上的浪费。本书在土力学和桩基理论的基础上,通过分析导管喷射下入过程中的受力特征,重点考虑时间效应对导管承载力的影响,建立导管喷射下入深度的确定方法,为深水钻井井身结构设计提供理论依据。

1.4.4.1 喷射下入导管的施工工艺

(1)喷射下入导管的工艺特点。深水钻井一般开钻时,喷射下入 $\phi 914.4mm$ 或 $\phi 762.0mm$ 导管。如果地层资料显示在海底附近存在较硬岩石的情况下,仍然使用钻头钻 $\phi 1066.8mm$ 井眼下 $\phi 914.4mm$ 导管或钻 $\phi 914.4mm$ 井眼下 $\phi 762.0mm$ 导管,然后对导管进行固井的传统方法。但是该方法容易因水泥浆密度过大而压破地层,或者因海底低温因素而影响固井质量。从墨西哥湾、西非安哥拉、尼日利亚、加拿大、澳大利亚、东南亚等世界大部分深水区域的钻井实践看,喷射下导管的工艺相当成功。对于中国南海深水区,国外作业者施工的几口井依然采用喷射下导管工艺。

早期喷射下导管的底部钻具组合(BHA)及工艺过程如图1-4-6(a)所示。BHA主要由钻杆和钻铤组成,以便为导管提供足够可下到位的钻压,且钻头处于导管内。由于BHA和导管之间没有循环通道,喷射的流体被迫沿导管外返出到泥线,这样大大降低了导管与地层的相互作用力,常常出现导管下陷的问题。

为了改进上述问题,目前喷射下导管的BHA及工艺过程如图1-4-6(b)所示。喷射BHA主要由钻杆、钻铤、稳定器、MWD及动力钻具等组成,且钻头稍微露出导管外面一部分。喷射流体从导管内上返,在井口及其下入工具的开口返出。这样,喷射出的井眼尺寸要小于导管尺寸,所以导管将在自身重力及钻压的作用下压入地层,从而使导管管壁和地层之间的摩擦阻力尽量不受扰动。

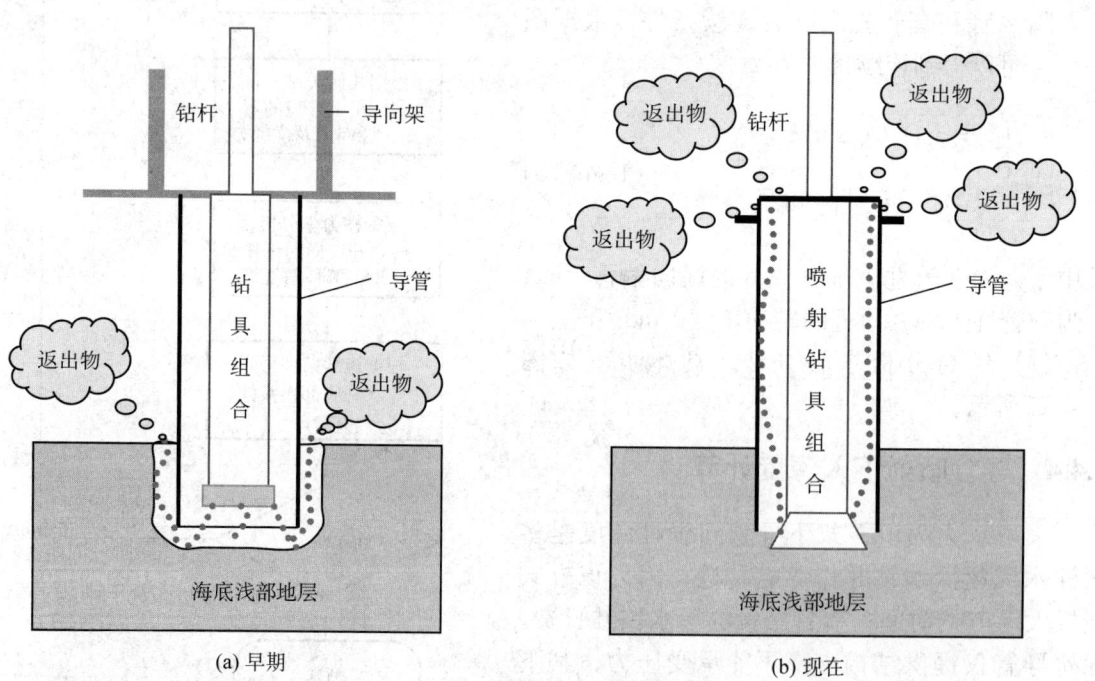

图1-4-6 喷射下入导管工艺示意图

(2)喷射下导管的钻压确定。喷射下导管过程中主要的控制参数是钻压。因为没有钻进只是喷射作业,所以这里的钻压也称之为下入重力。如果喷射钻压过大将使导管中和点位于泥线以上而使导管被压弯,过小则使导管下入受阻。保持合适的钻压,一方面可以保证导管在施工过程中处于垂直状态,另一方面保证钻具外环空畅通,确保钻井液从导管和管内钻具之间返出。

钻压控制的原则:保持泥线以上导管和钻杆处于垂直拉伸状态,即保持中和点在泥线以下,同时控制钻压大于入泥导管的重力(最小钻压)且小于入泥导管和喷射管串总重力(最大钻压)。最大钻压为导管串、管内喷射钻具组合、低压井口和下入工具在海水中的总浮重。导管最终到位时的钻压不能低于最大钻压的80%,这样既可以避免管串过分受压发生弯曲,又可使导管的下入能力趋于最大。钻压与导管入泥深度的对应关系如图1-4-7所示。

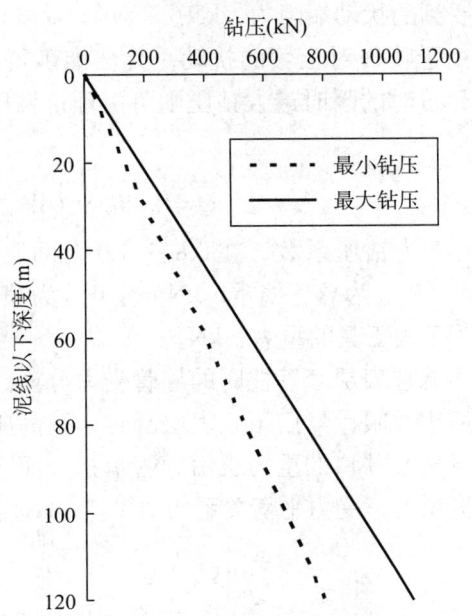

图1-4-7 钻压与导管入泥深度的对应关系

1.4.4.2 导管受力分析

(1)不同作业阶段导管的受力情况。根据喷射下导管的施工工艺,不同作业阶段的导管受力分析示意图如图1-4-8所示。

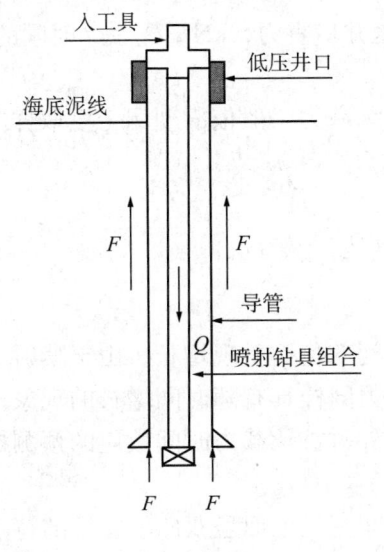
(a)下入到位时

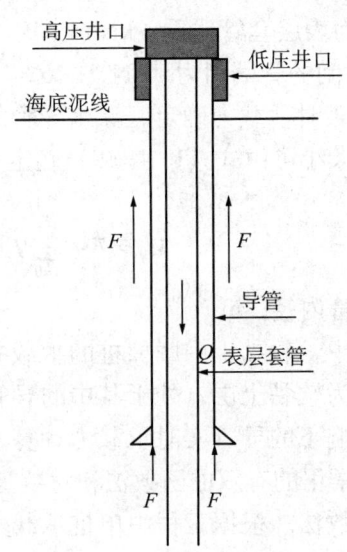
(b)悬挂表层套管柱时

图1-4-8 导管在不同作业阶段受力示意图

①导管下到位时的受力分析。为了使导管能顺利下到位,同时保证其能垂直下而不发生倾斜,必须保证喷射钻压能克服海底土壤的阻力。根据图1-4-8(a),可以列出导管下到位时的受力平衡关系:

$$Q_0 = F_{f1} + F_{e1} \tag{1-4-17a}$$

式中：Q_0 为下到位时的最大钻压，kN；F_{f1} 为导管外壁受到的扰动侧阻力，kN；F_{e1} 为导管底部受到的扰动端阻力，kN。

由于喷射对土壤的扰动，无法准确得到式（1-4-17a）中被扰动的管侧和管端阻力，而下到位时的瞬时最大钻压则可由理论钻压曲线得到，因此最大钻压等于导管的初始承载力，即

$$Q_0 = R \cdot B_{fw} \cdot [(W_{con} + W_{col}) \cdot x + W_{lh} + W_{tool}] \tag{1-4-17b}$$

式中：R 为钻压系数，在 0.8～1.0 之间取值；B_{fw} 为海水中浮力系数；x 为设计的导管长度，m；W_{con} 为导管线重，kN/m；W_{col} 为喷射钻具线重，kN/m；W_{lh} 为低压井口重力，kN；W_{tool} 为下入工具的重力，kN。

②悬挂表层套管柱时的导管受力分析。导管下到位，采用常规旋转钻进方式钻出表层套管所需井眼，然后下入表层套管串及高压井口，坐于导管的低压井口上，固井前整个表层套管柱及井口的重力也由导管承担，而一定恢复时间后的管侧与管端阻力由于扰动消失而逐渐增大，受力平衡关系如图 1-4-8（b）所示，有：

$$\begin{cases} Q_w = Q_t \\ Q_w = B_{fm} \cdot (W_{con} \cdot x + W_{sur} \cdot L_{sc}) + B_{fw} \cdot (W_{lh} + W_{hh}) \\ Q_t = F_{f2} + F_{e2} \end{cases} \tag{1-4-18}$$

式中：Q_w 为导管承担的总载荷，kN；Q_t 为 t 时刻导管实时承载力，kN；B_{fm} 为钻井液中浮力系数；W_{sur} 为表层套管线重，kN/m；W_{hh} 为高压井口重力，kN；F_{f2} 为 t 时间的管侧阻力，kN；F_{e2} 为 t 时间的管端阻力，kN。

（2）导管实时承载力确定。深水导管的极限承载力一般依靠现场土壤取样并通过实验测定得到，其大小可由式（1-4-19）确定：

$$Q_u = \pi D_c \sum_{i=0}^{x} q_{sui} L_i + \frac{\pi}{4}(D_c^2 - d_c^2) q_{pu} \tag{1-4-19}$$

式中：d_c 为导管内径，m。

桩基理论中，软黏土中摩擦桩的承载力随时间变化而呈现增长。由于喷射下导管的海底浅部地层多为软黏土层，处于其中的导管承载力同样具有随时间增长的现象，所以要考虑时间效应影响下的导管实时承载力计算。国内外对桩承载力时间效应的预测提出了许多实用的方法，常用的有双曲函数法和对数函数法。

①双曲函数法。根据工程中单桩承载力随时间变化近似呈双曲线特征的特点，得到其实时承载力计算公式为：

$$Q_t = Q_0 \left(1 + \frac{t}{at + b}\right) \tag{1-4-20}$$

式中：t 为恢复时间，d；a、b 分别为与桩径、桩长和土质有关的经验系数，根据试桩试验回归得到。

②对数函数法。根据试桩资料统计分析，实时承载力计算公式为：

$$Q_t = Q_0 \left(1 + k_b \lg\left(\frac{t}{t_0}\right)\right) \tag{1-4-21}$$

式中：t_0 为初始时间，d；k_b 为承载力增长系数。

在进行大量试验的基础上，如下实时承载力计算公式，在我国采用较多：

$$Q_t = Q_0 + \alpha_b (1 + \lg t)(Q_u + Q_0) \tag{1-4-22}$$

式中：α_b 为承载力增长系数。

根据墨西哥湾喷射导管载荷试验数据库回归出了如下公式：

$$Q_t = Q_0 + 0.055(2 + \lg t)Q_u \tag{1-4-23}$$

为了使式（1-4-23）具有通用性，可用承载力增长系数代替式中定值 0.055，该值同样需要根据不同海域的地层特征试验得到。

上述公式都可以对导管的实时承载力进行计算，但是双曲函数法需要确定两个经验系数，而对数函数法只需确定一个经验系数。采用相关试验数据，根据式（1-4-23）可以算得 Q_u，由式（1-4-21）、式（1-4-22）反推出相应的承载力增长系数，结果列于表 1-4-1。

表 1-4-1 承载力增长系数计算结果

位置	导管长度 (m)	导管直径 (mm)	恢复时间 t (d)	测得的 Q_0 (kN)	测得的 Q_t (kN)	计算的 Q_u (kN)	反推的 k_b	反推的 α_b
A	41	762	1/6	600	>756	2224	0.21	0.43
B	20	762	1	405	556	1374	0.19	0.16
C	53	914	5	578	>1334	5040	0.48	0.10

注：表中测得 Q_t 是承载力下限，因为此时导管并没有失效；计算 k_b 值时采用 $t_0=0.01$d。

从表 1-4-1 可以看出 k_b 和 α_b 在不同的区域位置是不同的，需要根据实际情况取值。式（1-4-21）中 t_0 对计算结果有一定影响，而式（1-4-22）中各参数均可根据具体情况确定，所以书中采用式（1-4-22）来计算导管的实时承载力。由式（1-4-18）、式（1-4-19）、式（1-4-20）可得到扰动后一定恢复时间的实时承载力，有：

$$\begin{aligned} Q_t &= B_{fw} \cdot \left[(W_{con} + W_{col}) \cdot x + W_{lh} + W_{tool}\right] \\ &+ \alpha_b (1 + \lg t)\left\{\pi D_c \sum_{i=0}^{x} q_{sui} L_i + \frac{\pi}{4}(D_c^2 - d_c^2)q_{pu} - B_{fw} \cdot \left[(W_{con} + W_{col}) \cdot x + W_{lh} + W_{tool}\right]\right\} \end{aligned}$$

$$\tag{1-4-24}$$

为防止导管下陷且不下入过量，需要导管承担的总重力小于且接近于导管在被扰动后一定恢复时间的实时承载力，可得到导管下入深度的设计准则：

$$\varepsilon_d < Q_t - Q_w < \varepsilon_u \tag{1-4-25}$$

式中：ε_d 为合理的安全余量下限值，kN；ε_u 为合理的安全余量上限值，kN。

1.4.4.3 导管下入深度的确定

从上分析知,导管下入深度 x 无法分离求解,故需要采用迭代法确定。通过海底土壤取样得到的泥线以下一定深度的导管单位管侧和管端阻力剖面,由式(1–4–24)计算出 t 时刻的实时承载力剖面。试取导管的下深 x_j,代入式(1–4–18)计算对应的总载荷 Q_{wj},同时根据实时承载力曲线求得 x_j 对应的承载力 Q_{tj},若 $\varepsilon_d < Q_{tj} - Q_{wj} < \varepsilon_u$,则 x_j 即为导管的合理下入深度,否则,重新给出 x_j 重复上述过程,直至满足设计要求。其计算机求解流程如图 1–4–9 所示。

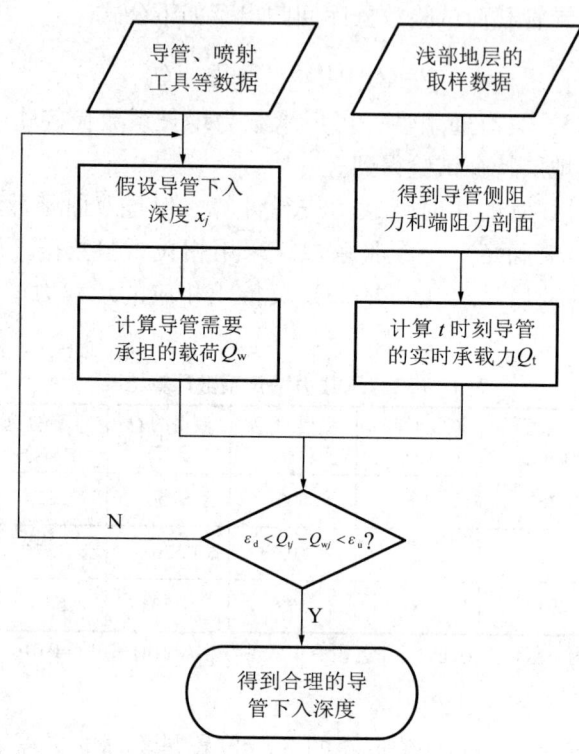

图 1–4–9 导管下入深度确定计算机求解流程

1.5 深水钻井套管柱安全可靠性分析

传统的套管强度设计与评价主要采用安全系数法进行。事实上,套管外载与强度因生产工艺和技术检测手段局限,套管外挤力、内压力、弯矩、温度和过载等存在不确定性,不同套管生产厂家的套管质量参数,如屈服强度、外径、壁厚、不圆度、不均度、残余应力等也存在随机性。为此,国外在 20 世纪 90 年代初中期提出了套管强度可靠性评价的 QRA 和 LRFD 方法,并在 BP 和 Armco 等大石油公司成功应用。采用风险与可靠性评价方法是国外钻井工程中对付具有不确定性因素问题的手段之一。国内在油井套管可靠性评价方面的研究较少,对于套管失效风险评价,强度模型的选取与不确定因素的考虑至关重要。本部分以最新发展的套管强度计算模型为基础,根据结构可靠性理论和随机理论,建立了深水套管外挤强度和抗内压强度的失效风险评价方法。

1.5.1 传统安全系数设计方法存在的不足

现行的套管柱强度设计与校核方法中，采用安全系数法的大小来评价套管柱的安全可靠性。在设计实践中，将套管强度与施加于套管上的外载视为确定量，它们是基本设计变量或设计参数的函数，对于所设计的套管柱，考虑到计算模型及设计变量和参数的不确定性可能引起的误差，引入一个安全系数加以处理，其基本准则为：

$$R_k > S_k \cdot n \tag{1-5-1}$$

式中：R_k 为套管的确定性强度；S_k 为套管确定应力；n 为安全系数。

安全系数 n 是在大量设计实践的基础上得出的，反映了一定的统计特性，对于不同类型的井或不同类型的套管，安全系数取值有一个很大的变化范围。实践表明，这种安全系数既不能保证所设计套管的绝对安全，也无法给出套管柱具体的安全可靠程度，其不足之处主要表现在：

（1）把各种参数都当做定值，没有分析参数的随机变化特性。实际的工程设计中，无论是套管的强度与几何参数，还是套管所受的外载，均为随机变量，这是根本的不足。如目前海相碳酸盐岩沉积的"三高"（高温、高压、高含硫）气井，地层各种压力预测值存在较大的不确定性。

（2）安全系数没有与定量的套管可靠度联系。由于把设计参数视为定值，没有分析各种参数的离散程度对套管可靠度的影响，因而使套管的安全程度具有不确定性，所以安全系数的大小不能代表结构的可靠度。

（3）由于安全系数的确定没有经过理论分析，而只是根据经验确定，难免有较大的主观随意性，从可靠性的角度看，传统的安全系数偏大偏小的可能性都存在。套管类型很多，但具体到某种钢级某种尺寸的套管，其失效实例的历史资料有限，安全系数的选取缺乏确定性的依据。

（4）在钻井或生产过程中，套管柱由于磨损或腐蚀等产生缺陷，对于含缺陷的套管，其抗载能力必然下降，安全系数的实际值并不表明特定的安全水平。

在套管柱强度设计与评价中，存在不确定性因素，不能期望用一个单一的安全系数，对一切偶然用合理的方式提供保护。由于有大量的未知因素及参数变化，传统设计方法存在不足。因此，如何分析不确定性因素的实际问题，以及如何做出正确的分析决策，就是风险评价的主要内容。

1.5.2 基于可靠性理论套管失效风险评价方法的建立

（1）套管的可靠度表达式。根据结构可靠性理论，把套管的承载力、适用性能、使用寿命统称为套管功能。通常，描述套管功能状态的基本变量为随机变量，套管失效风险可表述为可靠度或失效概率，其表达式为：

$$P_r = P[Z = g(x_1, x_2, \cdots, x_n) > 0] \tag{1-5-2}$$

$$P_f = P[Z = g(x_1, x_2, \cdots, x_n) < 0] \tag{1-5-3}$$

式中：P_r 和 P_f 分别为套管可靠度和失效概率。

在大多数情况下，描述套管功能函数的基本变量为连续型随机变量，可以认为，功能函数 $Z=g(x_1, x_2, \cdots, x_n)$ 的分布函数为连续函数，故有：

$$P_f + P_r = 1 \tag{1-5-4}$$

一般而言，描述套管状态的基本变量 x_i（$i=1, 2, 3, \cdots, n$）按其属性可归为两个基本变量，即强度随机变量 R 和载荷随机变量 S，得到：

$$R = R(x_{R_1}, x_{R_2}, \cdots, x_{R_n}) \tag{1-5-5}$$

$$S = S(x_{S_1}, x_{S_2}, \cdots, x_{S_n}) \tag{1-5-6}$$

式中：x_{R_i} 为套管强度有关的变量；x_{S_i} 为载荷有关的变量。

这样便可将多个随机变量的问题变为二随机变量问题，取

$$Z = R - S \tag{1-5-7}$$

假设强度和载荷是两个独立的随机变量，且服从一定的概率分布。设强度 R 和载荷 S 为一连续随机变量，其概率密度函数分别为 $f_R(R)$ 和 $f_S(S)$，根据前面定义，套管可靠度的表达式为：

$$P_r = P(Z > 0) = P(R - S > 0) \tag{1-5-8}$$

图 1-5-1 为套管强度和载荷概率密度函数的曲线。图中阴影部分表示两曲线的重叠部分，称为干涉区，是套管可能出现失效的区域，干涉区域面积越小，可靠度越高，反之，可靠度越低。根据应力—强度干涉理论，通过计算干涉区域出现概率的大小，进行套管失效风险的定量计算。由于假定强度 R 与载荷 S 相互独立，$f_R(R)$ 和 $f_S(S)$ 为两个独立的随机变量分布函数，根据 Z 的密度函数，可以计算套管的可靠度和失效概率分别为：

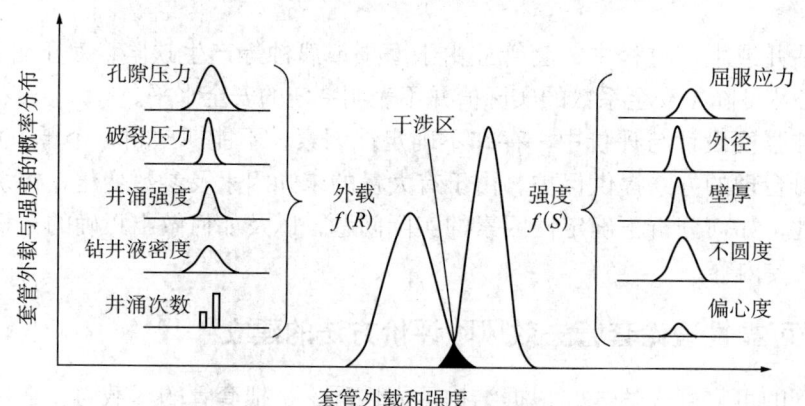

图 1-5-1　套管强度与载荷强度干涉图

$$P_r = P(Z > 0) = \int_0^\infty f(Z) dZ = \int_0^\infty \int_0^\infty f_R(Z+S) f_S(S) \, dS \, dZ \tag{1-5-9}$$

$$P_f = P(Z < 0) = \int_{-\infty}^0 f(Z) dZ = \int_{-\infty}^0 \int_{-Z}^\infty f_R(Z+S) f_S(S) \, dS \, dZ \tag{1-5-10}$$

（2）套管抗外挤强度的概率分布。对于套管强度的获取有两种方式，一种是通过破坏

性试验获得；另一个通过模型计算。通过大量套管破坏试验数据统计分析发现，套管抗外挤强度大都服从正态分布。同时通过不同模型计算出的套管强度的预测精度，计算的套管抗外挤强度同样服从正态分布。两种方式均表明，套管抗外挤强度的大小存在随机性，套管强度服从某种概率分布。

通过破坏试验获取套管强度，需要对不同厂家某一种确定钢级、尺寸及壁厚的套管进行大量的试验，随着生产工艺的改进与提高，套管强度发生较大变化，历史数据的参考价值变小。采用计算方法，通过测试值与预测值的对比，可选取预测精度较高的计算模型得到。通过现有计算模型的对比，选 Klever–Tomano 抗外挤强度模型作为套管抗外挤强度概率分布函数，其表达式为：

$$P_{cR} = \left[p_E + p_Y - \sqrt{(p_E - p_Y)^2 + H_t p_E p_Y} \right] / \left[2(1 - H_t) \right] \quad (1-5-11)$$

其中

$$p_E = \frac{2E}{(1 - v_c^2)} \frac{1}{(D/t)[(D/t) - 1]^2} \quad (1-5-12)$$

$$p_Y = \frac{2\sigma_Y [(D/t) - 1]}{(D/t)^2} \left[1 + \frac{1.5}{(D/t) - 1} \right] \quad (1-5-13)$$

$$H_t = 0.127 o_v + 0.0039 e_c - 0.44 \frac{r_s}{\sigma_Y} + h_n \quad (1-5-14)$$

式中：p_E 为理想圆管的极限弹性挤毁压力，MPa；E 为弹性模量，MPa；v_c 为泊松比；D 为套管外径，mm；t 为平均套管壁厚，mm；p_Y 为理想圆管的极限屈服挤毁压力，MPa；σ_Y 为套管屈服强度，MPa；o_v 表示套管不圆度；e_c 表示壁厚不均度；r_s 为套管残余应力，MPa；h_n 为应力–应变曲线形状系数，对于调质钢套管，其值取为 0.017。

如果考虑轴向应力 σ_Y 的作用，套管屈服强度取的当量屈服极限为

$$\sigma_{Ya} = \sigma_Y \left[\frac{\sigma_z}{2\sigma_Y} + \sqrt{1 - \frac{3}{4} \left(\frac{\sigma_z}{\sigma_Y} \right)^2} \right] \quad (1-5-15)$$

式（1–5–11）～式（1–5–14）表明，套管抗外挤强度受到屈服强度 σ_Y、弹性模量 E、泊松比 v_c、外径 D、壁厚 t、不圆度 o_v、不均度 e_c 和残余应力 r_s 的影响。这些参数均为生产质量测控数据，它不需要破坏套管，便于获取，不同厂家，其变化范围不同。根据套管生产厂家的统计数据分析，这些参数均遵循某种概率分布规律。

（3）套管抗内压强度概率分布。套管抗内压强度可用 3 种形式表示，即屈服强度、塑性破裂强度、裂纹扩展破裂强度。屈服强度表征套管本体达到屈服极限并开始发生塑性变形所需要的载荷，此时套管还保持抗内压载荷的完整性，管体的内压屈服强度可由 API 抗内压强度计算公式计算。塑性破裂强度是指套管材料发生塑性变形并完全破裂所需要的载荷，此时套管失去完整性，不再具有承压能力。裂纹扩展破裂强度是指由于内部裂纹（如 H_2S、CO_2 等腐蚀引起）扩展导致套管失效的强度。如果不考虑氢脆、腐蚀等因素

引起套管内部裂纹的影响，套管本体在内压载荷的作用下破坏主要是塑性破裂。通过对比分析，Klever-Stewart 提出的套管塑性破坏内压强度模型具有较好的预测精度，选其作为套管内压强度概率分布函数，表示为：

$$p_{iR}=2f_u(t_{min}-k_a a_N)\ [2^{-(n+1)}+3^{-(n+1)/2}]\ /\ [D-(t_{min}-k_a a_N)] \qquad (1-5-16)$$

式中：p_{iR} 为套管抗内压强度，MPa；f_u 为套管拉伸屈服强度，MPa；k_a 为内压强度系数，调质钢和 13Cr 材料的套管取 1.0，其余取 2.0；a_N 为套管制造缺陷深度，mm，一般设为缺陷检测系统的下限值，即 5% 的套管壁厚；n 为套管材料应力—应变强度硬化因子，无因次，其取值可根据套管材料实际试验曲线或用经验公式 $n=(0.1693～1.1774)×10^{-4}\sigma_Y$ 计算得到；D 为套管外径，mm；t_{min} 为套管最小壁厚，mm。

（4）套管外载的概率分布。在钻井与开发过程中，套管所受的外载主要与地层特征与作业压力密切相关，目前主要通过地震、测井、录井和取心等手段获得地层压力参数。一般认为，套管所受的外载服从正态分布规律，可根据压力检测手段和技术水平来选取合适的变差系数。

1.5.3 HG1 井套管安全可靠性评价分析

根据前面建立的套管安全可靠性评价方法，利用安全系数法和失效概率方法对 HG1 井套管安全可靠性进行分析。

1.5.3.1 基础数据

根据地层压力预测数据（图 1—5—2）及井身结构数据（表 1—5—1 和图 1—5—2）得到套管强度设计所需外载计算数据。

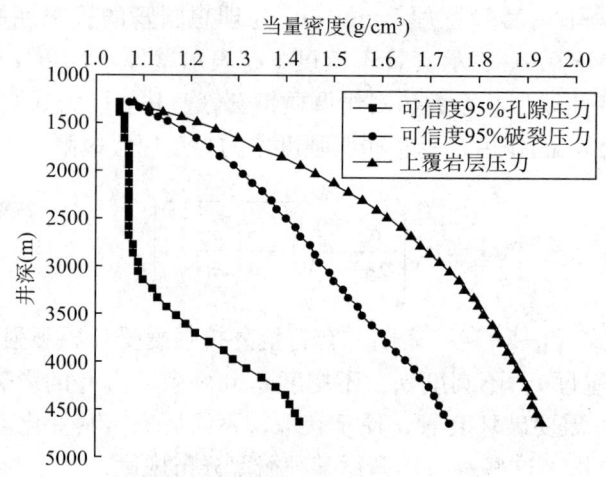

图 1—5—2 HG1 井压力预测剖面

表 1—5—1 HG1 井井身结构设计方案

套管层次	井眼尺寸（mm）	套管尺寸（mm）	下入深度（m）	钻井液密度（g/cm³）
导管	660.4	914.4（喷射挤入）	1360	1.03
表层套管	660.4	508	1860	1.03

续表

套管层次	井眼尺寸(mm)	套管尺寸(mm)	下入深度(m)	钻井液密度(g/cm³)
技术套管1	444.5	339.7	2965	1.20
技术套管2	311.1	244.5	3926	1.40
油层套管	215.9	178	4650	1.55

1.5.3.2 套管柱安全可靠性分析

根据HG1井的基础数据，计算了各层套管可能承受的最大载荷，结果如下：

(1) ϕ508mm表层套管。ϕ660mm井眼下入ϕ508mm表层套管，下深1860m。下套管时钻井液密度1.03g/cm³，套管鞋处破裂压力当量密度1.26g/cm³，下层井段钻井深度2965.0m，使用钻井液密度1.20g/cm³。

①内压。

井底破裂压力：

$$p_f = 0.00981(G_f + S_f) \times H = 0.00981 \times (1.26 + 0.12) \times 1860 = 25.2 \text{ (MPa)}$$

当钻至下一层井眼时发生井涌，盐水充满整个井筒且关井时，井口压力：

$$p_s = p_f - 0.00981 \times (1860 - 1280) \times 1.03 = 19.3 \text{ (MPa)}$$

井口有效内压：

$$p_{be} = p_s - 0.00981 \times 1280 \times 1.03 = 6.4 \text{ (MPa)}$$

②外挤压力。下层井段钻井时发生漏失，表层套管按淘空40%计算。有：

$$p_{ce} = 0.00981[\rho_m - (1-k_m)\rho_{min}]H = 0.00981 \times 1.03 \times 0.4 \times 1860 = 7.5 \text{ (MPa)}$$

(2) ϕ339.7mm技术套管。ϕ444.5mm井眼下入ϕ339.7mm技术套管，下深2965.0m。套管鞋处破裂压力当量密度1.474g/cm³，钻井液密度1.20g/cm³下层井段钻至3931.0m，钻井液密度1.40g/cm³。

①内压。

井底破裂压力：

$$p_f = 0.00981(G_f + S_f)H = 0.00981 \times (1.474 + 0.12) \times 2965 = 46.4 \text{ (MPa)}$$

当钻至下一层井眼时发生井涌，盐水充满整个井筒且关井时，井口内压力：

$$p_s = p_f - 0.00981 \times (2965 - 1280) \times 1.03 = 29.3 \text{ (MPa)}$$

井口有效内压：

$$p_{be} = p_s - 0.00981 \times 1280 \times 1.03 = 16.4 \text{ (MPa)}$$

②外挤压力。下层井段钻井时发生漏失，漏失液面高度按淘空40%计算。有：

$$p_{ce} = 0.00981[\rho_m - (1-k_m)\rho_{min}]H = 0.00981 \times 1.03 \times 0.4 \times 2965 = 12.0 \text{ (MPa)}$$

(3) ϕ244.5mm技术套管。ϕ311.2mm井眼下入ϕ244.5mm技术套管，下深3926.0m。套管鞋处破裂压力当量密度1.636g/cm³，钻井液密度1.40g/cm³，下层井段钻至4650.0m，钻井液密度1.55g/cm³。

①内压。井底破裂压力：

$$p_f=0.00981(G_f+S_f)\times H=0.00981\times(1.636+0.12)\times 3926=67.6 \text{（MPa）}$$

钻下一层段时发生井涌，全井充气，井口有效内压：

$$p_{be}=\frac{p_f}{e^{1.1155\times 10^{-4}(H_s-H_w)\rho_{gas}}}-0.00981\times 1.03 H_w$$

$$=\frac{67.6}{e^{1.1155\times 10^{-4}(3926-1280)\times 0.55}}-0.00981\times 1280\times 1.03=44.5 \text{（MPa）}$$

②外挤压力。套管内按全掏空度60%计算。有：

$$p_{ce}=0.00981\rho_m H$$

$$=0.00981\times 1.40\times(3926\times 0.60-1280)+0.00981\times 1.03\times 1280=27.7 \text{（MPa）}$$

（4）φ177.8mm 油层尾管。φ215.9mm 井眼下入 φ178mm 油层套管，下深 4650.0m。套管鞋处破裂压力当量密度 1.74g/cm³，钻井液密度 1.55g/cm³。

①内压。

井底破裂压力：

$$p_f=0.00981(G_f+S_f)\times H=0.00981\times(1.74+0.12)\times 4650=84.8 \text{（MPa）}$$

开采过程中全井充满天然气，井口的有效内压：

$$p_{be}=\frac{p_f}{e^{1.1155\times 10^{-4}(H_s-H_w)\rho_{gas}}}-0.00981\times 1.03 H_w$$

$$=\frac{84.8}{e^{1.1155\times 10^{-4}(4650-1280)\times 0.55}}-0.00981\times 1280\times 1.03=56.0 \text{（MPa）}$$

②外挤压力。按全掏空计算。有：

$$p_{ce}=0.00981\rho_m H=0.00981\times 1.55\times 4650=70.7 \text{（MPa）}$$

根据 HG1 井钻井数据及外载的计算与分析，采用安全系数法对套管柱安全可靠性进行分析，得到套管柱强度设计结果。方案中 φ244.5mm 技术套管抗内压强度安全系数为 1.06，正好处于满足要求的临界点边缘。如果实钻过程中内压载荷稍大，那么套管抗内压强度是否还能满足要求？用基于随机理论的概率失效评价方法，可以评价出不同外载条件下套管的安全可靠度。

下面以设计方案中 φ244.5mm 技术套管为例，说明基于随机理论的套管失效风险评价方法与安全系数法之间的不同。

按照 API 套管强度计算公式，φ244.5mm 壁厚 11.99mm 的 N80 套管本体的抗挤毁强度和抗内压强度分别为 32.8MPa 和 47.4MPa。为了便于和传统安全设计系数法进行对比，假定套管所受的外载为定值。采用 Monte-Carlo 方法，得到套管强度的概率分布，如图 1-5-3 和图 1-5-4 所示。根据套管强度概率分布，得到不同外载条件下套管挤毁和内压破裂的失效概率，如图 1-5-5 所示。当外挤压力为 32.8MPa，套管挤毁失效概率为 2.33×10^{-3}，即 10000 口井，约有 23 口井可能发生挤毁破坏；当内压力为 47.4MPa 时，套管破裂失效概率为 1×10^{-5}，此时套管的抗内压和抗外挤安全系数均为 1，表明传统的安全系数法具有较高的安全可靠性。但当套管外挤压力和内压力分别为 33.47MPa 和 48.37MPa

时，套管挤毁和内压破裂的失效概率分别为 3.8×10^{-3} 和 8.2×10^{-4}，表明该钢级套管仍具有较高的安全可靠性。如用安全系数法进行评价，抗外挤和抗内压安全系数为 0.98，套管是否发生破坏？用传统安全系数设计方法很难评判。而用随机理论建立的安全可靠性评价方法，可以对套管的安全可靠程度进行定量评价。随着套管外载的增加，套管挤毁和内压破裂的失效概率增大，但两者的变化规律不一样。图 1-5-6 为安全系数与失效概率之间的关系，可以看出，当抗外挤和抗内压安全系数相同时，套管挤毁和破裂的失效概率不同，比如安全系数等于 0.877 时，N80 套管挤毁和破裂的失效概率分别为 0.056 和 1，即相同的安全系数，其抗外挤和抗内压安全可靠程度却不同。

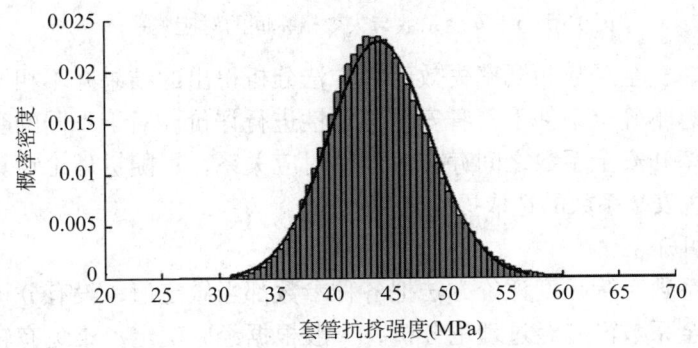

图 1-5-3　套管抗挤强度概率分布

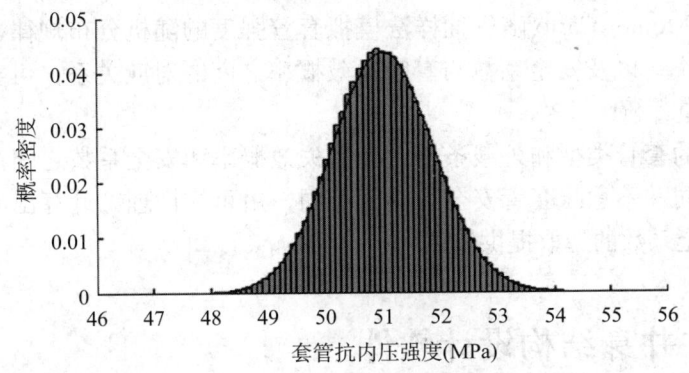

图 1-5-4　套管内压强度概率分布

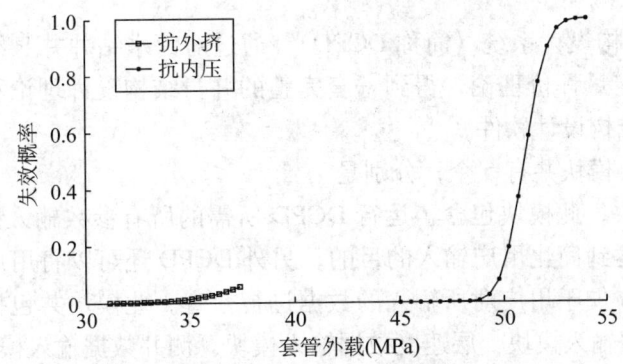

图 1-5-5　不同外载条件下套管失效概率分布

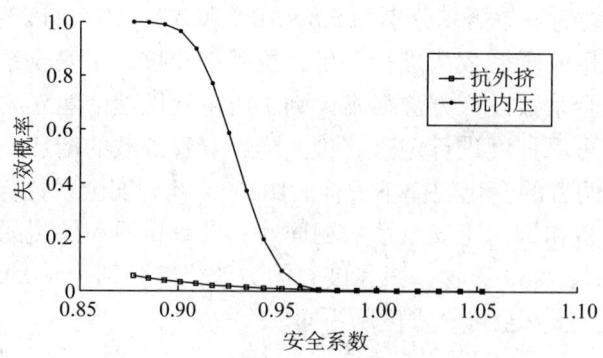

图 1-5-6 安全系数与失效概率间的对应关系

上述分析表明，安全系数和概率失效两种方法分析得出的结果并不相同。失效风险评价方法可对地层信息不确定条件下套管安全可靠性进行评价。对于不同的套管类型和外载条件，套管失效概率和安全系数之间存在不同的对应关系，用随机理论计算出的失效概率评价指标，可为传统安全系数的选取提供依据。

通过上述分析可知：

（1）传统安全系数套管强度评价方法把各种参数都当做定值，没有分析强度和外载的随机变化特性，安全系数没有经过理论分析，一般根据经验确定，难免有较大的主观随意性，无法根据其数值的大小对套管安全可靠度进行定量评价。

（2）根据套管质量参数与概率分布规律建立的套管外挤强度和内压强度的安全可靠性评价方法，可采用 Monte-Carlo 随机抽样法模拟套管强度的随机分布规律，得出不同载荷条件下套管失效概率，以及安全系数与套管失效概率之间的对应关系，可实现对套管的安全可靠程度进行定量评价。

（3）对于不同的套管类型和外载条件，套管失效概率和安全系数之间存在不同的对应关系，安全系数相同并不意味套管安全可靠度相同，用可靠性理论计算出的失效概率评价指标，可为传统安全系数的选取提供依据。

1.6 深水钻井井身结构设计软件

1.6.1 软件简介

"深水钻井井身结构设计系统（简称 DCPD）"通过对深水钻井井身结构技术的系统研究，应用先进的风险定量评价理论，得到一套完整的井身结构设计理论和方法，形成一套适合深水钻井的井身结构设计软件。

本软件系统的核心模块共有 5 个，分别是：

（1）数据输入模块。此模块包含了运行 DCPD 所需的所有参数输入。DCPD 采用数据集中输入的方式，以达到简化用户输入的目的。另外 DCPD 还可以将用户所输入的数据以图形的方式输出出来，便于用户对所输入的数据进行检查。此模块共包括 4 个子模块：基本数据模块、地质数据输入模块、层速度数据输入模块、测井数据输入模块。

（2）地层压力预测模块。此模块包括地层压力预测和图形显示两部分，包括两个子模块，分别为地层孔隙压力预测模块和地层坍塌及破裂压力预测模块，能够实现含可信度地层孔隙压力、地层破裂压力和地层坍塌压力的预测，同时给出根据所输入的不同可信度值条件下的地层压力剖面图形。

（3）安全钻井液密度窗口确定模块。此模块由两个子模块组成：安全设计系数的输入模块和安全钻井液密度窗口的确立模块。通过此模块可以实现井身结构设计所需要的所有基础压力剖面，从而保障后续的井身结构设计顺利进行。

（4）井身结构设计确定模块。此模块有两个子模块组成：地质必封点输入模块和套管层次及下深设计模块。通过输入地质必封点，保证在井身结构设计过程中充分考虑地质必封条件；套管层次及下深设计子模块主要由自上而下设计方法和自下而上设计方法两个部分构成，能够通过不同的设计方法设计出不同的井身结构。

（5）风险评价模块。此模块根据用户输入的井身结构设计方案，计算出该井身结构设计方案全井段各类风险随井深的变化情况。

DCPD 软件采用当前微软最新的编程工具——Visual Basic.net 2008 编程，此语言是一种完全面向对象的现代化的编程语言。

软件采用当前微软最新的编程工具——Visual Basic.net 编程，数据库采用 Access，输出包括文本和图形两种方式，并且可以把文本和图形导入 Word 文档便于用户查看、保存和打印。可以在 win9x/NT/2000/XP/Me 等系统下工作。具有界面美观、设计合理、使用方便等优点，并具备对数据库的独立操作功能（删除、添加、另存、修改等）。

1.6.2　数值计算步骤

输入根据区域地震层速度资料或邻井钻井及测井资料得到含有可信度的地层孔隙压力、破裂压力和坍塌压力剖面，以及具有可信度的各安全钻井液密度上下限剖面，并且能够快速得出套管层次及下深设计方案，以图形的形式直观明了地显示所输入的套管层次及下深方案的各类风险评价结果及随井深的变化情况，供钻井决策者进行方案的讨论和优选。该软件对于合理确立深水井，尤其是探井的套管层次及下深方案，预防复杂情况和事故的发生具有指导意义。计算流程如图 1-6-1 所示。

1.6.3　软件模块设计

1.6.3.1　文件操作及菜单设计界面

文件操作模块包括新建、打开和保存 3 个子模块，可以实现基本的数据的导入和输出，可以最大程度上提高基本数据的录入效率。

1.6.3.2　基本数据输入

输入的基本数据包括本井、邻井和通过相似构造得出的相似构造井的基础数据。主要包括井号、区块名、海域、水深、井深、补心高、层速度数据、密度测井数据、声波测井数据，自然伽马测井数据等。软件中的基础数据输入模块将本井、邻井和相似构造井分开输入并具备图形显示方式。

1.6.3.3　含可信度地层压力预测模块

通过对压力预测模型中的变量进行不确定性分析，应用文中所述方法，即可得出含可信度三压力剖面。

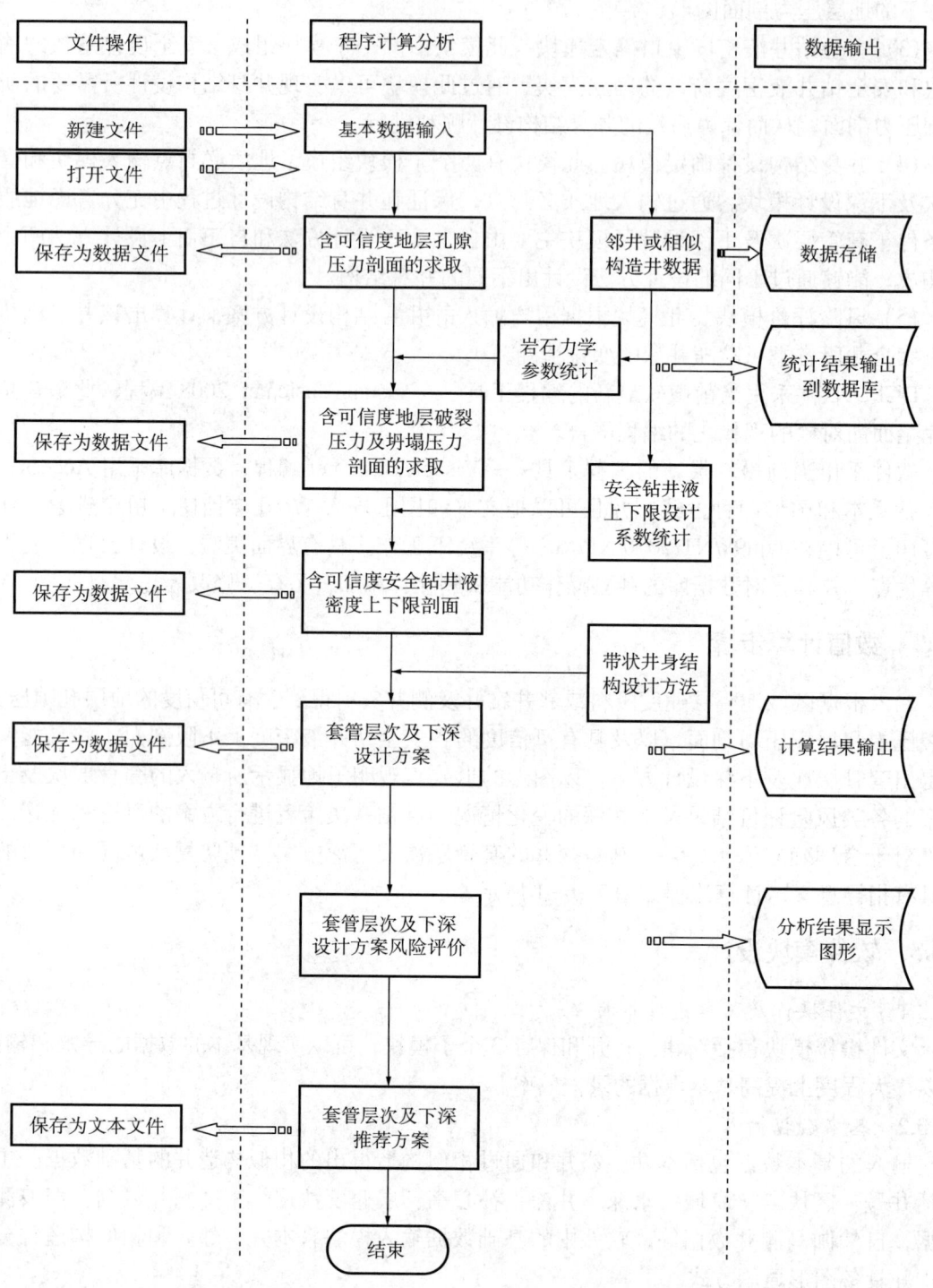

图 1-6-1　深水钻井套管层次及下深设计软件程序运行流程图

1.6.3.4 含可信度安全钻井液密度窗口的确立

在含可信度地层压力剖面的基础上，得出具有可信度信息的安全钻井液密度上下限剖面，作为后续套管层次及下深设计方案的基础数据。

1.6.3.5 套管层次及下深方案的设计

分别通过自上而下和自下而上的带状井身结构设计方法得出具有连续范围的套管层次及下深方案。

1.6.3.6 套管层次及下深方案的定量风险评价

此模块可对某一套管层次及下深方案进行井涌风险、钻进井漏风险、坍塌风险、压差卡钻风险和关井井漏风险的全井段进行定量评价，并能计算同一层次及下深方案中不同钻井液密度条件下全井段各种风险的变化情况。

1.7 深水井身结构设计应用实例

HG1 井水深 1280m，计划使用 Transocean 公司名为 Discover534 号钻井船进行作业，钻井船补心高 14m。

（1）含可信度地层压力剖面的计算。通过地震数据反演出此井的密度测井数据和声波速度数据。根据基本数据进行地层压力剖面的预测，按照书中所介绍的地层压力预测方法以及含可信度地层压力剖面的确定方法，得出具有可信度的各类地层压力剖面，分别如图 1-7-1 和图 1-7-2 所示。

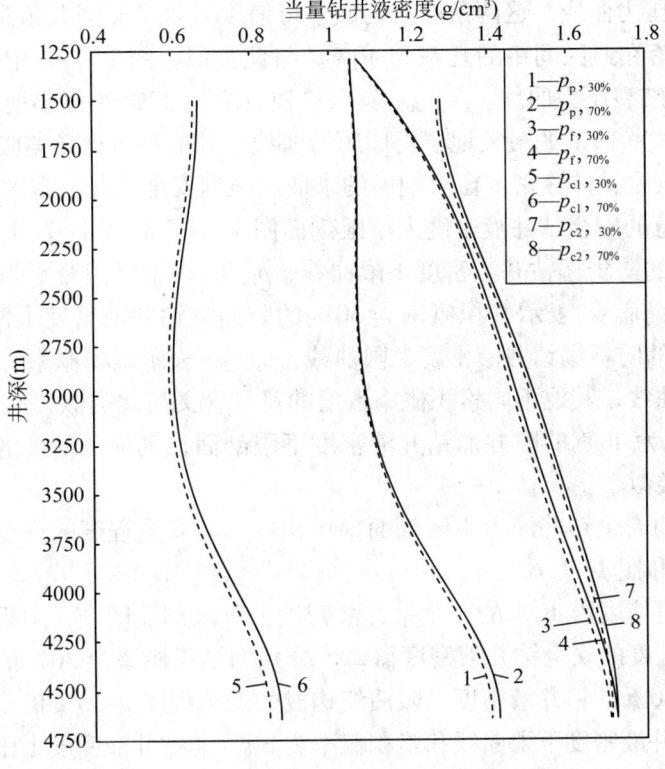

图 1-7-1　可信度为 40% 的地层压力剖面

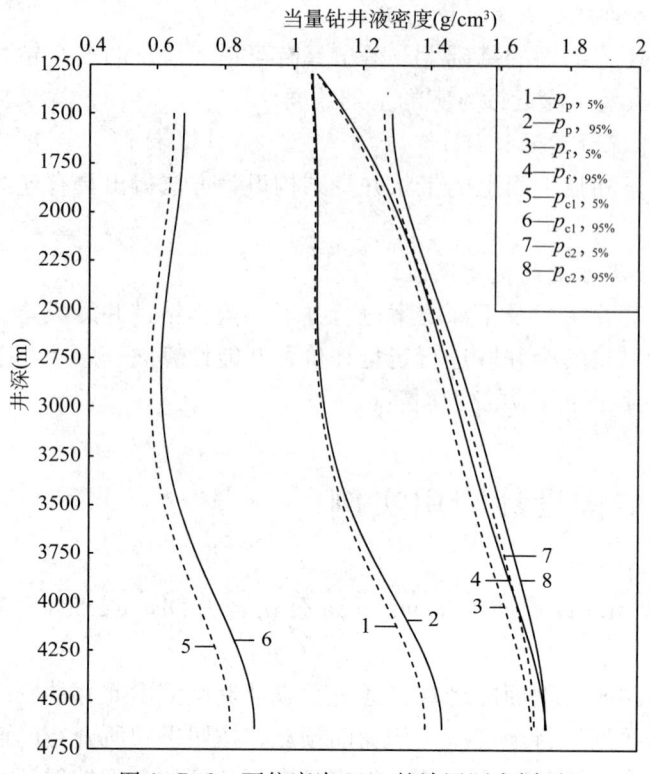

图 1-7-2　可信度为 90% 的地层压力剖面

图中，$p_{p,30\%}$ 代表累积概率为 30% 的地层孔隙压力曲线，同理，$p_{p,70\%}$ 代表累积概率为 70% 的地层孔隙压力曲线，这两条曲线构成了可信度为 40% 的地层孔隙压力剖面，即表示地层孔隙压力值落在此区间中的几率为 40%。与此类似，图 1-7-1 中，$p_{f,30\%}$ 表示累积概率为 30% 的地层破裂压力曲线，$p_{c1,30\%}$ 表示累积概率为 30% 的最小地层坍塌压力曲线，$p_{c2,70\%}$ 表示累积概率为 30% 的最大地层坍塌压力曲线；其他符号含义类似。

(2) 含可信度安全钻井液密度窗口剖面的求取。根据安全钻井液密度必须满足的条件，得出具有可信度信息的安全钻井液密度上下限剖面图 1-7-3 和图 1-7-4。图中，$\rho_{c1,30\%}$ 表示累积概率为 30% 的防坍塌钻井液密度下限曲线，$\rho_{k,30\%}$ 表示累积概率为 30% 的防井涌钻井液密度下限曲线，$\rho_{L,30\%}$ 表示累积概率为 30% 的防漏失钻井液密度上限曲线，$\rho_{c2,30\%}$ 表示累积概率为 30% 的防坍塌钻井液密度上限曲线，$\rho_{sk,30\%}$ 表示累积概率为 30% 的防压差卡钻钻井液密度上限曲线，其他不同累积概率数值的符号含义与此类似。从而可知，$\rho_{k,30\%}$ 和 $\rho_{k,70\%}$ 组成了可信度为 40% 的防井涌钻井液密度下限剖面，其他可信度的钻井液密度上下限剖面的构成与此类似。

通过已经求取的安全钻井液上下限剖面，可构成不同安全程度的安全钻井液密度窗口剖面，如图 1-7-5 和图 1-7-6。

由图可知，在可信度为 40% 的安全钻井液密度上下限剖面图中，上限曲线和下限曲线可以组成两种安全程度的安全钻井液密度窗口，分别为累积概率为 30% 的钻井液密度下限曲线和累积概率为 70% 的钻井液密度上限曲线构成的安全程度为 30% 的安全钻井液密度窗口，以及 70% 的钻井液密度下限曲线和累积概率为 30% 的钻井液密度上限曲线构成的安全程度为 70% 的安全钻井液密度窗口，如图 1-7-5 所示。同理，图 1-7-6 为安全程度仅为

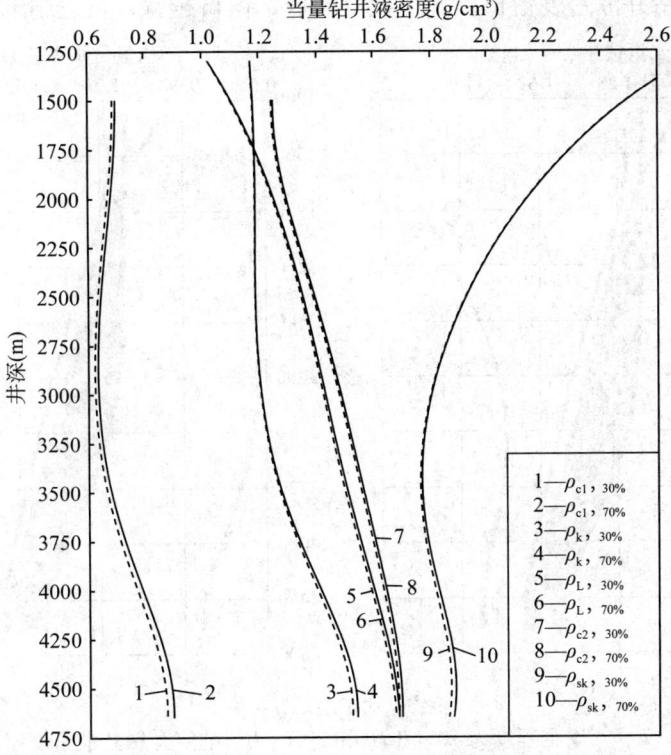

图 1-7-3 可信度为 40% 的安全钻井液密度上下限剖面

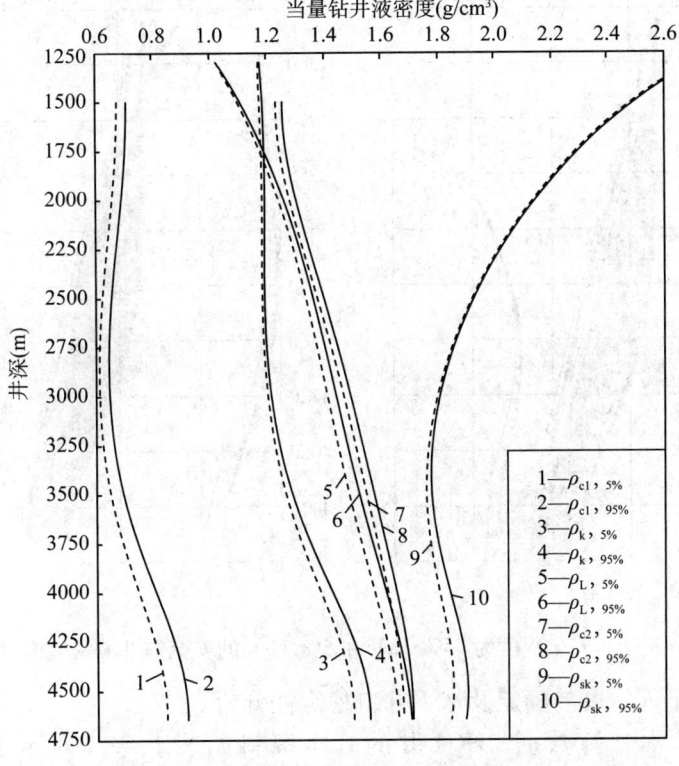

图 1-7-4 可信度为 90% 的安全钻井液密度上下限剖面

5%和95%的安全钻井液密度窗口。安全程度越低,窗口越宽,反之则越窄。

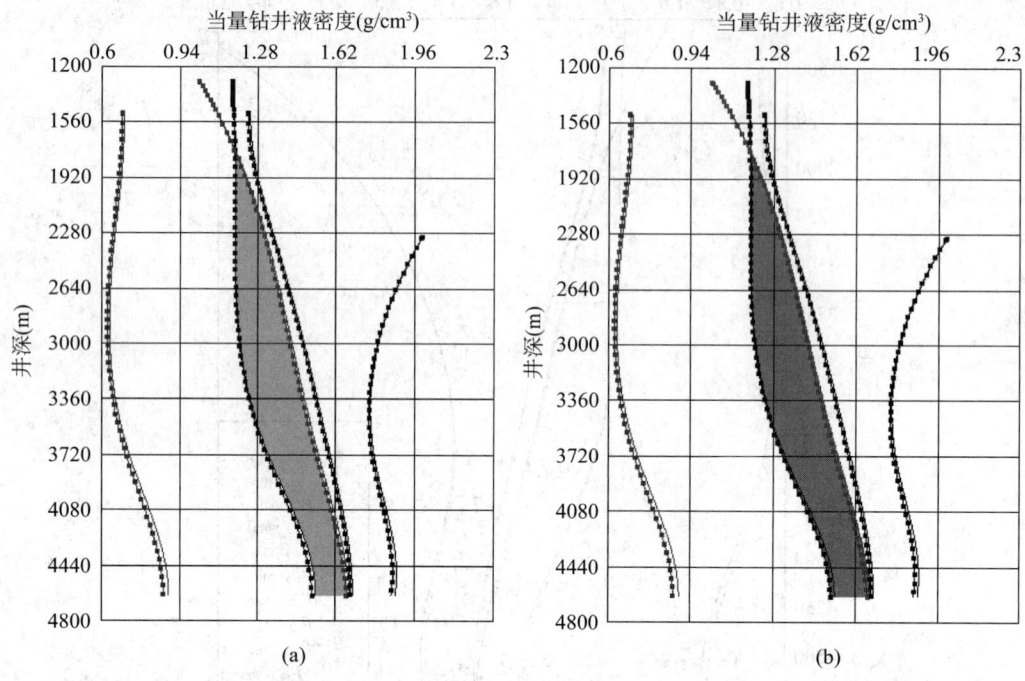

图1-7-5 安全程度为70%(a)和30%(b)的安全钻井液密度窗口

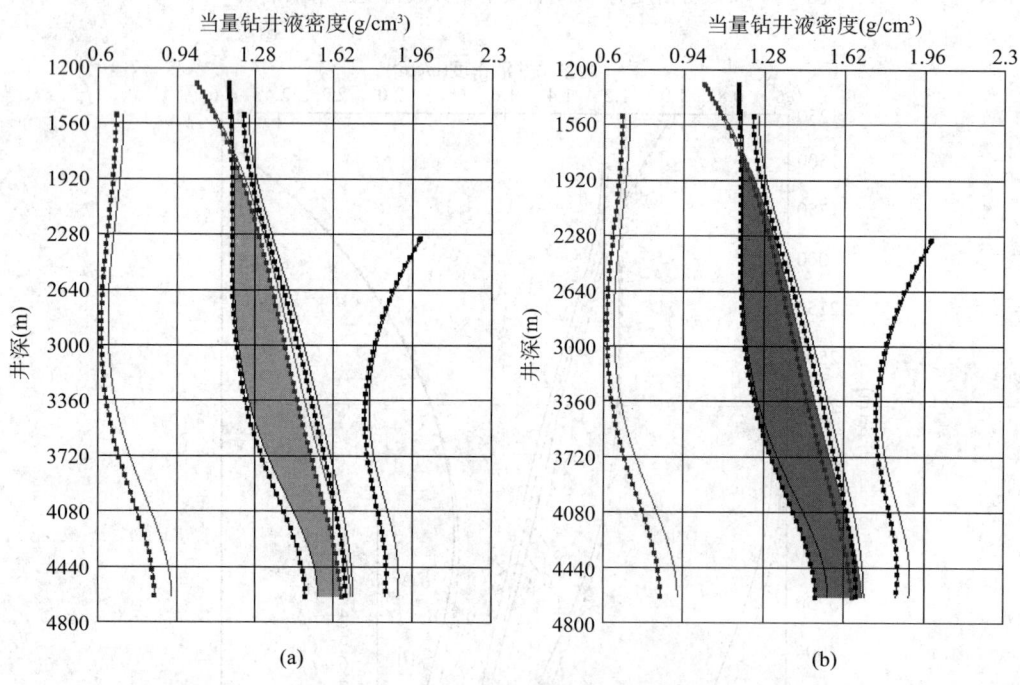

图1-7-6 安全程度为95%(a)和5%(b)的安全钻井液密度窗口

(3)导管喷射下入深度的确定及水下井口稳定性分析。

① HG1井的基本计算数据。HG1井的基本资料如表1-7-1所示,地层数据如表1-7-2所示。

表 1-7-1 HG1 井基本数据

计算参数	数值	计算参数	数值
水深（m）	1280	导管外径（mm）	914.4
隔水管长度（m）	1294	导管壁厚（mm）	25.4
隔水管外径（mm）	533.4	导管线重（kN/m）	5.5
隔水管壁厚（mm）	25.4	表层套管外径（mm）	508.0
钻井船平均漂移（%水深）	3.0	表层套管壁厚（mm）	15.88
隔水管张力比	1.3	表层套管线重（kN/m）	1.89
水面风力海流流速（m/s）	1.0	表层套管下入深度（m）	475
水面潮流流速（m/s）	0.5	水泥环弹性模量（GPa）	18.0
阻力系数	0.8	井口悬挂重量（kN）	3000.0
海水密度（kg/m³）	1030.0	喷射钻具组合线重（kN/m）	4.2
钻井液密度（kg/m³）	1180.0	低压井口重量（kN）	110
钢密度（kg/m³）	7850.0	下入工具重量（kN）	22.7
上部球接头转动刚度（kN·m/rad）	0	高压井口重量（kN）	50.6
下部球接头转动刚度（kN·m/rad）	0	水中浮力系数	0.85
钢弹性模量（GPa）	210.0	钻井液中浮力系数	0.78
浮力块举升力（kN）	2250.0	极限承载力增长系数	0.06～0.1
防喷器组高度（m）	18.0	间隔时间（h）	12～24
防喷器组重量（kN）	2000.0	承载力计算下限（kN）	50
防喷器组等效直径（m）	1.0	承载力计算上限（kN）	150

表 1-7-2 HG1 井地层数据列表

泥线以下深度（m）	不均匀黏土（正常）		均匀黏土（保守计算）	
	不排水抗剪强度（kPa）	水下容重（kN/m³）	不排水抗剪强度（kPa）	水下容重（kN/m³）
10	20.0	7.0	20.0	7.0
20	35.0	7.5	20.0	7.0
30	45.0	8.0	20.0	7.0
40	60.0	8.5	20.0	7.0
50	80.0	9.0	20.0	7.0
60	95.0	9.5	20.0	7.0
70	95.0	10.0	20.0	7.0
80	95.0	10.0	20.0	7.0
90	95.0	10.0	20.0	7.0
100	95.0	10.0	20.0	7.0

注：HG1 井泥线以下 378m 以灰色黏土为主，夹薄层浅灰—灰绿色粉砂、细砂层，富含生物碎屑，松散，未成岩（但无详细取样数据）。

② HG1 深水井的导管下入深度设计结果。HG1 井的导管单位管侧和管端阻力由地层数据计算，结果如图 1-7-7 所示。

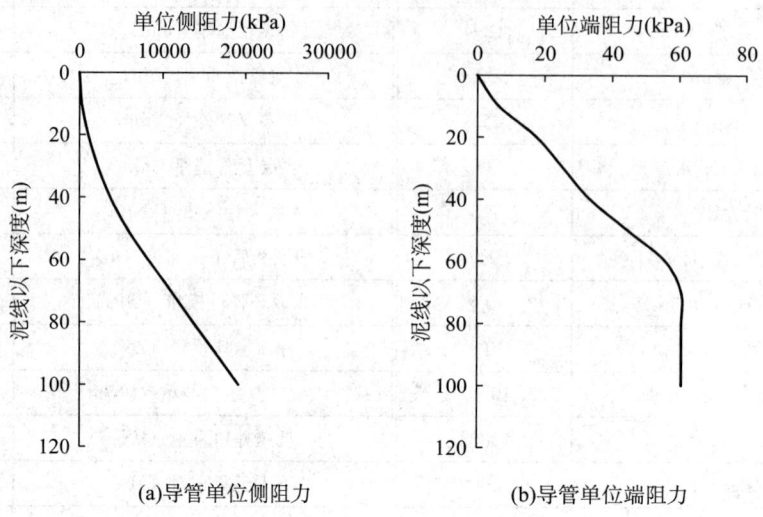

(a)导管单位侧阻力　　　　　　　(b)导管单位端阻力

图 1-7-7　HG1 井导管单位侧阻力和端阻力剖面

当地层承载力系数取 0.06，喷射后间隔时间取 24h 时，根据喷射下导管法，首先得到导管的极限承载力 Q_u 和实时承载力 Q_t 随深度 x 变化曲线（图 1-7-8），迭代试算得到导管长度为 70m 时的总载荷 Q_{wj}=1239.0kN，对应的 70m 泥线以下深度的承载力 Q_{tj}=1350.1kN，$Q_{tj}-Q_{wj}$=111.1kN 在安全余量取值范围（50～150kN）内，由此确定导管的下入深度为 70m。

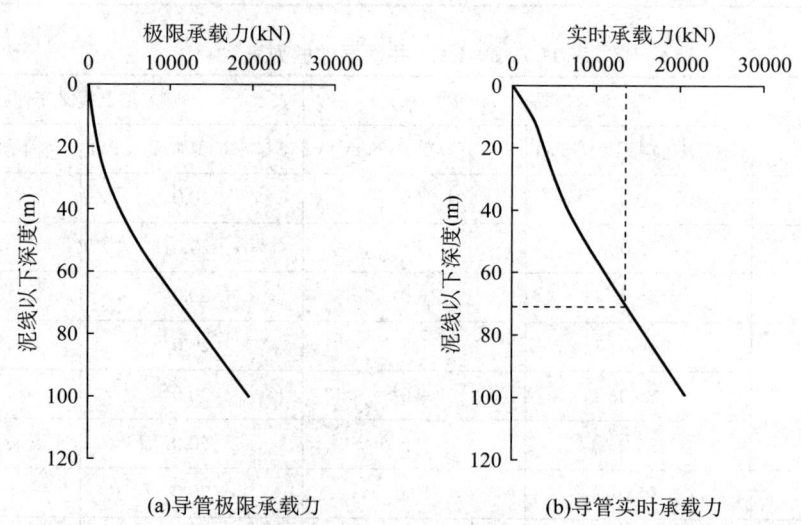

(a)导管极限承载力　　　　　　　(b)导管实时承载力

图 1-7-8　HG1 井导管极限承载力和实时承载力剖面
地层承载力系数取 0.06，间隔时间取 24h

当地层承载力系数取 0.1 时，喷射后间隔时间取 24h 时，根据喷射下导管法，首先得到导管的极限承载力 Q_u 和实时承载力 Q_t 随深度 x 变化曲线（图 1-7-9），迭代试算得到导管长度为55m时的总载荷Q_{wj}=1168.9kN,对应的55m泥线以下深度的承载力Q_{tj}=1252.5kN,$Q_{tj}-Q_{wj}$=83.6kN在安全余量取值范围(50~150kN)内,由此确定导管的下入深度为55m。

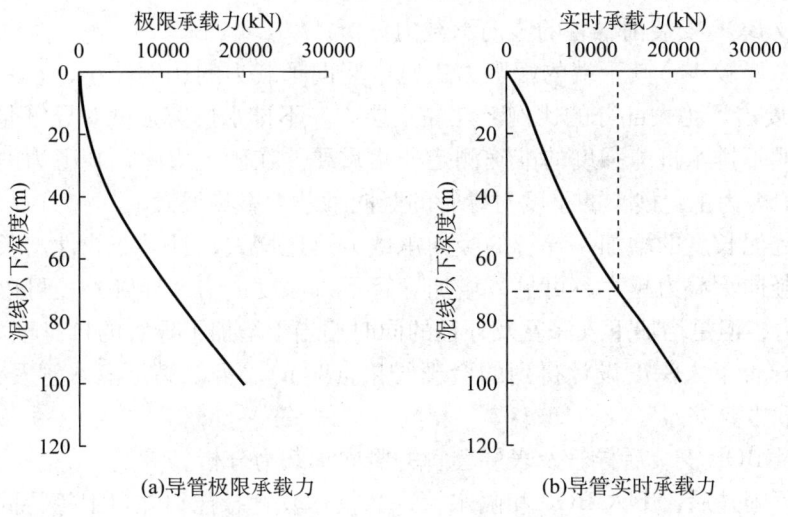

图1-7-9 HG1井导管极限承载力和实时承载力剖面

地层承载力系数取0.1,间隔时间取24h

当地层承载力系数取0.06时,喷射后间隔时间取12h时,根据喷射下导管法,首先得到导管的极限承载力Q_u和实时承载力Q_t随深度x变化曲线(图1-7-10),迭代试算得到导管长度为80m时的总载荷Q_{wj}=1285.8kN,对应的80m泥线以下深度的承载力Q_{tj}=1352.5kN,$Q_{tj}-Q_{wj}$=66.7kN在安全余量取值范围(50~150kN)内,由此确定导管的下入深度为80m。

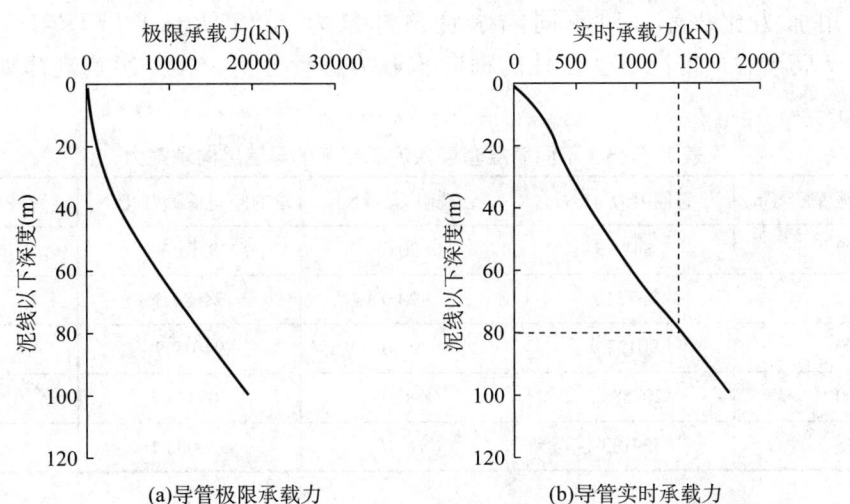

图1-7-10 HG1井导管极限承载力和实时承载力剖面

地层承载力系数取0.06,间隔时间取12h

最终设计结果:

根据地层承载力系数及喷射下入后间隔时间的范围,可以确定在该地层情况下合理的导管下入深度范围为 55～80m,为保守起见,本设计导管下入深度取 80m。

③ HG1 井导管及表层套管竖向承载力分析结果。

a. 隔水管及 BOP 安装前导管的竖向承载力分析。

由于导管壁厚较小,其下端的端阻力占整个竖向承载力的比例较小,在黏土层中不到 3%,而侧阻力要占到绝大部分的比例。在黏土层中,不排水抗剪强度对导管竖向承载力影响很大,这说明不排水抗剪强度的准确测定非常重要。在砂土层中,端阻力的比例有所上升,但仍以侧阻力为主,砂土的重度对导管的竖向承载力影响很大。

随着导管入泥长度的增加,导管的竖向承载力迅速增大,且呈非线性增长趋势,导管直径越大,其竖向承载力越大。可见,增加导管下入深度、增大导管外径可以显著提高导管的竖向承载力,但是增加下入深度及外径的同时相当于增加了导管的自身重力。

因此根据导管下入深度设计得到的合理结果(80m),可以满足隔水管及 BOP 安装前导管的竖向承载力要求。

b. 隔水管及 BOP 安装后导管及表层套管的竖向承载力分析。

当表层套管固井后,下入 BOP 和隔水管,当技术套管悬挂到井口上等待固井时,如果隔水管因紧急情况与 BOP 脱离,这时 BOP、技术套管、导管、表层套管及表层套管固井水泥环的总重力全部由导管及表层套管承担。因表层套管下入深度较深,涉及的地层一般为砂土或砾石层,如果按照单一砂土层(水下重度 10kN/m³,内摩擦角 30°)保守计算表层套管的竖向承载力,则可以得到不同表层套管入泥深度下管柱的竖向承载力,与需要承担的管柱总重力相比,都足以满足要求,计算结果如表 1-7-3 所示。因此,本井导管及表层套管柱的竖向承载力满足设计要求。

④ HG1 井导管及表层套管横向承载力分析结果。

a. 隔水管顶部张紧力对导管及表层套管横向承载力的影响。深水钻井隔水管顶部张紧力用张力比表示,对不同隔水管顶部张力比($TTR=1.1$,$TTR=1.3$,$TTR=1.5$,$TTR=1.7$,$TTR=1.9$)情况下套管柱的横向承载力进行分析,相关影响规律如图 1-7-11 所示。

表 1-7-3　不同表层套管入泥深度下的导管竖向承载力

表层套管入泥深度(m)	管侧阻力(kN)	管端阻力(kN)	总的竖向承载力(kN)	管柱总重力(kN)
100	8411.3	890.0	9301.3	7625.7
200	23732.3	890.0	24622.3	11611.3
300	90122.9	890.0	91012.9	15597.0
400	207583.3	890.0	208473.3	19582.6
475	329193.1	890.0	330083.1	22571.8

分析结果表明,随着隔水管顶部张紧力的增加,管柱上的最大横向位移、偏移角度、弯矩、剪力及地基反力都逐渐增大,同时对管柱的作用深度逐渐增大,但是增大不是很明显。

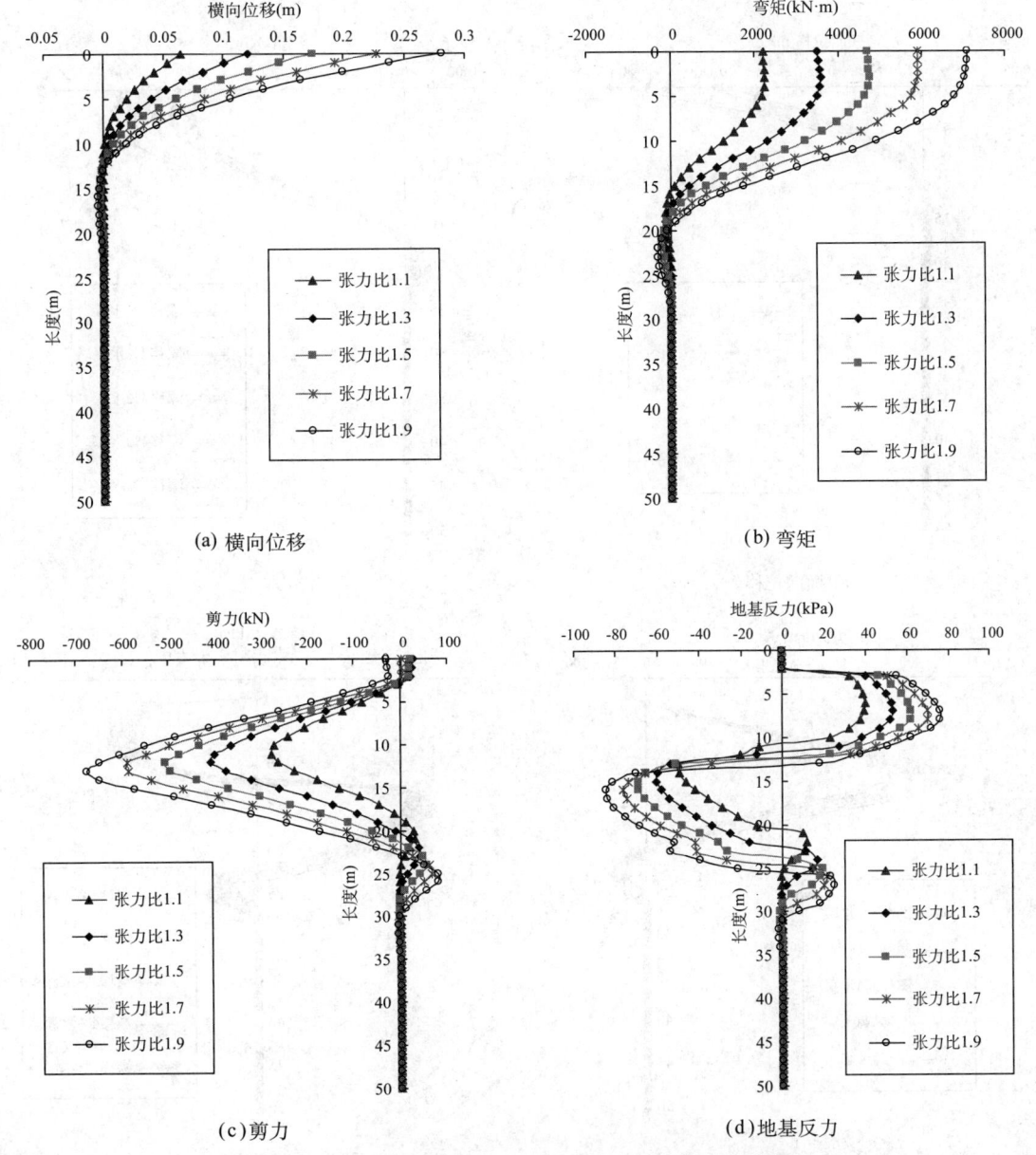

图1-7-11 隔水管顶张力对管柱横向承载力的影响规律

b. 钻井船或平台漂移对导管及表层套管横向承载力的影响。钻井船或平台的漂移量一般以水深的百分比表示，对不同钻井船或平台漂移量（1%水深，2%水深，3%水深，4%水深，5%水深）情况下套管柱的横向承载力进行分析，对比结果如图1-7-12所示。

分析表明，随着钻井船或平台漂移量的增大，管柱上的最大横向位移、偏移角度、弯矩、剪力及地基反力都增大比较明显，且对管柱的作用深度逐渐增大，但是增大不是很明显。与图1-7-11相比，隔水管顶部张紧力对套管柱横向承载力的影响要大于钻井船或平台漂移的影响。

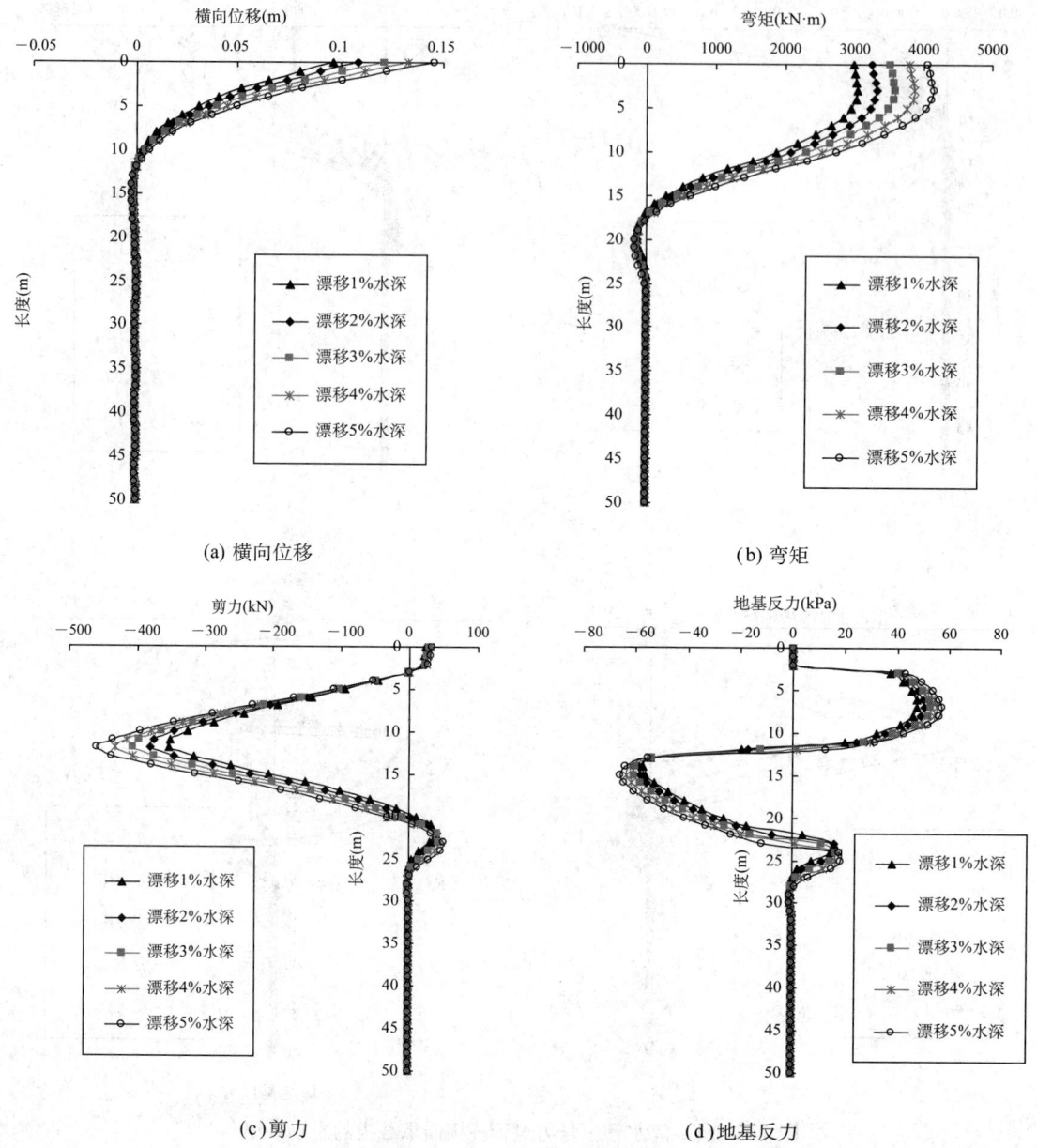

图 1-7-12 钻井船或平台漂移对管柱横向承载力的影响规律

c. 海流流速对导管及表层套管横向承载力的影响。对不同水面风力海流流速（0.5m/s，1.0m/s，1.5m/s）情况下套管柱的横向承载力进行分析，对比结果如图 1-7-13 所示。

分析表明，随着海流流速的增加，管柱上的最大横向位移、偏移角度、弯矩、剪力及地基反力都逐渐增大，同时对管柱的作用深度逐渐增大。由于增加幅度非常大，所以在海流流速较大时应采取措施保证井口及套管柱的安全，防止其发生失稳破坏。

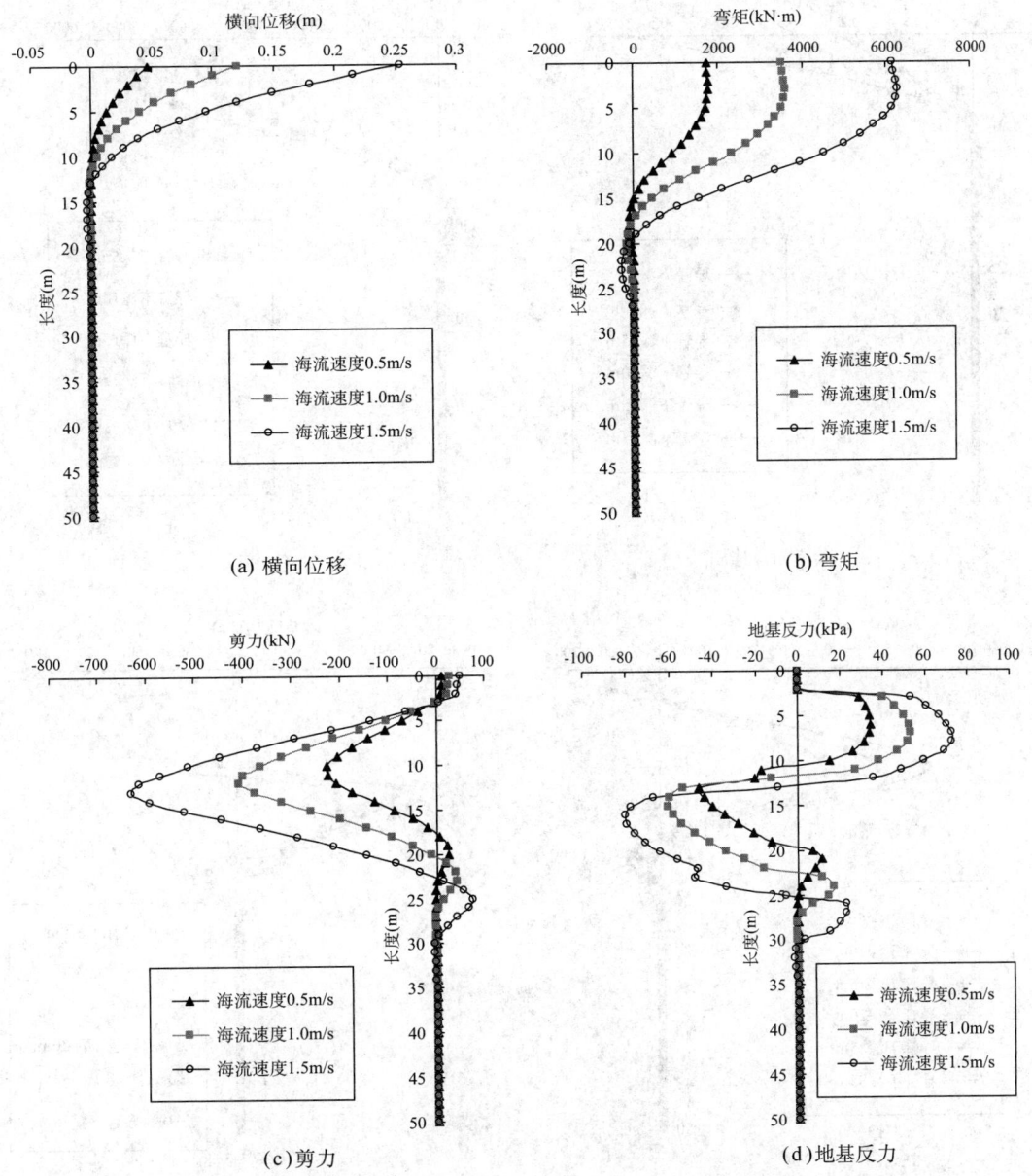

图 1-7-13 海流流速对管柱横向承载力的影响规律

d. 导管的下入深度对导管及表层套管横向承载力的影响。为了分析导管下入深度对套管柱横向承载力的影响，采用 6 种下入深度（5m，10m，15m，20m，25m，80m）进行分析，对比结果如图 1-7-14 所示。

分析表明，如果导管下入深度很小，将会对管柱的横向承载力影响很大，但是，导管的下入深度超过一定深度后，下入深度的继续增大并不能提高套管柱的横向承载力。

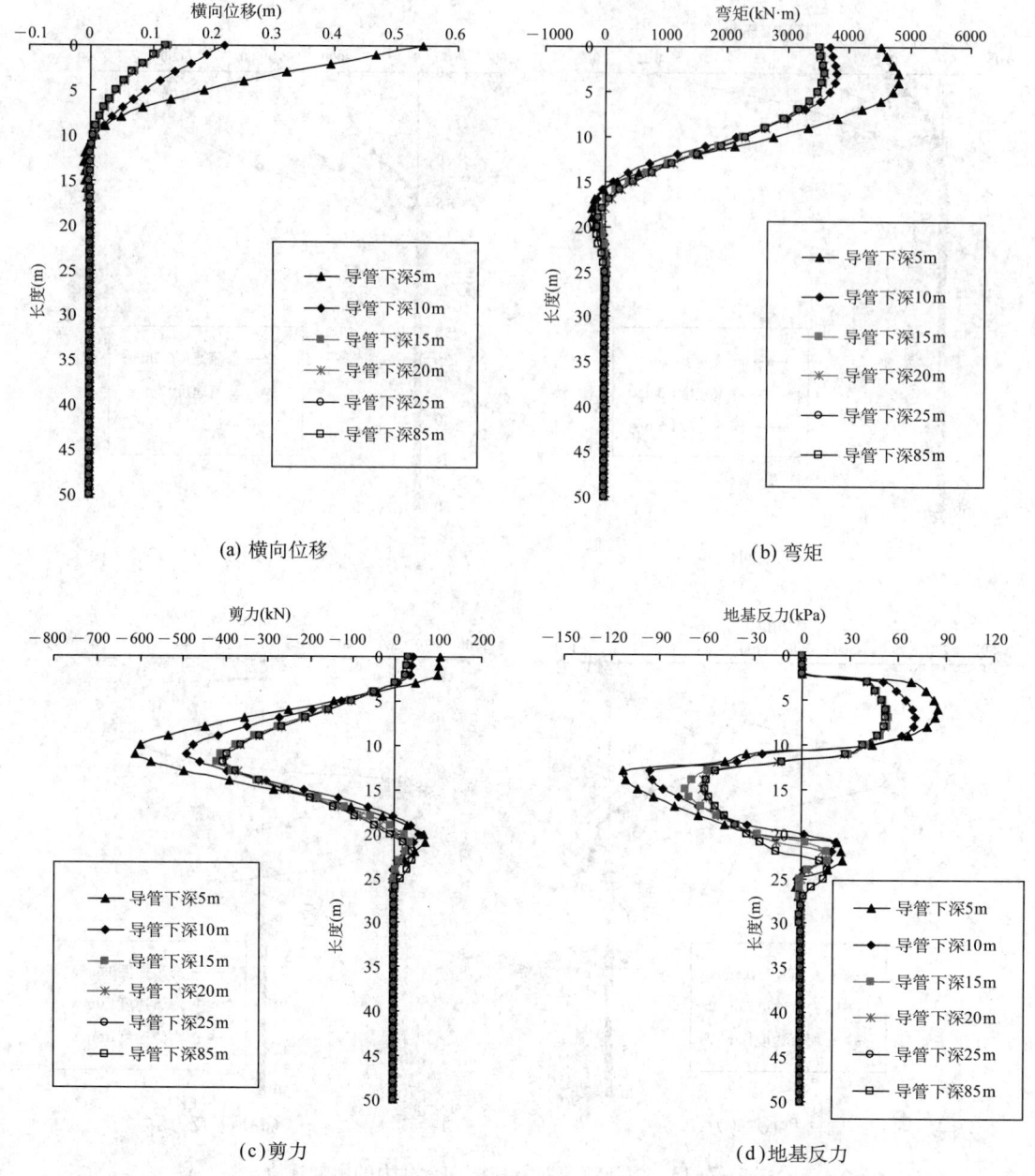

图1-7-14 导管下入深度对管柱横向承载力的影响规律

e. 导管的直径、壁厚对导管及表层套管横向承载力的影响。对不同导管直径和管壁壁厚（直径914.4mm，壁厚38.1mm；直径914.4mm，壁厚25.4mm）的管柱横向承载力进行分析，对比结果如图1-7-15所示。

分析表明，随着管径增大，管柱横向位移和偏移角度逐渐减小；同时随着壁厚增加，管柱抗弯能力增强。但是在作用载荷一定的情况下，由于横向位移值较小，管径及壁厚对管柱的弯矩、剪力、地基反力影响不大。结合导管下入深度对管柱横向承载力的影响可知，提高导管中上段的直径和壁厚可以显著地提高整个套管柱的横向承载力。

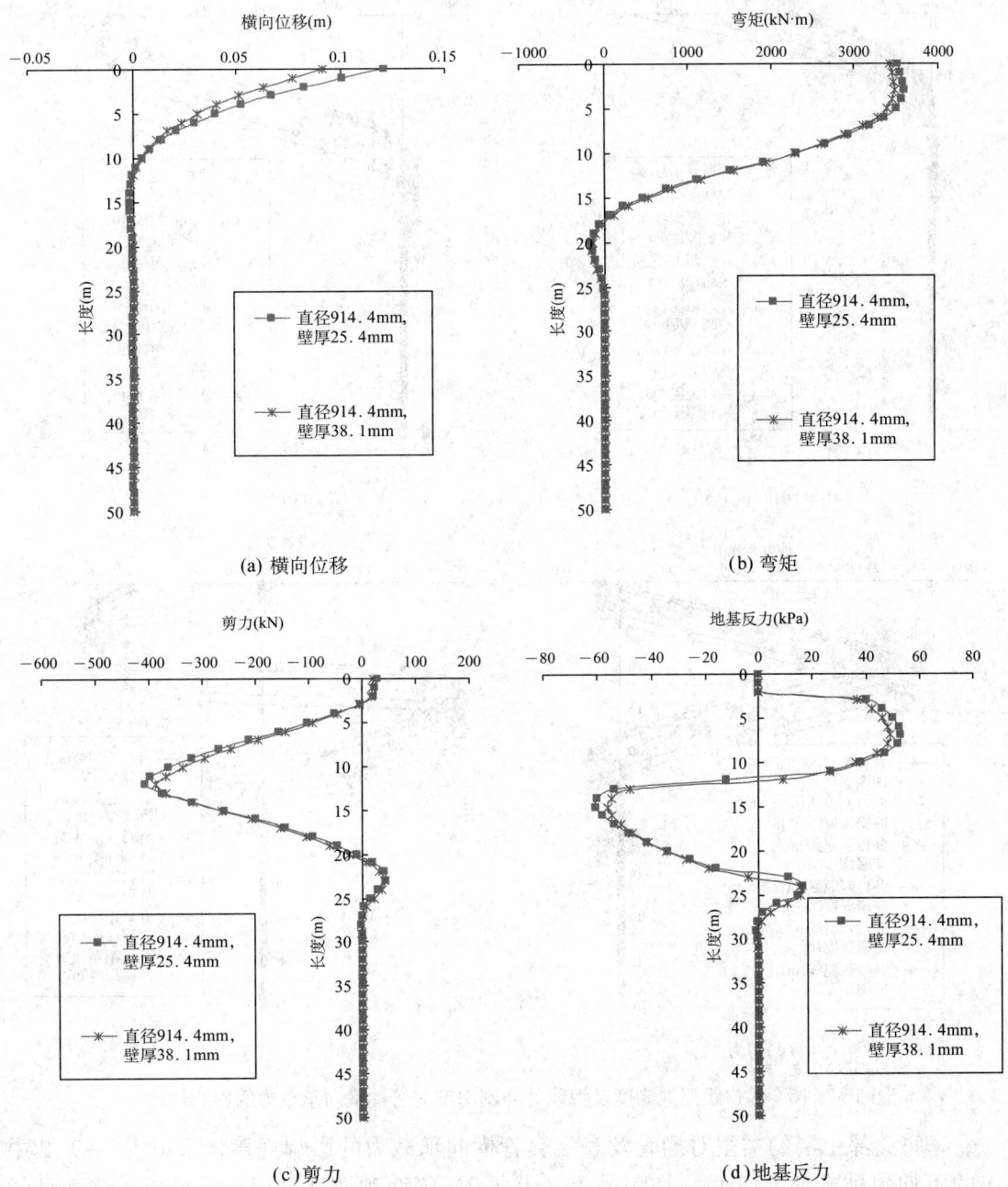

图 1-7-15 导管的直径壁厚对管柱横向承载力的影响规律

f. 井口距泥线高度及冲刷深度对导管及表层套管横向承载力的影响。不同井口距泥线的高度及泥线处冲刷深度情况下套管柱的横向承载力对比如图 1-7-16 所示。

从图中可以看出，井口距泥线距离越高，管柱的横向位移及弯矩值越大，海底泥线处冲刷深度越大，管柱的横向位移及弯矩值越大，同时对管柱的作用深度也逐渐加大。所以为了提高管柱的横向承载力，选择合理的井口高度及控制泥线处冲刷是必要的。

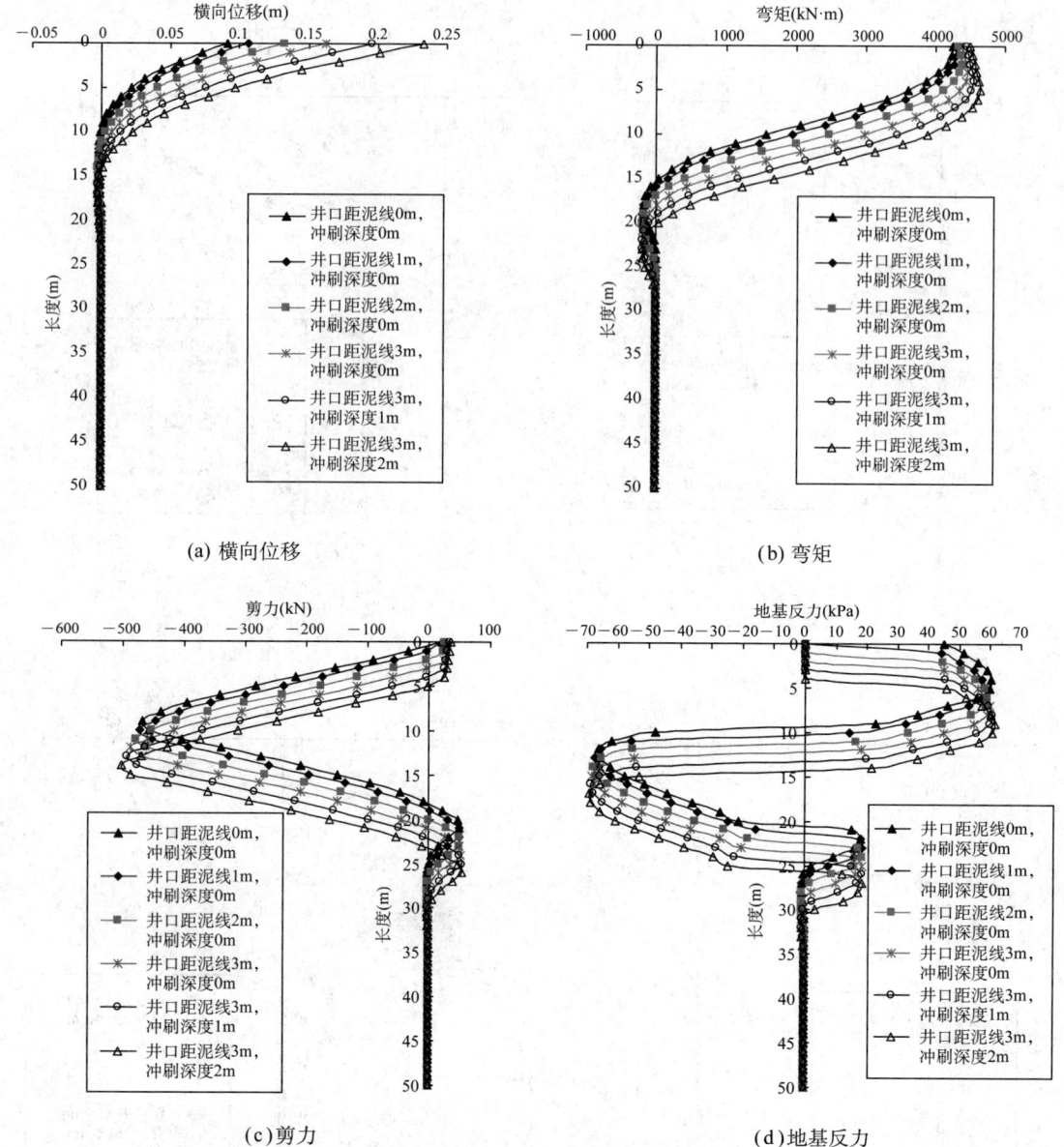

(a) 横向位移　　　　　　　　　　　　(b) 弯矩

(c) 剪力　　　　　　　　　　　　(d) 地基反力

图1-7-16　井口距泥线高度及泥线处冲刷深度对管柱横向承载力的影响规律

g. 海底浅部土层的类型对导管及表层套管横向承载力的影响规律。采用表1-7-2中列出的不均匀黏土（土层1）、均匀黏土（土层2）等两种情况进行计算分析，这两种情况泥线以下0～10m深度土层均为黏土，不排水抗剪强度20.0kPa，水下容重7.0kN/m³，土层2为保守数据，假设0～100m土层均为这种性质的软黏土，对比情况如图1-7-17所示。

虽然均匀黏土（土层2）和不均匀黏土（土层1）在泥线以下0～10m的性质相同，10m以下二者土层性质有所区别，但是从图中可以看出，在这两种土层中，管柱的横向位移及弯矩等参数的值基本是一样的，仅仅在10m以下有些细微的差别，这说明管柱的横向承载力主要受到泥线以下较浅土层的性质影响。

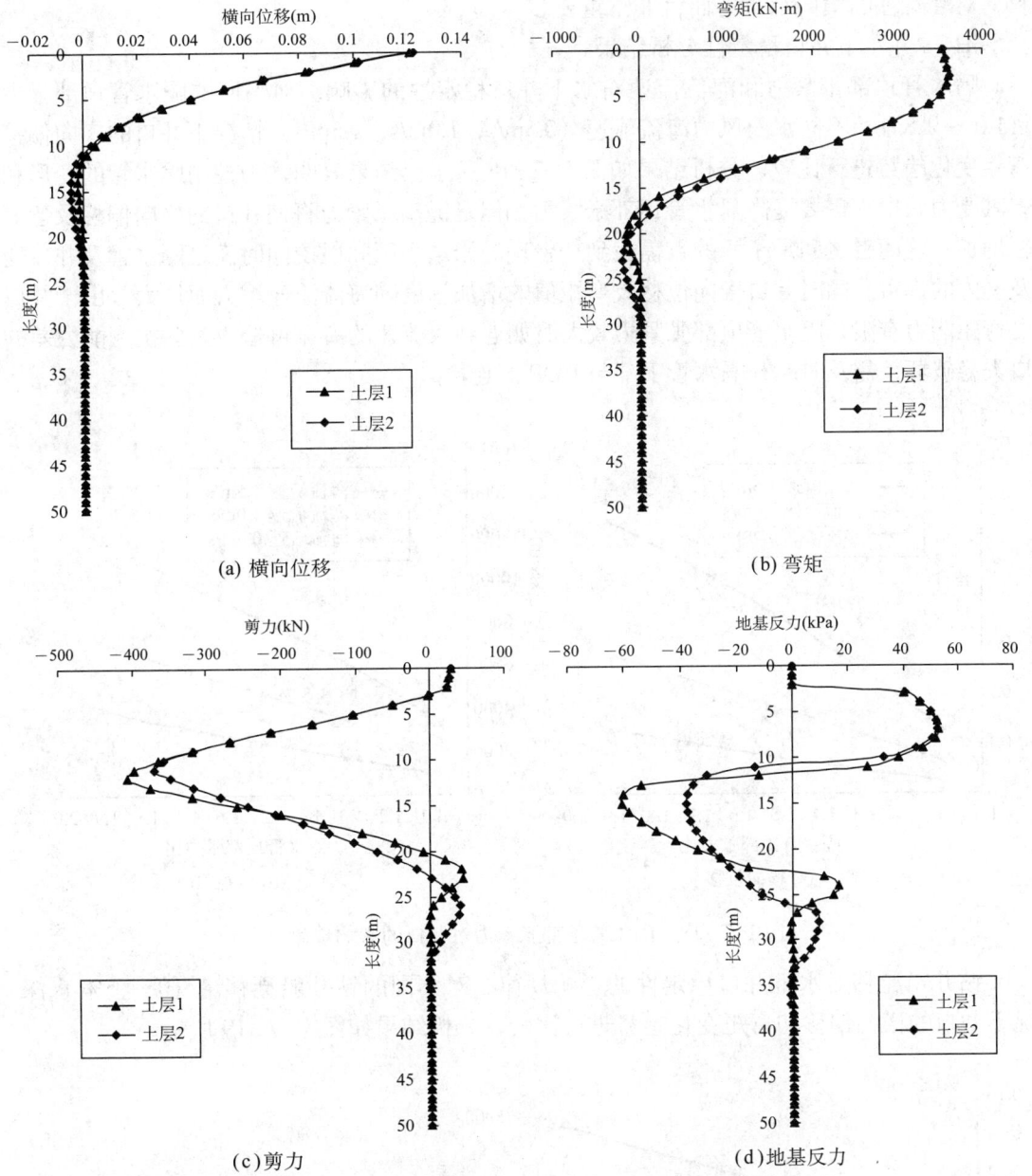

(a) 横向位移　　(b) 弯矩　　(c) 剪力　　(d) 地基反力

图 1-7-17　海底浅部土层类型对管柱横向承载力的影响规律

导管及表层套管横向承载力分析小结：

随着隔水管顶部张紧力、钻井船或平台漂移量的增加，管柱上的最大横向位移、偏移角度、弯矩、剪力及地基反力都逐渐增大，同时对管柱的作用深度逐渐增大，但是增大不是很明显；在海流流速较大时应采取措施保证井口及套管柱的安全，防止失稳破坏。

深水钻井导管及表层套管顶部受到的横向作用力越大，其上部横向位移和管柱弯矩越大；竖向力的影响并不明显；可增加管柱上部的外径及壁厚提高管柱的横向承载力；井口距泥线距离对管柱的横向承载力影响较大；地基类型对管柱的横向承载力有一定影响。

合理控制平台或钻井船漂移、隔水管顶部张紧力，通过现场取样获得浅部地层的地质资料，对套管柱的横向承载力而言非常重要。

⑤ HG1 井水下井口稳定性分析结果。

a. 隔水管顶部张紧力和海流流速对水下井口稳定性的影响。对不同的隔水管顶部张力比（1.0～1.8）及不同水面风力海流流速（0.5m/s，1.0m/s，1.5m/s）情况下井口的横向偏移和弯矩变化趋势进行比较，分析结果如图 1-7-18 所示。结果表明，为控制隔水管的变形和改善其受力状况，需要提高隔水管顶部张紧力，但是提高张紧力将使井口的横向偏移及弯矩大幅增加，这两者之间是矛盾的，需找到一合理的张紧力区间以便同时满足隔水管及井口变形及受力的许可。同时井口横向位移及弯矩值的增加幅度随海流流速增大而增大，由于井口承受弯矩能力有限，隔水管顶部张紧力较大时如遇到大流速的海流可造成某些抗弯能力差的井口失稳破坏，需及时断开隔水管下部与 BOP 的连接。

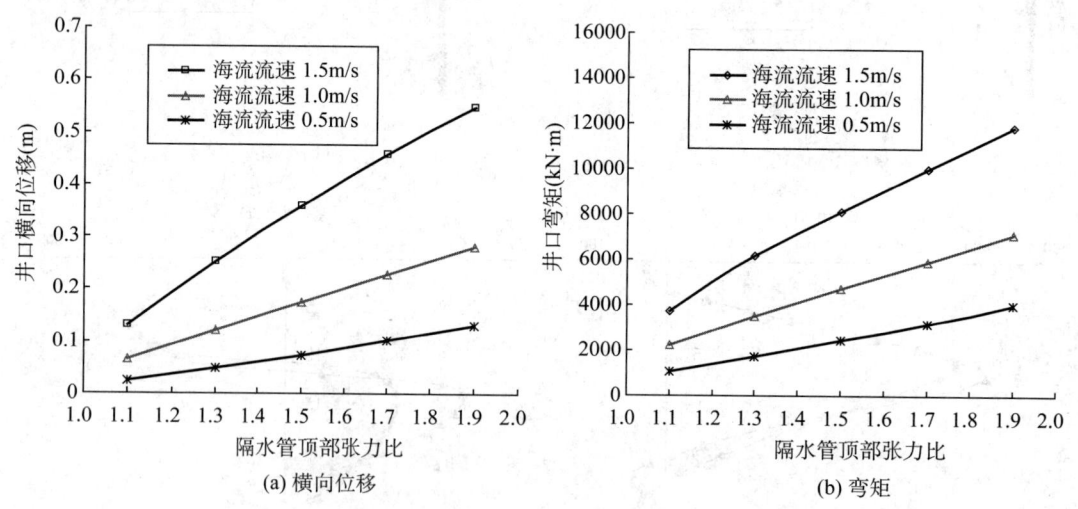

图 1-7-18　隔水管顶部张紧力对井口的影响规律

b. 钻井船漂移对水下井口稳定性的影响规律。对不同的钻井船漂移量（0～5% 水深）情况下井口的横向偏移和弯矩变化趋势进行比较，分析结果如图 1-7-19 所示。

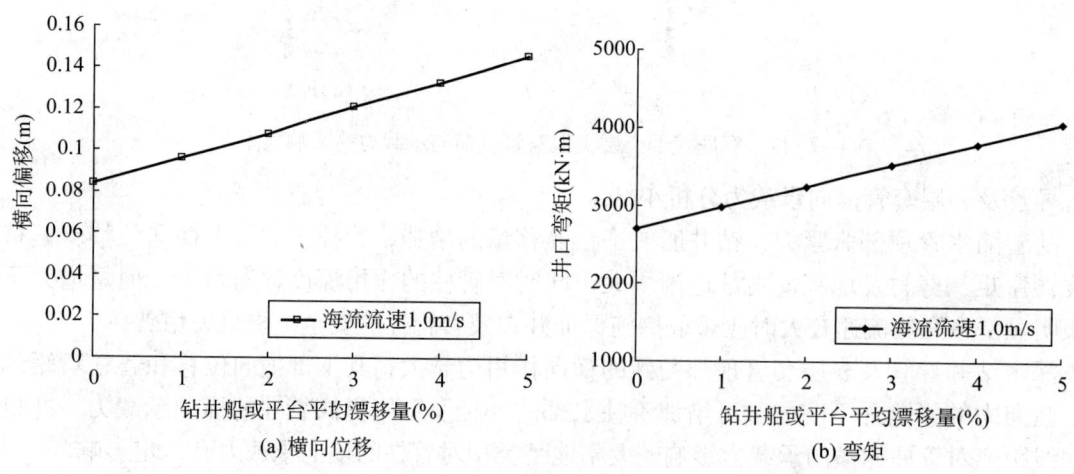

图 1-7-19　钻井船或平台漂移量对井口的影响规律

结果表明,随着钻井船或平台漂移量的增大,作用于井口的弯矩和横向位移却近似线性增加,这是需要特别注意的。同时,在较大的漂移量和海流流速情况下,水下井口的横向位移及弯矩值大幅度增加,控制好钻井船或平台的漂移对水下井口的稳定性而言至关重要。建议在正常作业过程中,将钻井船或平台漂移量控制在2%水深(25m)之内。

c. 导管的直径、壁厚、下入深度对水下井口稳定性的影响。在算例基本数据不变的情况下,分析导管的直径、壁厚对水下井口的力学性能影响,不同导管的直径壁厚对井口稳定性的影响数据列于表1-7-4。井口横向位移及弯矩随导管下入深度变化规律如图1-7-20所示。

表1-7-4 导管的直径、壁厚对井口稳定性的影响(本例)

参数	导管直径914.4mm,壁厚38.1mm	导管直径914.4mm,壁厚25.4mm
井口横向位移(m)	0.092	0.121
井口弯矩(kN·m)	3425.9	3815.4

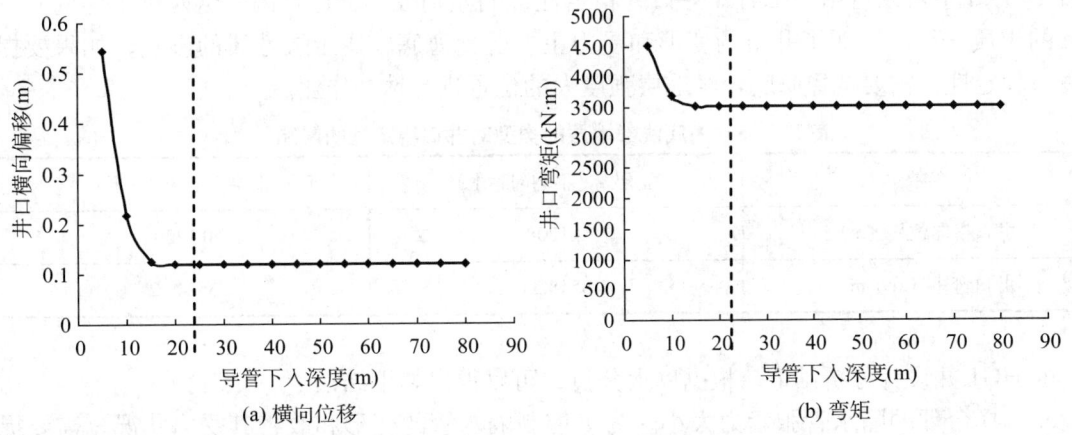

(a) 横向位移 (b) 弯矩

图1-7-20 导管的下入深度对井口稳定性的影响规律

从图表中可以看出,增大导管直径和壁厚可以明显地降低井口的横向偏移,并能降低井口承受的弯矩值;同时,导管的下入深度必须超过海底表层松软土层(0~20m),超过该深度后下入深度再大对井口的横向位移和弯矩也几乎没有影响。

d. 井口距泥线的高度及泥线处冲刷深度对水下井口稳定性的影响。为了防止井口下陷,井口及套管在泥线以上有一定的高度,一般为0~3m。同时由于喷射下入导管作业的影响以及海底海流对泥线冲刷的影响,套管在泥线以下的冲刷深度可达3~4m,这主要与海底泥线附近软土层的状况以及潮流大小等因素有关。这两种情况实际上是同一个问题,就是套管柱裸露在水中的长度对井口稳定性的影响,下面对这情况的影响程度进行分析,结果如图1-7-21所示。

从图中可以看出,井口距泥线距离越高,井口的横向位移和弯矩就越大;同样,冲刷深度越深,井口的横向位移和弯矩就越大。为了提高井口稳定性,需要选择合理的井口高度并采取措施控制泥线处冲刷,建议井口距泥线高度不超过3m。

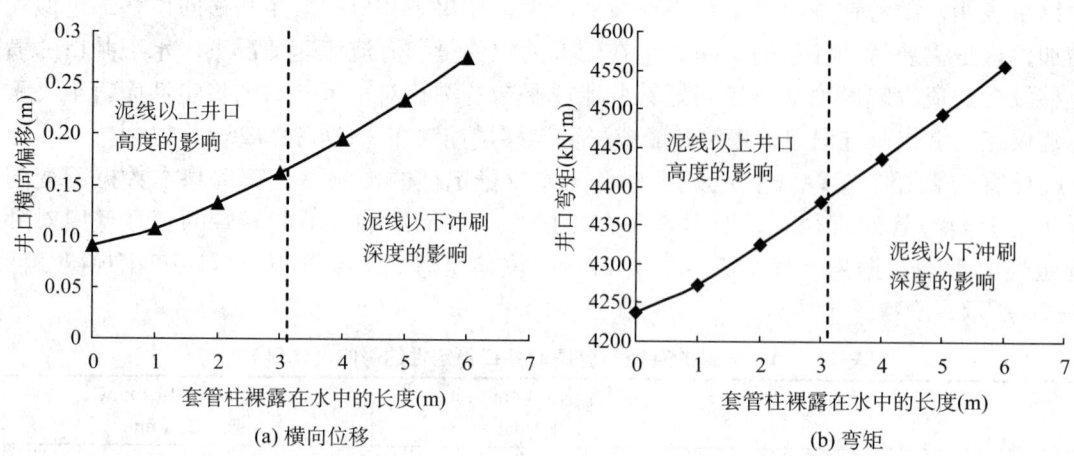

图 1-7-21 井口距泥线的高度及泥线处冲刷深度对井口稳定性的影响规律

e. 海底浅部地层的类型对水下井口稳定性的影响。虽然均匀黏土（土层2）和不均匀黏土（土层1）在泥线以下 0~10m 的性质相同，10m 以下二者土层性质有所区别，但是从表 1-7-5 中可以看出，二者对井口的稳定性影响差别很小，这是因为这两种土层的 0~10m 的土质一样，说明了井口的变形和受力主要受到海底较浅土层性质的影响，如果要提高井口稳定性，需要选择海底较浅地层强度大的位置进行钻井作业。

表 1-7-5 海底浅部地层的类型对井口稳定性的影响

参数	土层1（不均匀黏土）	土层2（均匀黏土）
井口横向位移（m）	0.1208	0.1226
井口弯矩（kN·m）	3518.39	3524.72

⑥ HG1 井设计分析结论。根据以上分析，可以得出如下结论：

a. 选择合理的隔水管张紧力大小。为了控制隔水管的变形和改善其受力状况，需要提高隔水管顶部张紧力，当隔水管张紧力增大时，井口所受到载荷均有增大趋势，如果增大程度较大，以致套管柱承载力不能满足井口载荷的要求，就会引起井口失稳问题，因此，需要找到一个合理的张紧力区间以便同时满足隔水管及井口变形及受力的许可。

推荐参数：

当海流流速范围 0~1.0m/s 时，隔水管张力比范围：1.1~1.8；

当海流流速范围 1.0~1.5m/s 时，隔水管张力比范围：1.1~1.4；

当海流流速范围大于 1.5m/s 时，应及时断开隔水管下部与 BOP 的连接。

b. 控制钻井平台的漂移。研究发现，钻井平台的漂移量大小对井口所受横向载荷和弯矩值影响较大。深水作业海区恶劣的海况，飓风、波浪、海流等都会引起船体或平台的漂移过大，同时井口横向位移及弯矩值的增加幅度随海流流速增大而增大。

推荐参数：钻井平台的漂移量控制在 2% 水深以内（<25m）。

c. 减轻隔水管重量以及提高隔水管浮力。随着水深的增加，以及钻井液密度的提高，隔水管重量就会越大，需要的顶部张紧力也就越大，隔水管过提力也需要提高，这将对水下井口的稳定性造成威胁。为了解决水深增加带来的问题，可以采取增加隔水管浮力块的数量，增加浮力块后，隔水管变形减小，同时所需的顶张力变小，从而可以改善井口的受力。但是增加浮力块必定会引起隔水管外径增加，导致隔水管所受波流力增大，因此井口所受横向作用力和弯矩也随之增大，增大到一定程度也会危及井口稳定性，同时过多过大的浮力块还可能引起隔水管紧急脱离时的反冲力问题。

建议：根据实际工况合理选取浮力块的长度、外径、位置等参数，采取新型铝合金的轻质材料隔水管。

d. 提高套管柱尤其是导管的抗弯刚度。在海底浅部地层一定的情况下，套管柱尤其是导管的尺寸、钢级、壁厚等对井口的稳定性起决定作用。研究发现，增大导管直径和壁厚可以明显地降低井口的横向偏移，但是对于井口承受的弯矩值影响不大。因此，应根据实际工况及海底浅部地层松软程度选用更大尺寸、钢级、壁厚的套管。

导管下入深度的确定一方面要满足导管承载力的要求，另一方面也要考虑浅层地层的评价，导管下入深度至少要超过表层松软土壤的深度。

推荐参数：

目前一般采用914.4mm直径导管进行深水作业，可加大导管的上部管段壁厚（38.1mm，50.8mm，或更大尺寸），提高钢级（X50或X56）。

导管下入深度至少要超过表层松软土壤的深度（>20m），本井导管设计深度80m，可以满足承载力及稳定性要求。

e. 进行海底浅部地层数据取样以及控制泥线处冲刷。井口的变形和受力主要受到海底较浅土层性质的影响，如果要提高井口稳定性，需要选择海底较浅地层强度大的位置进行钻井作业，在一个新区块作业前必须进行海底浅部地层的数据取样。

另外，井口距泥线距离越高，井口的横向位移和弯矩就越大；同样，冲刷深度越深，井口的横向位移和弯矩就越大，为了提高井口稳定性，需要选择合理的井口高度及采取措施控制泥线处冲刷。

推荐参数：

进行海底浅部土层数据取样，选择海底浅部地层强度大的位置作业。

井口距泥线高度小于3m，并控制泥线处冲刷深度小于1m。

(4) 压力信息不确定条件下套管层次及下深的确定。根据不同安全程度的安全钻井液密度窗口剖面，按照本书提出的压力不确定条件下套管层次及下深确定方法，可以得出多种套管层次及下深设计方案。分别如表1-7-6～表1-7-13所示。

表1-7-6 可靠度95%自上而下套管层次及下深设计方案

套管层次	井眼尺寸（mm）	套管尺寸（mm）	下入深度（m）	钻井液密度（g/cm³）
导管	660.4	914.4	1364	1.03
表层套管	660.4	508	1860	1.03
技术套管1	444.5	339.7	2965	1.19
技术套管2	311.1	244.5	3926	1.40
油层套管	215.9	178	4650	1.55

表 1-7-7　可靠度 5% 自上而下套管层次及下深设计方案

套管层次	井眼尺寸（mm）	套管尺寸（mm）	下入深度（m）	钻井液密度（g/cm³）
导管	660.4	914.4	1364	1.03
表层套管	660.4	508	1860	1.03
技术套管 1	444.5	339.7	3240	1.22
技术套管 2	311.1	244.5	4389	1.47
油层套管	215.9	178	4650	1.67

表 1-7-8　可靠度 95% 自下而上套管层次及下深设计方案

套管层次	井眼尺寸（mm）	套管尺寸（mm）	下入深度（m）	钻井液密度（g/cm³）
导管	660.4	914.4	1364	1.03
表层套管	660.4	508	1845	1.03
技术套管 1	444.5	339.7	2874	1.2
技术套管 2	311.1	244.5	3897	1.39
油层套管	215.9	178	4650	1.55

表 1-7-9　可靠度 5% 自下而上套管层次及下深设计方案

套管层次	井眼尺寸（mm）	套管尺寸（mm）	下入深度（m）	钻井液密度（g/cm³）
导管	660.4	914.4	1364	1.03
表层套管	660.4	508	1845	1.03
技术套管 1	444.5	339.7	1943	1.18
技术套管 2	311.1	244.5	3384	1.24
油层套管	215.9	178	4650	1.49

表 1-7-10　可靠度 70% 自上而下套管层次及下深设计方案

套管层次	井眼尺寸（mm）	套管尺寸（mm）	下入深度（m）	钻井液密度（g/cm³）
导管	660.4	914.4	1364	1.03
表层套管	660.4	508	1865	1.03
技术套管 1	444.5	339.7	3064	1.21
技术套管 2	311.1	244.5	4066	1.43
油层套管	215.9	178	4650	1.59

表1-7-11 可靠度30%自上而下套管层次及下深设计方案

套管层次	井眼尺寸（mm）	套管尺寸（mm）	下入深度（m）	钻井液密度（g/cm³）
导管	660.4	914.4	1364	1.03
表层套管	660.4	508	1860	1.03
技术套管1	444.5	339.7	3152	1.21
技术套管2	311.1	244.5	4198	1.45
油层套管	215.9	178	4650	1.63

表1-7-12 可靠度70%自下而上套管层次及下深设计方案

套管层次	井眼尺寸（mm）	套管尺寸（mm）	下入深度（m）	钻井液密度（g/cm³）
导管	660.4	914.4	1364	1.03
表层套管	660.4	508	1845	1.03
技术套管1	444.5	339.7	2425	1.18
技术套管2	311.1	244.5	3725	1.33
油层套管	215.9	178	4650	1.53

表1-7-13 可靠度30%自下而上套管层次及下深设计方案

套管层次	井眼尺寸（mm）	套管尺寸（mm）	下入深度（m）	钻井液密度（g/cm³）
导管	660.4	914.4	1364	1.03
表层套管	660.4	508	1845	1.03
技术套管1	444.5	339.7	2141	1.18
技术套管2	311.1	244.5	3563	1.28
油层套管	215.9	178	4650	1.51

（5）套管层次及下深设计方案风险评价。依据本书提出的风险评价方法，对上述8种套管层次及下深设计方案设计结果进行了全井段风险评价，分别包括井涌风险、钻进井漏风险、井涌关井井漏风险、坍塌风险以及压差卡钻风险。

可靠程度为95%的套管层次及下深设计方案的全井段风险均小于5%，未在图中显示可靠度95%的两种设计方案的风险曲线，其余6种套管层次及下深设计方案的评价结果分别如图1-7-22~图1-7-27所示。

依据书中提出的方法，还对原设计方案（表1-7-14）进行了风险评价和讨论，并得出了本井套管层次及下深的推荐方案（表1-7-15）。

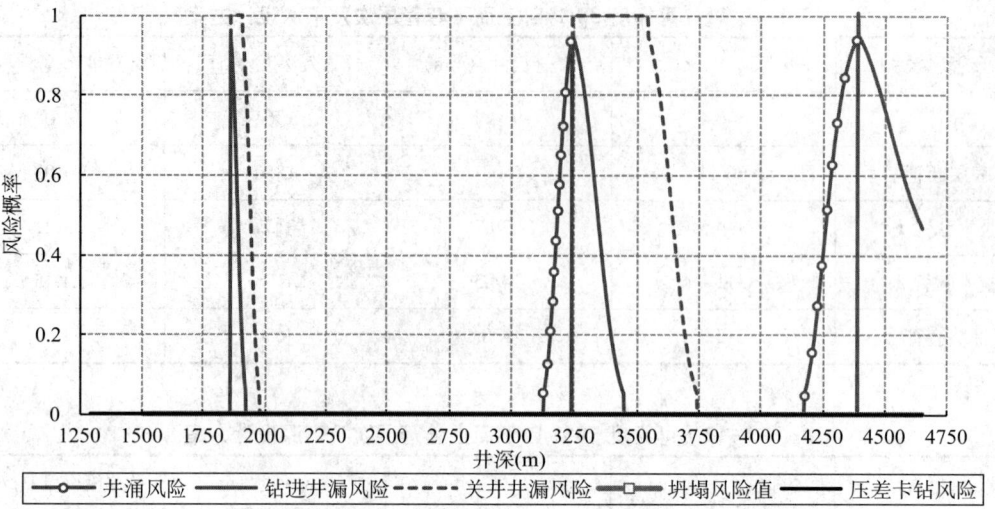

图 1-7-22　可靠度 5% 自上而下套管层次及下深设计方案风险评价结果

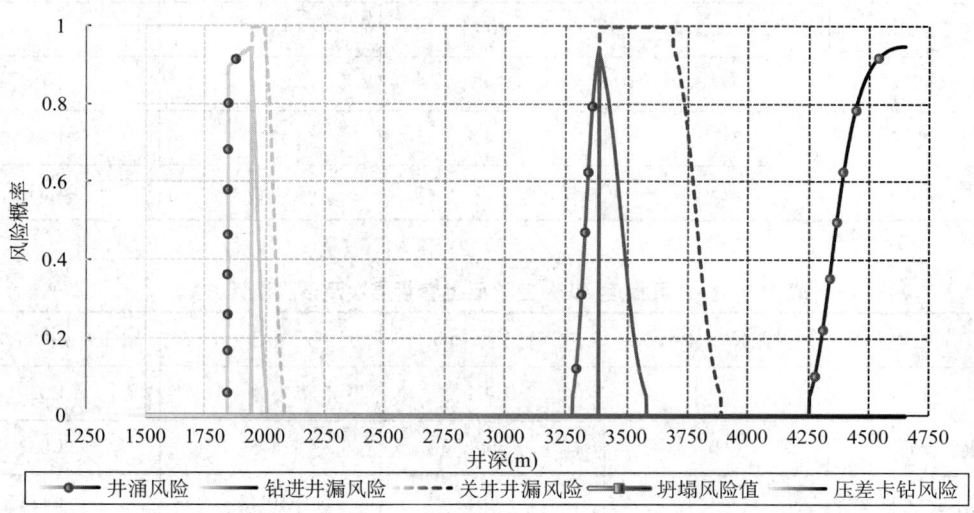

图 1-7-23　可靠度 5% 自下而上套管层次及下深设计方案风险评价结果

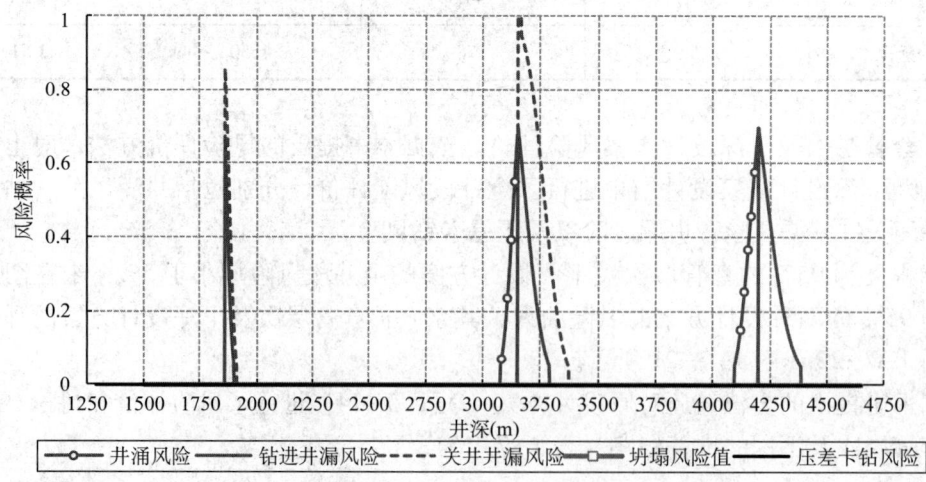

图 1-7-24　可靠度 30% 自上而下套管层次及下深设计方案风险评价结果

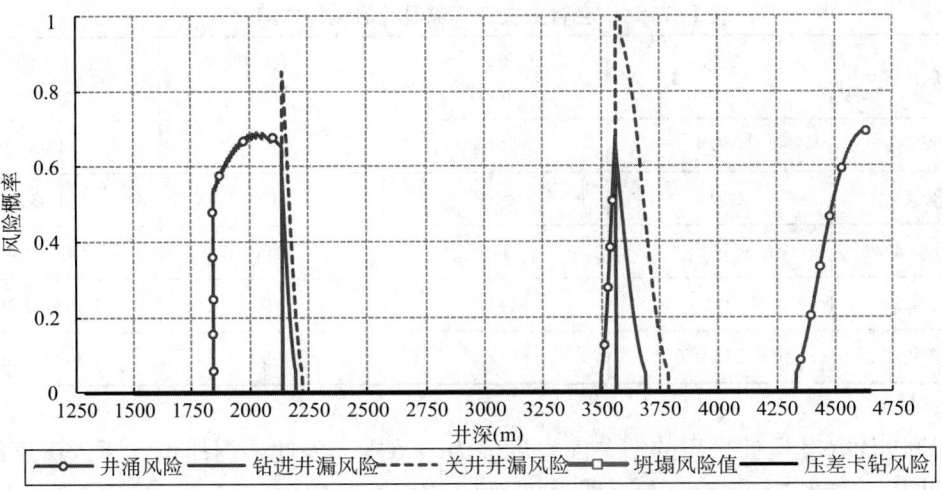

图 1-7-25　可靠度 30% 自下而上套管层次及下深设计方案风险评价结果

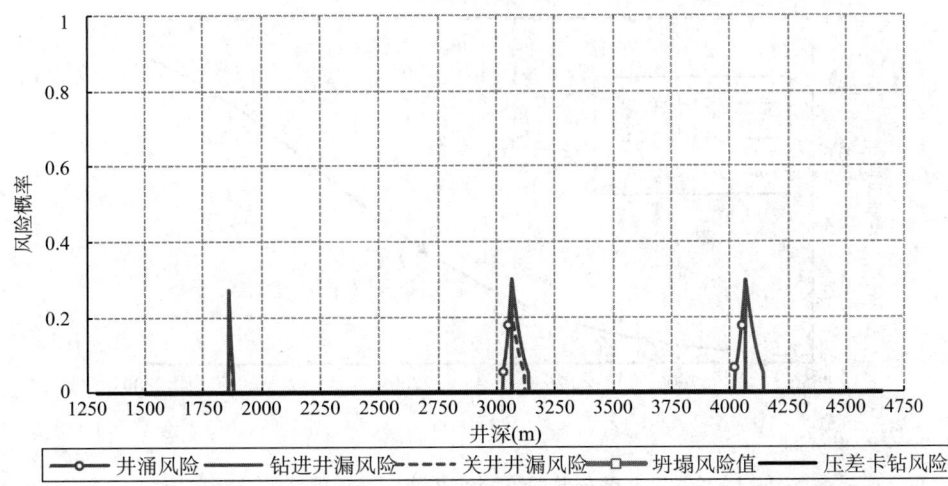

图 1-7-26　可靠度 70% 自上而下套管层次及下深设计方案风险评价结果

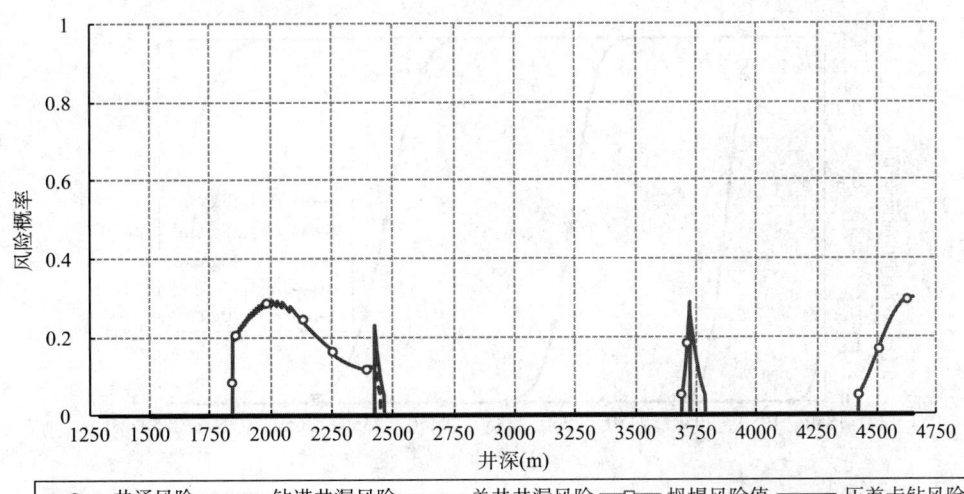

图 1-7-27　可靠度 70% 自下而上套管层次及下深设计方案风险评价结果

表 1–7–14 套管层次及下深设计原设计方案

套管层次	井眼尺寸(mm)	套管尺寸(mm)	下入深度(m)	钻井液密度(g/cm³)
导管	660.4	914.4	1340	1.03
表层套管	660.4	508	1860	1.03
技术套管1	444.5	346	2800	1.1~1.4
技术套管2	311.1	244.5	3700	1.26~1.30
油层套管	215.9	177.8	4650	1.30~1.36

由于原设计方案设计采用的钻井液密度值为一范围,因此根据原设计下入深度结果,采用不同钻井液密度进行风险评价(图 1–7–28 ~图 1–7–30)。

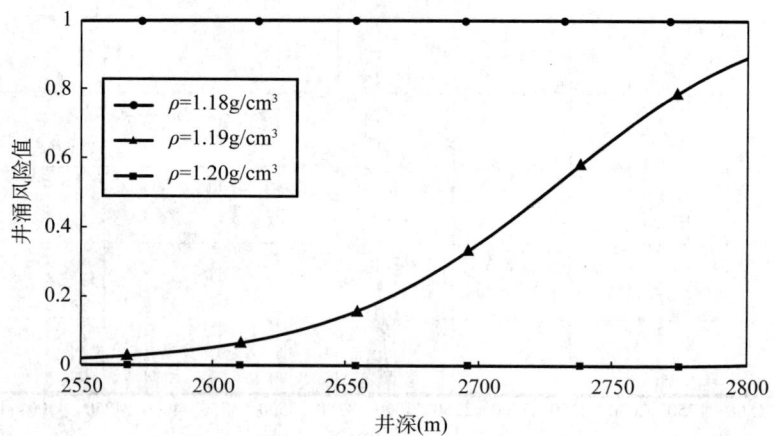

图 1–7–28 三开部分井段不同钻井液密度条件下的井涌风险

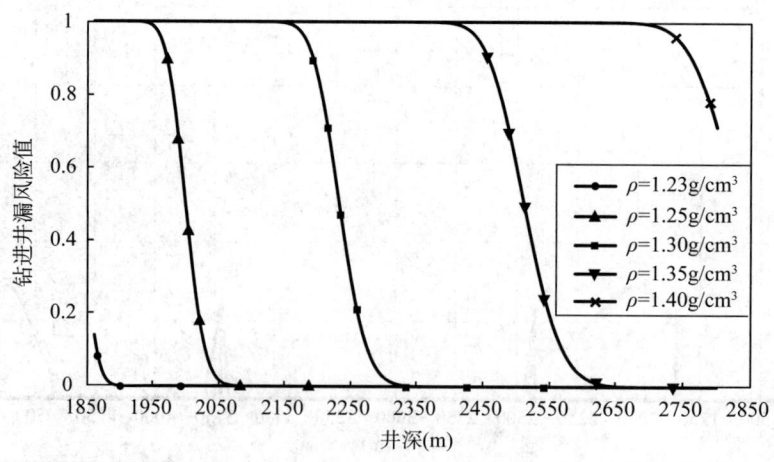

图 1–7–29 三开部分井段不同钻井液密度条件下的钻进井漏风险

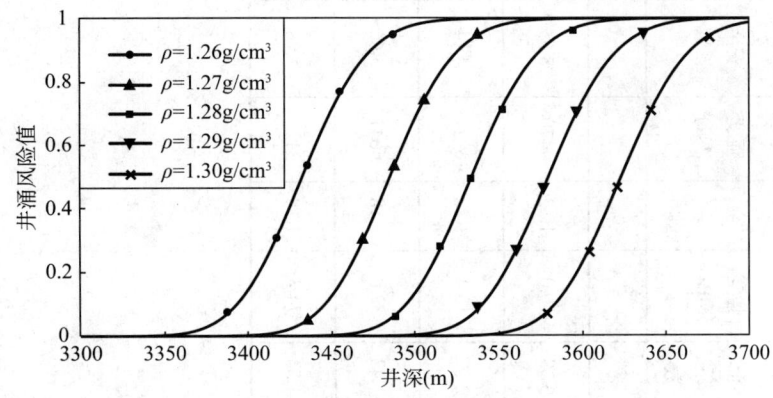

图 1-7-30 四开部分井段不同钻井液密度条件下的井涌风险

原设计方案的三开井段下入深度都在本设计范围内，但是其选取的钻井液密度范围过大，可能会造成下部井涌或者上部井漏，如图 1-7-28 所示，当钻井液密度低于 1.2g/cm³ 时，全井段将会出现井涌风险井段，当钻井液密度降低至 1.18g/cm³ 时，全井段井涌风险值都较高。如图 1-7-29 所示，当钻井液密度高于 1.23g/cm³ 时，三开井段将会出现井漏风险井段，当钻井液密度达到 1.4g/cm³ 时，三开全井段均有钻进井漏风险，且风险值均高于 70%，因此，原设计方案三开井段的钻井液密度的设置不够完善，由于三开井段窗口狭窄，钻井液涉及密度的范围波动不宜过大，避免井下复杂情况的产生。推荐钻井液密度：1.2g/cm³ ~ 1.23g/cm³。

原设计方案的四开井段，根据风险分析的结果，如图 1-7-30 所示，即使使用设计密度的最大值 1.3g/cm³ 时，3550 ~ 3700m 仍然存在井涌风险，且井深越大，其风险值迅速上升。

原设计方案的五开井段其设计的钻井液密度范围过小，根据分析结果全井段都具有井涌风险，且风险值均在 95% 以上。

综上所述，原套管层次及下深方案，所设计的钻井液密度值不够合理，无法满足各次开钻井段裸眼压力系统的完整性，将会导致下涌上漏复杂情况的发生。根据 HG1 井地层岩性资料和实际情况，可考虑采用推荐方案（表 1-7-15）。

表 1-7-15 套管层次及下深设计推荐方案（最为保守方案，风险 <5%）

套管层次	井眼尺寸 (mm)	套管尺寸 (mm)	下入深度 (m)	钻井液密度 (g/cm³)
导管	660.4	914.4	1360	1.03
表层套管	660.4	508	1860	1.03
技术套管 1	444.5	339.7	2965	1.2
技术套管 2	311.1	244.5	3926	1.4
油层套管	215.9	178	4650	1.55

（6）套管柱安全可靠性分析及套管柱强度方案设计。依据书中研究方法，对 HG1 井推荐的井身结构设计方案进行了管柱强度校核，推荐了此井的套管柱设计方案，如表 1-7-16 所示。

表 1-7-16 HG1 井套管柱强度设计方案

套管程序	井眼尺寸 (mm)	井段 (m)	规范 尺寸 (mm)	规范 扣型	长度 (m)	钢级	壁厚 (mm)	线重 [N/m (lb/ft)]	重量 段重 (kN)	重量 累计重 (kN)	抗内压强度 强度 (MPa)	抗内压强度 安全系数	抗外挤 强度 (MPa)	抗外挤 安全系数	抗拉 强度 (kN)	抗拉 安全系数
导管	660	1280~1360	914.4	D-90	80	X-56	15.88	1887 (129.33)								
表层套管	660	1280~1860	508	S-60	580	X-56	15.88	1887 (129.33)	1094.5	1094.5	21.7	3.39	10.0	1.33	9470	8.65
技术套管	444.5	1280~2965	339.7	BTC	1685	N80	12.19	992.4 (68)	1672.2	1672.2	34	2.07	15.4	1.28	6921	4.14
技术套管	311.2	1280~3926	244.5	BTC	2646	N80	11.99	685.9 (47)	1814.9	1814.9	1.06	1.42	32.8	1.18	6641	3.66
油层套管	215.9	1280~4650	178	BTC	3370	P110	11.51	467 (32)	1573.8	1573.8	85.8	1.53	74.3	1.18	3121	1.98

参 考 文 献

[1] Da Costa D F O, Rodrigues R S, Negrao A F. Evolution of Deepwater Drilling in Brazil [R]. SPE 21158, 1990.

[2] King G W. Drilling Engineering for Subsea Development Wells [R]. SPE 18687, 1990.

[3] Rocha L A S, Junqueira P, Roque J L. Overcoming Deep and Ultra Deepwater Drilling Challenges [R]. OTC 15233, 2003.

[4] Shaughnessy J, Daugherty W, Graff R., et al. More Ultra Deepwater Drilling Problems [R]. SPE 105792, 2007.

[5] 付英军, 蒋世全, 姜伟. 深水钻井水下井口系统配置与选型研究 [C] // 第六届全国石油钻井院所长会议论文集 [M]. 北京: 石油工业出版社, 2007: 400-407.

[6] 弓大为. 海洋隔水管故障分析 [J]. 石油矿场机械, 2003, 32 (5): 4-7.

[7] 石晓兵, 陈平. 三维荷载对海洋深水钻井隔水管强度的影响分析 [J]. 天然气工业, 2004, 24 (12): 86-88.

[8] 李中, 杨进, 曹式敬. 深海水域钻井隔水管力学特性分析 [J]. 石油钻采工艺, 2007, 29 (1): 19-21.

[9] 畅元江, 陈国明, 许亮斌, 等. 深水顶部张紧钻井隔水管非线性静力分析 [J]. 中国海上油气, 2007, 19 (3): 203-207.

[10] 杨进. 海上钻井隔水导管极限承载力计算 [J]. 石油钻采工艺, 2003, 25 (5): 28-30.

[11] 周宏杰, 闫澎旺, 刘润, 等 海洋平台桩基础竖向承载力的可靠度分析 [J]. 中国海上油气 (工程), 2003, 15 (2): 15-19.

[12] 何生厚, 洪学福. 浅海固定式平台设计与研究 [M]. 北京: 中国石化出版社, 2003: 47-49.

[13] 韩理安. 水平承载桩的计算 [M]. 长沙: 中南大学出版社, 2004.

[14] 胡安峰, 谢康和, 肖志荣. 水平荷载下单桩动力反应分析 [J]. 浙江大学学报 (工学版), 2003, 37 (4): 420-425.

[15] 樊洪海. 地层孔隙压力预测检测新方法与应用 [D]. 北京: 中国石油大学, 2001: 92-99.

[16] James W Bridges. Summary of Results from a Joint Industry study to Develop an Improved Methodology for Prediction of Geopressures for Drilling in Deep Water [R]. SPE 79845, 2003.

[17] Cunha J C. Innovative Design for Deepwater Exploratory Wells [R]. IADC/SPE 87154, 2004.

[18] 邓金根, 程远方, 陈勉, 等. 井壁稳定预测技术 [M]. 北京: 石油工业出版社, 2008.

[19] 金衍, 陈勉, 等. 探井二开以下地层井壁稳定性钻前预测方法 [J]. 石油勘探与开发, 2008, 35 (6): 742-745.

[20] 褚道宇. 西非深海钻井方案研究项目报告 [R]. 北京：中国石化集团国际石油勘探开发有限公司，2008.

[21] 王博. 深水钻井环境下的井筒温度压力计算方法研究 [D]. 东营：中国石油大学，2007.

[22] 张金波，鄢捷年. 高温高压钻井液密度预测新模型的建立 [J]. 钻井液与完井液，2006，23（5）：1-3.

[23] 赵胜英. 高温高压条件下钻井液当量循环密度预测新方法 [D]. 北京：中国石油大学，2009.

[24] Arlid, Thomas Nilsen, Malene Sandony. Risk-based Decision Support for Planning of an Underbalanced Drilling Operation [R]. SPE/IADC 91242, 2004.

[25] Cunha.J C.Recent Development in Risk Analysis-application for Petroleum Engineering [R]. SPE 109637, 2007.

[26] 窦玉玲. 深水钻井钻井液密度窗口及套管层次确定方法研究 [D]. 东营：中国石油大学，2006.

[27] 管志川，李春山，周广陈，等. 深井和超深井钻井井身结构设计方法 [J]. 石油大学学报：自然科学版，2001，25（6）：42-44.

[28] 管志川，柯珂，路保平. 压力不确定条件下深水钻井套管层次及下深确定方法 [J]. 中国石油大学学报：自然科学版，2009，33（4）：71-75.

第 2 章　深水钻井隔水管与水下井口

2.1　深水钻井隔水管静态与动态强度及涡激振动计算

在深水和超深水油气勘探开发领域，隔水管满足静态与动态强度要求是正常工作的前提条件。隔水管要遇到高流速海流，高流速海流引起的漩涡泄放能激励隔水管的高阶模态发生振动。通过搜索波浪最大相位角进行隔水管准静态分析，验证隔水管是否满足静强度要求。找出一种时域内深水钻井隔水管非线性动力分析方法，实现浮船—隔水管—波流耦合时域随机振动分析与动强度校核；针对隔水管在海洋环境中的实际雷诺数范围，对二维管柱的涡激振动进行数值模拟。

2.1.1　静态性能

2.1.1.1　力学模型

顶部张紧钻井隔水管的数学模型是位于垂直平面内的梁在横向载荷作用下变形的常微分方程。其静态分析如图 2-1-1 所示。

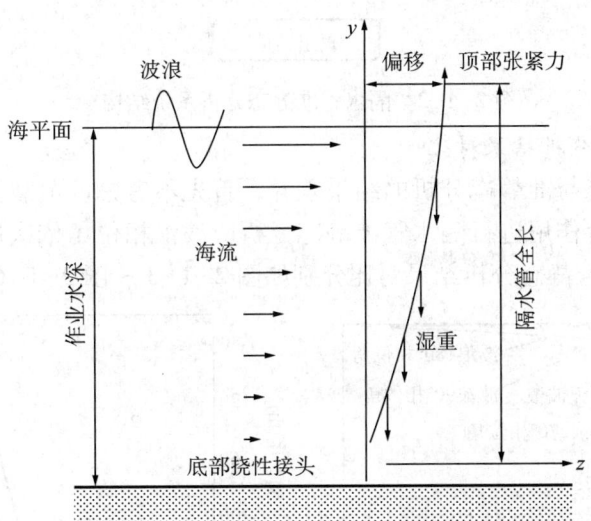

图 2-1-1　顶部张紧钻井隔水管静态分析示意图

梁弯曲变形的四阶常微分方程为：

$$\frac{d^2}{dz^2}\left[EI(z)\frac{d^2y}{dz^2}\right] + p(z)\frac{d^2y}{dz^2} + W(z)\frac{dy}{dz} = f(z) \tag{2-1-1}$$

式中：EI 为隔水管的抗弯刚度；p 为轴向力（当 $p<0$ 时，p 为张力）；W 为隔水管单位长度的重量；f 为沿水平方向作用于隔水管单位长度上的波流联合作用力。

2.1.1.2 准静态分析系统开发

隔水管准静态性能分析系统以 C++ Builder 为开发环境，通过 C++ Builder 后台调用 ABAQUS 求解器进行计算，其程序流程如图 2-1-2 所示。

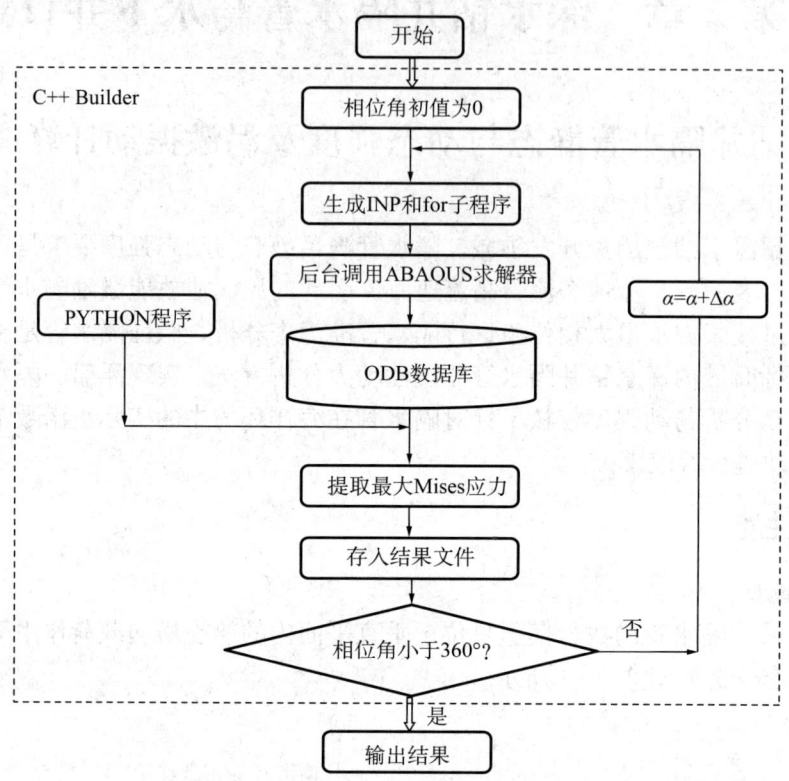

图 2-1-2　隔水管准静态分析系统结构

2.1.1.3 静态与准静态分析结果对比

为对比隔水管静态与准静态分析的结果差异，首先不考虑波浪载荷进行隔水管静态分析，然后考虑波流联合作用进行隔水管准静态分析，波浪相位角依次取 0°，90°，180° 和 270°。隔水管静态与准静态分析结果对比分别如图 2-1-3～图 2-1-6 所示。

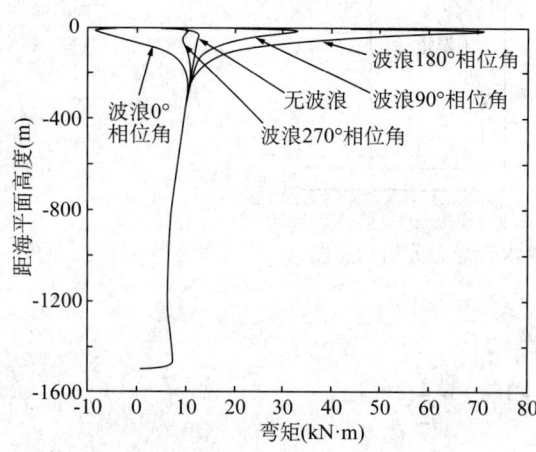

图 2-1-3　静态与准静态分析隔水管弯矩分布对比

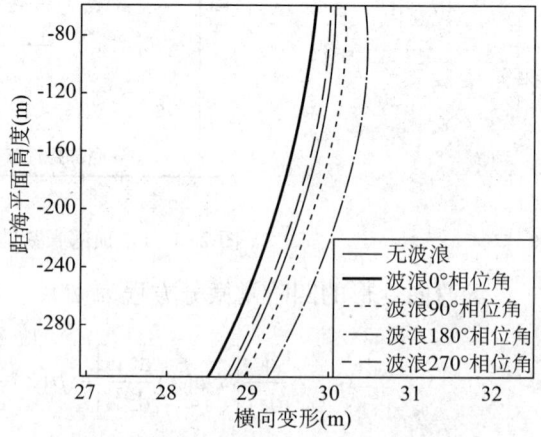

图 2-1-4　静态与准静态分析隔水管横向局部变形对比

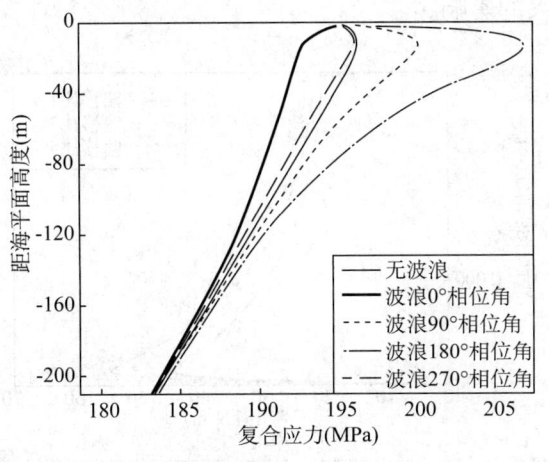

图 2-1-5 静态与准静态分析隔水管局部复合应力对比

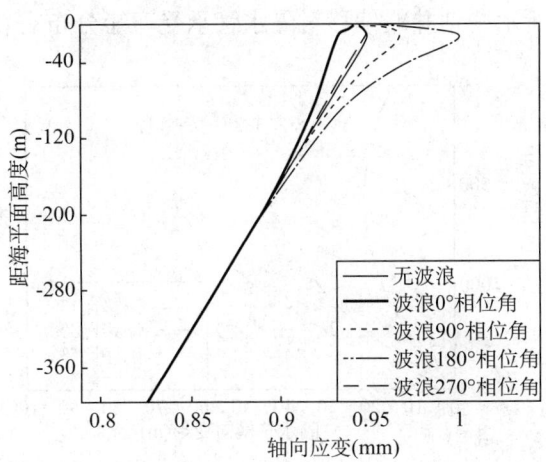

图 2-1-6 静态与准静态分析隔水管局部轴向应变对比

综合图 2-1-3～图 2-1-6 可知，不考虑波浪载荷的隔水管静态分析与考虑波流联合作用的隔水管准静态分析结果差异较大。从隔水管弯矩、横向变形、复合应力以及轴向应变等计算结果来看，当波浪 180°相位角时隔水管准静态响应结果最大，其次为波浪 90°相位角工况，再次为不考虑波浪的静态分析工况，然后是波浪 270°相位角工况，当波浪相位角为 0°时隔水管准静态响应结果最小。

2.1.1.4 静态性能综合研究

（1）张力比对隔水管性能的影响。张力比对隔水管弯矩分布和横向变形的影响如图 2-1-7、图 2-1-8 所示。在钻井船偏移、横向海洋环境载荷和自重的作用下，1500m 钻井隔水管弯矩下部出现弯矩极值，发生于底部挠性接头上方 50～80m 处。随着张力比的增加下部弯矩极值迅速减小。最大横向变形一般位于隔水管的中上部，随着张力比的增大隔水管的横向变形也迅速减小。

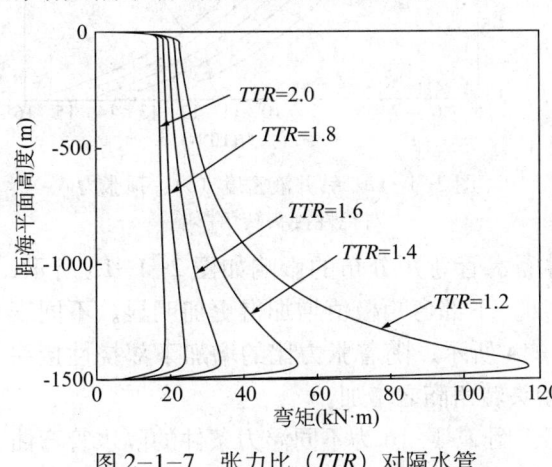

图 2-1-7 张力比（TTR）对隔水管弯矩分布的影响

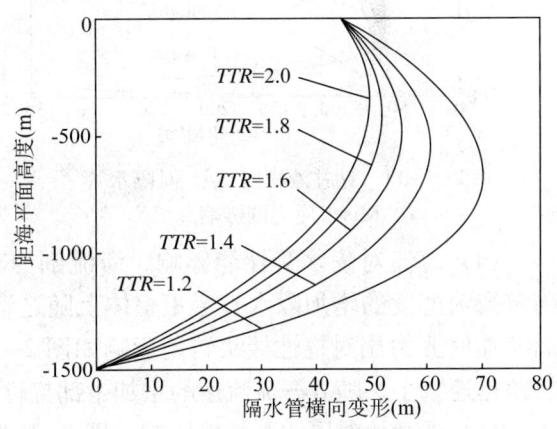

图 2-1-8 张力比（TTR）对隔水管横向变形的影响

（2）钻井船平均偏移对隔水管性能影响。钻井船偏移对隔水管横向变形的影响如图 2-1-9 所示。随着钻井船偏移的增加隔水管横向变形显著增加，这表明减小钻井船偏移对于减小隔水管横向变形具有较大意义。钻井船偏移对隔水管弯矩分布的影响如图 2-1-10

所示，钻井船偏移对隔水管承受弯矩分布有较大的影响。

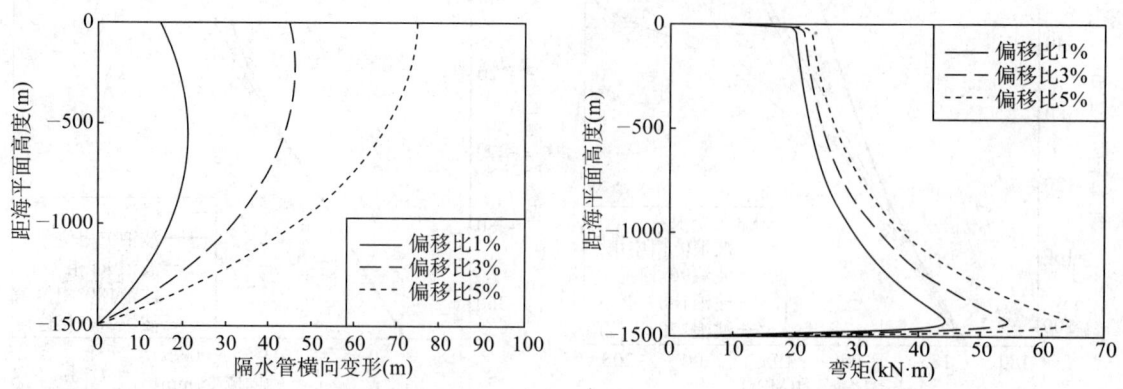

图 2-1-9　钻井船偏移对隔水管横向变形的影响　　图 2-1-10　钻井船偏移对隔水管弯矩分布的影响

(3) 钻井液密度对隔水管性能影响。保持顶张力不变，钻井液密度与隔水管的 Mises 应力的关系如图 2-1-11 所示，在保持顶张力不变情况下，改变钻井液密度将对隔水管下部的 Mises 应力产生较大影响。钻井液密度、顶张力对隔水管底部挠性接头转角的影响曲线如图 2-1-12 所示，钻井液密度不变条件下，随着顶张力的增加隔水管底部挠性接头转角减小。

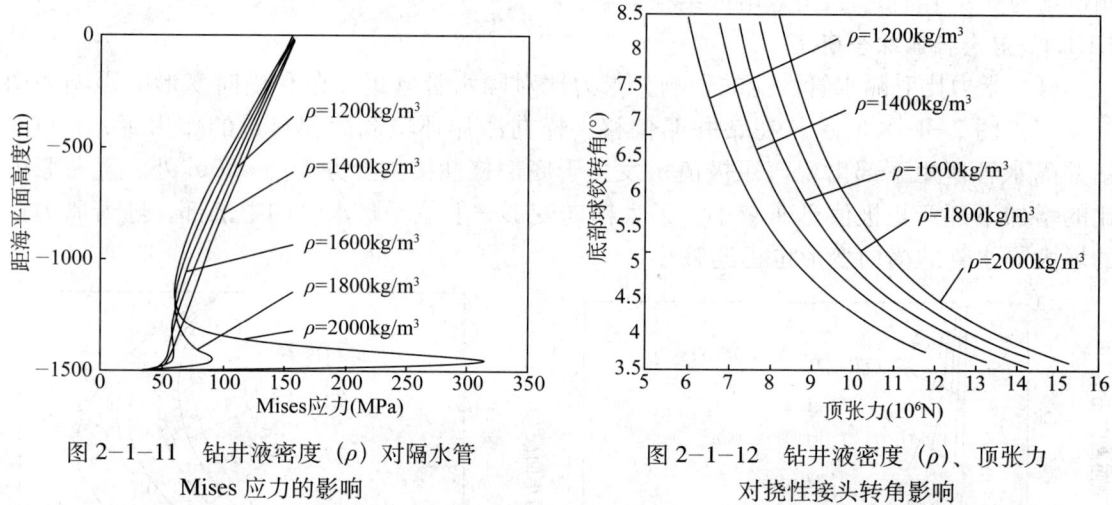

图 2-1-11　钻井液密度（ρ）对隔水管　　　　图 2-1-12　钻井液密度（ρ）、顶张力
　　　Mises 应力的影响　　　　　　　　　　　　　对挠性接头转角影响

(4) 海流对隔水管性能影响。海流剖面对隔水管弯矩分布的影响如图 2-1-13 所示，随着海流速度的增加隔水管弯矩整体上随之增加，下部弯矩极值增加得更加明显。不同表面流速时张力比对挠性接头转角影响如图 2-1-14 所示，随着张力比的增加下部挠性接头转角迅速减小，随着海流流速的增加下部挠性接头转角随之增加。

(5) 浮力块对隔水管性能影响。图 2-1-15、图 2-1-16 为不同浮力条件的隔水管弯曲应力与横向变形对比图。在同样浮力块直径情况下，随着浮力块长度的增加隔水管底部弯曲应力极值明显减小，意味着隔水管底部的弯曲情况得到明显改善，而上部弯曲应力极值几乎不受浮力块的影响。随着浮力块长度的增加隔水管横向变形整体减小，隔水管最大横向变形为 45m，发生于隔水管顶部，由钻井船的平均偏移所导致。

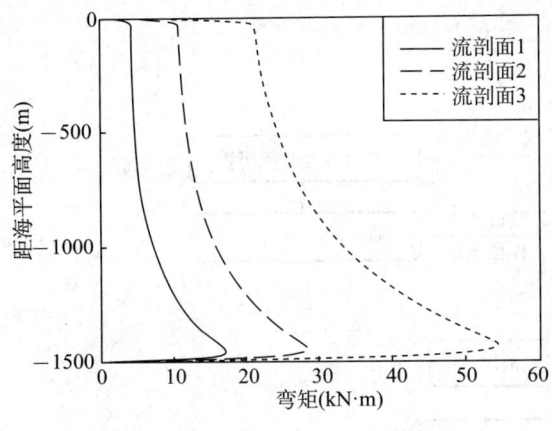

图 2-1-13 流剖面对隔水管弯矩的影响　　图 2-1-14 表面流速、张力比对挠性接头转角影响

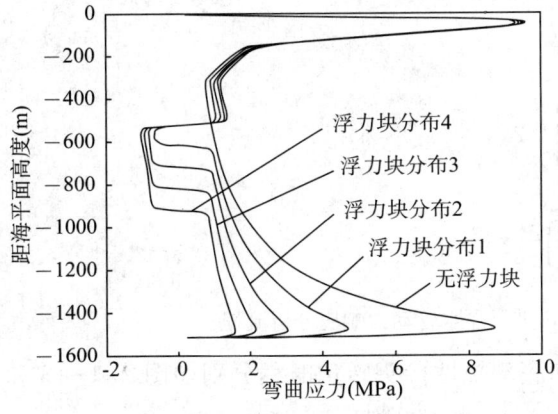

图 2-1-15 浮力块对隔水管弯曲应力影响　　图 2-1-16 浮力块对隔水管横向变形影响

2.1.2 随机非线性动力分析

2.1.2.1 基于波浪谱与钻井船响应幅值算子（RAO）的钻井船运动模拟

根据波浪谱和钻井船响应幅值算子（RAO）模拟钻井船随机运动的方法，建立包括钻井船平均偏移、不规则波浪导致的瞬时波频运动和二阶波浪力导致的低频慢漂运动的钻井船运动模型，采用随机波浪模拟技术得到具有不同波高、周期与相位角的组成波序列，根据 RAO 所定义的钻井船运动与不同频率的波浪之间的幅值比与相位差和钻井船运动数学模型，迭代产生随机波浪作用下钻井船运动。在此基础上，将正弦波浪序列作为隔水管承受的横向载荷，将钻井船纵荡运动作为动边界对隔水管进行时域随机非线性动态分析。

2.1.2.2 非线性动力分析

提出一种时域内采用 ABAQUS/Aqua 软件进行随机波浪与钻井船运动作用下深水隔水管非线性动力分析的方法，分析流程如图 2-1-17 所示。

通过考虑三类边界条件：（1）仅仅考虑钻井船的平均偏移；（2）考虑钻井船的平均偏移和波频运动；（3）考虑钻井船的平均偏移、波频运动和慢漂运动，研究钻井船慢漂运动对深水钻井隔水管动态性能的影响。

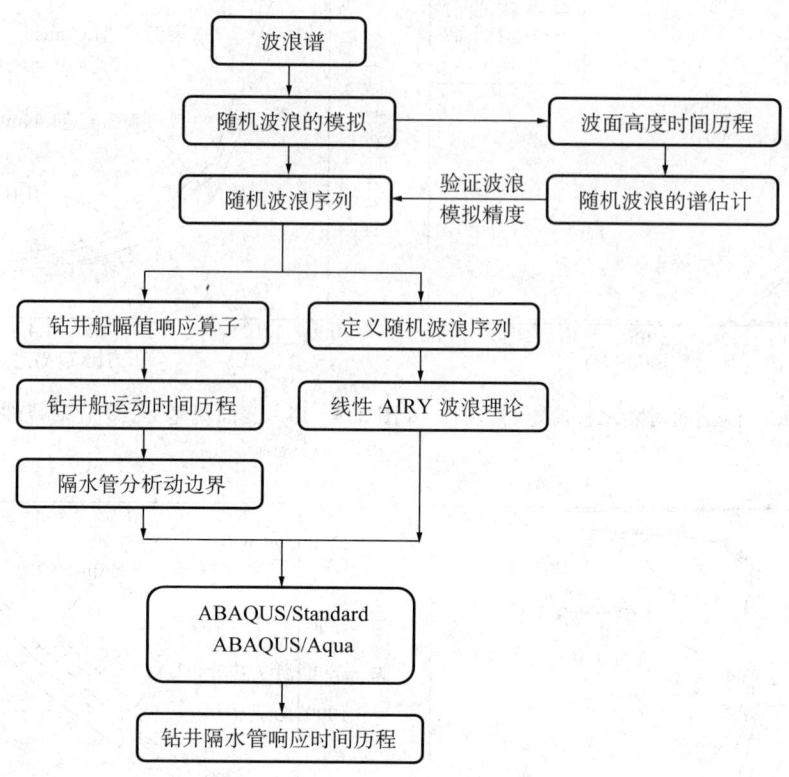

图 2-1-17　时域内采用 ABAQUS 进行隔水管动力响应分析流程

第一类边界条件下隔水管弯曲应力时程和底部挠性接头转角时程分别如图 2-1-18 和图 2-1-19 所示。

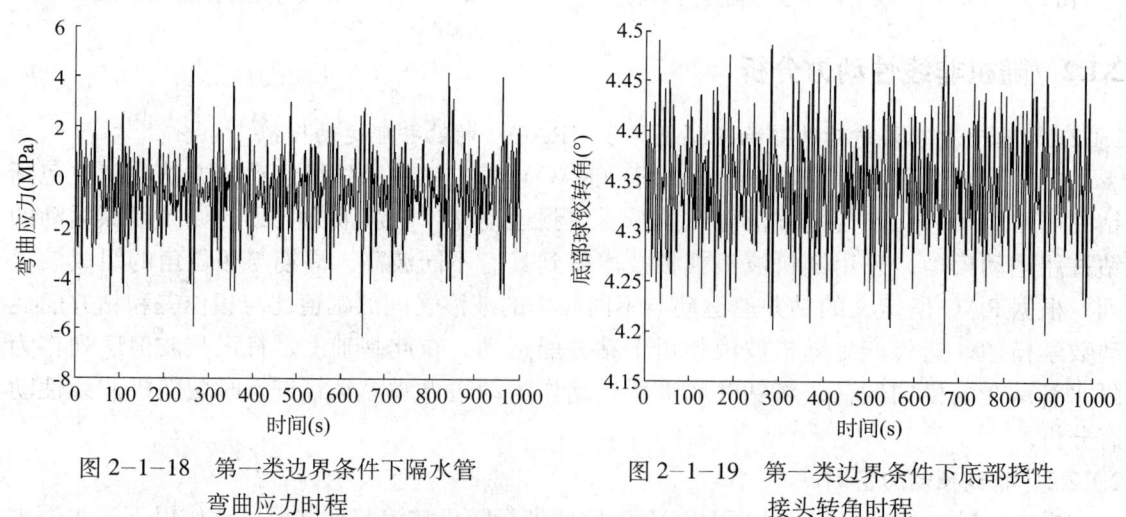

图 2-1-18　第一类边界条件下隔水管弯曲应力时程

图 2-1-19　第一类边界条件下底部挠性接头转角时程

第二类边界条件下隔水管弯曲应力时程和底部挠性接头转角时程分别如图 2-1-20 和图 2-1-21 所示。

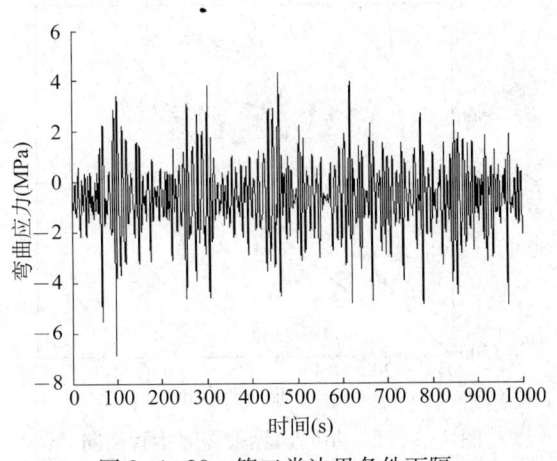

图 2-1-20 第二类边界条件下隔
水管弯曲应力时程

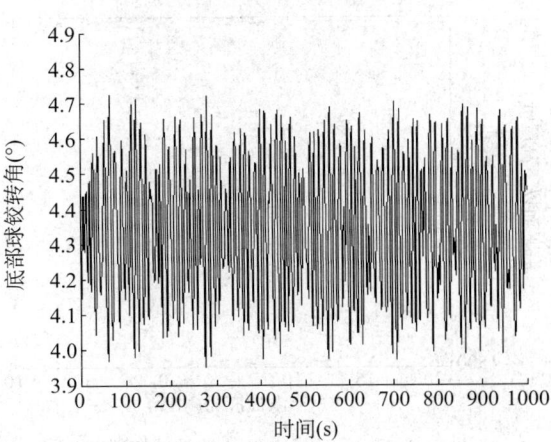

图 2-1-21 第二类边界条件下底部
挠性接头转角时程

第三类边界条件下隔水管弯曲应力时程和底部挠性接头转角时程分别如图 2-1-22 和图 2-1-23 所示。

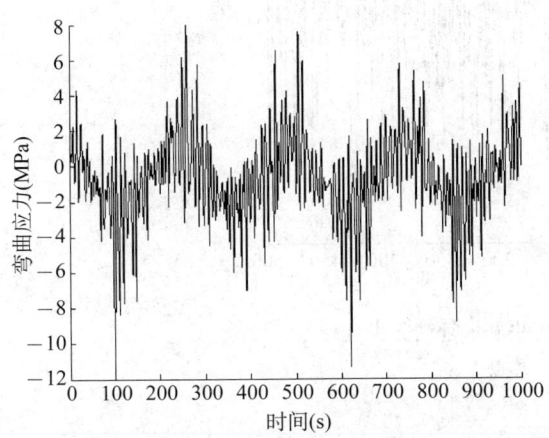

图 2-1-22 第三类边界条件下隔水管
弯曲应力时程

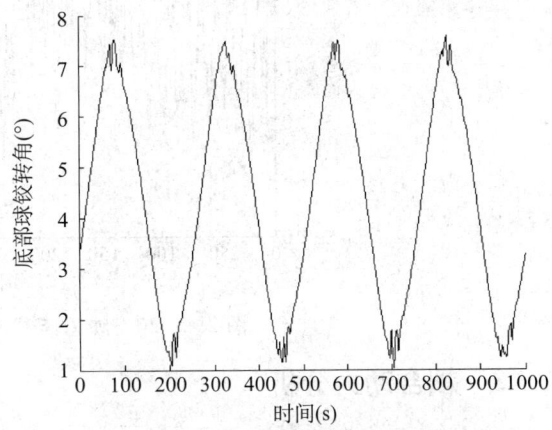

图 2-1-23 第三类边界条件下底部
挠性接头转角时程

三类不同边界条件下，深水钻井隔水管弯曲应力与横向变形包络线分别如图 2-1-24 和图 2-1-25 所示，钻井船运动边界条件对隔水管动态响应的影响显而易见。

由图 2-1-24、图 2-1-25 可知，钻井船运动和波浪载荷是隔水管动态响应分析主要的动载荷。实际上，波浪引起的水质点速度随水深指数衰减，对于深水隔水管来说，钻井船运动是首要的动载荷，而波浪仅仅对隔水管局部产生作用。

脱离后钻井船升沉响应过程中，硬悬挂模式钻井隔水管顶部张力的动态变化如图 2-1-26 所示。硬悬挂模式深水钻井隔水管系统的动张力变化幅值较大，张力最大值约为 4×10^6 N，张力最小值约为 1.5×10^6 N。隔水管设计时应首先考虑脱离后的悬挂分析，以确定隔水管动态张力的变化幅值，保证其最大峰值小于张力器的张力极限。

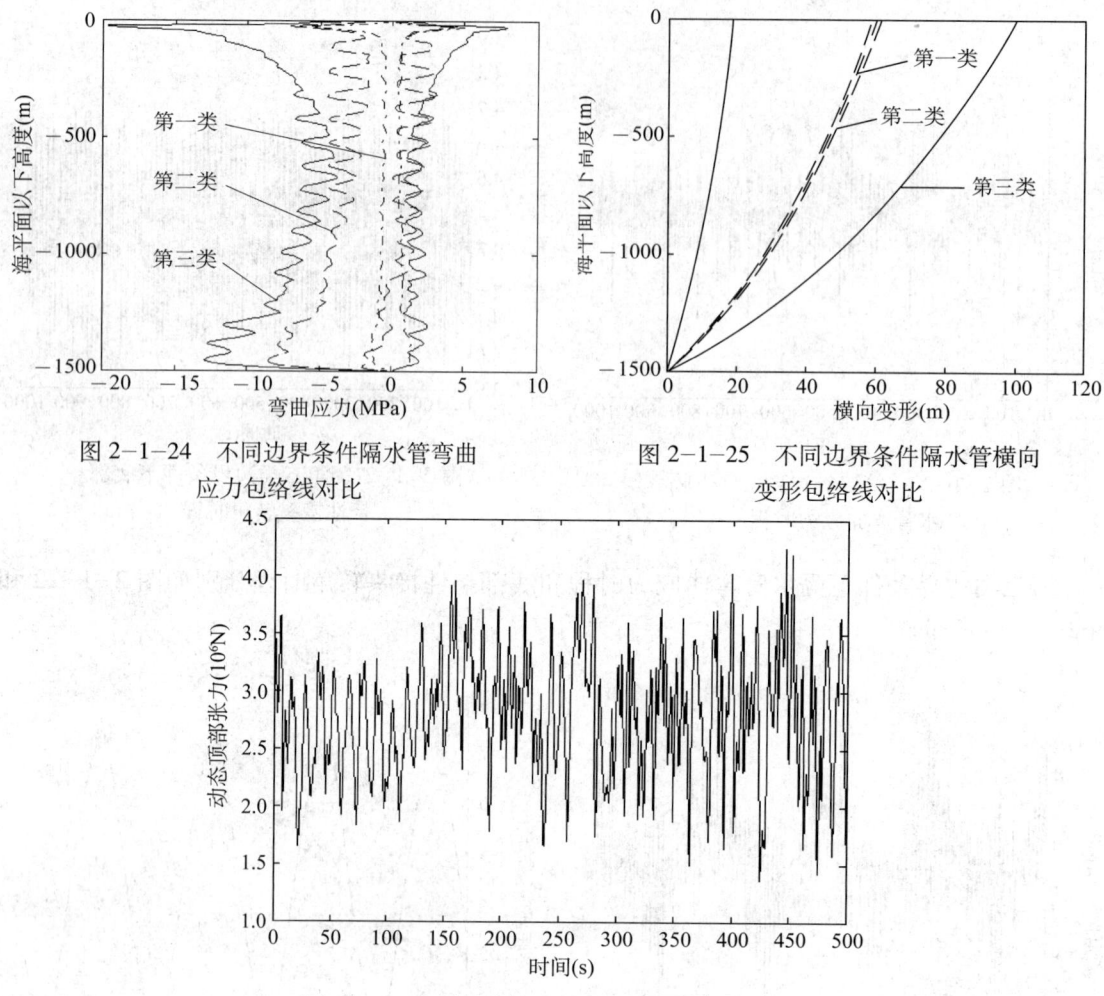

图 2-1-24 不同边界条件隔水管弯曲应力包络线对比

图 2-1-25 不同边界条件隔水管横向变形包络线对比

图 2-1-26 硬悬挂模式钻井隔水管动张力变化

2.1.3 耦合动力分析

2.1.3.1 超深水系泊钻井系统耦合系统分析

（1）耦合系统分析方法。耦合系统分析由两步组成：①对浮体进行传统的频域衍射与辐射分析，以便计算浮体的各种水动力系数；②对耦合系统分析模型进行时域随机振动分析，基于作用在浮体上的环境力与每个时刻的细长结构响应之间的动态平衡确定浮体运动与细长结构响应。

应用 Wadam 程序进行浮体的衍射与辐射分析。浮体水动力模型采用复合模型进行描述，Panel 模型用于计算作用在浮体上的衍射力与辐射力；Morison 模型用于计算流体的黏滞阻尼效应。波频波浪力与低频波浪力可分别通过线性衍射分析与二阶衍射分析计算得到；附加质量与辐射阻尼通过辐射分析计算得到。

（2）隔水管响应特性。隔水管在平均浮体偏移与低频、波频浮体运动及波、流载荷作用下的响应包络线如图 2-1-27 所示；隔水管在低频与波频浮体运动及波、流载荷作用下的响应包络线如图 2-1-28 所示；隔水管在波频浮体运动及波、流载荷作用下的响应包络线如图 2-1-29 所示。隔水管在浮体运动及波浪载荷激励下发生振动，波浪载荷激励主要对飞溅区内部位置产生作用,而浮体运动激励可自隔水管顶部一直传递至底部。

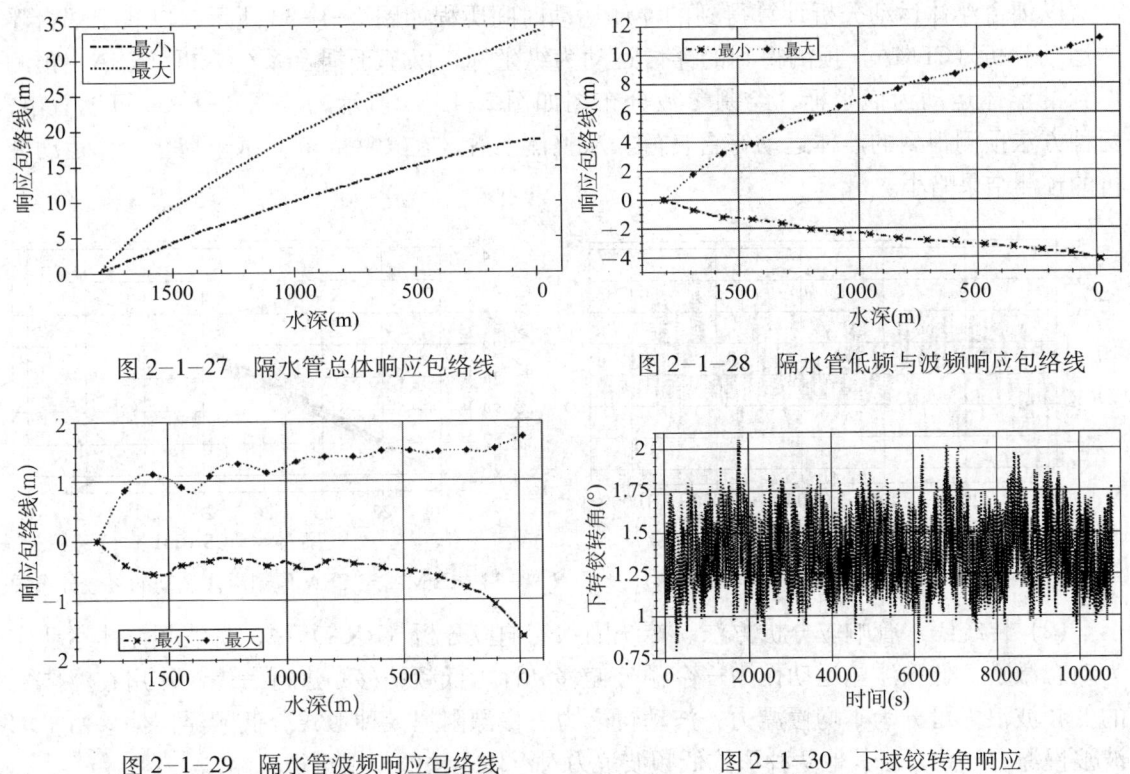

图 2-1-27　隔水管总体响应包络线

图 2-1-28　隔水管低频与波频响应包络线

图 2-1-29　隔水管波频响应包络线

图 2-1-30　下球铰转角响应

隔水管底部的下球铰转角响应如图 2-1-30 所示。通过低通滤波得到转角响应的低频分量与波频分量,分别见图 2-1-31 与图 2-1-32。从图中可以看出,在下球铰转角响应中依然存在明显的低频特性,低频响应幅度与波频响应幅度相当。对于下球铰转角极端响应而言,平均浮体偏移与低频浮体运动仍起决定作用,但相对于隔水管顶部响应,波频浮体运动所做贡献有了大幅提高。

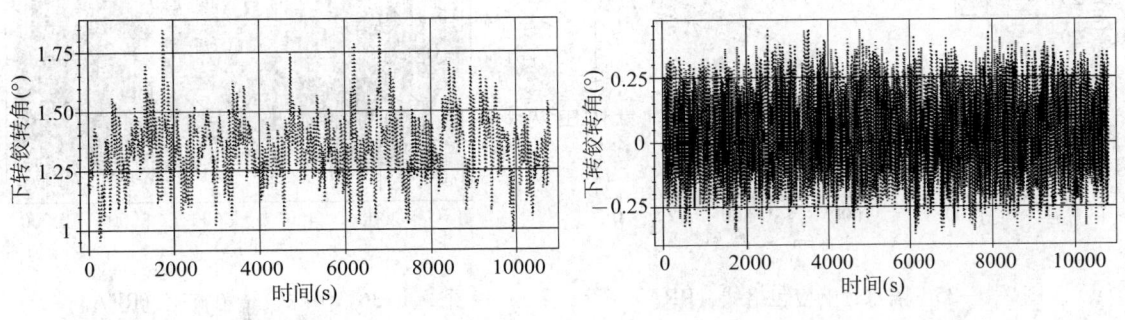

图 2-1-31　低频下球铰转角响应

图 2-1-32　波频下球铰转角响应

2.1.3.2　不同分析方法的预测结果对比

(1) 耦合浮体运动分析方法。耦合浮体运动分析的主要目的是提供有关浮体运动的良好描述,而细长结构响应则是次要目的。为获得更高效的计算效率,在耦合分析中可采用粗糙的细长结构有限元模型(如粗网格、忽略弯曲与扭转刚度等),但仍能获得主要的耦合效应(如恢复力、阻尼、质量等)。浮体水动力模型及数值计算方法与耦合系统分析相同。

这种方法减少了耦合分析中自由度的数目，因此可极大缩短运算时间。

以耦合浮体运动分析计算得到的浮体运动时间历程如图2-1-33所示，以基于耦合浮体运动分析（CFMA）预测得到的浮体运动为纵坐标，以基于耦合系统分析（CSA）预测得到的浮体运动为横坐标，绘制参数分布图如图2-1-34所示。从图2-1-34可以看出，两种方法预测得到的浮体运动符合良好。从整体上看，在某些时刻，基于耦合浮体运动分析的预测结果略小。

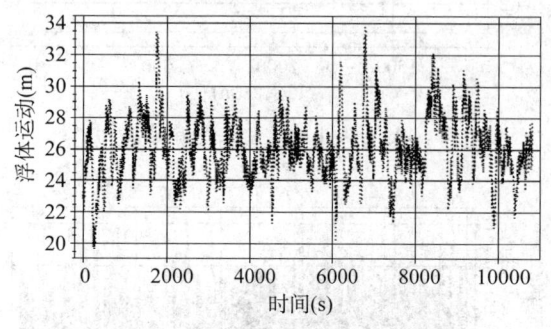 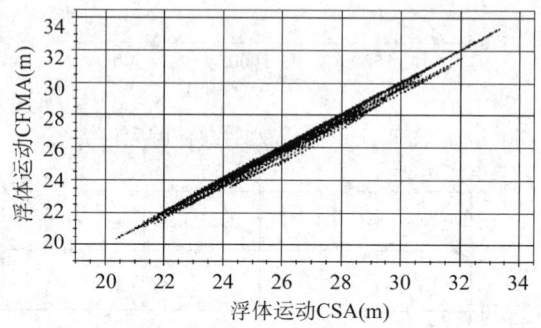

图2-1-33 浮体运动响应（CFMA）　　图2-1-34 CFMA与CSA预测浮体运动的参数分布图

（2）传统隔水管响应分析方法。传统隔水管响应分析（RRA）中，将波频浮体运动作为动态激励、低频浮体运动作为一个额外偏移（称为低频偏移）进行考虑。作用在浮体上的低频波浪力可分为平均慢漂力、波动慢漂力与慢漂阻尼3种形式。低频浮体偏移由平均波浪慢漂力导致，而其他两种形式低频波浪力对浮体运动的作用可被忽略。

计算得到的隔水管响应包络线如图2-1-35所示。隔水管不对低频浮体运动作出动态响应，隔水管响应仅具有波频动力特性。与耦合系统分析相比，隔水管的响应范围大幅变窄。隔水管的下球铰转角响应如图2-1-36所示。对比图2-1-36与图2-1-30可以发现，下球铰极端转角响应明显小于耦合系统分析的预测结果。

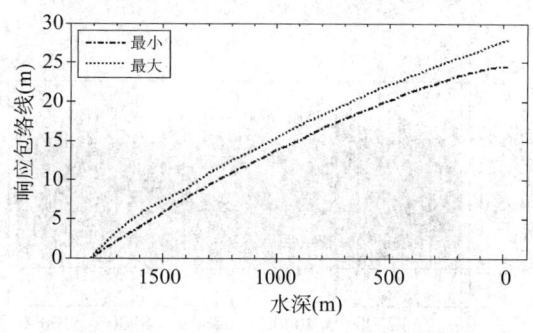 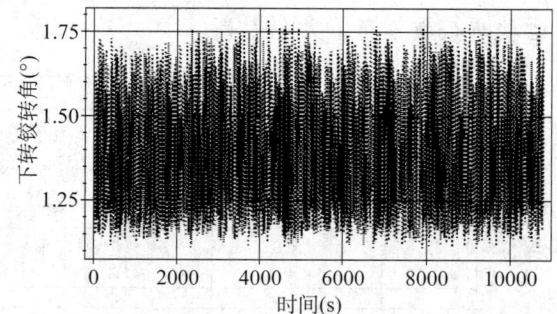

图2-1-35 隔水管响应包络线（RRA）　　图2-1-36 下球铰转角响应（RRA）

在传统隔水管响应分析中，隔水管不对低频浮体运动作出动态响应。对于低频动力特性十分显著的超深水系泊系统，该方法的预测结果是不准确的，且是不保守的。

2.1.4 涡激振动数值模拟

2.1.4.1 计算模型

取单位长度钻井隔水管在海水中的振动质量 $m+m_A$=1000kg，m^*=3.4；主管外径

$D=0.5334$m；海水中的自振频率为$f_n=0.1$Hz。隔水管结构的结构阻尼比为0.3%～2%，动态分析时一般取0.5%～1.5%，而在涡激振动（VIV）分析时一般取0.3%～1%。

在V_r为2～26的范围内对隔水管涡激振动的流—固耦合过程进行数值模拟，Re范围约在5.8×10^4～7.6×10^5之间。

VIV数值模拟针对ζ取0.35%与1%两种情形进行分析。网格模型如图2-1-37所示。动网格模型采用FLUENT程序的弹簧光顺（Smoothing）模型与动态层（Layering）模型。

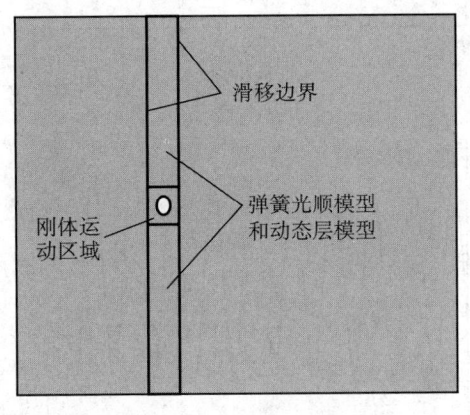

图2-1-37 计算网格模型

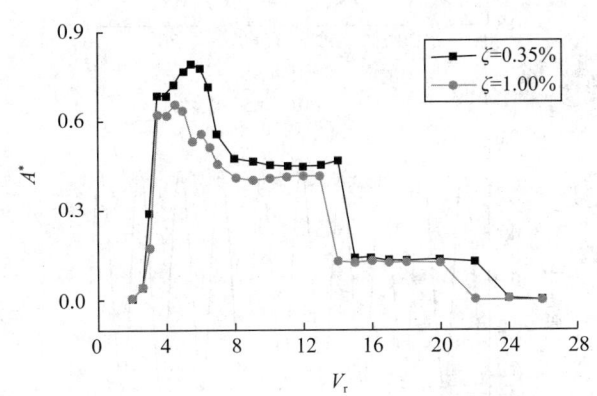

图2-1-38 阻尼比对振幅响应的影响

2.1.4.2 响应分支

$\zeta=0.01$时，圆柱在不同V_r下的振幅响应如图2-1-38所示。通过与$\zeta=0.035$情形进行对比可以发现，大阻尼比圆柱的振幅响应整体偏小，同时锁定区域较窄。圆柱的最大无量纲振幅约为0.65，出现在$V_r=4.5$处。

在V_r为3.5，5.5，9与16四种情形下，流—固耦合迭代稳定后，圆柱的振幅响应时间历程如图2-1-39所示。从图2-1-39中可以看出，在不同的响应分支，圆柱的振幅响应曲线均是规则的正弦曲线，响应频率均是单一的，反映了涡激振动的频率锁定特性。

2.1.4.3 漩涡泄放形式

响应模式的转变，究其本质源于漩涡泄放模式的转变。Govardhan和Williamson的研究表明，初始分支对应的漩涡泄放模式为2S模式，2S模式表示在一个周期内泄放两个单独的漩涡；而高幅与低幅分支则对应2P模式，2P模式表示在一个周期内泄放两对漩涡。

图2-1-40所示为V_r分别为3.5，5.5，9与16时的漩涡状态图（$\zeta=0.0035$），每组4图分别为在一个漩涡泄放周期内，圆柱处在两个中间位置及两个极端位置时的涡量等值线图。图2-1-40（a）所示为初始分支的漩涡状态，从图中可以清晰地观察到每个周期泄放两个单独的漩涡，漩涡形状为圆润的椭圆形。图2-1-40（b）所示为高幅分支的漩涡状态，从图中可以清晰地观察到每个周期泄放两个涡对，每个涡对都包含一大一小两个漩涡，小涡显著小于大涡，大涡形状不规则，类似于蝌蚪形。图2-1-40（c）所示为低幅分支的漩涡状态，每个周期泄放两个涡对，每个涡对中的两个漩涡分离的没有高幅分支明显，涡形变得细长，且两个漩涡大小相当。图2-1-40（d）所示为超低幅分支的漩涡状态，每个周期泄放两个单独的漩涡，尽管涡形极为细长，但两个漩涡并不是对称泄放的。

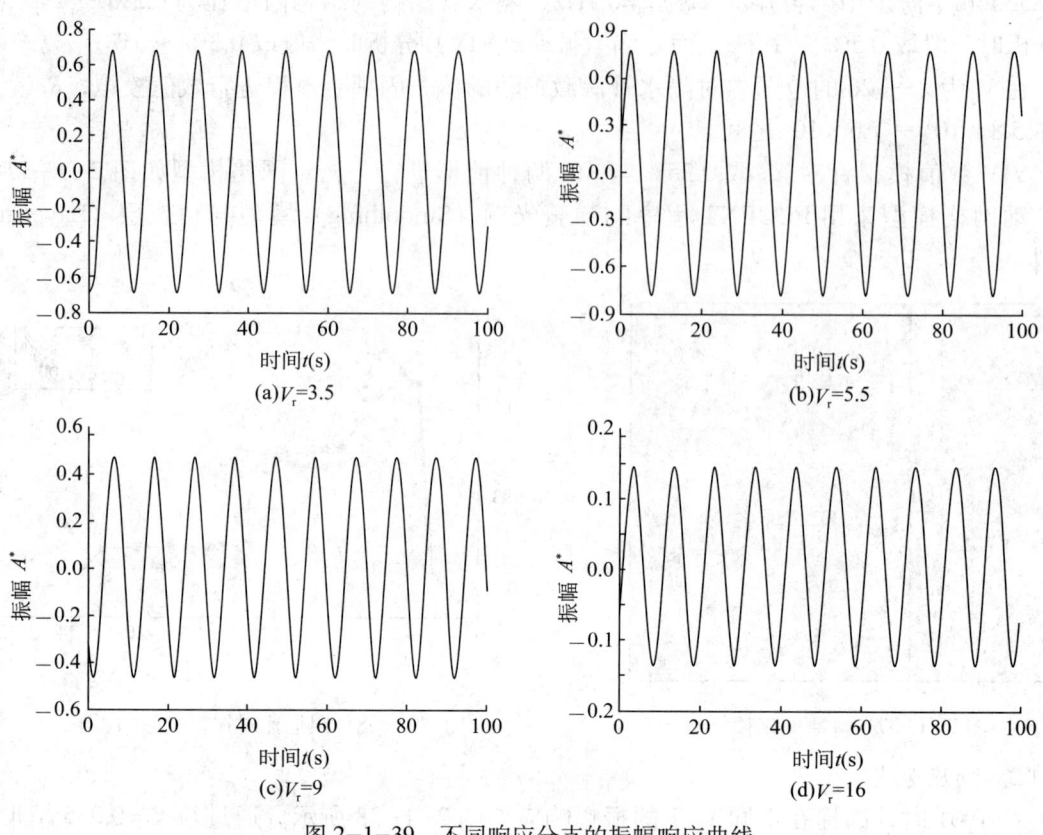

图 2-1-39 不同响应分支的振幅响应曲线

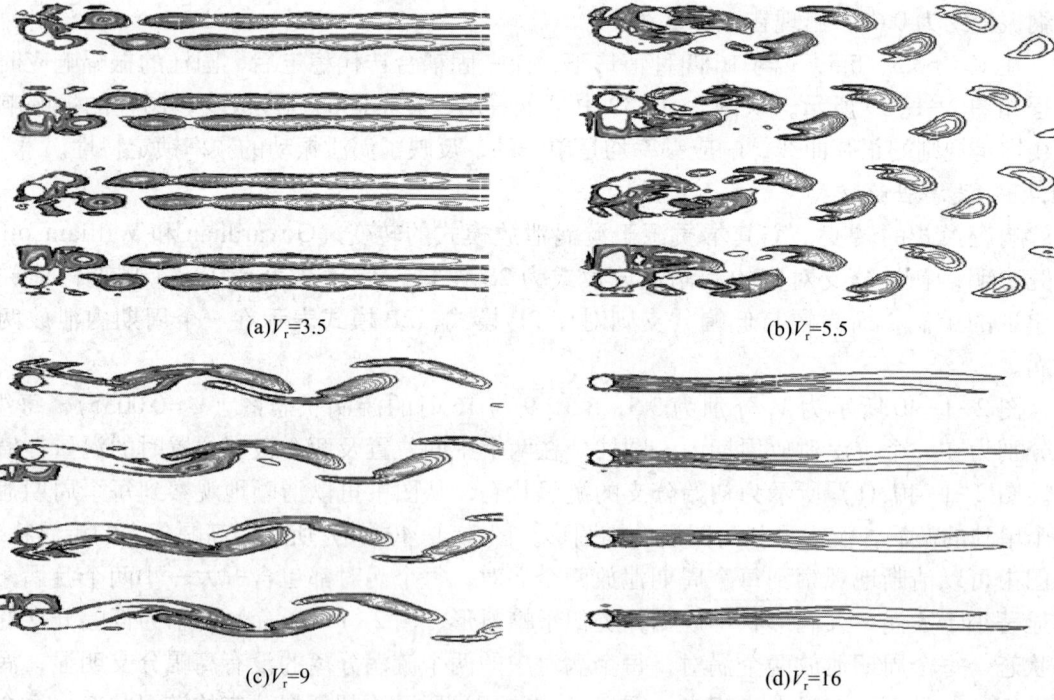

图 2-1-40 不同响应分支的漩涡泄放形态

图 2-1-41 所示为初始分支前及超低幅分支后的漩涡状态图。从图 2-1-41 可以看出，在非锁定区，漩涡是对称泄放的，因此在横流方向不会产生脉动变化的升力，也就不会激励圆柱在横流方向上发生振动。

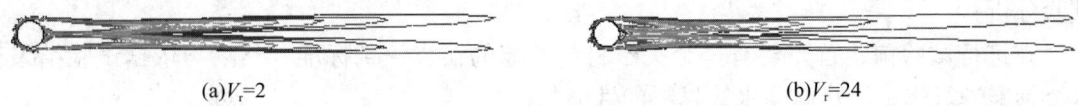

(a)$V_r=2$ (b)$V_r=24$

图 2-1-41 非锁定区的漩涡泄放形态

2.1.4.4 升力系数曲线

$\zeta=0.0035$，V_r 为 3.5，5.5，9 与 16 时，圆柱的升力系数曲线如图 2-1-42 所示。从图 2-1-42 可以看出，$V_r=3.5$ 时，升力系数曲线是规则的正弦曲线；$V_r=5.5$ 时，升力系数曲线不再是规则的正弦曲线，但响应频率是单一的；$V_r=9$ 与 $V_r=16$ 时，升力系数响应是多频的，高阶频率分别约为圆柱固有频率的 2 倍与 3 倍。

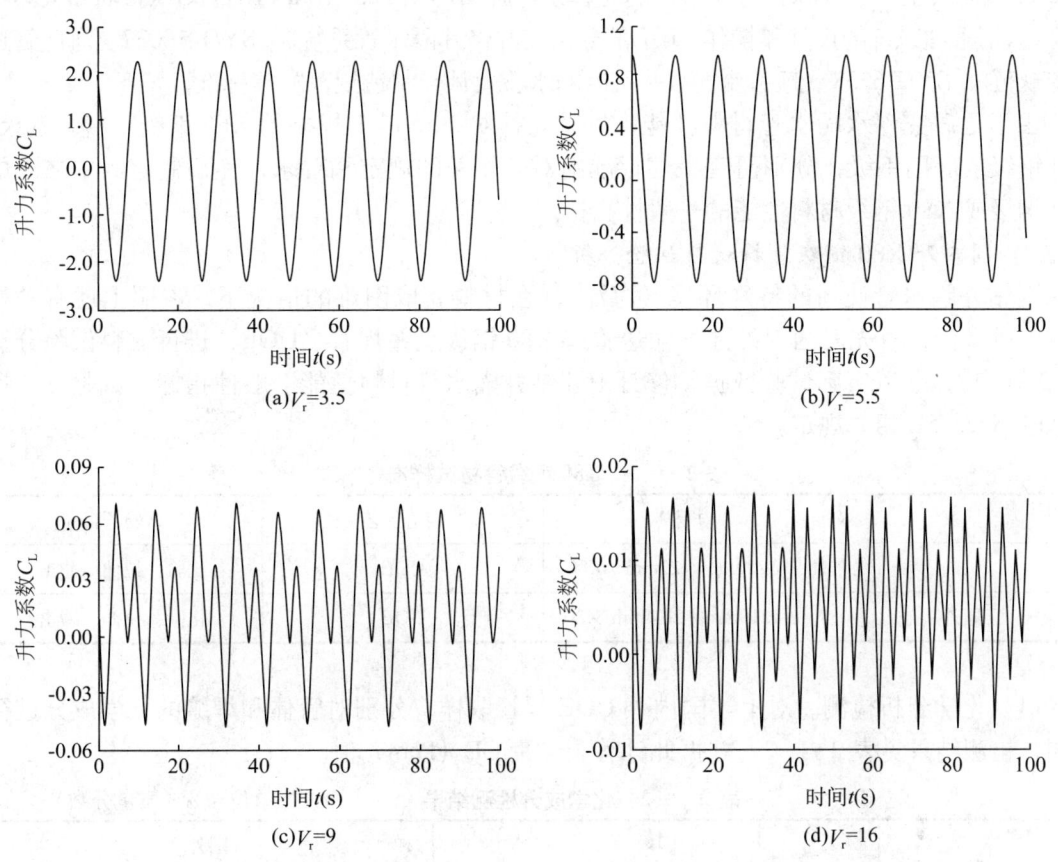

图 2-1-42 不同响应分支的升力系数曲线

2.1.5 材料试验研究

2.1.5.1 材料性能初步评判标准选用

隔水管生产制造过程中，重点从化学成分、力学性能和冲击韧性、尺寸、制造工艺等方面控制，以提高性能。比如，化学成分中控制 CE（碳当量）不大于 0.38%、S 含量不大于 0.0828mg/L 等。

钻井隔水管，目前常用的有 X52 钢级钢管、X65 钢级钢管以及 X80 钢级钢管。这里主要以化学成分（碳当量）、拉伸性能（屈强比）、冲击韧性（低温韧性）为研究对象，进行试验分析。

在进行试验前，首先要有一个关于材料性能的初步评判标准，然后再依据试验结果对这个标准进行修正，建立隔水管材料的性能指标。

对与隔水管相关的 ISO 13533/API Spec 16A，ISO 13535/API Spec 8C，ISO 13623，ISO 13625/API Spec 16R，ISO 13628-1/API RP 17A，ISO 13628-7/API RP 17G，API RP 2RD，API RP 16Q，API Spec 16F，API Spec 5L，DNV-OS-F201，SY/T 6558 及 SY/T 10037 等国内外标准进行详细的分析研究，发现在现有的国内外标准中，没有明确针对钻井隔水管制造工艺及材料性能的标准，不过可以参考 API Spec 5L《管线管规范》、API Spec 16F《海洋钻井隔水管设备规范》、API RP 16Q《海洋钻井隔水管系统设计、选择、操作和维护的推荐做法》、API RP 2RD《浮式生产系统和张力腿平台的立管设计》、ISO 13628-7/API RP 17G《石油和天然气工业 水下采油系统的设计和操作 第 7 部分：完井修井隔水管系统》、SY/T 10037《海底管道系统规范》、SY/T 6558《海上油气水井抗冰隔水管设计与制造规范》等标准。

由于是研究深水隔水管材料性能，故首先针对 20in 以上规格的 X65 钢级、X70 钢级、X80 钢级或等同钢级，分别研究上述标准中对其相关的规定和要求，然后制定其中之一的 X70 钢级或 X80 钢级材料性能的一般性指标。

2.1.5.2　国内外 X80 钢级管材材料试验分析

因钻井隔水管使用的特殊环境（海洋），在材料获取困难的情况下，参照上述有关标准和国外做法，首先对国内外油气输送管道 X80 钢级直缝焊管（UOE）进行材料试验分析（表 2-1-1），获取实际试验数据，修订上述钻井隔水管材料性能一般性指标，试验方法参照 API Spec 5L 相关规定。

表 2-1-1　X80 钢级管材试样准备

厂家	规格	制造工艺	试验项目
国内	ϕ1219mm×22mm X80	UOE	化验、拉伸、冲击
国外	ϕ1219mm×26.4mm X80	UOE	化验、拉伸、冲击

（1）化学分析检测。对上述国内外 UOE 焊管取样，分别对管体和焊缝的化学成分进行检测，检测结果见表 2-1-2，并据此计算碳当量 CE（Pcm）值。

表 2-1-2　化学成分检测结果　　　　　　单位：%（质量分数）

元素	国内		国外	
	管体	焊缝	管体	焊缝
碳（C）	0.049	0.064	0.065	0.065
硅（Si）	0.19	0.34	0.19	0.26
锰（Mn）	1.76	1.70	1.79	1.75
磷（P）	0.012	0.014	0.010	0.011

续表

元素	国内		国外	
	管体	焊缝	管体	焊缝
硫 (S)	0.0030	0.0058	0.0013	0.0036
铬 (Cr)	0.33	0.21	0.028	0.11
钼 (Mo)	0.026	0.21	0.17	0.16
镍 (Ni)	0.14	0.10	0.13	0.33
铌 (Nb)	0.086	0.047	0.031	0.019
钒 (V)	0.003	0.003	0.034	0.021
钛 (Ti)	0.012	0.014	0.010	0.013
铜 (Cu)	0.15	0.11	0.18	0.17
硼 (B)	0.0002	0.0004	0.0003	0.0005
铝 (Al)	0.024	0.017	0.012	0.016
CE (Pcm)	0.161	0.187	0.193	0.201

(2) 拉伸性能检测。对上述国内外 UOE 焊管截取 38.1mm×50mm 板状试样，分别对管体和焊缝的拉伸性能进行检测，同时进行屈强比计算，检测及计算结果见表 2-1-3。

表 2-1-3　拉伸性能检测结果均值

厂家	位置	抗拉强度 (MPa)	屈服强度 (MPa)	屈强比	延伸率 (%)
国内	180°管体横向	672	560	0.83	44.5
	焊缝横向	700	断于母材		
国外	180°管体横向	696	559	0.80	46.3
	焊缝横向	728	断于热影响区		

(3) 冲击试验。对上述国内外 UOE 焊管截取 10mm×10mm×55mm 全尺寸冲击试样，分别进行管体和焊缝的冲击试验，试验结果均值见表 2-1-4。

表 2-1-4　冲击试验结果均值

温度 (℃)	冲击功 (J)					
	国内			国外		
	管体 90°纵	管体 90°横	焊缝	管体 90°纵	管体 90°横	焊缝
20	335	305	192	275	289	190
	320	317	170	278	288	184
	313	310	172	272	306	192
0	305	363	160	330	345	194
	320	325	195	314	335	198
	350	340	172	316	340	209

续表

温度（℃）	冲击功（J)					
	国内			国外		
	管体90°纵	管体90°横	焊缝	管体90°纵	管体90°横	焊缝
-10	300 327 330	337 338 355	170 168 155	293 311 336	336 305 311	205 196 204
-20	300 310 313	290 285 317	175 195 200	280 172 309	326 339 347	171 176 200

2.1.5.3 主管材料性能指标修订

结合Tenaris公司采用API 5L X80钢级制造深水钻井隔水管管体实际案例，以及 $\phi 533mm \times 25.4mm$ 钻井隔水管（直缝焊管）的试验数据（表2-1-5），并依据上述试验结果，结合中国石油集团管材研究所前期管线钢研究成果，对20in以上规格的X80钢级隔水管主管的材料性能指标修订如下：

（1）钻井隔水管主管化学成分中P元素质量分数要求不大于0.015%，S元素质量分数要求不大于0.008%；碳当量（CE（Pcm））X80钢管不应超过0.23%。

（2）钻井隔水管主管力学性能要求见表2-1-6，冲击试验温度为最小设计温度，一般为0℃，且纵向冲击功应比横向冲击功高出50%。

表2-1-5 $\phi 533mm \times 25.4mm$ 钻井隔水管管体力学性能

钢级	屈服强度 （MPa）	抗拉强度 （MPa）	-20℃夏比V型横向冲击功 （J）
X80	670	735	280

表2-1-6 钻井隔水管主管力学性能要求

钢级	屈服强度 （MPa）		抗拉强度 （MPa）		屈强比(max)	延伸率（min） （%）	夏比V型横向冲击功平均值 （min） （J）
	min	max	min	max			
X80	555	690	625	825	0.92	按API Spec 5L	100

2.2 深水钻井隔水管寿命预测、耐久性与检测方法

随着隔水管面临多种失效模式，深水环境下钻井隔水管系统的作业安全性和可靠性已成为研究热点，对隔水管进行系统性寿命管理具有现实意义。本节对腐蚀、磨损和疲劳3种主要失效模式分别进行机理分析和定量损伤评估；提出深水隔水管系统疲劳综合评估方法；比较适用于隔水管系统的监测方法与监测系统，确定深水钻井隔水管系统监测方案；提出一种基于模态分析的深水隔水管VIV监测位置优化方法，制定隔水管系统在一个钻井

作业周期内的寿命管理策略；借鉴完整性管理理论初步建立单根寿命管理策略，建立隔水管作业信息数据库和单根检测数据库。

2.2.1 失效模式识别与损伤评估

2.2.1.1 腐蚀机理与定量评估

（1）腐蚀机理。隔水管的腐蚀机理可以分为均匀腐蚀、局部腐蚀、冲蚀腐蚀、隙间腐蚀、台面状侵蚀、应力腐蚀开裂、疲劳开裂等几类，而引起腐蚀失效的可能原因包括：设计中缺乏腐蚀保护、缺乏必要检测或检测工具效率低下、飞溅区覆层失效、阴极保护失效、腐蚀性作业环境、波浪和船只等外部因素造成的损伤、人为因素等。其中，飞溅区的干湿交替及覆层缺陷对于隔水管腐蚀问题尤为突出。飞溅区内无覆层隔水管的高腐蚀速率（1mm/a）在墨西哥湾工程中曾有报道，飞溅区以外可能发生中等速率腐蚀（0.1mm/a），而局部隔水管连接和某些部件中也不排除局部腐蚀或点蚀的高腐蚀速率。

（2）腐蚀缺陷尺寸分析。隔水管等效应力需满足一定条件，有：

$$\sigma_e = \frac{1}{\sqrt{2}}\sqrt{(\sigma_r - \sigma_h)^2 + (\sigma_h - \sigma_l)^2 + (\sigma_l - \sigma_r)^2} \leqslant 2/3\sigma_0 \quad (2-2-1)$$

式中：σ_e 为等效应力；σ_r 为径向应力；σ_h 为环向应力；σ_l 为轴向应力；σ_0 为材料的屈服强度。公式最右项中"2/3"对应设计作业条件；另外，取"0.80"时，对应设计极端条件或临时条件；取"0.90"时，对应测试条件。由于径向应力对于隔水管这样的薄壁管可以忽略不计，等效应力简化为环向应力 σ_h 和轴向应力 σ_l 的二向应力状态。

环向应力取决于隔水管的内外压差 $(p_i - p_o)$，当腐蚀深度达到极限值时，$(p_i - p_o)$ 等于腐蚀隔水管安全作业压力，于是 σ_h 与腐蚀深度 h 存在对应关系。有：

$$\sigma_h = \frac{(p_i - p_o)D}{2t} = \frac{D}{D-t}f_u\frac{1-\dfrac{h}{t}}{1-\dfrac{h}{tQ}} \quad (2-2-2)$$

隔水管轴向应力 σ_l 包括弯曲应力和顶部张紧力引起的轴向载荷两部分，其中某截面上的弯曲应力 σ_b 可以通过单独的计算程序如 SHEAR7 获得。

$$\sigma_l = \sigma_b + T/A \quad (2-2-3)$$

其中，缺陷位置处的张力 T 为：

$$T = T_{top} - W_r \quad (2-2-4)$$

式中：T_{top} 为隔水管顶张力；W_r 为缺陷位置以上的全部隔水管湿重，包括隔水管主管、辅助管线（如节流和压井管线）、内部包容物（如钻井液、钻杆等）和浮力块等。

通过以上关系可以推导出最大允许腐蚀深度 h_{max} 的表达式（按照设计作业条件），有：

$$\left.\begin{array}{l}\sigma_{\mathrm{h}}=\dfrac{1}{2}\left(\sigma_{\mathrm{l}}+\sqrt{16/9\sigma_0^2-3\sigma_{\mathrm{l}}^2}\right)\\[2mm] h_{\max}=t\dfrac{1-\dfrac{\sigma_{\mathrm{h}}}{MF}}{1-\dfrac{\sigma_{\mathrm{h}}}{MFQ}}\\[4mm] M=\dfrac{D}{D-t}f_{\mathrm{u}}\end{array}\right\} \qquad (2-2-5)$$

相应的最小允许剩余壁厚为：

$$t_{\min}=t-h_{\max} \qquad (2-2-6)$$

（3）腐蚀寿命预测方法。腐蚀寿命取决于一定作业压力下允许存在的最大腐蚀深度和特定环境下的管壁腐蚀速率。隔水管内部钻井液一般含有防腐剂，这里不考虑管壁内部腐蚀，重点关注因覆层失效、阴极保护失效、外部碰撞等因素造成的隔水管外部腐蚀。

外部海水腐蚀属于电化学腐蚀，开始时腐蚀速率很快，随时间逐渐衰减，一般可以假设腐蚀量服从指数分布。有：

$$t_{\mathrm{r}}=a\mathrm{e}^{bT} \qquad (2-2-7)$$

式中：t_{r} 为剩余壁厚；a，b 为常数；T 为剩余壁厚 t_{r} 对应的时刻。在两个时间点 T_1 和 T_2 对剩余腐蚀壁厚进行检测，检测值为 t_{r1} 和 t_{r2}，由此解出参数 a 和 b，有：

$$\left.\begin{array}{l}a=\dfrac{t_{\mathrm{r1}}}{\mathrm{e}^{\frac{T_1}{T_1-T_2}\ln\frac{t_{\mathrm{r1}}}{t_{\mathrm{r2}}}}}\\[4mm] b=\dfrac{\ln\dfrac{t_{\mathrm{r1}}}{t_{\mathrm{r2}}}}{T_1-T_2}\end{array}\right\} \qquad (2-2-8)$$

将 a 和 b 代回到 t_{r} 表达式，则剩余壁厚的发展趋势为：

$$t_{\mathrm{r}}=\dfrac{t_{\mathrm{r1}}}{\mathrm{e}^{\frac{T_1}{T_1-T_2}\ln\frac{t_{\mathrm{r1}}}{t_{\mathrm{r2}}}}}\mathrm{e}^{\frac{T}{T_1-T_2}\ln\frac{t_{\mathrm{r1}}}{t_{\mathrm{r2}}}} \qquad (2-2-9)$$

当剩余壁厚减小至最小允许剩余壁厚 $t_{\min}$ 时，对应时刻即为失效时刻。有：

$$T=\dfrac{\ln\dfrac{t_{\min}}{a}}{b} \qquad (2-2-10)$$

失效时刻距离第二次检测的时间为剩余寿命，有：

$$T_{\mathrm{re}}=T-T_2 \qquad (2-2-11)$$

针对特定作业地点和环境，可对不同水深处的平均腐蚀速率进行实际测定。

2.2.1.2 磨损机理与评估

（1）磨损机理。

①隔水管底部磨损。下部挠性接头角度对于底部隔水管磨损至关重要，如图 2-2-1 所示。几个常用的推荐做法对于隔水管挠性接头角度都作了严格规定，一般要求钻进模式下平均角度不超过 2°，最大角度低于 4°。现场实际作业时对角度的控制更为严格，要求保

持在1°范围内。但水深增加使角度控制变得复杂。首先，隔水管长度和重量增加要求更高的顶部张力，当达到几百万磅数量级时便很难保持稳定的底部偏角。其次，控制挠性接头角度要求对钻井船进行良好定位，而深水复杂流剖面和表面流速提高均加大了钻井船定位难度，使得钻井船偏离最佳位置。

②狗腿磨损。深水中相对复杂的外部环境条件会使隔水管在不同深度处发生不同方向的弯曲，由于钻井船与井口间的相对运动以及海流的曳力均会导致隔水管弯曲并承受侧向载荷。另一方面，内部钻杆在轴向力作用下对相接触的隔水管产生正压力，互相摩擦而造成隔水管内壁磨损，形成狗腿，如图2-2-2所示。海流曳力造成的侧向载荷与流速平方成比例，流速的轻微增大对隔水管弯曲便有较大影响。此外，漩涡发放可能引起隔水管涡激振动，且振幅常常达到隔水管直径的数量级，这种横向（与流速方向垂直）的弯曲方向突变不仅是疲劳的重要原因，而且会造成钻杆柱和隔水管之间的大幅高频接触载荷，引发剧烈磨损。

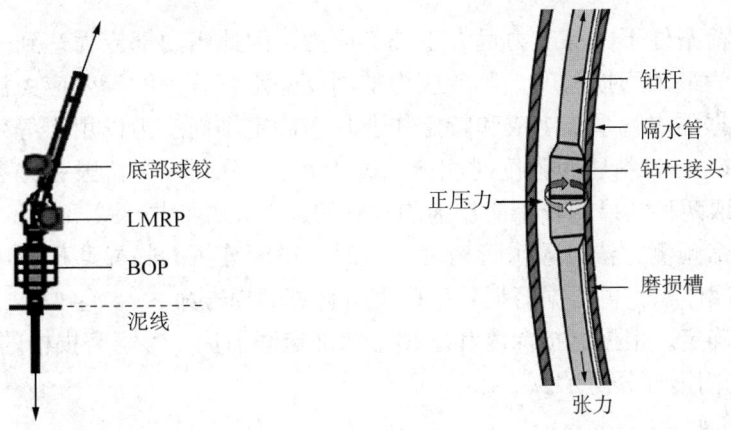

图2-2-1　钻井隔水管底部磨损示意图　　图2-2-2　钻井隔水管狗腿磨损示意图

（2）磨损缺陷尺寸分析。磨损使隔水管壁厚减薄，可能的危害就是发生挤毁和爆裂，无论爆裂还是挤毁，失效应力取决于管壁径厚比D/t和材料的屈服强度。一般认为隔水管轴向应力也是决定性因素，但有研究表明张力对于弹性区域内的临界屈曲压力几乎没有影响。磨损改变了管壁径厚比，从而影响爆裂与挤毁压力。挤毁时管内压力低于管外压力，应用抗外压强度理论；爆裂时管内压力高于管外压力，应用抗内压强度理论。

管壁环向应力由隔水管内外压差产生，特定水深条件下的静水压差为：

$$\Delta p = \Delta \rho g h \tag{2-2-12}$$

式中：$\Delta \rho$为管壁内外流体密度差；h为评估位置的水深。

对于隔水管挤毁，假设管内钻井液全部漏失，压力差即为外部海水的静水压力，$\Delta \rho$为海水密度。对于隔水管爆裂，管内充满钻井液，$\Delta \rho$为内部钻井液与外部海水的密度差。

隔水管挤毁强度评估中，外部压力作用下磨损最深处的环向应力为：

$$S = -2p\frac{b^2}{a^2+b^2}\frac{\left(b^2-c^2\right)^2-a^2\left(a-2c\right)^2}{\left(a^2+b^2-c^2\right)^2-4a^2b^2} \tag{2-2-13}$$

式中：b为外筒半径，$b=D/2$；a为内筒半径，$a=b-(t+t_{\min})/2$；c为偏心，$c=(t-t_{\min})/2$，其中$t_{\min}$为最小剩余壁厚。

对于隔水管爆裂，内外压差作用下缺陷位置的管壁外部和内部环向应力分别由式（2-2-14）和式（2-2-15）给出，有：

$$\sigma_o = 2p\frac{R_a^2}{R_2^2 - R_a^2} - 3p\frac{(R_a - R_1)(R_2 - R_1)}{(R_2 - R_a)^2} \quad (2-2-14)$$

内部应力（缺陷最深处）σ_i 为：

$$\sigma_i = p\frac{R_2^2 + R_a^2}{R_2^2 - R_a^2} + 3p\frac{(R_a - R_1)(R_2 - R_1)}{(R_2 - R_a)^2} \quad (2-2-15)$$

式中：R_a 为缺陷最深处与隔水管中心的径向距离，即 $R_a = R_1 + h$，其中 h 为腐蚀缺陷深度。

经过试算可知，一定压力 p 条件下内部应力远大于外部应力，因此根据内部应力进行剩余强度评估。

由于同样载荷条件下内部应力远大于外部应力，因此当内部应力达到一定应力准则时相应磨损深度成为最大磨损深度。等效应力准则以隔水管管壁的等效应力满足一定条件为评判标准，需根据隔水管系统组成和特定作业环境确定轴向应力以用于等效应力计算，当等效应力达到 0.67 倍材料屈服强度时相应 h 即为 h_{max}。分别按照挤毁和爆裂强度理论计算允许磨损深度，取两种结果的较小值作为隔水管的最大允许磨损深度 h_{max}。

（3）磨损寿命预测方法。隔水管角度一定时，前面分析的临界磨损深度将唯一确定管壁上被磨损的金属体积，再根据磨损效率模型可计算磨损寿命。

①磨损量的确定。根据磨损深度和磨损形状确定磨损量，考察磨损槽的径向截面形状，如图 2-2-3 中的阴影部分所示。

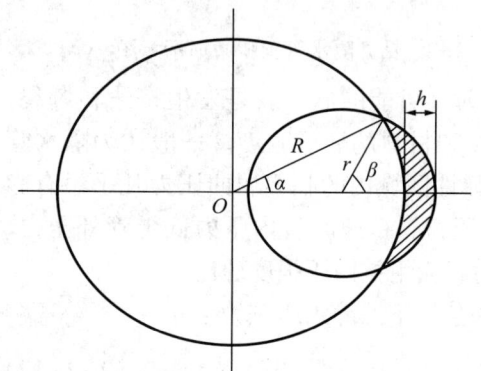

图 2-2-3　磨损槽径向截面示意图

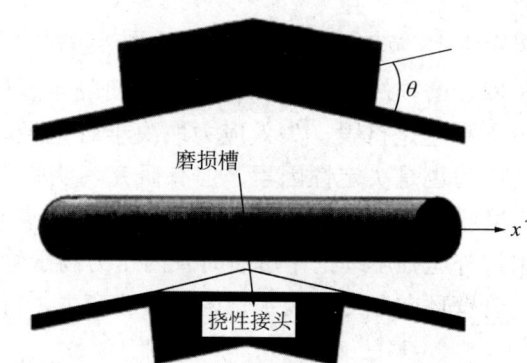

图 2-2-4　挠性接头磨损示意图

R 和 r 分别为隔水管内半径和钻杆（工具）接头外半径，h 为磨损深度（h 是 x 的函数），则磨损面积 A 表示为：

$$A = \beta r^2 - \alpha R^2 + R(R - r + h)\sin\alpha \quad (2-2-16)$$

其中，参数 α 和 β 的表达式为：

$$\left.\begin{array}{l} \alpha = \arccos\left[1 + \dfrac{h(h-2r)}{2R(R-r+h)}\right] \\ \beta = \arcsin\left(\dfrac{R}{r}\sin\alpha\right) \end{array}\right\} \quad (2-2-17)$$

轴向上距尖点 x 处（图 2-2-4）的磨损深度表示为：

$$h(x) = h_{max} - x\tan(\theta/2)$$

其中，h_{max} 为尖点处的最大磨损深度，当 $h(x)$ 取 0 时 x 对应最大磨损长度 x_{max}。将 α，β，$h(x)$ 表达式代入式（2-2-16），则磨损面积可表示为 x 的一元函数 $A(x)$。沿钻杆轴向（x 轴方向）将磨损区域划分成若干个小区间，计算每个区间中点处的磨损面积，乘以区间宽度近似表示区间体积，最后累加得到总的磨损体积。

②磨损寿命预测。磨损效率模型认为，隔水管上被磨损的金属体积与钻柱所作的摩擦功成正比，磨损体积 V 表达式为：

$$V = F\pi DNTK \tag{2-2-18}$$

式中：F 为接触点正压力；D 为钻杆/工具接头的外径；N 为钻杆转速；T 为转动时间；K 为材料的磨损系数。磨损体积 V 等于前面确定的磨损量，则磨损寿命为：

$$T = V/(F\pi DNK) \tag{2-2-19}$$

2.2.1.3 疲劳损伤评估

（1）波致疲劳评估。

①无缺陷单根损伤评估。对于无缺陷单根，采用 $S-N$ 曲线评估累积疲劳损伤。分别计算每种海况下的隔水管疲劳损伤，然后假定不同海况下各级应力幅引起的疲劳损伤是独立的，按照 Miner 线性累积法则进行叠加。对于应力范围长期分布的分段连续性模型，各海况中应力范围的短期分布可以用连续的理论概率密度函数来描述。当应力范围 S 恒定时，基本疲劳能力由 $S-N$ 曲线中的失效应力循环次数 N 表示。

线性 $S-N$ 曲线下单位时间内的预期疲劳损伤为：

$$D = \frac{f_0}{A}\int_0^\infty S^m f_S(S)dS = \frac{f_0}{A}E(S^m) \tag{2-2-20}$$

式中：f_0 为单位时间内的平均应力循环次数；$f_S(S)$ 为应力循环短期分布的概率密度函数；m 和 A 为 $S-N$ 曲线的常数。

根据 Miner 线性疲劳累积法则，所有海况的加权累积疲劳损伤为：

$$D_{fat} = \sum_{i=1}^{N_s} D_i P_i \tag{2-2-21}$$

式中：D_{fat} 为总的疲劳损伤；N_s 为波浪离散图中离散海况的数目；P_i 为海况 i 的发生概率，通常根据主要波高、峰值周期和波浪方向来确定；D_i 为海况 i 条件下的疲劳损伤。

②含缺陷单根损伤评估。对于含有缺陷的隔水管单根，采用断裂力学中的裂纹扩展方法评估疲劳损伤。由裂纹扩展速率确定一定裂纹扩展量对应的应力循环次数，再根据应力频率计算疲劳损伤。将波浪环境离散成一定数量的典型区块，海况 i 的发生概率用 P_i 表示。对每一海况下的隔水管响应进行有限元模拟，通过瞬态动力分析确定名义应力时间历程。其中，应力范围通过对应力时间历程进行雨流计数获得，初始裂纹尺寸由无损检测确定。

变幅应力范围下疲劳损伤有两种计算方法。即：

$$\Delta D_i = \sum_j \Delta D_j = \sum_j \frac{f_j}{\Delta N_j} \quad (2-2-22)$$

式中：f_j 为代表应力的作用频率；ΔN_j 为应力单独作用时裂纹扩展量 Δa 对应的循环次数。

或

$$\Delta D_i = \frac{f_{\text{eff},i}}{\Delta N_i} \quad (2-2-23)$$

式中：$f_{\text{eff},i}$ 为等效应力的作用频率；ΔN_i 为一定裂纹扩展量 Δa 下等效应力作用下所需的循环次数。

对所有海况进行加权累积得到总的疲劳损伤裂纹扩展时间。

$$\Delta D = \sum_i P_i \cdot \Delta D_i \quad (2-2-24)$$

(2) 涡激疲劳评估。隔水管涡激疲劳的评估过程如下：首先建立有限元模型，进行模态分析确定隔水管的各阶固有频率；然后根据流剖面和振动能量找出隔水管的主要响应模态，这些模态对疲劳损伤作出主要贡献；确定主要振动响应的应力幅和应力范围；采用 $S-N$ 曲线预测疲劳损伤。

根据最大应力范围 $S_{\max}$、最大激励模态阶次 n 以及响应频率 f_n，使用 $S-N$ 曲线估算隔水管疲劳损伤为：

$$D_f = \frac{S_{\max}^m N}{A} = \frac{S_{\max}^m T f_n}{A} \quad (2-2-25)$$

式中，m 和 A 为 $S-N$ 曲线的常数。

2.2.2 波致疲劳、涡激疲劳寿命分析

2.2.2.1 疲劳寿命预测

(1) 波致疲劳寿命预测。无缺陷单根的波致疲劳寿命采用 $S-N$ 曲线方法计算，寿命为单位时间内所有海况加权累积疲劳损伤的倒数。根据 Miner 法则，一旦计算的构件疲劳损伤 D 超过疲劳损伤临界值 Δ 就会发生疲劳失效，损伤临界值 Δ 一般取为 1。由于 Miner 法则没有考虑各应力幅之间的相互作用和加载的先后次序，疲劳损伤临界值存在不确定性。为了限制这种不确定性，规定损伤临界值 Δ 为累积损伤预测值 D 与一个安全系数的乘积，在 DNV 规范中称这种安全系数为设计疲劳系数（DFF），有：

$$D \cdot DFF \leq \Delta = 1.0 \quad (2-2-26)$$

DFF 取决于结构组件的重要性和安全等级，也应该考虑检查和维修的难易程度，对于波浪引起的疲劳可使用表 2-2-1 所示的标准。

表 2-2-1 不同安全等级下的疲劳系数

低	中	高
3.0	6.0	10.0

对于含有裂纹型缺陷的单根，根据断裂力学理论，疲劳寿命为裂纹从初始尺寸扩展到

临界尺寸对应的循环时间。由等效应力范围计算海况 i 的裂纹扩展寿命，采用 Paris 公式计算 $\Delta \sigma_{\text{eff},i}$ 作用下裂纹从 a_0 扩展到 a_c 的载荷循环次数 N_i。有：

$$N_i = \int_{a_0}^{a_c} \frac{\mathrm{d}a}{C\left[Y\Delta\sigma_{\text{eff},i}\sqrt{a\pi}\right]^m} \tag{2-2-27}$$

式中：C 和 m 为疲劳试验得出的材料常数；Y 为裂纹形状因子。

将 N_i 转换成以时间表示的疲劳寿命：

$$T_i = N_i \cdot T_0 / n_i \tag{2-2-28}$$

海况 i 所占比例为 P_i，所有海况加权累积得到总的裂纹扩展时间为：

$$T = \frac{1}{\sum_i P_i / T_i} \tag{2-2-29}$$

（2）涡激疲劳寿命预测。涡激疲劳损伤的预测方法，当损伤达到临界值 Δ 时对应的时间 T 就是疲劳寿命 T_f，有：

$$T_f = \frac{\Delta C}{S_{\max}^m f_n} \tag{2-2-30}$$

以上公式计算出的疲劳寿命单位是秒，习惯上除以一年（按照 365 天计算）内包含的秒数转换成以年为单位的表达形式。其中，$S_{\max}$ 的表达式为

$$S_{\max} = \alpha E n^2 \pi^2 \left(\frac{dD}{L^2}\right) \tag{2-2-31}$$

式中：d 与 D 是不同的结构参数，d 是管壁应力计算使用的外径，D 则是外部流体对隔水管的作用外径；α 为模态振幅与隔水管直径之比；E 为隔水管的弹性模量；L 为隔水管系统长度。

对于裸隔水管（即无浮力块）且不考虑外部绝缘层、防腐层及海洋附生物时，d 与 D 在数值上是相等的。当损伤临界值为 1，将 $S_{\max}$ 表达式代入式（2-2-30），得到疲劳寿命表达式为：

$$T_f = \frac{1}{3.15e7} \frac{C}{f_n} \left(\frac{L^2}{\alpha EdD}\right)^m \left(\frac{1}{n\pi}\right)^{2m} \tag{2-2-32}$$

一般上，隔水管涡激疲劳通过 SHEAR7 软件进行分析，SHEAR7 是当前国际上应用最为广泛的涡激振动分析软件，由麻省理工学院 Vandiver 教授等开发。SHEAR7 预测横流向的涡激振动响应，它可以模拟多种结构模型以及多种约束条件。

2.2.2.2 无缺陷单根疲劳寿命计算

（1）基于 ABAQUS 的波致疲劳计算实例。采用南海海域的海洋环境参数，针对 1500m 的隔水管系统进行计算。选取疲劳计算的 S-N 曲线为 DNV F2 曲线，疲劳特性常数 m 为 3，疲劳性能常数 c 为 4.3×10^{11}。根据隔水管接头与主管的焊接形式应力集中系数取 1.2，取隔水管设计安全系数为 10。取隔水管单元最短疲劳寿命作为整个隔水管的疲劳寿命，则

隔水管的疲劳寿命为54.12年，发生在海平面下8m处。对应于长期疲劳环境的部分隔水管单元加权疲劳等效应力幅、损伤值见表2-2-2。

表2-2-2　对应于整体疲劳环境的加权疲劳等效应力幅与年疲劳损伤

单元号	等效应力幅（MPa）	平均频率	疲劳损伤（h）
…	…	…	…
10	4.96474	0.053466	0.000479849
11	6.23735	0.053868	0.00095867
12	7.21691	0.05427	0.00149607
13	7.67725	0.0542	0.001801005
14	7.82092	0.052662	0.0018476
15	7.68053	0.051858	0.001723165
16	7.41346	0.051054	0.001525565
17	7.08238	0.05025	0.001309215
18	6.44958	0.049044	0.00096498
…	…	…	…

（2）基于ANSYS的波致疲劳计算。海况划分情况为：波浪方向有东向（E）和东南向（SE）两种，波浪高度从0.5m到7.5m分为4种水平，波浪周期从3s到12s分3个等级，这样总共划分为24（2×4×3）个疲劳子工况。对每一工况i，用ANSYS的APDL语言编写计算程序，进行非线性瞬态动力学分析，得到隔水管各节点的弯曲应力时间历程。

对节点动应力进行雨流计数，统计循环次数n_i，计算等效应力范围$\Delta\sigma_e$。分别采用$S-N$曲线和Paris公式两种方法计算波致疲劳寿命。$S-N$曲线使用英国标准协会（BSI）和英国能源部（UK DEn）推荐的F2曲线，$m_1=3.0$，$A=1.231\times10^{12}$MPa^3；Paris公式的材料常数取$m_2=3.0$，$C_2=2.3\times10^{-12}$m/(MPa$\sqrt{mm}$)^3，初始裂纹尺寸为2mm。两种方法的总损伤分布如图2-2-5和图2-2-6所示。

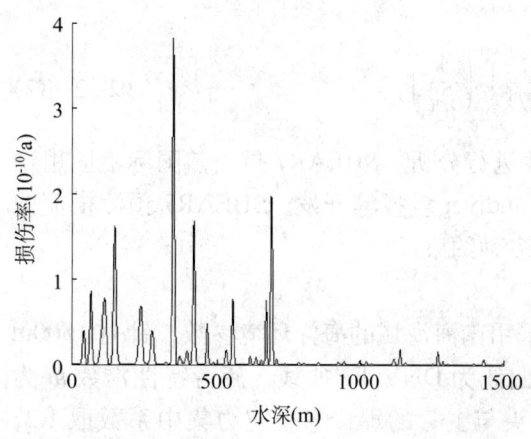

图2-2-5　波致疲劳$S-N$曲线法损伤分布

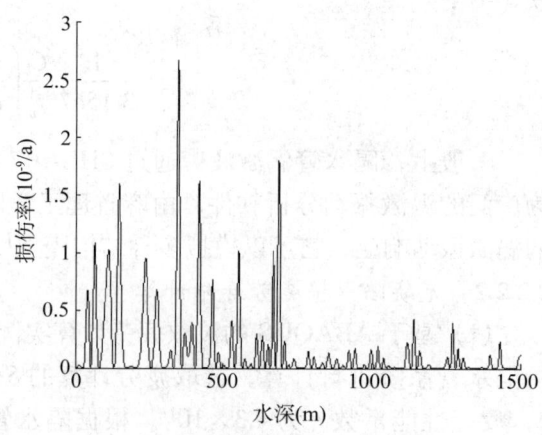

图2-2-6　波致疲劳Paris公式法损伤分布

由于两种波致疲劳计算使用相同的疲劳应力值,因此损伤分布趋势是相同的,最大损伤位置均出现在水深349m处。

针对不同的初始裂纹检测值 a_0,由 Paris 公式计算剩余疲劳寿命进行比较,结果见表 2–2–3。

表 2–2–3　不同 a_0 下隔水管的剩余寿命

初始裂纹尺寸 a_0 (mm)	疲劳寿命 (a)	初始裂纹尺寸 a_0 (mm)	疲劳寿命 (a)
0.5	28.56	2.5	10.17
1	18.82	3	8.87
1.5	14.52	3.5	7.85
2	11.94	4	7.05

由表 2–2–3 数据知,随着初始裂纹尺寸的减小,隔水管剩余疲劳寿命显著延长。对寿命值做简单递减还可以看出,寿命的大部分消耗在裂纹尺寸较小的阶段,且随着裂纹尺寸的增大寿命值加速衰减。可见,提高裂纹检测水平、及早发现细小缺陷对于延长隔水管的剩余疲劳寿命至关重要。

2.2.2.3　有缺陷单根疲劳寿命计算

(1) 应力集中系数的计算。采用 ANSYS 软件的 SOLID45 实体单元建立缺陷管段有限元模型,模型中缺陷位置应远离边界,以避免边界效应影响。模型网格划分后加载弯矩,根据隔水管整体分析确定弯矩值为 173673N·m。隔水管外径 533.4mm,壁厚 25.4mm,三类缺陷的局部应力分布如图 2–2–7 所示。

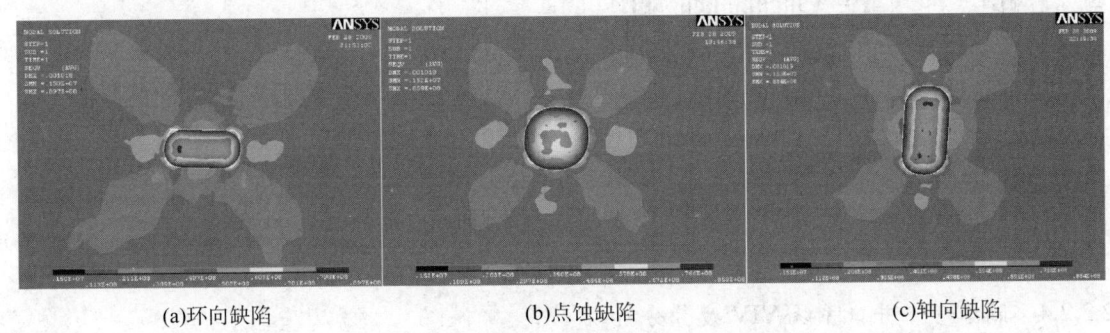

(a) 环向缺陷　　　　　　　　(b) 点蚀缺陷　　　　　　　　(c) 轴向缺陷

图 2–2–7　不同缺陷类型的局部应力分布

(2) 实际寿命预测。在所采用的算例中,除顶部 2 个短节之外,组成隔水管柱需要 61 个单根,假设其中的 27 个单根带有缺陷,且每个单根只有一处位于中点位置的缺陷。

缺陷单根占全部单根数量的 27/61,因此可将它们全部置于隔水管下部。将最大应力集中系数缺陷所在的单根置于隔水管最底端,这是隔水管系统全长损伤最低的位置,其他损伤单根按照应力集中因子(SCF)从大到小的顺序依次由底部向上布置。各缺陷位置及其 SCF 见表 2–2–4。

考虑隔水管应力集中系数,计算得到如图 2–2–8 所示的隔水管弯曲应力与疲劳寿命。

表 2-2-4 缺陷位置及应力集中因子（SCF）

缺陷位置(m)	SCF	缺陷编号	缺陷位置(m)	SCF	缺陷编号	缺陷位置(m)	SCF	缺陷编号
1487.8	2.037	7	1268.4	1.643	2	1048.9	1.552	13
1463.4	1.924	8	1244.0	1.624	3	1024.5	1.511	19
1439.0	1.913	4	1219.6	1.613	26	1000.1	1.45	15
1414.7	1.876	1	1195.2	1.609	27	975.7	1.447	14
1390.3	1.813	5	1170.8	1.595	17	951.4	1.445	10
1365.9	1.79	25	1146.4	1.591	23	927.0	1.403	20
1341.5	1.754	9	1122.0	1.587	16	902.6	1.394	12
1317.1	1.727	22	1097.7	1.587	24	878.2	1.309	21
1292.7	1.717	6	1073.3	1.577	18	853.8	1.281	11

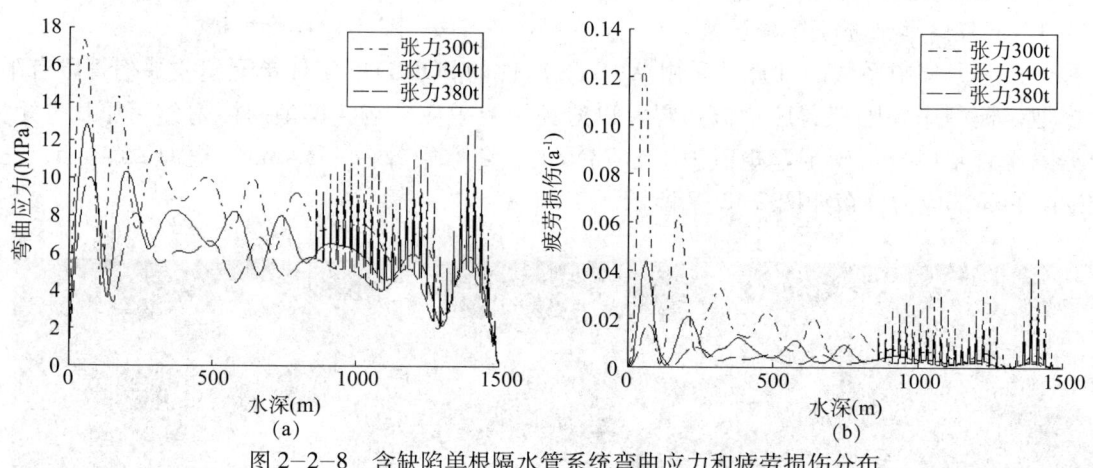

图 2-2-8 含缺陷单根隔水管系统弯曲应力和疲劳损伤分布

2.2.2.4 隔水管—井口系统 VIV 疲劳分析

（1）隔水管—井口系统 VIV 疲劳分析。针对固井良好情况下的 4 种海流工况 C1—C4，对隔水管—井口系统进行 VIV 疲劳分析。隔水管—井口系统 VIV 疲劳分析的步骤如下：①基于有限元特征值分析提取系统的前 40 阶固有模态振型，并通过有限差分法计算系统的前 40 阶模态斜率与模态曲率；②将系统的模态频率、振型、斜率与曲率提供给 VIV 分析程序 SHEAR7，以 SHEAR7 为分析平台进行系统的 VIV 疲劳分析。

在流剖面 C1—C4 工况下，隔水管-井口系统的 VIV 疲劳损伤曲线如图 2-2-9 所示。系统发生 3 阶、6 阶与 8 阶模态振动时，疲劳损伤主要集中在隔水管下球铰及以下位置；系统发生 10 阶模态振动时，隔水管下部的疲劳损伤亦较大。

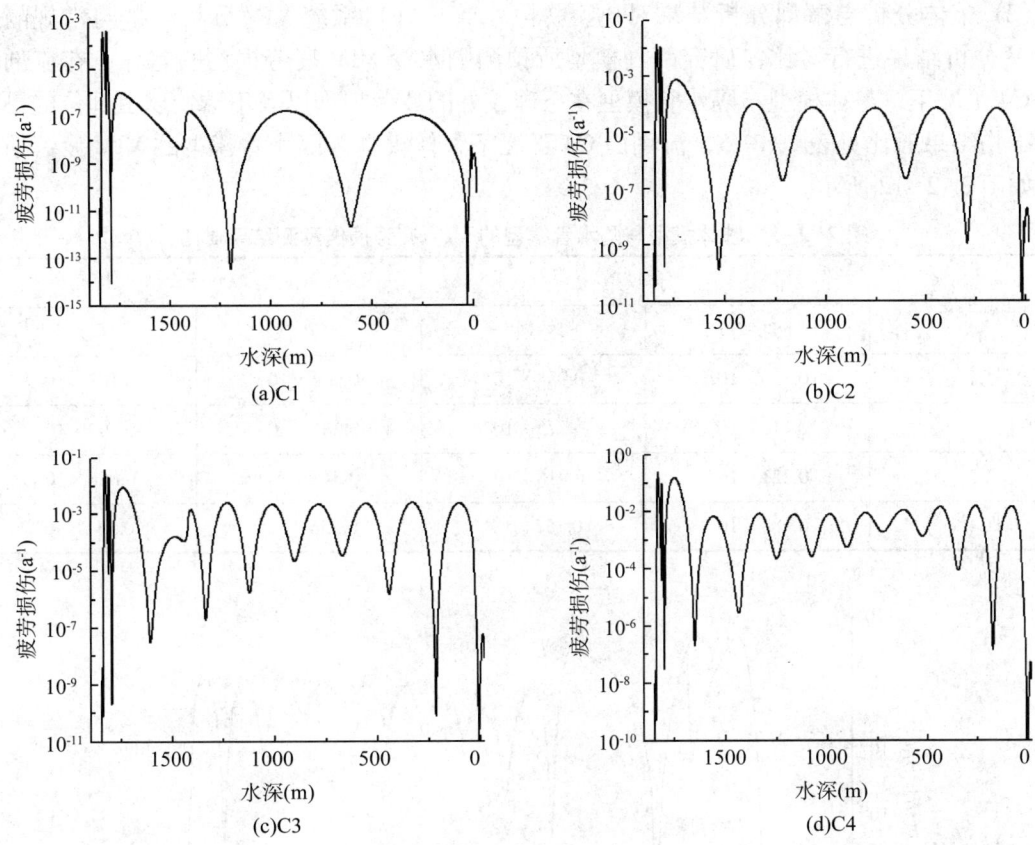

图 2-2-9 系统在 C1—C4 工况下的 VIV 疲劳损伤曲线

分析表明,导管、下球铰处以及隔水管底部是整个系统的疲劳关键部位;隔水管 VIV 对导管造成的疲劳问题不容忽视。

在流剖面 C1—C4 工况下,导管的均方根偏移曲线如图 2-2-10 所示,导管的疲劳损伤曲线如图 2-2-11 所示。受土壤抗力作用,导管的均方根偏移自泥面以下 7.62m 处向上急剧增大。导管的最大疲劳损伤出现在泥面以下 1.524～3.048m 深度范围内;泥面深度 10m 以下,导管疲劳损伤很小。

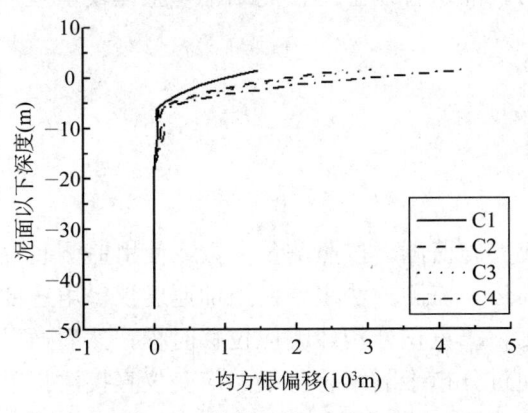

图 2-2-10 导管均方根偏移曲线

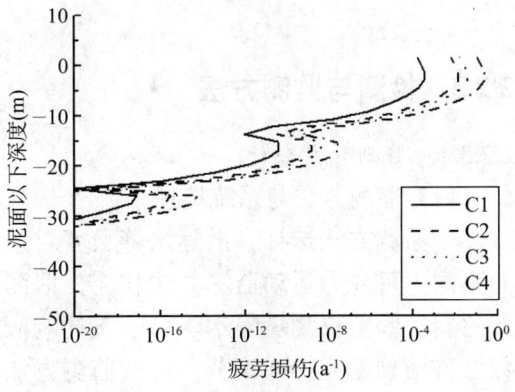

图 2-2-11 导管疲劳损伤曲线

(2) 整体分析与解耦分析结果对比。将隔水管—井口系统 VIV 分析结果与常规隔水管 VIV 分析结果进行对比，研究两种模型所预测隔水管 VIV 疲劳损伤的差异。在流剖面 C1—C4 工况下，整体模型与隔水管模型在下球铰处的疲劳损伤以及下球铰以上部位的最大疲劳损伤结果对比见表 2-2-5，流剖面 C4 工况下整体模型与隔水管模型的 VIV 疲劳损伤曲线如图 2-2-12 所示。

表 2-2-5　整体模型与隔水管模型的 VIV 疲劳损伤预测结果对比　　单位：a^{-1}

海流工况	整体模型		隔水管模型	
	下球铰处	下球铰以上	下球铰处	下球铰以上
C1	0.396×10^{-3}	0.988×10^{-6}	0.932×10^{-3}	0.103×10^{-5}
C2	0.116×10^{-1}	0.775×10^{-3}	0.285×10^{-1}	0.797×10^{-3}
C3	0.221×10^{-1}	0.918×10^{-2}	0.544×10^{-1}	0.888×10^{-2}
C4	0.988×10^{-1}	0.157×10^{0}	0.256×10^{0}	0.154×10^{0}

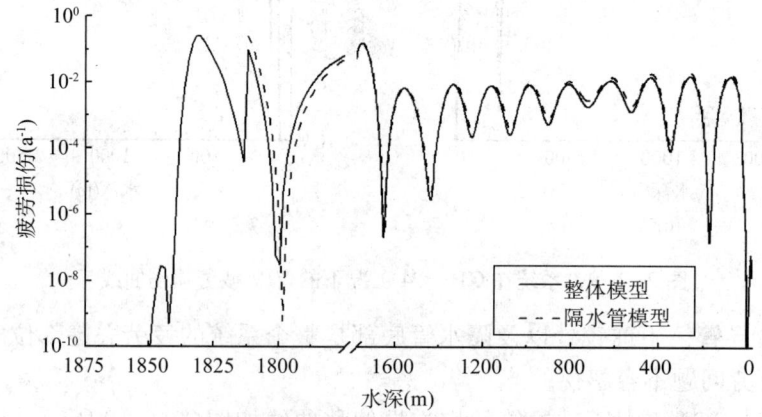

图 2-2-12　整体模型与隔水管模型的 VIV 疲劳损伤曲线

对于隔水管最大疲劳损伤预测而言，当隔水管最大疲劳损伤出现在下球铰处时（系统发生低阶模态振动时），隔水管模型的预测结果是保守的；当隔水管最大疲劳损伤不出现在下球铰处时（系统发生 10 阶以上模态振动时），隔水管模型的预测结果与整体模型差别不大。

2.2.3　检测与监测方法

2.2.3.1　监测方案分析

(1) 监测方法与系统选择。

①监测方法选择。沿隔水管长度对系统响应实施监测，按照测量参数或使用监测装置的不同，可分为运动监测方法和应变监测方法。运动监测方法主要使用加速度仪、角速度传感器、倾角仪测量隔水管各位置的响应加速度，二重积分构建响应位移时程，然后通过数学方法预测应力和疲劳。应变监测方法则可通过分布于隔水管各处的应变仪直接测量隔水管应变和应力，用于疲劳和寿命计算。

两种监测方法各有优缺点见表 2-2-6。

表 2-2-6　运动监测和应变监测对比

	运动监测方法	应变监测方法
优点	(1) 相对于应变监测成本较低； (2) 安装简单：运动传感器一般封闭在尺寸相对较小的金属压力容器内，可简单捆绑在隔水管上； (3) 能够测量隔水管整体响应； (4) 深水中应用可靠：运动传感器已经成功应用多年	(1) 无需数据处理直接得到应变； (2) 用于疲劳计算所需数据数量少
缺点	(1) 需要通过数据处理计算得到应力； (2) 用于应力和疲劳计算时数据处理量大	(1) 设备昂贵，成本较高； (2) 与隔水管的安装界面复杂，根据测量类型不同可能需要拆除保护外壳； (3) 只能监测设备安装区域，无法测量隔水管整体响应； (4) 深水记录信息量少； (5) 某些装置的水下可靠性低

基于表 2-2-6 给出下面建议：运动传感器成本低、安装简易，适用于测量隔水管整体响应，沿隔水管长度上需要数量较多；应变传感器作为运动传感器的补充，使用数量较少，用于部分地检验从运动传感器得到的测量和计算结果；应变传感器还可用于某些实时监测系统，测量几个已确定的临界位置的实时响应，从而为隔水管操作提供信息。

②监测系统选择。从供电和数据通信方面分类，目前工程上使用的隔水管监测系统主要分为单机和实时监测系统两类。单机监测系统由数据记录仪和相应的传感器组成，其中数据记录仪一般包括中心处理单元、模-数转换器、数据存储器以及其他辅助元件，这些元件都封装在坚固的不锈钢外壳中。数据记录仪与所需的传感器集成使用，单机监测系统使用自带电池组供电进行测量，数据存储在存储器中，测量结束后从存储器中下载数据到计算机进行分析，因此得到的监测数据总是"过去时"的。

相比之下，实时监测系统可以对隔水管响应进行连续的实时监测，因此要求与数据处理中心保持连续数据传输。此外，由于耗电量显著增大，还需要与平台或水下供电系统硬线连接进行供电。线路布置会延长隔水管下入时间，并且考虑到可能的损伤必须限制线路长度，尽量布置在水面附近范围。或者不使用硬线连接而通过遥测技术控制实时监测系统，但需要较大电池组提供能量，并且受到存储时间的限制。

(2) 监测方案分析。通过以上对监测方法和系统的分析比较，确定深水钻井隔水管监测方案如下：使用单机监测系统，并且以运动监测为主。应变监测可作为补充用于对运动传感器测量结果的检验，或者测量某些特定位置的实时响应为隔水管操作提供信息。以下对所需传感器数量、监测覆盖的空间范围以及传感器最佳安装位置加以分析。

①传感器数量分析。测量点的数量应根据期望测量的模态范围以及需要的测量精度来确定，并通常受到成本限制。所需传感器数量近似等于最大模态数，对于深水隔水管这意味着昂贵的监测费用，因为高速水流可以激发起很高阶的振动模态。至于空间分布范围，传感器放置原则是分布范围以及传感器之间的间隔都应足够大，以捕捉预期的全部响应模态，并且能提供足够多的测量点以区分高阶模态数。一般认为，VIV 响应测量要求空间分布上至少应能捕捉最低模态振型的 1/4 波长。

②传感器布置方法研究。对于分布于全长的监测系统，提出一种基于模态分析的深水隔水管 VIV 监测点优化方法：首先建立隔水管有限元模型，进行模态分析找出对隔水管疲

劳有显著贡献的激励模态；对于每一阶主要激励模态，考虑隔水管倾斜和重力影响，根据响应加速度寻找可能的安装点；然后通过最小二乘法确定最佳测量位置，使其他模态的响应为最小。

2.2.3.2 检测方法与技术分析

（1）制定系统检测计划。检测计划应包括以下内容：选择对哪些部分的何种退化机理进行检测，采用何种检测水平，检测部件识别，检测位置（检测点）选择，检测准备，检测技术，接受准则，检测实施时间，预期损伤类型、位置、程度与深度，可检测性要求，报告格式和要求。检测计划中应明确记录检测人员资质，设备类型和标定要求，所用检测程序，遵循的准则和标准以及其他检测质量相关信息等。

隔水管系统的损伤模式识别和定量预测结果是制定检测计划的重要依据。一方面损伤模式决定缺陷类型，从而决定应采用何种检测技术。主要针对钻井隔水管的腐蚀、疲劳和磨损3种损伤模式，造成的缺陷分为焊缝裂纹和管壁壁厚减薄两种，因此检测技术应围绕表面裂纹、内部裂纹以及管壁金属损失的测量展开。另一方面，根据损伤预测等级和作业监测修正结果将隔水管全长分段，不同损伤等级的部分对应相应检测等级。

（2）检测技术分析。目前可用于金属隔水管的无损检测技术多种多样，但任何技术均有其优缺点和适用范围。若采用的检测方法以及检测规范不适当，检测结果的可靠性很低。因此，应预先估计缺陷可能的类型、形状、位置、方向等性质，选择适当的检测方法和检测规范。或者同时采用多种检测方法，尽量获取更多的缺陷信息，取长补短和相互验证。

隔水管每次回收后，应彻底清洗连接的内接头和外接头，然后目测检查单根是否发生腐蚀、出现裂缝或磨损。对于许多缺陷类型，如表面裂缝、均匀腐蚀、几何焊缝缺陷（咬边、畸变等），目测是第一道防线，能快速、经济地识别。需要进一步检测的区域，针对隔水管的表面裂纹、内部裂纹以及管壁金属损失等具体问题，应选择适当技术作详细检测。

（3）检测周期的确定。提出根据检测水平和置信度确定检测频率。检测水平分为高、中、低三等，是对检测结果应能达到何种标准的定性要求。在不受其他因素影响条件下，损伤等级较高的隔水管单根要求其达到的检测水平也相应较高，置信度是对失效机理把握程度和可预测性的度量，也是对所用检测或监测技术可靠性的度量。置信度基于几个因素：①对失效模式的理解程度；②是否进行了前一项检查，检查结果如何；③是否测量相关的操作参数，或监控与某一失效模式相关的参数。

首先规定一个用于所有单根的最大检测周期，即两次检测之间的时间间隔应不超过该周期。对于特定单根，根据检测水平和置信度组合缩短检测周期，检测周期策略如表2-2-7所示，字母a，b，c和d分别表示检测间隔是最大周期的1/4、1/3、1/2和1倍。需要注意的是，不同损伤类型的最大检测周期各异，这里规定腐蚀和磨损的最大检测周期为3年，疲劳的最大检测周期为6个月。

2.2.4 完整性管理技术框架

2.2.4.1 完整性管理

钻井隔水管柱是由多个相对独立的单根连接而成，每次作业之后甚至作业期间就可能重新组合或更换单根，只有确保作为基本单元的隔水管单根的良好性能和状况，整个系统的作业可靠性才有保证。借鉴隔水管完整性管理（RIM）理论，建立钻井隔水管单根的寿命管理框架。

RIM 定义为对隔水管整个寿命周期的持续监测和管理过程，以确保隔水管系统的作业经济性、安全性和可靠性，这与人员、装备、操作、环境等因素有关。典型的 RIM 项目包括早期计划制定、确定隔水管系统的安全操作极限、隔水管系统监测、作业条件监测、监测数据处理和分析、基于风险的检测、维护和修理、紧急事件处理以及对技术和操作完整性的定期检查和更新等。隔水管完整性管理是一个持续的评估过程，应涵盖设计、制造、安装、操作、维护的各个阶段，确保隔水管的安全性，4 个关键步骤如图 2-2-13 所示。

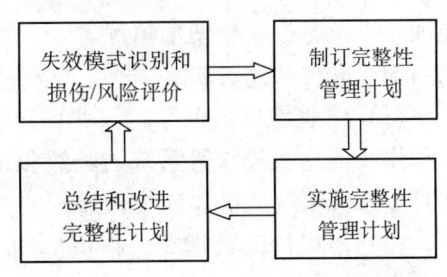

图 2-2-13　隔水管单根完整性管理步骤

2.2.4.2　单根寿命管理流程

钻井隔水管单根寿命管理的目的是尽量延长单根的使用寿命，但也需要考虑与结构完整性和可靠性、维护、检测以及规范要求相关的直接和间接成本。基于隔水管完整性管理理论，建立如图 2-2-14 所示的钻井隔水管单根寿命管理流程。

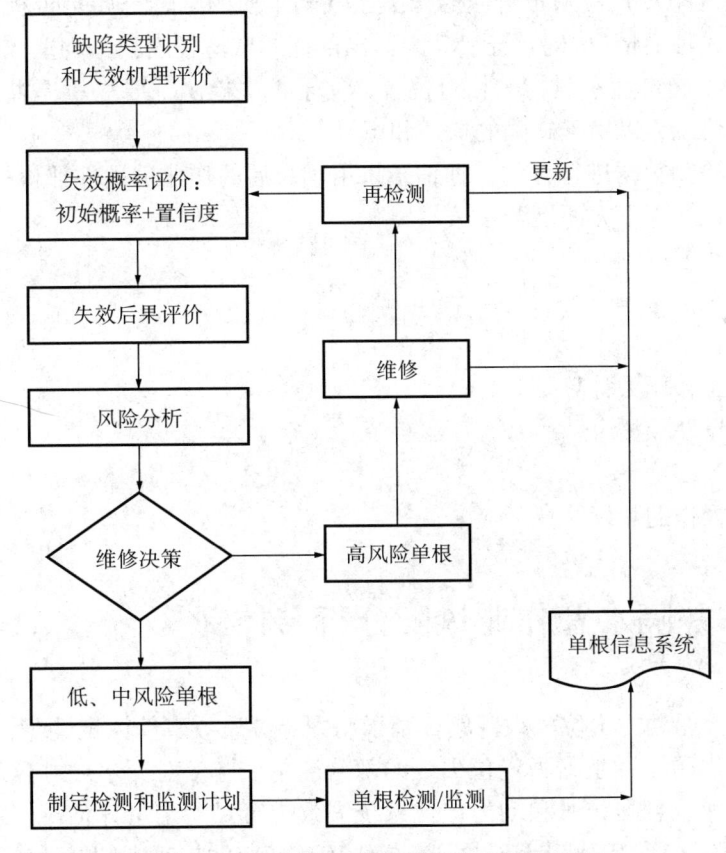

图 2-2-14　钻井隔水管单根寿命管理流程

基于风险的完整性管理建立确定隔水管部件可能的失效模式和建立风险降低策略，包括制定监测计划、检测和检测频率计划、确定异常情况等基础上。关键是对隔水管单根可能遭受的风险进行系统性评估，在识别出主要失效模式之后，分析各种失效模式的出现概率及其后果的严重程度，确定每一失效模式的风险水平。寿命管理重点是高风险部件，应采取措施将其风险降至可接受的水平，其中最重要的一环就是通过单根检测加深对失效机理理解以及掌握单根使用情况。

2.2.4.3 管理信息数据库

（1）作业信息数据库。作业信息数据库涵盖隔水管作业过程中涉及的环境信息、钻井船和作业信息、隔水管系统的配置和组成、作业过程监测数据以及对隔水管的操作等内容，是对隔水管系统的描述和管理过程的记录。

（2）单根检测数据库。根据检测计划对单根进行无损检测，形成检测报告，至少包括以下内容。

①报告检测内容要包括使用的检测方法、检测仪器标定、检测人员资质水平等。所有检测应得出确定性结论，如缺陷不可接受或需要进一步检测，明确记录检测结论，所有关于隔水管和部件的检测结果进入检测数据库。

②目视检测报告包括是否使用 ROV、检测发现、检测示意图，可能的图像或视频记录。检测若发现异常须进行标识，可以使用标签、进行描述或给出与某参照物的距离。

③无损检验（NDT）检测报告应给出关于缺陷本质的结论，如是否相关、属于裂纹型缺陷或平面缺陷、蚀痕情况（需给出尺寸）、局部壁厚减薄程度、平均壁厚减薄程度等；应精确标出缺陷与某确定性参照物的相对位置，便于再次检测；要尽量提供关于缺陷的示意图、照片等图像信息，以用于缺陷的描述和记录。

此外，应对检测数据进行评估，评估结果用于今后的作业适用性评价和更新检测计划。检测数据评估可以从以下方面展开：

①当前的最小壁厚预测；
②腐蚀速率预测；
③剩余寿命计算；
④最大允许工作压力计算；
⑤最小允许壁厚预测；
⑥完整性状况结论；
⑦对于未来操作的建议等。

2.3 深水钻井隔水管作业风险分析与控制

针对深水钻井船动力定位失效问题，基于动力定位失效事件树定性分析动力定位失效，基于屏障理论给出防止发生动力定位失效的部分控制措施；对深水钻井隔水管关键作业包括下放和回收作业、悬挂作业和动力定位系统失效进行风险定量评估；应用基于风险增强的疲劳准则进行隔水管 VIV 疲劳评估，建立对 VIV 疲劳的接受准则并对隔水管单根进行疲劳、腐蚀和磨损可靠性分析；分别从硬悬挂和软悬挂两个方面分析隔水管起下作业、悬挂和避台自存。综述隔水管涡激振动抑制装置与方案，以 FLUENT 软件模拟减振器和螺旋列板的抑制效果，并优化浮力块分布最大化减小涡激振动。

2.3.1 钻井船动力定位失效风险分析与控制

当水深超过 1500m 时，钻井作业一般由动力定位的钻井船实施，动力定位钻井船通过基于冗余计算机的动力定位系统主动控制钻井船工作位置。对于动力定位钻井装置，必须保持动力定位的有效性，保持装置位于允许作业位置范围内。一旦动力定位系统发生失效，就会造成定位事故。根据功能，动力定位系统包分为 4 个部分：动力系统、推进器系统、动力定位控制系统和动力定位操作人员。

2.3.1.1 动力定位失效原因分析

动力定位失效的主要原因有以下几种：

（1）动力系统失效。动力系统是所有设备运行的基础，电力中断后，钻井船将会漂移，加强电力系统的管理，降低断电事件发生的可能性十分重要。动力分配也是动力管理中的重要问题，动力管理系统必须有效地确定动力的供需量和具有冗余，保证有足够的动力余量保持钻井平台的位置。

（2）控制系统失效。常用的动力定位控制系统有超声波系统与 DGPS（差分卫星定位）系统。超声波系统的最大问题在于由船只、波浪与钻井作业产生的干扰；DGPS 系统失效的原因是卫星或数据传输故障、控制系统机械故障、干扰、软件配置错误等原因。

（3）人因失效。人的因素是导致定位事故发生的主要原因，在对驱离等紧急事件进行响应时，有若干因素会对动力定位操作人员产生影响，采用头脑风暴法确定动力定位操作人员在紧急事件下响应过程的 3 个阶段为感知、决策、执行。在每个阶段避免人员的失误，有效降低动力定位系统失效风险。

2.3.1.2 动力定位失效事件树分析

事件树分析（ETA）方法可以直观地给出动力定位失效发生到造成隔水管破坏的全过程，如图 2-3-1 所示。末状态 1~5 分别为：无事故、发生偏移但无损失、脱离进入悬挂、隔水管破坏、油井破坏。在接受错误位置信息后，如果能够正确执行各项保护措施，仍然能够防止动力定位失效对井口及水下设备造成破坏，但当所有的保护措施都失败了，就造成了油井的破坏。

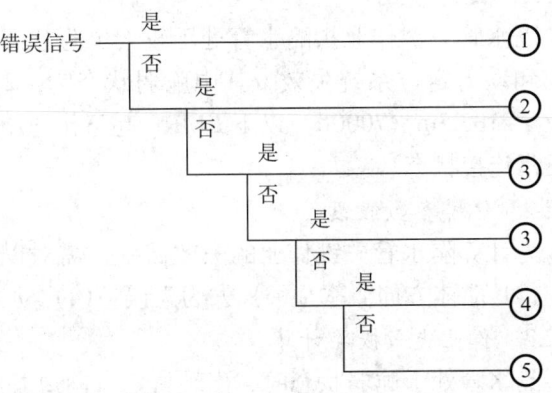

图 2-3-1 动力定位失效事件树

2.3.1.3 基于屏障理论的动力定位失效控制

在动力定位失效风险控制中可以采用屏障的概念。屏障概念即采取相应的控制措施，在事故发生的事件链上建立多道屏障，以控制事故的进化，或降低最后的事故严重程度。动力定位事故主要由以下 3 个过程组成（图 2-3-2）：

（1）平台位置偏移，即位移超过黄色限制线；

（2）偏移加剧，即继续不受控制的运动，超过红色限制线；

（3）井口完整性丧失，即断开不成功，水下设备及井口损坏。

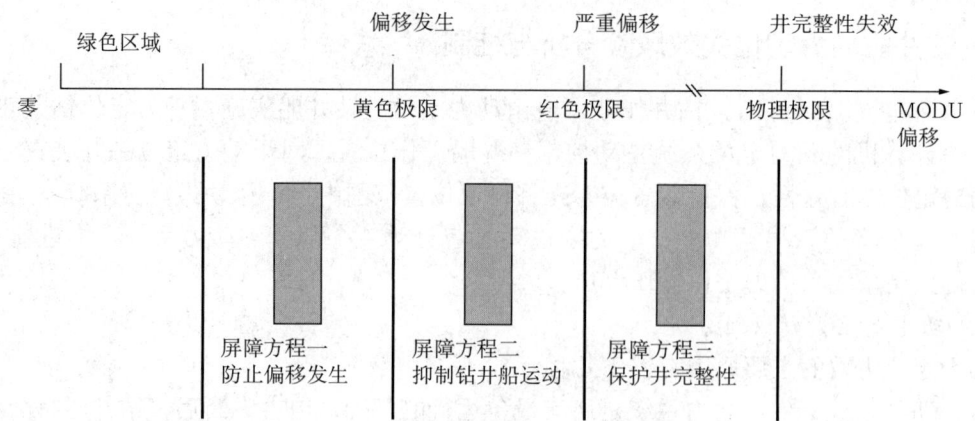

图 2-3-2 失效屏障示意图

可以看出有三道屏障来防止钻井船的动力定位失效，分别是：

（1）防止偏移发生，主要包括：防止 DGPS 产生错误信息，防止动力定位软件使用错误的位置信息，在钻井船越过黄色界限前抑制其运动。

（2）抑制钻井船运动，主要包括：操作环境的人类工程学设计、报警系统、制定操作规程、培训。

（3）保护井完整性，主要包括：紧急快速脱离系统、安全脱离系统、关闭井等措施。

2.3.2 关键作业风险定量评估

隔水管作业风险评估是保证钻井作业正常进行，保障隔水管系统可靠运行的必要步骤，也是进行深水钻井作业的前提之一。

2.3.2.1 关键作业

隔水管关键作业指隔水管处于较大风险状态情况的作业，包括下放和回收作业、悬挂作业和动力定位系统失效。其中脆弱状态为：2133.5m（7000ft）以下 LMRP 和 BOP 起下作业；2133.5m（7000ft）以下 LMRP 起下作业；2133.5m（7000ft）以下的悬挂作业；隔水管正常连接状态。

2.3.2.2 环境参数假设

为计算隔水管关键作业的失效概率，需对以下环境参数进行假设：（1）海浪与涌浪数据；（2）船体方向概率；（3）人为失误；（4）动力定位漂移；（5）总体朝向概率。

2.3.2.3 作业失效概率计算

隔水管处于脆弱状态时，出现特定方向风暴的概率如式（2-3-1）。当特定的活动、方向和波高组合导致隔水管失效时，式（2-3-1）即为单次活动、特定方向和波高下失效的概率。

$$P_{\text{occurrence/heading}/i} = e^{-\left(\frac{T_{\text{val/opl}} P_{\text{heading}/i}}{MTTS_i}\right)} \quad (2-3-1)$$

式中：$P_{\text{occurrence/heading}/i}$ 为隔水管处于脆弱状态下出现特定方向特定波高（i）风暴的概率；$T_{\text{val/opl}}$ 为隔水管单次处于脆弱状态的时间；$P_{\text{heading}/i}$ 为对于不同波高（i）海浪从不同方向过来的比例；$MTTSH_i$ 为出现第（i）组波高特定波向平均时间。

不同波高的失效概率由式（2-3-2）求得：

$$P_{\text{failure}/j} = 1 - \prod_{i=1}^{8}\left\{1 - \left[(1 - P_{\text{Raise Riser}/i})P_{\text{failure}/i}\right]\right\}^j \quad (2\text{-}3\text{-}2)$$

式中：$P_{\text{failure}/j}$ 为单个波高单次活动失效的概率；$P_{\text{Raise Riser}}$ 为单个波高下将隔水管回收到安全位置的概率。

漂移隔水管失效。如果在隔水管和井口处于连接状态时发生漂移，则认为隔水管失效，该情况发生的时间独立于海况条件。其发生概率为：

$$P_{\text{Drive off Failure}} = e^{-\left(\frac{T_{\text{drill}}}{MTTF_{\text{drive off}}}\right)} \quad (2\text{-}3\text{-}3)$$

式中：$P_{\text{Drive off Failure}}$ 为动力定位失效导致的隔水管失效的概率；T_{drill} 为隔水管和井口处于连接状态的时间；$MTTF_{\text{drive off}}$ 为动力定位系统平均无故障时间。

通过结合隔水管单次作业失效概率和单个季度作业次数可计算特定水深下隔水管季度性失效概率：

$$P_{\text{failure/season}} = 1 - \prod_{j=1}^{4}\left(1 - P_{\text{failure}/j}\right)^{N_j} \quad (2\text{-}3\text{-}4)$$

式中：N_j 为单个季度活动的个数；$P_{\text{failure/season}}$ 为单个季度隔水管失效的概率。

通过季度失效概率可计算隔水管年失效概率：

$$P_{\text{failure/year}} = 1 - \prod\left(1 - P_{\text{failure/season}}\right) \quad (2\text{-}3\text{-}5)$$

式中：$P_{\text{failure/year}}$ 为隔水管年失效概率。

2.3.2.4 失效后果分析

假设单个季度隔水管失效不能超过一次，这样就可以通过式（2-3-6）计算单个季度的隔水管风险为：

$$RP = RC \cdot P_{\text{failure/year}} \quad (2\text{-}3\text{-}6)$$

式中：RP 为单个季度的隔水管风险损失；RC 为单次隔水管失效的后果损失。

隔水管年度风险则由各个季度的失效风险相加求得。

2.3.3 失效风险评估与可靠性分析

2.3.3.1 失效风险评估

（1）失效风险分析。失效风险取决于失效发生概率 POF 和失效后果 COF 两方面，通过减小失效概率或减轻失效后果就能降低失效风险。如果概率和后果的重要性相同，认为可以将两者相乘计算失效风险，即 $Risk = POF \times COF$；如果概率和后果的重要性不同，应分别对两种因素进行定性或定量评价，细分其临界性并建立临界性矩阵。

（2）失效概率分析。失效概率是对导致失效的某一损伤机理或威胁发生概率的度量，不同部件对同一失效模式的敏感程度不同，通过对失效敏感性划分等级来评估失效概率。隔水管的最终损伤一般是局部或平均壁厚减薄，失效概率取决于作业载荷，每种老化机理受控于特定因素，全面的概率分析应将每一因素看作一随机变量。

(3) 失效后果分析。失效后果从安全、经济和环境三方面确定。安全性后果的评价一般针对导致失火、爆炸或泄漏的失效模式进行，并考虑高压气体或高压流体容器可能造成的后果；经济后果应包括受损装备造价、维修成本和停工费用；环境后果除了需要进行短期净化之外，长期影响也不容忽视，尤其会造成信誉损失。

2.3.3.2 基于风险的隔水管疲劳分析

以1272m水深钻井隔水管系统为例，采用SHEAR7对深水隔水管进行标准VIV疲劳分析，并基于风险增强的疲劳准则进行VIV疲劳强度校核。

基于DNV在2002年提出的风险增强的疲劳准则，应用符合DNV-OS-F201的统一安全水平来进行疲劳设计。VIV疲劳接受准则表示为：

$$D_{VIV}(T) \leqslant \frac{\alpha}{\gamma} \tag{2-3-7}$$

式中：α 为偏差因子；γ 为VIV疲劳安全因子；T 为设计使用寿命。

偏差因子 α 为预测疲劳与实际疲劳损伤的比值，疲劳安全因子 γ 通过结构可靠性分析预先校核为可接受的安全水平，可由下式进行计算：

$$\lg\gamma = (30 + \gamma_{SC})T^{a(30+\gamma_{SC})+b}(c\sigma_{X_D} + d)(\sigma_{X_a})^{(e\sigma_{X_D}+f)} \tag{2-3-8}$$

式中：γ_{SC} 为记及失效后果的安全等级因子；σ_{X_a} 为对数坐标下的疲劳常数不确定度；a、b、c、d、e、f 为预先校核的系数；σ_{X_D} 为疲劳损伤不确定度，可由下式进行计算：

$$\sigma_{X_D} = \sqrt{\sum\left(\frac{\partial X_D}{\partial X_i}\right)^2 \sigma_{X_i}^2 + \sigma_{X_{mod}}^2} \tag{2-3-9}$$

随机变量 X_i 控制疲劳损伤的不确定度，需要予以确定。涉及的随机变量一般认为是非相关的。分析模型不同，随机变量可能有所不同。

为合理确定各随机变量 X_i 对疲劳损伤不确定度 σ_{X_D} 的贡献，针对预定海流工况进行随机变量的标准疲劳灵敏度研究。

VIV分析模型的偏差因子 α 需要与疲劳安全因子 γ 一起考虑，以建立对VIV疲劳的接受准则。

2.3.3.3 可靠性分析

(1) 单根可靠性分析。隔水管系统可靠性评价针对单根的疲劳、腐蚀和磨损3种失效类型，分别进行可靠性分析，其中疲劳可靠性分为无缺陷单根和含裂纹型缺陷单根两种情况。

①疲劳可靠性分析。基于 $S-N$ 曲线和损伤累积理论，若累积损伤与临界损伤都服从对数正态分布，则任意时刻 t 时的可靠性指标为：

$$\beta(t) = \frac{\mu_{\lg D_c} - \mu_{\lg D(t)}}{\sqrt{\sigma_{\lg D(t)}^2 + \sigma_{\lg D_c}^2}} \tag{2-3-10}$$

式中：$\mu_{\lg D_c}$，$\mu_{\lg D(t)}$ 分别为临界损伤和累积损伤的对数均值；$\sigma_{\lg D_c}$，$\sigma_{\lg D(t)}$ 分别为临界损伤和累积损伤的对数标准差。

采用断裂力学方法时，疲劳可靠性指标为：

$$\beta = \frac{\mu_{\lg N} - \mu_{\lg N_D}}{\sqrt{\sigma_{\lg N}^2 + \sigma_{\lg N_D}^2}} \qquad (2-3-11)$$

式中：$\mu_{\lg N}$，$\mu_{\lg N_D}$ 分别为疲劳寿命和设计疲劳寿命的对数均值；$\sigma_{\lg N}$，$\sigma_{\lg N_D}$ 分别为疲劳寿命和设计疲劳寿命的对数标准差。

②腐蚀可靠性分析。腐蚀缺陷的评价指标采用腐蚀投影区内最危险厚度截面（CTP）的临界尺寸为门槛值。隔水管临界腐蚀深度为 a_c，隔水管名义壁厚用 t 表示，若时刻 T 的 a_c 和 x 概率密度函数分别为 $f_{a_c}(a_c)$ 和 $f_x(x)$，则腐蚀可靠度为：

$$R(T) = \int_0^t \left[\int_x^t f_{a_c}(a_c) \mathrm{d}a_c \right] f_x(x) \mathrm{d}x \qquad (2-3-12)$$

③磨损可靠性分析。实际磨损量 W 是一个随机变量，而一般情况下极限磨损量 $W_{\max}$ 服从正态分布，W 与 $W_{\max}$ 无关，则可靠性指标为：

$$\beta = \frac{\mu_{W_{\max}} - \mu_W}{\sqrt{\sigma_{W_{\max}}^2 + \sigma_W^2}} \quad 或 \quad \beta = \frac{\mu_{W_{\max}} - \mu_W}{\sqrt{V_{W_{\max}}^2 \mu_{W_{\max}}^2 + V_W^2 \mu_W^2}} \qquad (2-3-13)$$

式中：μ，σ，V 分别为均值、标准差和变异系数的符号，由正态分布表或通过近似表达式可得到磨损可靠度和失效概率。

（2）可靠性分析。隔水管系统可看作典型的串联系统，任意一个单根失效均会造成隔水管系统失效。令第 i 个单根的寿命为 X_i，其工作时间为 t_i 的可靠度为 $R_i(t)$，隔水管系统寿命为 X_s，工作时间为 t，则系统可靠度为：

$$R_s(t) = P(X_1 > t_1, \cdots, X_n > t_n) = \prod_{i=1}^n P(X_i > t_i) = \prod_{i=1}^n R_i(t_i) \qquad (2-3-14)$$

2.3.3.4 隔水管—井口系统弱点分析

（1）动力定位失效与弱点分析。在超过 1500m 水深进行钻井作业时，通常采用动力定位钻机，而所有的动力定位钻机操作，必须随时鉴定并考虑到定位系统故障，最严重的定位系统问题就是偏航或漂移。当采用动力定位钻井船进行钻井作业时，一个巨大的挑战是，即便隔水管底部球铰转角超过了容许值，井口防喷器也要确保完整无损。而弱点分析的目的是设计和确定钻井船极限漂移条件下隔水管柱的断点。

就油井的完整性、隔水管的完整性和成本而言，弱点应在防喷器上方，以减小失效带来的严重结果。一个合适的弱点可以出现在下球铰或 LMRP 处。弱点分析的流程如图 2-3-3 所示。

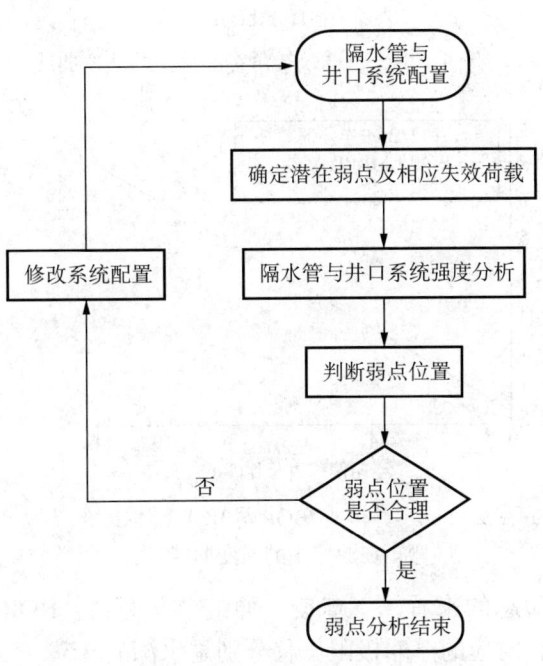

图 2-3-3　隔水管—井口系统弱点分析流程图

（2）潜在弱点与失效评判标准。深水钻井隔水管与水下井口系统的潜在弱点区域一般包括：上球铰、伸缩节、隔水管、下球铰、LMRP、BOP、井口头或泥面以下导管，这些潜在弱点的失效评判准则见表 2-3-1。

表 2-3-1　潜在弱点的失效评判标准

潜在弱点	评判参数	失效准则	潜在弱点	评判参数	失效准则
上球铰	转角（°）	9	LMRP	弯曲能力 (10^6 N·m)	
伸缩节	挤毁长度（m）	7.62	BOP		5.4245
隔水管	屈服强度（MPa）	448	井口		
下球铰	转角（°）	9	导管	屈服强度（MPa）	448

（3）分析结果讨论。对固井较差时的隔水管—井口系统进行弱点分析，忽略波频力作用，表面流速为 0.67m/s。钻井船漂移过程中，球铰转角、伸缩节冲程等参数的演变过程如图 2-3-4～图 2-3-7 所示。

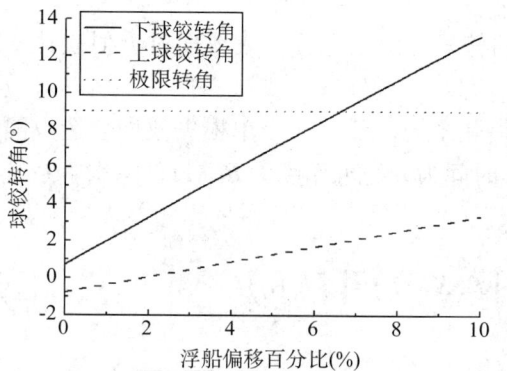

图 2-3-4　上、下球铰转角在漂移中的演变曲线

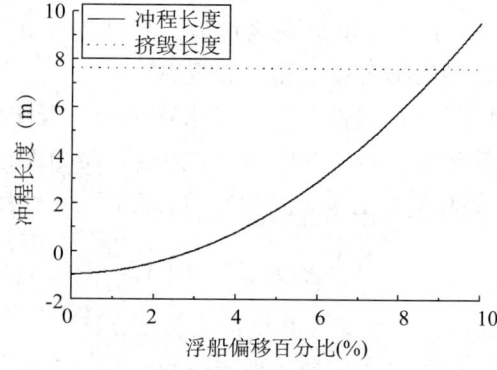

图 2-3-5　伸缩节冲程在漂移中的演变曲线

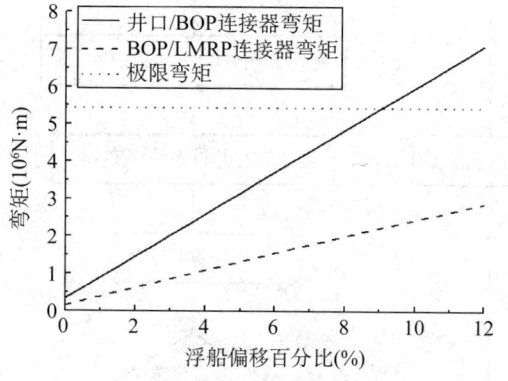

图 2-3-6　井口头/BOP 与 BOP/LMRP 弯矩在漂移中的演变曲线

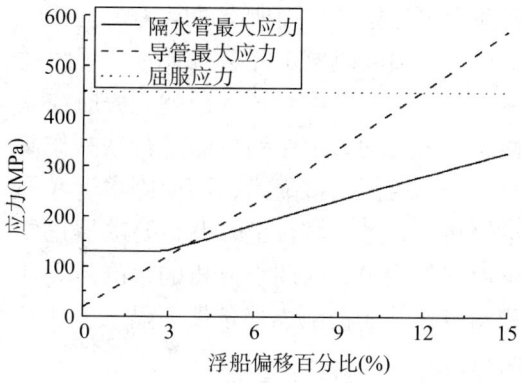

图 2-3-7　隔水管与导管最大应力在漂移中的演变曲线

总的来看，下球铰、伸缩节、井口、BOP 与导管是隔水管—井口系统的主要潜在弱点，对应的浮船极限偏移分别是水深的 6.5%，9%，9%，9% 与 12%。依据分析结果，下球铰是隔水管—井口系统的弱点，系统断开时不会危及井口完整性。

需要指出的是，当结构、顶张力不同时，隔水管—井口系统的弱点可能发生变化。如提高顶张力，下球铰转角将显著降低；而井口头弯矩、导管弯曲应力等则有所提高。考虑到钻井船的升沉运动，伸缩节对应的浮船极限偏移还会有所降低，为降低系统自伸缩节处断开的风险，有必要提高伸缩节冲程。

2.3.4 悬挂动力分析与避台撤离

2.3.4.1 起下作业分析

为保证隔水管起下作业的安全，设计时要使隔水管具备承受一定程度轴向载荷的能力，而隔水管的轴向动力特性由自身的浮力系数确定。基于时域有限元方法，对起下作业时的悬挂管柱进行轴向动力分析，以梁单元模拟自 LMRP（或 BOP）至伸缩节外筒的隔水管柱结构，钻井船升沉运动作为顶部动边界进行考虑。

对不同浮力配置下隔水管张力波动的研究结果表明，隔水管最大张力均出现在隔水管顶部，且随着裸单根数量的增加逐渐增大，裸单根数量应控制在 7～29 之间，LMRP/BOP 悬挂情形下，隔水管的最小张力与最大张力要显著大于 LMRP 悬挂情形，BOP 的存在降低了隔水管出现动态压缩的风险，但增大了起重装置出现过载的风险。

浮力块分布形式决定着隔水管的悬挂轴向动力特性，对浮力配置的优化分析显示，将浮力块配置在隔水管上部时，隔水管出现动态压缩的风险最小，起重装置出现过载的风险亦最小。

2.3.4.2 硬悬挂与软悬挂模式下隔水管的轴向动力特性

硬悬挂模式下，隔水管顶部与卡盘刚性连接，钻井船运动直接传递到隔水管顶部，可能导致隔水管的动态压缩与悬挂梁过载；软悬挂模式下，由张紧器支持从伸缩节外筒到 LMRP 的隔水管重量，降低悬挂管柱的轴向响应。分别对 1219m（4000ft），1829m（6000ft），2438m（8000ft）与 3048m（10000ft）水深等级的隔水管系统进行硬悬挂与软悬挂模式下的轴向动力分析。采用 ANSYS 软件与时域有限元的分析方法，针对不同的悬挂模式建立不同的边界条件。

针对 4 种水深等级的隔水管，硬悬挂的分析结果表明，在水深较小时（如低于 1219m 时），隔水管的轴向柔韧性较差，隔水管以近似刚体形式对钻井船升沉运动作出响应；超深水环境下，隔水管表现出了显著的轴向柔韧性，以近似弹簧形式对钻井船升沉运动作出响应；随着水深增大，悬挂管柱出现动态压缩的风险要大大高于悬挂梁过载的风险。软悬挂的分析结果表明，软悬挂模式下，隔水管以类似刚体形式对钻井船升沉运动作出响应，显著降低了隔水管的轴向振动幅度；极大缩小了隔水管的张力波动范围，极大降低了隔水管动态压缩与悬挂梁过载出现的风险。与硬悬挂模式相比，软悬挂模式显然是一种更为安全可靠的隔水管操作方案。

2.3.4.3 台风自存分析

在深水尤其是超深水海域，钻井船自存前将隔水管完全回收是不必要的，部分回收隔水管并将剩余部分悬挂在钻井船上，是一种经济可行的方案。这里对钻井船与半潜式钻井平台两种载体和软、硬悬挂两种模式对下挂 LMRP 的 1829m 隔水管进行分析，确定隔水管台风自存的环境作业窗口并推荐合适的悬挂长度。

（1）硬悬挂模式。根据给定的波浪条件与半潜式平台、钻井船的 RAO 曲线，分析硬悬挂下隔水管的自存作业窗口。结果显示，对于钻井船，浪向角在45°以内时，所有分析波浪工况，隔水管的有效张力均可满足作业要求；浪向角为67.5°时，在波高7m以内，隔水管的有效张力可满足作业要求；浪向角为90°时，在波高3m以内，隔水管的有效张力可满足作业要求；对于半潜平台，所有工况下，仅在浪向角为0°、波高为12m时，隔水管的有效张力不满足作业要求。这表明对于硬悬挂模式而言，以半潜平台实施钻井作业可拓展隔水管的作业窗口。

此外，硬悬挂模式下，高流速海流对隔水管施加极大的弯曲与剪切载荷，在50%，90%，99%与99.9%的非超越概率海流作用下，隔水管的顶部等效应力分别为93MPa，177MPa，308MPa与420MPa。在低于99%的非超越概率海流作用下，隔水管可以实施硬悬挂。

（2）软悬挂模式。在相同条件下，钻井船采用软悬挂模式的隔水管，分析结果表明隔水管的最大张力与最小张力均可满足作业要求。浪向角在67.5°以内时，对于所有分析波浪工况，钻井船的有效升沉运动幅值均可满足作业要求；浪向角为90°时，在波高10m以内，钻井船的有效升沉运动幅值可满足操作要求；对于半潜平台，所有工况下，隔水管的最大张力与最小张力以及钻井船有效升沉运动幅值均可满足作业要求。对于软悬挂模式而言，以半潜平台实施钻井作业亦可拓展隔水管的作业窗口，轴向振动不易导致隔水管出现动态压缩或顶部极端张力，极端钻井船升沉运动是制约软悬挂操作的主要因素。

在软悬挂模式下，隔水管顶部不会出现大应力，但需注意在高流速海流下，上球铰转角不宜过大，以免隔水管与月池发生碰撞。在50%，90%，99%与99.9%的非超越概率海流作用下，上球铰转角分别为0.43°，1.39°，2.90°与4.20°。分析表明，即便在极端海流作用下，上球铰转角仍远低于作业限制，亦即隔水管不会与月池发生碰撞。

（3）悬挂长度优化分析。

悬挂长度对硬悬挂起制约作用，而对软悬挂基本无影响。通过对不同悬挂长度的隔水管进行硬悬挂分析，结果表明在波高3m及以内、波高4m、波高5m、波高6m及以上的波浪工况作用下，悬挂管柱长度分别为1829m，1463m，1097m与732m时，管柱的最小张力即可满足操作要求。悬挂管柱长度为732m时，对于全部分析波浪工况均可执行硬悬挂操作。

2.3.4.4 避台撤离分析

以ANSYS为分析平台对1829m隔水管进行有限元动力分析，钻井船航速作为隔水管顶部动边界进行考虑，同时考虑海流载荷作用。

硬悬挂模式下，在相同的航速下，钻井船顺流航行时的隔水管顶部应力要大大低于钻井船逆流航行时，且二者之间的差异随着海流速度的增大而增大。软悬挂模式下，在相同的航速下，钻井船顺流航行时的上球铰转角要大大低于钻井船逆流航行时，且二者之间的差异随着海流速度的增大而增大。在两种悬挂模式下，顺流航行时钻井船的适用最大航速均要明显大于逆流航行时。钻井船悬挂隔水管实施避台撤离时，应尽可能顺流航行而避免逆流航行。在两种悬挂模式下，减小悬挂管柱长度均可增大钻井船的适用航速范围。钻井船避台撤离前，应尽可能多地回收隔水管单根。

2.3.5 涡激振动抑制技术

2.3.5.1 涡激振动抑制装置概述

BP 公司根据是否需要动力将 VIV 抑制装置分成两大系列，即被动装置与主动装置。主动装置需要动力，多采用气泵或水泵，通过喷射气泡或水来扰乱漩涡泄放；被动装置不需动力，安装在隔水管上后被动改变尾流，即常规的 VIV 抑制装置。主动装置尚处于起步阶段；被动装置已较为成熟，主要包括：刚性减振器、柔性减振器、交错浮力块分布、浮力块—螺旋槽反向列板、螺旋列板或螺旋缠绕的绳索及翅片缓冲器等。

2.3.5.2 减振器 VIV 数值模拟与结构优化

针对尾角 θ 分别为 45°，60°，75° 与 90° 的短减振器，采用 FLUENT 软件进行数值模拟。漩涡泄放形态图如图 2-3-8 所示。

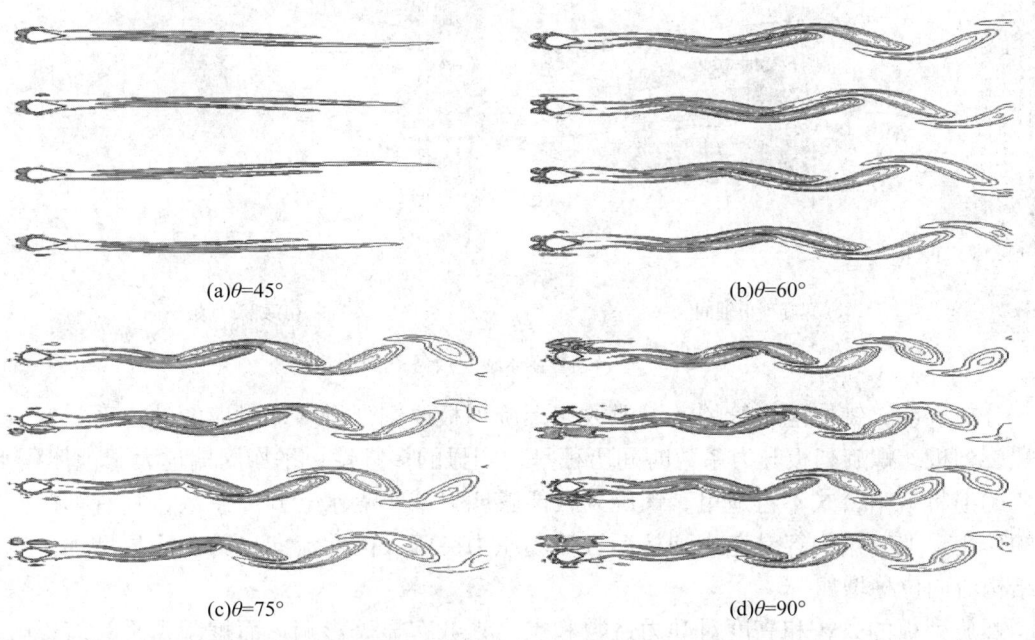

图 2-3-8 不同尾角减振器的漩涡泄放形态

分析表明，减振器使得来流趋于流线性，大幅削弱了交替泄放的漩涡强度，因而可有效降低圆柱的响应振幅。减振器可降低圆柱的响应频率，且响应频率随着减振器尾角的增大而增大。合理设计的减振器可降低圆柱的曳力系数，曳力系数随着尾角的减小而减小。综合考虑减振器的减振性能与曳力性能，减振器尾角应小于 60°。

2.3.5.3 螺旋列板 VIV 数值模拟与结构优化

螺旋列板的结构相对比较复杂，采用 Pro/E 软件建立螺旋列板几何模型，然后导入 GAMBIT，进行螺旋列板外部流场网格划分和流场区域设置，输出网格文件至 FLUENT 求解器，选择相关模型和求解器进行流场的分析计算。为了验证螺旋列板的抑制涡激性能，同时进行钝体的流场模拟，钝体与螺旋列板各截面涡量图如图 2-3-9 所示。

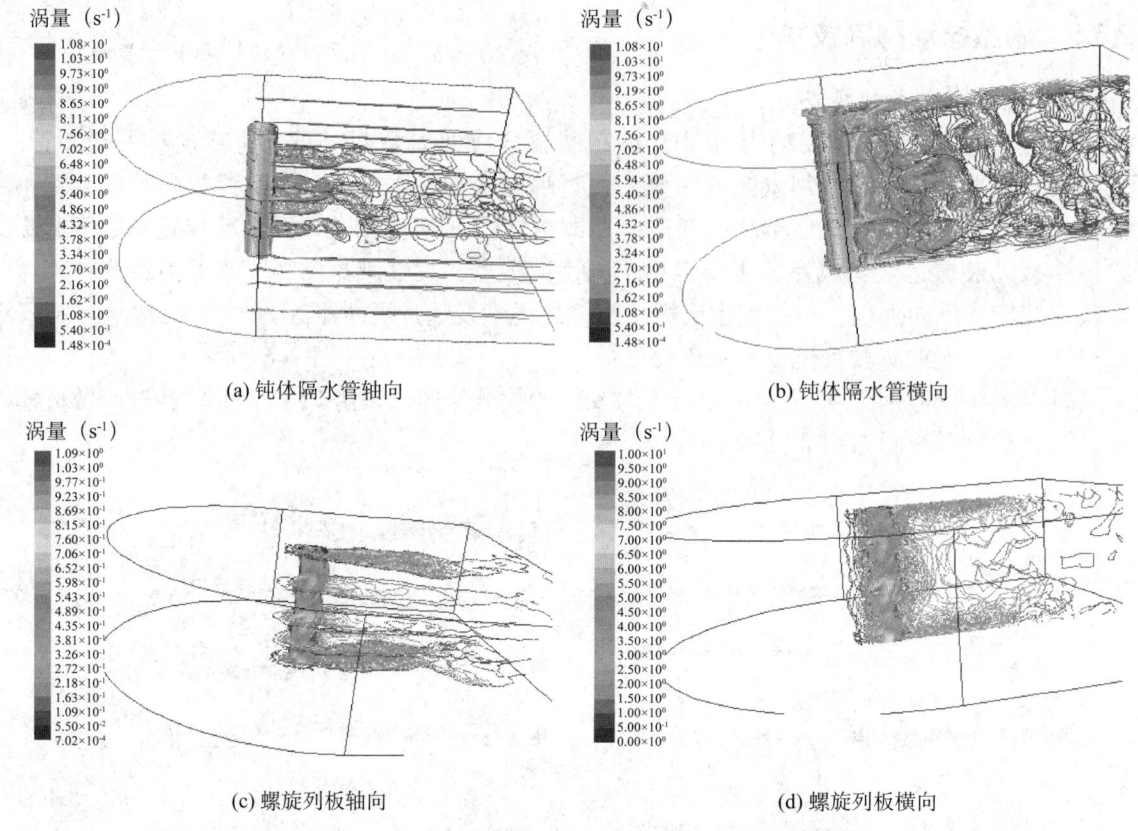

图 2-3-9 钝体与螺旋列板各截面涡量图

分析表明，钝体隔水管的漩涡泄放比螺旋列板要剧烈得多，对应的升力系数幅值远大于螺旋列板。螺旋列板升力系数时间历程呈现明显的多频性，平均周期远大于钝体隔水管，经典的斯特劳哈公式不再适用。螺旋列板能够明显减小隔水管升力系数，具有抑制横向涡激的作用，但其结构容易造成列板后方流场压力突降，因此流向曳力会明显增加，也会引起结构流向位移增加。

螺旋列板的条数和高度对升力系数和曳力系数有显著影响，而螺距几乎没有影响。列板条数和高度越大，升力系数越小，列板条数和高度越小，曳力系数越小。综合考虑各种因素，建议螺旋列板的条数和高度参数取中间值以同时兼顾减振和减小曳力的功效，螺距取较大值，螺旋列板的最优结构为列板条数 3 条、列板高度 $0.15D$、螺距 $17D$。

2.3.5.4 浮力块分布形式优化分析

通过研究不同浮力块分布形式对隔水管系统 VIV 疲劳特性的影响，对浮力块分布形式进行优化，并提出相应的优化准则，为工程应用提供参考。分析基于 609.6m 的隔水管系统。

分析结果表明，对隔水管系统配置浮力块时，应尽量促使系统响应频率由浮力块与隔水管共同控制，以避免系统发生涡激共振；还可在避开高流速区域的前提下，促使系统激励频率由浮力块控制，既避免来流通过浮力块为系统输入较多的能量，同时降低系统的响应模态阶次。如浮力块覆盖范围低于 25%，推荐将浮力单根与裸单根按 1∶3 的比例自隔水管系统上部开始排列；如浮力块覆盖范围高于 25% 而低于 50%，推荐将浮力单根与裸单根按1∶3的比例自隔水管系统上部开始排列，多余浮力单根布置在系统下部；如浮力块覆盖范围高于50%，推荐将浮力单根布置在隔水管系统中部。

2.3.5.5 其他减振装置

（1）涡激屏蔽装置。涡激屏蔽装置是在隔水管外围布置一系列尺寸相对较小的管柱，隔水管前端的屏蔽管柱可以起到阻流的作用，降低隔水管的来流流速，尾部的屏蔽管柱则可以破坏尾流的漩涡的形成，影响漩涡的泄放。

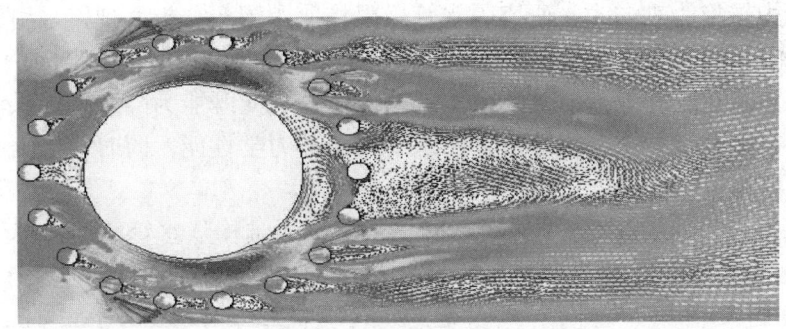

图2-3-10　隔水管涡激屏蔽装置及隔水管附近流场的速度矢量

屏蔽管柱均匀布置在隔水管周围，由图2-3-10可以发现，虽然结构是对称的，但是，流场却不具备对称性，涡激屏障装置之间的缝隙流，主导了流场的偏移，抑制了隔水管尾流剪切层的分离和漩涡的发放，使尾流分离点向后延伸，或者分离后又重新附着在屏蔽管柱上，故隔水管受到的升力幅值减小。

对涡激屏蔽装置的流场分析表明，通过隔水管来流方向的管柱的阻流作用降低了来流的雷诺数，同时，尾流管柱阵列限制了漩涡生成和泄放的空间，因此能够很好地降低涡激升力的幅值，但是涡激屏蔽装置不会引起纵向曳力的减小。

（2）波状减振器。通过研究一种具有三维特征的波状圆柱结构，把这种圆柱看作普通圆柱的三维扩展，且沿轴向是对称的，其流场分析结果如图2-3-11所示。

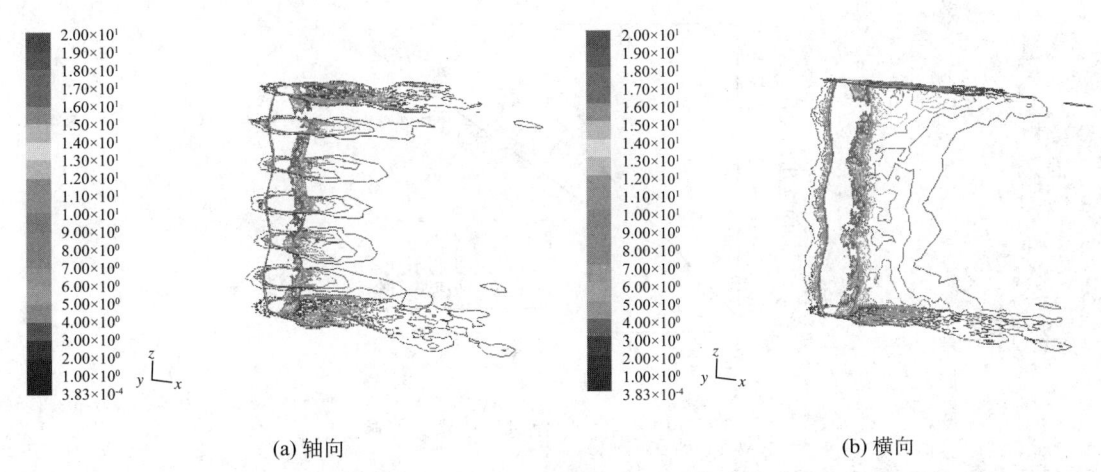

(a) 轴向　　　　　　　　　　　　　　(b) 横向

图2-3-11　波状圆柱各截面涡量图

分析结果表明，波状圆柱的减振和曳力性能受表面倾斜度直接影响，随着表面倾斜度增大，升力系数幅值先增大后减小，曳力系数值增大。海流中的波状圆柱具有良好的减振效果，但曳力系数较钝体隔水管有所上升即没有减阻效果。该结构具有较好的减振和曳力性能，可以用于削弱涡激振动对隔水管的疲劳损伤。与螺旋列板和减振器相比，该装置可在不显著增大曳力的同时达到减振的作用，而且完全不受来流方向的影响。

2.3.6 漂浮减重技术

2.3.6.1 静水作用分析

将静水压力转换为轴向力，研究隔水管极限作业水深。分析发现，采用轻型材料，超静定集成结构的新型隔水管作业水深得到大幅提高。这样采用现有的平台或平台稍加改造，就可以在更深海域进行作业，节约了成本。采用浮力单元既能为隔水管提供浮力补偿，降低对顶张力机构的性能要求，又能改善隔水管的局部力学性能，同时增加隔水管的极限作业水深。

图 2-3-12 ~ 图 2-3-14 分别比较不同材料、不同结构隔水管和浮力单元对极限作业水深的影响。

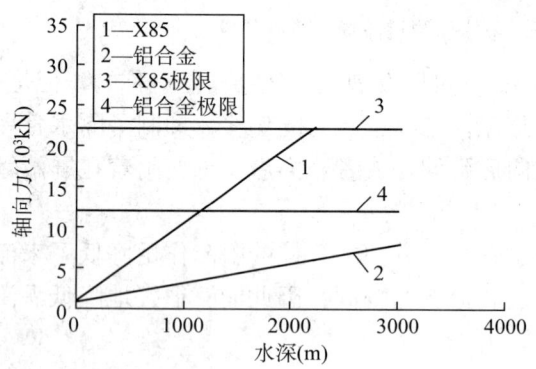

图 2-3-12 隔水管采用不同材料作业极限比较

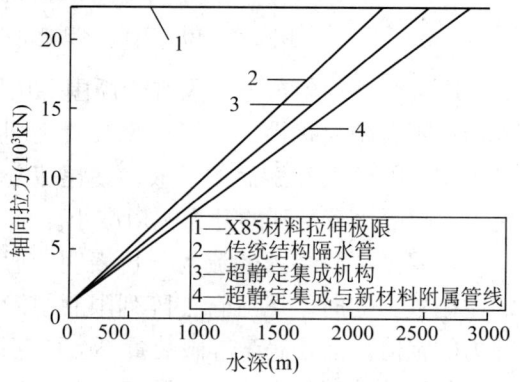

图 2-3-13 不同结构作业水深比较

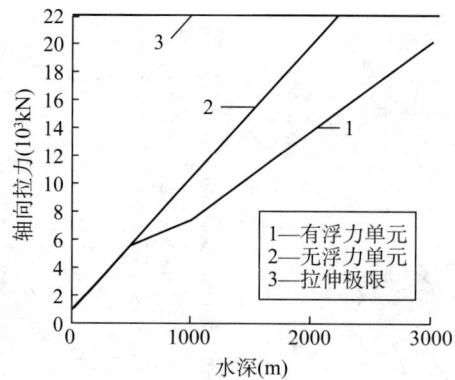

图 2-3-14 浮力单元对作业水深影响

2.3.6.2 静水挤毁分析

在深水钻井过程中，当进行井控或紧急脱开作业时，隔水管会形成部分真空，这时如果内外压差达到管柱的临界挤毁压力，隔水管就会被挤毁。静水挤毁是深水和超深水钻井作业中隔水管将要面临的新问题。

采用流体力学有压管道模型，分析了隔水管内水击波传播带来的压力变化规律，得到隔水管内外压差，确定挤毁压力的值。隔水管壁厚与作业水深的关系如图 2-3-15 所示。通过实际案例得到隔水管挤毁属于弹性挤毁，分析轴向力对弹性静水挤毁的影响，确定不同材料的挤毁延伸规律如图 2-3-16 所示。

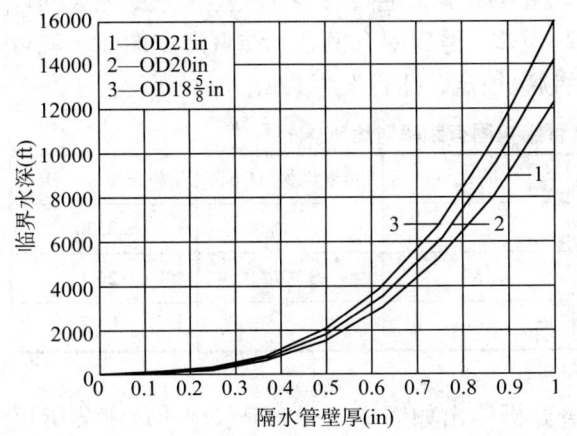 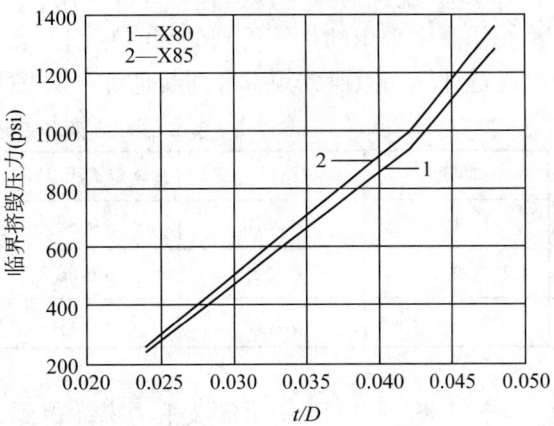

图 2-3-15　隔水管壁厚与作业水深的关系　　图 2-3-16　不同材料和径厚比的挤毁压力曲线

2.3.6.3　张紧力优化和浮力补偿分析

通过采用底部转角方差作为优化指标，采用数学离散方法及矩阵传递的思路，确定合理的顶张力设置。有：

$$\sigma_{\theta_0}^2 = \int_0^\infty S_{\theta_0\theta_0}(w)\mathrm{d}w = \int_0^\infty |a_1|^2 S_{\eta\eta}(w)\mathrm{d}w \qquad (2-3-15)$$

式中：a_1 为波浪波高与隔水管底部转角之间的传递函数；$S_{\eta\eta}$ 为波浪谱。

通过实例，得到优化曲线如图 2-3-17 所示，隔水管的顶部张紧力一般设置在 1.4 附近。

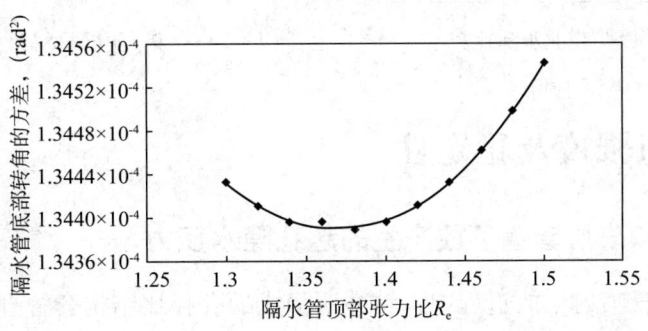

图 2-3-17　细分优化曲线

浮力补偿系统一般在水深超过 600m（2000ft）以后必须采用。其目的就是降低张紧系统提供的张紧力，防止在隔水管内部出现过度应力，并可以在下放或回收防喷器组时减小大钩载荷。正确地安装浮力组件，可以抵消隔水管干重的 90%～95%，可降低顶部张紧机构负荷。

在计算所需浮力补偿值时，希望隔水管在脱开时不存在动态压缩为最佳的补偿值。动态压缩来源于提供的过多补偿浮力储存在弹性体内能量的释放。因此，浮力补偿值在脱开时，理论上不会有多余的补偿浮力存在。

2.3.6.4 超静定集成隔水管动态性能及谱分析

超静定集成结构隔水管与传统结构的差异和承载方式的变化，使超静定集成结构隔水管（HSI）的固有频率计算有一些特殊性，难以直接计算，通过有限元模型来辅助完成其计算。作业中采用的计算得到的固有频率见表 2-3-2。得到固有模态，结合海流剖面，就可以通过计算涡激泄放频率来判断是否可以发生频率锁定，能否发生共振。

表 2-3-2 两种隔水管结构固有频率对比

阶次	传统结构（CS）	超静定集成（HH）	阶次	传统结构（CS）	超静定集成（HH）
1	0.0610	0.0582	4	0.2410	0.2220
2	0.1225	0.1186	5	0.3012	0.2670
3	0.1825	0.1711			

输入图 2-3-18 所示的波浪力谱，得到谱分析输出如图 2-3-19 所示，通过谱分析可以得到发生共振的频率区间，可以通过改变影响因素控制其规模或者避开共振频率区间。

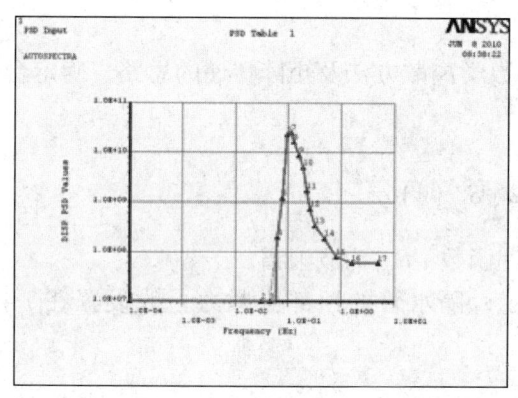

图 2-3-18 壁厚与作业水深比较

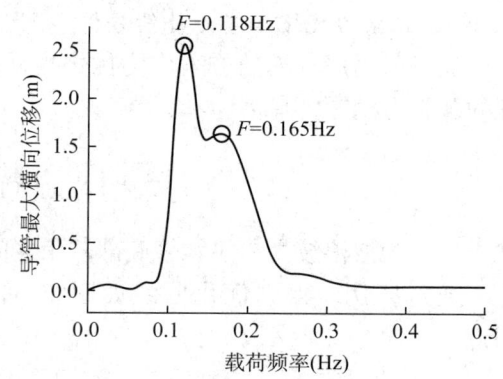

图 2-3-19 不同材料和径厚比的挤毁压力曲线

2.4 水下井口强度及稳定性

2.4.1 井口结构和表层套管下放产生的超孔隙水压力

一般在表层套管喷射下放过程中，钻冲所形成的孔径比结构套管直径要小，因此套管在下放过程中必然对管周土产生扰动，在管周土中产生超孔隙水压力，降低土体的不排土强度。但随着时间的发展，超孔隙水压力逐渐消散，土体的不排土强度逐渐提高，增大套管的承载力。在对套管承载力时效性研究的基础上，得到下放过程中产生的超孔隙水压力，就能对表层套管进行固结分析，模拟承载力随时间的增长过程。因此，表层套管下放过程中产生的超静孔隙水压力及其消散对套管的下放及套管周围土体的再固结和套管承载力的变化具有重要意义。

2.4.1.1 套管下放产生的超静孔隙水压力

采用圆孔扩张理论对表层套管周围孔隙水压力分布进行研究,假设土体为理想弹塑性材料,土体屈服服从 Tresca 屈服准则。在套管下放过程中,超孔隙水压力的产生由两部分组成:(1) 由于剪切和部分土体的重塑导致平均有效应力变化产生的孔隙水压力;(2) 土体向外扩张时平均总应力的增加引起的孔隙水压力,可表示为:

$$\Delta u = \Delta \sigma_{\text{OCT}} + \alpha_{\text{f}} \Delta \tau_{\text{OCT}} \tag{2-4-1}$$

式中:α_{f} 为 Henkel 孔隙水压力参数;$\Delta \sigma_{\text{OCT}}$,$\Delta \tau_{\text{OCT}}$ 分别为八面体正应力增量和剪应力增量分布,有:

$$\Delta \sigma_{\text{OCT}} = \frac{1}{3}(\Delta \sigma_r + \Delta \sigma_\theta + \Delta \sigma_z) \tag{2-4-2}$$

$$\Delta \tau_{\text{OCT}} = \frac{1}{3}\sqrt{(\Delta \sigma_r - \Delta \sigma_\theta)^2 + (\Delta \sigma_r - \Delta \sigma_z)^2 + (\Delta \sigma_\theta - \Delta \sigma_z)^2} \tag{2-4-3}$$

式中,$\Delta \sigma_r$,$\Delta \sigma_\theta$,$\Delta \sigma_z$ 分别为土体径向、切向和轴向应力。

在套管依靠自重贯入喷射孔的过程中,由于套管周围土体所受侧向压力的作用,使得套管所取代的部分土体体积进入套管内部,通过环空循环排至泥线处,在此引入一系数 α,表示实际排土体积占套管体积的百分比。设小孔的初始半径为 R_0,在孔扩张过程中孔径为 a,塑性区半径为 R_p,扩张后小孔的最终半径为 R_u(图 2-4-1),则套管贯入过程中的排土体积可表示为:

$$V_{\text{排}} = \alpha V_{\text{套}} \tag{2-4-4}$$

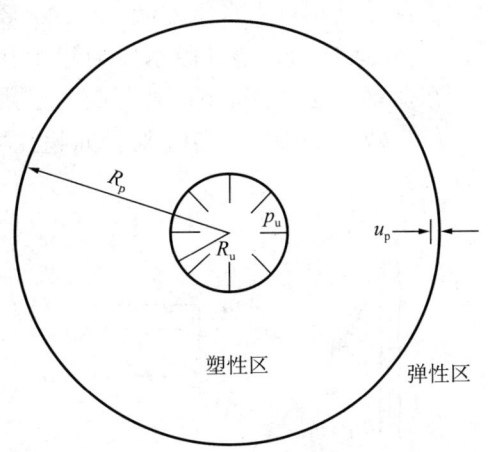

图 2-4-1 圆孔扩张平面示意图

进入套管内部的土体体积应大于套管总排土体积的 50%,因此 α 的取值应为 0~0.5。因为不同管径的套管的挤土效应与其进入土体中的体积有关,而不取决于套管的管径。这里引入一个等效实心管径来表示套管挤土效应。结构套管的等效实心半径 r_{eq} 可表示为:

$$r_{\text{eq}} = \sqrt{(R_u^2 - R_0^2)} = R_u\sqrt{1 - \frac{R_0^2}{R_u^2}} \tag{2-4-5}$$

Tresca 材料的塑性体应变等于零。忽略塑性区内材料在弹性阶段的体积变化,即认为在塑性区内总体积保持不变,则孔体积的变化应等于弹性区体积变化,套管的塑性区半径为:

$$R_p = r_{\text{eq}}\sqrt{\frac{\alpha E}{2(1+\mu)C_u}} = r_{\text{eq}}\sqrt{\frac{\alpha G}{C_u}} \tag{2-4-6}$$

式中：G 为土的剪切模量；E 为土的弹性模量；μ 为土体泊松比；C_u 为土体不排水抗剪强度。

利用扩张理论可求得用等效实心管径表示的超孔隙水压力为：

弹性区

$$\Delta u = \frac{0.817 E \alpha_f}{2(1+\mu)} \left(\frac{r_{eq}}{r}\right)^2 \qquad (2-4-7)$$

塑性区

$$\Delta u = 2C_u \ln\left(\frac{r_{eq}}{r}\sqrt{\frac{G}{C_u}}\right) + 0.817 C_u \alpha_f \qquad (2-4-8)$$

2.4.1.2 参数分析

（1）管径对孔隙水压力分布的影响。分别取表层套管外径为 0.762m，0.914m 和 1.067m，壁厚相等为 0.381m。图 2-4-2 表示埋深 10m 处管径对超孔隙水压力的径向分布的影响。

由图 2-4-2 可以看出，当 r 较小（一般在塑性区）孔隙水压力值沿径向递减得较快，套管表面处其超孔隙水压力最大；当 r 较大时（弹性区内）孔隙水压力值沿径向递减得较慢，当 $r/r_{eq}>16$ 后，超孔隙水压力趋于 0，表示套管的贯入影响很小。从此图中也可以看出，在壁厚一定的情况下，外壁最大超孔隙水压力随管径的增大而减小。

（2）G/C_u 的影响。G/C_u 对径向超孔隙水压力的影响如图 2-4-3 所示。

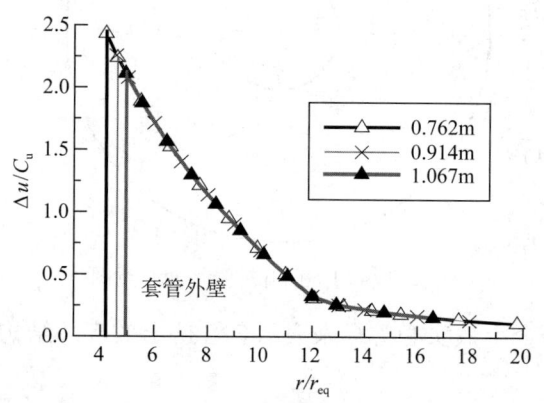
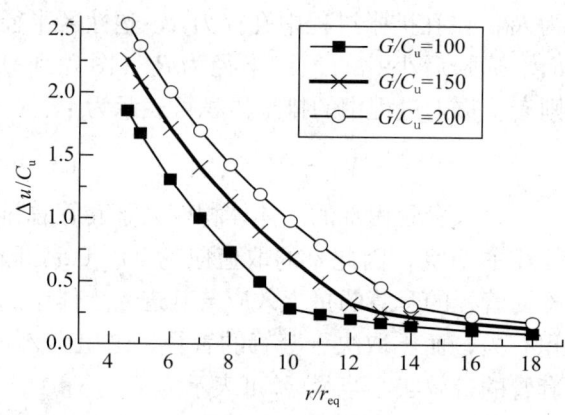

图 2-4-2　管径对孔隙水压力分布的影响　　图 2-4-3　G/C_u 对径向超孔隙水压力的影响

从图 2-4-3 中可以看出超孔隙水压力随着 G/C_u 的增大而增大。

（3）排土体积比 α 的影响。排土体积比 α 对孔隙水压力的影响如图 2-4-4 所示。

从图 2-4-4 中可以看出，α 对超孔隙水压力的分布曲线没有影响。随着 α 的增大，套管排开土体体积增大，其等效管径 r_{eq} 增大，所以 r/r_{eq} 随着 α 的增大而减小；另一方面，随着 α 的增大排土体积增大，挤土效应显著，从而表层套管外壁产生大的超孔隙水压力。

套管外壁超孔隙水压力随深度的变化如图 2-4-5 所示。

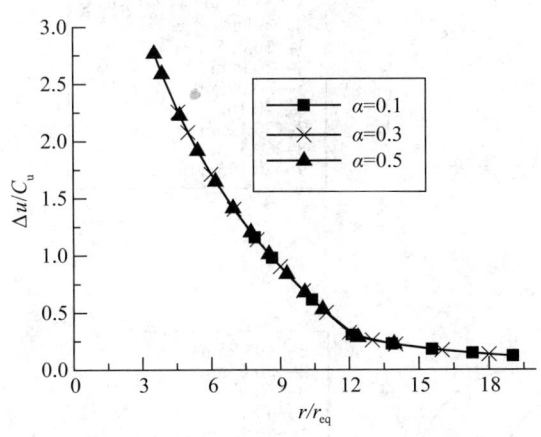
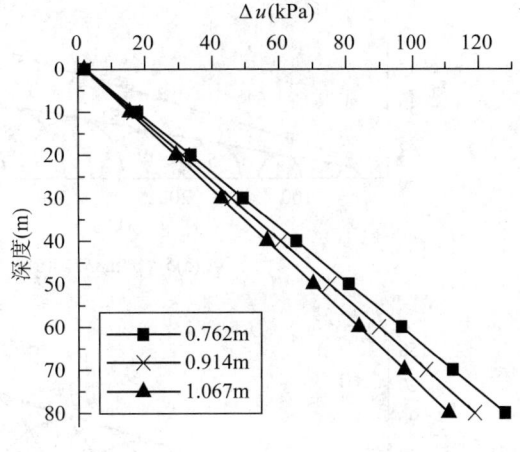

图 2-4-4 α 对孔隙水压力的影响 　　图 2-4-5 套管外壁超孔隙水压力随深度的变化

从图 2-4-5 可以看出，随深度的增大，表层套管下放产生的超孔隙水压力增大；在壁厚一定的条件下，随着套管外径的增加，在同一深度处其产生的超孔隙水压力逐渐减小。

2.4.2 井口表层套管竖向承载力的时效性

由于管周土在喷射过程中受到的冲刷扰动，使其不排水抗剪强度显著降低。喷射后，由于土体的触变性和超孔隙水压力的消散，其不排水抗剪强度又逐渐提高，要确定表层套管竖向承载力和变形的关键，就是要合理确定管周土体的抗剪强度的取值。1991 年 Beck 提出，喷射后土体强度采用未扰动土抗剪强度的 25%～33% 的方法，进行喷射套管瞬时竖向承载力的设计。但大部分保守的设计方法，是不考虑扰动土的抗剪强度随时间增长。为了充分发挥套管与土体间的相互作用，节约成本，有必要考虑土体不排水抗剪强度的增长对套管承载力和顶部沉降的影响。

2.4.2.1 表层套管破坏机理

表层套管破坏模式如图 2-4-6 所示。

由图 2-4-6 可看出，当 $\delta<\phi'$ 时，套管—土体界面处摩尔圆与破坏包络线相切，而内部土体破坏包络线位于摩尔圆的上方，这说明套管在其界面处发生剪切破坏；当 $\delta=\phi'$ 时，套管—土体界面破坏包络线与内部土体破坏包络线基本重合，套管仍在其界面处发生破坏；当 $\delta>\phi'$ 时，套管—土体界面处的破坏包络线位于内部土体破坏包络线的上方，界面处的破坏强度高于内部土体的破坏强度，因此土体内部应先发生破坏。

2.4.2.2 竖向承载力的时效性

随着时间的发展，超孔隙水压力逐渐消散，极限承载力应逐渐提高。表 2-4-1 为表层套管—土体界面 40.0m 处孔隙水压力、径向有效应力及套管极限承载力随时间的变化值。从该表可看出，随着时间的发展，孔隙水压力逐渐消散至静水压力，径向有效应力 S_{11} 逐渐增加，套管的极限承载力显著增大，由下放刚结束 0.01 天时的 3.5×10^3kN 增至 6.3×10^3kN，增加了 77.9%。

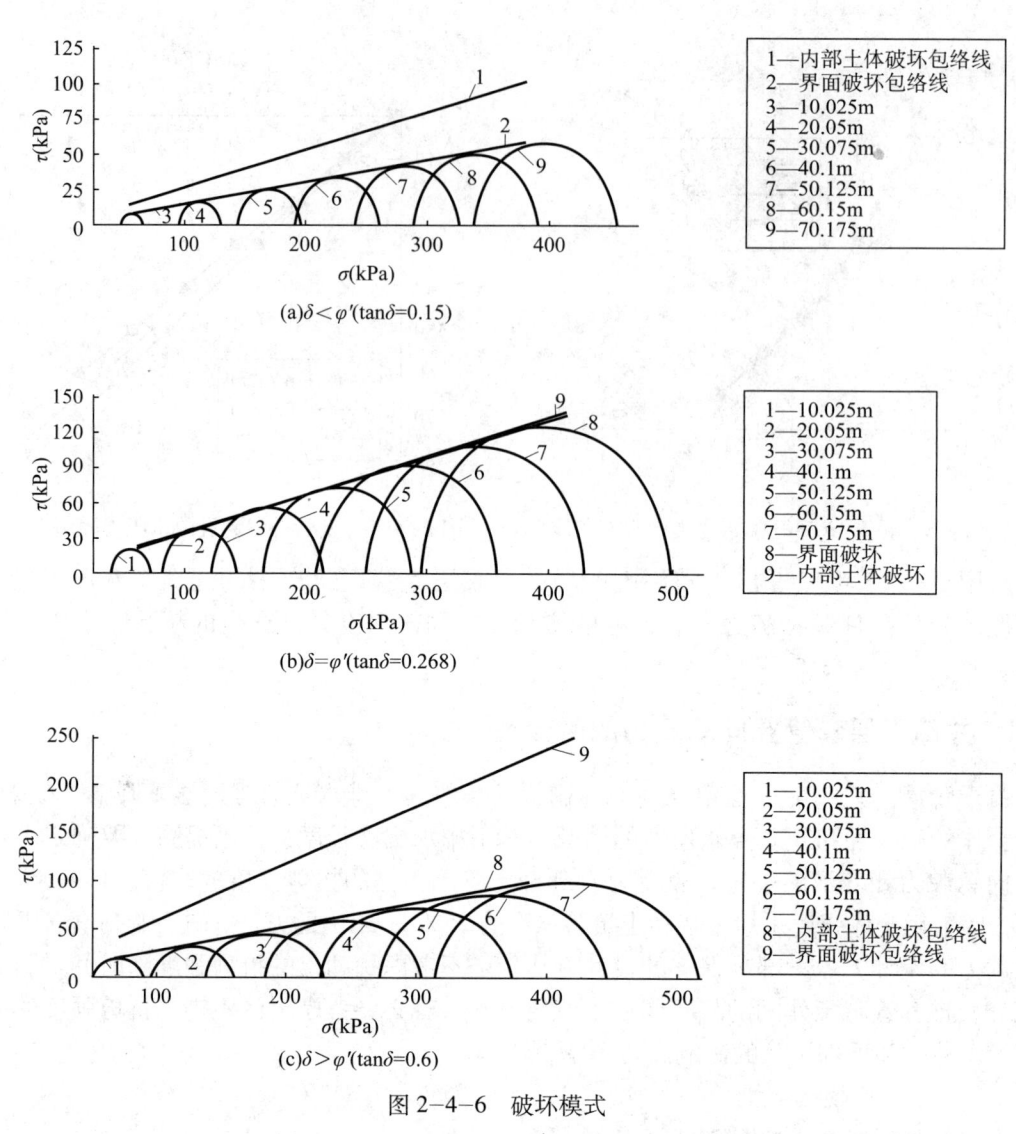

图 2-4-6 破坏模式

δ—套管—土体界面的摩擦角；φ'—土的有效内摩擦角

表 2-4-1　40.0m 处孔隙水压力、径向有效应力及表层套管极限承载力的变化
（渗透系数为 5×10^{-9}m/s）

时间（d）	0.01	0.1	1	2	5
孔隙水压力（kPa）	460.4	444.7	418.4	412.6	407.3
径向有效应力 S_{11}（kPa）	80.2	95.2	120.5	126.2	131.3
极限承载力（10^3kN）	3.5	4.43	5.7	6.0	6.3
增长幅度（%）	0.00	23.1	61.7	70.2	77.9

图 2-4-7 为套管周围超孔隙水压力和套管实时承载力的变化曲线，超孔隙水压力的变化趋势与套管承载力的变化趋势刚好相反，随着时间的延长，超孔隙水压力逐渐消散，套管承载力逐渐增加。

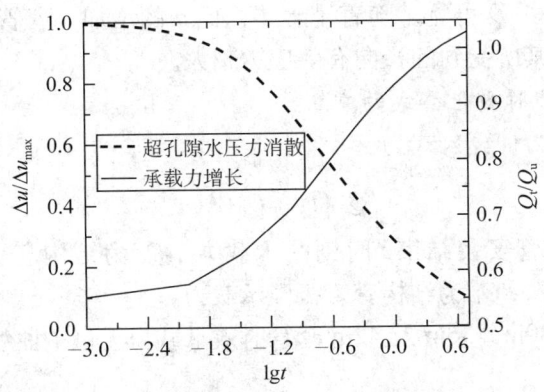

图 2-4-7 超孔隙水压力和套管承载力的变化曲线

(1) 渗透系数的影响。土体的渗透系数对超孔隙水压力的消散起着很重要的作用,进而对套管的承载力的变化的影响也是很明显的。由图 2-4-8 可见,在相同时间内,随着渗透系数的增大,孔隙水压力变化得也越快,径向有效应力增加得越快。对某一渗透系数来说,超孔隙水压力在初始阶段消散得较快,后来逐渐趋于稳定。渗透系数对承载力的影响见表 2-4-2。

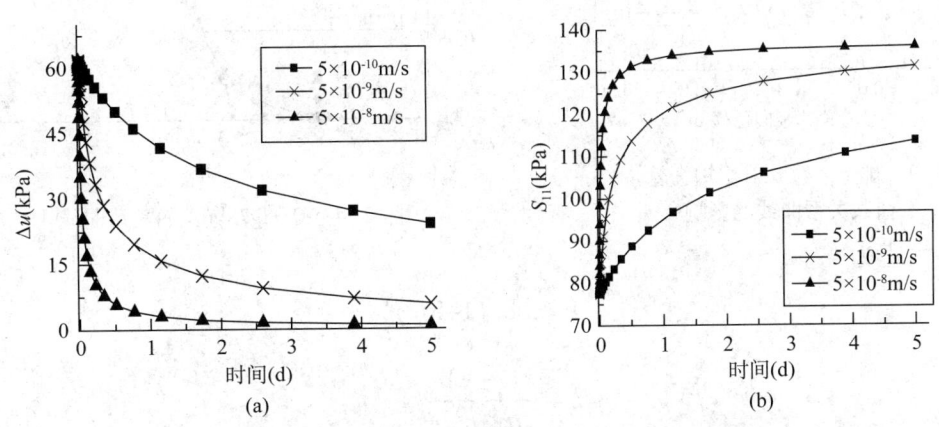

图 2-4-8 渗透系数对套管界面 40.0m 处超孔隙水压力和径向有效应力的影响

表 2-4-2 渗透系数对承载力的影响

时间 (d)	5×10^{-10}m/s 极限承载力 (10^3kN)	5×10^{-9}m/s 极限承载力 (10^3kN)
0.01	3.4 (0.0)	3.5 (0.0)
0.1	3.5 (4.0%)	4.4 (23.1%)
1	4.4 (28.2%)	5.7 (61.7%)
2	4.8 (40.8%)	6.0 (70.2%)
5	5.4 (57.2%)	6.3 (77.9%)

(2) 排土系数 α 的影响。当套管排开土体的体积不同时,在套管与土体界面处产生的超孔隙水压力不同,套管所受的径向压力不同,影响到套管所受摩擦力,进而影响到套管

的极限承载力。由图 2-4-9 可见，随着排土体积比 α 的增加，套管的极限承载力越大，这是由于套管排土越大，其所受到的径向有效应力越大。

2.4.2.3 表层套管承载力时效性公式的建立

表层套管时效承载力计算公式为：

$$Q(t) = Q_0 + AQ_u \tag{2-4-9}$$

式中：$Q(t)$ 为结构套管安装结束 t 时刻的承载力；Q_0 为结构套管安装结束瞬间的承载力；A 为承载力增长系数；Q_u 为结构套管极限承载力。

不同渗透系数下，30in，36in 及 42in 套管时效承载力无量纲曲线如图 2-4-10 所示。

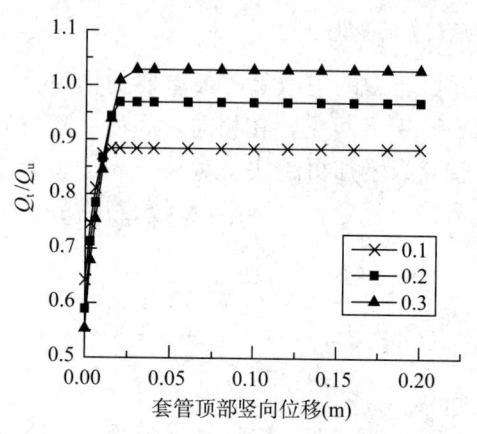

图 2-4-9 排土系数 α 对结构套管位移—荷载关系曲线的影响

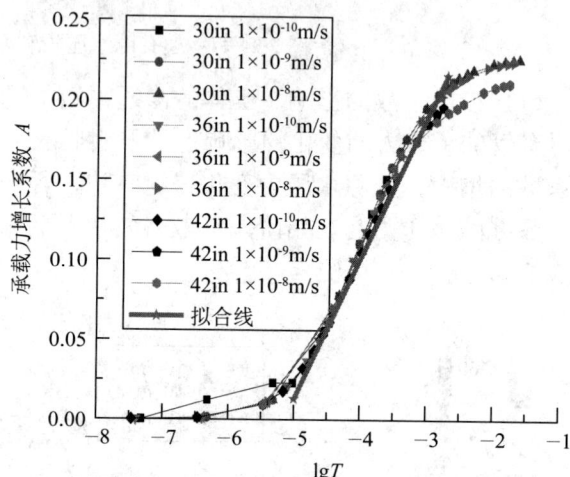

图 2-4-10 lg$T$ 与 A 的关系曲线

拟合方程为：

$$A = 0.08(1 + \lg T)$$

$$T = \frac{k(1+e)t}{a\gamma_w r_{eq}^2} \tag{2-4-10}$$

式中：k 为渗透系数；e 为土体孔隙比；t 为时间；a 为压缩系数。

BP 法：

$$Q = Q_0(1 + 0.2\lg t/t_0) \tag{2-4-11}$$

AMOCO 法：

$$Q = Q_0 + 444.8\lg t/t_0 \tag{2-4-12}$$

Jeanjean 实验数据法：

$$Q = Q_0 + A\pi DLSu_{ave}$$

$$A = 0.055(2 + \lg t) \tag{2-4-13}$$

式中：Su_{ave} 为土体平均不排水强度。

由图 2-4-11 可见，所拟合的公式考虑了管径、渗透系数等多因素对承载力时效性的影响。其时效承载力因渗透系数的不同而在 BP 法上下范围内变化。

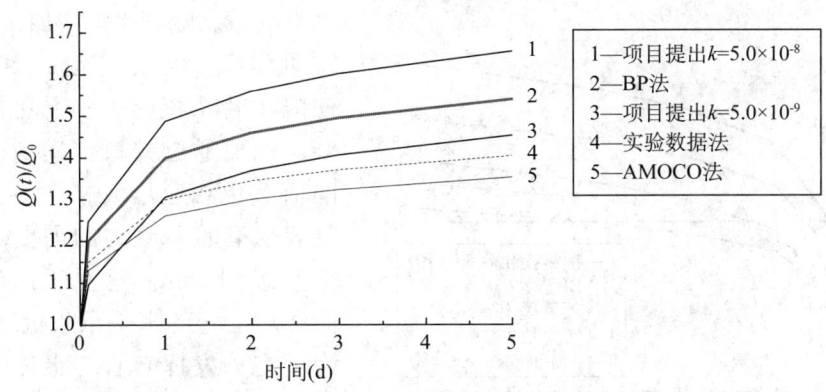

图 2-4-11　不同方法时效竖向承载力的比较

2.4.2.4　表层套管极限承载力随土体强度变化

由图 2-4-12 可以看出表层套管的承载力随管土界面处的土体强度增加而增大。由给定的极限荷载，可以确定出要满足承载力要求，管土界面的土体强度至少应为安装前的 $0.4Su$。此时在荷载的作用下，管顶沉降为 8cm。随着土体强度的提高，管顶的沉降减小。

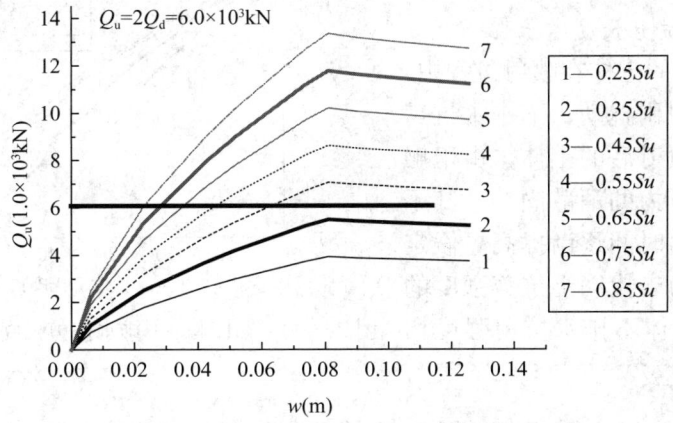

图 2-4-12　套管极限承载力—沉降随侧摩阻力的变化

Q_u—套管极限承载力；Q_d—套管承载力设计值；w—套管顶沉降

图 2-4-13 给出达到设计承载力不同公式所需要的时间。

2.4.3　井口表层套管模型试验

水平荷载及弯矩作用下套管的响应的计算，要指定管—土间相互作用的非线性应力—变形特性。已经建立了很多模型来求解桩土系统的响应，其中非线性 Winkler 基础梁模型（BNWF）用非线性桩土弹簧 $P-y$ 曲线的简化方法可考虑管—土间的非线性相互作用并在工程实践得到广泛有效的应用。针对海底软黏土进行水平荷载作用下套管桩的模型试验研究，并对试验弯矩进行处理得到桩身土抗力 P 的不同，建立软黏土的 $P-y$ 曲线，并与 API 曲线进行比较，验证数学模型及软件的正确性。

2.4.4　喷射下表层套管水平承载力、变形的时效性

表层套管要能承受担钻井过程和修井作业过程中，经隔水管对井口表层套管所施加的

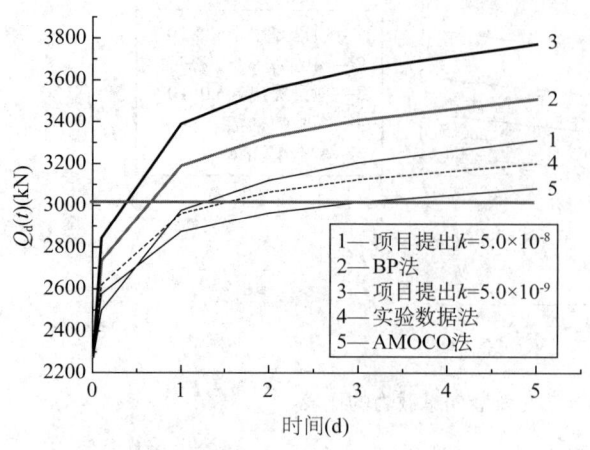

图 2-4-13 套管设计承载力随时间增长曲线

水平荷载。随着水深增加,隔水管自身重量增加,波浪、流及张拉力的作用使隔水管系统受力状况更加恶劣和复杂,因而通过井口传递到表层套管上的荷载也相应增大。许多企业为了满足表层套管承载力的需要,将 30in 套管升级到 36in。这里采用软黏土 $P-y$ 曲线对套管的水平承载机理进行研究。为了充分发挥套管与土体间的相互作用,节约成本,有必要考虑土体不排水抗剪强度的增长对套管水平承载力、弯矩和顶部变形的影响,为我国南海深水油田喷射表层套管的设计提供初步的理论依据。

2.4.4.1 管周土体抗剪强度增长

表层套管周围的土体在喷射过程中,受到高压水流的冲刷扰动,不排水抗剪强度显著降低。喷射后的土体,由于触变性和超孔隙水压力的消散固结,其不排水抗剪强度又随时间逐渐提高。假定喷射后土体强度为未扰动土抗剪强度的 25%,建立扰动土体不排水抗剪强度增长规律表达式为:

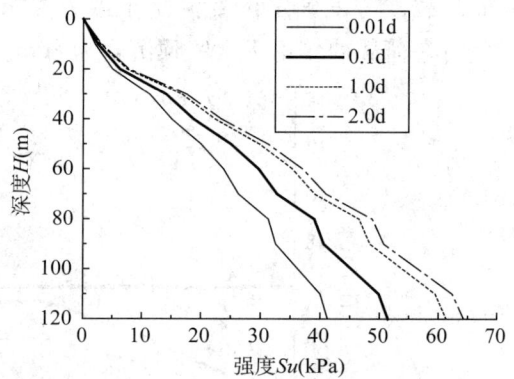

图 2-4-14 土体的不排水抗剪强度随时间的变化曲线

$$Su=0.025 \times [1.32+0.32\lg t]\ Su_0 \tag{2-4-14}$$

式中:Su 为扰动土体的不排水抗剪强度,kPa;Su_0 为喷射前土体的不排水抗剪强度,kPa;t 为喷射后的时间,d。

土体不排水抗剪强度沿深度的变化曲线如图 2-4-14 所示。随着时间增长,扰动土体抗剪强度逐渐增大,在深度 120m 处,土体不排水强度由喷射瞬间(0.01 天)的 41.25kPa 增大到 2 天后的 64.34kPa,增长幅度增长为 0~56%,但其增长幅度随时间逐渐减小。

2.4.4.2 表层套管的计算模型

研究的表层套管计算模型如图 2-4-15 所示,套管长 82m,泥面下 80m,伸出泥面 2.0m,上面连接防喷器组及底部隔水管组件,隔水管通过底部挠性转角连接于泥面上 15.5m 处,在此处由于隔水管的偏移和张拉力对井口表层套管施加水平荷载的作用。取套管微单元进行水平受力分析,得到微分方程为:

$$EI\frac{\mathrm{d}^4 y}{\mathrm{d}x^4} - P = 0 \tag{2-4-15}$$

式中：EI 表示套管的弯曲刚度；y 表示套管质点位移；P 为土抗力。

表层套管在水平荷载作用下产生挠度变形 y，促使套管周围的土体产生相应的变形而产生抗力 P 阻止套管变形的进一步发展，这一个非线性迭代求解的过程，式（2-4-13）可用有限差分法求解，结合初始条件和边界条件，通过迭代求解可得到管身任一点的变形 y，弯矩 M 和土抗力 P。

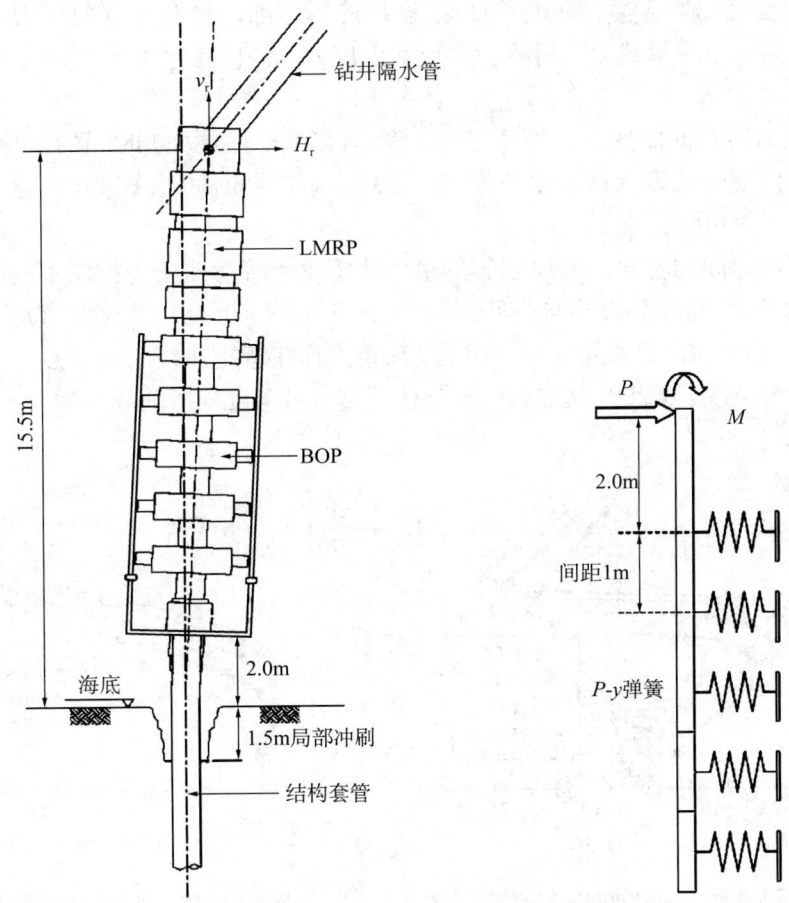

图 2-4-15 表层套管计算模型示意图

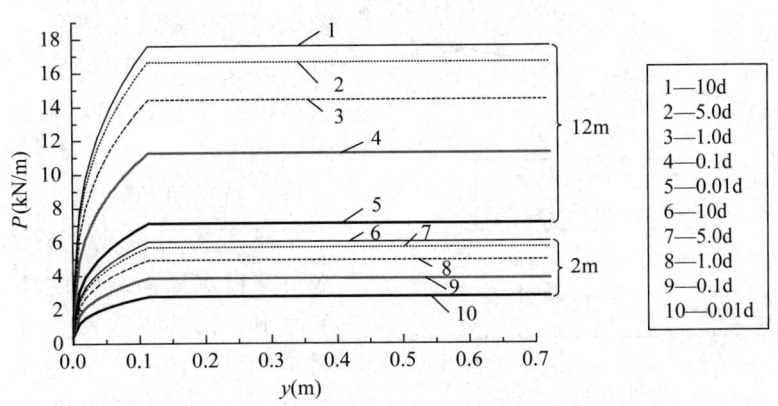

图 2-4-16 土抗力 $P-y$ 曲线随时间的变化曲线

荷载作用下，水下软黏土深度 2m 和 12m 处的 $P-y$ 曲线如图 2-4-16 所示，随着时间增长，由于土体不排水抗剪强度逐渐增大，$P-y$ 曲线上的极限土抗力及初始斜率也逐渐增大。随着深度的增大，$P-y$ 曲线上的极限土抗力及初始斜率也逐渐增大。

2.4.4.3 表层套管承载力随时间的变化

本文研究的表层套管钢级 X-56，外径 $D = 914.4$mm（36in），壁厚 $w=38.1$mm（1.5in），结构套管屈服应力（390MPa）为设计控制标准，当套管弯曲应力达到屈服标准时，得到套管最大水平承载力、弯矩、变形和土抗力。井口套弯矩承载力为 9.48×10^6N·m（7.0×10^6lb·ft）。

(1) 土抗力随时间的变化。图 2-4-17 表示沿管长土抗力随时间的变化，由图可见，随时间增加，沿套管长度土抗力逐渐增大，但增大幅度随时间逐渐减小，这与土体不排水抗剪强度增长规律相同。

(2) 弯矩随时间的变化。表层套管的最大弯矩由套管弯曲应力控制不随时间变化，但最大弯矩点的深度随时间增长而逐渐上移，由图 2-4-18 可见，其最大弯矩点由喷射瞬间（0.01 天）的 24.3m 减小到喷射 1.0 天后的 17.3m，且在弯矩曲线的反弯点以下，随时间增长同一深度处弯矩逐渐减小，这都归因于土体不排水抗剪度随时间逐渐增大。

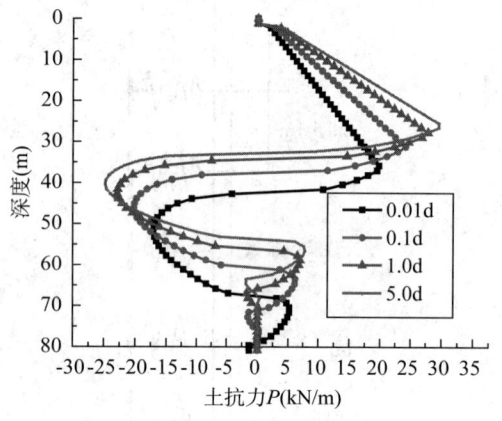

图 2-4-17 土抗力随时间的变化曲线

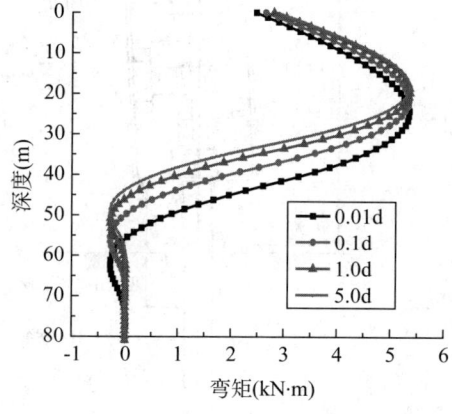

图 2-4-18 弯矩随时间的变化曲线

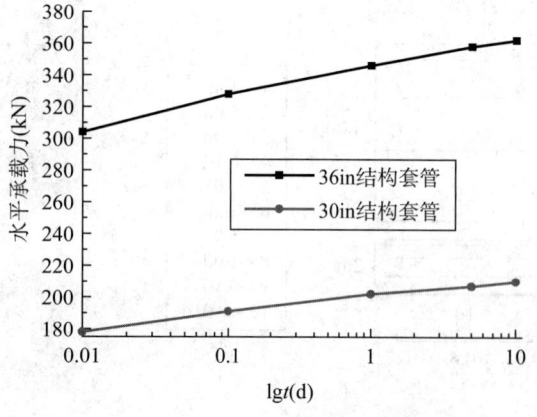

图 2-4-19 套管水平承载力随时间的变化曲线

(3) 水平承载力随时间变化。图 2-4-19 表示表层套管水平承载力随时间的变化，由图可见，30in 表层套管水平承载力随时间对数近似线性增大，同时由表 2-4-3 可见，考虑管周土体不排水抗剪强度的增长，5 天后套管的水平承载力可提高 17.76%。根据深水水下井口水平荷载的设计，在极端操作条件下，钻井隔水管作用于挠性接头的水平力为 310kN，而 30in 的表层套管在 10 天后的水平承载力为 210kN，不能满足水平承载力要求，所以只能选用大尺寸的36in套管。从36in套管水平承载力随时间变化曲线和表2-4-3可见，0.1天后36in套管的水平承载力为328kN，能够满足水平承载力310kN的要求。如果采用保守的设计方法，即不考虑土抗剪强度随时间的增长，则36in套管的水平承载力为304kN，也不能满足设计要求。

表2-4-3 表层套管水平承载力随时间增长

时间（d）	30in套管		36in套管	
	水平承载力（kN）	增长幅度（%）	水平承载力（kN）	增长幅度（%）
0.01	178	0	304	0
0.1	191	7.30	328	7.89
1.0	202	13.48	346	13.82
5.0	207	16.29	358	17.76

2.4.4.4 表层套管变形随时间的变化

图2-4-20表示36in表层套管在最大水平荷载作用下的变形，由图可见，36in表层套管的挠曲变形随时间的发展而逐渐降低，这也归因于土体抗剪强度的提高。

2.4.5 井口表层套管承载力设计软件

该软件主要进行井口表层套管水平承载力和竖向承载力的时效性计算，进行结构套管安装深度、截面尺寸和安装时间的优化设计。并计算套管在水平、竖向和弯矩荷载作用下，套管的沉降、挠曲变形计算。

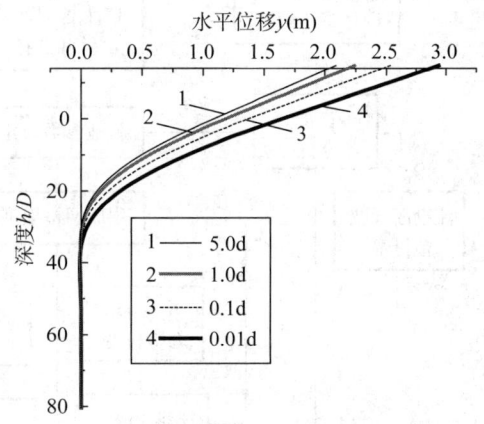

图2-4-20 36in套管变形随时间的变化曲线

2.5 深水钻井隔水管系统工程设计与分析软件

随着海洋钻井水深的不断增加，虽然迫切需要隔水管系统工程设计与分析软件，但目前国内还没有专用的软件。为了满足这一需要，通过应用隔水管分析技术结合工程软件技术，开发完成了隔水管系统工程设计与分析软件（DD Riser）。

2.5.1 软件主要功能

该软件系统具备两个重要的功能，即隔水管力学分析功能和隔水管工程设计功能。

隔水管力学分析功能可实现钻井隔水管的静态、模态分析和动态分析，解决隔水管的几何非线性、随机波浪谱模拟、钻井船运动下动力分析的非线性等关键性问题，支持多种波浪理论、支持波流耦合作用，可分析不同的浮力块配置，并具备较高的求解精度。

顶张力和隔水管配置是钻井隔水管系统的重要参数，钻前确定最佳的隔水管系统配置及对应的最佳顶部张力尤为重要。程序根据防隔水管失稳理论算法和隔水管底部残余张力算法,进行相应的顶张力优化分析计算。基于静态分析设计的隔水管配置优化分析模块,可辅助钻井作业。

软件还具备隔水管数据库管理的功能,方便用户管理设计和分析需要的数据。

2.5.2 软件工作流程

软件采用结构化、模块化的编程方法,根据功能需要划分各个模块。程序主体部分采用 VC++ 语言实现,3 个核心求解器以及网格划分模块采用 MATALB 语言实现,VC 程序模块和 MATLAB 程序模块之间通过配置文件传递信息。软件的整体工作流程如图 2-5-1 所示。

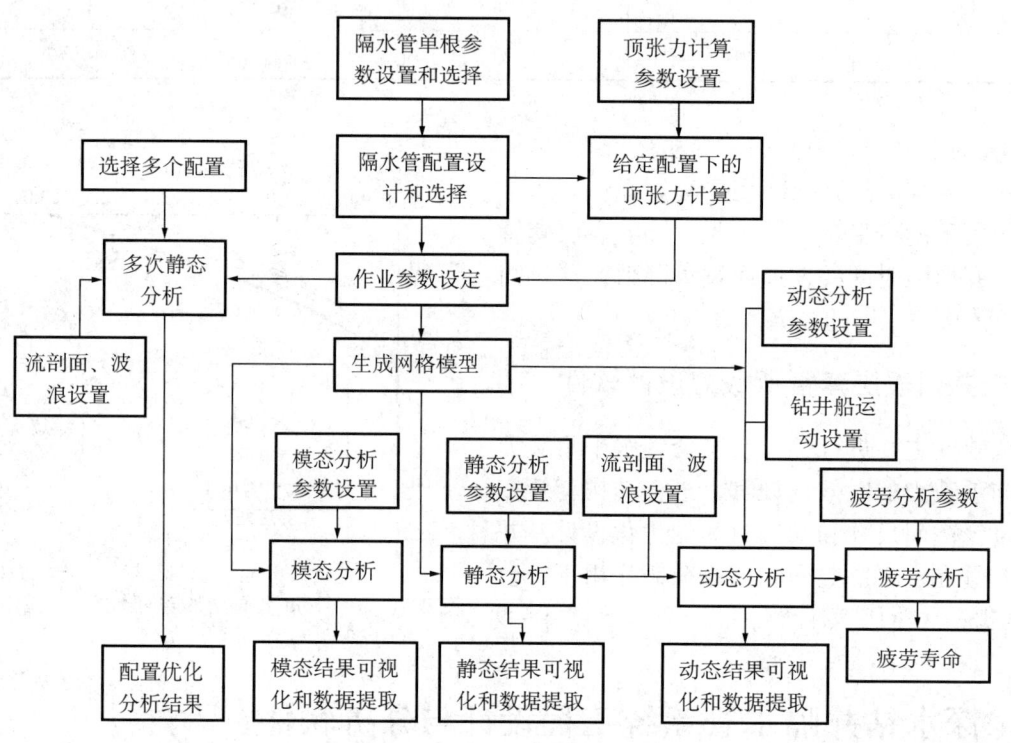

图 2-5-1 深水钻井隔水管系统工程设计与分析软件(DD Riser)工作流程图

2.5.3 软件模块划分

软件的主要关键模块包括数据库管理模块、前处理模块、模型文件生成模块、静力分析求解模块、模态分析求解模块、动力分析求解模块、后处理模块、最佳顶张力计算模块和隔水管配置优化分析模块等。其中数据库模块、前处理模块和后处理模块又可进一步划分为不同的子模块。

以上模块中,静力分析求解模块、模态分析求解模块、动力分析求解模块以及网格划分模块采用 MATALB 语言实现,封装成独立的可执行程序供别的模块调用,其余模块均采用 VC++ 语言实现。数据库模块功能较为独立,因此将其封装成单独的可执行程序。前处理模块、后处理模块和隔水管设计优化模块等封装在主程序内。各大模块之间通过数据库、配置文件和数据文件传递控制信号和数据,确保了各个模块的独立性,实现了各个模块的有效封装,同时减少了系统升级和调试的工作量。

2.5.4 与国外软件的比较

DD Riser 与部分国外隔水管系统分析软件主要功能的对比见表 2-5-1。

表 2-5-1 DD Riser 与国内外同类软件的比较

软件名称	所属单位	主要功能特点
Flexcom	MCS	针对海洋结构物的非线性分析软件。可以进行静态分析、时域/频域动态分析,模态分析和疲劳分析等。适用于大变形、小应变的情况,考虑钻井船低频运动
Riserdyn	Global Maritime	隔水管静态和频域动态分析工具,可进行隔水管系统的静态分析、模态分析和频域动态分析,具备顶张力评估和钻井作业参数实时监测的能力
Deeplines	IFP	用于隔水管、系泊缆绳以及水下井口设备的综合分析软件。可进行静态分析、时域动态分析、频域分析、模态分析、VIV 预测分析、隔水管与系泊系统的耦合分析
DeepRiser	MCS	隔水管系统设计和分析的综合性软件。采用 Flexcom 作为求解器。其分析类型包括静态分析、时域/频域动态分析、模态分析、弱点分析和疲劳分析
Orcaflex	Orcina Ltd	用于海洋结构物的三维非线性时域有限元分析程序。可进行非线性静态分析、动态分析和疲劳分析,另外还可进行时域和频域的 VIV 分析
SES	Stress Engineering	钻井隔水管系统分析软件,用于钻井隔水管系统的弱点分析、VIV 分析、漂移分析和悬挂分析,并可进行隔水管系统的配置优化和紧急脱离决策
ANSYS	ANSYS inc	功能强大的通用有限元软件,具有强大的前处理、求解和后处理功能,是广泛应用的优秀有限元软件。可用于隔水管系统的静态分析、模态分析和动态分析
ABAQUS	ABAQUS inc	著名的工程模拟有限元软件。拥有各种类型的材料模型库。可用于隔水管系统的静态分析、模态分析和动态分析
DD Riser	COEST	深水钻井隔水管系统分析和设计软件。可进行隔水管系统的静态分析、模态分析、动态分析和疲劳分析,并能进行顶张力优化设计和浮力块配置优化设计

从表 2-5-1 可以看出,DD Riser 不仅具备目前国外隔水管系统主流分析软件的静态、动态和疲劳分析等常用功能,还具备适用深水钻井隔水管系统的顶张力设计、系统配置设计和优化的功能。另外,表中所列的某些软件并非隔水管系统的专用软件。非专用软件的特点是程序体积大、界面复杂、用户上手时间长、建模分析过程繁琐。从软件的学习和分析的难易程度上来说,隔水管专用分析软件的优势明显,这也是开发 DD Riser 软件的主要原因。

2.5.5 软件精度验证

图 2-5-2 和图 2-5-3 为 DD Riser 计算结果和同样的工况条件下 ABAQUS 计算结果的对比。由图 2-5-2 和图 2-5-3 可以看出,DD Riser 的计算结果与 ABAQUS 的计算结果吻合良好,二者形状规律一致,在数值上相差也不大。

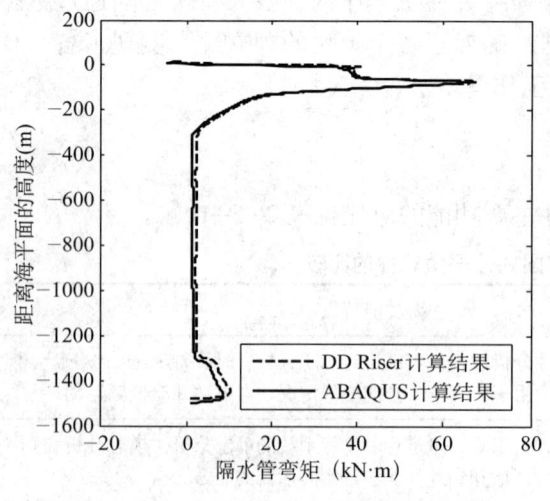

图2-5-2 DD Riser 和 ABAQUS 弯矩计算结果比较

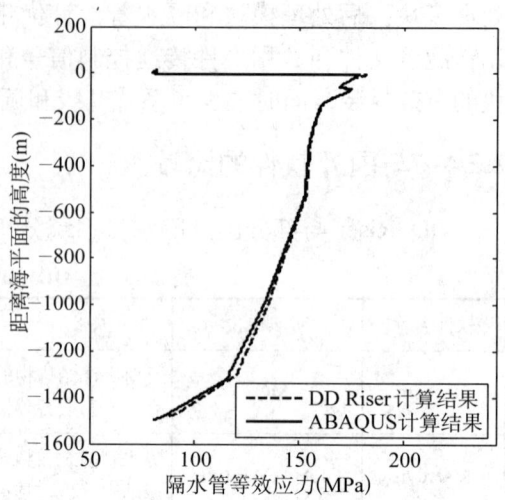

图2-5-3 DD Riser 和 ABAQUS 等效应力计算结果比较

2.6 HG1井钻井隔水管系统分析与评估

综合考虑安全、经济、技术三大因素，对深水隔水管系统进行优化设计，提高隔水管工作性能。分析隔水管系统设计要素，比较隔水管系统设计方法，并定量分析影响隔水管工作性能的环境因素和作业因素。以 HG1 井为应用实例，通过上述各节的理论与方法进行隔水管静动强度校核、轴向动态分析和疲劳寿命计算。

2.6.1 隔水管系统设计要素与概念设计

2.6.1.1 隔水管系统设计要素

深水钻井隔水管系统设计要素有：海洋隔水管系统的功能、影响海洋隔水管设计的因素、典型海洋隔水管系统组成、隔水管单根、隔水管接头、终端短节、伸缩节、辅助管线、节流与压井管线、增压线、液压管线、处理工具、卡盘、浮力块、底部海洋隔水管总成的组成。

2.6.1.2 隔水管概念设计

（1）隔水管设计基础。

①隔水管设计原则。深水钻井隔水管的设计须按照以下基本原则进行：

a. 隔水管系统须满足设计基础中所给出的功能和作业要求；

b. 隔水管系统须设计为能确保防止大的恶性事故的发生；

c. 可实现简单而可靠的安装和收回，且在作业过程中不容易损坏；

d. 可以比较容易进行检查、维修、更换和修理；

e. 结构的设计和材料的使用须满足最大限度减小腐蚀、侵蚀和磨损影响的目的；

f. 满足政府或者是规范的要求；

g. 隔水管的配置尽可能地简单；

h. 费用最低。

②隔水管设计准则。深水钻井隔水管的主要依据 API RP 16Q—1993《Recommended Practice for Design, Selection, Operation and Maintenance of Marine Drilling Riser System》，在该规范中，隔水管的设计准则主要有以下两点：

a. 最大等效应力不大于屈服应力的 2/3；

b. 隔水管底部柔性接头转角不大于 2°。

(2) 隔水管设计方法。

①可靠性设计方法；

②极限状态设计方法；

③荷载抗力设计（LRFD）方法；

④鲁棒设计方法。

2.6.2 隔水管系统设计影响因素

深水钻井隔水管设计影响因素主要为环境因素与作业因素。前者主要包括水深、波浪、海流等；后者主要包括钻井液密度、脱离后隔水管系统悬挂模式、浮力块分布、涡激抑制设备、节流与压井管线的工作压力等。

2.6.2.1 影响隔水管设计的环境因素分析

(1) 水深。水深对海洋钻井隔水管的影响如图 2-6-1 所示。

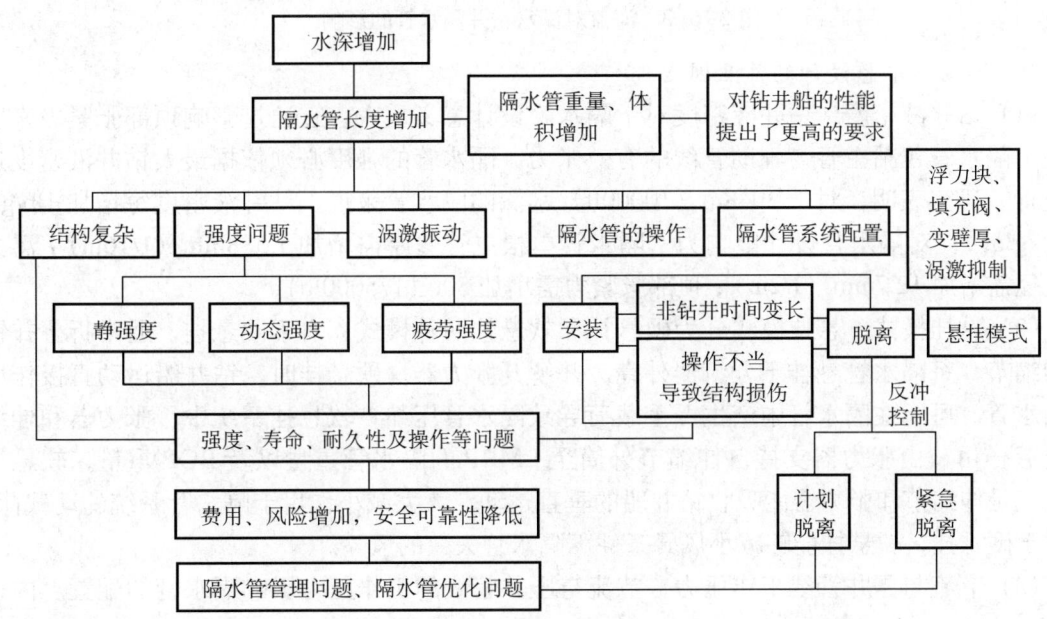

图 2-6-1 水深对海洋钻井隔水管的影响

(2) 波浪。波浪影响隔水管设计的机理为：对隔水管产生水动力载荷；通过平台的响应幅值算子影响钻井平台运动，进而形成隔水管顶端的动边界条件。规则波作用于隔水管的载荷机理如图 2-6-2 所示。

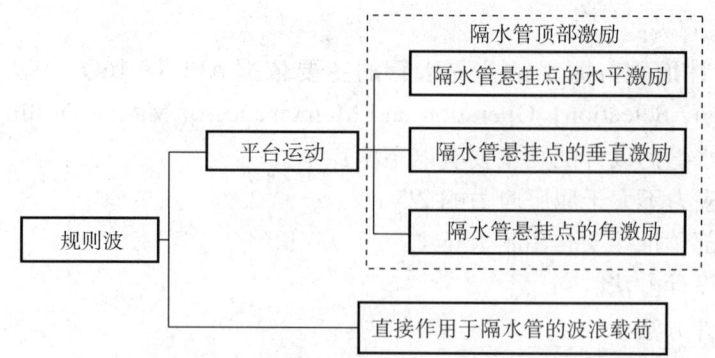

图 2-6-2　规则波作用于隔水管的载荷机理

（3）海流。海流对深水钻井隔水管的影响如图 2-6-3 所示。

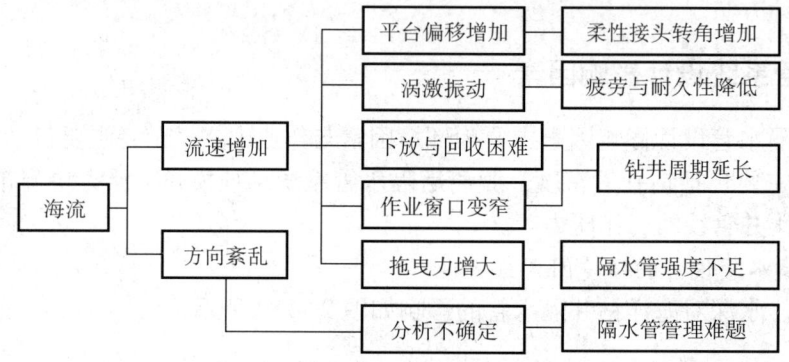

图 2-6-3　海流对深水钻井隔水管的影响

2.6.2.2　影响隔水管设计的作业因素

（1）钻井液密度。钻井液密度对于隔水管设计意义重大，它通过影响顶部张紧力来影响整个隔水管包括主管与辅助管线的有效张力。隔水管的强度必须依据最大钻井液密度进行设计。研究表明，对于 3048m（10000ft）水深的隔水管来说，钻井液密度每增加 1lb/gal（120kg/m³），对隔水管设计影响为：隔水管单根主管壁厚需增加 1.588mm（1/16in）；浮力块直径需增加 12.7mm（1/2in）；顶部张紧力需增加 80t（175000lb）。

（2）悬挂模式。悬挂模式分为硬悬挂和软悬挂两种模式。对于硬悬挂，通常折叠并锁定伸缩节，将隔水管悬挂于分流器外壳，并解开张力器。硬悬挂时，钻井船运动直接作用于隔水管，可能在隔水管中产生严重载荷导致隔水管压缩。软悬挂系统中，张力器和伸缩节仍起作用，由张力器支持自伸缩节外筒至 LMRP 的隔水管重量以及 BOP 重量。软悬挂的优点是伸缩节和张力器能吸收钻井船的垂直运动，大大减小作用于隔水管系统的动载荷。相对于硬悬挂，软悬挂能够减小风暴条件下隔水管失效的风险。

（3）节流与压井管线工作压力。节流与压井管线的工作压力影响隔水管的配置。内径为 101.6mm（4in）、工作压力为 69MPa（10000psi）的节流/压井管线与内径为 114.3mm（4½in）、工作压力为 103.4MPa（15000psi）的节流/压井管线存在显著配置差别。

（4）浮力块分布。浮力块的选择主要考虑：①隔水管曲率。避免在高海流流速区域安装浮力块，可以减小隔水管的曲率与柔性接头的转角，优化浮力块的布置。如在靠近水面位置采用小直径浮力块同样有助于减小隔水管的弯曲。②可能的 VIV 抑制措施。交错布置浮力块与裸隔水管单根有助于减少隔水管的 VIV 从而减少疲劳损伤，采用异型表面也有助于减小其涡激疲劳损伤。③与隔水管悬挂模式紧密相关。

（5）涡激抑制设备。当海流流速较高时，为避免隔水管出现较大的涡激振动响应造成疲劳损伤，深水钻井隔水管往往需在海流流速较高的海平面下方安装涡激抑制设备。常用的涡激抑制设备主要包括螺旋轮铁和减振器两种。

2.6.2.3 隔水管设计过程

深水钻井隔水管系统设计过程如图 2-6-4 所示。

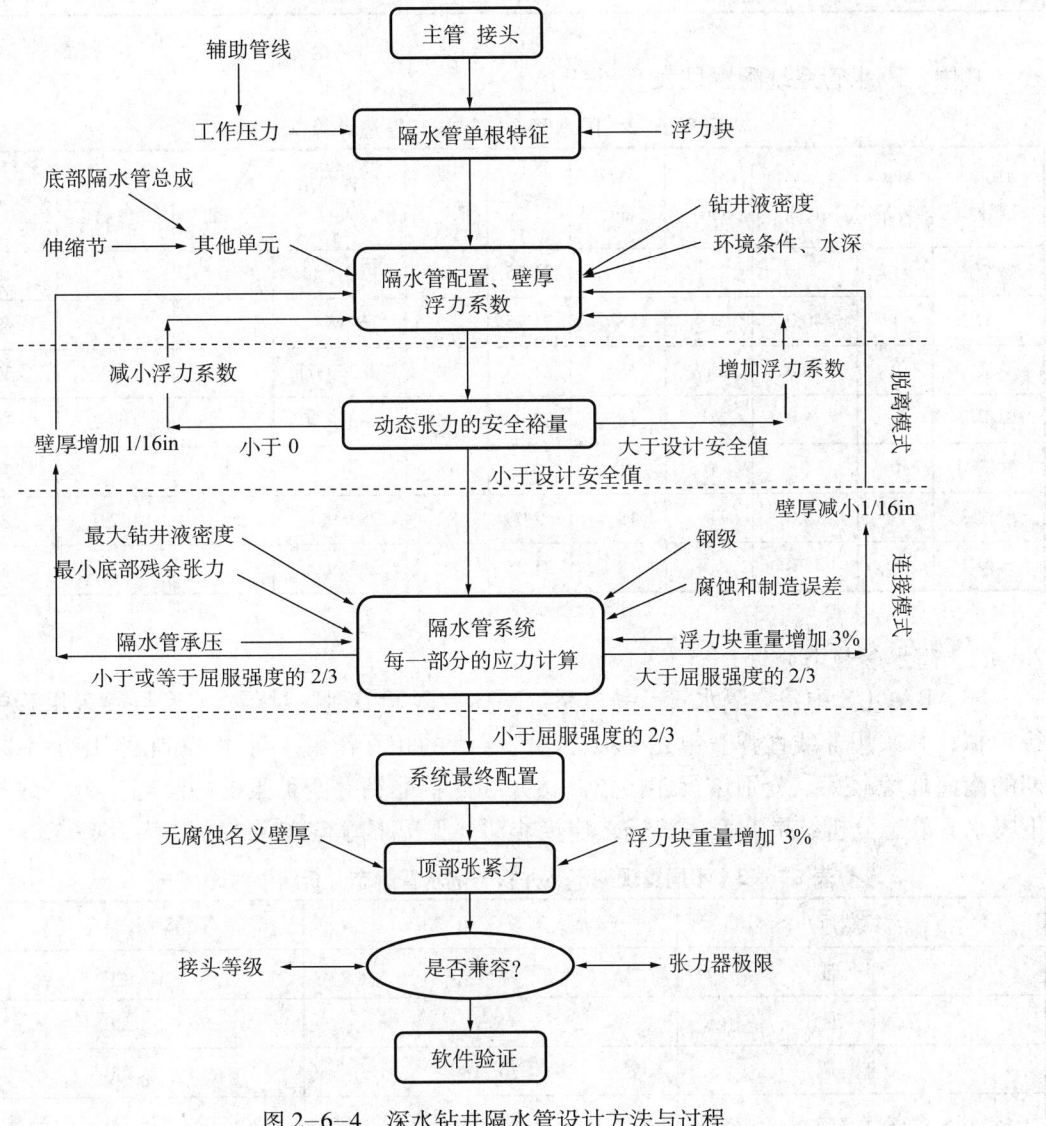

图 2-6-4　深水钻井隔水管设计方法与过程

2.6.3　HG1 井的隔水管系统配置与分析 I

2.6.3.1　隔水管系统配置 I

参考国外隔水管系统配置方式，设计节流与压井管线、钻井液增压线以及液压管线，各辅助管线的相关参数见表 2-6-1。

表 2-6-1　隔水管系统外围管线参数（一）

名称	数量	外径（in）	内径（in）	工作压力（psi）	材料
节流管线	1	6	4.5	15000	X52，X65，X80
压井管线	1	6	4.5	15000	X52，X65，X80
钻井液压线	1	4.75	4	5000	X52，X65
液压管线	1	3	2.5	5000	不锈钢

其中，隔水管系统配置见表 2-6-2。

表 2-6-2　隔水管系统描述与重量计算（一）

系统部件	单根数量	单根长度（ft）	外径（in）	内径（in）	拖曳外径（in）	屈服强度（psi）	单根湿重（lbf）	静浮力（lbf）	浮力效率（%）	高度（ft）
短节 1	1	30.0	21 1/4	18 3/4	21.25	80	13647.11	0	0	4045
短节 2	1	40.0	21 1/4	18 3/4	21.25	80	16918.62	0	0	4015
单根 1	2	75.0	21 1/4	18 3/4	21.25	80	28369.00	0	0	3975
单根 2	22	75.0	21 1/4	18 3/4	52.00	80	28369.00	30843	108.7	3825
填充阀	0	0	0	0	0	0	0	0	0	2175
单根 3	24	75.0	21 1/4	18 3/4	52.00	80	28369.00	29131	102.7	375
单根 1	5	75.0	21 1/4	18 3/4	21.25	80	28369.00	0	0	375

2.6.3.2　隔水管静态分析 I

在 ABAQUS 中建立隔水管—井口系统整体有限元模型，对隔水管和导管采用管单元进行模拟，并采用非线性弹簧单元模拟土壤与导管的相互作用。对建立的模型施加不同重现期的南海环境载荷，分别进行连接正常钻井和连接非钻井两种工况的静态分析，钻井状态下隔水管静态分析结果见表 2-6-3，连接非钻井工况下静态分析结果见表 2-6-4。

表 2-6-3　不同重现期下钻井状态隔水管静态分析结果对比（一）

环境载荷	最大等效应力（MPa）	底部球铰转角（°）
1 年一遇	53.926	2.0
5 年一遇	69.37	2.0
10 年一遇	76.718	2.0
25 年一遇	85.017	2.0
50 年一遇	91.244	2.0
100 年一遇	97.158	2.0
200 年一遇	102.9	1.9890
500 年一遇	110.68	1.9928

表 2-6-4　不同重现期下连接非钻井状态隔水管静态分析结果对比（一）

环境载荷	最大等效应力（MPa）	底部球铰转角（°）
1年一遇	72.758	5.4154
5年一遇	78.854	5.7135
10年一遇	86.388	5.8326
25年一遇	95.264	6.0076
50年一遇	101.61	6.0894
100年一遇	107.89	6.1861
200年一遇	114.21	6.3050
500年一遇	122.43	6.4016

2.6.3.3　隔水管系统动态响应分析 I

（1）随机波浪与钻井船运动的模拟。选 17 届 ITTC 推荐的 JONSWAP 谱作为波浪模拟的靶谱，仿真取 25 个区域，波高为 2m 周期为 6s 的仿真结果如图 2-6-5 所示。将模拟得出的随机波浪代入钻井船运动求解公式，当不考虑钻井船慢漂时，得出钻井船平均偏移分别为 12.5m 时的运动规律如图 2-6-6 所示。

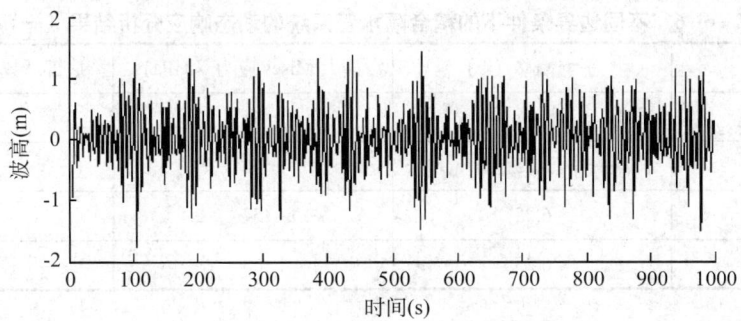

图 2-6-5　随机波浪的模拟结果

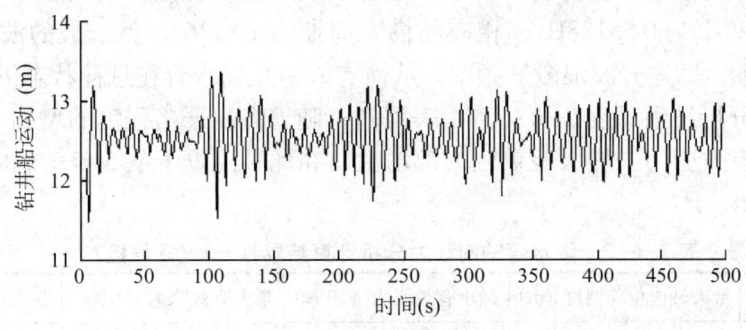

图 2-6-6　钻井船无慢漂时运动规律（平均偏移为 12.5m）

（2）随机波浪下不同边界条件的隔水管动态响应分析。非耦合隔水管系统的动态响应分析结果见表 2-6-5。由表 2-6-5 可知，边界条件越复杂最大 Mises 应力越大；平均偏移越大,底部球铰平均转角越大。四类边界条件下的隔水管最大 Mises 应力和底部球铰平均转角都满足强度要求和角度要求。

表 2-6-5 不同边界条件下的非耦合隔水管系统动态响应分析结果（一）

边界条件类型	平均偏移（m）	最大 Mises 应力（MPa）	底部球铰平均转角（°）
I	0	40	0
II	12.5	42	0.75
	25	45	1.45
III	12.5	54	0.75
	25	61	1.45
IV	12.5	55	0.75
	25	65	1.45

（3）钻井船、隔水管与井口耦合的动态响应分析。当进行钻井船、隔水管与井口耦合动态响应分析时,首先应建立耦合系统分析模型。其中,隔水管和导管采用管单元进行模拟,并采用非线性弹簧单元模拟土壤与导管的相互作用,分别进行不同边界条件下的钻井船、隔水管与井口耦合动态响应分析。分析结果见表 2-6-6。四类边界条件下的隔水管最大 Mises 应力和底部球铰平均转角都满足强度要求和角度要求。

表 2-6-6 不同边界条件下的耦合隔水管系统的动态响应分析结果（一）

边界条件类型	平均偏移（m）	最大 Mises 应力（MPa）	底部球铰平均转角（°）
I	0	41	0
II	6.25	42	0.35
III	6.25	54	0.35
IV	6.25	68	0.35

2.6.3.4 隔水管系统轴向动力学分析 I

（1）硬悬挂轴向动态分析。首先对隔水管进行隔水管硬悬挂轴向模态分析,得出隔水管轴向一阶固有频率为 0.55138Hz,相应的模态周期为 1.8136s。就一般的波浪周期而言,其值小于波浪周期,即避开波浪激发频率,从而有效防止隔水管在悬挂状态下的轴向共振。隔水管轴向动态分析结果见表 2-6-7。由表可知,随着海况恶劣程度的增加,隔水管轴向振动范围、最大有效张力、最大等效应力都增大,在此种配置下从 5 年一遇的海况开始就出现轴向动态压缩。

表 2-6-7 隔水管轴向动力分析计算结果（一）（硬悬挂）

海况	最大轴向位移幅度（m）	最小有效张力（10^6N）	最大有效张力（10^6N）	最大等效应力（MPa）
1 年一遇	2	0.2	3	60
5 年一遇	8	−1.5	5.2	100

续表

海况	最大轴向位移幅度（m）	最小有效张力（10⁶N）	最大有效张力（10⁶N）	最大等效应力（MPa）
10年一遇	10	−1.7	5.5	105
25年一遇	12	−1.8	6	110
50年一遇	14	−2.2	6.3	120
100年一遇	15	−2.7	6.8	128
200年一遇	16	−3	7	132
500年一遇	18	−3.5	7.5	145

（2）软悬挂轴向动态分析。首先进行隔水管软悬挂轴向模态分析，得出隔水管第一阶模态频率为0.028268Hz，相应的模态周期为35.3757s，有效避开波浪激发频率，从而有效防止隔水管在悬挂状态下的轴向共振。隔水管轴向动态分析结果见表2-6-8。由表可知，随着海况恶劣程度的增加，隔水管轴向振动范围、最大有效张力、最大等效应力都增大，隔水管未出现轴向压缩且满足强度要求，由此可知，软悬挂比硬悬挂可以有效减小轴向振动，大大提高隔水管轴向悬挂性能。

表2-6-8 隔水管轴向动力分析计算结果（二）（软悬挂）

海况	最大轴向位移幅度（m）	最小有效张力（10⁶N）	最大有效张力（10⁶N）	最大等效应力（MPa）
1年一遇	0.2	0.2	2.25	42
5年一遇	2.5	0.2	2.5	47
10年一遇	3.5	0.2	2.55	47.5
25年一遇	4.5	0.2	2.6	48
50年一遇	5.5	0.2	2.65	49.5
100年一遇	6	0.2	2.7	50
200年一遇	6.3	0.2	2.75	52
500年一遇	7.2	0.2	2.8	53

2.6.3.5 隔水管疲劳损伤分析

在得出隔水管年度波致疲劳损伤和年度疲劳损伤的基础上，可通过简单相加的方法得出隔水管年度疲劳损伤，进而可以得出隔水管疲劳寿命，如图2-6-7所示。隔水管的上部和下部疲劳寿命较短，上部为60年，下部为74年。

2.6.4 HG1井的隔水管系统配置与分析Ⅱ

为了方便工程应用，以在南海深水作业的West Hercules钻井平台为目标平台，对HG1井钻井隔水管进行重新配置，提供备选配置方案。系统分析这种配置的静动态性能、轴向动态响应性能和疲劳性能，并与第一种HG1钻井隔水管配置性能进行对比，综合考虑安全、经济与技术评价两种隔水管配置的性能。

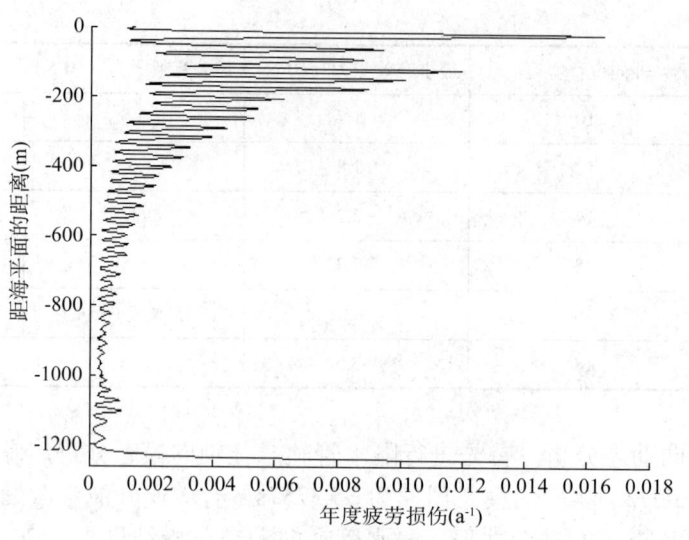

图 2-6-7 隔水管疲劳损伤 I

2.6.4.1 隔水管系统配置 II

参考 West Hercules 平台的隔水管配置进行 HG1 井钻井隔水管系统的第二种配置,隔水管系统与辅助管线的详细信息分别见表 2-6-9、表 2-6-10。

表 2-6-9 隔水管系统描述与重量计算（二）

系统部件	单根数量	单根长度(ft)	外径(in)	内径(in)	拖曳外径(in)	屈服强度(psi)	单根湿重(lbf)	静浮力(lbf)	浮力效率(%)	高度(ft)
单根1	2	75.0	21	$19\frac{1}{4}$	21	80	28262	0	0	4050
单根2	25	75.0	21	$19\frac{1}{4}$	53	80	28262	27347	96.76	3900
单根3	19	75.0	21	$19\frac{1}{4}$	53	80	28262	22667	80.2	2025
单根1	6	75.0	21	$19\frac{1}{4}$	21	80	28262	0	0	600
单根3	2	75.0	21	$19\frac{1}{4}$	53	80	28262	22667	80.2	150

表 2-6-10 隔水管系统外围管线参数（二）

名称	数量	外径（in）	内径（in）	工作压力（psi）	材料
节流管线	1	6.75	4.5	15000	X52, X65, X80
压井管线	1	6.75	4.5	15000	
泥浆增压线	1	5	4	5000	X52, X65
液压管线	2	4.25	3.5	5000	不锈钢

2.6.4.2 隔水管静态分析 II

在 ABAQUS 中建立隔水管静态分析模型,分别进行连接正常钻井和连接非钻井两种状态的静态分析,钻井状态下隔水管静态分析结果见表 2-6-11,连接非钻井工况下静态分析结果参见表 2-6-12。

表 2-6-11 不同重现期下钻井状态隔水管静态分析对比（二）

环境载荷	最大等效应力（MPa）	底部球铰转角（°）
1年一遇	100.89	2.02
5年一遇	113.40	2.0
10年一遇	118.74	1.98
25年一遇	124.25	2.0
50年一遇	128.26	1.99
100年一遇	131.45	1.99
200年一遇	134.87	1.98
500年一遇	139.48	1.98

表 2-6-12 不同重现期下连接非钻井状态隔水管静态分析对比（二）

环境载荷	最大等效应力（MPa）	底部球铰转角（°）
1年一遇	110.42	7.3174
5年一遇	123.57	7.5615
10年一遇	129.35	7.6613
25年一遇	135.56	7.8054
50年一遇	139.93	7.8755
100年一遇	143.67	7.9567
200年一遇	147.44	8.0526
500年一遇	152.16	8.1374

表 2-6-11、表 2-6-12 所示的静态分析结果与第一种隔水管配置的静态分析结果（表 2-6-3、表 2-6-4）对比可知，第一种隔水管配置的静态性能较好，在相同的边界条件和环境载荷下，隔水管应力和底部球铰转角均小于第二种配置的响应。这是由于第一种隔水管配置偏于保守，隔水管壁厚较大。

2.6.4.3 隔水管系统动态响应分析 II

非耦合隔水管系统的动态响应分析结果见表 2-6-13。由表 2-6-13 可知，边界条件越复杂最大 Mises 应力越大；平均偏移越大，底部球铰平均转角越大。四类边界条件下的隔水管最大 Mises 应力和底部球铰平均转角都满足强度要求和角度要求。

表 2-6-13 不同边界条件下的非耦合隔水管系统动态响应分析结果（二）

边界条件类型	平均偏移（m）	最大 Mises 应力（MPa）	底部球铰平均转角（°）
I	0	80	0
II	12.5	93	0.85
	25	95	1.8

续表

边界条件类型	平均偏移（m）	最大 Mises 应力（MPa）	底部球铰平均转角（°）
III	12.5	100	0.85
	25	107	1.8
IV	12.5	101	0.85
	25	108	1.8

钻井船、隔水管与井口耦合的动态响应分析结果见表 2-6-14。由表 2-6-14 可知，四类边界条件下的隔水管最大 Mises 应力和底部球铰平均转角都满足强度要求和角度要求。

表 2-6-14　不同边界条件下的耦合隔水管系统的动态响应分析结果（二）

边界条件类型	平均偏移（m）	最大 Mises 应力（MPa）	底部球铰平均转角（°）
I	0	92	0
II	6.25	93	0.43
III	6.25	97	0.43
IV	6.25	110	0.43

表 2-6-13、表 2-6-14 所示的动态分析结果与第一种隔水管配置的动态分析结果（表 2-6-5、表 2-6-6）对比可知，在相同的边界条件和环境载荷下，第二种隔水管配置的动态响应结果较大，这是由于第二种隔水管壁厚较小，且浮力块外径较大造成的。

2.6.4.4　隔水管轴向性能分析 II

（1）硬悬挂轴向动态分析。首先对隔水管进行硬悬挂轴向模态分析，得出隔水管轴向一阶固有频率为 0.46798Hz，相应的模态周期为 2.1368s。就一般的波浪周期而言，其值小于波浪周期，即避开波浪激发频率，从而有效防止隔水管在悬挂状态下的轴向共振。隔水管轴向动态分析结果见表 2-6-15。由表 2-6-15 可知，随着海况恶劣程度的增加，隔水管轴向振动范围、最大有效张力、最大等效应力都增大，在此种配置下从 5 年一遇的海况开始就出现轴向动态压缩。

表 2-6-15　隔水管轴向动力分析计算结果（一）（硬悬挂）

海况	最大轴向位移幅度（m）	最小有效张力（10^6N）	最大有效张力（10^6N）	最大等效应力（MPa）
1 年一遇	2	0.2	4.4	115
5 年一遇	8	−0.2	6.5	170
10 年一遇	10	−0.4	6.7	175
25 年一遇	12	−0.8	7.1	180
50 年一遇	14	−1.3	7.5	200
100 年一遇	15.5	−1.5	8	215
200 年一遇	16.5	−1.6	8.2	225
500 年一遇	18	−2.4	8.8	233

此种隔水管配置的硬悬挂性能与表 2-6-7 所示的隔水管硬悬挂性能相比可知，这种配置的轴向位移幅度、最大有效张力和最大等效应力大于第一种隔水管配置相应的响应参数，但是其最小有效张力较大。即第二种配置增大了对悬挂梁承载能力的要求，减小了隔水管强度安全余量，但是提高了抵抗轴向压缩性能。

（2）软悬挂轴向动态分析。进行隔水管软悬挂轴向模态分析，得出隔水管第一阶模态频率为 0.028420Hz，相应的模态周期为 35.1865s，有效避开波浪激发频率，从而有效防止在悬挂状态下的轴向共振。隔水管轴向动态分析结果见表 2-6-16。由表 2-6-16 可知，随着海况恶劣程度的增加，隔水管轴向振动范围、最大有效张力、最大等效应力都增大，隔水管未出现轴向压缩且满足强度要求，由此可知，软悬挂比硬悬挂可以有效减小轴向振动，大大提高隔水管轴向悬挂性能。

表 2-6-16　隔水管轴向动力分析计算结果（二）（软悬挂）

海况	最大轴向位移幅度 (m)	最小有效张力 (10^6N)	最大有效张力 (10^6N)	最大等效应力 (MPa)
1 年一遇	0.4	0.3	3.5	86
5 年一遇	2.8	0.3	3.7	93
10 年一遇	3.6	0.3	3.75	94
25 年一遇	4.6	0.3	3.8	95
50 年一遇	5.6	0.3	3.85	97
100 年一遇	6.1	0.3	3.9	99
200 年一遇	6.4	0.3	4.0	100.5
500 年一遇	7.4	0.3	4.05	102

此种隔水管配置的软悬挂性能与表 2-6-8 所示的隔水管软悬挂性能相比可知，两种隔水管配置的轴向性能对比结果与硬悬挂完全相同。

2.6.4.5　隔水管疲劳损伤分析 II

在得出隔水管年度波致疲劳损伤和年度疲劳损伤的基础上，可通过简单相加的方法得出隔水管年度疲劳损伤，进而可以得出隔水管疲劳寿命，如图 2-6-8 所示。隔水管的上部和下部疲劳寿命较短，上部第一个隔水管单元年度疲劳损伤为 0.0018，相应的疲劳寿命为 55.6 年；下部靠近球铰的隔水管单元年度疲劳损伤为 0.0237，相应的疲劳寿命为 4.2 年。

图 2-6-8 所示的结果与图 2-6-7 所示的结果比较可知，第二种隔水管配置的疲劳性能较差，主要体现在抗涡激疲劳性能上。上部第一个隔水管单元的疲劳损伤主要受波致疲劳影响，与第一种配置的波致疲劳损伤相近，只相差 4.4 年。下部靠近球铰的隔水管单元损伤主要受涡激振动影响，由于第二种配置浮力块外径较大，导致隔水管最大疲劳损伤较大，近球铰单元的疲劳寿命为 4.2 年，满足系统作业安全性要求。

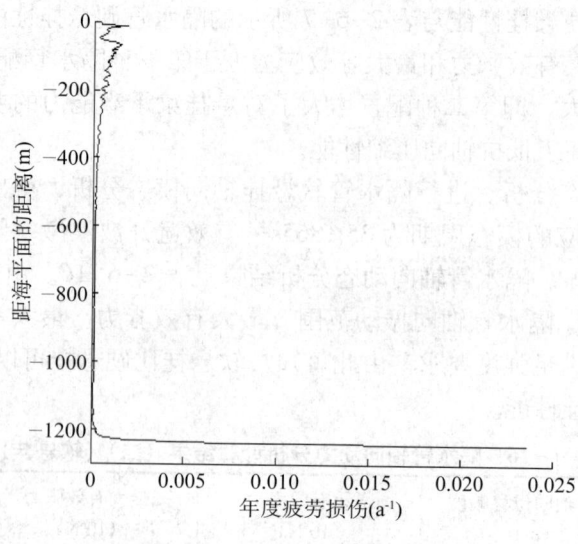

图 2-6-8 隔水管疲劳损伤 Ⅱ

参 考 文 献

[1] 陈国明,畅元江,孙友义,等.面向南海的深水钻井隔水管关键技术研究 [C].中国科协青年科学家论坛"南海深海油气田开发的关键工程与基础科学问题",2008.

[2] Chang Yuanjiang, Chen Guoming, Sun Youyi, et al. Nonlinear Dynamic Analysis of Deepwater Drilling Risers Subjected to Random Loads [J]. China Ocean Engineering., 2008, 22 (4): 683-691.

[3] 孙友义,陈国明.超深水钻井系统隔水管波致疲劳研究 [J].石油学报,2009,29 (3): 146-151.

[4] 盛磊祥,陈国明.螺旋列板绕流流场 CFD 分析 [J].中国造船,2010,51 (1): 78-83.

[5] 孙友义,陈国明,畅元江,等.基于涡激抑制的隔水管浮力块分布方案优化 [J].中国石油大学学报:自然科学版,2009,33 (3): 123-127.

[6] 彭朋,陈国明,畅元江.深水环境下腐蚀隔水管涡激疲劳可靠性评价 [J].中国石油大学学报:自然科学版,2009,33 (3): 138-142.

[7] 畅元江,陈国明,孙友义,等.深水钻井隔水管的准静态非线性分析 [J].中国石油大学学报:自然科学版,2008,32 (3): 114-118.

[8] 孙友义,陈国明,畅元江.深水铝合金隔水管涡激振动疲劳特性研究 [J].中国石油大学学报:自然科学版,2008,32 (1): 100-104.

[9] 畅元江,陈国明,许亮斌.导向架隔水管在波流联合作用下的非线性动力响应 [J].中国石油大学学报:自然科学版,2006,30 (5): 74-77,83.

[10] 鞠少栋,陈国明,盛磊祥.基于 CFD 的深水隔水管螺旋列板几何参数优选 [J].中国石油大学学报:自然科学版,2010,34 (2): 110-113.

[11] 孙友义,陈国明,金辉,等.Coupled System Analysis for a Deepwater Drilling Riser [J].船舶力学,2009 (03): 369-377.

[12] Chang Yuanjiang, Chen Guoming. Theoretical Investigation and Numerical Simulation of Dynamic Analysis for Ultra-deepwater Drilling Risers [J]．船舶力学,．2010, 14 (6)：596-605．

[13] 畅元江, 陈国明．深水钻井隔水管系统设计影响因素 [J]．石油勘探与开发, 2009, 36 (4)：523-528．

[14] 彭朋, 陈国明．海洋隔水管适用性评价技术研究 [J]．石油机械, 2008, 36 (5)：11-14．

[15] 鞠少栋, 陈国明, 盛磊祥．波状圆柱绕流流场 CFD 分析 [J]．石油机械, 2009, 37 (3)：35-37．

[16] 畅元江, 陈国明, 刘健．深水钻井隔水管的波致长期疲劳 [J]．机械强度, 2009, 31 (5)：797-802．

[17] 彭朋, 陈国明．深水钻井隔水管多模式损伤评估 [J]．石油矿场机械, 2009, 38 (7)：10-14．

[18] 畅元江, 陈国明, 许亮斌, 等．深水顶部张紧钻井隔水管的非线性静力分析 [J]．中国海上油气, 2007, 19 (3)：203-207．

[19] 孙友义, 陈国明, 畅元江．下放或回收作业状态下超深水钻井隔水管轴向动力分析 [J]．中国海上油气, 2009, 21 (2)：116-119．

[20] 彭朋, 陈国明, 畅元江．深水钻井隔水管涡致疲劳监测传感器位置优化 [J]．中国海上油气, 2009, 21 (3)：204-206, 214．

[21] 孙友义, 陈国明, 畅元江, 等．超深水隔水管悬挂动力分析与避台策略探讨 [J]．中国海洋平台, 2009, 24 (2)：29-32．

[22] 盛磊祥, 陈国明, 许亮斌．减振器绕流流场 CFD 分析 [J] //2007 年度海洋工程学术会议论文集．中国造船, 2007, 48 (B11)：475-480．

[23] 孙友义 陈国明．基于风险增强的钻井隔水管 VIV 疲劳评估 [J] //2008 年度海洋工程学术会议论文集．中国造船, 2008, 49 (增刊)：415-420．

[24] 彭朋, 陈国明．深水钻井隔水管磨损评估及保护措施分析 [J] //2008 年度海洋工程学术会议论文集．中国造船, 2008, 49 (增刊)：427-432．

[25] 王腾, 孙宝江．深水喷射井口结构套管水平承载力 [J]．中国石油大学学报：自然科学版, 2008, 32 (5)：50-53．

[26] 王腾, 张修占, 朱为全．平台运动下深水钻井隔水管非线性动力响应研究 [J]．海洋工程, 2008, 26 (3)：21-26．

[27] 张炜, 范春英, 王娜．深水钻井隔水管漂浮减重技术 [J]．石油机械, 2010, 38 (5)：23-26．

[28] 张炜, 高德利, 范春英．钻井隔水管挤毁分析 [J]．钻采工艺, 2010, 33 (4)：74-76．

[29] 张炜, 高德利．深水钻井隔水管脱开模式下纵向动态行为研究 [J]．石油钻探技术, 2010, 38 (4)：7-9．

[30] 王建军, 林凯, 宫少涛, 等．海洋深水钻井隔水管材料性能标准研究 [J]．天然气工业, 2010, 30 (4)：84-86．

[31] 张炜，高德利．深水钻井隔水管纵向振动固有频率计算［C］．全国石油工程理论与技术论坛论文集，2009：293-297．

[32] Zhang Wei, Gao Deli. Natural Frequencies Analysis of Hyperstatic Integration Marine Dilling Riser [C]. CPS/SPE 131166, 2010.

[33] Howard Cook. Risers：A Key Challenge for Deepwater Developments [C]. SPE Distinguished Lecturer Series, 2004.

[34] DNV-RP-F206 Det Norske Veritas. Riser Integrity Management -Recommended Practice [S]. 2008.

[35] Mat Podskarbi, Dave Walters. Integrated Aproach to Rser Dsign and Integrity Monitoring [C]. International Offshore Pipeline Forum (IOPF) 2006, IOPF2006-004, 2006.

[36] Thethi R, Howells H, Natarajan S, et al. A Fatigue Monitoring Strategy and Implementation on a Deepwater Top Tensioned Riser [C]. Offshore Technology Conference, paper 17248. Houston, TX, U.S.A., 2005.

[37] Haibo Chen, Torgeir Moan, Harry Verhoeven. Safety of Dynamic Positioning Operations on Mobile Offshore Drilling Units [J]. Reliab Eng and Syst Safety (2007), doi：10.1016/j.ress.2007.04.003.

[38] Leira B J, Meling T S, Larsen C M, et al. Assessment of Fatigue Safety Factors for Deep-water Risers in Relation to VIV [J]. Journal of Offshore Mechanics and Arctic Engineering, 2005, 127：353-358.

[39] Dixon M, Charlesworth D. Application of CFD for Vortex-induced Vibration Analysis of Marine Risers in Projects [C]. OTC 18348, 2006.

[40] Tognarelli M A, Taggart S, Campbell M. Actual VIV Fatigue Response of Full Scale drilling Risers：with and without Suppression Devices [C]. Proceedings of the ASME 27th International Conference on Offshore Mechanics and Arctic Engineering, Estoril, Portugal, 2008.

[41] Samuel Holmes, Owen H Oakley, Yiannis Constantinides. Simulation of Riser VIV Using Fully Three Dimentional CFD Simulations [C]. Hamburg：2006.

[42] Akers TJ. Jetting of Structural Casing in Deepwater Environments：Job Design and Operational Practises [C]. SPE 102378, 2006：1-15.

[43] Edward Leon Hajduk. Full Scale Field Testing Examination of Pile Capacity Gain With Time. University of Massachusetts Lowell, 2006.

第3章 深水钻井钻井液与固井工艺

3.1 概述

3.1.1 存在的主要问题

随着海洋油气产量,特别是深水油气产量的不断增加,油气勘探作业逐渐由滨海向海洋深水区域转移,目前世界上深水钻井最活跃的地区主要包括墨西哥湾、西非、挪威和巴西等海域。

深海钻井作业相对陆上更加复杂,不利因素也更多,总的来说深水钻井液、固井面临的主要困难有以下几点:

(1) 低温流变性差。海底的温度(即使是在热带)一般在 2~5℃左右,在有些地区温度可达 -3℃。海水低温使钻井液增稠、黏切升高,给深水钻井带来很多问题:

①压力传导系数降低,井控更加困难;

②钻井液循环压耗增大,液柱压力升高,易超出本已较窄的安全密度窗口,使井壁稳定性更加恶化;

③钻井液顶替效率下降,固井质量难以保证;

④低温高压下的钻井液中易形成天然气水合物;

⑤延缓了水泥的水化,影响了水泥抗压强度的发展,不能有效抵御流体的侵入并保证后续作业的顺利进行。

(2) 浅层气与水合物的危害。深水钻井遇到的主要问题之一是浅层含气砂岩引起生成的气体水合物。气体水合物是在适当温度和压力条件下水分子以氢键相连,形成笼型结构,气体分子被包被其中而形成的类似于冰的固体物质,可稳定存在于低温、高压条件下。

水合物一旦在钻井液循环管线中生成,即可堵塞气管、导管、隔水管和海底防喷器(BOP)等,从而造成严重的事故,并且一旦形成水合物堵塞,则很难清除。另外,$1m^3$ 的天然气水合物在分解(或融解)时,可以产生约 $170m^3$ 的天然气及一定量的水,这种天然气(当然也可能还有其他气体)的大量释放,可引起管道爆裂,对海洋石油钻井及相关工程带来的危害则更大。

(3) 井壁稳定性差。河水和海水携带的细小沉积物离海岸越远沉积物就越细小,在深水区中,由于沉积速度、压实方式以及含水量的不同,海底页岩一般活性很大、欠压实,存在浅层流、浅层气以及浅层气与水形成的气体水合物等。胶结性较差,易于垮塌、膨胀和分散,导致过量的固相或细颗粒分散在钻井液中,造成钻井液的黏度、切力的增加,加上深水低温导致的钻井液黏切的增加,使钻井液流变性变差,流动阻力增加,造成本身安全密度窗口就比较窄的浅部地层十分容易垮塌。

(4) 钻井液用量大。深水钻井作业中的钻井液用量要远远大于其他同样深度但钻井条件不同的井，因为海洋钻井需要采用隔水管，隔水管体积一般可高达 1500m³ 以上，加上平台钻井液系统，所以钻井液需用量要大得多。钻井中为了避免复杂情况的发生，一般多下几层套管，因此所需的井眼直径也相应增大。深水钻井时应配备 3 台高频振动筛，以及大流量的除砂器和除泥器等固控设备，在非加重的钻井液中，固相的有效清除率应大于 75%，将钻井液中的钻屑含量控制在适当的范围内，可节省大量的钻井液费用。

(5) 地层破裂压力窗口窄。地层破裂压力窗口窄，即地层孔隙压力和破裂压力的间隙很小，很难控制钻井液密度安全钻过地层。如果深水钻井所用的钻井液密度太小，钻井液柱压力小于地层孔隙压力，将导致地层流体侵入井眼，带来一系列的井控问题；如果钻井液密度太大，钻井液柱压力超过地层破裂压力，将导致地层压裂、坍塌，从而出现卡钻、井径扩大、钻井液漏失、洗井困难等问题，使钻井作业十分困难。20 世纪 90 年代在国外发展起来的双梯度钻井技术，可较好地解决此类深水钻井复杂问题。

固井时地层易压漏。海底以下 1000m 的地层从地质年代来讲通常相对较新，胶结差。这些地层大部分是大陆架的侵蚀物，地质疏松，而且在上部蕴藏着丰富的天然气水合物与天然气，地质特点是孔隙压力高，而破裂压力较低，因此固井时易发生漏失，在深海固井时通常要求使用低密度水泥浆，水泥浆密度在 1.32 ~ 1.56g/cm³，低温下低密度水泥浆强度的发展会更慢、防窜性能较差。

(6) 井眼清洗困难。井眼净化直接影响着钻进效率、井身质量及钻进安全等重要问题，但在深水钻井时，由于开孔直径、套管和隔水管的直径都比较大，如果钻井液流速不足，就难以达到清洗井眼的目的。因此，对钻井液清洗井眼的能力提出高要求，一般采用稠浆清洗、稀浆清洗、联合清洗、增加低剪切速率黏度，以及有规律地短程起下钻等方法，均有助于钻井过程中钻屑的清除。使用与钻井过程中钻井液黏度不同的钻井液清除钻屑效果较明显，比如使用稀浆钻进，稠浆清洗钻屑。

(7) 存在温度场的演变。水泥浆从施工到凝结存在温度的变化，水泥浆的循环温度与海水的温度剖面、海流、排量等因素有关；在顶替结束后，环空中的温度与地层温度、导热系数、环空容量及水泥的水化热等因素相关。而水泥浆的凝结时间与强度的发展在 0 ~ 15℃ 的范围内非常敏感，实验温度设定的过低会严重影响水泥浆的强度发展与抗窜能力，如果实验温度设定的过高，会影响固井施工安全性，因此精确地了解水泥浆在泵送及凝固过程中温度的变化情况，可以大大优化水泥浆的设计和施工。

(8) 水泥胶结强度与长期稳定性。由于水泥环需要支撑表层套管及隔水管的重量，要求水泥不仅要有较高的早期强度，还要有高的后期抗压强度、胶结强度，同时由于海水流的影响，上部导管会产生晃动，对水泥环产生冲击，对水泥环的韧性方面提出了更高的要求。同时在油气井投入生产后，整个井下温度场发生了很大的变化，对水泥石的胶结强度会产生影响，影响油井寿命。同时由于浅层流的存在，对水泥石有侵蚀作用，海水中的无机盐离子对水泥石的影响也有待研究。因此应当准确预测井底的温度以及生产时的温度场情况，研究水泥石长期强度。

(9) 顶替差。由于存在环空尺寸大、破裂压力和孔隙压力"窗口"小、低温井下泥浆性能与地表差别较大等情况，使顶替速度和顶替效率较低。

3.1.2 国外研究进展

目前国外比较通用的方法就是在深水钻井作业过程中使用高含盐的钻井液体系,这种体系一般可以使形成气体水合物的温度比采用淡水泥浆时低 2.2～3.9℃。另外,为了进一步降低形成天然气水合物的可能性,也可以在钻井液中加入一定量的醇类物质,这样可以使形成气体水合物的温度再降低 9.4～12.5℃。通过这些措施,最终可以使形成气体水合物的温度总共降低 11.6～17℃(一定压力条件下)。

在深水低温条件下,散热系数小、滤失量低、黏度大的钻井液是最有效的。向低温钻井液中添加不同聚合物(水解聚丙烯腈、聚丙烯酰胺、羧基甲基纤维素、聚乙烯氧化物等),可以使其黏度变大,滤失量减小,从而达到上述性能。

为降低钻井液和钻孔周围岩层的热交换系数,必须调整流程参数,其中包括调整流态和决定钻井液热物理性能和润滑性能的物理化学成分。通过添加少量的聚氧乙烯或巴西树脂型聚合物,可以使相遇液流间的相互作用明显降低。这些聚合物的大分子明显降低了钻井液的涡流性,使得液流间的热交换强度也减少了许多倍,同时还降低了液体摩擦功上的消耗。通过增大冲洗液量和改变其冷却条件来调整钻进规程参数(转速和钻压)时,往钻井液中加入有机和润滑添加剂,便具有重要的意义。为了保证正常钻井,防止井壁解冻坍塌,降低钻井液的冰点非常重要。为了降低洗井液的冰点,可以使用 NaCl,KCl,$CaCl_2$ 和 Na_2CO_3 等。钻井液加有机添加剂时,易使用无机盐作防冻剂。为了得到低温钻井液,适用下列有机添加剂非常有效:乙醇、丙三醇、乙烯乙二醇、聚乙烯乙二醇和表面活性剂。

(1)深水钻井液技术要求。深水钻井面临的问题给钻井工作带来了诸多困难,同时对深水钻井液技术提出了更高的要求。用于这种特殊环境下的钻井液体系必须能够解决以下几个问题:

①在低温下具有良好的流变特性,保持与常温条件下的流变性差别不大;

②能够有效地抑制气体水合物的产生;

③具有良好的页岩稳定性,能有效稳定弱胶结地层;

④在大直径井眼(尤其是大位移井)中应具有良好的悬浮和清除钻屑能力;

⑤能够满足环保的要求;

⑥综合成本尽可能低。

(2)国外深水钻井液体系。目前深水钻井液体系主要有:高盐/木质素磺酸盐钻井液体系、高盐/PHPA(部分水解聚丙烯酰胺)聚合物/聚合醇钻井液体系、油基钻井液体系以及合成基钻井液体系等。其中,最常用的钻井液体系有高盐/PHPA 聚合物/聚合醇钻井液体系以及合成基钻井液体系。

①高盐/PHPA 聚合物钻井液体系。高盐/PHPA 聚合物钻井液体系在 pH 值为中性时抑制岩屑效果最好,盐度可以达到饱和,在高盐环境下其使用效果最好。使用这种高盐/PHPA 钻井液体系也可以初步抑制气体水合物。不过,为了更好地抑制水合物及页岩,建议将聚合醇添加到这种钻井液体系中。维持 pH 值呈中性,可以减少 OH^- 对页岩的分散作用,而钻井液的结构黏度又可以减少对井眼的水力冲蚀。

该钻井液体系具有良好的剪切稀释性,这种良好的剪切稀释性有助于提高机械钻速。该体系 LC_{50}(半致死率浓度)值超过了一百万,能够很好地满足环保要求。但是,由于该体系中含有高浓度的盐类，因此该钻井液体系无法获得低于 1.198g／cm³ 的密度。使用高盐／PHPA 聚合物钻井液体系主要有如下优点：①生物毒性低；②相对较快的生物降解性能；③能够有效抑制气体水合物的生成。

但是，在使用该钻井液体系时，为了确保井眼清洁，并维护钻井液性能，必须经常进行短程的起下钻，这将很大程度上减慢钻速，大大增加钻井时间，从而加大了钻井的成本。

②合成基钻井液体系。在墨西哥海湾深水地区的小井眼侧钻超深井中，成功地应用了合成基钻井液体系。在该深水区钻井时，最初选用的是盐水／淀粉／浊点聚合醇水基钻井液体系，可是井下条件恶化并且发生了压差卡钻，因此最后选用了合成基钻井液体系，才顺利完成了钻井作业。这种钻井液体系的综合性能要优于水基钻井液体系和油包水钻井液体系。典型的水基钻井液体系的塑性黏度、热膨胀和压缩性均比常规的原油和合成基钻井液体系低，虽然其当量循环密度（ECD）降低，但是，相应的钻具提放阻力大、扭矩高。对于柴油基、水包油钻井液体系，由于其比矿物油或合成基钻井液体系更易于压缩，所以也不适合深水钻井作业。而矿物油钻井液体系，若能保证零排放和零处理，其每桶费用要比使用合成基体系的低，但是当停钻时，驱替留在井眼里的矿物油基钻井液体系而造成污染的风险是不可接受的。合成基钻井液体系具有合适的流变性，能够满足井眼和钻井隔水管之间温差的巨大变化，在深水钻井甚至是在进行小井眼侧钻这样的复杂井时，都表现出了很好的效果。因为合成基钻井液体系的流变性随给定井下条件的不同而变化很大，所以准确地预测钻井液水力状况和当量循环密度对成功完成深水钻井作业非常重要。

使用合成基钻井液主要有以下几方面优点：钻速快、抑制性好、优异的钻屑悬浮能力、好的润滑性、井壁稳定、降低压差卡钻的发生率、性能稳定、便于调控。

可是，使用合成基钻井液也存在着一定的局限性，主要表现在：本身成本相对较高、影响地层评价等。

使用合成基钻井液可以减少事故的出现率，在 1996—1997 年，阿莫科公司的深水钻井，使用合成基钻井液可以使事故时间缩短 69%，从而大大减少了钻井时间，尽管与水基钻井液相比，其本身的成本高，但是综合计算后，仍然能够降低钻井综合成本达 55%，钻速提高率高达 70%。

（3）国外深水固井技术。深水固井技术方面，国外研究较多，国内这方面的研究鲜见报道。深水固井最大难点是低温下油井水泥的水化速度受到很大的抑制，强度发展缓慢。因此如何提高水泥浆在深水低温条件下的性能，促进水泥抗压强度的较快发展，引起大家的高度重视。

针对低温下水泥浆强度发展缓慢，目前国外已开发和应用了多种水泥浆技术，主要有：

① Schlumberger 公司的 PSD 水泥浆技术。PSD 水泥浆体系在加蓬第一次作业，封固 122m 的 ϕ762mm 导管，水泥浆密度 1.5g/cm³，该探井水深约 700m，水泥浆抗压强度在 11℃的模拟温度下 16h 达到 3.5MPa，施工顺利，返出正常，按预想时间释放导管，未发现管子活动，比同等情况下使用常规水泥至少节约了 6～8h。

② Halliburton 公司开发出的一种适合于导管固井的技术。它把水泥分成粗细两种，相对较粗的水硬性水泥最大颗粒尺寸约为 118μm，比表面积约为 2800cm²/g；超细颗粒的水硬性水泥最大颗粒尺寸约为 15μm，比表面积约为 12000cm²/g，其加量可以是粗颗粒水泥重量

的 5%～150%。当用波特兰水泥做粗颗粒水硬性水泥时，密度大于或等于 1.68g/cm³ 时，用 H 级水泥；低于这个密度用 A 级水泥。该体系的密度可以在 1.32～1.86g/cm³ 之间。

③ B.J 公司的充气水泥浆体系 DeepSet™ Slurry。该水泥浆体系具有短的过渡时间和较好的强度发展，密度可在 1.1～1.7g/cm³ 之间调节；具有优良的长期密封能力；但是该项技术的推广应用受到了一定的阻碍，主要是因为：a. 在钻井平台上需要增加一些复杂的装置及设备；b. 与许多常规水泥添加剂体系不相容；c. 成本较高。目前国内缺乏对深水固井水泥浆的研究。国内方面，长江大学许明标等研究了化学发泡气体充填与固体充填减轻制备的低密度低温深水水泥浆。但与国外相比，还有一定的差距。

这些水泥浆体系都在一定程度解决了深水固井水泥浆的低温强度发展缓慢的问题，但是对于水泥环与套管的胶结强度，水泥石的韧性方面都缺乏研究，水泥石的长期稳定方面也未能展开研究。

针对低温对水泥浆流变性的影响的问题，目前国内外尚缺乏研究。水泥浆流变性直接影响着注水泥过程的成败，因此对此需要研究深水低温对水泥浆流变性能的影响和调整技术。

3.2　大直径隔水管携岩水力学及携岩能力

在深水钻井过程中，钻井液从套管环空返至隔水管环形空间时，大直径隔水管尺寸比表层套管的尺寸要大很多，环空截面显著增加，导致钻井液返速降低，举升效率下降，携岩效果变差，甚至不能满足深水钻进的要求。另外，深水钻井时，钻井液可选的密度窗口非常小，对依靠单一钻井液性能的改变，提高钻井泵的排量等措施在经济、技术上不太现实。需要从隔水管底部注入钻井液，提高隔水管钻井液排量，以解决大直径隔水管携岩与深水窄钻井液密度窗口的问题。

3.2.1　钻井液水力学和携岩性能研究

通过系统分析颗粒在液体中的阻力和升力，以满足大直径隔水管内携岩能力为准则，得到钻井液最优环空返速计算公式，确定合理的环空返速度范围。

（1）钻井液环空携岩能力及井眼净化的基本标准。钻井液的环空携岩能力或井眼净化能力，指的是环空岩屑的运移效率。一般要求钻井液的环空携岩能力 E_t 不小于 50%，岩屑的运移效率计算公式为：

$$E_t = \frac{v_t}{v_a} \times 100\% = \left(1 - \frac{v_s}{v_a}\right) \times 100\% \tag{3-2-1}$$

式中：v_t 为岩屑的环空返速，m/s；v_s 为岩屑的下沉速度，m/s；v_a 为钻井液环空返速，m/s；E_t 为岩屑运移效率，无因次；

这意味着岩屑在环空中下沉的速度不大于钻井液上返速度的一半，这样才能保证环空中岩屑的浓度不会继续增大，可以满足净化井眼的需要。

（2）排量的计算。

①岩屑的下沉速度。所设计的排量必须既能满足有效地携带钻屑所需的环空上返速度和冷却钻头切削齿、清洁井底的需要，又要能保证井壁稳定。钻井液能否顺利地将大部分岩屑携带至地面，是关系到钻进速度快慢、井眼稳定和井身质量好坏的一个重要问题。下面给出的是层流和紊流状态下岩屑下沉速度的计算方法：

层流条件下

$$v_s = 0.0203\tau_p \left(\frac{v_p d_o}{\sqrt{\rho}}\right)^{1/2} \tag{3-2-2}$$

紊流条件下

$$v_s = \frac{0.277 \times \tau_p}{\sqrt{\rho}} \tag{3-2-3}$$

式中：τ_p 为岩屑的剪切应力，Pa；v_p 为岩屑的剪切速率，s^{-1}；d_o 为岩屑的直径，mm；ρ 为钻井液密度，g/cm^3。

②满足正常钻进的主井筒排量计算。在中国的海洋石油钻井中，311.1mm 和 215.9mm 井眼的环空上返速度分别是 0.6～0.8m／s 和 1.0～1.5m／s，即能满足需要。根据井眼净化标准计算出满足主井筒携岩要求的环空上返速度并与以上最低要求的环空上返速度比较，选择环空返速较大的值，作为主井筒最低环空。

$$Q_1 = 2v_s \cdot S_1 \tag{3-2-4}$$

式中：Q_1 为主井筒排量；S_1 为主井筒环空截面积。

满足隔水管携岩要求的总排量的计算，有：

$$Q = 2v_s \cdot S \tag{3-2-5}$$

式中：Q 为满足隔水管携岩的总排量；S 为隔水管环空截面积。

③增压管线排量计算。当计算出满足主井筒正常钻进的排量和隔水管携岩要求的总排量后，有：

$$Q_2 = Q - Q_1 \tag{3-2-6}$$

式中：Q_2 为增压管线排量。

（3）环空流态稳定参数 Z 值与井底压力的计算。

①环空的钻井液流态确定及压耗计算。

a. 环空内钻井液的平均流速：

$$v_a = \frac{Q}{(D_h^2 - D_p^2) \times 2.448} \tag{3-2-7}$$

式中：D_h 为井眼直径或套管内径，mm；D_p 为钻具外径，mm。

b. 环空内钻井液的临界流速：

$$v_{ac} = \frac{1.08 \times PV \times 1.08\sqrt{PV^2 + 12.34 \times d^2 \times YP \times \rho}}{\rho \times d} \tag{3-2-8}$$

式中：v_{ac} 为环空内钻井液的临界流速，m/s；PV 为钻井液的塑性黏度，mPa·s；YP 为钻井液的屈服值，Pa；

c. 如果 $v_a \leq v_{ac}$，则环空流态为层流，环空压耗为：

$$p_a = \frac{L \times YP}{225(D_h - D_p)} + \frac{v_a \times L \times PV}{1000(D_h - D_p)^2} \tag{3-2-9}$$

d. 如果 $v_a > v_{ac}$，则环空流态为紊流，环空压耗为：

$$p_p = \frac{0.0000765 \times PV^{0.18} \times \rho^{0.82} \times Q^{1.82} \times L}{(D_h - D_p)^3 \times (D_h - D_p)^{1.82}} \tag{3-2-10}$$

式（3-2-9）和式（3-2-10）中：p_a 为层流时的环空压耗，MPa；p_p 为紊流时的环空压耗，MPa；L 为某一相同钻具外径和井眼直径段的长度，m；

② 用环空流态稳定参数 Z 值判别环空流态，Z 的计算方法为：

$$Z = 808 \times \left(\frac{v_a}{v_c}\right)^{2-n_a} \tag{3-2-11}$$

式中：Z 为环空流态稳定参数，无因次；n_a 为环空的流性指数，无因次；v_a 为环空流速，m/s；v_c 为环空临界流速，m/s。若 $Z > 808$，环空流态为紊流；若 $Z \leq 808$，环空流态为层流。

Z 值只适用于判别环空的流态，对钻具内的流态却不能用它来判别。另外，Z 值更重要的意义在于它能反映钻井液对井壁的冲刷作用。

（4）井底压力计算。注入同一密度的钻井液时，井底压力 p_1

$$p_1 = p_h + p_a + p_p \tag{3-2-12}$$

式中：p_1 为井底压力；p_h 为静液柱压力；p_a 为层流各段环空中压耗总和；p_p 为紊流各段环空中压耗总和。

在携岩计算过程中应保证，井底压力低于该处的地层破裂压力。

3.2.2 钻井液悬浮性能研究

优选出两套钻井液体系配方，利用石英砂进行悬浮实验。1# 配方：海水 +0.3%ZNJ-3+3%SDN-1+25%NaCl；2# 配方：海水基浆 +0.4%ZNJ-1+0.4%LV-CMC+0.1%ZNJ-3+3%SD-202+3%SD-102+1.5%DY-115%NaCl+10% 乙二醇。悬浮实验结果见表 3-2-1。

表 3-2-1　深水钻井液悬浮岩屑实验结果

石英砂粒度（目）	配方	悬浮率（%）							
		5min	15min	30min	60min	5h	1d	3d	7d
<120	1#	99.8	99.6	99.6	100.0	99.8	99.7	99.3	99.3
	2#	100.0	99.8	99.8	99.7	99.3	99.9	99.4	99.4
80~120	1#	98.6	97.3	97.5	97.1	97.2	97.3	96.9	96.9
	2#	99.8	99.6	99.6	100.0	99.8	99.7	99.3	99.3

续表

石英砂粒度（目）	配方	悬浮率（%）							
		5min	15min	30min	60min	5h	1d	3d	7d
60~80	1#	92.9	91.8	91.2	91.1	91.0	91.3	90.7	90.8
	2#	99.8	99.6	99.6	100.1	99.8	99.7	99.3	99.3
40~60	1#	80.1	66.8	54.2	54.4	54.8	54.2	55.6	54.3
	2#	92.9	85.8	77.8	77.7	78.3	77.5	78.0	77.2
20~40	1#	36.9	28.4	27.9	27.7	29.1	28.6	27.3	27.7
	2#	80.3	62.2	56.4	55.0	55.8	55.9	55.6	54.7

深水钻井液悬浮性能实验结果表明，钻井液最优悬浮颗粒粒径介于60~80目。

3.2.3 钻井液排量与流变参数的优选

(1) 不需要开增压管线的判断条件。海洋深水钻井过程中，当同时满足以下5个条件时，才可以满足岩屑的正常运移，即不需要增压管线的辅助便能正常钻进：

①条件1：环空携岩能力$E_t \geqslant 50\%$。钻井液的环空携岩能力或井眼净化能力，指的是环空岩屑的运移效率。一般要求钻井液的环空携岩能力$E_t \geqslant 50\%$，这意味着岩屑在环空中下沉的速度小于或等于钻井液上返速度的一半，这样才能保证环空中岩屑的浓度不会继续增大，可以满足净化井眼的需要。

②条件2：井眼稳定参数Z值。Z值不仅可以用来判别环空中钻井液的流态，更重要的还在于它能反映出钻井液对井壁冲刷的严重程度。用Z值来判断液流是否会对井壁产生严重的冲刷，是通过统计分析的方法，根据已钻井的资料，统计出不同流速和钻井液性能对井壁的冲刷作用，从而得出某一地区的某一井段或地层的临界Z值。利用钻井数据库，可以方便地找出各地区、各层段的裸眼稳定参数Z值。

要注意的是，判断层流和紊流的临界Z值是808，它与井眼稳定的临界Z值差别是较大的，一定要区别开来。

③条件3：静液柱压力与环空摩阻压力之和（即总排量）应该介于薄弱地层的破裂压力与孔隙压力之间。静液柱压力与环空摩阻压力之和（即总排量）大于薄弱地层的破裂压力会压漏地层，而小于空隙压力则会发生井涌。

④条件4：环空中岩屑浓度$C_a < 9\%$。如果环空中岩屑的浓度过高，就会发生堵塞现象，导致泵压升高，悬重下降，容易出现卡钻事故。为了控制环空岩屑的浓度，有时要有意识地控制机械钻速。在上部地层或松软、可钻性很好的地层，如果机械钻速过高，岩屑量大，就有可能使环空中的岩屑浓度过大。

⑤条件5：环空内压力小于隔水管内屈服压力。当隔水管内的压力大于隔水管内屈服压力时，岩屑运移的环形空间将被破坏，无法完成。

根据上述5个约束条件来进行钻井液排量与流变参数的优选，就可以使钻井液满足安全、优质、稳定、快速地钻井的需要。

根据上述的几个约束条件，按照如图3-2-1所示的计算流程进行计算，从而确定增压管线辅助大直径隔水管内的携岩的各项技术参数。

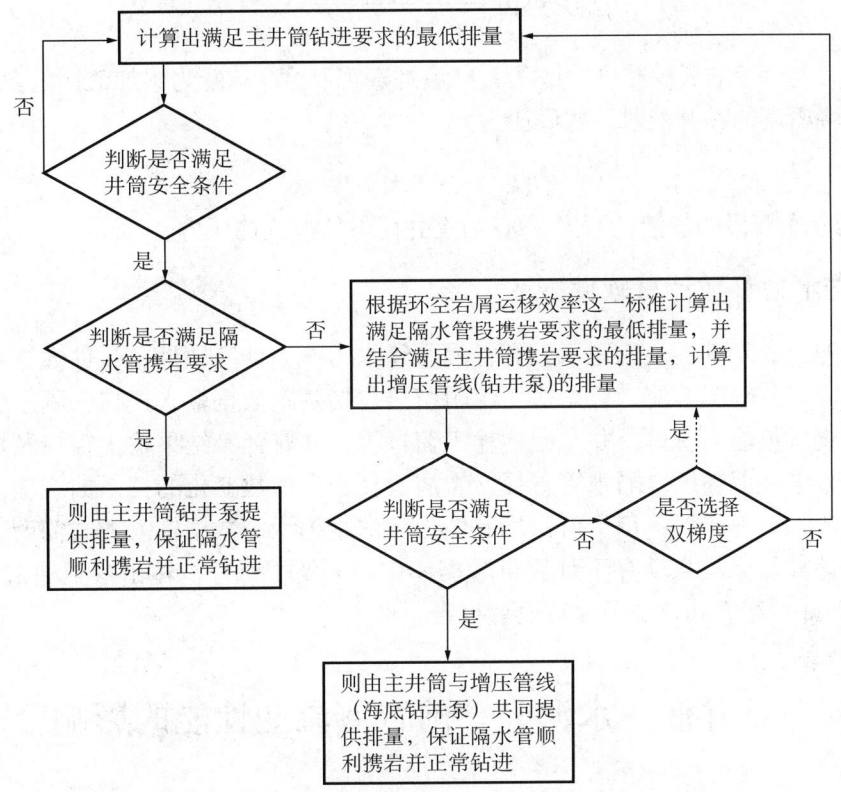

图 3-2-1　大直径隔水管携岩增压泵与钻井泵排量计算流程图
┈┈▶表示在此为可选工艺，本工艺主要研究非双梯度方法

(2) 判定结果。判定后的结果大致分为以下 3 种情况：

①当满足前两个条件的情况下，即在该排量下，保证井筒安全且井壁稳定的条件下，只需要开启主井筒钻井泵即可实现正常钻进。

②当不满足前两个条件之一时，首先调节钻井液密度、黏度等参数，重新计算下是否可以达到条件的要求，通过调节满足条件则可以不开启增压管线，由主井筒钻井液泵提供循环所需的全部排量。

③当不满足前两个条件之一时，且调节钻井液密度、黏度等参数无法满足以上条件的要求，则要开启增压管线辅助平台上部的钻井泵实现正常钻进。

(3) 增压管线辅助隔水管携岩工艺混合密度与黏度。

①混合钻井液的密度计算。假设混合后，钻井液体积不变，那么混合钻井液的密度为：

$$\rho_h = (\rho_1 \cdot V_1 + \rho_2 \cdot V_2) / (V_1 + V_2) \tag{3-2-13}$$

式中：ρ_h 为混合钻井液密度；ρ_1，ρ_2 分别为两种混合钻井液的密度；V_1，V_2 分别为两种混合钻井液的体积。

②混合钻井液的黏度计算。对于两种非单质液体的混合液来讲，由于两者的组分的多样性，混合后很难得出针对流变性的有规律性的结论。但有一点可以确认：混合液的黏度位于两者的黏度之间，且与所占比例大的液体的黏度更为接近。本书在理论模拟时，采用下式对混合流体的黏度进行估算：

$$\mu_{\text{mix}} = \exp\left(\frac{\ln \mu_d + R \ln \mu_{\text{AFR}}}{1+R}\right) \qquad (3-2-14)$$

式中：μ_{mix} 为混合液的表观黏度；μ_d 为钻井液的表观黏度；μ_{AFR} 为附加流体的表观黏度。

③注入轻密度的钻井液时，井底压力 p_2：

$$p_2 = p_{\text{kg}} + p_{\text{kz}} + p_a + p_p \qquad (3-2-15)$$

式中：p_{kg} 为隔水管段的静液柱压力；p_{kz} 为主井筒段的静液柱压力。

3.2.4 携岩水力参数计算软件

在以上理论的基础上，编写了大直径隔水管水力参数计算软件。软件数据存储采用数据库方式，输入和编辑方便，数据输入编辑窗口包括基本数据输入窗口、隔水管参数输入窗口、钻井液参数输入窗口、井身结构输入窗口等，并有计算结果输出窗口及增压管线随钻井液密度、钻井液黏度、隔水管直径、岩屑直径4个参数变化的关系曲线输出窗口，为了防止数据输入出现错误，每个窗口均有图形和文字提示，数据输入方式简明，输入参数易取；每次计算结果均自动存于计算机数据库中内，便于保存，输出参数通过调用 Office 软件中的 Word 程序方式，便于编写设计报告。

3.3 温度对钻井液、水泥浆、前置液流变性能的影响

深水钻井过程井筒温度场与陆上钻井地层的温度梯度相反，并且海水与隔水管有着复杂的热交换。海底的低温影响钻井液的密度及流变性，同时由于海底低温和高压的共同作用，提供了形成水合物的条件。在研究分析海水温度场和井筒内温度分布规律的基础上，研究温度对钻井液密度与流变性的影响规律，优选钻井液处理剂和体系配方，并对钻井液配方性能作出评价。

3.3.1 海水温度场

大致在南、北纬45°之间，海水水温的垂直分布可分三层：(1) 恒温层，在温跃层以下直到海底，水温一般变化很小，约在 2～6℃；(2) 温跃层，在混合层以下和恒温层以上，水温随深度增加而急剧降低，水温垂直梯度大；(3) 混合层，一般在大洋表层100m以内，由于对流和风浪引起海水的强烈混合，水温均匀，垂直梯度小。

海水的温度同深度具有一定的相关性。从温跃层分析得知，温跃层下界最大深度为200m，温跃层以下的海水温度受海面温度影响很小，可以不予考虑，因此对于水深大于200m 的海水温度场，可以用一通用公式进行拟合，从而得到海水温度同深度的关系式。

根据1994年 Levitus 的数据库，在 7°～12°N，111°～118°E 范围每隔一个经纬度取一值，得到研究区 200～3500m 水深处水温数据，与中国科学院南海海洋研究所海洋化学组1990年和1993年的实测数据比较，这些数据绝大多数误差在 0.2℃ 以内。因此，假定Levitus 1994年水温数据为实测水温数据，同时，由于研究区同一水深（水深大于300m）的水温值相差不到 0.5℃，因此求得各层水深的平均水温值，并且假定它就是南海南部各层

水深的水温实测值，对其进行曲线拟合得水温水深方程如下：

$$T_{\text{sea}} = a_1 + a_2 / \left[1 + e^{(h+a_0)/a_3}\right] \qquad (h>200\text{m}) \qquad (3-3-1)$$

式中：a_0，a_1，a_2，a_3 为常数，$a_1 = 39.398$，$a_2 = 37.091$，$a_0 = 130.137$，$a_3 = 402.732$；T_{sea} 为海水温度，℃；h 为海水深度，m。

目前，整个东海地区除陆架个别热流站位和石油探井有海底温度数据外，其他区域很少有海底温度的数据报道。1999年，中国科学院海洋研究所的"科学一号"科学考察船在东海陆坡和相邻海槽实施了海底沉积物采样调查和海底沉积物温度测量（"KX99航次"），共获得148个海底温度测量数据，主要分布于东海陆架边缘、东海陆坡、冲绳海槽的北部和中部。这些海底温度资料基本上反映出了本研究区域的海底温度分布特征。从其结果可以看出，海底的温度分布明显和海底的深度相关。海底深度较浅，温度较高；海底的深度较深，则温度较低。整个东海陆架，海底平均温度在18℃左右。沿陆架由西向东，水深增加，海底温度也逐渐降低，在陆架边缘，水深为250m左右，海底温度一般在12～16℃。冲绳海槽区域水深较大，海底温度较低。在冲绳海槽北部，深度在700m左右，海底温度一般在5～8℃；而冲绳海槽中部槽底的温度一般则在3～5℃，最低的海底温度为2℃，位于冲绳海槽中部，水深为2127m。

通过式（3-3-1）得到的计算结果，与东海及南海不同水深的海底温度相比较，误差均不超过1℃，因此可以用式（3-3-1）表示我国东海及南海水深200m以下的海水温度场。

对于深度小于200m的海水温度，由于中国海南北跨度大，太阳辐射强反差别明显，加之海岸与海区形态、海流与潮汐、气象变化等因素的影响，使得近海表层温度的地理分布比较复杂。海域水温的年平均值，渤海约为12℃，黄海约16℃，东海在22℃左右，南海26℃左右。一年之中，南部海域变化幅度小，北部海域变化大。我国南海在春夏两个季节混合层不明显，而秋冬季混合层分别达到50m与100m。假设温跃层有固定的温度梯度值，即在这一区域温度随深度线形减小，得到以下拟合方程：

春季

$$T_{\text{sea}} = \frac{T_s(200-h) + 13.68h}{200} \qquad (0 \leqslant h < 200\text{m})$$

夏季

$$T_{\text{sea}} = T_s \qquad (0 \leqslant h < 20\text{m})$$

$$T_{\text{sea}} = \frac{T_s(200-h) + 13.7(h-20)}{180} \qquad (20 \leqslant h < 200\text{m})$$

秋季

$$T_{\text{sea}} = T_s \qquad (0 \leqslant h < 50\text{m})$$

$$T_{\text{sea}} = \frac{T_s(200-h) + 13.7(h-50)}{150} \qquad (50 \leqslant h < 200\text{m})$$

冬季

$$T_{\text{sea}} = T_s \qquad (0 \leqslant h < 100\text{m})$$

$$T_{\text{sea}} = \frac{T_s(200-h) + 13.7(h-100)}{100} \qquad (100 \leqslant h < 200\text{m})$$

$$(3-3-2)$$

式中：T_{sea} 为海水温度，℃；T_s 为海水表面温度，℃；h 为海水深度，m。

3.3.2 井筒温度场模型

假设条件：(1) 钻柱内钻井液不可压缩，循环时注入排量不变；(2) 钻井液为稳定流动状态；(3) 钻井液的热传递方式为对流换热，忽略钻井液的轴向导热；(4) 忽略钻井液的径向温度梯度；(5) 井筒内传热为稳定传热；(6) 海水和地层传热为不稳定传热，且服从 Remay 推荐的无因次时间函数；(7) 钻头产生的热量予以忽略；(8) 井眼规则。以平台为原点，沿井眼轴线向下为 z 轴正向，建立如图 3-3-1 所示的温度传递模型。

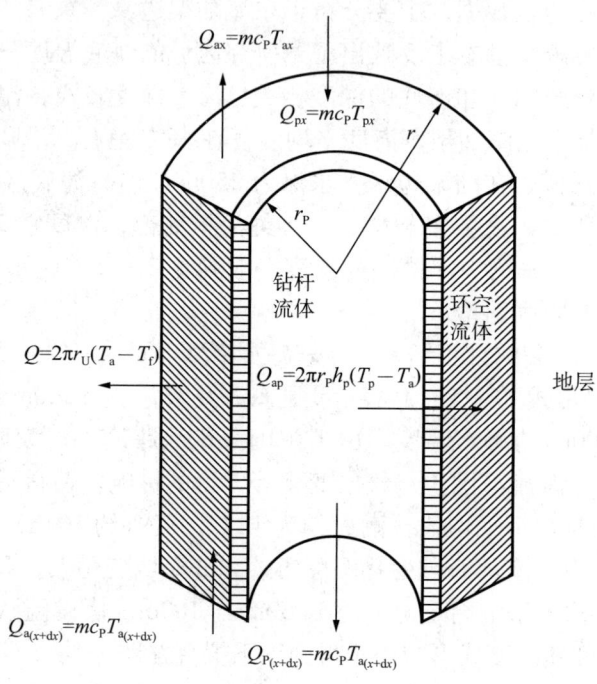

图 3-3-1　温度传递模型图

环空流体吸收的热量（可以为负）：

$$Q_{ax} - Q_{a(x+dx)} = mc_P \left[T_{ax} - T_{a(x+dx)} \right] \tag{3-3-3}$$

海水或地层向环空流体传递的热量：

$$Q = 2\pi r U (T_a - T_f) dx \tag{3-3-4}$$

钻杆内流体吸收的热量：

$$Q_{ap} = 2\pi r_p h_p (T_p - T_a) dx \tag{3-3-5}$$

综合以上方程，海水或地层向环空流体传递的热量应等于环空流体吸收的热量与钻杆内流体吸收的热量之和，有：

$$mc_P \frac{dT_a}{dx} + 2\pi r_p h_p (T_p - T_a) = 2\pi r U (T_a - T_f) \tag{3-3-6}$$

海水温度如式（3-3-2）与地层温度可以统一表示为：

$$T_f = T_s + Gx \tag{3-3-7}$$

将式（3-3-7）代入式（3-3-6），得：

$$mc_p \frac{dT_a}{dx} + 2\pi r_p h_p (T_p - T_a) = 2\pi r U (T_a - T_s - Gx) \tag{3-3-8}$$

钻杆内流体吸收的热量等于钻杆内流体温度升高所需的热量（降温时放热），即：

$$mc_p \frac{dT_p}{dx} = 2\pi r_p h_p (T_p - T_a) \tag{3-3-9}$$

对式（3-3-8）和式（3-3-9）积分求解，有：

$$T_p = K_1 e^{c_1 x} + K_2 e^{c_2 x} + Gx + T_s - GA \tag{3-3-10}$$

$$T_a = K_1 C e^{c_1 x} + K_2 C_4 e^{c_2 x} + Gx + T_s \tag{3-3-11}$$

其中

$$C_1 = (B/2A)[1 + (1+4/B)^{1/2}]$$

$$C_2 = (B/2A)[1 - (1+4/B)^{1/2}]$$

$$C_3 = 1 + B/2[1 + (1+4/B)^{1/2}]$$

$$C_1 = 1 + B/2[1 - (1+4/B)^{1/2}]$$

$$A = mc_p / 2\pi r_p h_p$$

$$B = rU / r_p h_p$$

将边界条件（1）$x=0$；$T_p=T_{pi}$ 和边界条件（2）$x=H$；$T_{hp}=T_{ha}$ 代入式（3-3-10）和式（3-3-11）中，求得积分常量为：

$$K_1 = T_{pi} - K_2 - T_2 + GA$$

$$K_2 = \frac{GA - (T_{pi} - T_s + GA) e^{c_2 H}(1 - C_3)}{e^{c_2 H}(1 - C_4) - e^{c_1 H}(1 - C_3)} \tag{3-3-12}$$

式中：x 为井深，m；H 为总井深，m；c_p 为钻井流体热容，kJ/(kg·℃)；G 为海水或地温梯度，℃/m；T_s 为海水或地球表面的年平均温度，℃；T_p 为钻杆内流体温度，℃；T_{pi} 为钻井流体在钻杆的入口温度，℃；r 为井的半径，m；r_p 为钻杆的半径，m；m 为流体的流速，kg/h；U 为环空对流换热系数，W/(m²·℃)；h_p 为钻具内对流换热系数，W/(m²·℃)。

3.3.3 温度对钻井液性能的影响

一般情况下，钻井液黏度和切力随温度降低而增加，从而增加钻井液流动阻力。

3.3.3.1 温度对钻井液黏度的影响

在温度作用下，钻井液的塑性黏度变化很大。国内外学者认为，温度对钻井液之所以有很大影响，是因为当温度变化时，会改变固相颗粒吸附水的排列方向，Howen 研究发现许多流体温度对黏度的影响都可用下述方程表示：

$$U = A e^{\frac{B}{T}} \quad (3-3-13)$$

式中：A，B 为某一给定流体的特性常数。

随着温度的降低，钻井液中颗粒的动能减少，各种粒子的热运动减弱，流动阻力增大，从而使液体内颗粒的流动更加困难，因此随温度降低，钻井液黏度升高。一般情况下温度对塑性黏度的影响可用下式描述：

$$\eta_p = A \times \eta_{p0} \times e^{E/T} \quad (3-3-14)$$

式中：η_p 为在温度为 T 时钻井液的塑性黏度；η_{p0} 为常温时钻井液的塑性黏度（设定常温温度为20℃）；A，E 为钻井液的特性常数。

3.3.3.2 温度对钻井液屈服值的影响

宾汉屈服值与温度的关系曲线与塑性黏度与温度的半对数曲线不同，不呈线性关系。根据钻井液的实验结果，屈服值最初随着温度的上升而降低，当温度超过一定值以后，屈服值又有所回升。这一现象可能是因为随温度升高，钻井液中的油相阻碍了黏土与处理剂结合形成网架结构，使钻井液屈服值降低；当温度升高至一定程度，由于黏土双电层释放离子改变了双电层性能，促使处于亚稳定絮凝状态的黏土发生絮凝，从而增加钻井液的屈服值，提高钻井液的动塑比。根据这个规律或散点分布图的形状，考虑拟合如下曲线：

$$\tau_0 = B_0 \times \tau_{B0} + B_1 \times \left(\frac{T}{T_0}\right) + B_2 \times \left(\frac{T}{T_0}\right)^2 \quad (3-3-15)$$

式中：τ_0 为温度为 T 时钻井液的宾汉屈服值；T_0 为设定常温温度，取20℃；τ_{B0} 为常温时钻井液的宾汉屈服值；B_0，B_1，B_2 为钻井液的特性常数。

式（3-3-15）为二次曲线，屈服值有一个极值点，在此点左边，随着温度的降低屈服值逐渐增大；在此点右边，随着温度的升高屈服值逐渐增大。因此，在确定钻井液的低温屈服值时，应首先确定极值点，然后便可以对钻井液的低温下的屈服值做出恰当的描述。

3.3.3.3 含温度的钻井液流变方程

将温度对钻井液塑性黏度和屈服值的影响关系式代入宾汉流变方程，得到宾汉温度流变方程：

$$\tau = B_0 \times \tau_{B0} + B_1 \times \left(\frac{T}{T_0}\right) + B_2 \times \left(\frac{T}{T_0}\right)^2 + A \times \eta_{p0} \times e^{E/T} \gamma \quad (3-3-16)$$

由此建立了钻井液剪切应力 τ 与剪切速率 γ 和温度 T 的关系函数。通过方程可以考察在不同温度、不同剪切速率下钻井液的流变特性，对解决低温钻井液携岩、保持井壁稳定及水力计算提供相应的依据。

由上述公式可以看出，切力随温度的变化比较复杂，存在一个极值点，该点左边随着温度的降低钻井液剪切应力增大，该点右边随温度升高钻井液剪切应力增大。确定了极值点以后，便可以预测低温条件下的钻井液剪切应力的变化，从而评价钻井液性能。

3.3.3.4 当量静态钻井液密度随温度和压力的变化

由于钻井液随温度的降低而收缩，随压力的升高而收缩，且从井口到井底，温度和压力是处于不断变化之中，因此，在钻井和完井时，钻井液密度必然会发生某些变化，使得井下钻井液密度不等于井口测量的密度。归纳起来，对钻井液密度随温度和压力的变化的模型研究可分为两种方法，即所谓的"复合模型"和"经验模型"。

"复合模型"认为钻井液是由水、油、固相和加重物质等所组成，而每种组分的性能随温度和压力而改变的情况是不同的。在确定了这些单一组分随温度和压力的变化规律后，便可以得到预测钻井液密度变化的复合模型如下：

$$\rho(p,T) = \frac{\rho_o f_{V_o} + \rho_w f_{V_w} + \rho_s f_{V_s} + \rho_c f_{V_c}}{1 + f_{V_o}\left[\dfrac{\rho_o}{\rho_{oi}} - 1\right] + f_{V_w}\left[\dfrac{\rho_w}{\rho_{wi}} - 1\right]} \tag{3-3-17}$$

式中：$\rho(p,T)$ 为需预测的高温（T）高压（p）条件下钻井液的密度；ρ_o，ρ_w，ρ_s 和 ρ_c 分别为钻井液中油相、水相、固相和化学试剂的密度；f_{V_o}，f_{V_w}，f_{V_s} 和 f_{V_c} 分别为钻井液中油相、水相、固相和化学试剂的体积分数；ρ_{oi}，ρ_{wi} 分别为高温高压条件下油相、水相的密度。

"复合模型"使用起来较为复杂，需要对钻井液的不同成分（水、油、固相等）分别进行试验，掌握其规律，才能应用。因此该模式的使用受到了一定的限制。

另一种方法也就是所谓的经验模型。有其不同的表达形式，但使用精度尚可。该模型只需对所用钻井液进行有限的几组试验，以确定模式中的常数，便可计算钻井液静液柱压力和当量静态密度。

钻井液密度的经验模型，认为服从如下变化规律：

$$\rho_m = \rho_{m0} \cdot e^{a(p-p_0)-b(T-T_0)+c(T-T_0)^2} \tag{3-3-18}$$

式中：p_0，T_0 为测定地表钻井液密度 ρ_{m0} 时的压力和温度，分别为 1atm 和 15℃；a，b，c 为钻井液特性常数，非固定值，不同类型的钻井液需根据相应的实验数据来确定该类钻井液密度模型的钻井液特性常数；ρ_m 为预测温度 T 下的钻井液密度；T 为需预测钻井液密度的温度条件。

3.3.3.5 温度对水基钻井液流变性的影响

深水低温钻井液研究在国内尚处于起步阶段，经过调研分析，中国石油大学（华东）建立了"深水钻井液低温特性评价实验装置"，可实现钻井液低温常压流变性和中高压滤失特性的测定（在低温环境下滤失仪、流变仪需要重新标定后方可使用，滤失仪、流变仪操作程序同室温），建立了深水钻井液低温特性评价实验方法。

主要技术指标：温度为 −20℃ ~ 室温；压力为 0.1 ~ 3.5MPa。

分别研究了淡水基浆、海水基浆以及实验优选深水水基钻井液体系流变性的影响规律。

1# 实验浆：4% 淡水膨润土浆。

2# 实验浆：4% 海水膨润土浆。

3# 实验浆：海水 +0.3% ZNJ–3+25% NaCl。

4# 实验浆：海水基浆 +0.3% ZNJ–1+0.5% JLS–1+3% SD–202+3% SD–102+15% NaCl +1.5% PVP。

（1）将钻井液表观黏度和塑性黏度随温度变化趋势作图并进行拟合，如图 3-3-2 所示。

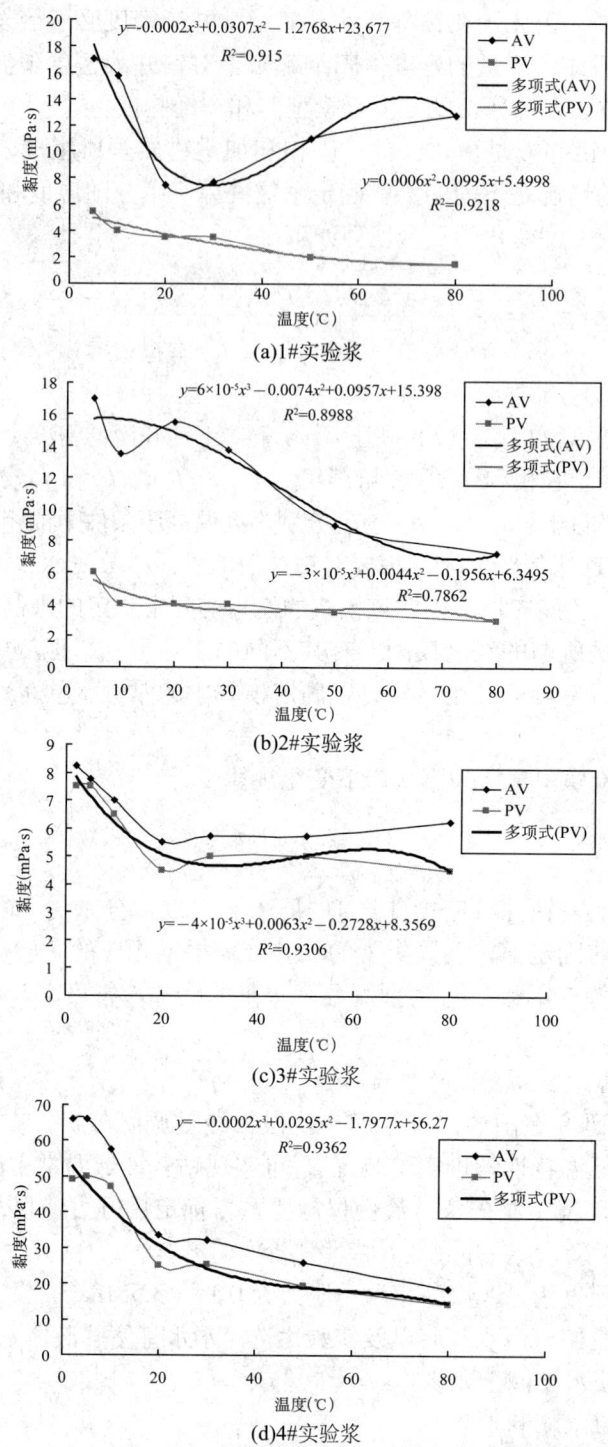

图 3-3-2 钻井液黏度随温度变化规律曲线

结果表明,在实验温度范围内,膨润土浆的表观黏度和塑性黏度随温度变化规律不一致,而深水钻井液配方的表观黏度和塑性黏度随温度变化规律基本相同。虽然两套钻井液配方不同,黏度差别较大,但其黏度随温度规律一致。低于室温时随温度降低钻井液黏度迅速增大,而当温度高于室温时,黏度变化则相对较缓。两配方黏度变化规律均可用下述公式表达。

$$\eta = A_1T^3 + B_1T^2 + C_1T + D_1 \quad (3-3-19)$$

式中：η 为钻井液的表观黏度或塑性黏度，$mPa \cdot s$；A_1，B_1，C_1，D_1 为钻井液特性常数；T 为温度，℃。

（2）将钻井液切力随温度变化的趋势作图并进行拟合，如图 3-3-3 所示。

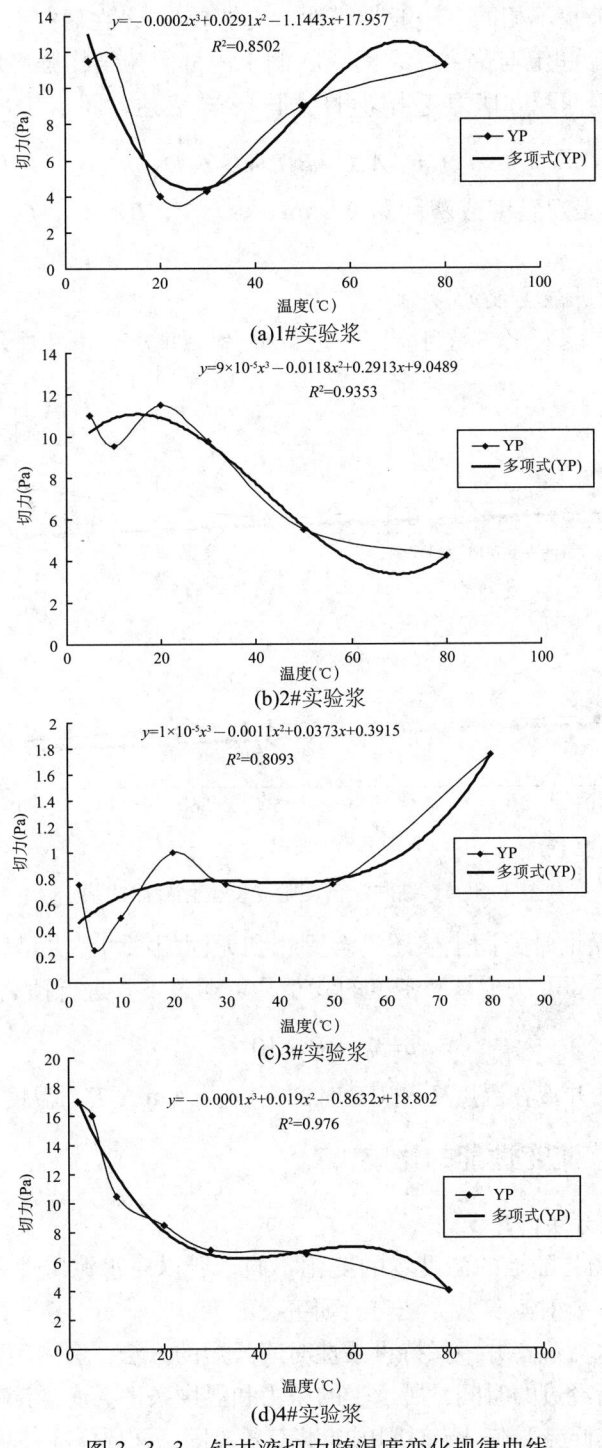

图 3-3-3 钻井液切力随温度变化规律曲线

结果表明，在实验温度范围内，无固相钻井液与含固相钻井液的切力随温度变化规律不同，随温度增加，无固相钻井液切力增大，这是因为无固相钻井液的切力主要由聚合物支链的相互联结或官能团的相互吸附来提供，随温度增加（在研究温度范围内），聚合物的支链充分伸展、官能团活性增加，聚合物高分子相互缠绕或吸附从而使切力增大。而有固相钻井液的切力主要由膨润土与聚合物以及膨润土内部网架结构来提供，钻井液中使用的聚合物与无固相钻井液也不相同（一般为线性，支链较少），在研究温度范围内，随温度增加分子热运动加剧，膨润土与聚合物之间或膨润土内部网架结构强度减弱，甚至部分被拆散，造成切力下降。但两配方切力变化均可用同一公式表达，即：

$$\tau_0 = A_2T^3 + B_2T^2 + C_2T + D_2 \tag{3-3-20}$$

式中：τ_0 为钻井液的表观黏度或塑性黏度，mPa·s；A_2，B_2，C_2，D_2 为钻井液特性常数；T 为温度，℃。

3.3.3.6 温度对水基钻井液密度的影响

将钻井液密度随温度变化的趋势作图并进行拟合，如图 3-3-4 所示。

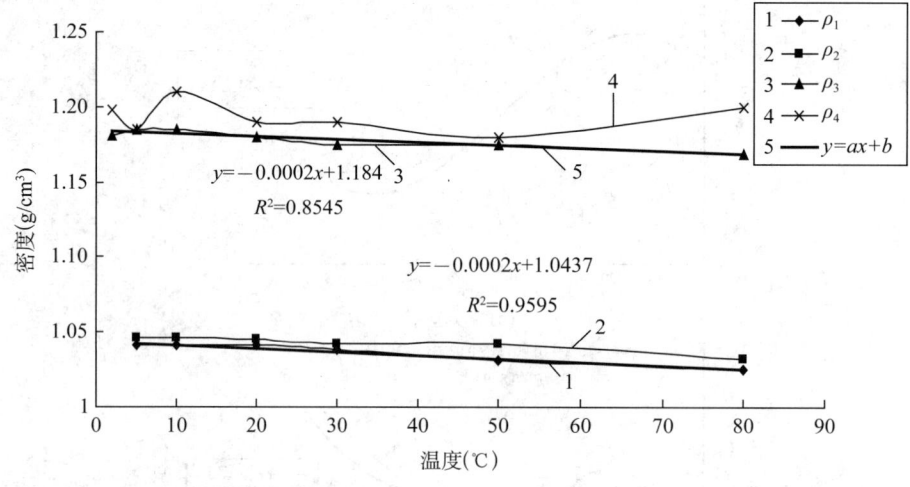

图 3-3-4　钻井液密度随温度变化规律曲线

研究结果表明，无论是膨润土浆还是含固相和无固相深水钻井液体系的密度随温度降低基本呈线性增大，主要取决于基液密度的大小，可通过下式进行预测：

$$\rho = \rho_0 - 2 \times 10^{-4} T \tag{3-3-21}$$

式中：ρ 和 ρ_0 分别为钻井液在温度 T 和 0℃时的密度，g/cm³；T 为温度，℃。

3.3.4　温度对水泥浆流变性能的影响

3.3.4.1　深水固井实验方法的建立

由于深水的温度场与陆地的温度场的变化不同，所以对水泥浆性能的测试方法及温度条件与陆地也不同，需要对其实验方法进行研究。

稠化实验是检测水泥浆在井中保持可泵性时间长短的方法，室内实验应当尽可能代表水泥浆在井下顶替期间所经过的时间、所承受的压力和温度条件。海洋深水表层固井的低温环境，要求水泥浆体系在低温下在一定时间内能够有效凝固，又要保证井场水泥浆的拌混安全。

因此在水泥浆进行稠化实验时应当充分考虑到井场的现场混拌状况进行实验，既要考虑混拌时的温度，又要考虑混拌的时间。这些在室内实验时都要进行设计，以保证水泥浆的混拌和顶替。稠化实验模拟方案应当尽可能反映水泥在混拌和顶替期间预计的温度和压力分布，以保证水泥浆能够安全地顶替到要求位置，并且防止水泥浆过渡缓凝，延长水泥候凝时间。

在水泥浆强度实验时，养护过程中应当尽可能反映顶替后的实际温度和压力情况，可采用非破坏性声波实验、破坏性实验等方法。影响水泥浆强度发展的因素有水化热、套管和井筒尺寸、水泥浆位置、水泥浆初始温度。可通过数字模拟方法或油田现场测试确定深水抗压强度方案。

在钻井情况下，井筒内的循环温度是与海底温度有所不同，但是深水与陆地的计算循环温度的方法又有所不同，注水泥时井底静态温度（BHST）的确定有很多方法，如温度梯度图、现场数据、随钻测试、测井温度等。井底循环温度（BHCT）需要考虑循环时间、循环速度、液体注入温度、地层温度、液体性能、海水的温度和深度、海流以及隔水管几何尺寸等因素。

在知道水深、隔水管尺寸、海流、泥线温度、海面温度、井底静止温度、套管直径、钻杆直径、裸眼直径和总井深的条件下，能够比较准确地用来模拟预测深水固井注水泥循环温度。如果拥有大量的现场注水泥温度数据库，利用支持向量机的方法来预测注水泥温度应是一个好选择。

同时可以利用随钻测井测得井筒的温度变化，作为水泥浆稠化实验、流变性能、失水性能的实验依据。

3.3.4.2 深水固井实验设备

在深水固井时，其表层温度远远低于陆地固井的实验温度，在具体的室内模拟实验中，很多需要在低温（低于室温）下进行，为此必须有一套低温冷却设备来提供所需要的低温条件。

经过对国内外的低温设备进行调研，分析现有高温高压稠化仪的结构，考虑降低釜体温度的可能性，多次论证后有如下方案：在现有的稠化仪上外接制冷循环系统，在冷却管路上接入制冷剂，从而使釜体能按程序控制温度的升降，以满足实验要求。经过实验和改进，最终形成LFX-2006型增压稠化仪冷却液发生循环装置，其功率为4kW，工作温度为4~35℃，工作电压为3相380V。该装置在8040型高温高压稠化仪上调试实验。其中图3-3-5（a）为未加入水泥浆的实验，测得的是釜体中油温，可以看出釜体内温度可以在30min时由常温降至4℃。图3-3-5（b）为加入水泥浆的实验，可以看出加入水泥浆后，对冷却速率基本无影响。

3.3.4.3 水泥浆流变性能实验

采用3种配方的水泥浆，研究其在不同温度下的流变性能。水泥浆配方见表3-3-1。流变数据结果见表3-3-2。

表3-3-1 水泥浆配方

配方号	配方
配方1	水泥/水=100/44
配方2	水泥/增强材料/PZ/早强剂DWZ-1/分散剂DWD-1/缓凝剂/水=100/25/25/3/0.5/1.2/70
配方3	水泥/增强材料/PZ/早强剂DWZ-1/分散剂DWD-1/缓凝剂/水=100/25/25/3/1/1.2/70

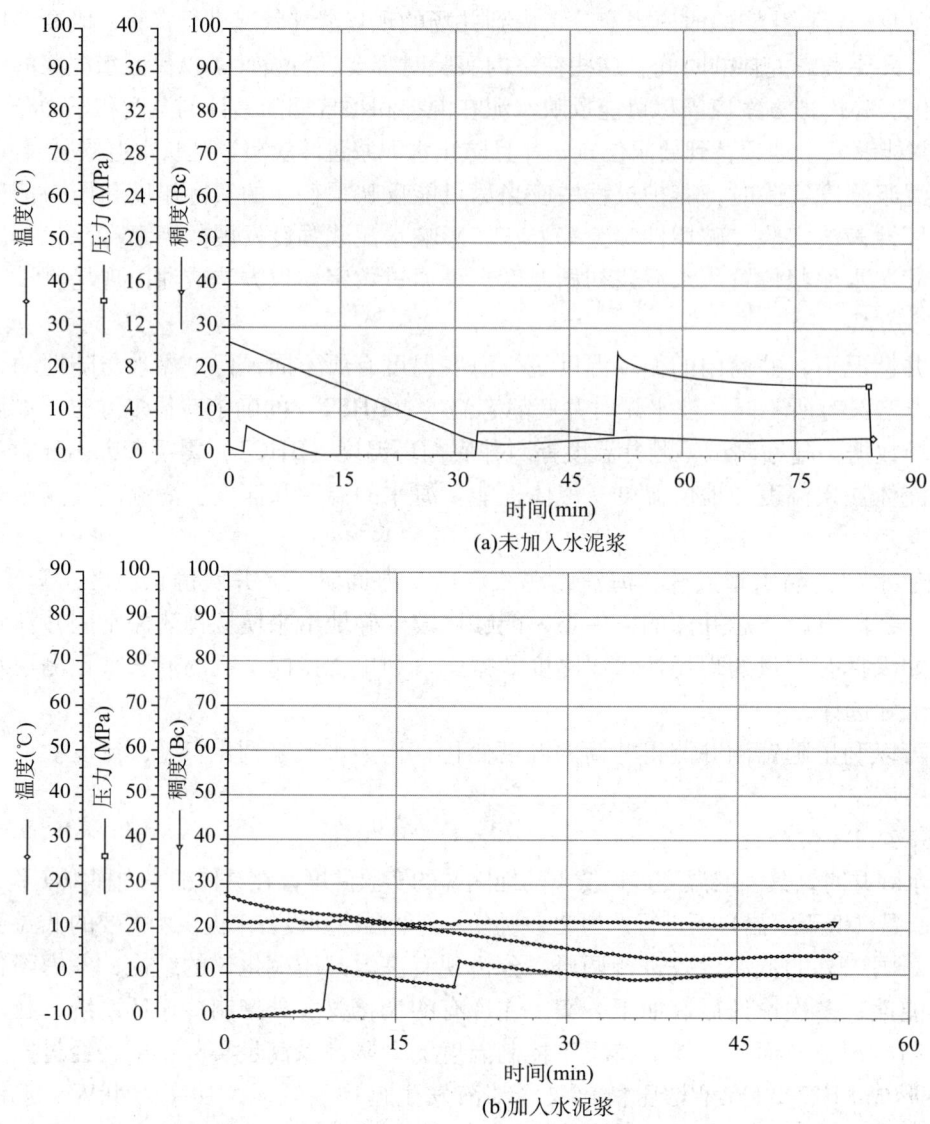

图 3-3-5 冷却液循环装置实验

表 3-3-2 温度对水泥浆流变性能的影响实验结果

水泥浆配方号	温度（℃）	旋转黏度计读数				
		θ_{300}	θ_{200}	θ_{100}	θ_6	θ_3
配方 1	40	119	76	43	2.5	2
	20	134	95	51	4.5	3
	10	151	107	53	12	7
	5	162	113	55	17	10
配方 2	40	128	90	48	13	11
	20	136	96	55	16	14

续表

水泥浆配方号	温度（℃）	旋转黏度计读数				
		θ_{300}	θ_{200}	θ_{100}	θ_6	θ_3
配方 2	10	145	103	60	19	15
	5	180	127	72	19	15
配方 3	40	120	70	45	9	7
	20	125	74	50	11	9
	10	136	86	52	12	10
	5	140	91	58	13	10

由表 3-3-2 可看到，随着温度降低，水泥颗粒间黏聚力增大，水泥的黏度增大，但可以通过加入 DWD-1 可以改善水泥浆的流变性能。

3.3.5 温度对前置液流变性能的影响

为了评价温度对前置液的流变性能的影响，对几种不同配方的前置液在不同温度下测量了其流变性能。用测定水泥浆流变参数的方法测定不同密度的前置液在不同温度点下的流变性能，数据见表 3-3-3。

1# 前置液配方：悬浮剂：稀释剂：加重剂：水 =7：1：30：100。
2# 前置液配方：悬浮剂：稀释剂：加重剂：水 =5：1：50：100。
3# 前置液配方：悬浮剂：稀释剂：加重剂：水 =5：1：100：100。

表 3-3-3 前置液流变性能测定

前置液配方号	密度（g/cm³）	温度（℃）	旋转黏度计刻度盘读数					
			θ_{600}	θ_{300}	θ_{200}	θ_{100}	θ_6	θ_3
1#	1.25	20	68	39	27	17	5	4
		10	72	43	29	18	6	5
		5	74	44	31	20	8	6
2#	1.40	20	58	34	26	16	6	5
		10	66	40	27	17	5	5
		5	69	44	30	20	7	5
3#	1.50	20	104	56	38	20	3	2
		10	112	62	40	23	5	4
		5	117	65	43	25	6	5

计算出各密度点的塑性黏度和动切力（表 3-3-4），低温前置液具有良好的流变性能，主要表现为在不同密度点下，塑性黏度、屈服值都比较稳定，并且屈服值较低，可以产生较低的紊流排量，有利于提高顶替效率。

表 3-3-4 前置液流变指数

前置液配方号	密度（g/cm³）	温度（℃）	塑性黏度（Pa·s）	动切力（Pa）
1#	1.25	20	0.029	5.11
		10	0.029	7.154
		5	0.030	7.154
2#	1.40	20	0.024	5.11
		10	0.026	7.154
		5	0.028	8.176
3#	1.50	20	0.048	4.088
		10	0.050	6.132
		5	0.052	6.643

根据实验数据可知，在低温下，温度改变对本前置液的流变性能略有影响，但比较小，前置液在低温下仍然保持较好的流变性能。

3.4 深水钻井浅层井壁稳定机理及对策

3.4.1 概述

3.4.1.1 复杂地层分类研究

井壁不稳定是世界各国钻井过程中常遇到的井下复杂情况。不同特征的泥页岩，引起井壁不稳定的原因、征兆及处理措施也各不相同。我国学者研究了国内含油气盆地，对井壁不稳定地层分为六大类。

（1）胶结差的砂、砾、黄土层。该类地层的组构特征为胶结差、未成岩。井下复杂情况主要表现为井壁坍塌、井漏等。

（2）层理裂缝不发育软砂泥岩互层。该类地层又可根据膨胀和分散等特性分为3个亚类。

①易膨胀强分散的砂泥岩互层。该亚类地层的组构特征为：黏土矿物以无序伊蒙混层为主；成岩程度低，呈块状，属早成岩A期；大多属于新近系、古近系或白垩系；分散性强，回收率小于10%；阳离子交换容量高 [150～300mmol/kg（土）]；泥岩易膨胀，膨胀率20%～30%；砂岩渗透率高；绝大部分地区压力梯度正常；可钻性级别低（1～3级）。

易发生的井下复杂情况和表现为：造浆性强，自造浆密度高，切力大；易缩径，起钻遇卡拔活塞，灌不进钻井液，处理不当易卡钻、井塌、下钻遇阻、划眼、憋泵、井漏。

②不易膨胀强分散的砂泥岩互层。该亚类地层的组构特征为：黏土矿物以伊利石，绿泥石为主；成岩程度低，成块状；大多数属于新近系、古近系、白垩系；分散性强，回收率小于10%；阳离子交换容量高 [180～260mmol/kg（土）]；泥岩不易膨胀，膨胀率低（7%～12%）；地层压力梯度正常；可钻性级别低（1～3级）；地层

水矿化度高。

主要发生的井下复杂情况表现为：易造浆，自造浆膨润土含量低，膨润土与钻屑比高达1：5~10；砂岩、粉砂岩缩径；起钻经常遇卡，阻卡发生在新井段距井底15~150m处，没有固定卡点，遇卡时能灌进钻井液。一旦发生卡钻能恢复循环，泡解卡剂加震击器均可解卡。

③中等分散砂泥岩互层。该亚类地层的组构特征为：黏土矿物以伊利石、高岭石、绿泥石为主，并含有序伊蒙混层，个别地区有少量无序伊蒙混层；已成岩，属晚成岩A期；大多数属于侏罗系、三叠系；中等分散，回收率50%~80%；阳离子交换容量低，[30~80mmol/kg（土）]；正常地层压力梯度；个别地区砂层渗透性好。

主要发生的井下复杂情况表现为：清水钻进一般超过3天会发生井塌；含无序伊蒙混层，如采用清水或全絮凝聚合物钻井液钻进会发生井塌；如用高黏切钻井液钻进，当环空返速低时，起钻在新钻井段易发生遇卡。

（3）层理裂隙发育的泥岩。该类地层的组构特征为：①层理、裂隙发育；②大多数塌层存在异常孔隙压力，处于从无序混层向有序混层或有序混层向伊利石过渡带或生油层，部分塌层处于强地应力控制的构造运动作用激烈的地带；③地质年代从古近纪至志留纪；④已成岩，成岩期从早成岩B期至晚成岩A期、B期、C期；⑤岩石软至硬，可钻性3~8级，依据地层理化特性又可分为3个亚类。

主要发生的井下复杂情况表现为：井塌、卡钻、井漏。

（4）含盐膏地层。含盐膏地层较多，可根据地层盐膏纯度、含量及可塑性分为以下两个亚类。

①纯厚盐膏地层。该亚类地层的组构特征为：a.纯厚结晶盐层，单层厚度较大，一般从几米至几十米，总厚从几十米至1900m；b.盐层间夹层为层理、裂隙不发育的胶结好的泥岩或白云岩、石灰岩；c.泥岩黏土矿物分两类：一类以伊利石为主（93%~99%）、绿泥石为辅（1%~7%），另一种以伊利石（42%~59%）与有序伊蒙混层（21%~47%）为主；d.泥岩阳离子交换容量低[3~10meq❶/100g（土）]，中等分散回收率（20%以下），易膨胀，膨胀率26%~30%。

易发生的井下复杂情况：a.钻井液黏度、切力、滤失量增大，中深井段盐层井径扩大，夹层井径接近钻头直径；b.钻至深层时易缩径，起下钻阻卡、卡钻；c.固井质量差，易挤毁套管。

②盐、膏、泥复合地层。该亚类地层的组构特征较为复杂，主要表现为：a.盐、膏、泥相间，互层多且深，岩性变化大，并含盐膏软泥岩、碎泥与盐结合物，以盐为胶结的角砾岩等；b.泥岩层理、裂隙发育，软泥岩含水高；c.泥岩中黏土矿物可分两种：一种以伊利石为主（75%~90%）、绿泥石含量10%~25%；另一种以伊利石为主（43%~100%），含有序伊蒙混层、高岭石、绿泥石；d.阳离子交换容量低[1~10meq/100g（土）]，中等到弱分散，回收率14%~90%，膨胀率随泥岩中含盐量增加而增大（4%~26%）；e.泥岩大多孔隙压力异常，部分地区的盐、膏、泥岩处于强地应力作用下。

易发生的井下复杂情况：a.钻井液黏度、切力、滤失量增大；b.极易发生缩径或井塌

---

❶ "meq"表示毫克当量，表示某物质和1mg氢的化学活性或化合力相当的量。

卡钻；c. 测井易遇阻卡；d. 固井质量差，易挤毁套管等。

（5）裂隙发育的其他岩性地层。该类地层的组构特征主要为：①裂隙发育，破碎；②岩性：煤层、玄武岩、辉绿岩、火成岩等；③玄武岩中所含泥质往往是无序伊蒙混层或蒙皂石高达90%～100%，煤层所夹泥岩中高岭石含量高达30%～80%，辉绿石中泥岩夹层以伊利石为主并含有有序伊蒙混层。

易发生的井下复杂情况：井塌、卡钻或井漏等。

（6）强地应力作用下的深部硬脆性地层。该类地层的组构特征表现为：①处于地应力作用下的深部地层；②岩性：泥岩、砂岩、粉砂岩、石灰岩等各种岩性；③黏土矿物以伊利石、有序伊蒙混层为主；④不易分散，回收率大于80%；⑤不易膨胀；⑥岩石可钻性大于6级，硬度大。

易发生的井下复杂情况主要有井塌、卡钻等。

3.4.1.2 井壁稳定性

有正式文献记载的井眼稳定性研究始于1940年。研究的几个主要领域包括井眼稳定性机理研究、现场实例与现场处理以及井眼稳定性参数获取方法等。

（1）井壁失稳机理力学研究。力学上的井壁失稳机理研究，首先确定地应力，然后采用符合实际的本构模型来计算井眼周围的应力分布，再根据某种强度准则确定出理论坍塌压力，即确定保持井壁稳定所需的钻井液密度的安全范围。

地层深部的岩石，受上覆地层压力、水平方向地应力及地层孔隙压力的作用，在井眼钻开前，各种应力处于平衡状态，钻开后，井内钻井液液柱压力取代了所钻岩层对井壁的支撑，破坏了地层的原有应力平衡，引起井眼周围应力的重新分布，当应力超过泥页岩的强度时，便发生井壁破坏。

作用在地下岩石上的力可以分为机械作用力和物理—化学作用力。前者主要包括：上覆岩层压力、最大和最小水平地应力、孔隙压力以及基岩颗粒接触应力等；后者主要影响岩石的组成和结构，包括：范德华力、静电力、黏土表面与层间离子水化或溶解引起的短程力，以及钻井液与岩石间的化学应力等。后面这几种力综合作用常一起被称之为"结构联结力"。水化膜斥力引起结构力作用平衡关系（斥力与吸力）改变，导致"水化应力/压力"或"膨胀应力/压力"，反映了黏土和泥页岩的膨胀特性。

影响井壁稳定的力学因素主要有：地应力、井壁应力分布、地层力学性质、井斜角、方位角、地层倾角、钻井液密度等。

（2）井壁失稳机理化学研究。地层矿物组分与理化性能是研究井壁稳定机理与技术对策的基础，国内从20世纪70年代末，开始对多个油田井壁不稳定地层的矿物组分和理化性能进行研究，到80年代中期开始建立各区块纵向与横向地层矿物组分与理化性能剖面，并建立了相应的实验研究方法。

利用X-射线衍射、扫描电镜、薄片分析、透射电镜及测井资料，对地层矿物组成、分布、层理、裂缝发育状况进行分析，建立地层组构剖面。

利用岩石密度、阳离子交换容量、膨胀率、分散性（滚动实验法与CST法）、页岩稳定指数、ζ电位、活度、可溶性盐类、胶体含量、岩石强度与硬度以及地层压力系数等实验方法，对地层理化性能进行分析；对泥页岩中所含的黏土矿物如蒙皂石、伊利石、绿泥石、高岭石、无序或有序伊蒙混层、绿蒙混层的阳离子交换容量、分散与膨胀性能以及各油田不同地质年代，不同井深泥页岩的黏土与非黏土矿物种类及其含量、密度、阳离子交换容量、分散、膨胀、活度、可溶性盐类含量等性能进行分析；对温度、压力、pH值、活度和半透膜对泥页岩水化膨胀的影响规律进行研究分析，建立上述因素对泥页岩水化的影响规律，为防塌钻井液添加剂和体系研究提供理论基础。

（3）钻井液稳定井壁机理及对策。在钻井液化学防塌方面，实验分析了主要防塌剂作用机理，研发出不同防塌钻井液体系；基于井壁稳定性化学与力学耦合研究，中国石油大学（华东）归纳提出了"封固—抑制—合理密度—活度平衡"为重要措施的"多元协同"防塌技术对策。

3.4.2 浅层井壁稳定机理

深水浅部地层由于沉积颗粒细、沉积速度快，造成地层活性大、欠压实、孔隙压力大，易存在浅层流或浅层气，同时深水浅部地层的高压低温环境，可能存在天然气水合物等。因此，在深水浅部地层钻进时易发生井壁坍塌、造浆等复杂情况，有必要对其不稳定机理进行探讨。

3.4.2.1 含水饱和度对水化的影响

结合南海华光凹陷海底浅层地层特性，压制不同含水饱和度的膨润土岩心，利用JHTP—1膨胀仪测定岩心在清水中的膨胀量，研究含水饱和度对岩心水化的影响（表3—4—1）。

表3—4—1 不同含水岩心清水膨胀量

配方	不同水化时间岩心膨胀量（mm）									
	5min	10min	15min	30min	60min	120min	180min	300min	420min	600min
1#	1.04	1.26	1.38	1.67	2.10	2.72	3.14	3.42	3.49	3.54
2#	0.31	0.49	0.60	0.74	1.04	1.30	1.49	1.72	1.87	2.08
3#	0.00	0.00	0.00	0.00	0.00	0.00	0.01	0.10	0.28	0.39

图3—4—1表明，随岩心含水量增加，岩心吸水性降低，岩心膨胀程度下降；在10MPa条件下含水为30%时，岩心含水已接近饱和，不再吸水，因此膨胀率很低。

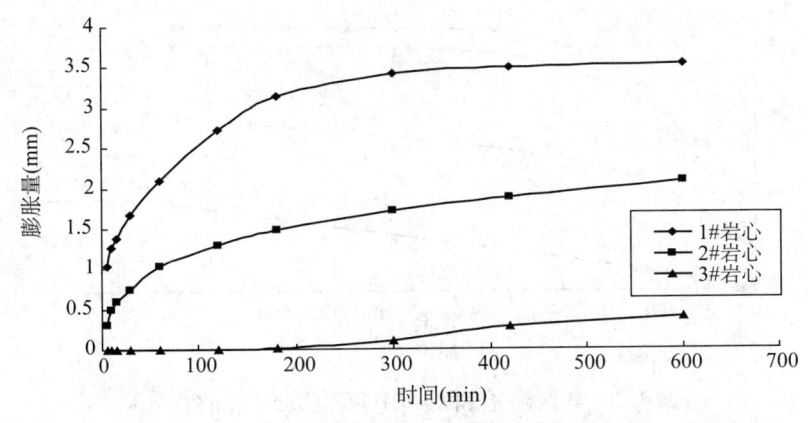

图3—4—1 含水饱和度对岩心水化的影响

3.4.2.2 压实程度对水化的影响

在不同压力下压制膨润土岩心,模拟不同水深地层压实程度,利用 JHTP-1 膨胀仪测定岩心在清水中的膨胀量,研究压实程度对岩心水化的影响。

图 3-4-2 表明,随岩心压实程度增大,岩心膨胀程度降低,但与不同含水饱和度不同,在饱和含水条件下,10MPa 和 30MPa 压实岩心膨胀量比较接近,而远小于 4MPa 条件下岩心,说明高含水条件下地层膨胀性较弱。

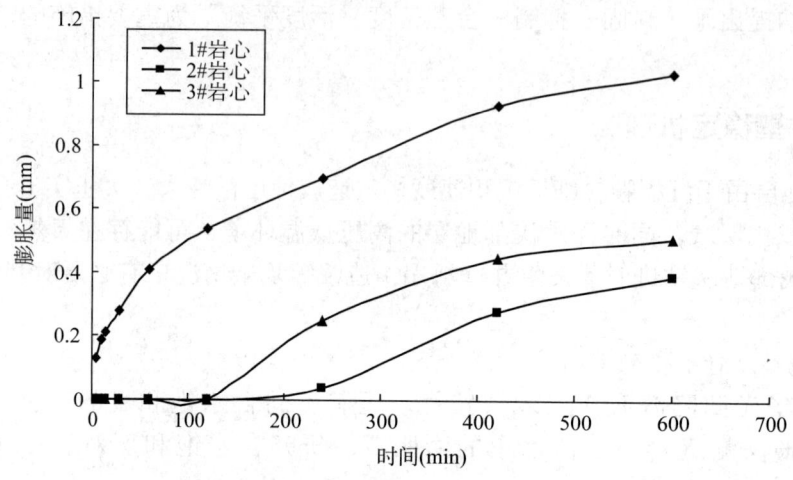

图 3-4-2 压实程度对岩心水化的影响

由图 3-4-3 可知,最大膨胀岩心并非含水量最低、压实程度最大者,而是压实程度较小、含水量中等的岩心。

3.4.2.3 浸泡和循环冲刷对井壁稳定性的影响

为了测试不同钻井液体系对井壁稳定性的影响,在模拟实验装置上安放一个模拟井壁单元。

(1) 环空返速对井壁的影响。

实验钻井液排量 6m³/h,平均环空返速 0.266m/s,循环时间 5h,冲刷加浸泡 12h。

膨胀高度:0.93mm,相对膨胀率:0.06%。

针入度:实验前 0.39mm,实验后 2.10mm。

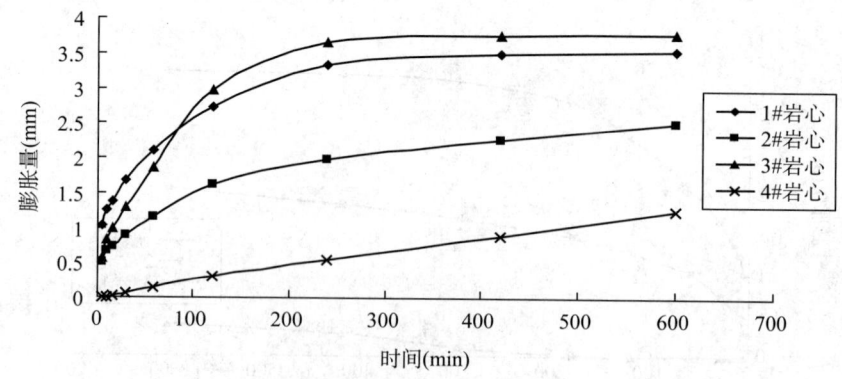

图 3-4-3 其他含水量和压实程度对岩心水化的影响

页岩稳定指数：$SSI_\text{平}$=92.86。

实验钻井液排量 10m³/h，平均环空返速 0.444m/s，循环时间 5h，冲刷加浸泡 12h。

膨胀高度：0.92mm，相对膨胀率：0.06%。

针入度：实验前 0.39mm，实验后 2.05mm。

页岩稳定指数：$SSI_\text{平}$=93.0。

(2) 循环、浸泡时间对井壁稳定的影响。

实验钻井液排量 6m³/h，平均环空返速 0.266m/s，循环时间 5h，冲刷加浸泡 12h。

膨胀高度：0.93mm，相对膨胀率：0.06%。

针入度：实验前 0.39mm，实验后 2.10mm。

页岩稳定指数：$SSI_\text{平}$=92.86。

实验钻井液排量 6m³/h，平均环空返速 0.266m/s，循环时间 10h，冲刷加浸泡 24h。

膨胀高度：0.95mm，相对膨胀率：0.07%。

针入度：实验前 0.39mm，实验后 2.15mm。

页岩稳定指数：$SSI_\text{平}$=92.76。

针入度公式：

$$SSI=100-2(H_\text{f}-H_\text{i})-4D_\text{平} \qquad (3-4-1)$$

式中：100 为引入的一个标准量；H_i 为初始针入度仪读数，mm；H_f 为浸泡后的针入度读数，mm；$H_\text{f}-H_\text{i}$ 表示钻井液与页岩相互作用后，其岩样表面硬度的变化；$D_\text{平}$ 为页岩试样与钻井液作用后的平均膨胀高度或剥蚀深度，mm。

实验结果表明，在深水地层含水饱和度较高的情况下，浸泡时间对于地层的膨胀率影响不大，随时间延长略有增加；随浸泡时间延长，岩石强度降低，针入度增大，在考虑循环对井壁的冲刷的情况下，可将部分软化地层冲离井壁，页岩稳定指数有所增大。

3.4.2.4 水合物的存在对井壁稳定性的影响

在深水钻井过程中，经常会遇到地层中含有水合物的情况，在钻遇水合物地层时需防止水合物的分解，因为水合物的分解会造成地层压力增大（1m³ 天然气水合物分解时可产生约 170m³ 的天然气及一定量的水），产生天然气释放后又会造成地层亏空，地层失去支撑而发生坍塌。

3.4.2.4.1 常压下水合物分解评价

实验评价钻井液体系对水合物分解的抑制效果，保证在深水钻井过程中的井壁稳定性。首先利用自制的水合物抑制评价设备生成水合物，然后加入钻井液，观察水合物的分解情况，评价钻井液组分对水合物分解作用的影响。

实验表明，低温下在空气中水合物的分解比较慢，NaCl 和乙二醇可降低水的活度和冰点，可促进水合物的分解。盐类 NaCl 促进水合物分解的能力也比乙二醇强。在与纯水作对比下 4% 土浆对水合物的分解有一定的抑制分解的能力，黏土包围在水合物的周围抑制了水合物的分解。动力学抑制剂 DY-1 对水合物的分解也有较强的抑制作用，由于动力学抑制剂的高分子吸附在水合物的表面，抑制了水合物与水分子的接触，对水合物的分解有一定的延缓作用。提高钻井液黏度或增加钻井液中膨润土含量，可使黏土及各种钻井液添加剂包围在水合物周围抑制水合物的分解。

3.4.2.4.2 高压条件下水合物分解评价

水合物分解与环境的温度和压力密切相关，水合物分解时同样会引起温度和压力变化，实验主要模拟高压升温条件下天然气水合物的分解情况，查看不同条件下水合物的分解，以及水合物的分解对温度和压力的影响。

实验表明，环境的改变会对天然气水合物的稳定性造成一定的影响，即温度升高会促使天然气水合物分解；但如果使用淡水钻进，一般不会造成水合物的分解。

深水钻井中，为防止地层中气体侵入到钻井液中形成水合物，往往加入大量水合物抑制剂，实验研究含水合物抑制剂的深水钻井液体系在高压下对分解水合物的影响。

实验表明，含有水合物抑制剂（两配方均可在 30MPa/2℃ 条件下保持钻井液中无水合物生成）的深水钻井液体系可使水合物分解；其中，使用单一热力学抑制剂的体系可使水合物立即分解，而使用动力学抑制剂和热力学抑制剂复配体系可适当延缓水合物的分解时间达 27h 以上，然后开始迅速分解。因此，若在该条件下 27h 之内完成钻井作业时，水合物的存在对井壁稳定性能影响不大。

3.4.3 钻井液防治浅层井壁失稳技术

针对上述研究，提出以下钻井液技术以应对深水浅层井壁失稳：

（1）针对深水浅部地层松软特性，应加强钻井液抑制和胶结固化井壁能力，提高地层强度，防止地层进一步软化。

（2）调整深水钻井液流变性和滤失特性，降低循环压耗、提高滤饼质量，即可防止高压差下钻井液滤液向地层的侵入，又可增强地层半透膜特性。

（3）充分利用深水钻井液高矿化度特性，通过化学活度平衡促使地层流体向井内流动（存在膜效率的前提下），使地层失水强度提高。

（4）合理密度钻井液对井壁的有效支撑，既要防止井壁的坍塌，又要防止浅层流和浅层气的侵入。

（5）避免使用单一的水合物热力学抑制剂，水合物热力学抑制剂和动力学抑制剂应复配使用，既可有效降低热力学抑制剂的加量，又可适当延缓地层中水合物的分解，有利于井壁的稳定。

（6）适当加入性能较好的随钻堵漏剂，以防止钻井液漏失。

（7）提高钻井速度，缩短地层浸泡时间。

3.5 深水钻井液中天然气水合物生成机理及其抑制

早期的石油工程中，在低温、高压下油气输送中形成水合物带来管道的堵塞以及调控设备的失灵是常见的事故，在深水钻井过程中水合物能造成气管、导管、隔水管以及海底防喷器的堵塞。水合物的危害后果非常严重。另外，一旦形成水合物堵塞，则很难清除。

对水合物性质的实验表明，$1m^3$ 的天然气水合物在分解（或融解）时，可以产生约 $170m^3$ 的天然气及一定量的水。这种天然气（当然也可能还有其他气体）的大量释放，可引起管道爆裂，对海洋石油钻井及相关工程带来的危害更大。

3.5.1 概述

天然气水合物是一种结晶状固体，是在水和气同时存在且在一定的温度与压力条件下形成的。除能形成水合物的多种气体外，目前研究人员能识别的形成水合物已多达百余种。在水分子形成的笼状晶格中，气体被圈在中间。在特定的温度和压力环境下，这种水合物的笼状晶格可形成 5 边形 12 面体，或由 12 个 5 边形和 2 个 6 边形组成的 14 面体，以及由 12 个 5 边形和 4 个 6 边形组成的 16 面体，如图 3–5–1。

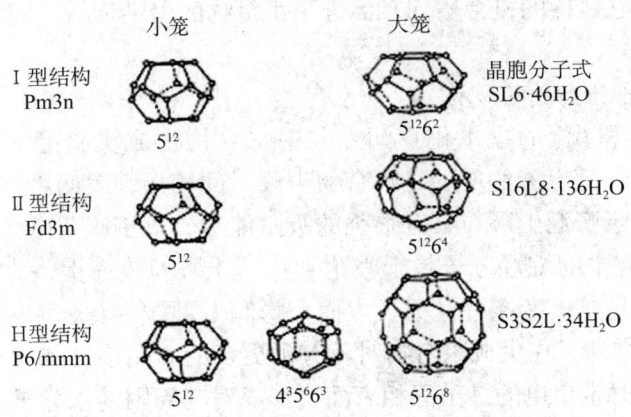

图 3–5–1 笼形水合物多面体

由于受到 Vanderwanls 力的影响，天然气分子和周围的水分子之间的作用不断稳固，水合物晶核逐渐增大。一旦此晶核与其他晶核接触就会互相吸附就形成更大的颗粒。这种结块过程在晶体达到一定尺寸（8～30nm）时，晶块体积就会迅速增大，如图 3–5–2，最终形成固态的天然气水合物。

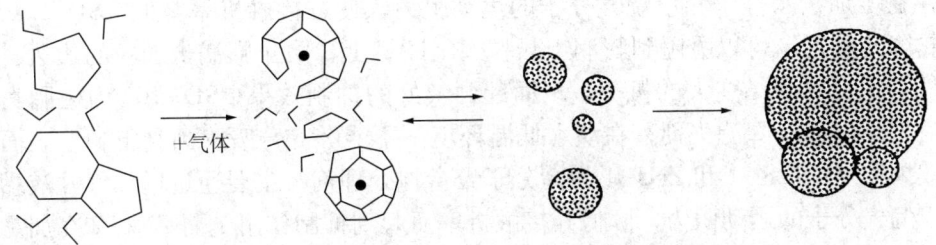

图 3–5–2 水合物形成过程

水合物形成的过程如下：
(1) 初始条件：压力和温度均满足生成水合物的区值范围，但没有气体分子溶于水中。
(2) 不稳定簇团：一旦气体进入水中，立即形成不稳定簇团。
(3) 聚结：不稳定簇团通过面接触聚结，从而增加无序性。
(4) 初始成核及生长：当聚结体的大小达到某临界值时，晶体开始生长。

3.5.2 深水钻井液中水合物生成机理

钻井液成分复杂，影响水合物形成的因素较多，钻井液中含有黏土、不同相对分子质量和官能团的聚合物以及一些天然矿物，甚至油和表面活性剂等，这些成分对水合物形成的影响也不尽相同。

3.5.2.1 扰动对水合物生成的影响

钻井液在井下的状态多数时间处于循环流动状态，有时也会暂时（如接单根）或长时间（如遇台风等）停止循环，不同流动形态对水合物的形成有不同影响。

根据不同扰动（搅拌速度）条件对水合物生成的实验表明，扰动可促进水合物的生成，使水合物的诱导期变短。这是因为扰动使极性水分子首尾相接形成笼形物的机率增加，使少量疏松的水合物相互碰撞的机会增加，促进了水合物的聚结增长，随着搅拌速度的增加，水合物的生成时间变短。

3.5.2.2 膨润土对水合物生成的影响

经过对2%，4%和6%的预水化膨润土浆中水合物生成实验可知，在钻井液中常见膨润土加量的范围内，随土量的增加，水合物生成时间缩短，表明膨润土的存在促进了水合物的生成。这是由于膨润土颗粒具有很强的吸附能力，周围吸附着大量水分子（膨润土的水化），溶入钻井液中的烷烃分子趋于吸附到膨润土颗粒表面上，为水分子环绕在其周围并形成囚笼结构创造了有利条件。另一方面，膨润土颗粒本身分散较细小（一般可小于 $2\mu m$），随着土量的增加，在生成水合物时就有了更多的"晶核"，单个的水合物更容易吸附在黏土颗粒上，同时带负电的黏土固相表面会形成对其周围的水分子起一定的束缚作用，这有利于水合物的生长。

3.5.2.3 常用钻井液添加剂对水合物形成的影响

在4%的预水化膨润土浆中分别加入3% SD-202，3% SD-102，0.4% JLS-1，0.4% ZNJ-1和0.1% ZNJ-2，实验观察钻井液中常用添加剂对水合物生成的影响。

实验结果表明，所选钻井液添加剂多数对水合物的生成有一定抑制作用，其中SD-202的抑制作用效果较好。主要因为上述处理剂均为中高分子质量降滤失剂和增黏剂，高分子的存在增加了水分子和甲烷气分子的运动阻力，使之接触机率降低，SD-202为腐殖酸类降黏降滤失剂，可以吸附到膨润土颗粒边缘断键上，防止膨润土颗粒的边边、边面絮凝，降低了水合物聚结变大的机率，从而起到较好的抑制效果；SD-102为树脂类中分子质量抗盐型高温高压降滤失剂，在淡水低温环境下不能够充分吸附到黏土颗粒表面，因此其抑制效果较差；JLS-1和ZNJ-1为高分子聚合物处理剂，主要通过增加钻井液黏度、水分子和甲烷气分子的运动阻力，降低其接触机率而起到抑制作用；而ZNJ-2在加量较低的情况下，增黏效果不明显，没有起到明显的抑制作用。

3.5.3 深水钻井液水合物抑制

为抑制天然气水合物的生成，最有效的方法是用添加抑制剂法。该方法的原理很简单，加入添加剂使水合物的固—液平衡曲线向低温方向移动，从而抑制水合物固体的生成。

3.5.3.1 水合物抑制剂

一般说来，能影响溶液活度性质的物质通常都能作为天然气水合物的抑制剂。

（1）热力学抑制剂。采用热力学抑制剂法是目前用于水合物控制的最常用方法。这些化学抑制剂能够通过降低水分子的活性，使水合物平衡曲线向较高压力和较低温度移位，使工作环境条件位于水合物稳定区域之外。

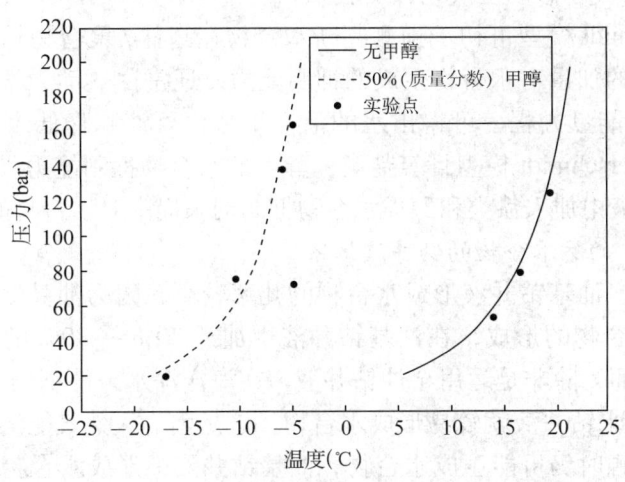

图 3-5-3 水合物的固—液平衡曲线

大量实验证明，NaCl，NaBr，Na_2CO_3，KCl 和 $CaCl_2$ 均可不同程度地降低水合物形成的温度，其中 NaCl 抑制效果最好。但随着盐的浓度升高，钻井液性能维护及其调控愈加困难。常见的醇类抑制剂有甲醇、乙二醇等，但该类抑制剂也必须在高浓度下才能发挥作用，浓度低时不能发挥抑制效果。热力学抑制剂的用量很大，费用也很高。

（2）动力学抑制剂。动力学抑制剂主要通过降低水合物形成的速率，延长水合物晶核形成的诱导时间或改变晶体的聚集过程等，延缓水合物形成时间。主要有如下几种：

①表面活性剂类。表面活性剂可降低水的表面张力，这样可以使气体更快地分散到水中去，降低了气体分散到晶体表面的速率，从而控制了水合物的生长。

②聚合物类动力学抑制剂。主要包括以下几类：酰胺类聚合物、亚胺类聚合物、其他聚合物等。动力学抑制剂目前已在美国和英国的油气田现场进行了试验和应用。

（3）防聚集剂。防聚集剂主要是通过吸附于水合物笼上而改变其聚集形态和水合物晶体的尺寸而起作用的，通常防聚效果不像动力学抑制剂那样取决于过冷度的大小，因此，它们应用的温度、压力范围更广。防聚剂仅在水相和油相同时存在时才能防止水合物在管线中的聚结。

（4）热力学与动力学水合物抑制剂复配。热力学与动力学水合物抑制剂复配具有一定协同作用，可进一步减小抑制剂加量，提高抑制效果。

① DY-1 和 NaCl 复配。动力学抑制剂 DY-1 与热力学抑制剂 NaCl 的复配，可以大大提高水合物的抑制能力。在高盐度下动力学抑制剂 DY-1 可在较高的过冷度下仍发挥较好的水合物抑制作用，水合物抑制效果明显好于独立使用。

② DY-1 与乙二醇复配。动力学抑制剂 DY-1 与热力学抑制剂乙二醇的复配，可适当提高水合物的抑制能力，但抑制效果远不如 DY-1 与 NaCl 复配。实验得出动力学抑制剂 DY-1 的加量为 1.5% 时比较合适。

③ DY-1 与无机盐、乙二醇复配。在高过冷度下，动力学抑制剂 DY-1 的抑制效果减弱，甚至会促进水合物的生成。但在高过冷度下，提高钻井液体系的盐度，可提高动力学抑制剂和热力学抑制剂复配的抑制水合物作用效果。

3.5.3.2 钻井液中天然气水合物生成的预测技术

通过 Hammerschmidt 模型可初步预测判断水合物在高盐/聚合物钻井液体系中，盐类和醇类水合物抑制剂的加量对水合物生成的抑制能力。通常由热动力学关系式来描述冰点的抑制性，用吉布斯能量方程，可得出水的活性系数，再计算降低水合物生成的温度差 ΔT，最后根据 Hammerschmidt 模型计算盐类、醇类的水合物抑制能力。通过预测可初步设计实验，在深水钻井液中加入盐类和醇类水合物抑制剂来提高对水合物的抑制能力。

3.5.3.3 目前用于深水的防水合物的钻井液体系

（1）油基钻井液。油基钻井液形成水合物的几率较小，因为油基钻井液中自由水的含量少，从而可防止水合物的形成，在油基钻井液中加入 20%～30% 的电解质水溶液水合物抑制效果更佳。然而，除非是运用全油钻井液，在海洋深水条件下仍有可能生成水合物，含水超过 20% 的油包水钻井液就较易形成水合物。这是因为天然气能溶于油相中，但在与油水乳液中的水珠接触时仍可能生成水合物。油基钻井液中形成水合物的另一个后果是导致相分离，水合物晶体会在分散的水滴与连续的有机相之间的界面形成，改变界面膜的特性，从而导致破乳。虽然使用油基钻井液更容易控制水合物的形成，但是，油基钻井液成本太高，回收工序复杂，推广受到一定限制。

（2）合成基钻井液。合成基钻井液体系较油基钻井液具有更合适的流变性，能够满足井眼和钻井隔水管之间温差的巨大变化，在深水钻井和小井眼侧钻井中，都表现出了很好的效果。

使用合成基钻井液主要有以下几方面优点：钻速快、抑制性强、润滑性好、井壁稳定、压差卡钻的发生率低、性能稳定，也便于调控。但合成基钻井液也存在着一定的局限性，主要表现在本身成本相对较高、影响地层评价等。

（3）水基钻井液。在深水低温条件下，为防止水合物的生成，散热系数小、滤失量低、黏度大的钻井液是最有效的。向低温钻井液中添加聚合物（水解聚丙烯腈、聚丙烯酰胺、羧基甲基纤维素、聚乙烯氧化物等），可以使其黏度变大，滤失量减小，从而达到上述性能。

为降低钻井液和井眼周围岩层的热交换系数，可通过调整钻井液流态和润滑性来实现，如通过添加少量的聚氧乙烯或巴西树脂型聚合物，可以使相邻液流间的相互作用明显降低，少量润滑剂即可大大降低钻井液摩阻系数。

目前深水水基钻井液体系主要有：高盐/木质素磺酸盐钻井液体系和高盐/PHPA 聚合物/聚合醇钻井液体系等。其中高盐/PHPA 聚合物/聚合醇钻井液体系最常用。高盐/PHPA 聚合物钻井液体系还具有页岩抑制性强、剪切稀释性好、环境较友好、有助于提高机械钻速等特点。

3.5.3.4 水合物长期抑制性评价

海洋钻井经常遇到的危险之一是台风，为躲避台风钻井液可能需要在井筒内静置长达 7 天以上。因此，需要水合物具有长期抑制性。根据对钻井液水合物抑制剂优化结果，确定如下配方。

1#：400mL 海水（除钙镁）+0.3% ZNJ-3 +3% SDN-1+1.5% PVP+15% NaCl。

2#：400mL 海水（除钙镁）+0.3% ZNJ-3+3% SDN-1+25% NaCl。

两配方分别在 31.55MPa/2.55℃ 和 29.5MPa/2.55℃ 条件下，经过 5 天和 7 天实验，温度

和压力变化幅度非常小，搅拌时扭矩不增加，说明没有水合物生成，表明该配方对水合物的长期抑制性良好，可基本满足3000m水深条件下长期钻井作业或静止要求。

3.6 深水钻井液研究及其性能评价

为开展深水钻井液低温性能研究，中国石油大学（华东）自行建立了"深水钻井液低温特性模拟实验装置"，该装置可实现钻井液低温常压流变性和中高压滤失特性的测定（在低温环境下滤失仪、流变仪需要重新标定后方可使用，滤失仪、流变仪操作程序同室温），同时也建立了深水钻井液低温特性评价实验方法。

3.6.1 深水水基钻井液

通过深水低温特性评价实验装置，对深水钻井液处理剂进行优选，优化深水钻井液体系配方的低温流变性及滤失性能。

3.6.1.1 基浆优化

为了解低温对膨润土浆流变性的影响，首先进行了水和膨润土浆在低温下的流变性实验，以优选深水低温钻井液中膨润土加量。

实验结果表明，低温对膨润土基浆的流变性能影响不大，随膨润土加量增加，低温影响加剧，黏度、切力明显增加，但同时滤失量略有下降。当膨润土含量为4%时，基浆流变性、滤失性比较合理，此时温度对基浆性能影响不大，因此在以后实验中以4%膨润土浆作为实验基浆。

3.6.1.2 处理剂优选

（1）增黏剂优选。深水钻井液用处理剂要求具有很好的抗盐性，根据处理剂基本特性，首先优选8种处理剂进行实验。

实验结果表明，ZNJ-1，ZNJ-2，ZNJ-3，ZNJ-4及ZNJ-5均为高分子类处理剂，都具有较好的提高钻井液黏度、降低钻井液滤失量的作用；在增黏作用方面，ZNJ-3与ZNJ-2相当，但ZNJ-3具有更高的切力和更好的低温流变性，更适于深水低温无固相钻井液配方；ZNJ-3与ZNJ-4为天然高分子聚合物，抗温性能较差，可应用于浅部地层钻进，而ZNJ-1，ZNJ-2和ZNJ-5为合成高分子聚合物，具有较好的抗温性，更适合于进入深部地层后的钻井。值得注意的是，ZNJ-3在低温下不但不增加黏度，反而使黏度略有下降，比较适合于深水钻井液选用。

（2）降滤失剂优选。同样根据处理剂抗盐特性，优选9种处理剂进行实验。

实验结果表明，在淡水环境下，酚醛树脂类降滤失剂SD-101较SD-102具有更低的滤失量，但根据分子结构和水化基团分析可知，SD-101抗盐性较SD-102差，因此，在钻井液矿化度较高时可考虑使用SD-102；腐殖酸类降滤失剂SMC与SD-201相当，而SPNH与NH_4PAN相当；聚合物降滤失剂则相差不大，但对黏度影响差别较大，因此，在使用时应根据具体情况适当考虑，以防副作用影响钻井液性能。

（3）降黏剂优选。钻井液常用降黏剂主要有分散型和聚合物型，其降黏机理不同、加量不同，对钻井液的影响规律也不相同，分别选取代表性产品，形成实验配方（为突出降黏剂效果,实验选用6%膨润土浆)。

实验结果表明,分散型降黏剂 NH_4PAN 与 SD–201 相当,而 FCLS 较差,另外,FCLS 含大量重金属离子如 Fe^{3+} 与 Cr^{3+} 等,对环境污染较为严重;聚合物降黏剂 XY–27 优于 SF。

3.6.1.3 淡水基高盐/聚合物钻井液配方优化

在处理剂单剂优选的基础上,优化出适合于深水的淡水基高盐/聚合物钻井液体系配方。

1# 淡水基配方:2% 膨润土浆 +0.3% ZNJ–3+3% SDN–1+3% SD–202+30% $CaCl_2$。

2# 淡水基配方:清水 +0.3% ZNJ–3+3% SDN–1+25% NaCl。

3# 淡水基配方:清水 +0.3% ZNJ–3+3% SDN–1+3% SD–202+30% $CaCl_2$。

4# 淡水基配方:清水 +0.3% ZNJ–3+3% SDN–1+3% SD–202+3% SD–102+30% $CaCl_2$。

5# 淡水基配方:4% 膨润土浆 +0.3% ZNJ–1+0.5% JLS–1+3% SD–202+3% SD–102+1% 铵盐 +25% NaCl。

6# 淡水基配方:4% 膨润土浆 +0.3% ZNJ–1+0.5% JLS–1+3% SD–202+3% SD–102+25% NaCl。

实验表明,聚合物 ZNJ–3 在膨润土浆中的效果并不理想,而单独使用效果较好,可起到很好的提黏、增切、降滤失的作用;在无黏土相钻井液中超低渗透处理剂 SDN–1 可起到较好的降滤失作用,但腐殖酸类降滤失剂 SD–202 反而使钻井液滤失量增加,说明其抗盐性较差,在与酚醛树脂类降滤失剂 SD–102 复配使用时可有效降低钻井液黏度和滤失量,改善钻井液流变性。

总体上无固相钻井液体系 2# 淡水基配方较好,低固相聚合物体系 5# 淡水基配方、6# 淡水基配方流变性较好、滤失量较小,总体性能较好。

3.6.1.4 海水基高盐/聚合物钻井液配方优化

深水钻井远离大陆,通常直接取用海水配制钻井液。由于海水中含有 Na^+,Ca^{2+},Mg^{2+},Cl^- 和 SO_4^{2-} 等离子,且其矿化度较高,因此海水配制钻井液与淡水配制钻井液不同。

(1)海水基浆基本性能。

1#:处理海水(加碳酸钠和氢氧化钠除钙镁离子)。

2#:4% 海水基浆(8% 预水化膨润土:除钙镁海水 =1:1)。

实验可知,与淡水基浆相比,海水基浆的黏度、切力都有较大幅度上升,主要是因为海水中的各种离子压缩膨润土表面扩散双电层,使部分膨润土产生了适当絮凝造成的。同样海水基浆的黏度和切力也随温度降低而增大,且增大幅度大于淡水基浆,同时滤失量有所降低。

(2)海水基高盐/聚合物钻井液配方。根据处理剂优选结果,进行优化组合,形成如下配方。

1# 海水基配方:2% 海水基浆 +0.3% ZNJ–3+3% SDN–1+3% SD–202+30% $CaCl_2$。

2# 海水基配方:除钙镁海水 +0.3% ZNJ–3 +3% SDN–1+25% NaCl。

3# 海水基配方:海水基浆 +0.3% ZNJ–1+0.5% JLS–1+3% SD–202+3% SD–102+1% 铵盐。

4# 海水基配方：海水基浆 +0.3% ZNJ–1+3% SD–202+3% SD–102+1% 铵盐。

5# 海水基配方：海水基浆 +0.3% ZNJ–1+0.5% JLS–1+3% SD–202+3% SD–102+25% NaCl。

实验结果表明，无机盐对含固相钻井液的影响较大，钻井液明显增稠，无固相配方 2# 较好；若不考虑水合物的抑制，3# 海水基配方、5# 海水基配方流变性较好，滤失量较低，可满足施工要求；4# 海水基配方考虑了水合物的抑制，加入大量无机盐（水合物热力学抑制剂）后，仍能保持较低的滤失量，说明其抗盐性比较好，但黏度、切力偏高，有待于进一步调整。

（3）海水基高盐/聚合物钻井液配方调整。对 4# 海水基配方的调整，一是降低膨润土含量，并改变加药顺序，二是适当加入降黏剂。

4–1# 海水基配方：2% 海水基浆 +0.3% ZNJ–1+3% SD–202+0.5% JLS–1+3% SD–102+25% NaCl。

4–2# 海水基配方：海水基浆 +0.3% ZNJ–1+3% SD–202+0.5% JLS–1+3% SD–102+2% 铵盐 +25% NaCl。

实验结果可看出，4–1# 海水基配方通过适当降低钻井液中膨润土含量，钻井液黏度、切力都有所减小，流变性趋于合理，而滤失量基本不变，可以基本满足现场施工要求；而 4–2# 海水基配方加入铵盐后黏度、切力有所增大，尤其低温下增稠较严重，对流变性调控效果不理想。

3.6.1.5 深水水基钻井液综合性能评价

（1）深水钻井液长期稳定性评价。海洋钻井的特殊环境（如台风等恶劣气象），要求钻井液较陆上更具稳定性，一般要求钻井液至少在 7 天内保持性能稳定。因此，实验测定了所优选钻井液配方的长期稳定性。

实验配方如下。

1#：清水 +0.3% ZNJ–3+3% SDN–1+25% NaCl。

2#：清水 +0.3% ZNJ–3+3% SDN–1+3% SD–202+3% SD–102+30% $CaCl_2$。

3#：4% 膨润土浆 +0.3% ZNJ–1+3% SD–202+0.5% JLS–1+3% SD–102+25% NaCl。

4#：2% 海水基浆 +0.3% ZNJ–3+3% SDN–1+3% SD–202+30% $CaCl_2$。

5#：除钙镁海水 +0.3% ZNJ–3+3% SDN–1+30% $CaCl_2$。

实验结果可看出，钻井液稳定性较好，在经过 7 天陈化后，流变性更趋于合理，滤失量有所降低。无固相 1# 配方、2# 配方、5# 配方相比，1# 配方黏度偏高，滤失量偏大，5# 配方黏度、切力太大，而 2# 配方经陈化后，黏度保持在较低状态，流动性好，动塑比较大，有利于携岩，且滤失量较小。3# 配方和 4# 配方虽然含有一定量固相，其黏度、切力并不高，但滤失量较大。

因此，总体讲 2# 配方和 4# 配方比较合理。

（2）深水水合物抑制性能评价。深水钻井液的高压低温环境非常有利于天然气水合物的生成，同时在海底浅部地层也有可能存在天然气水合物或浅层气，一旦在井下形成水合物将堵塞水下防喷器、放喷管线等设备，造成严重的事故。

利用钻井液水合物抑制性评价实验装置，对优选出的钻井液配方进行水合物抑制性能评价，保证深水钻井过程中无水合物生成。

钻井液配方如下。

1#：清水 +0.3% ZNJ-3+3% SDN-1+25% NaCl。

2#：海水基浆 +0.3% HEC（具有抑制水合物作用）+3% SD-202+3% SD-102+1% NH$_4$PAN。

3#：除钙镁海水 +0.3% ZNJ-3+3% SDN-1+30% CaCl$_2$。

4#：2% 海水基浆 +0.3% ZNJ-1+3% SD-202+0.5% JLS-1+3% SD-102+25% NaCl。

实验结果可看出：1# 配方、4# 配方的水合物抑制效果较好，可达到在 15MPa/4℃ 条件下抑制无水合物生成，即可用于 1500m 深水区钻井作业。

(3) 深水钻井液抗高温性能评价。虽然深水海底的温度较低，但随着向地层深部钻进，地层温度也会越来越高，并且一般情况下深水地层的地温梯度较陆地更高，因此，应对优选出来的深水钻井液配方体系进行抗温性能评价。

钻井液配方如下。

1#：清水 +0.3% ZNJ-3+3% SDN-1+25% NaCl。

2#：2% 海水基浆 +0.3% ZNJ-1+3% SD-202+0.5% JLS-1+3% SD-102+25% NaCl。

实验结果可看出，1# 配方的抗温性能较差，经过 150℃、16h 的老化后，动切力出现负值，不再符合宾汉流体模式，且全部滤失不能形成有效滤饼；2# 配方的抗温性能较好，老化后性能稳定，流变性能和滤失性能均变化不大，高温高压滤失量较低。

因此，1# 配方配方简单、水合物抑制效果较好、低温流变性好、相对成本较低，适合于深水浅部地层钻进；而 2# 配方低温流变性好、滤失量小、水合物抑制性能好、抗温性能好，可用于深部地层钻进。

(4) 深水钻井液抗污染性能评价。经过上述一系列实验，可满足深水钻井需要的钻井液配方仅剩以下配方。

1#：清水 +0.3% ZNJ-3+3% SDN-1+25% NaCl。

2#：2% 海水基浆 +0.3% ZNJ-1+3% SD-202+0.5% JLS-1+3% SD-102+25% NaCl。

实验结果表明，两套钻井液配方的抗膨润土和劣土污染的能力都比较强，在分别加入 5% 的膨润土或（和）加入 10% 的劣质土后，钻井液流变性、滤失性均变化不大。

(5) 深水钻井液井壁稳定性能评价。

①页岩膨胀性。页岩膨胀实验是评价钻井液抑制防塌性能的主要方法之一，利用膨润土在模拟条件下制作实验岩心，实验用钻井液配方与"(4) 深水钻井液抗污染性能评价"中相同。

清水实验 8h 的膨胀率为 38.51%，1# 配方实验 8h 的膨胀率为 10.235%，2# 配方实验 8h 的膨胀率为 9.996%，由此可以说明两配方的抑制页岩膨胀效果较好。

②页岩回收率实验。回收实验选取了南海油田涠洲地区典型泥页岩岩心样品。

实验结果表明，两套配方的回收率都较高，抑制页岩分散效果较好。

为进一步评价上述配方的抑制性，还分别选取了不同油田的地层岩心进行评价。

回收率实验说明，两配方均可以使不同地层岩心（屑）的回收率大幅提高，对不同性质泥页岩水化分散均有较好的抑制效果，有利于防止井壁坍塌，保持井壁稳定。

(6) 深水钻井液的润滑性评价。钻井液润滑性对钻井工程起着至关重要的作用，具有良好润滑性的钻井液可以大幅降低井下摩阻、提高钻速、减少起下钻时间、防止黏附卡钻、延长钻具寿命等。对于深井、超深井、定向井、大位移井等，一般要求钻井液黏附系数小于 0.1。通常水基钻井液的摩阻系数为 0.2 左右，油基钻井液的摩阻系数为 0.08 左右。

实验结果表明，两套深水钻井液体系的摩阻系数分别为 0.2050 和 0.1632；两配方的滤饼黏附系数均为 0.0845，接近油基钻井液的摩阻系数，满足钻井工程需要。

(7) 深水钻井液环境可接受性能评价。深水环境要求钻井液必须具有良好的环境可接受性，否则钻屑、废弃钻井液处理和回收等会大大增加钻井液成本。实验参照标准：HJ 505—2009《水质 五日生化需氧量（BOD_5）的测定 稀释与接种法》；GB 11914—1989《水质 化学需氧量的测定 重铬酸盐法》；GB/T 15441—1995《水质 急性毒性的测定 发光细菌法》。

依照上述标准 BOD_5/COD_{Cr} < 0.03 时可生化性差，BOD_5/COD_{Cr} > 0.3 时可生化性较好；EC_{50} 值 <1000，中毒；EC_{50} 值为 1000～10000，微毒；EC_{50} 值 >10000，无毒。

钻井液配方实验见表 3–6–1。

表 3–6–1 深水钻井液环境可接受性评价

配方	COD_{Cr} (mg/L)	BOD_5 (mg/L)	BOD_5/COD_{Cr}	可生化性	EC_{50}	毒性
1#	32121.6	5157.5	0.16	可生化	1738	微毒
2#	267321.6	202236	0.76	易生化	1828	微毒

评价结果说明，优选的两套钻井液配方均具有较好的环境可接受性。

(8) 深水钻井液油气层保护性能评价。利用 YHBH–I 多功能油层保护仪，对所选钻井液配方进行油气层保护性能评价，为进一步提高钻井液对油气层的保护效果，体系中适当加入了油气层保护材料。

钻井液配方如下。

1#：海水基浆 +0.3% ZNJ–1+3% SD–202+0.5% JLS–1+3% SD–102+25% NaCl。

2#：海水基浆 +0.3% ZNJ–1+3% SD–202+0.5% JLS–1+3% SD–102+25% NaCl+3% SDN–1。

3#：海水基浆 +0.3% ZNJ–1+3% SD–202+0.5% JLS–1+3% SD–102+25% NaCl+3% QS–1。

4#：2% 海水基浆 +0.3% ZNJ–1+3% SD–202+0.5% JLS–1+3% SD–102+25% NaCl+3% SDN–1+3% QS–1。

实验结果表明，所优选钻井液配方具有很好的油气层保护效果，特别是在加入超低渗透处理剂 SDN–1 和油气层保护材料 QS–1 后，对不同渗透率岩心均具有很好的保护作用。

(9) 深水钻井液悬浮性能评价。钻井中钻井液的携岩问题至关重要，携岩困难常常导致井下复杂情况和事故的发生。

1#：海水 +0.3% ZNJ–3+3% SDN–1+25% NaCl。

2#：海水基浆 +0.4% ZNJ–1+0.4% LV–CMC+0.1% ZNJ–3+3% SD–202+3% SD–102+1.5% DY–115% NaCl+10% 乙二醇。

通过实验看出，砂粒沉降主要发生在静止后的前 5～15min，此时钻井液结构未形成，一部分大的岩屑颗粒沉降速度较快，降至底部，一旦钻井液结构形成，钻屑基本不再下沉。

另一方面，钻井液的结构力是有限的，钻井液应是一个快速形成的弱凝胶结构，当凝胶强度增大其悬浮能力增强，但随开泵时的阻力增加，容易憋漏地层。因此，钻井液对大颗粒岩屑的悬浮能力也是有限的。

总体讲钻井液悬浮颗粒粒径介于 60～80 目，大于该粒径范围悬浮率明显下降。

（10）深水钻井液高温高压/低温高压流变性实验结果。实验配方与"(9) 深水钻井液悬浮性能评价"中相同。

实验结果表明，温度对钻井液黏度、切力影响较大，而基本不受压力影响。两配方均能在所测范围内满足现场施工需要。

3.6.2 深水油基钻井液

油基钻井液具有优良的防塌性和润滑性，但由于成本较高、风险较大、环境可接受性差等限制了其推广应用。海洋深水钻井自身成本较高，若能有效减少井下事故复杂，可大幅降低综合费用，因此，油基钻井液在深水钻井中得到了较广泛的应用，成为深水钻井液体系必不可少的组成部分。

3.6.2.1 乳化剂优选

为提高油基钻井液黏度、切力，改善流变性，提高悬浮携带能力，降低油基钻井液滤失量，同时适当降低钻井液成本，通常加入适量水。由于油水不能混溶，必须加入适量乳化剂，乳化剂的性能和加量对油包水乳化钻井液至关重要。

通过对十几种的单一乳化剂和复合乳化剂的优选，初步得出 SDMUL1 与 SDMUL2 以 2：1（SDMUL）进行复配作为主乳化剂效果明显，复配后的破乳电压可达 800V 以上。

3.6.2.2 油基钻井液配方优化

按油水比为 90：10，80：20，70：30 和 60：40，分别配制实验用油基钻井液。
1# 配方：360mL 白油 +2% SDMUL +0.8% ABS+40mL30% $CaCl_2$ 盐水 +5% SDO-1。
2# 配方：320mL 白油 +2% SDMUL +0.8% ABS+80mL30% $CaCl_2$ 盐水 +5% SDO-1。
3# 配方：280mL 白油 +2% SDMUL +0.8% ABS+120mL30% $CaCl_2$ 盐水 +5% SDO-1。
4# 配方：240mL 白油 +2% SDMUL +0.8% ABS+160mL30% $CaCl_2$ 盐水 +5% SDO-1。
分别在室温 18℃ 和低温 2℃ 下对以上油基钻井液配方的基本性能进行了测试。

实验结果得出，油基钻井液室温下流变性能较合理，滤失量较小，随着油水比的减小，油基钻井液的黏度增大，切力提高，动速比增大，一般不宜超过 6：4。低温陈化后，油基钻井液配方的黏度、切力增加明显，油水比达 7：3 时，其低温黏度即超过了黏度计量程。

总体上 1# 配方的流变性较好。在深水低温环境下，油基钻井液流变性需要调整。具有良好的低温流变性可减小起泵压力，避免压裂地层，保证正常循环，也有利于保持井壁稳定。优化出的可以应用于深水作业环境的油基钻井液配方如下：360mL 白油 +2% SDMUL1+2% SDMUL2+0.8% ABS+40ml30%$CaCl_2$ 盐水 +5% SDO-1。

3.6.2.3 油基钻井液水合物抑制性能评价

一般说来，由于油基钻井液的连续相为油，不易形成水合物。油基钻井液的水合物抑制性实验钻井液配方同 3.6.2.2 节。

实验结果得出，油基钻井液配方具有良好的水合物抑制性能。综合低温流变性考虑 1# 配方可以应用于深水钻井作业环境。

3.7 深水固井低密度水泥浆的配方及其性能

3.7.1 低密度水泥浆配方

3.7.1.1 低温胶凝材料

目前常用的油井水泥,在低温下强度发展缓慢,尤其在4℃时,其水化反应非常缓慢,影响油井水泥强度的发展。

多种类型的低温早强水泥,一般是加入一定量的矿物质,调整水泥浆的各种组分的含量,使得水泥能够在低温下的水化加快。其早期强度较高,但一般适用较高的密度,有的水泥对污染非常敏感,容易导致施工问题。

(1) 硫铝酸盐水泥。硫铝酸盐水泥熟料化学成分属于 $CaO—SiO_2—Al_2O_3—Fe_2O_3—SO_3$ 五元系统。熟料主要矿物为 C_4A_3,C_2S 和 C_4AF。这种水泥由活性硅酸铝和水硬水泥组成,可以与一种或几种外加剂复配。其中硅酸铝可以是高岭土、埃洛石、地开石或珍珠陶土等,但最好是高活性的金属高岭土。

硅酸铝水泥适用于深海或寒冷环境中的井眼和易于发生流体侵入情况的井眼。该水泥与传统的石膏水泥相比,具有过渡时间短、胶凝强度发展快、抗压强度高等特点。

两种常见硅酸铝水泥浆的配方:

1#水泥浆:Holnam1型水泥+5%石膏(以水泥质量计)+0.8% CD-32分散剂+0.4% BA-10聚乙烯醇。

2#水泥浆:Holnam1型水泥+5% METAMAX型硅酸铝(以水泥质量计)+0.6% CD-33分散剂+0.4% BA-10聚乙烯醇+0.5%促凝剂+0.2%偏硅酸钠。

(2) 铝酸盐水泥。该水泥熟料矿物组成以CA为主,由此赋予水泥具有早强耐火等特殊性能。在20℃高铝水泥一天可以达到最终强度的80%,而波特兰水泥需要几天甚至更长的时间。

高铝水泥:其颗粒属于中等尺寸,可占到整个固体混合物体积的45%,其铝酸钙的含量至少要到40%。

细颗粒材料:可占到25%,它们可以是磨细的石英、玻璃、矿渣、碳酸钙、微硅、碳黑、氧化铁粉、红土、筛选的飞灰或丁苯胶乳等,其平均颗粒尺寸应为高铝水泥平均颗粒尺寸的0.01~0.5倍。它除了用来提高系统的堆积密度,还用作高铝水泥水化热的稀释剂。

微珠:可占到65%,它属于粗颗粒材料,其平均颗粒尺寸应在高铝水泥平均颗粒尺寸的2~20倍的范围内。

(3) 快凝石膏水泥浆。快凝石膏水泥实际是油井水泥和半水石膏的混合物。加入半水石膏的目的就是促进水泥早期强度的发展,这在水泥浆密度较高、井底温度较高的情况下是可以实现的。

(4) 微细水泥。除了水泥的化学成分影响水泥水化速度,水泥的细度也影响水泥的水化速度。但是低温下硅酸盐水化速度很低,因此需要对水泥的成分进行调整。

(5) DWC-2水泥的强度发展及增强材料。水泥DWC-2在低温下强度发展较快,加入缓凝剂后在常温下具有较长的稠化时间,并且能够与常规油井水泥混配使用。因此,选择 DWC-2 作为低温水泥胶凝材料。室内对 DWC-2 胶凝材料作了进一步的强度发展研究，为配制低密度水钻井液，开发一种增强材料，提高水泥浆的稳定性和水泥石的长期强度。

在 DWC-2 水泥浆中掺入外掺料时，其抗压强度随着掺量的增加而降低，与 3 个月强度相比，未加外掺料的 DWC-2 的 3 天强度达到 3 个月强度的 82%，7 天强度达到 3 个月强度的 86%，外掺料掺量为 20% 时 3 天强度达到 3 个月强度的 47%，7 天强度达到 3 月强度的 59% 左右；另外，掺入外掺料后的水泥浆的 3 个月强度增加并不明显，与未掺的增加量相差不大。

通过对水泥石的 SEM 分析，发现未掺外掺料的水泥，1 天后就有大量凝胶出，但掺有外掺料的水泥 7 天后才出现少量凝胶，掺有外掺料的水化产物分布均匀。实验表明，掺入外掺料后，水泥水化速度减缓，水泥石结构有所改善。

3.7.1.2 水泥的水化机理

利用 XRD 对水泥的矿物相进行分析，其中矿物相主要为 C_2S，C_3S，C_4A_3S 和 C_4AF。在水泥养护后对其进行分析可以看出水化产物主要有 AFt，$Ca(OH)_2$ 和 C-S-H。

根据水泥水化前后矿物相分析，其水化机理为：

（1）首先水泥中的熟料矿物水化 C_3S 和 C_2S 并释放出少量 $Ca(OH)_2$，C_4A_3S 快速水化生成 AFt 和 $Al(OH)_3$。熟料矿物的水化反应如下：

$$C_4A_3S+2CaSO_4+36H_2O \longrightarrow AFt+2Al(OH)_3 \text{(gel)}$$

$$C_3S+H_2O \longrightarrow C_2SH_2 \text{(gel)} +Ca(OH)_2$$

$$C_2S+H_2O \longrightarrow C_2SH_2 \text{(gel)} +Ca(OH)_2$$

（2）水化产物 $Al(OH)_3$ (gel) 与 C_3S 和 C_2S 的水化产物 $Ca(OH)_2$ 生成 AFt。$Al(OH)_3$ (gel) 和 $Ca(OH)_2$ 的消耗进一步促进了 C_4A_3S 和 C_3S 的水化，C_4A_3S 基本全部水化，从而生成大量 AFt，使水泥浆在低温条件下快速硬化，稠化曲线表现出优异的"直角稠化"特性，并且水泥石体积微膨胀，具体水化反应为：

$$C_4A_3S+2CaSO_4+36H_2O \longrightarrow AFt+2Al(OH)_3 \text{(gel)}$$

$$C_3S(C_2S)+H_2O \longrightarrow C_2SH_2 \text{(gel)} +Ca(OH)_2$$

$$2Al(OH)_3 \text{(gel)} +3Ca(OH)_2+3CaSO_4+26H_2O \longrightarrow AFt$$

（3）后期，主要为 C_3S 和 C_2S 继续水化，即：

$$C_3S(C_2S)+H_2O \longrightarrow C_2SH_2 \text{(gel)} +Ca(OH)_2$$

生成的 C_2SH_2 凝胶填充在 AFt 晶体间，使水泥石结构更加致密，提高水泥石抗压强度。

（4）复合外加剂的引入，改善了水泥石的早期结构。随着水化反应的进行，溶液中 $Ca(OH)_2$ 的含量减少，碱度逐渐降低，高活性掺合料分解作用减弱，溶出的铝酸根离子、硅酸根离子数量降低，使水泥石结构存在较大的缺陷，表现为早期强度低。当引入复合外加剂后，进一步激发矿物材料的活性，生成溶解度更低的 C—S—H 凝胶及 AFt，改善了水泥石的早期结构，使水泥石的结构越来越致密，从而提高了水泥石的强度。

3.7.1.3 低温减轻材料的选择

水泥浆密度的降低一般通过掺入低密度材料来实现。选择减轻剂首先要根据水泥浆的密度要求和应用条件等进行综合考虑。

水泥浆减轻剂按其减轻原理划为两类，一类主要有膨润土、硅藻土、粉煤灰、硬沥青、膨胀珍珠岩、火山灰、水玻璃以及一些超细粉末等，这一类减轻剂除硬沥青外一般为一些吸水或增黏物质，其水泥浆密度大小主要取决于水灰比大小，而不是以减轻剂本身密度大小或掺量多少而定。由于在相同密度下这一类低密度水泥浆液的水灰比较大，因而导致游离液含量较大、失水量较难控制、强度低、渗透率高，优点是成本较低。

另一类减轻剂主要是依靠减轻剂本身来降低水泥浆密度。这一类低密度水泥浆密度大小主要取决于减轻剂本身密度大小和掺量多少。一般说来，在相同密度下这一类低密度水泥浆水灰比较小，因而使水泥浆具有较低的游离液含量、相对高的强度和较低的渗透率。

选择低温低密度早强水泥浆的减轻材料应遵循以下三点：

(1) 能降低水泥浆水固比，提高水泥浆固相含量，有利于实现紧密堆积，保持水泥浆稳定。

(2) 减轻剂应尽量选择规整颗粒尺寸的材料，而且密度较低，较少的掺量就可以获得较低的水泥浆密度。

(3) 减轻材料的物理化学性能对水泥浆性能的影响是可控的。

根据上述原则，可选择空心微珠作为减轻剂，微珠来源于电厂的废弃物，是一种空心、密闭、壁薄、粒细的玻璃球体，其有效密度为 $0.7g/cm^3$ 左右，在水泥浆中其表面具有一定活性。漂珠低密度水泥浆使用的范围很广泛，油气井几乎都要用漂珠水泥。

合成空心微珠具有较低的密度（一般 $0.38g/cm^3$）和较高的耐压性能（最高可达125MPa），而且粒度较细（10～80μm），在低密度水泥浆中掺较少的量就可以大幅降低密度，掺胶凝材料量的35%～50%，水泥浆密度可降至1～$1.1g/cm^3$，而且其材料成分和水泥有些成分类似，和水泥相容性好，还可以提高低密度水泥浆中胶凝含量，有利于低温下水泥浆强度的发展。

3.7.1.4 低温早强剂

通过对多种早强剂（主要有硫酸盐、硝酸盐及复合早强剂等）的实验，并且进行复合配比，最终优选出低温早强剂DWZ-1，与油井水泥配合，在深水低温固井中提高水泥浆的早期强度。

根据实验看出DWZ-1早强剂在低温下能促进水泥的早期强度发展，比其他的几种早强剂效果更好，因此，选择该早强剂作为低温水钻井液的早强剂。

3.7.1.5 低温分散剂

为降低水泥颗粒间的相互作用和结构黏度，加入分散剂进行处理，以改善水泥固体颗粒的分散状态。实验选取了多种分散剂，通过对比实验，最后选取了DWD-1为分散减阻剂。

DWD-1分散剂加量在0.4%（BWOC）到1.5%（BWOC）时水泥浆的流变性能有所改善。分散剂继续增加，水泥浆反而有变稠。DWD-1分散剂具有较好的性能，水泥浆的流变性能较好。在稠化实验中，发现不加DWD-1分散剂的稠化曲线较差，而加DWD-1分散剂的水泥浆则曲线较好。

3.7.1.6 低密度水泥浆配方设计

为了降低水泥浆的密度,加入微珠作为低密度减轻材料,充填于水泥浆和水泥石中,微珠和水泥颗粒的尺寸较大,在微珠和水泥颗粒之间,存在较大的空隙,这既增大了浆体的需水量和含水量,又降低了其密实程度,从而使稳定性和强度受到一定的影响。在一定的水灰比下配浆,很容易发生分层离析的现象,而且表观上稠度较高。为了能配成流动性较好的水泥浆,一方面要加大水灰比,同时要增加一些低黏的物质如水溶性聚合物、铝盐等,以维持浆体自身的稳定性和水泥石的长期密封性能,水泥浆的强度(一般不超过5MPa)较低。为了提高水泥浆的综合性能,利用紧密堆积理论和颗粒级配理念设计低密度水泥浆,通过对胶凝材料的宏观力学与微观力学的研究,提出以紧密堆积和材料颗粒大小分布去提高材料的宏观力学性能,即使单位体积的水泥浆中含有更多的固相,提高体系的堆积密度,减小水泥颗粒间的充填水。

低密度水泥浆主要组分为:低温活性材料、减轻材料以及增强材料。本设计中的低密度水泥浆是基于紧密堆积理论,通过材料粒子的颗粒级配,提高水泥浆的稳定性。在高强低密度水泥浆体系中,随增强材料的增加,水泥浆体系的悬浮稳定性加强,游离液减少,增强材料参与水泥水化过程的进行,使孔隙率和渗透性降低。

根据低密度设计原则,设计了密度1.2~1.7g/cm³低密度水泥浆(表3-7-1)。

表3-7-1 低密度水泥浆配方

配方号			1#	2#	3#	4#
密度(g/cm³)			1.7	1.5	1.4	1.2
组成(g)	水泥	DWC-2	100	100	100	100
	增强材料	DZW	20	25	25	25
	漂珠	PZ	5	25	35	25
	分散剂	DWD-1	0.5	0.5	0.5	0.5
	降失水剂	DWF	3.5	4	3.5	3.5
	早强剂	DWZ-1	3	3	3	3
	缓凝剂	DWR-1	根据稠化时间调整			
	水		57	70	74	90
	消泡剂	G603	0.1	0.1	0.1	0.1

3.7.2 深水固井低密度水泥浆性能

3.7.2.1 水泥浆稠化及强度

研究4~30℃条件下水泥浆的稠化性能,分析温度和缓凝剂的变化对稠化时间的影响。

密度为1.7g/cm³水泥浆配方及性能实验见表3-7-2和图3-7-1、图3-7-2。

表 3-7-2　1.7g/cm³ 水泥浆综合性能实验

	配方号		1#	2#	3#	4#	5#	6#	8#	9#
组成（g）	水泥	DWC-2	100	100	100	100	100	100	100	100
	增强材料	DZW	20	20	20	20	20	20	20	20
	漂珠	PZ	5	5	5	5	5	5	5	5
	分散剂	DWD-1	0.5	0.5	0.5	0.5	0.5	0.5	0.5	0.5
	降失水剂	DWF	3.5	3.5	3.5	3.5	3.5	3.5	3.5	3.5
	早强剂	DWZ-1	3	3	3	3	3	3	3	3
	缓凝剂	DWR-1	1.5	2.0	0.8	1.5	0.4	1.2	0.4	0.8
	水		57	57	57	57	57	57	57	57
	消泡剂	G603	0.1	0.1	0.1	0.1	0.1	0.1	0.1	0.1
密度（g/cm³）			1.7	1.7	1.7	1.7	1.7	1.7	1.7	1.7
实验压力（MPa）			25	25	30	30	35	35	35	35
实验温度（℃）			30	30	20	20	10	10	4	4
稠化时间（min）			166	234	231	312	107	258	207	312
16h 抗压强度（MPa）			14.5	13.8	12.7	11.9	6.9	7.2	11.7	8.2

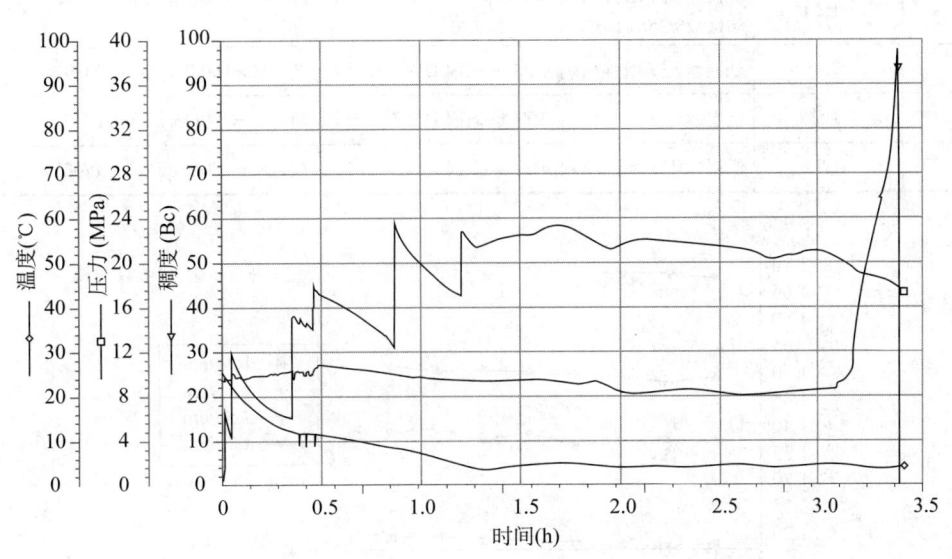

图 3-7-1　密度 1.7g/cm³ 水泥浆 8# 配方稠化曲线

同方法对密度为 1.5g/cm³，1.4g/cm³ 和 1.2g/cm³ 水泥浆配方及性能进行实验。

根据实验结果可知，低温低密度水泥浆在 4～30℃ 温度下稠化时间可根据现场要求调整，同时水泥浆稠化曲线较好，呈直角稠化现象。

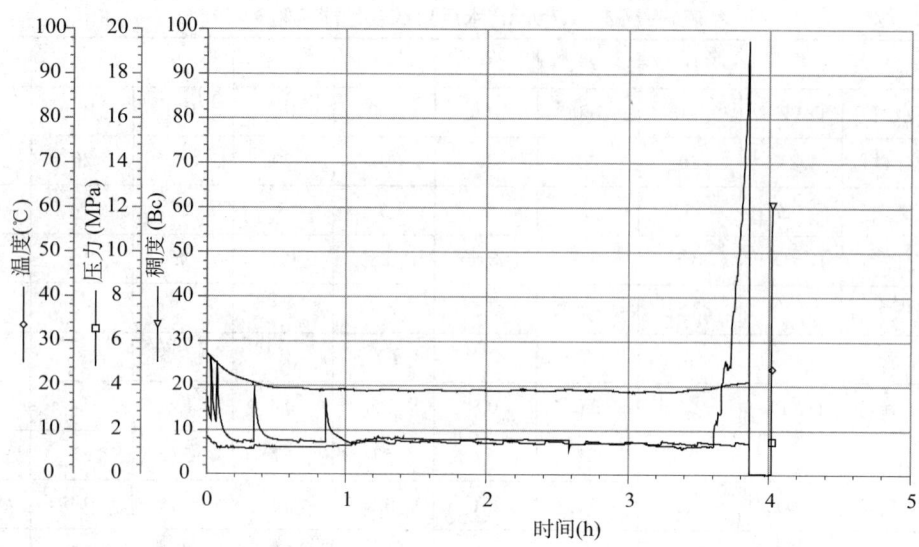

图 3-7-2　密度 1.7g/cm³ 水泥浆 3# 配方稠化曲线

3.7.2.2　水泥浆稳定性

对密度 1.2～1.7g/cm³ 的水泥浆的稳定性作研究。实验按照 API 标准进行，实验结果见表 3-7-3 和图 3-7-3。

表 3-7-3　水泥浆配方

配方号	密度（g/cm³）	配方组成
1#	1.2	低温水泥 / 增强材料 /HGGS/ 早强剂 DWZ-1/ 分散剂 DWD-1/ 缓凝剂 / 水 =100/25/25/6/1/0.8/90
2#	1.4	低温水泥 / 增强材料 /PZ/ 早强剂 DWZ-1/ 缓凝剂 / 水 =100/25/35/6/1/0.6/74
3#	1.5	低温水泥 / 增强材料 /PZ/ 早强剂 DWZ-1/ 缓凝剂 / 水 =100/25/25/3/1/1.2/70
4#	1.7	低温水泥 / 增强材料 /PZ/ 早强剂 DWZ-1/ 缓凝剂 / 水 =100/20/5/3/1/1.0/62

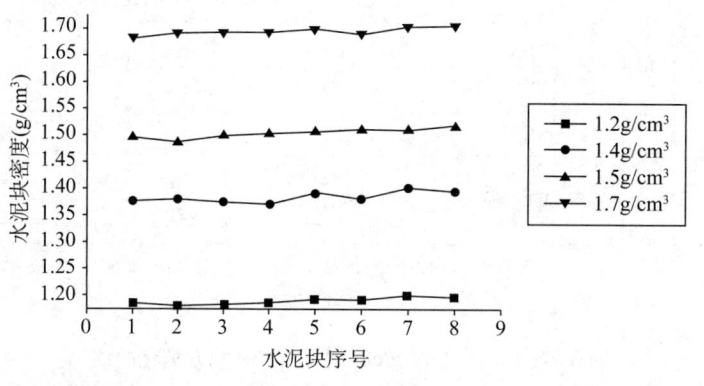

图 3-7-3　水泥浆稳定性实验

水泥浆的上下密度差低于 0.05g/cm³，表明水泥浆的沉降稳定性良好。

3.7.2.3　水泥浆静胶凝强度发展

油气井注水泥后，由于环形空间液柱压力与地层压力不平衡关系的变化，使地层流体进入环形空间，产生纵向流动，这种纵向流动称为流体窜流，简称环空窜流。地层中最活跃的是气体，气体的黏度比水的黏度低80～100倍，发生窜流的可能性最大。严重的环空气窜可能导致很高的井口压力和气体流动，不仅使后续钻井工程和开采工程无法进行，还能造成油气井报废。

环空气窜的3个途径是：钻井液窜槽、微环隙和水泥基质。在水泥浆防气窜性能方面，国内外现场实践表明，即使注水泥工艺非常优良，水泥浆在候凝过程中气体窜流仍不时发生，因此要阻止气侵，除要改善水泥浆的防气窜性能和优化注水泥作业外，还要采取适当的工艺措施。

维持压力平衡是控制和预测气窜的基本原理，如何预测和控制气体最易侵入水泥浆中的时间（简称气侵危险时间）以及其压力平衡关系，则是解决环空气窜的技术关键。对于气侵的预测主要方法有"过渡时间"、水泥浆性能系数 SPN 等，Sabins 提出了估计气窜可能性的参数"过渡时间"概念，过渡时间是指气侵最易发生的时间，大约在水泥浆静止后10～240min内。当水泥浆的静胶凝强度足以传递全部静液压力时，过渡时间开始；当水泥浆的胶凝强度足以阻止气体沿水泥柱窜入时，过渡时间结束，一般为胶凝强度为48～240Pa的时间，该时间越短防窜性能越好、水泥浆的防窜能力越高。

低温水泥浆的静胶凝强度发展趋势如图 3-7-4 所示。从图中可以看出，水泥浆具有很好的静胶凝强度发展速度，静胶凝强度发展呈直线上升，过渡时间仅为15min，表明一旦水泥浆从液态向固态的转变过程中，其结构发展迅速，这种发展速度减少了气体进入水泥基体的时间，表明体系具有很好的防窜性。

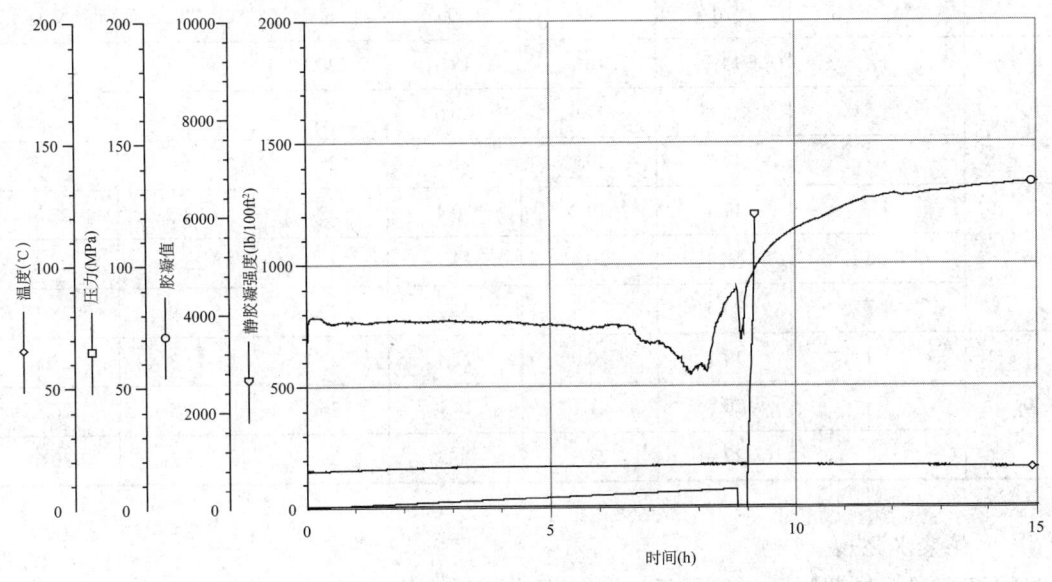

图 3-7-4　低温水泥浆静胶凝强度发展曲线

3.7.2.4　水泥浆的流变性

水泥浆实验中，流变性参数可以通过黏度计来测量。加入分散剂有利于改善低密度水泥浆的流变性。测得密度1.2g/cm³，1.4 g/cm³ 和 1.5 g/cm³ 的水泥浆流变数值。

按 API 标准计算公式，即可确定相应模型的流变参数值如塑性黏度、屈服值等。结果如表 3-7-4 所示，可以看出，水泥浆的黏度、稠度系数较低，顶替中易于达到紊流顶替，有利于提高顶替效率。

表 3-7-4　水泥浆流变性实验（20℃）

水泥浆配方	密度（g/cm³）	旋转黏度计刻度盘读数					流变指数
		θ_{300}	θ_{200}	θ_{100}	θ_6	θ_3	
低温水泥/增强材料/PZ/早强剂 DWZ-1/分散剂 DWD/缓凝剂/水 =100/10/65/6/1/0.8/105	1.2	134	105	51	10	8	τ_0=4.85 η_p=0.125
低温水泥/增强材料/PZ/早强剂 DWZ-1/分散剂/缓凝剂/水 =100/25/35/6/1/0.6/76	1.4	101	70	48	6	5	τ_0=6.64 η_p=0.105
低温水泥/增强材料/PZ/早强剂 DWZ-1/分散剂/缓凝剂/水 =100/25/25/3/1/1.2/70	1.5	125	73	50	11	9	τ_0=6.38 η_p=0.113

3.7.2.5　水泥浆的长期强度发展

为保证水泥环的长期封固，对水泥石的长期强度做了研究。研究表明，低温水泥形成的水泥石能够在 10～40℃ 的温度下长期保持强度稳定，维持水泥环的封隔及支撑功能，实验结果如表 3-7-5 所示。

表 3-7-5　水泥石长期强度发展实验结果

温度（℃）	密度（g/cm³）	强度（MPa）					
		7d	14d	30d	60d	120d	240d
10	1.4	14.7	16.7	18.3	20.1	—	—
	1.5	15.8	17.6	20.6	22.9	—	—
	1.7	17.3	19.1	21.7	25.3	—	—
20	1.4	17.4	19.2	20.4	22.1	22.3	22.3
	1.5	18.8	20.4	23.7	25.1	25.0	25.2
	1.7	20.5	21.9	24.3	27.8	27.9	28.1
40	1.4	19.1	20.0	21.4	23.1	23.3	23.5
	1.5	20.5	21.1	24.1	26.3	26.5	26.8
	1.7	22.4	22.9	25.3	29.1	30.2	30.5

3.7.2.6　水泥浆水化热

为提高水泥石早期强度，采用低温条件下水化反应快的活性材料，而水化反应过快会导致水化热集中产生，使水泥浆升温太高，影响海底天然气水合物的稳定性，导致气窜的发生，引起固井事故。因此需要对水泥浆的水化热导致的温度升高进行评估，针对存在天然气水合物的地层，要采用水化热产生慢的水泥浆。

实验观察水泥浆温度升高程度可以表征水泥浆候凝过程中的水化热产生的速率。同时在超声波强度测试中也可进行水化过程温度变化研究。

在配方调整过程中，同时对水泥浆的强度发展观察分析，结果表明随着水泥水化热的产生速率的减慢，水泥石的强度发展也受到一定的影响，早期强度有所降低。但仍然能够满足钻井需要。

3.8 深水低温前置液

前置液一般由稀释剂、悬浮剂、密度调节剂以及载体介质组成，通常要求它具有良好的流变性和相容性。在固井过程中，采用前置液的主要目的是平衡静液柱压力、有效地替净钻井液、清除井壁滤饼以及分隔钻井液与水泥浆。

3.8.1 稀释剂

表面活性剂在加入很少量时，能大大降低表面张力，改变体系界面状态，从而产生润湿或反相润湿、乳化或破乳、起泡或消泡以及加溶等一系列作用。表面活性剂在相界面上的吸附可改变材料与材料之间的界面润湿性能，通过表面活性剂分子的桥联作用，互不相容的材料之间的结合性能可以得到一定程度改善。这种作用对于混合材料之间相界面的改善具有不可低估的作用。

在前置液中，阴离子表面活性剂、非离子表面活性剂和两性表面活性剂可以单独加入，也可以将三者复配使用。阴离子表面活性剂主要起分散包围黏土粒子的作用，使其由于静电斥力而不发生聚集沉降。这类表面活性剂主要有：（1）磺酸盐类表面活性剂，如联二苯磺酸及其衍生物以及烷基磺酸盐等；（2）一些盐类如十二烷基苯磺酸钠和羧酸胺的碱金属盐等。

前置液中使用的非离子表面活性剂包括：脂肪醇聚氧乙烯醚、烷基酚聚氧乙烯醚、聚乙二醇类的羧酸酯等。其用量也取决于设计要求和体系中其他外加剂的使用情况。现在两性表面活性剂在前置液中的应用越来越受重视，但其用量一般较小，并常与阴离子表面活性剂、非离子表面活性剂复配使用。

低温前置液稀释剂主要由能够离解出阴阳离子基团的聚合物组成，大分子质量的阴离子基团被吸附到加重剂颗粒表面，从而在加重剂颗粒表面形成一层溶剂化的单分子膜，使加重剂颗粒间的凝聚作用减弱，颗粒的摩擦阻力减小，因而颗粒得以分散，使所配制的前置液黏度下降，流动性得到改善。稀释剂能够通过塑化、减水等作用改善不同材料之间的亲和作用，使前置液体系的稳定性能增加的同时具有渗透乳化的作用，可以改变套管表面的润湿性，有助于提高顶替效率。

3.8.2 加重材料需水量

材料的表面特性关系着其活性、吸附、能否分散、能否与其他材料容易结合形成牢固的结构的基础。不同材料有不同特性的表面性能，材料的表面性能的影响因素主要为：表面积、形状、电性等。表面积大小关系着与相互作用的物质吸附量，电性大小关系着与作用物质结合的牢固程度。在加重体系中，首先需要考虑加重材料，选择适当的加重材料是前置液稳定的基础，不同的加重材料，加重效果主要受到材料品质、颗粒大小形态和分布、与被加重材料之间的亲和力、体系中的稳定材料以及分散材料等影响因素有关，作为流动的介质水是影响体系流动性的重要材料，各种材料的吸附水量变化大，材料吸附水量越大，对体系的流动性以及强度影响越大，所以在加重体系中，选择吸附水量越小的材料，从而在加重材料所占比例越来越大时，才有可能制备较高密度的前置液体系，因此确定在加重前置液中加重材料的需水量是研究的基础。

目前在固井材料中，需水量的确定方法主要有两种：一种是简易的流动度方法（也叫等流动度法），这种方法主要为先测试基准水泥在正常水灰比下的流动度，然后掺入一定量的加重材料，随着加重材料的掺入，水泥浆的流动度可能发生变化，如果流动度降低，那么需要保持与基准水泥同流动度时，就必须额外掺入水，当掺入的水量能使含加重材料的水泥浆体系流动度达到基准水泥浆的流动度时，记录下附加水量，通过附加水量就确定出该加重剂需水量，这种方法简单快速，比较直观，该方法是借鉴早期混凝土测试材料的需水量的办法；还有一种方法为等稠度法，这种方法测试相对复杂，且对仪器的精度要求和操作人员的技巧有一定的要求，该方法为采用 API 规定的稠化仪（一种用来模拟测试水泥浆在不同温度和压力下的稠化时间的仪器），按照 API 制浆方法，首先测试基准水泥的稠度，然后在水泥中通过掺入一定量的加重材料，同时调节水灰比，测试其稠度，当两种测试结果具有相同的稠度时，根据两种测试所获得的水量可以计算出被测试加重材料的需水量，这种方法较科学，接近实际情况，其主要影响因素制浆转速、浆体稳定性和仪器中对稠度有影响的各因素，浆体稳定性难以掌握，可能成为最主要影响因素。鉴于上述分析，借鉴水泥浆中第一种方法对加重材料需水量进行了测定，见表3-8-1。

表 3-8-1　加重材料的物理性能

材料	密度（g/cm³）	水附加量（L/kg）
铁矿粉	4.90	0.0110
赤铁矿	4.95	0.0192
重晶石	4.33	0.2003
锰矿	4.90	0.4030

表 3-8-1 说明，工程常用的不同加重材料密度不同，且吸附水量差别大，尤其是最常用的加重材料重晶石吸附水量很高，选择吸附水量高的加重材料可以提高前置液的稳定性。本课题也拟采用重晶石材料作为主加重材料，辅以活性加重材料作为加重剂。

3.8.3　悬浮剂

悬浮剂主要由非离子型聚合物组成，非离子型聚合物对电介质有极好的耐溶性。在水介质中不离子化，当溶液中含有高浓度盐时而稳定，不会与重金属离子作用而出现析出现象。它的非离子性质使它成为在含有高浓度的电介质溶液时独特的凝胶增稠剂。具有增黏和悬浮从井壁与套管表面清洗下来的固相颗粒的作用，使前置液体系具有较高的切力，提高其稳定性。

3.8.4 前置液的流变性

通过实验可以测定前置液的黏度、稠度、悬浮性、流动度等性能，前置液的这些性能对于固井设计、施工和评价都很重要，直接关系到固井作业的安全、质量和成本。通过测定水泥浆流变参数的方法可以测定不同密度的前置液在不同温度点下的流变性能（表3-8-2）。

表3-8-2 前置液流变性能测定

序号	密度（g/cm³）	温度（℃）	旋转黏度计刻度盘读数					
			θ_{600}	θ_{300}	θ_{200}	θ_{100}	θ_6	θ_3
1	1.25	20	68	39	27	17	5	4
		10	72	43	29	18	6	5
2	1.40	20	58	34	26	16	6	5
		10	66	40	27	17	5	5
3	1.50	20	104	56	38	20	3	2
		10	112	62	40	23	5	4

计算出各密度点的塑性黏度和动切力（表3-8-3），低温前置液具有良好的流变性能，主要表现在不同密度点下，塑性黏度、屈服值都比较稳定并且屈服值较低，可以产生较低的紊流排量，有利于提高顶替效率。

表3-8-3 20℃低温前置液的流变参数

序号	密度（g/cm³）	塑性黏度（Pa·s）	动切力（Pa）
1	1.25	0.029	5.1
2	1.40	0.024	5.1
3	1.50	0.048	4.1

3.8.5 前置液的稳定性

加重前置液的稳定性对于有效阻止钻井液和水泥浆混合起到非常关键的作用。若前置液的稳定性差，容易产生固相沉降致使前置液上部密度降低，这样就不能有效地悬浮钻井液。同时下部密度增大与水泥浆的密度差减小，使水泥浆不能有效悬浮前置液，使顶替效率下降、水泥浆与钻井液混合的机会增大。

采用静态悬浮稳定性实验来评价前置液的稳定性，具体方法将制备好的前置液在室温条件下放到1000mL量筒内，分上、中、下三次取样测量密度，从密度差来判断稳定性。将密度为1.5g/cm³的前置液（悬浮剂：稀释剂：加重剂：水=5：2：100：100）倒入量筒内静置2h后，分别从上、中、下取样测其密度，结果分别为1.47g/cm³、1.51g/cm³、1.51g/cm³，密度差为0.04g/cm³，可见前置液具有良好的稳定性能。

3.8.6 前置液与水泥浆的相容性

将前置液与水泥浆按一定体积比例混合均匀后,在20℃条件下,在常压稠化仪中搅拌20min后测其流变参数。密度1.4g/cm³前置液与密度1.50g/cm³水泥浆体系以不同比例混合做相容性实验并计算流变参数评价其相容性。

如表3-8-4所示前置液与水泥浆两者之间任意接触均不产生增稠现象并且随着前置液掺量的增加,混浆的塑性黏度、动切力下降,说明前置液能有效地稀释水泥浆、提高水泥浆的流动度,有利于提高顶替效率和水泥环胶结质量。实验结果表明,前置液体系与水泥浆有非常好的流变相容性。

表3-8-4 低温前置液与密度1.50g/cm³ 水泥浆相容性实验结果

混合序号	混合类别	容积比	旋转黏度计刻度盘读数						η_p (Pa·s)	τ_0 (Pa)
			θ_{600}	θ_{300}	θ_{200}	θ_{100}	θ_6	θ_3		
1	水泥浆/前置液	100/0	179	125	73	50	11	9	0.113	6.3875
2		95/5	154	113	69	47	10	8	0.099	7.1540
3		75/25	115	80	46	40	8	6	0.06	10.2200
4		50/50	72	41	29	22	7	6	0.029	6.3875
5		25/75	58	33	20	19	6	5	0.021	6.1320
6		5/95	56	30	21	14	5	4	0.024	3.0660
7		0/100	58	34	26	16	6	5	0.027	3.5770

实验结果表明,低温前置液体系与水泥浆体系有非常良好的相容性,两者之间任意接触均不产生增稠现象并能有效地稀释水泥浆,有利于提高顶替效率和水泥环胶结质量。

3.8.7 前置液与钻井液的相容性

前置液与钻井液的相容性实验结果见表3-8-5、表3-8-6。前置液可以与钻井液以任意比例混合,在搅拌状态下,均无明显增稠絮凝现象,有很好的相容性。

表3-8-5 前置液与钻井液的相容性实验数据

序号	混合类别	容积比	旋转黏度计刻度盘读数						η_p (Pa·s)	τ_0 (Pa)
			θ_{600}	θ_{300}	θ_{200}	θ_{100}	θ_6	θ_3		
1	钻井液/前置液	100	108	65	50	33	10	8	0.043	11.2
2		95/5	95	54	36	21	5	4	0.041	6.6
3		50/50	110	60	41	23	5	4	0.050	5.1
4		5/95	98	55	40	24	10	8	0.043	6.1
5		0	112	61	44	27	12	10	0.051	5.1

注:前置液密度1.5g/cm³、钻井液密度1.4g/cm³。

表 3-8-6　前置液与钻井液流变相容性实验数据

序号	混合类别	容积比	旋转黏度计刻度盘读数						η_p (Pa·s)	τ_0 (Pa)
			θ_{600}	θ_{300}	θ_{200}	θ_{100}	θ_6	θ_3		
1	前置液/钻井液	100/0	105	67	55	35	9	7	0.038	14.82
2		95/5	113	68	57	35	5	4	0.045	11.75
3		50/50	100	65	52	33	5	4	0.035	15.33
4		5/95	115	68	53	30	6	4	0.047	10.73
5		0/100	123	73	52	31	4	3	0.05	11.75

注：前置液密度 1.3g/cm³、钻井液密度 1.2g/cm³。

3.9　HG1 井的钻井液与固井设计

HG1 井钻井液设计依据主要是业主提供的《HG1 井钻井地质设计（送审稿）》、《HG1 深水初探井——钻井工程概念设计》、《HG1 井井身结构设计》、《HG1 井压力预测》、《HG1 井 Jack bates》以及《Jack bates 设备清单》等。

华光凹陷位于南海西沙群岛西侧的陆坡区，属亚热带—热带海洋性季风气候，温暖潮湿、长夏无冬、盛行季风。年平均气温 25～28.3℃，最热月（5—8 月）平均气温为 27.5～27.9℃，最冷月平均气温为 22.9～26.8℃。年平均降雨量 1200～3300mm。6—9 月盛行夏季风（西南风），11 月至次年 4 月盛行冬季风（东北风）。夏季常受到台风和热带风暴潮影响，其中强台风年平均两次，风速最大为 75m/s，风浪平均可高出海面 6m。每年中的最佳施工期为 3—6 月，7—9 月次之。水深一般在 500～1500m。存在台风和热带风暴潮等灾害性地理地质现象。

3.9.1　工程设计基础数据

3.9.1.1　地理位置

HG1 井地理位置数据见表 3-9-1。

表 3-9-1　HG1 井地理位置

基本数据	勘探项目	南海海域琼东南盆地华光凹陷				
	井号	HG1 井	井别	预探井	井型	直井
	地理位置	海南省西沙群岛金银岛正西约 140km				
	构造位置	琼东南盆地华光凹陷中部背斜带 1 号构造				
	测线位置	二维				
		三维	L2260，T3975			
	大地坐标（m）	X	18 14 733.52	经纬度	东经	110°24′16.33″
		Y	194 36 394.54		北纬	16°24′23.83″

续表

基本数据	地面海拔			磁偏角（°）			
	设计井深（m）	3950	完钻层位	渐新统崖城组	目的层	陵水组，兼探崖城组、三亚组和梅山组	
	井位水深（m）	1305	水域位置	西沙群岛西侧			

靶心数据	设计分层		靶点设计					
	层位	设计靶点垂深（m）	靶点	测线位置	靶心坐标（m）		靶区半径（m）	靶心方位（°）	靶心距（m）
					X	Y			
	T$_{62}$	3140							≤100

3.9.1.2 地层分层、岩性描述及井下复杂情况预测

据琼东南盆地钻井揭露和华光凹陷的地震解释成果，华光凹陷是在前新生界基底上发育起来的新生代沉积凹陷，与琼东南盆地其他地区相似，该区新生代地层自上而下应为第四系乐东组；新近系上新统莺歌海组，中新统黄流组、梅山组、三亚组；古近系渐新统陵水组、崖城组及始新统。

具体地层特征如下。

第四系乐东组：以灰色黏土为主，夹薄层浅灰、灰绿色粉砂与细砂层，富含生物碎屑，松散、未成岩。

莺歌海组：以灰色、绿灰色厚层泥岩为主，夹薄层浅灰、灰白色泥质粉砂岩与细砂岩。局部发育灰质砂岩、砾状砂岩、石灰岩及薄煤层，呈下细上粗反沉积旋回。与下伏黄流组呈整合接触，在地震剖面上不易识别。邻区钻厚464～2435m。HG1井预测钻厚550m。

黄流组：以普遍含灰质为特征，可分为两段。一段为浅海相灰色砂屑灰岩、褐灰色灰岩、灰黄色生物灰岩与灰色、深灰色泥岩、浅灰色粉、细砂岩不等厚互层。二段为灰色、灰白色细砂岩，泥质粉砂岩夹薄层灰色、深灰色泥岩。与下伏梅山组呈不整合接触，不整合面相当于地震T40反射面。崖北凹陷缺失该组地层，崖南凹陷钻厚0～664m。本井预测钻厚450m。该段注意防塌、防漏。

梅山组：分为两段。一段为浅灰色泥质粉砂岩、粉—细砂岩与浅灰色泥岩互层，局部见灰质砂岩、砂屑灰岩。二段为灰色、深灰色泥岩与浅灰色、灰白色粉砂岩、细砂岩不等厚互层，局部见灰质砂岩、石灰岩。与下伏三亚组呈整合—不整合接触，界面相当于地震T50反射面。钻厚30～1324m。HG1井预测钻厚175m。

三亚组：分为两段。一段为浅灰色、灰白色粉砂岩、细砂岩、砾状砂岩与灰色、深灰色泥岩互层，局部含灰质。二段以浅灰色、灰白色粉—细砂岩、砾状砂岩为主，间夹薄层灰色泥岩、砂质泥岩，局部见石灰岩。与下伏陵水组呈不整合接触，不整合面相当于地震T60反射面。钻厚0～795m。HG1井预测钻厚195m。注意防泥包、防塌、防喷。

陵水组：可分为三段。一段为浅灰色、灰白色细砂岩、粉砂岩与灰色、深灰色泥岩不等厚互层。二段为灰色、深灰色厚层状泥岩夹浅灰白色薄层粉—细砂岩、细砂岩。三段为灰白、浅灰色砂砾岩、砾状砂岩、粗砂岩、粉—细砂岩夹薄层深灰色泥岩，局部见生物灰

岩、石灰岩。本段为琼东南盆地主要目的层，与下伏崖城组呈不整合—整合接触，不整合面相当于地震T70反射面。盆地中钻遇的井比较多，地层厚度变化较大，钻厚0～1680m。HG1井预测钻厚500m。注意防泥包、防塌、防喷。

崖城组：可分三段，呈粗—细—粗沉积旋回。一段为灰白色砾岩、砾状砂岩、粉—细砂岩夹深灰色、褐灰色泥岩，局部发育薄煤层。二段下部为浅灰色中、粗砂岩、砂砾岩与深灰色、褐灰色泥岩互层；上部为厚层褐灰色泥岩，局部夹薄煤层。三段为浅灰色、灰白色砂砾岩、砾状砂岩、中砂岩和粉—细砂岩与灰褐色、棕褐色泥岩、页岩互层，间夹大量薄煤层。与下伏始新统呈不整合接触，不整合面相当于地震T80反射面。该组主要分布在古近纪断陷中，在凸起上缺失或变薄。盆地中揭示的井有崖城19-2-1、崖城13-1、崖13-2和崖13-4等井，钻厚0～910m。HG1井预测钻厚330m（未穿）。注意防漏、防喷。

始新统：在莺歌海盆地莺东斜坡残凹中的岭头1-1-1、岭头9-1-1两口井钻遇该套地层。上部以深灰—灰黑色厚层状泥岩为主，夹灰色砂岩；下部岩性为杂色厚层状砾岩、砂砾岩、砾状砂岩不等厚互层。琼东南盆地未钻遇该地层，推测存在。地震剖面上为一套充填型的楔状发散、强—中振幅、中连续反射特征。与下伏的前新生界呈不整合接触。预测华光凹陷始新统最厚达1800 m。

3.9.1.3 地层温度压力预测

根据莺琼海地温场预测，本井地温梯度在（3.3～4.3）℃/100m左右，预测完钻井底温度在116～150℃。

根据地震资料，本井地层孔隙压力正常，预测井底压力系数1.24左右，参见图3-9-1。

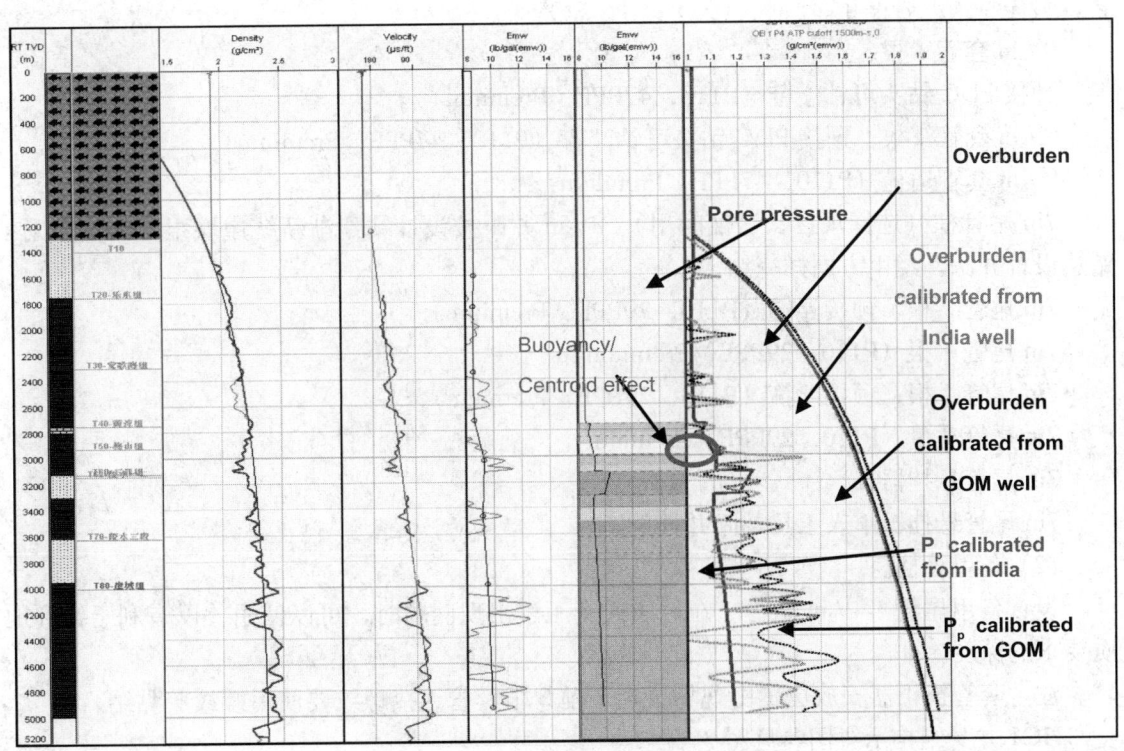

图3-9-1　HG1井地层孔隙压力预测

3.9.1.4 套管程序及井身结构

(1) 各层套管下深及管柱设计。

36in 导管柱：36in 导管入泥 80m±，下深 1360m 左右，主要考虑封固表层松软地层，承载井口。

36in 导管带浮鞋 1 根。

36in 导管 5 根。

36in 导管（X-56，553PPF，D-60，1.5inWALL）1 根，上端带低压井口头，接防沉垫。

20in 套管柱：20in 套管下深 1860m 左右，主要考虑封固表层松软地层，下套管到异常压力地层的上部。

20in 套管 1 根，预接 PDC 钻头可钻浮鞋（X-56，166PPF，S-60）。

20in 套管 1 根，预接 PDC 钻头可钻浮箍（X-56，166PPF，S-60）。

20in 套管适量。

$18\tfrac{3}{4}$in 高压井口头（S-60/MTPIN，SS10C，15000psi，1.5inWALL）。

$13\tfrac{3}{8}$in 套管柱：$13\tfrac{3}{8}$in 套管下深 2970m 左右，坐在 T50 砂组顶部位置，主要考虑能封固浅层气/流地层，把套管下到泥岩位置。

$13\tfrac{3}{8}$in 套管 1 根，预接 PDC 钻头可钻浮鞋（N80，68PPF，BTC）。

$13\tfrac{3}{8}$in 套管 1 根，预接 PDC 钻头可钻浮箍（N80，68PPF，BTC）。

$13\tfrac{3}{8}$in 套管适量。

$9\tfrac{5}{8}$in 套管柱：$9\tfrac{5}{8}$in 套管下至油层顶部（约 3930m），原则是，钻穿目的层上部石灰岩，最先见到泥岩停止。

$9\tfrac{5}{8}$in 套管 1 根。

预接 PDC 钻头可钻浮鞋（P110，47PPF，Premium）。

$9\tfrac{5}{8}$in 套管 1 根，预接 PDC 钻头可钻浮箍（P110，47PPF，Premium）。

$9\tfrac{5}{8}$in 套管适量（P110，47PPF，Premium）。

7in 尾管柱（选择项目，试油时用）：$8\tfrac{1}{2}$in 井眼按设计钻到渐新统崖城组，完钻原则：钻达设计井深，经甲方同意完钻。

7in 尾管 1 根，预接浮鞋（P110，29PPF，Premium）。

7in 尾管 1 根（P110，29PPF，Premium）。

7in 尾管 1 根，预接浮箍（P110，29PPF，Premium）。

7in 尾管适量（P110，29PPF，Premium）。

7in 尾管悬挂器。

7in 尾管悬挂器下入工具及固井释放塞。

(2) 备用管柱。

设计备用尾管：$4\tfrac{1}{2}$in 尾管。在地质或者工程出现问题时，可以使用，以有利于钻到地质要求的深度。

注：套管扶正器安放位置由现场决定；前 3 根套管连接螺纹要使用螺纹胶黏结。

HG1 井身结构示意图参见图 3-9-2。

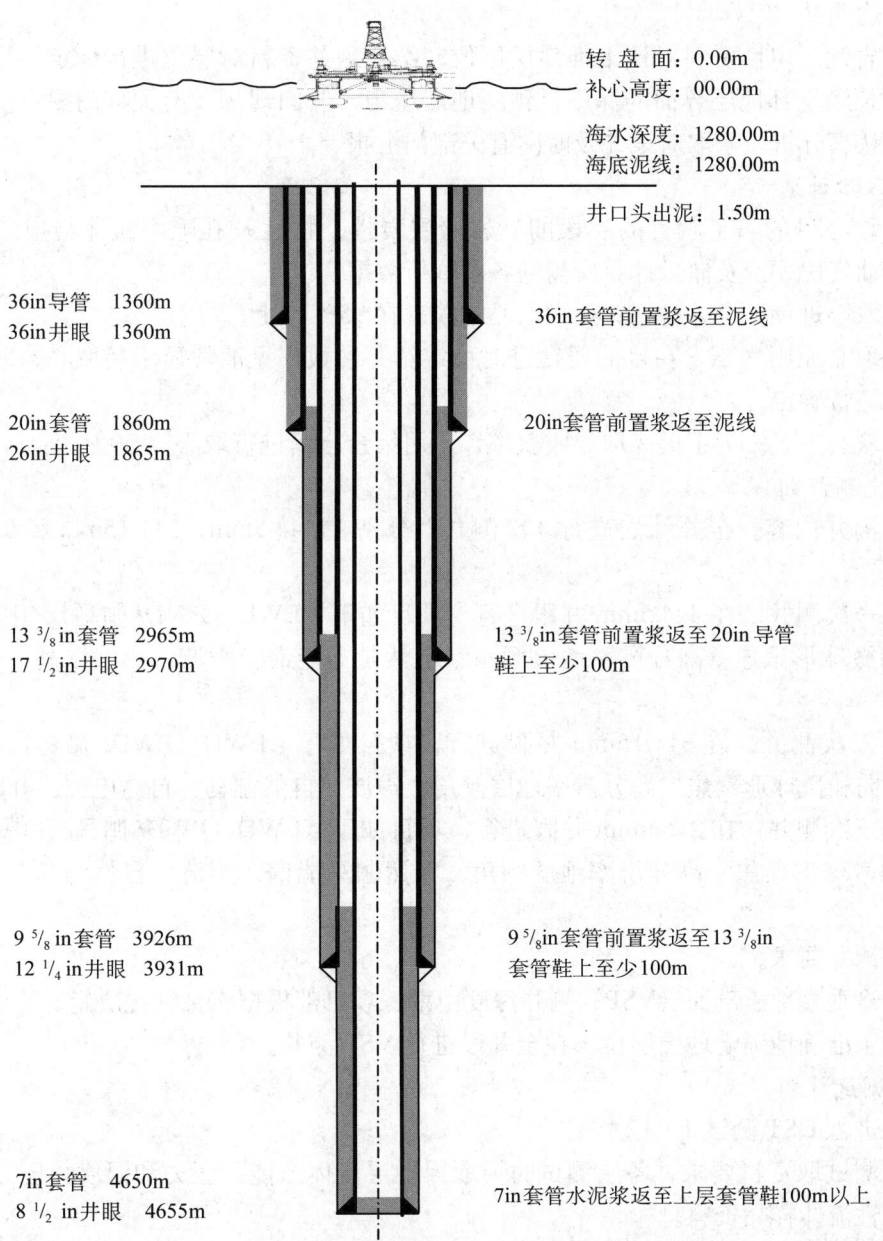

图 3-9-2　HG1 井身结构示意图（井型：直井）

3.9.2　地层评价要求

3.9.2.1　钻井液录井

HG1 井为南海探区第一口井，从建立循环开始使用综合录井仪对全井地质、钻井各项常规参数进行测量记录，保证资料连续、完整。

3.9.2.2　地质卡层要求

本井作业，卡准关键层位是作业顺利进行的保证。为卡准关键层位特作下列要求：加强现场压力监测工作，及时汇报地层压力的变化情况。当监测压力与预测压力差别较大时，将增加中途测井。

利用岩性、电性资料对比卡准地层层位，结合测井资料对层位进行标定，尽快用新的时深关系预测下部地层界面的深度，预测地层压力，并向现场及有关部门提供。出现异常情况时需认真分析，采取对策并及时向有关部门汇报。

3.9.2.3 取心计划

（1）取心目的。了解目的层段的砂岩储层岩性、物性及孔隙中流体与电性之间的关系；取得油气田评价及储量计算所需的各项分析数据。

（2）取心进尺。全井计划，要求取心收获率在 95% 以上。

（3）取心原则。要求在目的层钻进时稳定钻井参数，见油气显示后取心，取心深度由现场地质监督确定。

（4）取心方式。为了提高取心收获率，采用铝合金筒进行取心。

3.9.2.4 电测计划

（1）测井内容。全井计划进行 3 次测井，分别在 444.5mm，311.15mm 和 215.9mm 井眼进行。

①第一次测井，在 444.5mm 井眼进行，项目如下：LWD（PWD/伽马）、中子、密度、双侧向和微球形聚焦、高分辨率地层倾角、自然伽马能谱、声波、自然伽马、自然电位、井径。

②第二次测井，在 311.15mm 井眼进行，项目如下：LWD（PWD/伽马）、中子、密度、双侧向和微球形聚焦、高分辨率地层倾角、声波、自然伽马、自然电位、井径。

③第三次测井，在 215.9mm 井眼进行，项目如下：LWD（PWD/伽马）、中子、密度、双侧向和微球形聚焦、高分辨率地层倾角、自然伽马能谱、声波、自然伽马、自然电位、井径。

（2）测井要求。

①中途垂直地震剖面（VSP）测井深度由勘探项目部根据实钻情况决定。

②为了准确地确定地层层位，在全井段进行 VSP 测井。

3.9.2.5 测试计划

本井进行 DST 测试 1～2 层。

（1）测试取资料要求。各层测试时要取得地层流体产能、压力和温度、压力恢复曲线以及代表性流体样品资料。

（2）对钻井和测试工艺要求。尽量减小钻井液和水泥浆对地层的伤害。

3.9.3 分段钻井液设计

3.9.3.1 推荐的各井段钻井液性能

各井段钻井液性能见表 3-9-2。

表 3-9-2 各井段钻井液性能

井眼尺寸（in）	42	26	$17\frac{1}{2}$	$12\frac{1}{4}$	$8\frac{1}{2}$
井深（m）	1360	1865	2970	3931	4655
钻井液类型	海水/1# 配方	1# 配方	2# 配方	2# 配方	2# 配方

续表

密度（g/cm³）	1.03～1.07	1.03～1.07	1.15～1.25	1.35～1.45	1.40～1.55
黏度（s/qt）	>80	38～48	40～55	40～52	40～52
PV（mPa·s）		≤25	≤30	≤30	≤30
YP（Pa）		9～13	9～13	9～12	9～12
GEL（10s/10min）(Pa)		2～4/4～8	2.5～4/4～10	2.5～5/4～10	2.5～5/4～10
FL_{API}（mL/30min）		8～6	6.0～4.0	≤5.0	≤4.0
FL_{HTHP}（mL/30min）				≤12.0	≤10.0
pH值		8～9.5	8～9.5	8.0～9.5	8.0～9.5
低密度固相含量（%）		≤6.0	≤6.0	≤5.0	≤5.0

注：1#配方，清水+0.3% ZNJ-3+3% SDN-1+25% NaCl；2#配方：4%预水化膨润土浆+0.4% ZNJ-1+0.4% JLS-1+0.1% ZNJ-3+3% SD-202+3% SD-102+1.5% DY-1+15% NaCl+10%乙二醇。

3.9.3.2 推荐的各井段钻井液类型及配方

推荐各井段钻井液类型及配方见表3-9-3。

表3-9-3 各井段钻井液类型及配方

品名	加量（kg/m³）				
	42in,海水/1#配方	26in,1#配方	17$\frac{1}{2}$in,2#配方	12$\frac{1}{4}$in,2#配方	8$\frac{1}{2}$in,2#配方
膨润土	90.0～100.0	20.0～25.0	20.0～25.0		
重晶石	按需要	按需要	按需要	按需要	按需要
烧碱	1.5～2.0	3.0～4.0	3.0～4.0	3.5～5.0	3.5～5.0
纯碱	0.8～1.5	1.0～2.0	1.0～2.0	1.5～2.0	1.5～2.0
ZNJ-3	2.0～3.5	2.0～3.0	1.0～2.0	0.5～1.0	
JLS-1			3.0～6.0	3.0～6.0	3.0～6.0
ZNJ-1			3.0～6.0	3.0～6.0	3.0～6.0
SDN-1	备用	20.0～40.0	10.0～30.0		
NaCl	200.0～280.0	200.0～280.0	120.0～180.0	120.0～180.0	120.0～180.0
SD-202			20.0～40.0	20.0～40.0	20.0～40.0
SD-102			20.0～40.0	20.0～40.0	20.0～40.0
DY-1			10.0～20.0	10.0～20.0	10.0～20.0
乙二醇			50.0～150.0	50.0～150.0	50.0～150.0
超细碳酸钙				30.0～50.0	

续表

品名	加量（kg/m³）				
	42in, 海水/1#配方	26in, 1#配方	17½in, 2#配方	12¼in, 2#配方	8½in, 2#配方
消泡剂		备用	备用	备用	备用
堵漏剂		备用	备用	备用	备用
石墨润滑剂		备用	备用	备用	备用

3.9.3.3 全井钻井液用量的估算

HGl井全井钻井液用量估算数据见表3—9—4。

表3—9—4 全井钻井液用量估算   单位：m³

井段（in）	裸眼体积	套管体积	导管体积	维护消耗量	循环体系量	井段总体积
42	71.50			286.00	返出排海	357.50
26	180.30	52.50	827.00	721.00	返出排海	1780.80
17½	146.57	121.55	827.00	586.00	300	1981.12
12¼	68.78	139.52	827.00	275.00	300	1610.30
8½	34.76	114.48	827.00	139.00	300	1415.24

注：补心高度23.0m，水深1260.0m。

维护消耗量计算依据：(1)固相控制设备效率按80%计算，如达不到此要求，将需要补充新浆稀释，钻井液使用量将增加。(2)钻井液中低密度固相的浓度，按5%计算。(3)井眼尺寸及井段长度，按设计深度计算。

维护消耗量计算公式：

$$维护量 = [井眼体积 - (井眼体积 \times 固控设备效率)] / 5\%$$

裸眼体积以规则井眼假设。

地面循环体积假设为300m³。

以上所有数值均为理论计算所得，不包括固控损耗、井眼扩大、振动筛跑浆和井漏等特殊情况，实际应根据现场情况而定。

3.9.4 钻井液体系及现场维护处理程序

3.9.4.1 井眼稳定问题

井眼的稳定和畅通是井下安全作业的关键。井眼的稳定由两个方面的因素构成，即岩石矿物分子间作用力的大小构成化学方面的因素和岩石力学方面的因素。钻井液是通过调节化学方面的因素来稳定井眼，因此，通过对钻井液选型、处理剂的使用，以达到稳定井眼的目的。

针对本井可能出现的情况，诸如泥岩水化膨胀造成井眼缩径、坍塌、阻卡等。由于上部井段较疏松，容易坍塌、漏失，岩土活性较大，建议使用1#钻井液体系配方，具有较强的防塌、防漏和抑制性。针对下部井段，地层强度逐渐增加，同时孔隙压力增大，易塌、易漏，建议使用 2# 钻井液体系配方，润滑性好，防塌效果较突出，并辅以适当堵漏材料和适当提高钻井液密度。该体系维护简单，可通过调整钻井液性能，提供一个好的流变性以帮助清洁井眼和获得良好的水力学参数实现优快钻井，使井下出现复杂事故的可能性减到最小。

3.9.4.2 井眼清洁问题

（1）环空返速是净化井眼的关键，建议临界返速为 0.79～1.10m/s。

（2）选用合理流型与钻井液流变参数。

井斜角较小井段（小于 45°），层流能获得最佳的井眼清洗效果；通过尽可能提高钻井液的动切力和动塑比进一步提高岩屑携带和悬浮能力；并根据井下具体情况，采用泵入一段稀塞后跟一段稠塞的方法，大排量循环并不停地上下活动和转动钻具协助清砂，防止环空岩屑浓度过高和沉砂的形成，利用稀塞促成局部紊流来清扫岩屑床，稠塞悬浮和清除岩屑。

（3）控制钻井液中的膨润土含量，用 ZNJ-3 提高旋转黏度计 6 转和 3 转的读数，保持一定低剪切速率下的黏度，以提高岩屑携带和悬浮能力。

（4）严格控制初、终切力差值，尽量避免低温带来的钻井液触变性过大等各种不利影响，避免起下钻过程产生过高的抽吸和激动压力。

（5）起钻前大排量充分循环。根据理论计算和实践经验，至少循环井内 1.5 个循环周时间，保证岩屑被带出井。

3.9.4.3 固相控制

在 $12\frac{1}{4}$ in 井段必须控制低密度固相含量在 6.0% 体积比以下，$8\frac{1}{2}$ in 井段必须控制低密度固相含量在 5.0% 体积比以下，对维持钻井液性能，保持钻井液稳定，提高钻井速度和保护油气层都至关重要。

充分发挥振动筛、除砂器、除泥器、清洁器、离心机等固控设备的作用，必要时用新浆或聚合物胶液稀释。好的固相控制可使钻井液的维护处理成本减少到最低水平。

3.9.4.4 温度问题

钻井工程设计和地质设计中均未提及水底温度，根据南海水温状况，预计水底温度在 2～6℃，因此，需要严格注意钻井液因温度降低造成的黏度、切力增加，钻井液增稠，防止水合物形成或水合物地层井塌。

预计井底温度在 116～150℃，需使用抗温钻井液体系及配套抗温处理剂。

3.9.4.5 摩阻问题

较高而合理的环空返速和维护钻井液具有良好的流变性能，提高井眼净化效果降低摩阻；保证钻井液具有良好的润滑性能、控制钻井液滤失量和提高滤饼质量，同时加入 2% 的固体润滑剂（如塑料小球或石墨等），减小井壁与钻具的摩擦阻力。

3.9.4.6 油层保护

深水探井油气层保护工作尤为重要，钻井液的强抑制加屏蔽暂堵技术是一种十分有效的手段，2# 钻井液体系本身已经具备较强的抑制能力，只需进一步加强其封堵效果即可。

（1）屏蔽暂堵：用超微碳酸钙和低渗透添加剂 SDN-1 进行封堵孔隙的作用，避免外来物的污染；控制API失水不大于4.0mL/30min，API高温高压失水不大于10.0mL/30min；加入SD-102和SD-202等抗盐降滤失剂，改善滤饼质量和封堵能力，减少钻井液中的固相和液相侵入储层。

（2）调整钻井液具有良好的流变性能，降低循环当量密度以便降低钻井液在目的层段的压差。

（3）控制低密度固相含量小于5%，减少亚微粒的含量和对储层的伤害。应充分发挥振动筛、除砂器、除泥器、清洁器、离心机等固控设备的作用，必要时用新浆或聚合物胶液稀释。

3.9.4.7 井漏问题

井漏会造成钻井液的大量损失和成本的额外增加，因此，钻井液密度应控制在尽可能低的水平并在现场储备足够的堵漏材料。防止井漏既可以节省不必要的钻井液费用支出，又能减轻钻井液对储层的伤害。

（1）在非油层段发生井漏时。采用封堵堵漏法，同时调整循环系统钻井液的流变性，降低当量循环密度（ECD）。

推荐配方：井浆 + 3% SDN-1+5% 堵漏剂（用于配制堵漏浆的井浆漏斗黏度不小于80s）。

（2）在油层段发生井漏时。当出现渗漏地层和小裂缝地层漏失时，建议采用桥塞堵漏法保护油气层，同时调整循环系统钻井液的流变性，降低ECD。

推荐配方：井浆 + 4%超细碳酸钙 + 3% SDN-1+3% 堵漏剂（用于配制堵漏浆的井浆漏斗黏度不小于80s）。

当该方法无效时再用"井下复杂情况应急处理措施"中井漏的应急处理措施的其他方法。

3.9.5 各井段钻井液处理和维护管理程序

3.9.5.1 钻进井段1（泥线至1360m，水深1280m）

（1）井眼尺寸：ϕ1066.8mm（42in）钻头。
（2）套管尺寸：ϕ914.4mm（36in）。
（3）钻井液类型：海水/高黏膨润土浆。
（4）推荐的钻井液性能见表3-9-5。

表3-9-5 推荐的钻井液性能（水深1280m）

钻井液类型	密度（g/cm³）	黏度（s/qt）	API滤失量
海水/高黏膨润土浆	1.03~1.07	>80	不限

（5）钻前准备工作。在开钻之前，按下述方法和要求配备至少200m³预水化高黏膨润土浆：

①在循环池里放满钻井水，按顺序加入1.5~2.0kg/m³烧碱，0.7~1.0kg/m³的纯碱，加碱以后反应不少于30min，然后加90~100kg/m³膨润土，配成预水化膨润土浆。
②预水化浆水化时间不得少于6h。
③使用前，如果预水化浆黏度低于80s，加石灰提高黏度，调整至80s以上。

(6) 工作步骤。

①使用海水钻 1066.8mm（42in）井眼并返回海底，每柱泵入 8m³ 高黏稠膨润土浆进行清扫。

②钻达 φ914.4mm（36in）套管深度时，替入高黏稠膨润土浆 20m³ 并用海水循环干净井眼，然后替入 120m³（150% 裸眼井筒容积）的稠膨润土浆，起钻下套管。

③建议：下完套管后，小排量循环替出井筒内稠膨润土浆并尽快固井，避免大排量长时间循环冲垮井壁。

3.9.5.2　钻进井段 2（1360～1860m）

(1) 井眼尺寸：φ660.60mm（26in）钻头。

(2) 钻井液类型：1# 钻井液。

(3) 推荐的钻井液性能见表 3–9–6。

表 3–9–6　推荐的钻井液性能（1360～1860m）

钻井液类型	密度（g/cm³）	黏度（s/qt）	API 滤失量
1# 钻井液	1.03～1.07	>80	不限

该井段钻井液的配制及维护措施与上一井段相同。

3.9.5.3　钻进井段 3（1860～2965m）

(1) 井眼尺寸：φ444.50mm（17¹/₂in）钻头。

(2) 钻井液类型：1# 钻井液体系 /2# 钻井液体系。

(3) 推荐的钻井液性能见表 3–9–7。

表 3–9–7　推荐的钻井液性能（1860～2965m）

性能	指标
密度（g/cm³）	1.15～1.25
黏度（s/qt）	38～48
PV（mPa·s）	≤25
YP（Pa）	9～13
初切力（Pa）	2～4
终切力（Pa）	4～8
API 滤失量（mL/30min）	8.0～6.0
pH 值	8.0～9.5
MBT（kg/m³）	25～40
Ca^{2+} 含量（mg/L）	<300

(4) 钻前准备工作。

①下套管期间，换好 40～60 目振动筛筛布。

②按需要配制预水化浆。

③保留绝大部分第二次开钻钻井液，开钻三开钻进，后期逐渐转化成 2# 钻井液体系。推荐的方法和配方：配浆池中加入大约 2/3 的海水，加 $1 \sim 2kg/m^3$ 烧碱及 $2 \sim 3kg/m^3$ 纯碱预处理海水，降低配浆水的硬度。然后混入备用池的预水化膨润土浆，直到设计的膨润土含量（$25 \sim 30kg/m^3$）后，按设计加入所需处理剂，转换成 2# 钻井液。

（5）工作步骤及钻井液维护。

①钻水泥塞，返出的钻井液经过旁通排弃直到无水泥屑为止，然后用配制好的新浆替出井筒内的钻井液，直到新浆返出井口时关闭旁通进入循环，使其建立正常循环。

②钻井液中须保持足够的 ZNJ-3 浓度以保证钻井液的包被性，ZNJ-3 应配成胶液后并充分搅拌均匀后慢慢补充到循环钻井液中。当新浆经喷嘴剪切一周后，尽快把循环系统中 ZNJ-3 的浓度提至 $5\ kg/m^3$ 左右，当新浆经喷嘴剪切后振动筛不跑钻井液时尽量使用更密的筛布。

③钻进中用 ZNJ-3 调整钻井液的低剪切速率黏度，保证其携砂能力。根据井下具体情况泵入稀塞后跟稠塞的方法清洁井眼。

稀塞配方：海水 $+3kg/m^3$ 烧碱 $+15kg/m^3$ JLS-1。

稠塞漏斗黏度：80s 以上。

④用 JLS-1 调整钻井液滤失量和稳定性，同时必须仔细观察振动筛返出的岩样情况，一旦发现掉块或如果钻进中还有憋钻、扭矩和上提下放阻力大等不正常现象时应及时提高钻井液密度。

⑤为了防止泥包，需加足 ZNJ-1 的浓度和适量的清洁剂。

⑥如有必要可以在钻井液中加入一定润滑剂增加钻井液润滑性。

⑦用少量烧碱维持钻井液的 pH 值，钻进期间应维持钻井液的 pH 值在 $8.0 \sim 9.5$ 之间。

⑧钻进中以补充胶液的方法来维护循环系统的体积和流变性，同时补充因包被钻屑所损耗的聚合物（也可从循环系统中慢慢加入），确保钻井液性能稳定。

⑨在钻进过程中应该保持净化及固控设备的正常运转和使用目数较大的振动筛布。

⑩建议钻至设计井深前往循环系统加入 $15\ kg/m^3$ SD-202 以提高钻井液的防塌性能和改善滤饼质量，同时把钻井液相对密度提高至钻进时的循环当量密度，以免井眼出现缩径，给钻至设计井深后短起下时带来困难。

3.9.5.4 钻进井段 4（$2965 \sim 3926m$）

（1）井眼尺寸：$\phi 311.15mm$（$12\frac{1}{4}in$）钻头。

（2）钻井液类型：2# 钻井液体系。

（3）推荐的钻井液性能见表 3-9-8。

表 3-9-8 推荐的钻井液性能（$2965 \sim 3926m$）

性能	指标
密度（g/cm^3）	$1.35 \sim 1.45$
黏度（s/qt）	$40 \sim 55$
PV（$mPa \cdot s$）	≤ 30
YP（Pa）	$9 \sim 13$

续表

性能	指标
初切力（Pa）	2.5～4
终切力（Pa）	4～10
API 滤失量（mL/30min）	6.0～4.0
pH 值	8.0～9.5
MBT（kg/m³）	25～35
Ca^{2+} 含量（mg/L）	＜300

(4) 钻前准备工作。

①清洗沉砂池和循环池，更换破损的振动筛筛布。

②补充和更新部分新浆，维护钻井液性能。

③新浆在池中剪切搅拌约 2～3h 后，测量其流变性，如果 θ_6/θ_3 读数小于 4/3，需加 ZNJ–3 处理，使 θ_6 读数不小于 4、θ_3 读数不小于 3。

(5) 工作步骤及钻井液维护。为节约成本，可考虑用上段余浆钻水泥塞，但须用纯碱预处理水泥污染，同时放掉部分污染严重的钻井液，补充部分新浆。钻完水泥塞后，放掉部分部分上段余浆使循环池液面尽可能低，然后补充配好的新浆。

其他维护处理基本与 660.4mm 井段相同。

3.9.5.5 钻进井段 5（3926～4655m）

(1) 井眼尺寸：ϕ215.90mm（8½in）钻头。

(2) 钻井液类型：2# 钻井液体系。

(3) 推荐的钻井液性能见表 3–9–9。

表 3–9–9 推荐的钻井液性能（3926～4655m）

性能	指标
密度（g/cm³）	1.40～1.55
黏度（s/qt）	40～52
PV（mPa·s）	≤40
YP（Pa）	9～12
初切力（Pa）	2.5～5
终切力（Pa）	4～10
API 滤失量（mL/30min）	≤5.0
HTHP 滤失量（mL/30min）	≤10
MBT（kg/m³）	15～25
pH 值	9.0～10.0
Ca^{2+} 含量（mg/L）	＜300

（4）配制与维护技术措施。根据地层压力和井底温度预测，本段钻井液密度将达到 1.24～1.25g/cm³，井底温度达150℃左右。因此，本段的钻井液配制和维护必须解决好两个关键问题：

①严格控制钻井液中膨润土含量，防止劣质黏土进入钻井液而造浆。维持低膨润土含量有利于控制钻井液流变性。

②防止处理剂的高温降解。使用抗高温处理剂，避免钻井液中的处理剂在高温下产生分子链断裂和高温降解，影响钻井液性能。

钻井液维护处理要点：

①经常补充并维持钻井液中的"自由水"浓度。

②建议用钻井水作为配浆水，因为海水中的一些离子在高温和高相对密度状态下会使钻井液絮凝。

③必要时可更换部分钻井液，有利于保持和维护钻井液性能。

④为确保井眼稳定和保护油气层，建议做完地漏试验后即把用于钻进的钻井液的密度调至低限，严格控制钻井液高温高压滤失量。

⑤钻进中以补充胶液的方法来维护循环系统的体积和流变性，同时补充因包被钻屑所损耗的聚合物，确保钻井液性能稳定。

⑥控制钻井液中的低相对密度固相含量，坚持使用好除砂器、除泥器和离心机，并尽可能使用更密的筛布，使钻井液中无用固相保持尽量低，应保持在5%以内，钻井液含砂量保持在0.5%以内。通过减少钻井液中固相颗粒大小来降低钻井液摩阻力。

⑦随着相对密度的增加和温度的升高，根据循环系统钻井液的具体情况，每天可以小流量慢慢补充1～2m³的钻井水，维持钻井液中自由水的浓度，使钻井液性能更稳定。

⑧用烧碱维持钻井液的pH值和p_f，钻进期间应维持钻井液的pH值在9.0～10.0。

⑨最后一次短起和下钻通井时应充分划眼，同时调整好钻井液的性能，确保井眼润滑，套管顺利下至设计深度。

3.9.6 井下复杂情况应急处理

3.9.6.1 钻遇可疑浅层气时的应急处理措施

参见《海洋钻井手册——无隔水管钻可疑浅层气的程序》（石油工业出版社，2011）。

3.9.6.2 井漏的应急处理措施

（1）井下发生渗透性漏失时，先提高黏度，停止钻进和循环，把钻头提到安全井段（套管）内，让井内钻井液静止8h再下钻到底，起下操作时应使该地层承受最小的压力激动。

（2）对渗漏地层和小裂缝地层采用桥塞堵漏法。

①桥堵液配方：井内钻井液16～80m³，粒状材料（核桃壳等）42.8kg/m³，片状材料（云母等）14.3kg/m³，纤维状材料5.7～14.3kg/m³。

②基浆要求黏度40～60s/qt，粗粒材料占30%，中细粒材料各占40%。

③桥堵液从光钻杆内泵入漏失层，泵速0.16m³/min，直到漏失停止。若井筒已满，关闭防喷器，以0.35MPa至1.5MPa的环空压力挤堵30min。若井筒未满，按上一步骤再打一次桥堵液。

④若已建立循环，可用净化设备把多余的桥堵剂清除掉。

⑤桥堵法无效时换用其他堵漏法。

(3) 对非目的层的中至大漏可用采用柴油／膨润土浆软塞堵漏法；而对于目的层可用注水泥的方法堵漏，以免柴油影响储层的发现。下面介绍柴油／膨润土浆软塞堵漏法。

①柴油／膨润土浆配方：柴油 $1m^3$，膨润土粉 1000kg。柴油 $1m^3$，膨润土粉 560kg，水泥 560kg。

②工具和设备：混合旋流短节 1 根，长 0.60～2.40m，下部封死，周身有 10～20 个 12.70～25.4mm（$1/2$～1in）孔洞；钻井泵；固井泵。

③施工步骤：

a．步骤 1。配 8～$16m^3$ 柴油膨润土浆。

b．步骤 2。下带上旋流混合短节光钻杆至漏失层上部 10～15m 处。

c．步骤 3。用固井装置注入先行柴油 1.0～$1.5m^3$ 作隔离液清扫循环管线。

d．步骤 4。用固井装置注入柴油／膨润土浆至钻杆中，泵速控制在 0.3～$0.6m^3$/min。

e．步骤 5。当隔离液到达旋流混合短节处时，关闭封井器（如井口无钻井液返出时先不关封井器），用钻井泵从环空注入钻井液，泵速 0.16～$0.32m^3$/min。

f．步骤 6。注软堵液和钻井液的过程中要上下活动钻具，有遇阻现象立即上提钻具至无阻力处，继续进行步骤 4 和步骤 5，并降低软堵液和钻井液的注入速度，直至立管压上升至 5.0～6.0MPa 为止。

施工作业时不能进行反循环，以防堵死钻具。

(4) 对于使用重钻井液在两套不同压力系数的生产层发生的，因钻井液液柱压力和流体循环，以及钻具运动的联合作用而压漏的地层漏失（即上漏下喷）可采用压力平衡法堵漏。

(5) 注水泥堵漏，施工方法和步骤由钻井监督制定和组织施工。

(6) 对于生物礁或石灰岩地层发生的特大型漏失，可考虑用海水强行钻过漏层，然后下套管封隔漏失层。

3.9.6.3 卡钻的应急处理措施

(1) 压差卡钻的应急处理措施。

①如有可能尽量上下活动钻具并采用大排量循环洗井。

②井下条件许可时，适当降低钻井液的密度。

③迅速配制并注入解卡液至卡点周围，解卡剂在非加重钻井液中用 PIPE-LAX，加重钻井液中用 PIPE-LAXW。

④非加重钻井液的解卡液配方为：0 号或 10 号柴油 $1m^3$ 加 PIPE-LAX 100L。

⑤根据钻井液密度按下表确定一方解卡液的解卡剂用量。

(2) 沉砂卡钻的应急处理措施。

①设法蹩通钻头水眼建立循环。

②提高钻井液的黏度和切力，进行小排量开泵循环清洗沉砂。

③边循环边活动钻具。

④严格禁止大排量洗井，活动钻具不得猛提、硬压、强扭、乱转钻具。

3.9.6.4 井塌的应急处理措施

(1) 发现井塌时的首要处理措施。

①先用小排量开泵建立循环。

②缓慢活动钻具，逐步增大排量循环洗井带出垮塌物。

(2) 及时调整钻井液性能参数。

①必要时适当提高钻井液的密度和黏度。

②降低钻井液的滤失量，提高滤饼的坚韧性。

③保持均匀稳定的钻井液性能，严防大幅度变化。

④增加聚合物和防塌剂的加量。

(3) 钻井工程作业措施的配合。

①井塌井段的起下钻作业时操作要控制速度，避免因速度过高所产生的压力激动对坍塌层的进一步破坏作用。

②起钻及时灌浆，避免拔活塞。

(4) 在坍塌层已形成"大肚子"的井眼段打水泥进行人工补壁。

①用偏心水眼钻头在坍塌井段划眼，将井壁易塌岩块和滤饼尽可能清洗干净，以提高水泥与井壁的黏结力。

②测井径，确定补壁井段，并精确计算水泥浆用量，保证水泥能返至预计井段以上。

③下光钻杆至补壁井段以下 2~5m，注水泥。

④注完水泥后，起钻至水泥面以上一个立柱左右，循环洗井将钻杆内的水泥洗干净。

⑤候凝。

⑥下钻探水泥塞位置，如符合设计要求，钻穿水泥塞，到井底洗井，经电测井径，补壁质量合格后即可恢复钻进。

3.9.7 浅水流评价及解决措施

浅水流（SWF）灾害被看做深水钻探中面临的主要挑战之一。所谓浅水流灾害，是指深水钻探中，钻过了一高压力化的砂层，在高孔隙压力驱动下砂和水激烈流动进井里眼，甚至喷出，导致了井和钻进平台损坏的事件。SWF 事件是深水海区特有的现象，一般出现在水深 400~2100m 的海区。SWF 地质体位于海床下不太大的深度（约 250~1200m）。产生 SWF 地质体的特征是：地层岩性为疏松未固结的砂体，具有较大的孔隙度和渗透率；在产状上是这个砂体被低渗透的泥层覆盖，有一定的倾斜；在规模上有一定量的体积，能够产生足够量的水流。在沉积史方面，SWF 砂体形成时的沉积速率一般会大于 1mm/a。浅水流的发生有 3 个主要的条件：砂质沉积物、有效的封闭层和过高压。浅水流本质上就是出现异常高压的地下砂体。浅水流形成主要有 4 种机理：

(1) 压裂诱导机理。

(2) 钻井液储藏诱导机理。

(3) 高压砂体进入导管间隙。

(4) 高压砂体通过水泥环隙运移。

这 4 种引起浅水流发生的因素，都可以通过合理的施工工艺进行解决。

(1) 针对压裂（环空压力过大），首先进行地层完整性测试，准确掌握地层孔隙压力和破裂压力，然后在钻井和固井过程中，①使得当量钻井液密度不高于激发压力，②静止时钻井液密度不超过初始关井压力，③使得当量密度在实测 FIT 和预期的 FIT 之间。这就可以保证不发生由于地层压裂引起的浅水流。

（2）针对钻井液储藏诱导发生的浅水流其直接原因就是钻井液充填疏松地层。这就需要改善钻井液性能，降低钻井液滤失量。尽可能采用低当量密度钻井液。

（3）对于地质高压砂体引起的浅水流，可以采用 MWD 钻井技术避开该地区进行作业或者对砂体进行标注。

（4）对于固井可能发生的浅水流，采取的措施就是要优化水泥浆性能，降低水泥 CHP 和 CWSS 时间。采用直角凝固（RAS）水泥或者可压缩水泥（泡沫水泥）。

3.9.8 提高顶替效率

在层流条件下，增加水泥浆动切力、减小钻井液动切力、增加钻井液与水泥浆密度差、提高套管居中度均有利于提高顶替。在小间隙井的钻井过程中，保证井眼的规整不出现井眼直径的突变是提高固井质量的有效方法。

参 考 文 献

[1] 胡友林，王建华，张岩，等．海洋深水钻井液研究进展［J］．海洋石油，24（4）：83-86.

[2] Geoff Kieurtz, Michael McNair, Megan Bissell. Worldwide Oil Industry Spending to Increase 14.1%［J］. World Oil, 2006，227（2）.

[3] 周守为．中国海洋石油高新技术与实践［M］．北京：地质出版社，2005：32-67.

[4] Javora P H, Baccigalopi G.Effective High-Density Wellbore Cleaning Fluids：Brine-Based and Solids-Free［R］. IADC/SPE 99158, 2006.

[5] Ray* J P, James B M., Dorn P B. A Deepwater Monitoring Design and Program to Assess the Environmental Fate and Effects of Paraffin Based Muds and Cuttings off Sarawak and Sabah（Malaysia）［R］. SPE 96567.

[6] Hemphill T, Murphy B. Optimization of Rates of Penetration in Deepwater Drilling：Identifying the Limits［R］.SPE 71362.

[7] Charles B. Camero. Drilling Fluids Design and Field Procedures to Meet the Ultra Deepwater Drilling Challenge［R］. SPE 66061.

[8] Fraser L J, M-I L L C. Successful Application of MMH Fluid to Drill in Narrow Pressure Window, Ultra Deepwater Situation. A Case History［R］. SPE 67734.

[9] Julianne Elward-Berry, Thomas E W. Rheologically Stable Deepwater Drilling Fluid Development and Application［R］. SPE 27453.

[10] Nakagawa E Y, Santos H. Planning of Deepwater Drilling Operations with Aerated Fluids［R］. SPE 54283.

[11] Davison J M, Clary S.Rheology of Various Drilling Fluid Systems Under Deepwater Drilling Conditions and the Importance of Accurate Predictions of Downhole Fluid Hydraulics［R］. SPE 56632.

[12] 白小东.海洋深水钻井液水合物抑制剂研究 [D].西南石油学院，2005.

[13] 刘昌龄.海洋天然气水合物若干问题的模拟实验研究 [D].中国海洋大学，2005.

[14] 窦玉玲，管志川，等.海上钻井发展综述与展望 [J].海洋石油，2006，6

[15] 李春楼.Girassl 油田探井的深水钻井和试井经验 [J].国外钻井技术，2000，17（3）：13-15.

[16] Pat Watson, Erie Kolstad. An Innovative Approach Development Drilling in Deepwater Gulf of Mexico [R].SPE 79809, 2003.

[17] Phil Rae.Lightweight Cement Formulation for Deep Water Cementing：Fact and Fiction [R].SPE 91002, 2004：1-8.

[18] 张志杰.天然气水合物的开采技术及其应用 [J].天然气工业，2005，25（4）：128-130.

[19] 王书森，吴明.管内天然气水合物抑制剂的应用研究 [J].油气储运，2006，25（2）43-46.

[20] Didier Dalmazzone.Diferential Scanning Calorimetry：A New Technique To Characterize Hydrate Formation in Drilling Muds [J].SPE Journal，2002（6）：196-201

[21] 白小东，黄进军.深水钻井液中天然气水合物的成因分析及其防治措施 [J].精细石油 化工进展，2004，5（4）：52-54.

[22] 李巍，等.钻井液处理剂对气体水合物形成的影响研究 [J].西南石油学院学报，2005，27（6）：62-64.

[23] 孙涛，等.天然气水合物勘探低温钻井液体系与性能研究 [J].天然气工业，2004，24（2）：61-63.

[24] 戴智红，刘自明.中国第一口超千米深水钻井液技术 [J].钻井液与完井液，2007，24（1）：28-29.

[25] Yousif M H. A Simple Correlation To Predict the Hydrate Point Suppressionin Drilling Fluids [R].SPE 25705, 1993.

[26] Ewout Biezen, Kris Ravi.Designing Effective Zonal Isolation for High-pressure/ High-Temperature and Low Temperature Wells [C].SPE/IADC 57583, 1999.

[27] Romero J, Loizzo M.The Importance of Hydration Heat on Cement Strength Development for Deep Water Wells [C].SPE 62894, 2000.

[28] 王建东，屈建省，高永会.国外深水固井水泥浆技术综述 [J].钻井液与完井液.2005，22（6）：54-56.

[29] AADE Deepwater Industry Group Meeting, Cementing In Deepwater, Deepwater Industry. Group Meeting, Houston, USA , Octcober 21 , 2003.

[30] Moore S, Miller M, et al.Foam Cementing Applications on a Deepwater Sub Salt Well-case History [C].SPE/IADC 59170.

[31] White J, Moore S, Miller M, et al. Foamed Cement as Deterrent to Compaction Damage in Deepwater Production [C].SPE/IADC 59136.

[32] Mohammedi N, Ferri A, Piot B.Deepwater Wells Benefit from Cold-temperature

Cements [J].World Oil,2001,222(4):86-88.

[33] Bernard Piot, Alain Ferri, Simon-Pierre Mananga, et al.West Africa Deepwater Wells Benefit from Low-temperature Cements [C].SPE/IADC 67774,2001.

[34] Ostermeier R M, Pelletier J H, Winker C D, et al.Dealing with Shallow Water Flow in the Deepwater Gulf of Mexico [A].Proc. Off shore Tech. Conf.,1999,32(1):75-86.

[35] Bob A. Gas hydrate:a Source of Shallow Water Flow [J].The Leading Edge,2006,634-635.

[36] Larry H, Flak P E.Review of Deepwater Blowout Risks [A].IUMI Conference, 2002:15-19.

[37] Eric K, Greg M.Deepwater Isolation, Shallow Water Flow Hazards Test Cement in Marco Polo [J].Offshore,2004:76-80.

[38] 严生,蔡安兰,周际东.$C_3S-Cl_2A_7-H_2O$ 和 $C_3S-Cl_2A_7-CaSO_4 \cdot 2H_2O-H_2O$ 系统的水化及其性能研究 [J].硅酸盐学报,2003,31(2):199-204.

[39] 侯运炳,曹文虎,王炳文,等.高活性阿利特硫铝酸盐水泥及其水化反应 [J].北京科技大学学报,2004,26(6):631-636.

[40] 王成文,王瑞和,步玉环,等.深水固井水泥性能及水化机理 [J].石油学报,2009,30(2):280-284.

第4章 深水钻井井控

4.1 气体侵入井筒规律及井筒水合物的生成与分解

4.1.1 深水钻井井控气体侵入井筒规律

4.1.1.1 气侵方式与气侵量计算方法

在钻井施工中,天然气气侵的方式有多种,不同的气侵方式机理不同,很难用统一的方式对其进行研究,对不同的气侵方式应运用不同的理论进行考察。根据储层岩石孔隙中气体运移的驱动力不同,将气侵分为四类,以便针对不同气侵类型,提出不同的定量化思路。

(1) 直接侵入。假设岩石孔隙均匀分布,岩石各相性质均匀,钻速稳定,且破碎的岩屑足够小,以至岩屑孔隙中的气体能完全地释放出来,进入井筒,则其气侵量可近似表示为:

$$dq = \pi r^2 \sigma v dt \tag{4-1-1}$$

式中:dq 为气侵量,m^3;r 为井眼半径,m;σ 为孔隙率;v 为钻速,m/s;dt 为单位时间,s。

但在实际生产中,破碎的岩屑孔隙中的气体不可能全部释放。岩性、岩屑的大小和形状将直接影响气侵的大小。其气侵量可表示为:

$$dq = k\pi r^2 \sigma v dt \tag{4-1-2}$$

式中:k 为影响因子,是岩屑形状与大小、钻井液性能等因素对气侵量的影响。其他符号的含义与式(4-1-1)相同。对不同的岩性 k 有所不同,$0 < k < 1$,其具体的数值还有待于通过实验进行确定。通过确定 k,可以很快速地估算出直接侵入的气体量,对现场工作具有重要的指导意义。

为了能对这一过程进行定量描述,可假设当钻头钻开储层后,岩屑孔隙中的气体全部进入到井筒,运用式(4-1-1)可算得该工况下井底处直接侵入的最大气侵量。

(2) 扩散侵入。假定储层岩石是均匀结构,然后引入多孔介质有效扩散系数,采用基于 Fick 定理的扩散方程进行描述,不考虑温度和压力变化对溶解度和扩散过程的影响,其模型如下:

$$\left. \begin{array}{l} \dfrac{\partial C}{\partial t} = D_{ex} \dfrac{\partial^2 C}{\partial^2 x} + D_{ey} \dfrac{\partial^2 C}{\partial^2 y} \\ D_{ei} = D_0 \dfrac{\phi}{\tau} \end{array} \right\} \tag{4-1-3}$$

式中:D_{ex},D_{ey} 分别为 x 方向、y 方向的有效扩散系数;D_0 为分子扩散系数;ϕ 为孔隙度;τ 为曲折度,无量纲,根据已有的文献资料,当孔隙尺寸大小相同且排列均匀时,$\tau=3$,当孔隙尺寸大小不相同且排列不均匀时,$\tau>3$,当孔隙形状狭窄,且孔隙尺寸大小不同时,

$\tau<3$；C 为浓度；t 为扩散时间。

(3) 置换侵入。置换侵入主要在钻遇大裂缝或溶洞时发生。由于裂缝较大，气体在其中流动时所受到的阻力小，因此会迅速地涌入井筒，形成溢流，同时钻井液也流入裂缝或溶洞，引发井漏事故，甚至是恶性井漏事故，形成溢漏同层，加大了复杂处理的难度。严格地说，发生这种侵入时，并无化学上的置换反应发生，只是物理上钻井液和地层中气体的交换过程，由于大裂缝或溶洞的体积很难预测，因此气侵量及井漏量的预估也非常困难，通常发生置换侵入时都比较突然，需要及时采取治理措施。

(4) 负压侵入。当井底流压小于地层压力时，地层中的气体会在压差的作用下进入井筒，形成气侵。特别是采用欠平衡方式钻井时，如果井底压力控制不当，更容易引发井涌、甚至是井喷事故，因此如何有效地控制地层流体的侵入成为至关重要的问题。一般认为在负压状态下，地层中流体向井筒中运移满足达西定律，但实际情况中，有很多储层为低渗，而且钻井液会侵入井壁，形成滤液区和致密的滤饼。由于达西定律表示压力损失完全由黏滞力决定，而流体在低渗透介质中渗流时的压力损失不完全表现为黏滞阻力，因此不符合达西定律。针对达西渗流和非达西渗流分别建立了预测模型。单相不可压缩液体平面径向稳定低速非达西渗流预测模型：

$$Q_t = \frac{2\pi hk(p_e - p_w)}{\mu B \ln \frac{r_w}{r_e}} \left[1 - \frac{\lambda_b (r_e - r_w)}{p_e - p_w}\right] \tag{4-1-4}$$

式中：Q_t 为侵入量，m³；h 为储层已钻井深，m；r_e 为供给半径，m；r_w 为井筒半径；p_e 为供给压力，MPa；p_w 为井筒内压力，MPa；μ 为流体黏度；B 为体积系数；λ 为启动压力梯度。

单相不可压缩液体平面径向不稳定低速非达西渗流预测模型：

$$\frac{\partial p}{\partial t} = \eta \frac{1}{r} \frac{\partial}{\partial r}\left[r\left(\frac{\partial p}{\partial r} - \lambda_b\right)\right] \tag{4-1-5}$$

$$p(r)\big|_{r=r_w} = p_w$$

$$p(r,0) = p_e$$

$$p(r,t)\big|_{R(t)} = p_e$$

$$\frac{\partial p}{\partial t}\bigg|_{r=R(t)} = \lambda_b$$

该模型只能用于单向不可压缩液体，当扩散物质为多相可压缩气体时，还应考虑多相之间的作用及气体的可压缩性。

(5) 不同工况下的气侵方式。根据发生气侵的驱动力不同，将气侵方式分为四类，但在不同的工况下，某种气侵方式会占主导地位，而其他的方式在此时会居于次要地位。

当在储层中正常钻进时，如果井底压力大于地层压力，井筒中气体侵入的主要方式是直接侵入和扩散侵入,由于钻井液不断地向上返出,井底的气体也不断随之上返,因扩散侵入的量较小,可以忽略。可认为在正常钻进时,直接侵入是气侵的主要方式,可根据式(4-1-1)估算井底的气侵量;而如果采取特殊钻井工艺,如欠平衡钻进,或钻遇异常高压地层时,负压侵入就不可忽略,此时主要的侵入方式为负压侵入和直接侵入,直接侵入量仍可用式(4-1-1)进行估算,如果准确知道地层压力,可基于达西定律及相关软件对负压侵入量进行预测,通过对这两种气侵方式下气侵量的预算,就可得到该工况下的气侵总量。

当钻遇大裂缝或溶洞时,置换侵入就成了主要的气侵方式。裂缝或溶洞的位置一般只能靠经验预判,因此气侵的发生有较大的突然性,而且现阶段还不能准确估算裂缝或溶洞容积,相应地,也就不能估算气侵量,因此在进入易漏地层前,就应该做好防漏防涌的应急措施准备。

4.1.1.2 气侵期间垂直环空气液两相流模拟

当天然气侵入井筒时,会与井底上返的钻井液及钻屑形成三相流动,由于钻屑对气体膨胀的影响不大,可略去钻屑的影响,将其视为气液两相流动。在井底出现的流型主要为泡状流和段塞流,分别对应侵入量为小、中和大的情况。本书运用数值模拟的手段,以CH_4和钻井液为研究介质,分析当钻柱静止时的气侵状况及不同气侵量下对井底流场造成的影响。

当发生井侵后,气体从地层侵入井筒,对井底钻井液的压力和速度造成影响,以下是不同气侵量对井底流场的影响:

通过数值模拟看到,当气体以0.02m/s速度侵入井筒后,流场的速度场和压力场和没发生气侵时规律基本一致,都是沿纵向逐渐降低。但气体的侵入还是对井底流场形成了显著的影响,使同一位置的井底压力降低,速度梯度增大,在井底形成许多小的回流区及漩涡。随着气侵速度的增加,可以明显地看到井底流场有了较大的变化,当气侵速度为0.15m/s时,井底形成的漩涡增多,虽然压力受到一定的影响,但变化并不大。当气体以较大的气侵速度0.5m/s进入到井筒之后,井底流场与气侵速度较低时的流场有较大的区别,此时发生气侵的层位上方的流体流速明显增加,而压力也明显增加,这是由于有大量的气体进入环空,此时已在井底形成段塞流,从而使钻井液密度降低,上返的速度增加,同时由于侵入速度较高,引起了该处动压的升高。

(1) 井筒中天然气膨胀规律。根据真实气体状态方程$pV=ZnRT$,当气体进入井筒后,影响气体体积的参数有压力、温度和气体偏差系数及气体在井底的初始体积,对于距井底距离为z_i处的气体体积$V(z_i)$,有:

$$V(z_i) = \frac{p(z_0)}{p(z_i)} \times \frac{T(z_i)}{T(z_0)} \times \frac{Z(z_i)}{Z(z_0)} \times V(z_0) \tag{4-1-6}$$

式中:$p(z_i)$为z_i处的压力;$T(z_i)$为z_i处的温度;$Z(z_i)$为z_i处的偏差系数;$p(z_0)$为井底压力;$T(z_0)$为井底温度;$V(z_0)$为井底气体体积;$Z(z_0)$为井底偏差系数。

井筒中的温度、压力及气体的偏差因子等都有其特殊性,因此气体在井筒中上升时的膨胀过程也具有特殊性。

(2) 气体沿井筒的速度分布。气体的侵入将改变整个环空的流场分布,不同气侵速度下环空的速度分布也存在一定的差别。在不同的气侵速度下,环空的速度剖面呈现以下几个特征：

①在渗透层和水下井口之间气相速度和液相速度基本相同，基本不存在滑脱。

②进入隔水管以后，由于环空面积增大，液相和固相流体的速度降低，二相速度反而迅速升高，气体开始滑脱。

③在渗透层和水下井口之间，流动多为泡状流。

④气侵速度较小时，隔水管段的两相流多为泡状流，随着气侵速度的增加逐步转化为过渡流和段塞流。

4.1.1.3　深水钻井烃类气体侵入井筒流体参数相态变化及分布

(1) 深水钻井钻井液循环状态下气泡膨胀规律。深水钻井井筒气液两相流中，当液相为钻井液时，泡状流很容易过渡到段塞流，并且管道大部分气泡是以段塞流形式存在的。有专家认为液相段塞长度平均为 7.5D，变化也只有 30%。本书假设钻井液循环状态下，初始段塞流单元为 1m，液相段长 10cm。钻井液静止状态下，初始段塞流单元为 3m，液相段长 30cm。

例：井深 5150m，水深 1260m；钻杆直径 5in，采用的井身结构为：36in 喷射导管 + 26in 井眼 × 20in 套管 + $17\frac{1}{2}$in 井眼 × $13\frac{3}{8}$in 套管 + $12\frac{1}{4}$in 井眼 × $9\frac{5}{8}$in 套管 + $8\frac{1}{2}$in 井眼 × 7in 尾管的井身结构；隔水管尺寸 21in；钻井液密度为 1.3g/cm³；钻井排量为 35L/s；地温梯度在（3.3～4.3）℃/100m，预测完钻井底温度在 93～120℃。钻进循环期间井底温度为 120℃，井口温度为 50℃；固井起下钻等钻井液静止期间井底温度为 120℃，海底泥线以下温度梯度为 3.2℃/100m，海底泥线以上温度为 4℃，井口温度为 8℃。

验证可知，钻进循环期间，井底附近很小一段为泡状流，到隔水管一直为段塞流，由于泡状流段很小，故忽略，全段按照段塞流计算。当进气量不变时，段塞流液相段的截面含气率随井深的变化不大。气泡段截面含气率随井深成非线性变化，变化较快。

进气量越大，初始截面含气率越大，井底初始进气量不同时，液相段的初始截面含气率差别不大，气泡段的截面含气率差别较大。

(2) 深水钻井钻井液非循环状态下气泡膨胀规律。钻井液非循环状态下，段塞流液相段截面含气率随井深变化不大，气泡段截面含气率随井深变化较大。

井底初始进气量不同时，液相段的初始截面含气率差别不大，气泡的截面含气率差别较大。井底进气量为 0.0003m³/s 时，初始截面含气率大约为 8.5%；当进气量为 0.0009m³/s 时，初始截面含气率达到了 25%。

海底泥线以下过渡到泥线以上，温度突然减小，温度对气泡的膨胀起很重要的作用。温度越低，气体膨胀越小。出现拐点，截面含气率突然减小。

(3) 深水钻井气泡膨胀规律与溢流体积的变化规律。假设井底气侵速度为 0.0003m³/s，段塞流液相段截面含气率和井口溢出体积随气侵气泡沿井筒运移的变化规律是，钻井液循环和非循环状态下，气泡段的初始井底截面含气率大约都为 8.5%。钻井液非循环时，气泡进入隔水管后由于温度突然降低，截面含气率突然减小，但是气泡到达隔水管后气体膨胀比较明显。这时的井口溢出体积都小于 1m³。

4.1.1.4　地层流体侵入分析

(1) 气侵影响。流体侵入对 ECD 存在着影响，影响取决于侵入流体的类型、数量、井眼的几何形状、钻井液的性能等多种因素。斯伦贝谢剑桥研究中心（SCR）研究表明，气体侵入后环空压力和 ECD 在不同尺寸的井眼有两种不同的现象：小尺寸井眼中气体侵入 ECD 增加是因为气体运移过程中的摩擦和惯性力的作用；普通尺寸井眼中 ECD 降低是因为钻井液中部分体积被气体填充，使钻井液密度减少。

随着气侵速度的增大，气相组分在钻井液中所占的组分逐渐增加，气相组分对钻井液的密度影响也随之增大，井底压力也随之发生降低，当气侵速率达到 $9m^3/min$ 时，井底压力开始降低。

（2）气侵特征。受气体膨胀和运移规律影响，钻井液池增量曲线表现为先平缓上升，后迅速增加的特征。在气泡未到达隔水管前气泡的膨胀程度和上移速度较小，因而气体体积膨胀而引起的钻井液池增量也相对较小。在气泡到达隔水管以后气泡迅速膨胀，而且越接近井口膨胀速度越快，钻井液池的增量也跟着迅速增加。在气泡达到井口之前，钻井液池增量曲线近似于一抛物线。在气泡到达井口以后，井筒内的流动到达稳定，井筒内的气体分布不再发生变化，池体积不再增加。

气体运移速度变化也是造成钻井液池非均匀增长的原因之一。气体在井筒中的移动速度是非均匀分布的。在气泡到达井口之前，井口处不会有明显的气显示。气泡从井底运移到井口所需的时间相当长，且随气侵量速率的增加而减少。

地层流体进入井筒以后，原来井筒内的钻井液体积被侵入的流体替代，井筒内的体积增加。在气侵过程中，由于气体的可压缩性强，井口返出流量的变化存在一定的滞后性。在侵入气体未达到井口之前，气体未充分膨胀，返出的流量变化较小，而且气侵量越小，流量变化越小。

立管压力的变化规律和井底压力的变化规律完全相同。说明，气侵过程中井底压力的变化是由于环空摩阻的变化引起的。

气体通过水下防喷器到达隔水管以后，气体的体积迅速膨胀，环空中气体所占体积增加，隔水管内液柱密度降低，压力减少，因而与井底压力和立管压力不同，在气侵初期，水下防喷器处的压力没有任何响应，只有在气体进入到防喷器以上，防喷器处的压力会明显降低。

若在此时迅速关闭水下防喷器，井筒内的压力并未显著降低仍可有效地控制油气井与地层的压力平衡，防止井喷的发生。

（3）油水侵对井底压力的影响。油水侵入对井底压力和 ECD 的作用也分两个方面，一方面由于地层流体的密度通常低于钻井液的密度，井眼中钻井液部分体积被地层流体替换填充，使钻井液密度降低，进而引起井底压力降低。钻井液密度变化值主要取决于原钻井液和侵入流体之间的密度差和侵入量。相同侵入量下，原钻井液与侵入流体的密度差值越大，钻井液密度变化越大，同理在密度差一定的情况下，侵入量越大，钻井液密度值的改变也越大。由于钻井液的密度通常大于 $1000kg/m^3$，因而油侵比水侵的效果更为明显。而在低密度钻井液里，钻井液的密度变化值相对较小。

另一方面由于地层流体侵入会增加环空钻井液流量，增大流速，进而增加钻井液在整个环空中的压耗，使井底压力升高。

两种因素的共同作用，油水侵入后地层压力的变化对低密度钻井液表现为井底压力升高，对高密度钻井液表现井底压力降低。

（4）油侵特征。在侵入速度不变的情况下，钻井液池的增量先是线性增加，在侵入流体到达井口附近，由于压力降低，分布在钻井液中的部分轻烃发生相变，由液态变为气态，体积迅速膨胀，加上原来溶解在钻井液中的少量气体分离出来，变成游离气，两种现场共同作用，井口的返出量迅速上升，钻井液池增量也随之增加。

油水侵入井口返出量的变化规律和气侵返出量的变化规律非常相似，不同之处在于相同侵入速度下，油侵的井口返出流量较气侵平稳。

立管压力的变化规律和井底压力的变化规律完全相同。

隔水管与钻杆环空的截面较大，流体在此段环空中运移的速度较小，沿程的环空压耗也相对较小，而流体侵入以后，由于流量增加引起的环空压耗变化对防喷器处的压力变化作用不明显，相反，由于地层流体通过水下防喷器进入到隔水管以后，由于压力降低，部分轻质烃类发生相变，由液相转化为气相，气体迅速膨胀，环空中气体所占体积增加，隔水管内液柱密度降低，压力减少，因而与井底压力和立管压力不同，在油侵初期，水下防喷器处的压力没有任何响应，只有在气体进入到防喷器以上，防喷器处的压力才会明显降低。

若在此时迅速关闭水下防喷器，井筒内的压力并未显著降低，仍可有效地控制油气井与地层的压力平衡，防止井喷的发生。

4.1.2 深水钻井井筒中水合物生成与分解

4.1.2.1 相平衡条件

形成水合物的主要条件有两个：（1）天然气处于适当的温度和压力下；（2）天然气必须处于或低于水汽的露点，出现"自由水"。因此对于一定组分的天然气，在给定压力下，就有一水合物形成温度，低于这个温度将形成水合物，而高于这个温度则不形成水合物。如果天然气中没有自由水，也不会形成水合物。除此之外，形成水合物还有一些次要的条件，包括气体流速及扰动、晶种的存在等。

天然气形成水合物有一个最高温度，即临界温度，若超过这个温度，再高的压力也不能形成水合物。表 4-1-1 列出各种天然气组分形成水合物的临界温度。

表 4-1-1 天然气水合物形成的临界温度

名称	CH_4	C_2H_6	C_3H_8	iC_4H_{10}	CO_2	H_2S
形成水合物临界温度（℃）	21.5	14.5	5.5	2.5	10.0	29.0

在水合物形成体系中，气、液、固三相平衡热力学模型包括描述水合物相和与其共存的富水相热力学模型两部分。对水合物的相平衡通常采用水作为参考组分，水合物相平衡条件：

$$\frac{\Delta\mu_0}{RT_0} - \int_{T_0}^{T}\frac{\Delta h_0 + \Delta c_p(T-T_0)}{RT^2}dT + \int_{p_0}^{p}\frac{\Delta V}{RT}dp = \ln(f_w/f_w^0) - \sum_{i=1}^{2}v_i\ln\left(1-\sum_{j=1}^{N_C}\theta_{ij}\right) \quad (4-1-7)$$

式中：$\Delta\mu_0$ 为标准状态下空水合物晶格和纯水中水的化学位差；T_0 和 p_0 分别为标准状态下的温度和压力，$T_0=273.15K$，$p_0=0$；Δh_0，ΔV，Δc_p 分别是空水合物晶格和纯水的比焓差、比容差和比热容差；$\ln(f_w/f_w^0)=\ln x_w$，若加入抑制剂，$\ln(f_w/f_w^0)=\ln(y_w x_w)$；$x_w$，

y_w分别为富水相中水的摩尔分数和活度系数。

4.1.2.2 天然气水合物生成速度

水合物热力学认为甲烷水合物的生成机理模型,水合物晶体生成要经历3个步骤:

(1) 最初的成簇反应;

(2) 临界尺寸(水合物晶核)的形成;

(3) 晶体的生长。

研究得到水合物形成的甲烷气体消耗的速率方程:

$$r = Aa_s \exp\left(-\frac{\Delta E_a}{RT}\right) \exp^{\left(-\frac{a}{\Delta T^b}\right) \times p^\gamma} \tag{4-1-8}$$

式中:r为甲烷消耗速率,cm³/min;A为综合预指数常数,cm³/(cm²·min·bar$^\gamma$),$A=4.554 \times 10^{-26}$;a_s为表面积,cm²;ΔE_a为活化能,kJ/gmol,$\Delta E_a=106.204$kJ/gmol;R为气体常数,J/(mol·K),$R=8.314$;T为温度,K;p压力,kPa;ΔT为过冷度,K,$\Delta T=T_{eq}-T$,T_{eq}为相平衡温度(可由相平衡方程式求得);a,b,γ为实验常数,$a=0.0778$K^b,$b=2.411$,$\gamma=2.986$。

式(4-1-8)可以用来描述水合物生成速度,反应速度为表面积、温度、过冷度和压力的函数,可用来求解不同条件下的水合物生成速度。

4.1.2.3 天然气水合物分解速度

实验室中的气体水合物分解实验一般使用恒压加热法,主要是考虑分解过程易于控制和模型化,然而对于工业规模的气体水合物分解来说,使用恒温降压法更具有优势。

现在水合物分解模型多是基于Kim模型基础上提出,分解速度受粒子表面积、逸度差的影响,但是这两个参数在钻井工程中无法迅速、准确地判断,因此需要得到新的较为简单的公式。

4.1.2.4 油气产出情况下深水钻井多相流动中天然气水合物生成区域预测

(1) 钻进工况下天然气水合物生成区域预测。

①不同流量下天然气水合物生成区域预测。受外界环境温度的影响,在泥线(1500m)上方环空温度随着流量的减小而逐渐减小,越靠近井底随着流量的减小环空温度就越高。随着流量的减小,整个环空的温度曲线呈现靠近环空外界温度曲线的趋势,这是因为流速变慢流体与外界环境之间的热交换时间增加的缘故。随着流量的减小,水合物的生成区域逐渐增加,而且过冷度逐渐增加,天然气水合物也就更容易生成。因此在钻井过程中提高流量会有助于防止水合物的生成。另外,由于在海底防喷器附近是天然气水合物最容易聚集生成的地方,可以通过适当提高流量使水合物的生成区与其脱离,就可以减小防喷器管线被水合物阻塞的危险。

②含有抑制剂钻井液体系下天然气水合物生成区域预测。在钻井液中加入水合物抑制剂是深水钻井中一种普遍的防治天然气水合物的方法。NaCl和乙醇是两种比较常用的水合物抑制剂,随着NaCl浓度的升高,水合物的相态曲线逐渐向下偏移,水合物的生成区域逐渐变小,当NaCl浓度达到12%左右时,井筒内便不再有水合物生成。同样随着乙醇浓度的增加,水合物的生成区域也逐渐变小,乙醇浓度达到8%左右之后,水合物不再生成。乙醇的防止水合物生成效果要优于NaCl。

③不同钻井液入口温度下天然气水合物生成区域预测。钻井液入口温度的改变能明显改变循环状态下环空内温度的分布，随着入口温度的增加，天然气水合物的生成区域逐渐减小，在此情况下当温度提高到30℃时，整个井筒内便不再有水合物生成。可以对从井内返出的钻井液实施保温措施以提高其入口温度，以便更好地防止水合物的生成。

④不同水深时天然气水合物生成区域预测。海水的深度也会对环空内的温度产生影响，随着水深的增加环空内的温度整体上会有所减小，天然气水合物的生成区域也逐渐增加，而水深降低到900m时，在当前流速下没有水合物生成。

(2) 停钻工况下天然气水合物生成区域预测。随着停钻的时间的增加，环空中流体与外界环境之间的热交换也增加，环空的温度曲线也就越接近外界环境的温度曲线。当停钻时间达到1h左右时，环空中的温度基本与外界环境的温度相同。随着停钻时间的增加，天然气水合物的生成区域逐渐增大，过冷度也逐渐增加。而且随着时间的增加，泥线处的温度也就越低，使得天然气水合物更容易在防喷器附近的管线里聚集生成。因此，在深水钻井时，为了防止水合物的生成应尽量缩短停钻时间。

(3) 压井工况下天然气水合物生成区域预测。深水钻井压井时，由于节流管线比较长，尺寸又比较小，因此在压井过程中节流管线内的摩阻就比较大，环空内的压力与正常钻进时相比就会有所增加，这也就使得环空内水合物生成相态曲线分布发生变化。压井时的水合物生成区域与正常钻进时相比会有所增加，而且随着节流管线内径的减小，水合物的生成区域变大，过冷度也变大，水合物更易生成。压井时，可以选择合适内径的节流管线，尽量减小天然气水合物的生成。

4.2 深水钻井溢流及井涌早期监测

4.2.1 基于LWD和PWD技术钻井溢流及井涌早期监测

4.2.1.1 基于LWD的油气水层和地层流体侵入识别

(1) 随钻测井技术在井涌早期监测中的作用。根据油气水层的地球物理特征识别油气水层。随钻测井资料不但可以计算地层压力剖面，而且根据异常高压地层在LWD资料的响应特征可以有效地识别异常高压层，在钻进过程中应该对异常高压层进行重点监测。裂缝是地层中一种高渗透率通道，在碳酸盐岩地层中非常常见，高压裂缝性地层是井涌监测的重点目标。裂缝性地层在测井资料中表现为孔隙度和渗透率显著增大的特征，通过随钻的电阻率或者声波成像功能亦可实现对裂缝的有效识别。

(2) 气层的识别。随钻测井资料可以有限地识别气层，当储层中含有天然气时，在测井曲线上的显示特征为：自然伽马低值、密度测井值偏低、中子测井值偏低、出现"挖掘效应"、声波时差测井曲线偏高，甚至会出现周波跳跃现象。电阻率显示为高值，且深浅电阻率曲线之间存在差异等现象。这些方法都可以用于定性地识别气层。

在气层的定量识别方法上，目前常用的有：纵横波时差比法、合成纵波时差法、视水层中子孔隙度测井值法。

(3) 基于随钻电阻率测量工具的地层流体侵入监测。目前现场应用的随钻电阻率测井仪器有浅、中、深3种纽扣电阻率测量工具，分别反映的不同探测深度范围内介质电性特征。地层流体侵入井眼，必将引起钻井液组分和性能的变化，改变其矿化度、电阻率和电导率。

目前的测井和随钻测井工具不但能测量地层的电阻率信息，还能测量钻井液和侵入带的电阻率值。

鉴于目前通常使用地面测量钻井液的电阻率值，换算成井下的电阻率值，来校正与测井一起测量的电阻率值，计算地层的真实电阻率。在随钻测量过程中加入浅侧向电阻率工具来测量钻井液的电阻率值，不但可以有利于地层电阻率的测量，而且有助于地层流体侵入的早期识别，减少井下复杂，提高钻井效率。

（4）基于随钻声波测井工具的地层流体侵入监测。早期的声波测量只是将地震信号与岩层进行对照拟合。现在声波测量能揭示许多储层与井眼特性，可以用来推导原始和次生孔隙度、渗透率、岩性、矿物组分、孔隙压力、侵入、各向异性、流体类型、应力大小和方向、裂缝及其方位等。

P波、S波和斯通利波都沿井筒上下对称传播，可以被检波器探测到。检波器对井内流体的压力变化非常敏感，并有全方位响应，也就是说它对于来自任何方位的压力变化都产生响应，因而可以用声波来测量井内的压力。

声波速度测井还可以判别气层，由于油、气、水声速不同，特别是气的声速和油水的声速有很大的差别，因此在高孔隙度和钻井液侵入不深的条件下，声速测井能够比较好地确定疏松砂岩的气层。气层在声波时差曲线上显示产生周波跳跃特点。它常见于特别疏松、孔隙度很大的砂岩气层中。地层含气对声波能量有很大的衰减作用，造成周波跳跃。

气层的声波时差明显大于油层，比一般砂岩时差值大 $30\mu s/m$ 以上。另外，在钻井液侵入不深的高孔隙度疏松砂岩地层，油层的声波时差也相应增大，一般比水层大 10%~20%。因此，声速测井的这个特点，有利于判别高孔隙性地层所含流体的性质，确定油气和气水的接触面。

（5）基于 LWD 的井涌识别。目前，几乎所有的随钻测量工具都有随钻电阻率工具。现有的电阻率测量可以实现井眼成像功能，建立实时地质力学模型，预测地层压力，为确定合理的钻井液密度提供依据，减少钻井过程中的不确定性。通过减少浅侧向电阻率探测工具的探测深度或者使用浅侧向电阻率工具，可以直接测量钻井液的电阻率变化情况，及早地监测地层流体的侵入，实现早期检测。

基于 LWD 的井涌早期监测技术：首先，通过自然伽马辨别泥岩层、砂岩层，对砂岩层进行重点监测，然后通过电阻率、声波和中子密度等工具测得的孔隙度、渗透率和地层压力数据，分辨出压力异常和高渗透地层。最后通过电阻率和声波测井工具直接测量钻井液的性能变化，监测地层流体的侵入。考虑到成本和脉冲发射器的工作情况通常使用电阻率、自然伽马和声波组合。

4.2.1.2 基于 LWD 和 PWD 的气侵早期监测流程

首先，实时采集 LWD 和 PWD 随钻测量参数，包括自然伽马、电阻率、声波、中子密度、压力、温度数据，结合录井参数，包括立压、返速、出入口流量、钻速等参数，根据它们的变化特征，首先辨别岩层、流体、地层压力情况，并实时计算正常钻进时的 ECD、立管压力、井底温度和地层孔隙压力，并绘制出正常趋势线。如果以上参数发生变化，偏离正常趋势线，且 LWD 各项参数表明钻入的层位为储层，ECD、出口返速、立管泵压上升，机械钻速加快，符合井侵特征，则进入预警状态。同时计算气侵量，跟踪这些参数后续变化趋势。如果 ECD、立管压力上升后下降，出口流量继续上升，则进入报警状态。

（1）基于 LWD 和 PWD 检测浅层盐水侵。图 4-2-1 是使用 LWD 和 PWD 检测盐水侵的应用实例，图中共有 A，B 和 D 共 3 个地层发生了盐水侵入。由于所钻地层位于泥线附近，地层中存在盐水层，而在钻井过程中通常采用清水钻进，因而在 3 个地方均出现了 ECD 升高，PWD 测量的环空压力梯度突然升高，环空温度下降和电阻率下降的特点。所有的这些现象都证明有盐水侵入的可能。

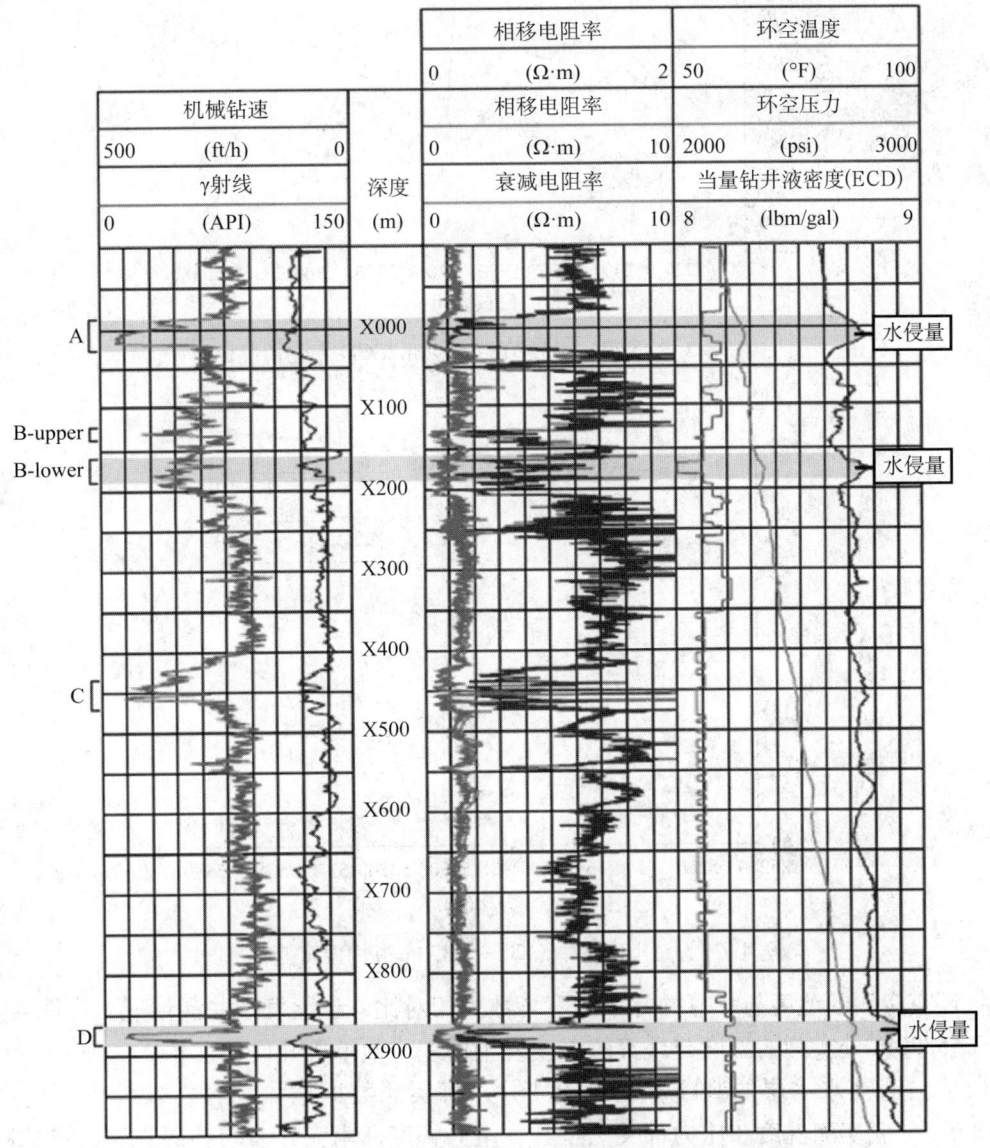

图 4-2-1 使用 LWD 和 PWD 测量 ECD 监测水侵

（2）DN204 井实例。图 4-2-2 是根据计算实例绘制的当量钻井液密度对比曲线。曲线 2 是斯伦贝谢阵列补偿电阻率（ARC）的 PWD 工具实测的环空 ECD 曲线；曲线 1 是根据第 3 章模型计算得到的正常钻进条件下 ECD 曲线。从图上可以看出井深从 5220m 钻进至 5300m 实测的 ECD（温度）和计算的 ECD（温度）数据和趋势基本一致。继续钻进至

5310m，实测的 ECD 开始增加。和正常 ECD 趋势曲线开始发生分离，偏差也进一步增大，预示着井下发生复杂。查看钻井井史，发现在 5300m 处出现气侵。

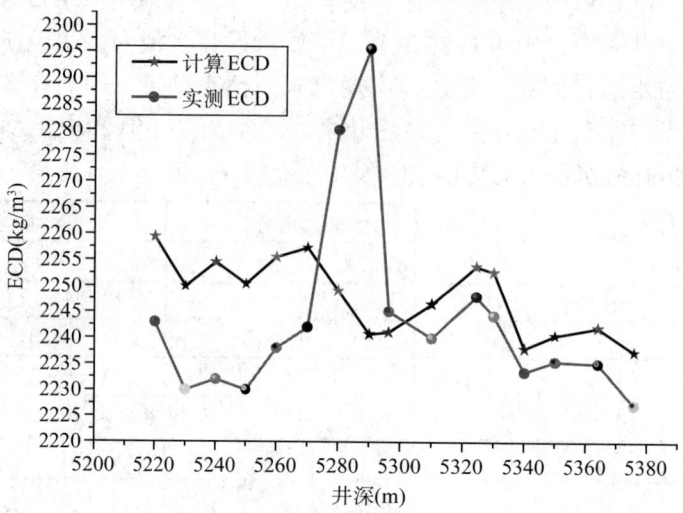

图 4-2-2　DN204 井 5220～5370m ECD 变化情况分析

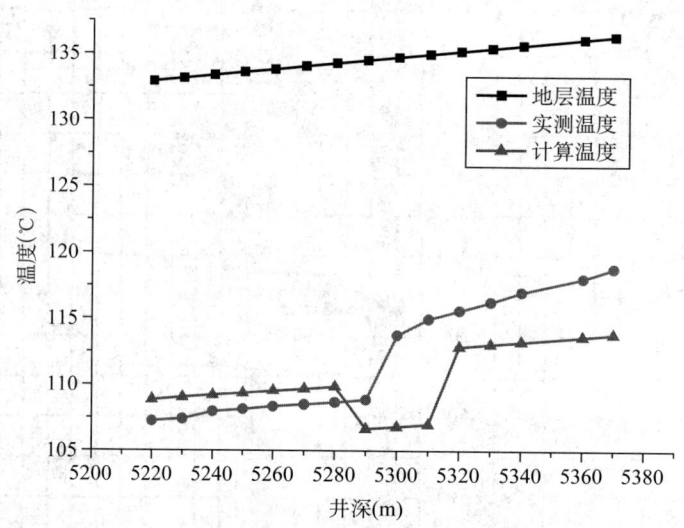

图 4-2-3　DN204 井 5220～5370m 井内温度变化情况

将环空实测的温度与计算的井下温度场数据相对比，也能发现井涌情况。如图 4-2-3，5300～5330m 处实测的温度与计算的温度发生偏差，预示着井侵的发生。

（3）钻遇油水水层的判断。在徐深 4 井，将实测数据插入到分析软件中，当钻进至 3975.8m，井底实测温度和压力都突然上升，上升幅度非常大，表明钻遇水层，有地层水进入到井筒内，高温的地层水和钻井液混合时井底温度上升，同时由于地层水压力较大，进入到井筒内使井地压力增加，随着钻进井深增加，地层水不断进入到井筒内随钻井液上返，造成井筒内压力温度同时增加，当钻进至 3984m 时停止钻进，进行加重处理，将钻井液加重到 1.1g/cm³ 左右（图 4-2-4）。

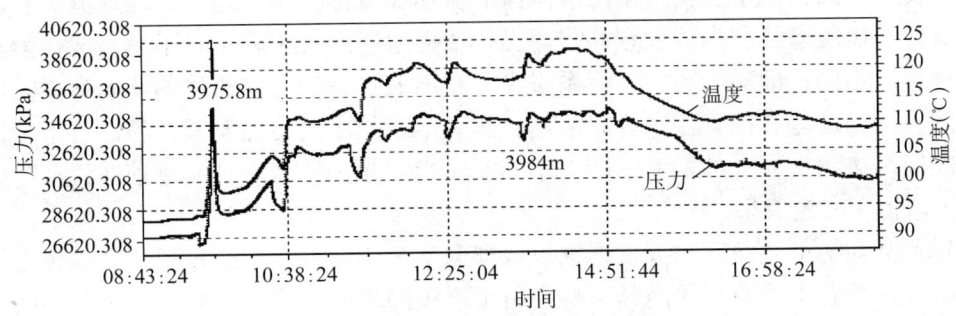

图 4-2-4 地层水进入井筒内的井底压力温度变化曲线图

4.2.1.3 基于 LWD 和 PWD 的井涌早期监测软件

（1）软件总体框架。井涌早期监测系统将井下的动态数据及时、准确、完整地传输到实时监测数据库，以供历史数据的回放显示和分析决策，同时为现场井下异常情况提供实时监测功能，系统功能框图如图 4-2-5 所示。

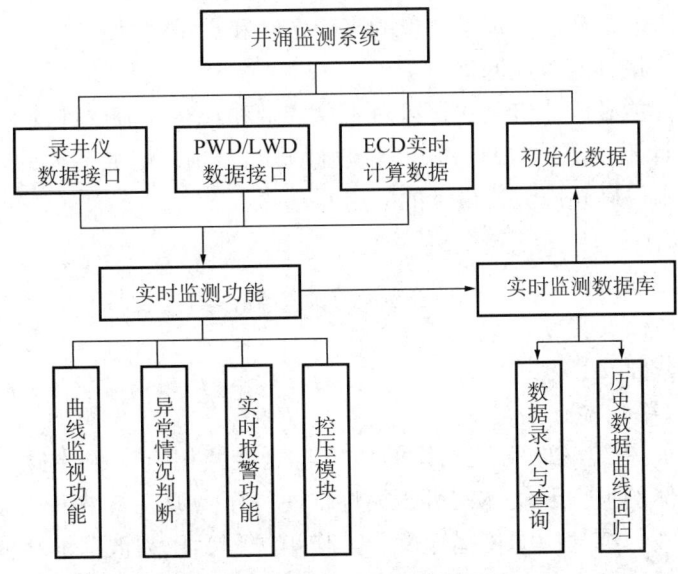

图 4-2-5 井涌早期监测系统功能框图

（2）数据接口处理。建立公共数据来源处理模块，使多方面的数据能够相互校正、相互补充，更精确地监测井眼状况。实时监测数据来源主要包括以下 3 个方面：①录井仪的数据接口；② PWD/LWD 实时数据接口；③ ECD 实时监测模块。

4.2.2 基于小截面流量测量法钻井溢流及井涌早期监测

4.2.2.1 高分辨率溢流量测量

（1）小截面环空流量测量。气侵发生后，井筒上部为液相钻井液，因其不可压缩、流速增大，将溢流检测仪器放置在环空中检测液体流速，优点是环空截面面积与钻井液池相比较小很多，有较小溢流量时，环空流速即有相当的变化，通过流速传感器即可感知，实现溢流早期检测，直接在环空截面上利用非接触式的流量计进行多点多探头测量。

超声技术在两相流中主要用于测量流体的流速和流量。利用超声波测量流体流速的方法主要有传播速度差法和多普勒频移法两类。传播速度差法主要是基于超声波在静止流体中的传播速度不同，即对于固定坐标系来说，超声波传播速度与流体的流速有关。可通过测量时间差、相位差和频率差来确定流速。随着电子技术的迅速发展，超声技术在流体测量方面的应用得到了很大的发展，产生了工业实用的超声波流量计。目前在气液与固液的测量方面取得了一定成果。

（2）多普勒法小截面环空流量测量。根据声学多普勒效应，当声源和观察者之间有相对运动时，观察者所感受到的声频率将会由于声源的相向运动而升高，反之则会由于声源的离去运动而降低，频率变化的幅度与两者相对运动的速度成正比。根据这一原理，将一对超声波换能器通过声耦合材料紧贴在待测管道外壁，一个向管道内的液体发射固定频率的超声波，当遇到介质中的悬浮物、固体颗粒、气泡、非稳态旋涡均会产生偏离发射频率的反射波，而这种频偏是与反射物的运行速度成正比的；另一个接收到反射波，经过信号处理、动态频谱分析，进而计算出管截面内流体的平均流速、流量。由于被测流体反射频率的改变只与流体中反射物的运行速度成正比，而不受流量计基本管材、流体成分、浓度、温度及压力等因素影响，从而实现了测量的高稳定性和高重复性。

超声波多普勒流量计测流速的优点：

①超声波流量计能做成非接触式，可对不易接触和观察的流体进行测量。

②超声波流量计不受流体物理性质和化学性质的影响，诸如流体的黏性、导电性、混浊性及腐蚀性等均不妨碍超声波流量计的应用。

安装方案主要有：

①双探头、原截面安装方式。

②双探头、变截面安装方式。

③单探头、原截面安装方式。

4.2.2.2 声波法气侵早期实时监测

声波（压力波）在纯液体和纯气体的传播与气液两相流中的传播是不同的。在气液两相流中，由于液体的惯性及气体的可压缩性，使得压力波在气液两相流中传播速度衰减很大，远低于在纯液与纯气中的传播速度。其作用过程为压力波从液相向气相传播时由气相压缩性导致速度呈降低趋势，而从气相向液相传播时又因液相具有较大惯性降低了传播速度。

4.2.2.3 溢流检测室内实验和全尺寸实验井的试验

（1）室内实验。室内试验在中国石油大学（北京）井下过程模拟实验室进行。目的是研究不同注气量情况下气体的流型变化和早期检测气侵的可行性。

声波在液体中的传播速度为1500m/s，在气体中的传播速度是340m/s，但在气液两相中的传播速度变化很大，最小能够到30m/s，因此利用声波在气液两相中的速度差可以检测到是否有气体的侵入。流体在泡状流时静止和流动含气率增大时，声波传播速度是递减的，含气率的增大使得声波在传播过程中的能量的衰竭增大。在流动过程中不同的流型下沿管路的含气率变化，管路增大时，含气率上升。当液体处于流动状态的时候，其截面含气率的变化率都比液体静止的时候大，而压力波的传播与截面含气率有很大的关系，因此，管路内液体的流速（排量）对压力波的传播有很大的影响。

(2) 室外溢流检测试验。室外溢流检测试验在中原油田全尺寸实验井进行。声波法是利用规律性调节电动机产生声波，以此来检测气侵的发生。

随着气体的不断上升，流型逐渐过渡到段塞流，气泡合并成大气弹。在流型过渡到搅拌流之前，气弹的运动非常稳定，但其长度在不断增加。因而，压力波在经历具有不同周期的泡状流、弹状流后仍然存在规律性，这种规律性与只经历泡状流时的情况又发生了变化，幅值开始变小。

当气体上升到一定高度时，气弹开始破碎，流型变为搅拌流。此时，气体的运动毫无规律，反映到套压波形上也将呈现出波形的混乱，波形纵坐标平均值开始上升。这实际上是溢流的先兆，因为大量的钻井液达到井口后，会造成套压传感器上的液面高度急剧上升，套压幅值相应也会急剧增高。一旦发生了溢流，又会造成液面高度的瞬时下降，套压幅值又会迅速降低，在发生溢流后，环空中充满了大量气体，而压力波信号会急剧衰减，波形也无规律可言，在溢流停止之后，随着钻井液循环，气体也会逐渐被带出环空，最终套压波形会恢复到开始未进气的情况。

对整个进气历程的分析表明，套压波形在气体注入后的 3~4min 内就有明显变化，而从注气开始到溢流发现却经历了 14min。因此，此法可以提前 10~11min 监测出是否有气体进入，这对于钻进过程中及时发现气侵意义重大。

(3) 多普勒小截面法溢流检测。在大港油田进行现场实验的多普勒流量计由一对传感器（发射，接收）、测量主机等构成。精密的传感器通过耦合剂紧贴在管道外壁，向管道内的液体发射固定频率的超声波，当遇到介质中的悬浮物、固体颗粒、气泡、非稳态旋涡均会产生偏离发射频率的反射波，而这种频偏与小截面内反射物的运行速度成正比；另一个传感器接收到反射波，经过信号处理、动态频谱分析，而计算出管截面内流体的平均流速、流量。

考虑到钻井中钻杆的影响，发射探头和接收探头形成 120° 的角度。并采取多组安装的方式，以减少钻杆转动带来的影响。

实验证明，多普勒小截面流量计在安装和测量上有较高的可行性和可靠性。

4.3 深水钻井井涌压井技术

4.3.1 基于 LWD 和 PWD 技术的地层压力预测和合理钻井液密度确定

4.3.1.1 地层压力剖面预测方法

在地层沉积过程中，正常地层压力的形成与当时的沉积条件密切相关，表现出在地层的孔隙、密度剖面上形成一条正常的趋势线。而随着地质构造的演变和沉积环境的差异，正常的压实环境受到破坏，地层孔隙流体未能正常排出，承受一部分地层的上覆压力，形成异常压力，在剖面上表现为正常趋势线的偏离。地层压力预测方法主要有：

(1) 声波时差法。声波测井是测量在一定距离地层中声波传播时间，记录声波传播速度之倒数，其大小取决于岩性、压实程度、孔隙度及孔隙空间流体含量。在岩性、地层水性质变化不大时，声波时差主要反映地层孔隙度大小，而上覆地层压力为孔隙度的单值函数，因此，可将声波时差转换为地层压力。

(2) 密度测井法。密度测井法预测地层压力，首先求泥岩密度，再运用自然伽马曲线计算泥质含量，删除非泥（页）岩数据和泥质含量低于某一定值的数据，然后建立正常压实趋势线，最后计算与确定地层压力。

从地层孔隙压力预测方法适应性看，声波测井需要考虑井径和环境因素的影响，电阻率测井易受岩性、地层流体矿化度和温度的影响，而密度测井，深层孔隙度变化小。

4.3.1.2 基于LWD资料的地层破裂压力剖面的预测方法

地层的破裂压力与岩性、上覆岩层压力、地层孔隙压力、地层年代及该处岩石的应力状态等因素有关。总的趋势是地层破裂压力随井深增加。由于构造运动或钻头的破碎作用，井眼周围的岩石中往往存在许多微裂缝，使这些已存在的微裂缝张开并扩展的压力称为裂缝传播压力。裂缝传播压力略小于地层的破裂压力。因此，有些学者将其作为地层破裂压力的下限，并作为设计套管下深与确定钻井液密度上限值的依据。

预测地层破裂压力的常用方法有 Eaton 法、Stephen 法、黄荣樽法等。

4.3.1.3 基于LWD资料的地层破裂压力预测方法

井眼钻开后，应力在井壁周围重新分布，对于直井，按照平面应变模型，最大主应力 σ_3 为切向应力 σ_θ，中间主应力为上覆应力 σ_v，最小主应力为径向支撑应力 σ_r，有：

$$\sigma_r' = p_w - p_p \quad (4-3-1)$$

式中：p_w 为井眼液柱压力；p_p 为地层孔隙压力。

考虑 $\theta = 0°$ 和 $\theta = 90°$ 两个特殊情况，有：

$$\sigma'_{\theta=0°} = 3\sigma'_{H,\min} - 3\sigma'_{H,\max} - p_w + p_p \quad (4-3-2)$$

$$\sigma'_{\theta=90°} = 3\sigma'_{H,\max} - 3\sigma'_{H,\min} - p_w + p_p \quad (4-3-3)$$

坍塌压力：

$$p_{\text{collapse}} = (\sigma'_{\theta=90°} - C_0) / [1 + (1+\sin\phi)/(1-\sin\phi)] + p_p \quad (4-3-4)$$

破裂压力：

$$p_{\text{fracture}} = \sigma'_{\theta=0°} + T + p_p \quad (4-3-5)$$

式中：T 为地层抗拉强度。

4.3.1.4 基于LWD随钻测量参数的地层三压力剖面预测方法验证

长深平1井是吉林油田第一口深层水平井，井深4366m，井底垂深3662.15m，水平段长534m。采用筛管+ϕ139.7mm尾管悬挂+ϕ177.8mm油套回接方式完井。斯伦贝谢公司提供随钻测量服务，威得福公司提供钻井完井工具及技术服务。三开开始，就采用斯伦贝谢公司的随钻测量服务，测量项目包括电阻率、声波、密度等。

利用上述模型，对该井的地层三压力剖面进行了预测，计算结果如图4-3-1所示。

预测的地层孔隙压力在 0.96～1.15，地层的坍塌压力在 0.4～1.20，地层的破裂压力在 1.8～2.1。孔隙压力预测结果与该井的测试结果较为吻合。该井采用的钻井液密度基本在 1.15 左右，ECD 在 1.18～1.20，与地层压力非常接近，该井施工过程有几次气侵，现场点火证明了气侵的存在，也证明了钻井液的密度与地层压力的接近程度。说明所建立的预测方法正确，结果可信。

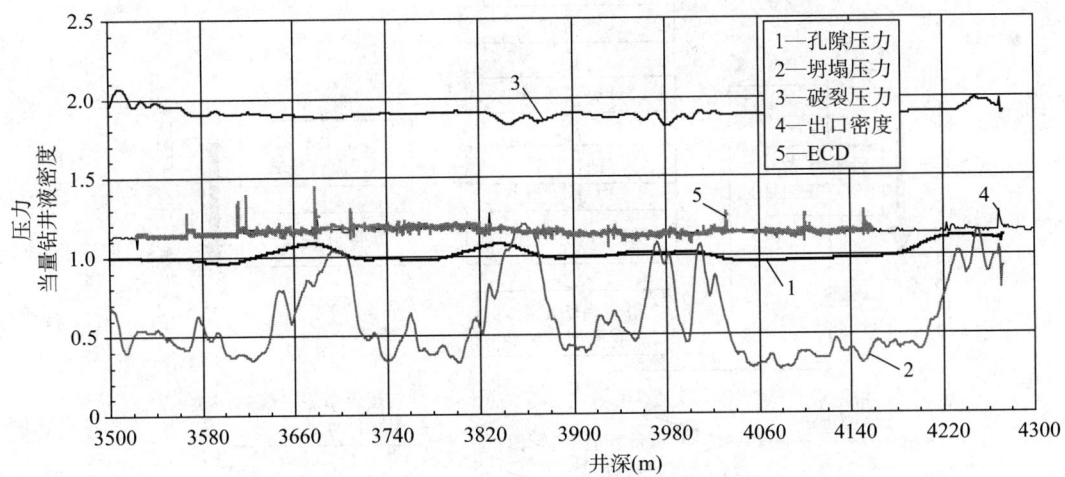

图4-3-1 长深平1地层三压力剖面预测结果图

4.3.1.5 合理钻井液密度确定

(1) 技术路线。基于LWD和PWD合理钻井液密度的确定需要在基于LWD的地层三压力剖面建立的基础上，确定不喷不漏不塌的地层压力窗口。然后建立井筒钻井液等效静态密度（ESD）和ECD计算模型，使得某一钻井液密度下计算得到的ESD和ECD落在地层的安全窗口内，然后按照油气井的附加量最后确定合理的钻井液密度。合理钻井液密度的确定流程如图4-3-2所示。

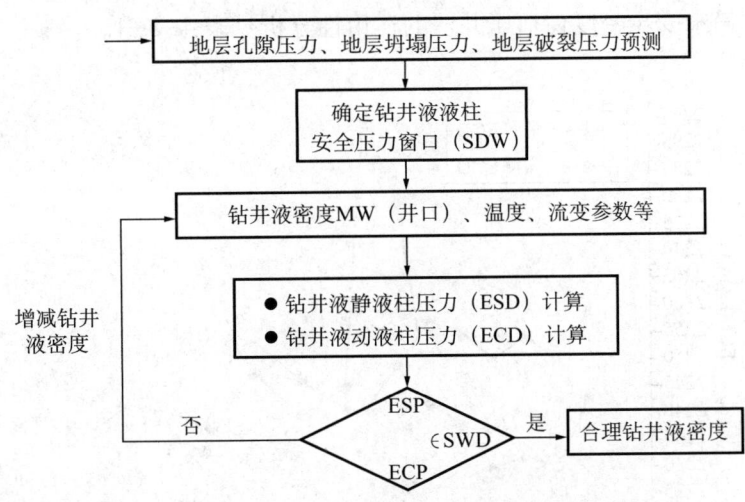

图4-3-2 基于LWD和PWD的钻井液密度确定流程

从上述流程可以看出，要准确确定合理的钻井液密度，ECD和ESD的精确计算尤其重要。在深水钻井中，由于井温梯度的变化较陆地剧烈，直接影响ESD和ECD的计算结果，流变模式和工艺参数也都会对ESD和ECD的计算有影响，从而影响合理钻井液密度的确定。有鉴于此，为提高井筒水力学的计算精度，建立了深水钻井幂律流体的温压耦合模型，在算法流程上，建立了一套基于PWD准确计算ECD和ESD的流程，克服了因上水效率、流变模式的误差给ECD和ESD计算带来的误差。ECD和ESD计算流程如图4-3-3所示。

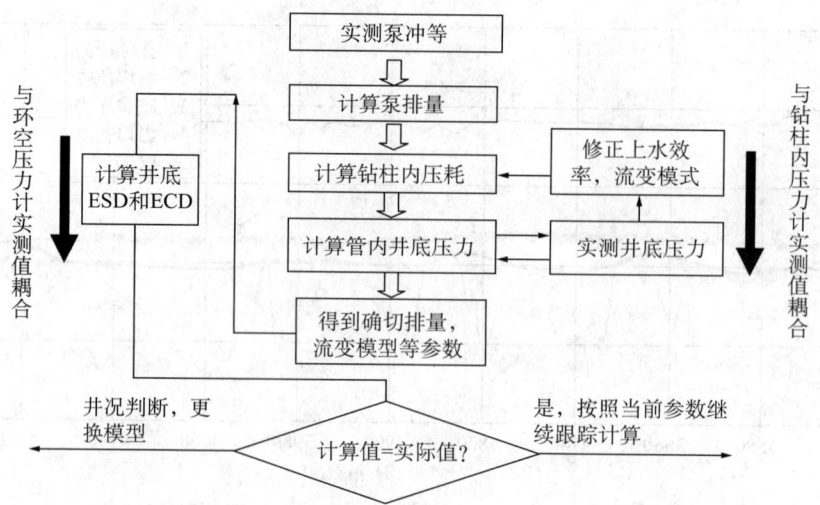

图 4-3-3　基于 PWD 的 ECD 和 ESD 准确计算算法流程

（2）实例验证。利用上述模型和算法，对 DN204 井的 ECD 进行了计算与验证（图 4-3-4）。计算结果表明，除了井深 5280～5290m 两个点相差在 1% 以上外，其他所有点的计算相差均在 1% 以内，满足工程要求。

4.3.2　基于深水窄安全密度窗口压井法

4.3.2.1　基于深水窄安全密度窗口压井法的适用性

基于深水井筒窄安全密度窗口压井法的适用性分析见表 4-3-1。

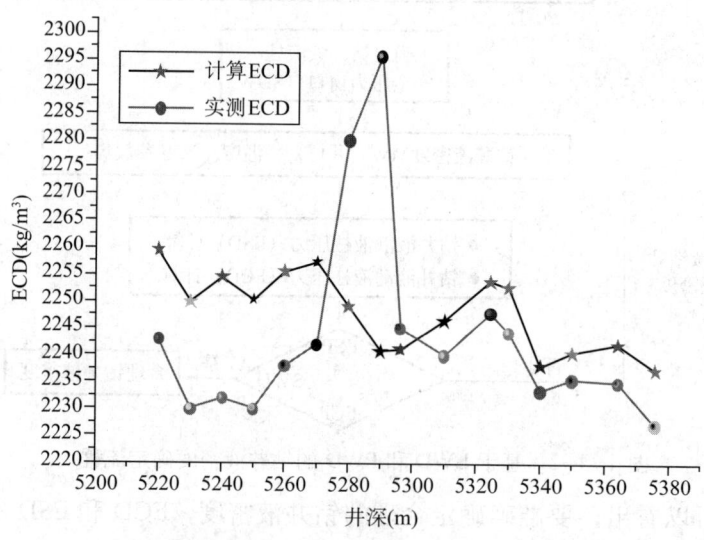

图 4-3-4　DN204 井模型验证

表 4-3-1　基于深水井筒窄安全密度窗口的压井法的适用性分析

压井方法	适用性分析
司钻法（高级司钻法）	适用于压井时间要求不高，井口设备具有较高的承压能力的情况；与工程师法相比，该方法能够适用于更为狭窄的安全密度窗口情况

续表

压井方法	适用性分析
工程师法	适用于要求压井时间相对短,井口设备承压能力低等情况;与司钻法相比,该方法需要相对宽的钻井液安全密度窗口
动态压井法	适用于浅层气或井口无法施加较大回压等情况
附加流速法	适用于井筒内易形成水合物、节流管线摩阻大于关井套压及安全密度窗口非常低的情况,但对设备及工艺的要求高

4.3.2.2 深水压井水力参数设计

(1) 深水井控安全余量确定。深水井控安全余量是指在深水井控过程中(关井及处理溢流过程中),套管鞋处(或套管鞋以下地层最薄弱处)允许达到的最大环空压力的当量钻井液密度与当前井内钻井液当量密度的差值。它包括关井安全余量和压井安全余量。

① 关井安全余量。

$$S_{\text{dshutin}} = \frac{(p_{\text{tf}} - p_{\text{as}} - p_{\text{h}}) \times 10^{-6}}{g \cdot h} \quad (4-3-6)$$

式中:S_{dshutin} 为压井安全余量,kg/m³;p_{tf} 为套管鞋处(或套管鞋以下地层最薄弱处)的破裂压力,MPa;p_{as} 为关井套管压力,MPa;p_{h} 为气侵发生后套管鞋处(或套管鞋以下地层最薄弱处)以上气液混合液柱的静液压力,MPa。p_{as} 及 p_{h} 可以通过多相流控制方程对溢流过程进行模拟计算得出。

② 压井安全余量。深水压井过程中使用的安全余量是判断压井过程是否安全的重要参数,也是衡量节流管线的摩阻是否在合适范围内的重要参数,关系式为:

$$S_{\text{dwellkill}} = \frac{(p_{\text{amax}} - p_{\text{as}} - \Delta p_{\text{ea}} - \beta) \times 10^{-6}}{g \cdot h} \quad (4-3-7)$$

式中:p_{amax} 为最大允许套压,MPa;Δp_{ea} 为海底到套管鞋井段环空摩阻,MPa;β 为气体在上升到套管鞋处产生的过压值,MPa;$S_{\text{dwellkill}}$ 为压井安全余量,kg/m³。气体在上升到套管鞋处产生的过压值 β 以及环空摩阻 Δp_{ea} 可以通过多相流控制方程的数值计算方法得出。

压井安全余量表征了压井处理溢流过程中的剩余能力,余量越大,压井越安全;在其他条件不变的情况下,发现溢流的钻井液池增量越大,压井余量越小,故实际工作应尽可能早地发现溢流并关井;一般情况下,深水作业压井余量要小于陆地作业压井安全余量,一方面由于深水钻井液安全密度窗口狭窄,另一方面由于较长的节流管线产生了较大的环空摩阻。

(2) 海洋司钻法压井参数计算。海洋司钻法压井是海洋钻井经常使用的压井方法。深水钻井时,由于防喷器组是安放在海底,因此在海底防喷器和海面阻流器之间要有一根(或者两根)细长的垂直的阻流管线来连接。压井时,通过钻井泵从钻柱内注入钻井液,使钻井液从钻柱返到环空,顶替溢流流体。操作人员调节阻流器控制立管压力来保持井底压力不变的情况下,通过环空和阻流管线排出井内溢流。

海洋司钻法压井可分为7个阶段:

① 顶替阻流管内的海水。顶替完海水时,泵的累计冲数为:

$$N_1 = \frac{L_4 A_4 N_p}{600Q} \tag{4-3-8}$$

在顶替海水过程中，即 $0 < N < N_1$，套压为：

$$\begin{aligned} p_a &= p_b - 0.1\gamma_{sw} h_c - 0.1\gamma_m \left(L - H_g - h_c\right) - p_w - p_f \\ &= p_b - 0.1\gamma_{sw}\left(L_c - \frac{600QN}{N_p A_4}\right) - 0.1\gamma_m\left(L - H_g - L_c + \frac{600QN}{N_p A_4}\right) - p_w \\ &\quad - \left(\frac{dp_f}{dL}\right)_c \cdot \frac{600QN}{N_p A_4} - \left(\frac{dp_f}{dL}\right)_a \left(L - L_c - H_g\right) \end{aligned} \tag{4-3-9}$$

②气柱顶到防喷器。气柱顶到防喷器时的累计泵冲数为：

$$N_2 = \frac{h_2 - \sum_{i=1}^{2} L_i + \dfrac{600QN_{c2}}{N_p A_3} + \dfrac{v_g N_{c2}}{60 N_p}}{\dfrac{600QN_{c2}}{N_p A_3} + \dfrac{v_g}{60 N_p}} \tag{4-3-10}$$

在气柱顶到防喷器这段时间（$N_{c1} < N \leqslant N_{c2}$）内，套压为：

$$p_a = p_b - 0.1\gamma_m(L - H_g) - p_w - \left(\frac{dp_f}{dL}\right)_a (L - H_g - h_c) - \left(\frac{dp_f}{dL}\right)_a L_c \tag{4-3-11}$$

③气柱顶由防喷器上升到阻流管口。气柱顶到阻流管口时的累计泵冲数为：

$$N_{c3} = N_{c2} + \frac{L_4 A_4}{\dfrac{600Q}{N_p} + \dfrac{v_g A_4}{60 N_p}} \tag{4-3-12}$$

故在这段时间（$N_{c2} < N \leqslant N_{c3}$）内，套压为：

$$p_a = p_b - 0.1\gamma_m(L - H_g) - p_w - \left(\frac{dp_f}{dL}\right)_a h_c - \left(\frac{dp_f}{dL}\right)_a (L - H_g - h_c) \tag{4-3-13}$$

④气柱底部由环空上升到防喷器。气柱底上升到防喷器时的累计泵冲数计算方法同 N_{c3}。

在这个阶段开始排出气体。但阻流管仍充满气体，故套压变化为：

$$p_a = p_b - 0.1\gamma_m h_c - \left(\frac{dp_f}{dL}\right)_a h_c - \frac{p_w(L - h_c)}{H_{g3}} \tag{4-3-14}$$

式中：$\dfrac{p_w(L - h_c)}{H_{g3}}$ 是排出一部分气体后，剩余气体的重量造成的压力，这里考虑为线性变化；H_{g3} 为套压最大时的气柱高度（即 $N = N_3$ 时）。

⑤气柱底部由防喷器上升到阻流管口（即轻钻井液到井口）。在这段时间 $N_{c3} < N \leqslant N_{c4}$，套压为：

$$p_a = p_b - 0.1\gamma_m h_c - \left(\frac{dp_f}{dL}\right)_a (L-L_c) - \left(\frac{dp_f}{dL}\right)_c (h_c + L_c - L) - \frac{p_w(L-L_c)}{H_{g3}} \quad (4-3-15)$$

气体排完（轻钻井液到井口）时，环空内全为轻钻井液，套压为：

$$p_{ao} = p_b - 0.1\gamma_m L - p_w - \left(\frac{dp_f}{dL}\right)_a (L-L_c) - \left(\frac{dp_f}{dL}\right)_c L_c \quad (4-3-16)$$

⑥重钻井液顶替轻钻井液（第二循环周）。重钻井液到钻头时的累计泵冲数应为：

$$N_4 = N_{c4} + \frac{L_p A_p + L A_c}{600 Q / N_p} \quad (4-3-17)$$

在这段时间 $N_{c4} < N \leq N_4$ 内，环空内没有进入重钻井液，故套压的值恒为排出气体时的套压，即：

$$p_a = p_{ao} \quad (4-3-18)$$

⑦重钻井液顶替环空内的轻钻井液。重钻井液顶替完轻钻井液时的累计泵冲数为：

$$N_5 = N_4 + \frac{\sum_{i=1}^{4} L_i A_i}{600 Q / N_p} \quad (4-3-19)$$

套压变化：当 $h_w \leq L-L_c$ 时，重钻井液顶还在环空内，则：

$$p_a = p_b - 0.1\gamma_m (L-h_w) - 0.1\gamma_{m1} h_w - \left(\frac{dp_f}{dL}\right)_{ai} h_w \\ - \left(\frac{dp_f}{dL}\right)_c L_c - \left(\frac{dp_f}{dL}\right)_a (L-h_w-L_c) \quad (4-3-20)$$

经过以上步骤，重钻井液返到井口时，井口重新建立压力平衡，可以打开井口循环，压井完毕。

式（4-3-8）~式（4-3-20）中：p_s，T_s 分别表示为气体在表面时的压力、温度，kg/cm²，K；Z_s 为在 p_s 和 T_s 下的气体压缩系数；γ_g 为天然气溢流的相对密度；p，T 分别为在任一时刻气柱中点的压力、温度，kg/cm²，K；H_g 为任一时刻时的气柱高度，m；L_c 为气体顶部到钻井液出口长度，m；H_c 为注入轻钻井液到套管鞋处的长度，m；h_c 为注入轻钻井液到井底的长度，m；L 为井深，m；R 为天然气气体常数，(kg·m³)/(cm²·L)；Z 为天然气在 p，T 下的压缩系数；p_r 为天然气折算压力系数；T_r 为天然气折算温度系数；v_g 为天然气柱在钻井液中的滑脱速度，m/h；Q 为压井排量，L/s；N_p 为压井泵冲数，冲/min；γ_m 为钻井液的密度，g/cm³；A 为截面积，cm²。

(3) 海洋工程师法压井参数计算。海洋工程师法压井，是在一个循环周内完成压井的一种方法。压井时，通过钻井液泵从钻柱内注入钻井液，再由环空向上顶替溢流流体。操作人员调节节流器控制立管压力，在保持井底压力不变的情况下，通过环空节流管线排出井内溢流流体。

①立管压力变化规律。

a. 重钻井液到达井底之前的 p_{Tab}。压井钻井液在钻杆内下行到钻铤前任一点处的立管压力 p_{Tab1}：

$$p_{Tab1} = p_b - HG_m - (G_{m1} - G_m)Qt/A_{d2} + p_{Ld} \cdot \frac{\rho_{平均}}{\rho_m} \qquad \left(0 \leq t \leq \frac{V_{d2}}{Q}\right) \quad (4-3-21)$$

式中：A_{d2} 为钻杆内横截面积，m²；V_{d2} 为钻杆内容积，m³；t 为时间，s；p_b 为井底压力，Pa；p_{Ld} 为钻柱中全为密度为 ρ_m（原钻井液）时的流动阻力，Pa；G_m、G_{m1} 分别为密度分别为 ρ_m 和 ρ_{m1} 的钻井液柱的压力梯度，Pa/m。

压井钻井液在钻铤内下行到钻头前任意处的立管压力 p_{Tb1b}：

$$p_{Tb1b} = p_b - HG_m - (G_{m1} - G_m)\left(H - L_c + \frac{Qt - V_{d2}}{A_{d1}}\right) + p_{Ld} \cdot \frac{\rho_{平均}}{\rho_m} \qquad \left(\frac{V_{d2}}{Q} \leq t \leq \frac{V_d}{Q}\right)$$

$$(4-3-22)$$

式中：A_{d1} 为钻铤内横截面积，m²；V_d 为钻柱内容积，m³；L_c 为溢流高度，m。

b. 压井钻井液进入环空至压井完毕的 p_{Tbc}。压井钻井液进入环空后，钻柱内始终是压井钻井液，钻柱内液柱压力不变，所以立管压力无变化，即：

$$p_{Tbc} = p_{Ld}\rho_{m1}/\rho_m \qquad \left(\frac{V_d}{Q} \leq t \leq \frac{V_d + V_a}{Q}\right) \quad (4-3-23)$$

式中：V_a 为环空容积，m³。

②套管压力变化规律。

a. 顶替海水过程中的套压。

$$p_{aAB} = p_b - HG_m + (G_m - 9.8\rho_{sw})\left(L_{wx} - \frac{Qt}{A_{a3}}\right)$$

$$+ \frac{RZ_x(T_1 - H_1G_t) + p_x[A_{a2}(L_c - H_1) + Qt - A_{a1}]}{p_x A_{a2} + 0.5RG_t Z_x}G_m \qquad \left(0 \leq t \leq \frac{V_{a3}}{Q}\right) \quad (4-3-24)$$

其中

$$R = \frac{p_s V_s}{Z_s T_s}$$

式中：Z_s、V_s 分别为标准状态下（p_s、V_s）的气体压缩系数和溢流体积，m³；A_{a1}、A_{a2} 和 A_{a3} 分别为钻铤环空、钻杆环空和阻流管内环空的横截面积，m²；V_{a1}、V_{a2} 和 V_{a3} 分别为钻铤环空、钻杆环空和阻流管环空的体积，m³；ρ_{sw} 为海水密度，kg/m³；p_w 为节流管线内海水所产生的压力，Pa；T_1、T_x 为气柱在井底时气柱中点底层温度及气柱上升到某一时刻气柱中点底层温度，K；p_b 为井底压力；Z_x 为气柱上升到某一时刻气柱中点底层的压缩因子；p_x 为气柱上升到某一时刻气柱中点底层的压力；H_1 为气柱在井底时的气柱高度；G_m 为密度为 ρ_m 的钻井液柱的压力梯度；G_t 为 t 时刻钻井液柱的压力梯度；L_{wx} 为气柱上升到某一时刻气柱顶部距井口的距离；Q 为压井排量；t 为压井时间。

b. 压井钻井液出钻头前的套压 p_{aBC}。

气柱完全进入钻柱环空前的套压 p_{aBC1}：

$$p_{\text{aBC1}} = p_b - G_m H - p_w$$

$$+ \frac{RZ_x(T_1 - H_1 G_t) + p_x[A_{a2}(L_c - H_1) + Qt - V_{a1}]}{p_x A_{a2} + 0.5 RG_t Z_x} G_m \quad \left(\frac{V_{a3}}{Q} \leqslant t \leqslant \frac{V_{a1}}{Q}\right) \quad (4-3-25)$$

压井钻井液到钻头前的套压值 p_{ac1c}：

$$p_{\text{ac1c}} = p_b - HG_m - p_w + \frac{RZ_x(T_1 - H_1 G_t)G_m}{p_x A_{a2} + 0.5 Z_x G_t} \quad \left(\frac{V_{a1}}{Q} \leqslant t \leqslant \frac{V_2}{Q}\right) \quad (4-3-26)$$

其中，V_x 为此阶段某一时刻溢流的总体积，m³。

c. 压井钻井液进入环空至溢流顶到防喷器的套压 p_{aCD}。

压井钻井液进入钻杆环空前的套压 p_{aCD1}：

$$p_{\text{aCD1}} = p_b - HG_m - H_2(G_{m1} - G_m) - p_w$$

$$+ \frac{RZ_x(T_1 - H_1 G_t - H_2 G_t)G_m}{p_x A_{a2} + 0.5 Z_x G_t} \quad \left(\frac{V_d}{Q} \leqslant t \leqslant \frac{V_d + V_{a1}}{Q}\right) \quad (4-3-27)$$

溢流到防喷器前的套压 p_{aD1D}：

$$p_{\text{aD1D}} = p_b - HG_m - H_2(G_{m1} - G_m) - p_w$$

$$+ \frac{RZ_x(T_1 - H_1 G_t - H_2 G_t)G_m}{p_x A_{a2} + 0.5 Z_x G_t} \quad \left(\frac{V_d + V_{a1}}{Q} \leqslant t \leqslant t_n\right) \quad (4-3-28)$$

溢流顶到井口的套压 p_{aDE}：

$$p_{\text{aDE}} = p_b - H_2(G_{m1} - G_m) - HG_m - p_w$$

$$+ \left[H - L_w - H_1 - H_2 + \frac{RZ_x T_x - (H - L_w - H_1 - H_2)A_{a2}p_x}{p_x A_{a3}}\right]G_m \quad (t_n \leqslant t \leqslant t_m) \quad (4-3-29)$$

式中：V_x 为此阶段某一时刻溢流的总体积，m³；Z_x 为此阶段某一时刻气体的压缩系数，m³；A_{a3} 为阻流管内横截面积，m²。

d. 从井口排出溢流过程中的套压 p_{aEF1}。

轻钻井液到防喷器之前的 p_{aEF1}：

$$p_{\text{aEF1}} = p_b - \left(L_c + \frac{Qt - V_d - V_{a1}}{A_{a2}}\right)G_{m1} - \frac{V_d}{A_{a2}}G_m - \Delta p_w \quad (4-3-30)$$

式中：Δp_w 为井内气体自身重量造成的压力，kPa。

轻钻井液到井口的 p_{aF1F}：

$$p_{\text{aF1F}} = p_b - \left(L_c + \frac{Qt - V_d - V_{a1}}{A_{a2}}\right)G_{m1} - \left(\frac{V_{a2} + V_{a1} + V_d - Qt}{A_{a2}} + \frac{Qt - V_{a1} - V_{a2}}{A_{a3}}\right)G_m$$

$$\left(\frac{V_{a1}+V_{a2}}{Q} \leqslant t \leqslant \frac{V_a}{Q}\right) \quad (4\text{-}3\text{-}31)$$

式中：L_w 为节流管线长度，m；V_{a2} 为钻杆环空体积，m³；V_a 为钻柱环空体积和节流管线体积之和，m³。

e. 压井钻井液到井口的套压 p_{aFG}。

压井钻井液到防喷器前的 p_{aFG1}：

$$p_{aFG1}=p_b-HG_m-\left(L_c+\frac{Qt-V_d-V_{a1}}{A_{a2}}\right)(G_{m1}-G_m)$$

$$\left(\frac{V_a}{Q} \leqslant t \leqslant \frac{V_{a2}+V_{a1}+V_d}{Q}\right) \quad (4\text{-}3\text{-}32)$$

压井钻井液到井口的套压 p_{aF1G}：

$$p_{aF1G}=p_b-HG_m-\left(H-L_w+\frac{Qt-V_d-V_{a2}-V_{a1}}{A_{a3}}\right)(G_{m1}-G_m)$$

$$\left(\frac{V_{a2}+V_{a1}+V_d}{Q} \leqslant t \leqslant \frac{V_a+V_d}{Q}\right) \quad (4\text{-}3\text{-}33)$$

(4) 高级司钻法压井参数计算。该方法具体压井过程与司钻法相同，只是在参数计算时采用的方法不同。其原理很简单，考虑了节流管线的摩阻损失，对低流速循环压井方法进行优化设计。它的主要特点是在井控施工时采用两种安全余量，在压井过程中采用动态安全余量，而非循环期间采用静态安全余量。高压地层在井底，破裂压力小，安全密度窗口小，需要对井筒压力进行精确控制以避免发生地层漏失等。

① 压井开始。关井期间，基于传统方法测量关井立管压力（SIDPP）和关井套压（SICP）的值，特别是使用水基钻井液时。在压井开始时有两种选择（当泵达到一定速度）：

a. 选择 1，保持节流压力恒定（SICP 值），然后恢复节流管线压力损失 Δp_{cl}，然后再加上动态安全余量 S_d。

b. 选择 2，保持 BOP 压力之恒定，然后加上动态安全余量 S_d。

一旦节流压力值设定为初始节流器压力（ICKP），泵出口压力（SPP）将会稳定在初始循环压力 ICP 附近，有：

$$ICP = SCP + SIDPP + S_d - 1\text{atm} \quad (4\text{-}3\text{-}34)$$

为了保持井底压力等于压井时井底压力（KBHP），需：

$$KBHP = p_f + S_d + \Delta p_{ea} \quad (4\text{-}3\text{-}35)$$

式中：SCP 为低循环流速条件下的压力；SPP 是在使用密度为 d_1 的钻井液以低循环流速通过正常钻进循环周（包括立管）过程中测量所得；Δp_{ea} 为环空压力损失，Pa。

$$SCP = \Delta p_{surf,\ lines} + \Delta p_{insidedrillPipes} + \Delta p_{ea} + 1\text{atm} \quad (4\text{-}3\text{-}36)$$

$$\Delta p_i = \Delta p_{surf,\ lines} + \Delta p_{insidedrillPipes} \quad (4\text{-}3\text{-}37)$$

额外用来平衡地层压力（p_f）值的有：在低循环流速下通过立管时的环空压降与安全余量之和。Δp_{ea}是井涌后形成的压差。

注：传统的压井方式一般把Δp_{ea}看作为0，而在此方法中不能忽略。如果忽略Δp_{ea}而又不进行精确的水力学计算校正，会给压井带来灾难。其中$\Delta p_{surf,\ lines}$，$\Delta p_{insidedrillPipes}$及$\Delta p_{ea}$都可由多相流计算得到。

此方法假设在关井过程中套管鞋处的压力总是低于破裂压力，即：

$$SICP < SMAASP \tag{4-3-38}$$

且

$$SMAASP = f(d_1 \text{ 或 } ESD, LOT) \tag{4-3-39}$$

$$SMAASP = (LOT - ESD) \times \frac{TVD_{shoes}}{10.2} + 1\text{atm} \tag{4-3-40}$$

式中：$SMAASP$为表面所允许的最大环空静态压力，Pa；ESD为静态当量循环密度，g/cm³；LOT为漏失压力；TVD_{shoes}为套管鞋的测深。

②套管鞋之下的气侵。如果所有的气侵都在套管鞋之下，那么在套管鞋与地面之间的环空充填的都是钻井液（密度为d_1）。因此当气体的前缘到达套管鞋时，压管鞋处压力CSP有：

$$CSP < p_{frac}$$

得：

$$SMAASP - SICP - S_d - \alpha \cdot \Delta p_{ea} - \beta > 0 \tag{4-3-41}$$

式中，α是井眼长度比例系数。有：

$$\Delta p_{eashoe \to BOP} \approx \alpha \cdot \Delta p_{ea} \tag{4-3-42}$$

$$\alpha = \frac{L_{shoe \to BOP}}{L_{TD \to BOP}} \tag{4-3-43}$$

β是由于自由气（或钻井液—气体混合物）的高度在套管鞋处产生的过压值。可通过井涌模型预测。

$$S_d < SMAASP - SICP - \alpha \cdot \Delta p_{ea} - \beta \tag{4-3-44}$$

在井控开始时，节流压力值为：

$$CP = ICKP \approx SICP - \Delta p_{cl} + S_d \tag{4-3-45}$$

节流压力不能低于1atm；因此一旦选定了S_d，那么在压井开始时所允许的最大节流管线压力损失就可进行计算，有：

$$\Delta p_{cl\ (1)} < SICP - 1\text{atm} + S_d \tag{4-3-46}$$

③开始泵入压井钻井液。压井钻井液密度ρ_r的确定应该考虑地层的过压值（包括静态安全余量S_{st}），有：

$$\rho_r / p'_{hi} = p_f + S_{st} - 1\text{atm} \tag{4-3-47}$$

压井钻井液泵入的同时，保持节流压力恒定为当前值，直到压井钻井液到达钻头。

④节流压力达到最小节流器压力 $CP_{\min i}$。如果节流压力高于它的应该值之后，终了循环压力 FCP 和压井过程中的井底压力 $KBHP$ 的值也会增加。这种情况会在当节流压力达到大气压而不能再降低时出现；由于高的节流管线压力损失，随着侵入气体的循环出井，为了保持井底的常压，节流管线的压力会剧烈下降。

这就表明节流压力永远不能达到 $CP_{\min i}$，只有：

$$\{S_d - S_{st}\} - \Delta p_{cl}' > CP_{\min i} - 1\text{atm} \tag{4-3-48}$$

对于深水钻井井控来说，由于钻井液密度和漏失压力值之间的余量较窄，上面的条件也较难求证。

⑤压井钻井液到达地面。与常规陆上方程相比可以看出，在地面注入压井钻井液时，最终的循环压力和最终井底压力要高并且是节流管线压力损耗的函数。在井控初期，Δp_{cl} 可以人为消除，但是在后期这种损耗就成为方程的"后腿"。在操作上应该尽量减轻这种负面影响。

在地面注入压井钻井液时，所允许的最大的节流管线压力损失可以通过下面的条件得出：

$$SMAASP' - CP_{\min i} - \alpha \cdot \Delta p_{ea} - \Delta p_{cl(2)}' > 0 \tag{4-3-49}$$

运用曲线 Δp_{cl}，Δp_{kl}（压井管线压力损失），Δp_{cl+kl} 和 SCR 可以得出返回管线的数量（1 或者 2）和 SCR_2 的最大值（压井钻井液在井内时有效）。

当估计出最大允许的低循环流速（SCR_1 和 SCR_2）之后，推荐使用较低的值并在整个井控期间保持此值。

⑥控制薄弱地层点的破裂。通过先前的研究指导，薄弱点在套管鞋处。因此根据前面的公式，套管鞋与节流管线之间或者套管鞋与立管之间的流体应该精确计算。

注：通常假设由于钻井液密度的变化压力损失随着 d_i/d_1 成比例的变化。但这种假设只适用于紊流情况（层流的压力损失独立于钻井液密度）。因此这种假设就不能应用于很低的循环流速情况之下，而这也是对深水钻井中所必要的流速。

(5) 附加流速压井法压井参数计算。附加流速法是停钻关井后，同时泵入两种流体，一是通过钻杆正常泵入压井液；二是通过压井管线，在海底防喷器组位置泵入低密度流体。这两种流体在防喷器位置混合后由节流管线返出。注入的低密度流体必须具有密度尽可能低、黏度低、能跟钻井液相容及相对于钻井液具有低流变性的特性。以确保混合流体具有低密度和低黏性，从而减小节流管线中钻井液返回的总压降。

压井过程类似于传统的司钻法，分两个循环周，第一循环周用原钻井液循环排出井内受污染的钻井液；第二循环周循环泵入压井液。

①第一循环周。关四通下面的防喷器，记录关井立管压力 p_{sp}；关四通上面的防喷器，从压井管线泵入低密度流体，直到流体全部注满节流管线。关节流阀；开四通下面的防喷器，记录关井套压 p_a；开始以压井泵速泵入原始钻井液，并记录初始立管总压力 p_{Ti}；从压井管线开始泵入低密度流体，同时调节节流阀使立管总压力约等于 p_{Ti}；保持钻井液泵入速度和低密度流体泵入速度不变，调节节流阀保持 p_{Ti} 不变，直到溢流排出；关井，

记录此时的套管压力 p_{af}（$p_{sp} \leqslant p_{af}$），此时节流管汇中充满了钻井液和低密度流体的混合物。

②第二循环周。开钻井泵，以压井泵速泵入压井液；同时开泵注入低密度流体，调节节流阀保持套压 p_{af} 不变；一旦压井液到达钻头，调节节流阀保持终了立管总压力 p_{Tf} 不变；一旦压井液返出到防喷器位置，关闭下层闸板防喷器，用压井液取代压井管线和节流管线中的流体；打开下层防喷器，检查压井情况；用压井液取代隔水管中的钻井液。

混合流体密度为：

$$\rho_m = \frac{\rho_d + \rho_f \gamma}{1+\gamma} \tag{4-3-50}$$

式中：γ 为低密度流体排量比率，$\gamma = Q_f / Q_d$；ρ_d 为钻井液密度，kg/L；ρ_f 为低密度流体密度，kg/L；Q_d 为钻井液排量，L/s；Q_f 为低密度流体排量，L/s。

管流压耗计算公式为：

$$\Delta p_d = \frac{2f\rho_m L v^2}{d_i} \tag{4-3-51}$$

式中：f 为管路范宁阻力系数；L 为节流管线长度，m；v 为流体流速；d 为管路直径。

（6）动态压井法参数计算。参照 4.4.2 节内容。

4.3.2.3　深水压井水力参数设计软件

深水压井水力参数设计软件的功能主要是针对不同深水压井方法，实现压井水力参数的优化设计及整个压井过程的动态模拟。其中压井方法包括司钻法、工程师法、动力压井法及附加流速法等。

软件能够计算出压井施工中所关心的参数值，如循环压力、钻柱压耗、节流管线压耗、环空压耗、钻头压耗、初始立管压力、终了立管压力、套管鞋处的压力梯度以及套管鞋处是否安全等。且软件以压井清单的形式给用户提供现场最为关心的压井参数，并可以以 Word 文件的形式输出保存。

4.3.3　计算机优化压井控制系统

4.3.3.1　开环控制系统

（1）控制原理。系统的输出端与输入端之间不存在反馈，即控制系统的输出量不对系统的控制产生任何影响，此系统称开环控制系统。控制系统中，将输出量通过适当的检测装置返回到输入端并与输入量进行比较的过程，就是反馈。在开环控制系统中，不存在由输出端到输入端的反馈通路。因此，开环控制系统又称为无反馈控制系统，由控制器与被控对象组成。

以压井控制系统为例，受控对象为压井时需要开启或闭合的阀门；输出变量为实际生产参数压力和流量，输入变量为给定常值压力和流量参数。

压井开环控制原理如图 4-3-5 所示。

图 4-3-5 压井开环控制原理图

为了实现计算机优化压井开环控制，在生产过程中，首先对关键参数进行检测，参数包括立压信号、套压信号和出口流量信号。通过对这些参数的监测、分析和处理，确定目前井下是否存在异动及其严重程度，为计算机开环压井实施提供依据，还需要设计相应的硬件系统，对数据进行采集和处理，为计算机优化程序控制节流阀提供控制依据，同时要用数学方法建立模型，编制分析和处理数据软件，对大量数据进行有效的分析。根据分析结果，如果发现井下异常，智能专家系统会提供一个辅助调节系统，为现场计算机手动压井提供依据，同时通过计算机发出相应的指令，钻工对调节阀进行有效的开、关和相应的阀度调节，使得压井操作在最短时间内完成，避免重大事故发生。

压井开环控制流程如图 4-3-6 所示。

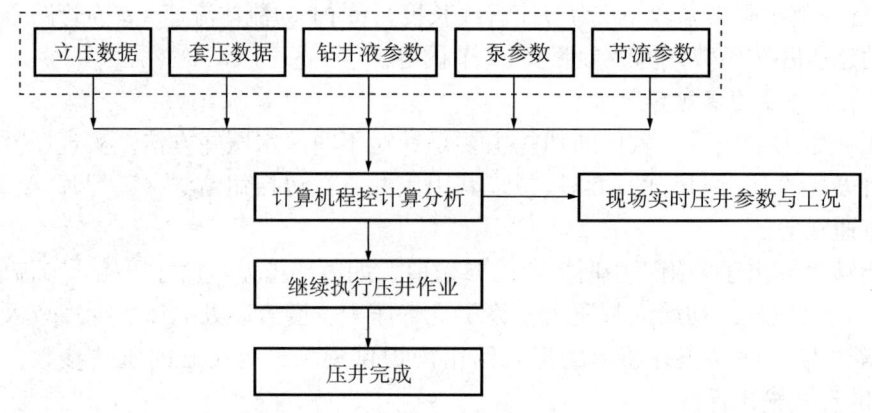

图 4-3-6 压井开环控制流程图

(2) 工作方式及组成。

①工作方式。计算机根据井口装置和地层的安全压力范围，通过垂直管柱多相流模型计算出套压的安全极限，作为开环控制的依据。在连续监测套压、立压等测量数据的过程中，当套压接近安全极限时，监控软件通过套压—流量转换模型、流量—开度转换模型和开度—时长转换模型等，计算出电磁阀的控制参数，为现场工作人员通过计算机手动控制提供依据，通过节流控制箱调节节流阀的开度，将套压恢复到安全范围内，现场的防爆显示器对套压实时监视，实现对套压的最近手动控制。

②系统组成。计算机开环压井监测和控制系统主要由计算机、电磁阀控制单元、节流控制箱、液动节流阀、阀位变送器、套压变送器、立压变送器及数据采集单元等组成，其简化流程如图 4-3-7 所示。

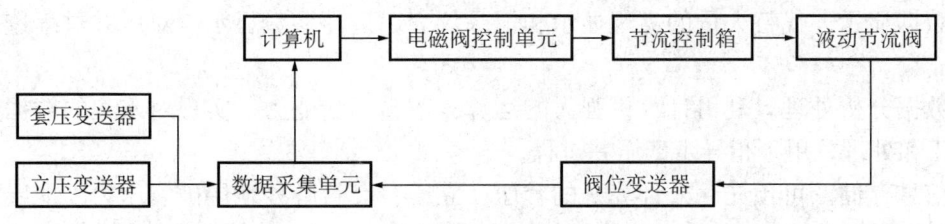

图 4-3-7　计算机开环压井监测和控制系统流程图

(3) 系统功能。系统主要包括信息采集与处理功能模块、专家辅助决策功能模块和压井辅助控制功能模块。在压井过程中，电动节流管汇控制箱是重要角色，它直接实施对节流管汇的控制，是成功控制油井、气井压力所必需的设备。电动节流管汇控制箱可以远程控制液动节流阀的开启和关闭，并在控制箱盘面上显示系统压力、立管压力、套管压力、压井管汇压力、节流后压力、节流阀阀位位置、仪表箱内温度，配有泵冲计数器。

计算机优化压井控制系统具备可靠的手动功能：当套压出现偏离倾向时，操作人员也可以一边观察计算机绘制的指示曲线，同时根据工作经验，一边手动操作节流控制箱上的电磁阀控制按钮，调节液动节流阀的开度，实现对套压的手动优化控制。

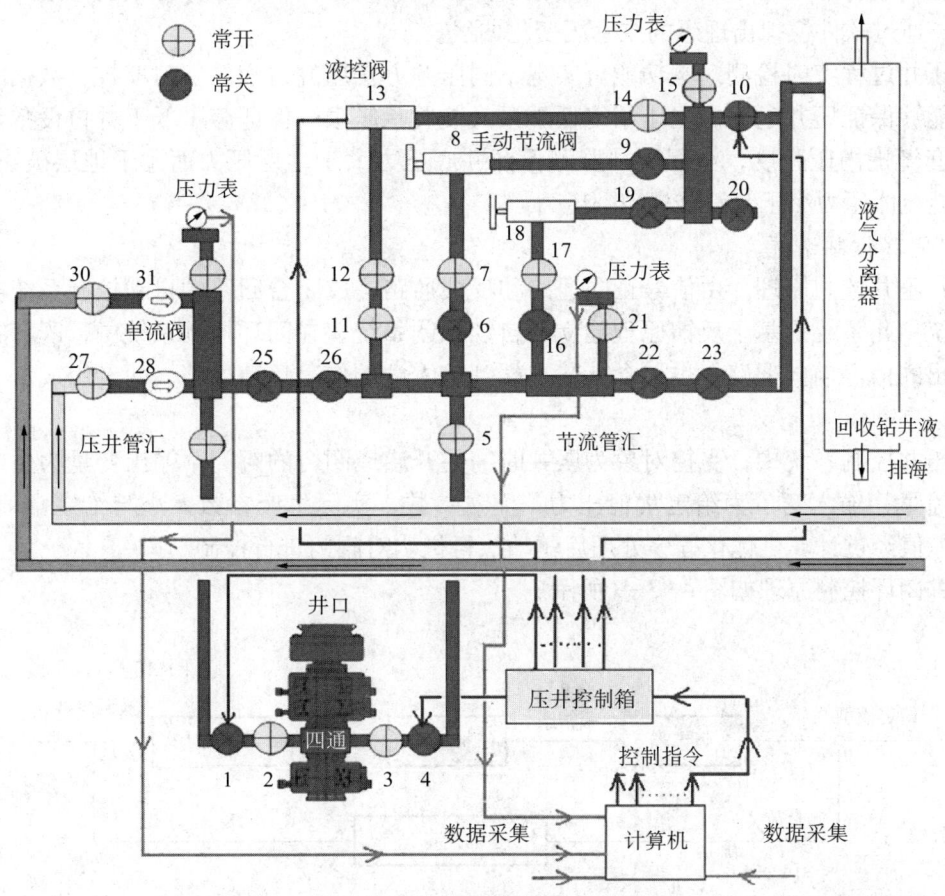

图 4-3-8　深水计算机程序优化开环控制系统示意图

①数据采集功能。在采样周期内，计算机对各参数进行巡回检测，完成数据采集，通过 A/D 转换器把变送器信号转换为数字信号送往计算机。

②数据显示。代替大量的常规显示和记录仪表,进行参数显示,对压井过程进行集中监视。

③数据分析处理。利用计算机强大的运算、逻辑判断能力,实现对采集的数据进行集中、加工和处理,用于指导生产压井过程。

④信息存储。可预先存入计算好的套压、立压、套管鞋处地层破裂压力、地层压力等参数的极限值,处理过程中可进行越限报警,进行自动压井调整,以确保生产过程的安全。

⑤关井压力获取。关井压力获取模块采用拐点处取压的原则,常规关井后开始采集立压、套压随着时间的变化规律并记录曲线,立套压均不断增大,直到出现拐点,在此处人工取点,同时也能将套压及报警限读取出来。

⑥压井难易程度评估。此功能是根据井控初始化数据作出井控难易程度评估图版,并用关井压力曲线来评估该种情况下的井控的难易。

⑦压井方法推荐。本模块针对不同类型的溢流,井涌能够实现常规压井方法的选择,有司钻法、工程师法、边循环边加重法。

⑧压井施工单计算。输入软件中要求的工程参数和地质参数后,软件系统可以迅速做出压井施工单,并同时给出立压和套压报警限及高高限,施工单制作完成后可进行模拟压井过程,通过软件模拟出理想的立套压变化曲线。

⑨压井过程实时检测。本功能可实现不同压井方法压井过程的实时监控、数据处理及回放,能够保证压井过程中立压始终低于泵入装置承压限,保证套压低于井口设备承压限并小于套管抗内压强度,全程压井监测保证井底压力大于地层压力而小于地层破裂压力,套管鞋处流体压力小于套管鞋处破裂压力。

4.3.3.2 闭环控制系统

(1) 压井控制原理。由信号正向通路和反馈通路构成闭合回路的自动控制系统叫闭环控制系统。此系统是基于反馈原理建立的自动控制系统。在闭环控制系统中,既存在由输入到输出的信号前向通路,也包含从输出端到输入端的信号反馈通路,两者组成一个闭合的回路。

在压井控制系统中,受控对象为压井时需要开启或闭合的阀门;输出变量为生产参数压力和流量,输入变量为给定常值压力、流量参数。实际生产参数大小与给定常值比较,两者的差值经过计算机优化程序处理后驱动执行机构对阀门进行控制。

压井闭环控制原理如图4-3-9所示。

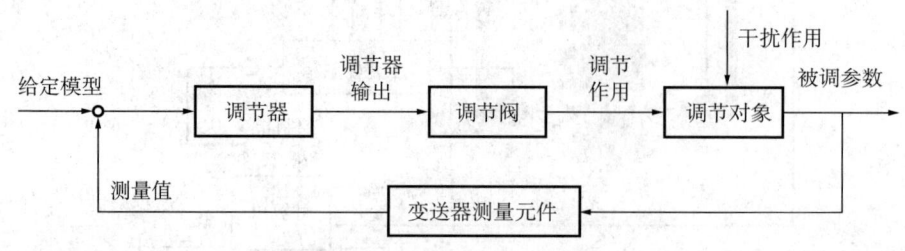

图4-3-9 压井闭环控制原理图

与开环压井控制系统不同的是,闭环系统中计算机根据信息分析结果,如果发现井下异常,智能专家库会通过计算机发出相应的命令,计算机就会根据指令迅速对调节阀进行有效的开、关和相应的阀度调节,使得压井操作能在最短时间内完成。压井闭环控制流程如图4-3-10所示。

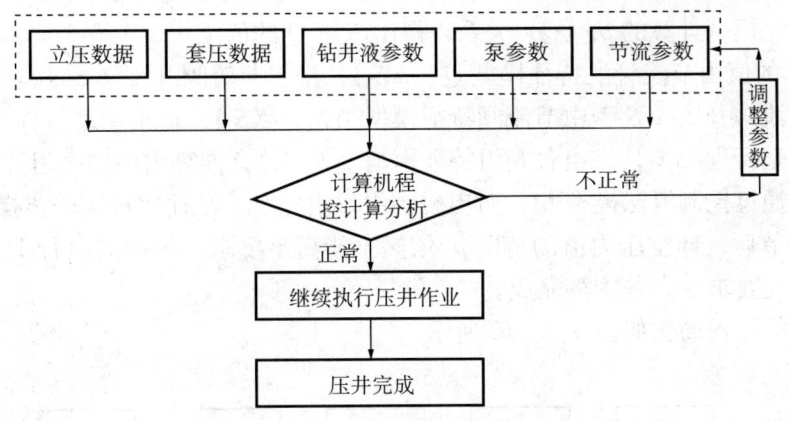

图4-3-10 压井闭环控制流程图

图4-3-11是实现计算机优化压井闭环控制的示意图。

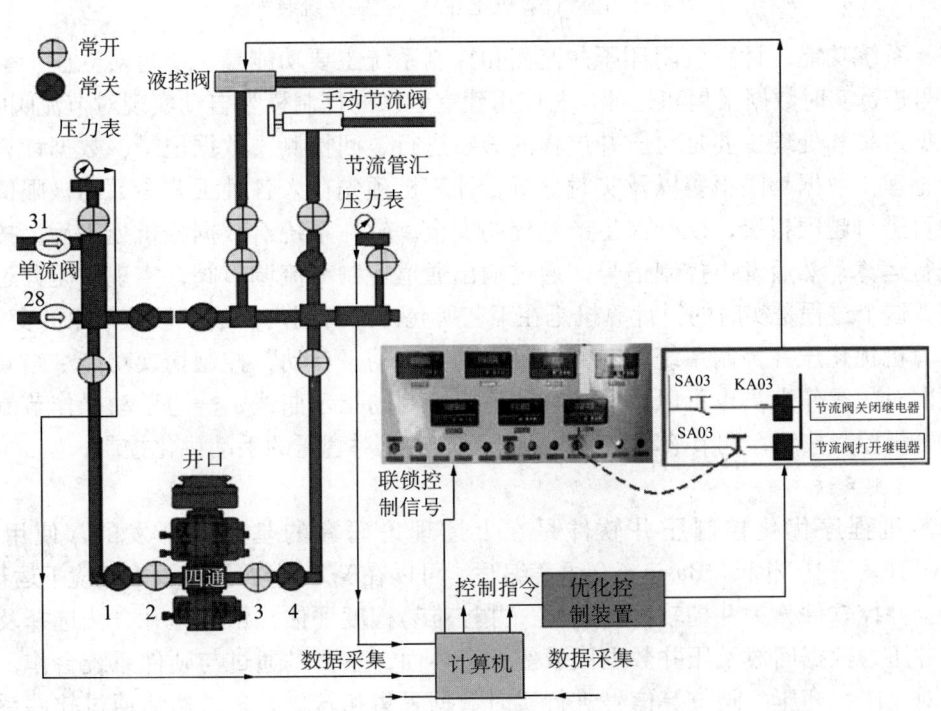

图4-3-11 计算机优化压井闭环控制示意图

(2) 系统工作方式。计算机根据井口装置和地层的安全压力范围,通过垂直管柱多相流模型计算出套压的安全极限,作为闭环控制的依据。在连续监测套压、立压等测量数据的过程中,当套压接近安全极限时,监控软件通过套压—流量转换模型、流量—开度转换模型和开度—时长转换模型等,计算出电磁阀的控制参数,输出控制指令到电磁阀控制单元,再通过节流控制箱完成对液动节流阀的开度调节,将套压恢复到安全范围内,实现对套压的自动优化控制。

计算机优化压井闭环控制系统的具体工作步骤为：

①计算机根据井口装置和地层的安全压力范围计算出环空压力值 p_2 的安全范围，并通过环空压力变化模型计算的 $p_1(Q)$ 关系，得出流量 Q 的值；

②通过 Q 的值由节流管汇特征模型 $Q(\Delta S_1)$，推出节流阀开度 ΔS_1；

③通过节流阀开度 ΔS_1，由节流阀特征模型 $\Delta S_1(\Delta S_2)$，得出活塞行程 ΔS_2；

④通过活塞行程 ΔS_2，有电磁阀组特征模型 $\Delta S_2(t)$，推算出电磁阀组开关时间 t；

⑤计算机通过控制算法模型 M，对电磁阀组发出指令，从而完成第一步操作；

⑥如果调节后，环空压力值的范围 p_2 依然不能满足要求，则继续执行 1～6 步，直至环空压力值达到要求，压井才算完成。

具体的执行流程简化如图 4-3-12 所示。

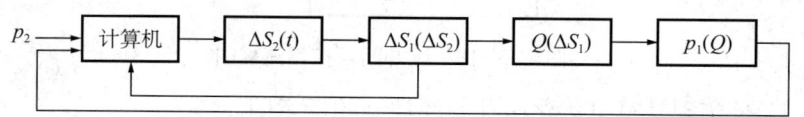

图 4-3-12　计算机压井闭环控制系统装配图

（3）系统功能。计算机闭环压井监测和控制系统主要功能是，通过对立压、套压、阀位等信号进行实时数据采集和处理，并应用建立起来的控制模型自动实现对节流阀的调节。

数据采集和处理主要是对压井过程的参数进行巡回检测、数据记录、数据计算、数据统计和整理、数据越限报警以及实时分析。计算机预先存入各种工艺参数的极限值，处理过程中可进行越限报警，以确保生产过程的安全。软件系统对数据分析处理后，按照控制模型进行运算，然后发出控制信号，通过输出通道控制节流调节阀，实现对压井过程的闭环控制，这个过程是实时的，计算机是在工艺所允许的时间内去响应被控对象的变化。

计算机优化压井控制系统同时具备可靠的"手动—自动"控制切换功能：当套压出现偏离倾向时，操作人员也可以一边观察计算机绘制的指示曲线，一边手动操作节流控制箱上的电磁阀控制按钮，调节液动节流阀的开度，实现对套压的手动优化控制。

4.3.3.3　监测系统

计算机程序优化控制压井软件是在上述理论研究的基础上开发的，使用可视化 Windows 开发工具 Visual Basic 6.0 语言编写，可以在 Windows 各种版本环境下运行。

安全井控软件分为井控软件初始化、井控难易程度评估、钻井压井方法选择及实时监测、关井压力数据回放及压井数据回放等 5 个界面，主要是通过与硬件系统合作，通过硬件系统对立压、套压、阀位等信号进行实时数据采集和转化处理，然后通过软件系统模拟分析并应用建立起来的控制模型自动实现对节流阀的调节。

（1）软件初始化模块。

①软件数据结构设计。

主要输入输出参数：初始化数据、井筒安全数据、标定数据、输出数据等。

②启动主界面。

③标定。
(2) 压井难易程度评估模块。
①关井压力获取。
②压井难易程度图版。
(3) 压井方法选择及实时监测模块。
①立压、套压报警限的设定。
②绘制常规压井施工单。
③司钻法。
④工程师法。
⑤压回法。

压回法界面（图4-3-13）中首先将地层压力、套管鞋破裂压力、地层破裂压力、井口设备承压输入。点击模拟压井，即可看到套压、高限、高高限曲线，模拟的套压曲线，得到软件系统中计算的压井钻井液密度值。压井模拟中上下限余量设定为1.5，压井泵冲为初始输入量。

当套压曲线高于套压高限时，进行预警，要调整压井方案。当套压曲线低，高于套压高高限时，现场人员进行紧急压井预案。

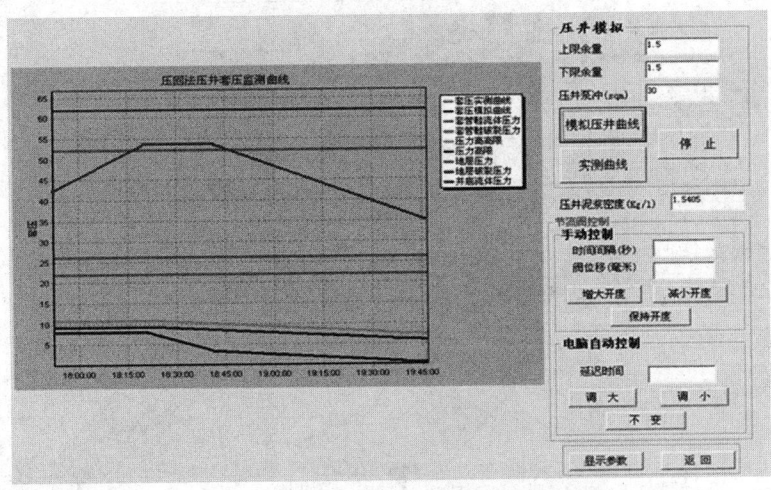

图4-3-13 压回法压井各参数压井曲线界面

4.4 深水钻井浅层流与浅层气动态压井技术

一般钻遇浅层流时，不仅没有技术套管，而且往往没有下表层套管，所以无法安装防喷器系统。在没有防喷器情况下钻遇浅气层风险很大，于是，提出了动态压井钻井（DKD）技术。该技术通过将加重钻井液与海水以一定比例混合，得到不同相对密度的钻井液，迅速泵入井筒，结合环空摩阻的作用控制井底压力，防止浅层井涌并控制井漏与井壁坍塌。

4.4.1 动态压井钻井装备

在浅层流风险区域进行钻探时,存在许多不确定性。为了对基浆和海水进行迅速、均匀的混合,得到合适密度的钻井液对井底压力进行控制,需要以下基本系统装备:

(1) 设计软件系统。设计软件系统主要对钻井时井筒压力进行计算并提供钻井液参数。地层孔隙压力、破裂压力及浅层流位置确定后,采用设计软件系统进行钻井液密度与排量设计。设计软件系统可以将地层孔隙压力的预测值转化为当量钻井液密度值,钻井液最小流速以及最大钻速等参数也一并算出,且可以计算在不同机械钻速和不同泵排量条件下的钻井液需求量以及总的加重钻井液基浆的需求量。结合加重钻井液基浆的相对密度以及海水相对密度,通过计算给出两种流体的混配比,为后续作业提供指导。

(2) 多相混合系统。多相混合系统是 DKD 技术的关键装备。主要由快速连接管路、球形阀、高精度电磁流量计、混合舱(器)、剪切泵等组成。基本的工艺流程图如图 4-4-1 所示。高密度压井液、海水或轻质钻井液通过两个或更多分支管路注入混合舱,经过混合舱的混合与稀释,混配好的压井液注入井口,经由环空返回海底,完成动态压井钻井作业。

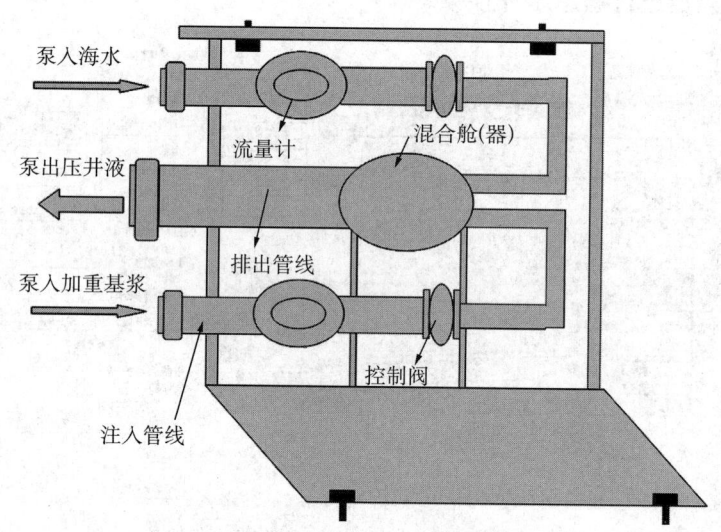

图 4-4-1 多相混合系统工艺流程图

多相混合系统已经发展到三代。第三代混合系统改进了功能,并进行了模块化设计。其结构紧凑,可组装在一个工具箱内运到井上;容易在 4~7h 内完成装配;有高精度计量系统;能同时混合 3 种不同流体。该混合系统能够很好地满足深水浅层动态压井钻井的施工要求。

(3) 实时监测系统。实时监测系统主要是综合利用随钻环空压力的测量数据或其他测量数据,解释环空压力,同时结合随钻测井(LWD),对地层参数进行实时测量,及早发现浅层流,获得地层压力参数。实时监测系统一般由机械部分和测量与电子控制部分组成。

环空压力主要依靠随钻环空压力(APWD)测量。APWD 主要是实时测量流动和静止期间井眼和环空压力,对井涌进行早期监测。地层流体侵入环空时,流体温度升高、压力降低。该方法经常将测量的压力转化为钻井泵静止时的钻井液等效静态密度（ESD）以及钻井泵工作时的钻井液当量循环密度（ECD）。ESD 必须始终高于地层孔隙压力，否则将发生井涌。同时 ESD 要尽可能地高于控制井喷的最小压力，ECD 必须低于地层破裂压力。

随钻测井技术是随钻测量技术的新发展，测量的参数较随钻测量更多，对地层参数的预测也更为准确。对地层参数进行实时监测与预报，及早发现地层异常状况；同时对钻井液电阻率、自然伽马值、声波时差及密度等参数进行实时监测，及早发现井筒内流体物理性质的变化以对井涌进行及早预测。

通过实时监测系统，可以实现环空压力的实时监控，并结合测量数据分析井眼工况、溢流情况、压井情况、钻井液密度、排量等，为井底压力控制以及钻井液密度设计提供参考，指导现场钻井施工。

4.4.2 动态压井水力参数计算方法

(1) 压井液密度及排量。根据海上钻井的条件，压井液密度应满足：

$$p_f = \rho_1 gH + p_{fr} + \rho_{sw} gH_{sw} \tag{4-4-1}$$

式中：p_f 为压力，Pa；ρ_1 为动态压井钻井时的压井液密度，kg/m^3；H 为泥线距井底深度，m；p_{fr} 为环空摩阻，Pa；ρ_{sw} 为海水密度，kg/m^3；H_{sw} 为水深，m。

如果钻井过程中已经有浅层气或浅层水涌入井筒，则应用多相流动方程组进行求解。终了压井液密度可以根据地层破裂压力求得，有：

$$\rho_1' \leqslant \frac{p_f - \rho_{sw} gH_{sw}}{gH} \tag{4-4-2}$$

式中：ρ_1' 为终了压井液密度，kg/m^3；p_f 为地层破裂压力，Pa。

在调节钻井液密度的同时，需要对动态压井排量进行控制，随着压井液密度的增大，动态压井排量要越来越小。

压井液的最小排量应满足携岩要求，最大排量应满足井壁稳定性条件并不能压漏薄弱地层。

(2) 加重钻井液基浆用量。无隔水管段开钻一般用海水喷射钻进，然后应用 DKD 方法，使用加重钻井液混合海水钻进。计算钻井液基浆用量，需知道井段长度、机械钻速（ROP）、加重钻井液基浆密度、动态压井钻井排量和混配比等。

如图 4-4-2 所示，h 为井深，h_{bd} 为动态压井钻井施工段长度，DKD 施工段需要钻井液总量为钻进 h_{bd} 段的钻井液总量与钻进该段前钻井液充满钻柱的体积之和，有：

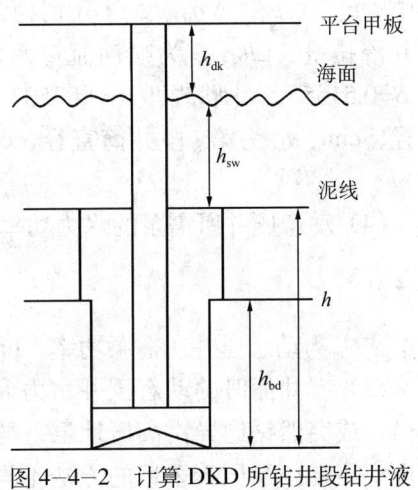

图 4-4-2 计算 DKD 所钻井段钻井液用量示意图

$$V = \frac{18Qh_{bd}}{5ROP} + \frac{\pi d_c^2 L_c}{4} + \left[H_{dk} + H_{sw} + (H - H_{bd}) - L_c \right] \times \frac{\pi d_p^2}{4} \tag{4-4-3}$$

式中：V 为本段钻井液总量（压井液总量），m³；Q 为泵排量，L/s；H_{bd} 为动态压井钻井施工段长度，m；ROP 为机械钻速，m/h；L_c 为钻杆长度、钻铤长度，m；d_{pi} 为钻杆内径，cm；d_{ci} 为钻铤内径，cm。

加重钻井液与海水的混配比为：

$$V_2/V_1 = (\rho_0 - \rho_1) / (\rho_1 - \rho_{sw}) \tag{4-4-4}$$

式中：ρ_0 为加重钻井液基浆密度，kg/m³；V_1 为加重钻井液基浆体积，m³；V_2 为海水体积，m³；ρ_{sw} 为海水密度，kg/m³；ρ_1 为应达到的加重钻井液密度，kg/m³。

（3）动态压井钻井的泵压。泵压为钻柱内外静液柱压力差与各段循环摩阻之和，具体表示为：

$$p_b = \Delta p_b + \Delta p_p + \Delta p_a + (\rho_{sw} - \rho_1) g H_{sw} \times 10^{-6} \tag{4-4-5}$$

钻头压降：

$$\Delta p_b = \frac{0.05 \rho_1 Q^2}{C^2 A_o^2} \tag{4-4-6}$$

钻柱内压耗：

$$\Delta p_p = \left[\frac{B L_p}{d_{pi}^{4.8}} + \frac{0.51655 L_c}{d_{ci}^{4.8}} \right] \rho_1^{0.8} \mu_1^{0.2} Q^{1.8} \tag{4-4-7}$$

环空压耗：$\Delta p_a = \sum_i \left[\dfrac{0.57503}{(d_{hi} - d_{po})^3 (d_{hi} + d_{po})^{1.8}} + \dfrac{0.57503}{(d_{hi} - d_{co})^3 (d_{hi} + d_{co})^{1.8}} \right] \rho_1^{0.8} \mu_1^{0.2} H_i Q^{1.8}$ (4-4-8)

式中：p_b，Δp_b，Δp_p，Δp_a 分别为泵压、钻头压降、钻柱内压耗、环空压耗，MPa；Q 为钻井液排量，L/s；C 为喷嘴流量系数，无因次；A_o 为喷嘴面积，cm²；B 为常数，内平钻杆 $B=0.51655$，贯眼钻杆 $B=0.57503$；d_{po} 为钻杆外径，cm；L_p 为钻杆长度，m；d_{co} 为钻铤外径，cm；d_{hi} 为第 i 段井筒直径，cm；H_i，第 i 段井筒长度，m；μ_1 为压井液塑性黏度，Pa·s。

（4）动态压井所需泵的水力功率：

$$N_b = 0.735 p_a Q \tag{4-4-9}$$

式中：N_b 为动态压井所需泵功率，hp。

（5）有井涌时的动态压井水力参数计算模型与方法。在钻浅层时，如果水力参数设计不当，或突然钻遇异常高压地层，导致浅层水或浅层气等地层流体进入井筒，则纯液体计算环空压耗、泵压等采用的方法不再适用，而应该采用多相流动理论对井筒、井底压力进行计算，得到相应的控制井涌与井喷的计算理论与方法。

4.4.3 动态压井水力参数计算软件

4.4.3.1 动态压井钻井水力参数设计模块

在研究深水钻井浅层流与浅层气动态压井钻井技术及计算方法理论的基础上，针对浅层气井控的特点，应用先进的多相流理论及合理的计算机优化算法，开发了适合深水钻井浅层气钻探的"浅层气动态压井"软件模块。包括：基本数据输入模块、浅层气井涌动态模拟模块、浅层气压井设计模块、浅层气压井动态模拟模块。

基本数据输入模块，包含了进行浅层气动态压井计算所需的所有参数输入。此模块共包括8个子模块：基本数据模块、井斜数据模块、钻柱数据模块、井径数据模块、套管数据模块、地层数据模块、温度数据模块以及数据校验模块。

浅层气井涌动态模拟模块，实现浅层气井涌过程动态模拟。此模块包括两种方式的模拟，即已知溢流时间模拟和已知检测参数模拟。可以对多种钻井工况下的井涌过程进行模拟，包括：钻进工况、起钻工况、停钻工况等。在此模块中，可以对井筒环空中任意时刻任意位置的各种参数（环空压力、环空摩阻、气体体积分数、钻井液流速、气体流速等）进行分析。

浅层气压井设计模块，主要用于确定合理的浅层气压井参数，主要包括压井液排量优化、压井常规数据计算及压井参考数据计算等。另外，为了更加合理地确定压井液密度，此模块中增加了"动态压井数据确定"子模块，此模块中能够计算出使用当前压井液密度时的泵压、泵功率、加重钻井液与原钻井液的混配比、所需要的加重钻井液与原钻井液的量等参数。

浅层气压井动态模拟模块，实现各种动态压井参数的动态实时计算与模拟。包括：立压，钻井液排量，以及井筒环空中任意时刻任意位置的各种参数（环空压力、环空摩阻、气体体积分数、钻井液流速、气体流速等）。

4.4.3.2 动态压井软件算例

假设××井钻表层时，钻至1860m处发生气侵，气侵速率为0.5m³/s，气侵时间为10min。由于此时未安装井口，因此，需要使用动态压井方法进行压井，地层压力系数1.02，破裂压力系数1.4。使用的压井液密度为1.05g/cm³。

溢流结束时刻井筒内的气体体积分数及环空压力分布曲线如图4-4-3、图4-4-4所示。

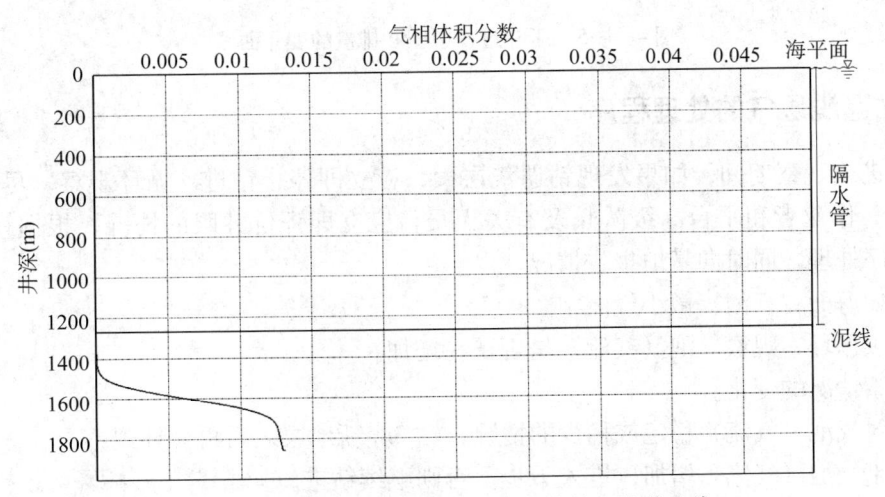

图4-4-3 溢流结束时井筒内的气体体积分数曲线

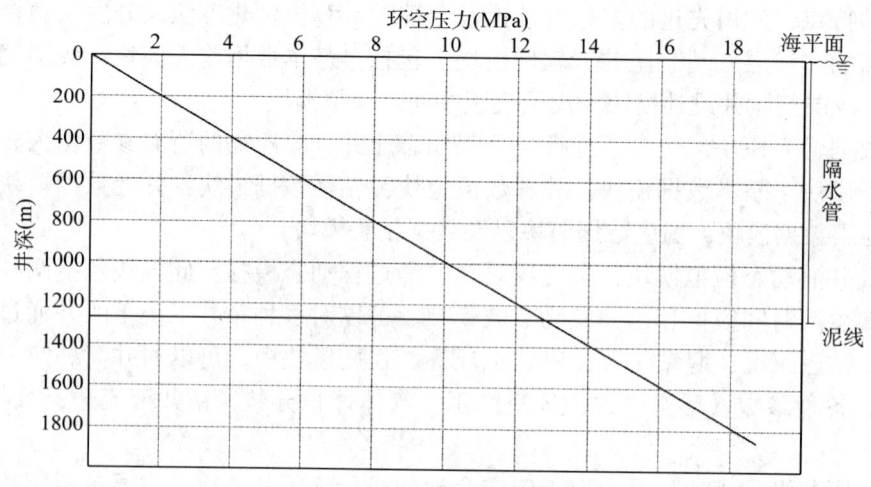

图 4-4-4　溢流结束时环空压力分布曲线

使用动态压井方法时的压井排量曲线如图 4-4-5 所示。

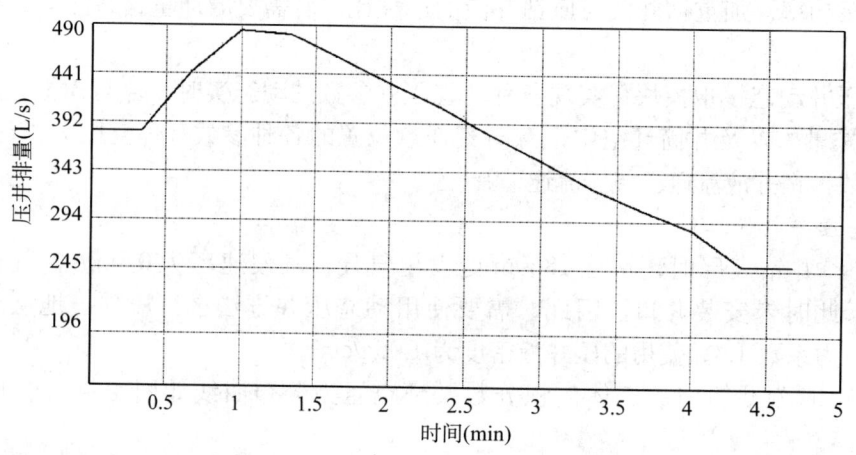

图 4-4-5　压井过程中压井排量的变化曲线

4.4.4　钻遇浅层气的处理程序

在钻进或观察期间，如果发现钻遇浅层气，应立即停止钻进，循环观察，尽可能维护井眼平衡。作业者和平台高级队长及有关人员，应立即评价井眼的情况，根据评价结果，按下述程序处理，同时向基地报告情况。

（1）如海面冒气泡、微小气流：

①继续循环，观察气泡（气流）是否正在增加。

②观察情况的变化。

③针对气泡（气流）稳定或稀少的情况，钻 3m 新地层之后再循环观察。

④如果气泡（气流）增加，进入下步。否则继续钻进。

（2）如有大的气流出现：

①以尽可能快的速度大排量注入海水或泵入计算好密度的加重钻井液压住气流。

②应与基地讨论是否采取下述具体行动：

a. 浅气层位于相对较深的位置时，注水泥塞封住，然后先扩眼到914.4mm，下入并固ϕ762mm导管，而后用ϕ660.4mm的扩眼器扩眼到浅气层顶部，下入并固ϕ508mm套管，安装好防喷器，然后用密度合适的钻井液钻穿浅气层。必要时，将使用备用套管。

b. 浅气层位于相对较浅的位置，如在设计的导管鞋附近，井眼将使用轻一些的钻井液逐渐、分步循环，同时，密切地观察井眼、海面，寻求需要平衡浅层气的钻井液密度；用这种密度的钻井液，钻穿气层；然后扩眼到914.4mm，下入导管封住浅气层固井。以后作业恢复正常。

(3) 如有极大的气流出现，即当极大的气流到达海面，危及平台和作业人员的安危时：
①释放下风下流方向的锚链。
②拉动相对应的锚链，向上风上流方向把平台移离井位。
③在上述作业的同时，迅速泵入高密度的压井钻井液。如果井眼稳定，就按上述第②步骤进行，否则继续该项作业；如果没有压井钻井液，就泵入池内所具有的钻井液及海水。

4.4.5 海上动力压井基本操作步骤

在海上实施动力压井操作时，基本步骤如下：
(1) 通过钻杆将初始压井液（或海水）以动力压井排量泵入。
(2) 按照计算的混配比，参考加重液基浆的相对密度、黏度等参数，泵入次重钻井液。
(3) 当次重钻井液由钻杆进入环空中，并在环空中上升时，根据情况逐渐减小排量，具体值通过水力参数设计软件计算后获得。
(4) 环空充满次重钻井液后，泵入加重钻井液。在加重钻井液到达井底之前，要一直保持泵入次重钻井液时所用的排量，然后按照软件计算值逐渐减少排量。
(5) 当井内充满加重钻井液后，还应继续以适当的低排量泵入一段时间的钻井液，同时注意观察。
(6) 若井内无天然气等继续向井内流入的迹象，即可停泵。
(7) 井筒完全压住后，安装井口。

如果出现着火，首要问题是平台人员的安全，且要有秩序的安全撤离，然后组织灭火。

4.5 深水钻井井控过程模拟软件系统

4.5.1 深水井控模拟仿真模型及其求解

深水钻井井筒流动与陆地钻井时有很大区别，主要不同在于由于海床温度低，使得井筒温度场复杂，造成井内可能生成水合物，使得连续性方程复杂，同时，水合物的形成造成气相体积分数变化，使得流动规律发生变化。另外，深水钻井井控关井期间、气体进入隔水管时及通过节流管线进行压井时，流动的边界条件各不相同，需针对不同情况，分别建立多相流动控制方程组。

4.5.1.1 井涌期间的连续性方程和动量方程

井涌期间，地层侵入流体首先进入井筒环空。如果发现及时，地层流体不会进入隔水管段就进行关井操作，因此隔水管段不会有油气及水合物出现；如果井涌发现较晚，则油气及水合物相有可能会出现在隔水管段。

(1) 连续性方程。对于气相，应按生产段、非生产段、钻井液，对于油相，按生产段、产出水段、非生产段、生产段、岩屑、在井底、水合物分别描述。

(2) 动量方程。应按防喷器以下环空井筒、隔水管段分别描述。

4.5.1.2 压井期间的连续性方程和动量方程

因为在关井期间井底压力已经平衡地层压力，压井期间不会有地层流体产出。在压井期间，钻井液的循环通道为钻柱（或压井管线）→环空→节流管线。对于多相流动，考虑的是防喷器以下井筒段和节流管线段的控制方程。

(1) 连续性方程。

①防喷器以下井筒段。对于气相，按钻井液，对于油相，按产出水、水合物分别描述。

②节流管线段。在压井操作开始时，节流管线中充满海水，因此在多相流动控制方程中应考虑海水相的影响。

对于气相，按钻井液，对于油相，按产出水、水合物、海水分别描述。

在关井期间有可能产生了较多的水合物而导致管线或防喷器堵塞，要采取措施使水合物分解，要考虑水合物分解对流动规律的影响。在进行计算时，相当于防喷器处水合物分解产出气体使得气相体积分数有一增加值。

(2) 动量方程。按防喷器以下环空井筒、节流管线段分别描述。

4.5.1.3 能量方程

能量方程主要用来计算井筒内流体温度。

4.5.1.4 方程组的求解

求解方程组采用数值方法，可采用有限差分迭代方法。

4.5.2 深水井控软件主要功能

"深水井涌动态模拟及压井施工软件系统"是通过对深水钻井及其井控技术的研究，得到一套井控理论设计方法，应用所建立的多相流控制方程及计算机算法，开发了适合深水钻井的井控设计软件。

软件系统的核心模块共有：数据输入模块、井涌模拟模块、压井模拟模块、起下钻速度确定模块、水合物生成预测模块、水合物生成区域预测模块以及钻井液排量范围确定7个模块。

深水井控软件主要有以下功能：

(1) 数据输入。

(2) 井涌动态模拟。主要功能是实现溢流的动态模拟，并可对此过程进行图形分析并给出数据输出。

在该部分中可以输出立压，钻井液池增量，以及环空任意位置的压力、各相体积分数、速度、密度等参数随时间的变化曲线。

(3) 压井模块。在完成"数据输入"和"井涌动态模拟"之后可进入"压井模块"界面。此模块的功能主要是实现对整个压井过程的动态模拟。可得到相关的各种压井参数，最后以压井清单的形式给用户提供现场最为关心的压井参数，并且可以以 Word 文本文件的形式输出保存。

运行结束后，程序便会计算出压井施工中所关心的参数值，如循环压力、钻柱压耗、节流管线压耗、环空压耗、钻头压耗、初始立管压力、终了立管压力、套管鞋处的压力梯度以及套管鞋处是否安全等。

（4）数据输出模块。在完成井涌或压井动态模拟之后，可以使用软件的数据输出模块，将计算结果进行图形或文本输出。

（5）数据追踪模块。软件还可实现数据的动态追踪功能。

（6）水合物生成预测。此模块可以对不同组分气体，在盐类和醇类抑制剂影响下的水合物生成情况进行预测，给出水合物生成的压力温度相态图。在选择好水合物的气体组分以及抑制剂之后，单击"计算运行"程序即可生成水合物生成相态图。

（7）水合物生成区域预测。此模块可以将计算得到的井筒温度分布与水合物生成预测模块中的水合物生成信息相结合，得到实际深水钻井过程中可能形成水合物的深度区域。其中包括三部分：①循环状态下的水合物生成区域预测；②停钻状态下的水合物预测；③极限关井状态下（井底压力达到地层破裂压力）的水合物预测。

4.5.3　溢流及压井软件算例

（1）BZ–X 井基本情况。该井为常规直井，水深 24.4m，补心海拔（KB）到泥线的距离为 60.90m，五开钻进中钻具组合为：Smith XR30T+ 配合接头 +4$\frac{3}{4}$in 浮阀接头 +4$\frac{3}{4}$in 钻铤 +4$\frac{3}{4}$in 浮阀接头 +4$\frac{3}{4}$in 无磁钻铤 +4$\frac{3}{4}$in 钻铤 ×16+4$\frac{3}{4}$in 振击器（机械）+3$\frac{1}{2}$in 加重钻杆 ×17+3$\frac{1}{2}$in 钻杆 ×108+ 配合接头 +5in 钻杆。

（2）溢流发生经过。2006 年 8 月 25 日 15：00—15：45 降低排量至 400L/min（井底当量约为 1.00g/cm³），观察 20min，钻井液池液面稳定；停泵观察，5min 后环空有返出；立即开泵循环观察，钻井液池液面稳定（排量 850L/min），燃烧臂火苗无变化。15：45—16：30 继续恢复钻进至 3530m。钻井参数：钻压 4～6t，转速 50r/min，扭矩 13～15kN·m，排量 850L/min，泵压 5.2MPa，燃烧臂火苗无变化。16：30 后开始接立柱，其中接立柱时间为 15min，此过程中发生溢流，钻井液池液面上涨 2m³。调节甲板节流阀控制压力，循环排气，16：40 燃烧臂火炬火苗增大，焰高 3m。

（3）溢流模拟结果。溢流模拟运行计算得到了一系列的参数，其中主要 3 个参数为钻井液池增量、最优关井立压和套压。

计算出的钻井液池增量为 1.93m³，现场实际测得的钻井液增量为 2m³，两者之间的偏差为 3.5%，两者吻合情况良好。

4.6　深水钻井井控配套设备

4.6.1　深水防喷器

（1）典型的深水井控五闸板防喷器组配置如图 4–6–1 所示。

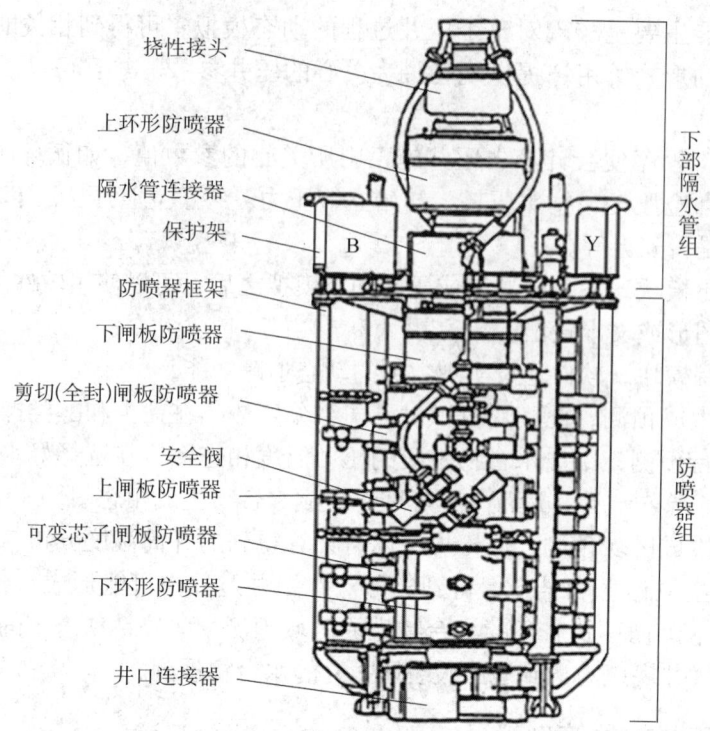

图 4-6-1 典型防喷器组配置

典型深水防喷器组实物如图 4-6-2 所示。

图 4-6-2 水下防喷器组实物图

（2）CAMERON 公司不同水深典型钻井船 BOP 组配置。CAMERON 公司典型的五闸板防喷器组如图 4-6-3 所示。

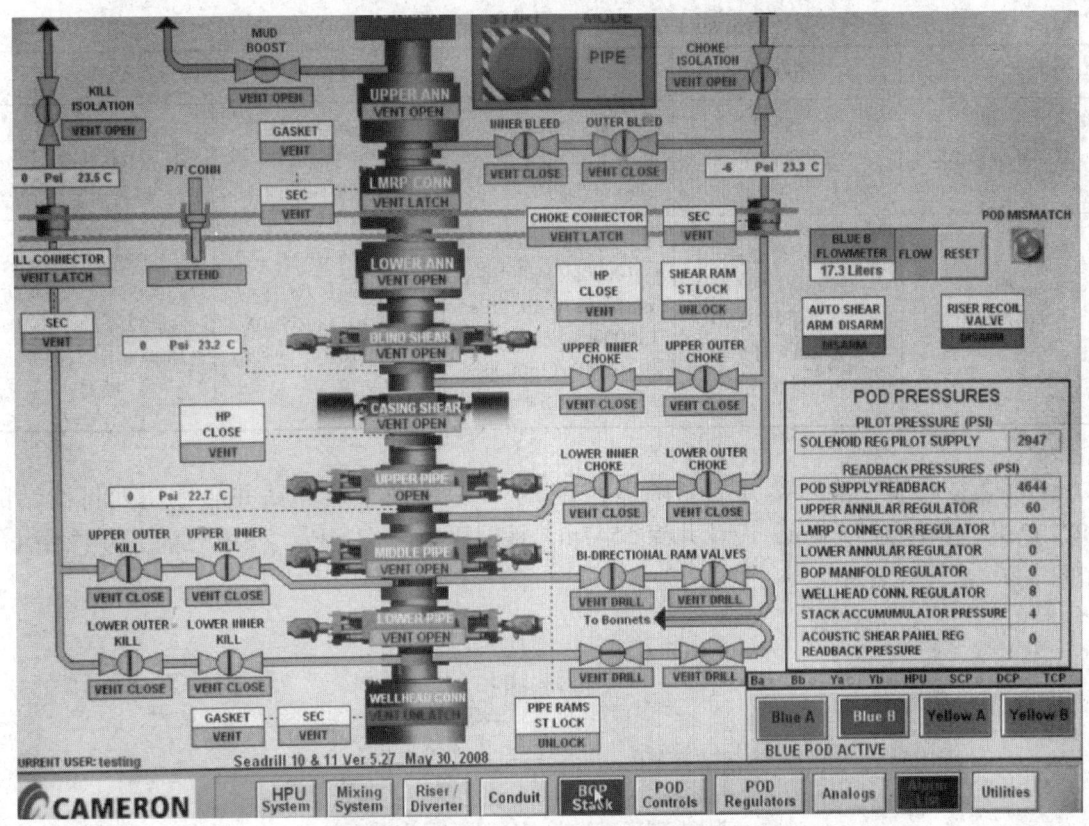

图 4-6-3 CAMERON 公司五闸板防喷器示意图

深水防喷器组没有标准的配置，一般推荐配置为三套管子闸板防喷器和两套剪切闸板防喷器，底部的用来切断钻杆，顶部的用来密封压力，即采用"五闸板"结构。

典型的深水五闸板防喷器组参数见表 4-6-1。

表 4-6-1 CAMERON 公司五闸板防喷器参数表

设备名称	尺寸	测试压力 [psi（kPa）]
上环形防喷器	变径	7500（51711）
水下隔水管控制总成	—	10000（68950）
下环形防喷器	变径	7500（51711）
盲板/剪切	Up to $5^7/_8$in drill-pipe	10000（68950）
剪切套管	$5^7/_8$in DP, $13^3/_8$in csg	—
上管子闸板	$3^1/_2$in × $7^5/_8$in VBR	10000（68950）
中管子闸板	$5^7/_8$in Fixed	10000（68950）
下管子闸板	$3^1/_2$in × $7^5/_8$in VBR Bi-Dir	10000（68950）

（3）Transocean 公司不同水深典型钻井船 BOP 组配置原则。表 4-6-2 列出了 Transocean 公司不同水深典型钻井船 BOP 组配置具体参数。

表 4-6-2 Transocean 公司不同水深典型钻井船 BOP 组配置参数

作业水深（m）	1000	2000	2500	3000
下部隔水管总成	约 35MPa（5000psi）环形防喷器	约 70MPa（10000psi）环形防喷器	2 个约 70MPa（10000psi）环形板防喷器	2 个约 70MPa（10000psi）环形防喷器
防喷器组	2 个 70MPa（10000psi）双闸板防喷器+1 个约 35MPa（5000psi）环形防喷器	1 个约 70MPa（10000psi）环形防喷器+2 个 105MPa（15000psi）双闸板防+1105MPa（15000psi）单闸板防喷器	2 个约 105MPa（15000psi）双闸板防喷器+1 个 105MPa（15000psi）单闸板防喷器	1 个约 105MPa（15000psi）单闸板防喷器+2 个约 105MPa（15000psi）双闸板防喷器

（4）"深水地平线"钻井船防喷器组配置。"深水地平线"钻井船在墨西哥湾钻的 MC252 井，水深为 1500m，设计井深 5547m，地层压力为 91MPa。使用的水下防喷器组合如图 4-6-4 所示。

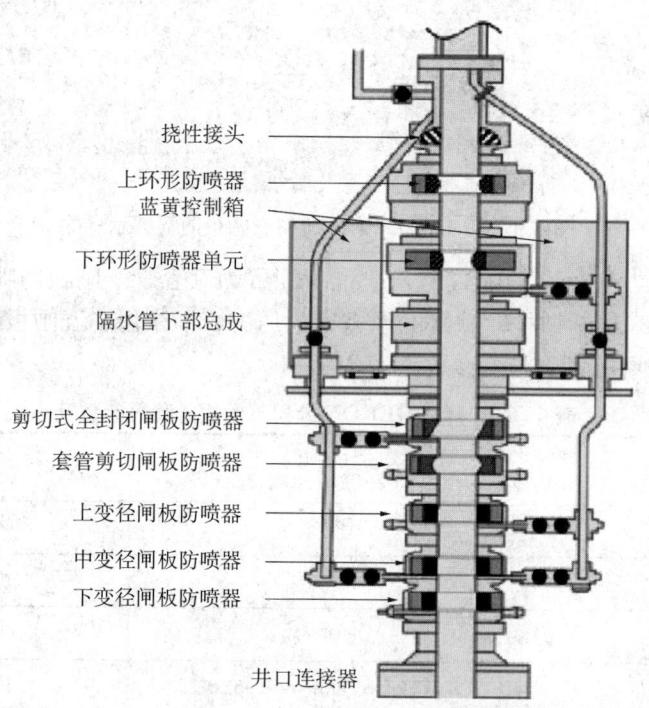

图 4-6-4 墨西哥湾"深水地平线"钻井船使用的 CAMERON 防喷器组

"深水地平线"钻井船使用的防喷器组参数见表 4-6-3。

表 4-6-3 墨西哥湾"深水地平线"使用的 CAMERON 防喷器组及参数

设备	尺寸	承压（psi）
上环形防喷器	$18^3/_4$in	10000（无钻杆），5000（有钻杆）
下环形防喷器	$18^3/_4$in	（10000）无钻杆，5000（有钻杆）

续表

设备	尺寸	承压（psi）
剪切防喷器	剪切钻杆，$18\frac{3}{4}$in	15000
剪切防喷器	剪切钻杆，套管和钻具接头	—
上变径闸板防喷器	$18\frac{3}{4}$in 可密封 $3\frac{1}{2}$～$6\frac{5}{8}$in 管子	15000
中变径闸板防喷器	$18\frac{3}{4}$in 可密封 $3\frac{1}{2}$～$6\frac{5}{8}$in 管子	15000
下变径闸板防喷器	$18\frac{3}{4}$in 可密封 $3\frac{1}{2}$～$6\frac{5}{8}$in 管子	15000

下部闸板防喷器能够承受15000psi的压力，上部的环形防喷器在无钻杆的情况下可以承受1000psi的压力。

4.6.2 深水防喷器控制系统

深水防喷器有4种控制系统：直接液压控制系统、先导液压控制系统、单路电液控制系统、多路电液控制系统。

平台发出控制信号，信号通过电缆传递到水下电磁阀，就可以操作水下的电磁阀动作，从而打开相应的液压控制阀，将蓄能器中的高压动力液导入相应的防喷器关闭腔，使之关闭。

深水防喷器控制系统的组成：

(1) 水上液压系统。

(2) 动力液传输系统。

(3) 水下液压系统。

正常情况下防喷器的驱动动力液由水下蓄能器供给，同时由于水下蓄能器、水上蓄能器和液压泵处于并联状态，当水下蓄能器由于做功而使得压力降低时，水上的动力液会及时补充而保证其能在较短的时间内恢复工作能力。

一般深水防喷器控制原理如图4-6-5所示。防喷器控制面板如图4-6-6所示。

4.6.3 HG1井井控设备配置建议

4.6.3.1 HG1井防喷器组合

(1) 根据地层压力选HG1井防喷器承压级别。HG1井是初探井，设计井深4650m，水深1260m，根据地震资料，该井地层孔隙压力正常，预测井底压力系数为1.24左右，综合考虑地层压力，可以选用105MPa防喷器组合。

(2) 根据水深选用HG1井防喷器承压级别。HG1井作业水深为1260m，按照Transocean公司防喷器组合选择原则，应选用70MPa，为安全期间选择105MPa。

借鉴墨西哥湾MC252深水井及储层情况，按照Transocean公司防喷器组合选择原则，吸取深水井控事故教训，选用五闸板防喷器组合。

具体选用情况见表4-6-4。

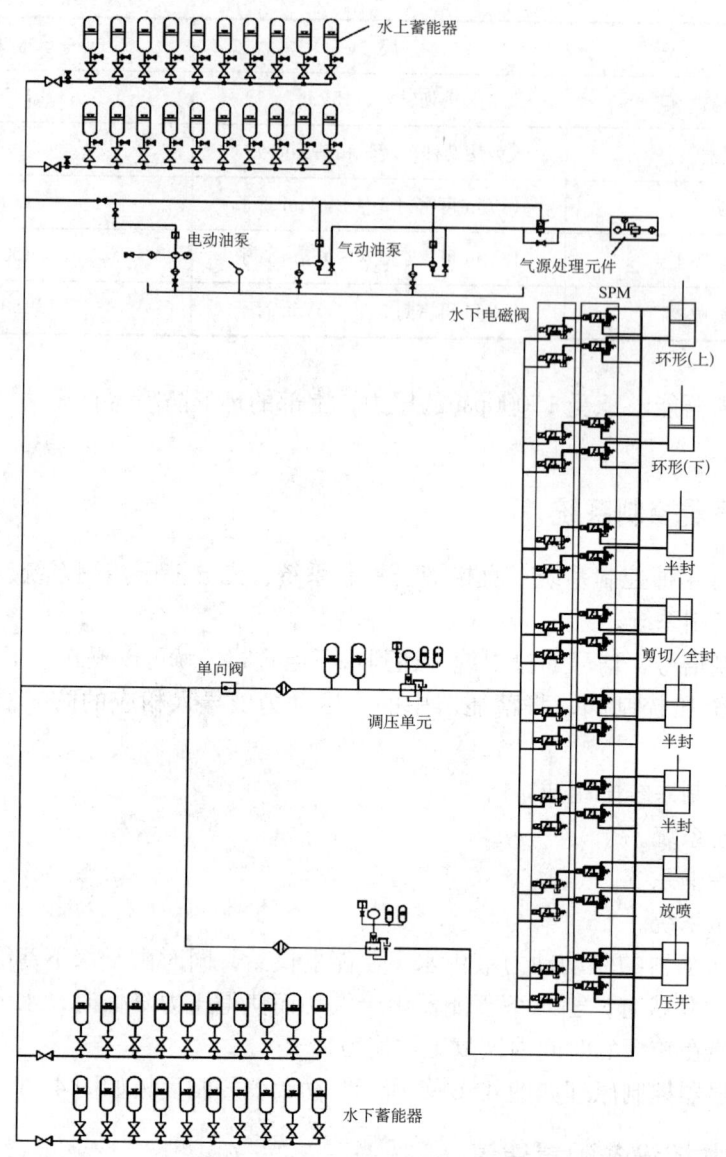

图 4-6-5　一般深水防喷器控制原理示意图

表 4-6-4　HG1 井防喷器组及管线配置

设备	尺寸	承压（psi）
上环形防喷器	$18^3/_4$in	10000
下环形防喷器	$18^3/_4$in	10000
剪切防喷器	剪切钻杆，$18^3/_4$in	15000
剪切防喷器	剪切钻杆、套管和钻具接头	—
上变径闸板防喷器	$3^1/_2 \sim 7$in	15000
中变径闸板防喷器	$7 \sim 18^3/_4$in（套管环空）	15000
下变径闸板防喷器	$3^1/_2 \sim 7$in	15000

续表

设备		尺寸	承压（psi）
管线	压井节流	$4\frac{1}{2}$in	15000
	增压管线	$3\frac{3}{4}$in	6000

图 4-6-6 墨西哥湾"深水地平线"使用的防喷器控制面板

1—自动剪切报警开关按钮；2—自动紧急脱开系统开关按钮；3—高压剪切按钮；4—三个流量计；
5—紧急脱开系统按钮；6—上下环形防喷器开关指示灯；7—高压套管剪切；8—下、中、上闸板防喷器；
9—防喷器调节按钮；10—报警灯；11—报警显示

4.6.3.2 HG1井防喷器组控制系统选择

HG1井防喷器组选用多路电液控制系统，并要求配备紧急脱开系统（EDS）、自动脱开系统（AMF）、自动剪切系统、自动停机系统、水下机器人系统。

4.6.3.3 HG1井井控安全装备辅助单元选择

考虑到防燃防爆需要，增加可能的燃烧点、可燃气体实时监测及安全控制装置及仪表。

4.7 深水钻井井控作业程序

4.7.1 早期检测溢流

运用本课题研究的溢流早期检测方法及常用溢流检测方法，综合早期判断不同类型流体侵入，大幅度减少井控风险。

尽早采用 PWD/LWD 早期检测溢流、声波法早期检测溢流、返出流量计法检测溢流、钻井液池液面法检测溢流、钻井参数法检测溢流、人工坐岗法检测溢流等。

4.7.2　发现溢流关井作业程序

发现溢流之后，立刻采用关井程序将溢流控制住，防止其进一步扩大。一些深水钻井关井程序全是半软关井，考虑深水的环境，建议深水钻井发现溢流后应采用"硬关井"模式关井。

4.7.3　压井难易程度评价程序

运用计算机程序优化控制压井监测软件采集关井立压、套压等随时间变化参数；根据压力曲线拐点处取压的原则，准确读取关井压力；运用"关井压力恢复确定压井难易程度"判断模板，给出储层渗透率特征及当前欠平衡特征，在此基础上，给出压井难易程度评价，据此作出合理压井方法选择及压井参数设计。

4.7.4　发现溢流作业程序

4.7.4.1　对不同溢流及井况的多种关井程序

发现溢流，立刻采用关井程序将溢流控制住，防止其进一步扩大。

（1）钻进中发生溢流。

①发：发出讯号。发现溢流后，迅速通知司钻，司钻立即发出长笛讯号。

②停：停转盘，停止钻进。司钻摘掉转盘离合器，停止钻进，夜间打开探照灯。

③抢：抢提钻具。司钻上提钻具并停泵，使方钻杆下第一根钻杆的母接头提离转盘面 0.3～0.5m。

④关：关防喷器。先关环形防喷器，后关半封闸板防喷器。

⑤看：观察并记录套管压力、立管压力、循环池钻井液的增减量。

（2）起下钻杆中发生溢流。

①发：发出讯号。发现溢流后，迅速通知司钻，司钻立即发出长笛讯号。

②停：停止起下钻作业，将井内钻具平稳坐于转盘。

③抢：抢接钻具止回阀或旋塞阀。连接钻具止回阀或旋塞阀并紧扣后，上提钻具使母接头离转盘面 0.3～0.5m。

④关：关防喷器。先关环形防喷器，后关半封闸板防喷器。

⑤看：观察并记录套管压力、立管压力、循环池钻井液的增减量。

（3）起下钻铤中发生溢流。

①发：发出讯号。发现溢流后，迅速通知司钻，司钻立即发出长笛讯号。

②停：停止起下钻铤作业，将井内钻具卡紧后平稳坐于转盘。

③抢：抢接带钻具止回阀或旋塞阀的钻杆。连接钻杆并紧扣后，下放钻具使母接头离转盘面 0.3～0.5m。

④关：关防喷器。先关环形防喷器，后关半封闸板防喷器。

⑤看：观察并记录套管压力、立管压力、循环池钻井液的增减量。

（4）空井发生溢流。

①发：发出讯号。发现溢流后，迅速通知司钻，司钻立即发出长笛讯号。
②停：停止其他作业。
③抢：抢下带钻具止回阀或旋塞阀的钻杆，下放钻具使母接头离转盘面0.3～0.5m。
④关：关防喷器。先关环形防喷器，后关半封闸板防喷器。
⑤看：观察并记录套管压力、立管压力、循环池钻井液的增减量。

4.7.4.2 对不同溢流及井况的多种压井程序

关井读取立压和套压之后，需要选择合适的压井方法。

（1）井内钻具组合完整时，优选常规压井方法，如司钻法压井、工程师法压井、循环并加重法压井技术。

（2）井内无钻具压井，采用以下压井方法：置换法、压回法、强行下钻到井底循环压井法。

（3）又喷又漏的压井。

有时喷漏发生在同一裸眼井段，这种情况应首先解决漏失问题。

①上喷下漏。这种情况发生在高压层下面有一低压层。钻井液漏到低压层后，有时环空液体降低，当低到一定程度后，上部高压层将出现溢流。处理方法为：

a. 停止循环，间歇定时定量反灌钻井液，尽可能维持一定液面来保证井内液柱压力略大于高压产层的地层压力。

b. 反灌钻井液的密度应等于产层压力当量密度与安全附加当量密度之和。

c. 当漏速减小，井眼—地层压力系统呈暂时动态平衡状态后，开始堵漏。

d. 堵漏成功后，开始压井。

②下喷上漏。上部为低压层，下部为高压层。当提高钻井液密度压住下部高压层时，则上部低压层产生漏失。处理方法为：

a. 停止循环，间隙定时定量反灌钻井液。

b. 注水泥塞隔离和注水泥堵漏。

c. 注重晶石和水泥塞隔离及堵漏。

③喷漏同层。在同一地层又喷又漏并不是同时发生，而是钻井液密度稍高即漏，稍低即喷。这种情况多发生在裂缝及孔洞发育的地层。这是因为地层与井筒连通性好，几乎可以认为地层孔隙压力即等于地层破裂压力，因此只有钻井液密度正好才不喷不漏，显然这是不可能的。处理方法有以下几种：

a. 先堵漏再继续钻进。

b. 如果漏不严重，可以边漏边钻。

c. 运用欠平衡钻井方法，边喷边钻。

d. 向环空注入钻井液，使井底压力略低于地层压力。向钻柱内注清水，边钻进边让岩屑与液体流进裂缝内。该方法将要漏许多水及钻井液。

（4）浅井段的压井。浅井段由于地层破裂压力低，不能使用关井求压后再压井，否则过高的关井压力会压漏地层，处理方法是：

①打一段超重钻井液控制溢流，然后再根据情况决定是下套管封隔，还是用封隔器封隔，还是加重钻井液。

②若确认这种浅气层储量少，也可采用有控制的放喷，使其在短时间内衰竭，然后再

采取措施。

③钻遇浅层气之后，通过计算优选动力压井法；采用本课题研究的内容实施动力压井操作。

在海上实施动力压井操作时，基本步骤如下：

①通过钻杆将初始压井液（或海水）以动力压井排量泵入。

②按照计算的混配比，参考加重液基浆的相对密度、黏度等参数，泵入次重钻井液。

③当次重钻井液由钻杆进入环空中，并在环空中上升时，根据情况逐渐减小排量，具体值通过水力参数设计软件计算后获得。

④环空充满次重钻井液后，泵入加重泥浆。在加重钻井液到达井底之前，要一直保持泵入次重钻井液时所用的排量，然后按照软件计算值逐渐减少排量。

⑤当井内充满加重钻井液后，还应继续以适当的低排量泵入一段时间的钻井液，同时注意观察。

⑥若井内无天然气等继续向井内流入的迹象，即可停泵。

⑦喷井完全压住后，安装井口。

4.7.4.3 对各种压井程序的合理监测控制

（1）运用本课题研制的计算机程序优化控制压井监测软件实时采集压井过程中立压、套压、排量等参数随时间变化的特征。

（2）根据智能专家系统，计算出正确的压井曲线。

（3）实际压井曲线出现异常时，运用本课题研究计算机程序优化控制压井技术，实施开环或闭环控制。

（4）压井过程在压井监测软件的监控下完成。

4.7.4.4 内防喷装置可靠性确认程序

（1）对内防喷工具应定期进行保养，使用前要检查其完好性和阀的开关灵活性。在平台使用或放置半年以上的内防喷工具，现场必须进行试压检验，发现损坏要停止使用。

（2）内防喷器、旋塞、回压阀、投入式止回阀备用时放置在专用位置，旋塞摆放时应采取措施，保证处于常开状态；旋塞专用扳手应放在钻台上固定位置，便于作业人员随时取用。钻台上合适位置应备有防喷单根。

4.7.4.5 压井钻井液材料及其配置能力的确认程序

（1）开钻前应做出钻井液材料储备计划（包括加重材料），并将储备材料存放在钻井平台上，以应急需。

（2）应有每日的钻井液材料储存记录，如果储存量达不到计划所规定的最小数量时，应当立即组织，达到要求后再进行钻井作业。

（3）钻井液工程师按时值班，配备重钻井液时，能及时计算出所需加重材料量。

（4）定时检查，保证储备的加重钻井液可用。

4.7.5 防止井喷失控作业程序

（1）确认气体泄漏后不发生爆炸。发生井喷之后，所有的控制都是基于井口的完整性，如果遭到破坏，井喷控制将非常困难。井喷起火爆炸会破坏井口，因此，井喷发生后，第一要务就是确认气体泄漏后不发生爆炸。而点火源是井喷爆炸的主要诱因。定期检查海洋平台可能存在点火源的地方，如有发电机、电动机、火炬系统、电控系统、员工的生活区等。对现场使用的防爆装置、自动熄灭火源装置进行定期检查。

（2）确认防喷器可靠。不同型号的防喷器承压能力是不同的，如果防喷器承压能力小于所需要的压力，不能关井，意味着防喷器失效，可能导致井喷失控。因此，必须确认防喷器是否可靠。

为了保证防喷器的正常工作，首先要定期检查防喷器装置的性能，保证其完整性和可靠性。如果在定期检查中发现问题，必须严肃对待。

①防喷器在海况及气候条件允许的情况下至少每天检查一次外观，水下设备的检查可通过水下电视等工具来完成，并对检查与维护情况进行记录。

②防喷器在拆卸备用期间应进行保养并妥善保管。

③液压管线端口的由壬使用前后应加以保护。每班应检查液压管线端口的由壬或快装接头是否漏油，防喷器控制系统的油面是否低于标准线，否则应及时补充液压油。

④每班检查储能器和管汇的压力是否正常。

⑤防喷器应定期回车间试压检修，检修周期不能超过 6 个月，对达到 6 个月不能回车间检修的防喷器，应在现场按车间要求进行检修并试压。

（3）确认节流管汇可靠。节流放喷装置在现场得不到重视，不能按时检查、试压节流放喷装置，一旦发生井喷后需节流循环时，由于节流失效而无法正常使用，可能导致井喷失控；节流放喷相关装置的承压能力和抗流体冲蚀能力也是有限的，发生溢流、井喷关井后，因套压过高放喷时应选择适当压差，过大压差下的高速流体可能导致节流阀冲蚀严重而失效，无法继续施加回压，导致井喷失控。

定期检查、试压节流放喷管汇，确保节流循环、放喷时能正常使用；定期检查节流放喷相关装置的承压能力和抗流体冲蚀能力，避免因过大压差下的高速流体可能导致节流阀冲蚀严重而失效，无法继续施加回压，导致井喷失控的情况。

①应定期检查压井管汇和节流管汇的阀门开关状态，注意观察和发现使用期间的异常情况，对压井管汇和节流管汇的阀门按规定时间进行活动和保养。

②压井管汇、节流管汇、压井管线和放喷管线等必须采取防漏、防堵、防冻措施，保证灵活好用。

（4）确认压井期间井控装备仍然可靠。压井相关装置对立压有直接影响，立压大小主要由泵能力和钻杆强度来决定。泵能力是由各个参数来衡量，不同厂家同型号的泵的参数也有一定的差别。发生井喷事故后如果无法继续通过钻柱或压井管汇给井底加压，即泵入的钻井液不能加大压力到井底，就会造成压井相关装置失效，有进一步诱发井喷失控的风险。

①对内防喷工具应定期进行保养，使用前要检查其完好性和阀的开关灵活性。在平台使用或放置半年以上的内防喷工具，现场必须进行试压检验，发现损坏要停止使用。

②内防喷器、旋塞、回压阀、投入式止回阀备用时放置在专用位置，旋塞摆放时应采取措施，保证处于常开状态；旋塞专用扳手应放在钻台上固定位置，便于作业人员随时取用。钻台上合适位置应备有防喷单根。

（5）确认井筒力学性能保持完整。井筒力学性能的不完整性，即井身结构设计的不合理，例如套管抗内压、钻杆抗外压、套管鞋处破裂压力等对井筒地层压力的不匹配会导致井喷失控。

①根据井身结构及预测的地层压力，确认钻具及整个井筒承压能力。

②根据实时监测到的压力变化，进行适当开环控制，确保流体压力不超过套管鞋破裂压力。

4.7.6 海洋浅层气井控作业程序

（1）浅层流的检测。经验表明压井的时机和成功封固浅层流可以减少地层流动时间，因此浅层流的及时监测是非常关键的。

水下机器人（ROV）的检测是最原始最直观的方法。作业时 ROV 应该不断观察泥线处是否有不正常的流动现象，特别是对在接钻具时来自井的任何的连续流动，此流动也许包含在钻井过程中的气侵现象。

MWD/LWD 是目前全球应用最广泛的检测浅层流的方法。浅层流的最直接快捷的显示迹象是当量循环密度的增加，引起的原因是环空流速和岩屑的影响增加，MWD/LWD 的应用就可以及时准确地测量当量循环密度（ECD）；如果有明显的钻具放空现象，或 LWD（GR/RES）录井显示进入渗透性砂岩，也是检测浅层流的有效方法。

为了消除井眼气体膨胀的影响，应该有充足的时间进行回流检查。

（2）浅层流的控制。如果通过上述方法怀疑有浅层流的存在，应该立即停止钻进，泵入 50bbl 的加重的高黏度钻井液循环通过下部钻具，并用 ROV 对回流进行监测。如果确认井眼有浅层流，应该立即以最大排量替入压井钻井液，压井钻井液密度应该接近预期的破裂压力梯度，但是不要超过它。压井钻井液继续被泵入，直到 PWD 显示当量循环钻井液密度稳定，环空中的钻井液没有来自浅层流稀释的显示，再进行井眼的回流检查，如果井眼的稳定还没有被控制，那么继续加重钻井液重复上述作业。

（3）确保钻穿浅层流。控制浅层流以后，如何完成浅层流井段的钻进是关键。完成浅层流井段的钻进需要大量的钻井液，如果井场没有充足的钻井液确保钻完和封固此井段就不要进行钻进。根据 PWD 的测量结果来估计岩层的孔隙压力，钻井液的密度应该接近孔隙压力，这将减少在钻井和下套管过程中钻井液的漏失，而且也提高了在固井过程中钻井液的顶替效率。每个立柱需要 50bbl 的高黏度泥浆进行清扫，并监测当量循环密度，确保高黏度钻井液对维持井眼当量循环密度的有效性。以下是完成浅层流钻进的具体措施：

①通过 PWD 工具测量当量循环密度来检测井眼的漏失和溢流。如何完成浅层流井段的钻进，当量循环密度的检测是非常关键的。下部钻具应该下入 PWD 工具来进行井眼当量循环密度的监测。在深水环境下，在地层孔隙压力梯度和破裂压力梯度之间的窗口很窄，随着水深的增加变得更明显。在较浅地层，要严密观察岩屑载荷和泵的排量对当量循环密度的影响，以确保压力不要超过地层破裂压力梯度而导致井眼漏失。井眼漏失影响浅层流的检测，并且由于漏失，不可能维持井眼充满压井钻井液。由于随着井眼的加深，岩屑载荷和环空压耗有利于提供有效的井底压力阻止浅层流，但是，在接钻具的时候有发生浅层流的危险，为了解决此问题，在接钻具的时候泵入重的高黏度泥浆清扫液到下部钻具，一旦进行继续钻进，此清扫液具有增加井底静液柱压力和清洁井眼的双重功能。由于井眼的进一步加深，有必要实施连续泵入重钻井液来维持地层的孔隙压力。如果需要甚至可以加重高黏度泥浆清扫液，不断地调整机械钻速，排量和泵入的清扫液来维持适当的当量循环

密度。

②避免抽吸。控制抽吸是避免地层流体进入井眼的主要步骤，是安全钻穿浅层流的关键。由于抽吸，压力降低是很明显的，特别是当有气体存在岩屑中时。因此推荐在被钻的井段内不要从事任何的通井作业，而且要求在顶替完钻井液后，开泵起钻。

③完钻时的顶替钻井液。在钻到目的层进行井眼清洁和顶替时，要避免欠平衡。推荐用 100bbl 加重的高黏度清扫液，接着应用压井密度钻井液进行顶替，密度根据最终钻井当量循环密度加 100psi 的余量配制。

④钻井液的需求总量。需要加重的钻井液量应该满足此井段发生浅层流时的需要。很显然钻井液需求量与被钻井眼的尺寸和后来的浅层流井段的距离有关，通常的计算方法如下：

$$需要加重钻井液总量\ V=V_1+V_2+V_3+V_4+V_5+V_6$$

其中

浅层流压井的钻井液量 V_1= 两倍的井眼容积 + 钻杆内容积

完成井眼的钻井液体积 V_2= 浅层流以下段长 /（平均机械钻速 × 泵的排量）

清洁井眼需要的钻井液体积 V_3= 目的井深处 2 倍的井眼容积

起钻需要的钻井液 V_4= 井眼钻杆排替量

套管灌浆需要的钻井液 V_5= 套管内容积

固井前循环需要的钻井液 V_6=110%套管内容积

在钻井期间，除了在平台储存压井钻井液外，两条供应船应备有足够的钻井液储备。供应船应有被加重的钻井液，这些钻井液应该能被快捷地输送到平台并得到想要的密度。在钻井期间，保持一条供应船靠近平台有连接管线的一侧。

⑤钻井液性能要求。加重的钻井液性能是很重要的，静液柱压力超过孔隙压力大约 25psi，但是要小于地层的破裂压力；漏失应小于 $100cm^3/30min$，在浅层流砂层形成高质量的滤饼，这样可以减少漏失，减少在下套管过程中有效的静水压力；屈服值尽可能地低，剪切强度平滑，以减少在固井施工中的激动压力和高的当量循环密度，避免压漏地层。

(4) 钻穿浅层流的具体操作程序。

①开钻的基本条件。至少有一条供应船充满加重的压井钻井液靠近平台有连接传输管线的一侧，而且第二条供应船已经载满被加重的压井钻井液从基地码头出发。

储备钻井液池应该充满达到设计性能的钻进钻井液和适量的加重钻井液，当钻进的钻井液被消耗完的时候，可以用加重的钻井液稀释到设计性能。

平台要储备足够的重晶石、膨润土和钻井水，确保可以混合足够的压井钻井液和清扫液。

配浆池要装满相应的预水化膨润土浆。

在平台上要有足够的长链聚合物，按照每桶 8lb 的比例可以配制钻井液 1500bbl。

ROV 具有良好的操作性能，要求在海底测量操作中已进行检验。

LWD/PWD 传感器被测试，工作状况良好，MWD 应该满足设计的流量范围如 700～

1100gal/min 进行喷射作业。

②第一根立柱应该用低排量进行钻进以降低对井眼的冲蚀，确保回流是从套管头或井口漏斗处返出，而不是从下面的泥浆垫返出，避免底座被冲刷。随着深度的增加回流增加，钻压小于 5klb，转速为 80r/min，用 ROV 观察并确保回流是从套管头返出，而没有从导管外返出。

③减少钻进参数继续钻到泥线以下 90m，控制瞬时机械钻速到 1.52m/min。钻完每根立柱后，在接下根立柱前泵入 50bbl 清扫液，并确保清扫液通过下部钻具。

④继续钻进到泥线以下 300m 处，增加排量到 1000gal/min，继续控制机械钻速在 90m/h。钻完每根立柱后，在接下根立柱前泵入 50bbl 清扫液，并确保清扫液通过下部钻具。

⑤继续钻进到设计深度，排量为 1000gal/min。在接钻具的时候泵入 50bbl 高黏清扫液，计算好顶替时通过下部钻具的时间。改变钻压和转速控制最大瞬时机械钻速为 150m/h，提供的当量钻井液密度要控制在设计的孔隙压力和破裂压力梯度窗口之间。一旦建立钻进，就要维持钻进参数不变，以帮助确认与超压和未压实砂层有关的钻进放空现象。

⑥如果孔隙压力有轻微的升高，或当钻进到地震预期高压带，在接钻具的时候清扫液要加重。

⑦观察当量钻井液密度以判断井眼是否清洁，由于随着井眼的深度增加，如果当量循环密度接近破裂压力梯度，调整机械钻速和清扫井眼的频率。如有必要停下来进行循环清洁井眼。

⑧用 ROV 随时密切观察回流的变化，特别是接钻具的时候。

⑨如果观察到当量循环密度突然增加，表明浅层流可能已经发生。立即停止钻进，泵入 50bbl 加重的清扫液通过下部钻具，然后进行回流检查。

⑩如果发生溢流，立即以大排量进行顶替压井钻井液，泵入压井钻井液直到当量循环密度把井压住为止，停泵进行回流检查，观察是否有漏失。

⑪对钻井液量进行评估以确保安全钻进，直到地面钻井液量得到补充而且供应船已经连接好管线，才能进行钻进，只有钻井液量充足才能继续钻进到下套管深度。

⑫仔细观察钻井液的使用率，从而调整排量。

⑬用于清扫井眼的高黏钻井液量逐渐减少，观察当量循环密度，仅仅在需要的时候泵入清扫液。

⑭不管是否用海水还是用加重钻井液钻进该井段，泵入 100bbl 的高黏清扫液，紧接着用 120% 裸眼体积的钻井液进行顶替。此钻井液应该加重到在静止状态下的允许漏失当量循环密度，漏失小于 $10cm^3/30min$，屈服强度小于 $20lb/100ft^2$，带有平滑的剪切曲线。如果可能的话，则备用压井钻井液用来准备顶替。

⑮不要进行通井，泵入理论顶替钻井液体积的 1.5 倍，直到泥线以下 90m，避免冲垮地层，应该用聚合物材料处理钻井液。

⑯起钻，立下部钻具于井架，准备下套管。

⑰套管充满重钻井液。

⑱一旦套管下到位，循环一周，泵的排量应该按照钻井过程中控制的当量循环密度给出相同的环空排量。

⑲按照程序进行固井。

⑳ ROV 应该继续观察海床处的气流、水流的显示，直到表层套管水泥样品充分凝固。

4.7.7 带转喷器的隔水管钻进井控程序

如果有溢流显示，钻头提离井底，继续保持循环并检查溢流。一旦确定有溢流，司钻应执行以下隔水管防喷器钻进的井控程序：(1) 打开下风向放喷管线，关转喷器；(2) 以最大泵速向井眼内打压井钻井液；(3) 如果仍不能压住井，继续以高泵速向井眼内泵海水，同时继续配压井钻井液；(4) 在进行以上作业的同时应做好平台移位准备工作（浮式钻井船）。

如果所有的这些程序不能压住井，将需要做以下决定：继续压井，或者通过转喷系统把井内的浅层气释放掉，或者释放隔水管，平台移位（浮式钻井平台）或撤离平台。

下决定前需要考虑很多因素：(1) 天气；(2) 设备状况；(3) 溢流类型（油，水，或沙）；(4) 溢流是否在增加。

4.7.8 紧急脱开作业程序

压井作业过程中，由于环空压力太高或设备故障而导致防喷器不安全时就应该弃井位了。另外，在压井作业过程中有时平台的运动幅度可能会很大，这时平台应急脱开井位就比较必要了。平台的运动可能由恶劣的海况引起，也可能由平台定位装置的故障引起（如锚，动力定位装置等）。故应事先制订一套压井过程中的应急脱开程序。若脱开前 BOP 不能提供足够的安全保障或套管下得太浅不适合关井，可考虑通过钻杆固井或打重晶石。卸开钻杆前钻杆内应有一个机械式防喷装置，在弃井位以前，如果时间允许，以下程序可作为脱开作业程序的指南：

(1) 若没有装浮阀的话，用重浆把回压阀泵送到接收短节里面。
(2) 放掉钻杆内部的压力。
(3) 提起闸板支撑的那部分钻柱。
(4) 关环形防喷器，调节关闭压力以便让钻杆接头可以插入或拔出环形防喷器，打开闸板。
(5) 按关环形防喷器状态的上提钻具程序起钻至要坐挂的闸板上的钻杆接头的位置。
(6) 安装平台的水下释放工具，如果没有水下释放工具的话，卸松坐挂钻杆接头。按关环形防喷器状态的操作程序把钻具下回到合适的位置。
(7) 立刻按程序把水下释放悬挂工具或卸松的接头下到关闭的环形防喷器上面。
(8) 关闸板防喷器，打开环形防喷器。
(9) 下放钻柱，坐悬挂工具或卸松的钻杆接头到悬挂闸板上，锁闸板防喷器。
(10) 释放掉悬挂工具或倒开卸松的要坐到悬挂闸板以上的钻杆接头。
(11) 关闭并锁紧悬挂工具或卸掉钻杆接头上面的剪切盲板。
(12) 关节流阀。
(13) 有必要的话起出剩余的钻杆，脱开隔水管。

如果因为海况或井中的其他问题不能执行以上程序，应执行以下应急释放程序：
(1) 悬挂钻杆，关闸板。
(2) 若没有装浮阀的话，用重浆把回压阀泵送到接收短节里面。

（3）放掉钻杆内的压力。
（4）用盲板剪断钻杆，保持盲板关闭。
（5）释放隔水管。

4.7.9 回挤法压井作业程序

如果不能正常通过循环的方法来压井的话，可考虑通过挤钻井液的方法压井。可以把钻井液（流体）顶替（挤入）较薄弱的裸眼地层。那么，如果发生了以下井况可考虑挤钻井液：

（1）平台现有的设备和人员不能安全地处理硫化氢或高压气流。
（2）由于以下原因不能进行常规循环：①钻杆被剪断或井眼内没有钻杆；②钻柱已经远离井底；③钻柱不通；④钻柱刺漏或脱落。
（3）井涌和井漏同时发生（下挤的速度必须大于气体的上升速度以免井况进一步恶化）。
（4）如果通过计算得出通过常规压井的方法很可能导致井控局势进一步恶化（在这种情况下，应该把溢出的流体挤入地层）。

对绝大部分井控作业来说，挤钻井液不是一种常规的压井方法，使用前现场钻井监督、钻井承包商和钻井作业主管必须要熟悉这种压井方法。

执行挤钻井液作业之前应考虑以下几点：
（1）考虑使用体积法。
（2）检查泵、井口头和套管的压力限制。
（3）如果怀疑有气体（关井压力持续升高，意味着气体在上移）进入，挤入泵速必须超过气体的上升速度。如果泵压在上升而不是下降，这意味着泵速太低不能压井成功。这种问题通常出现在大直径的井眼当中。
（4）挤钻井液的过程中通常存在把套管鞋处的地层压漏而不是把产层压漏的可能性，这会增加套管鞋地下井喷或套管附近井涌的风险。
（5）建议在泵和井之间安装一个单向阀，以防止地面设备发生故障时产生回流。
（6）要为作业过程中可能出现的井漏准备备用钻井液和堵漏材料。

4.7.10 体积法压井作业程序

当有气体从井底上移，但不能循环排气，且挤钻井液压井的方法不可行或不适宜时，可使用体积法。

体积法是在气体上移时保持井底压力不变或稍高于地层压力的一种排气方法。

体积法是在气泡上升时有控制地放掉一部分钻井液体积，同时确保井底以上的钻井液柱压力大于井底压力。一旦气泡到达地面，就可以用顶部压井程序用钻井液置换掉井中的气体。

在进行体积法压井之前要同钻井主管商量相关事宜。

使用体积法，应执行以下作业程序：
（1）记录关井套压。
（2）允许关井套压在一个安全的范围内增加（通常为 100~200psi）。这是一个可以是井眼中的静液柱压力高于地层压力的一个安全增加值，不要超过套管鞋的破裂压力。

（3）让关井套压增加 50psi，这个数值在程序的安全增加值之内。

（4）计算出井中降低 50psi 静液柱压头所需放出的液柱的体积。

（5）从井眼中慢慢放掉第（4）步所计算出的钻井液体积，不要让压力低于第（3）步结束时观察到的井内压力。

（6）重复第（3）至第（5）步，直到气泡到达地面套压不再增加为止。

（7）继续顶部压井程序（见本书第 4.7.8 节），放掉井中的气体。

4.7.11 顶部压井法井控作业程序

顶部压井法是除去到达地面的气体的一种井控方法。这个压井方法主要是保持井内的液体压力在钻井液安全的范围内高于井底压力，以确保没有气体再进入井中。

司钻应使用以下压井程序：

（1）记录关井套压。

（2）向井眼中泵入钻井液至套压增加 50psi，精确地记录泵入的体积，这是让井内液柱压力大于井底压力的一个安全泵入值。

（3）向井内泵入钻井液至井内压力再增加 50psi。

（4）计算第（3）步泵入钻井液静液柱压头的增加值：

$$静液柱压头的增加值 = 0.052 \rho V = AVF \text{（psi）}$$

式中：ρ 为泵入的钻井液密度，lb/gal；V 为泵入的钻井液体积，bbl；AVF 为环空体积参数，或每英尺垂深的体积，bbl/ft。

（5）放掉井中的气体至套压等于第（3）步开始的压力减去第（4）步泵入的静液柱的压力值。

（6）重复第（3）到第（5）步直到放掉井眼中所有的气体。

4.7.12 裸眼电测井控作业程序

钻达电测深度时现场人员有一种松懈的趋势，钻井监督有职责确保在电测作业中能进行有效的井控作业。

（1）电测前调整井况。钻达设计的电测井深后，循环钻井液至捞够所有岩样及钻井钻井液密度差小于 0.2lb/gal。调整钻井液时注意对比钻井时的气测值，以确定是否有烃类流体进入井内。可考虑一趟短起来评估起钻过程中的抽汲情况及井眼是否满足电测条件。

（2）电测时溢流检查。在裸眼电测的过程中，司钻应以目测的方法观察井内液面。电测时用连续填充计量罐的方法来监测井眼是一个比较好的方法。司钻应该记录整个电测过程中的灌浆记录，以便让钻井监督了解井内液面的状况。如果有溢流，司钻要马上通知电测工程师和现场钻井监督，那时就需要采取相应的行动，比如，起初电测工具、下入钻杆、关井或者剪断电缆等。

4.7.13 深水下套管和固井作业井控程序

用相对密度较大的水泥浆压井是固井过程中的一种基本的井控方法。绝大部分套管柱在浮箍和浮鞋处都装有回压阀。但是，如果在下套管时浮阀失效时，就需要一种能够插入套管建立循环的方法。这就需要下套管或尾管时必须有一个带浮阀的套管循环投在钻台。

下套管或尾管时，灌浆工具的一个很小的故障都会引起环空液面的突降从而引起静液柱压力的降低。大直径的套管可能会引起压力激动，下套管的速度过快可能压漏地层，上下活动套管或尾管增加了抽吸作用引起的风险和压漏地层的风险，故下套管或尾管时一开始就应该至少下5根灌一次浆。

如果装了套管闸板，下套管前应该先试压，以便作为环形防喷器的一个备用设备。

固井过程中，最好回收所有返到地面的钻井液，以便可把泵入的水泥和返出的钻井液量做对比，从而来判断井中的是否有溢流或漏失。

(1) 下尾管井控作业程序。下尾管发生溢流时的处理方法和起下钻时井涌时的处理方法相同。尽可能试着把套管下到设计的坐挂深度。

(2) 下套管井控作业程序。对于第1类和第2类BOP如果没有安装环形防喷器的话钻杆闸板应更换为套管闸板，对于第3、第4和S类BOP则不需要套管闸板。

在下套管时如果发生溢流可能会产生严重的复杂情况，这时要慎重考虑你所要采取的处理过程。如果再下几根套管就可以把套管鞋下到井底的话就尽可能下完套管。如果只下了很少一部分套管，环空压力有可能把套管柱推出井眼。

如果井中已经下了一大段套管，套管的复合应力、外部环空压力和防喷器压力可能会挤坏套管，因此应先打开节流阀，然后很小心地关环形防喷器。关上节流阀以后应仔细观察套管。当环空压力作用在大段的套管上，环空压力增加时大钩重量将会明显减小。由于套管直径相对较大而环空相对较小，故应使用较小的泵速顶替钻井液。要注意把套管内替为重浆的时间要远比把钻杆内替为重浆的时间长。

(3) 固井井控作业程序。固井作业时井内产生溢流。产生溢流的根本原因是由静液柱压力损失造成的，这些损失来自于水分离、水泥脱水、水泥缓凝剂设计不合理或性能不好、环空灌浆量不够、固井时井漏、固井时井内钻井液气侵、固井时活动井内管柱时产生了抽吸作用。

水泥开始凝固时的静液柱压力损失使气体能够穿过水泥上移，气体上移的同时形成通道，从而进一步降低了静液柱压力。如果地面压力升高，不要泄压，因为这样可能导致情况进一步恶化。

只有在水泥凝固以后且环空已经没有溢流后才能拆防喷器组。应通过合理设计从下到上的水泥缓凝剂以实现整段水泥在同一时间内凝固。

4.7.14 压井过程中可能出现的复杂情况及应对措施

表4—7—1和表4—7—2总结出了出现的各种问题的成因及尽可能防止复杂情况恶化的措施。

表 4-7-1 井下复杂问题

问题	原因	结果	措施
井漏	(1) 套压过高； (2) 存在易漏失区； (3) 环空堵塞	调节节流阀时压力无变化	(1) 关井观察压力变化； (2) 降低循环排量，打堵漏剂； (3) 在没有井涌的情况下试着用钻井液循环
井下问题	(1) 压力过高； (2) 脆弱地层； (3) 破裂或高渗透地层	(1) 溢流串层； (2) 井漏无法控制； (3) 井下（溢流/漏失）； (4) 套压时升时降，立压下降或为零	(1) 用重浆压住井下溢流； (2) 使用堵漏钻井液阻止溢流流向脆弱地层； (3) 考虑使用水泥封隔地层； (4) 考虑使用油泥和（或）重晶石塞封隔漏层
卡钻	(1) 使用了过平衡钻井液； (2) 井眼不稳定	(1) 压差导致卡钻； (2) 桥堵； (3) 井漏； (4) 当套压降得很低时钻杆压力刚开始下降或一直升高	(1) 压井时保持活动钻具以免压差黏卡； (2) 考虑在卡点以上打孔，然后继续压井； (3) 压井，然后解卡
下套管（尾管）时井涌	(1) 井内产生了抽吸力或激动压力； (2) 井内有气泡	(1) 环空有溢流； (2) 钻井液池体积变化； (3) 关井后，可观察到套压升高，大钩悬重明显减少，套管可能会被推出井眼	(1) 由于环空很小需降低泵速； (2) 如果使用了自动灌浆式套管鞋，关井前必须安装套管循环头； (3) 如果可能的话，接上钻杆下钻至BOP内； (4) 考虑固井； (5) 考虑使用油泥或重晶石； (6) 考虑通过钻杆向井内挤钻井液； (7) 考虑使用体积法压井
钻头或水眼部分堵塞	(1) 来自钻井液或高压钻杆/水龙头的掉块； (2) LCM，堵漏剂	(1) 钻杆压力升高，套压不变； (2) 立压突然增加，不能沿钻杆向下循环，套压只有微小变化或无变化	(1) 循环出溢流后返循环，如果有必要的话降低循环压井的排量； (2) 用猛开猛停泵的方法清洗钻头； (3) 如果井内有气体上升，考虑用体积法压井
水眼冲蚀或碎裂	(1) 长时间循环引起的冲蚀； (2) 水眼冲蚀会让人误解为钻柱出问题	钻杆循环压力降低而套压不变	降低钻杆压力
钻杆断	(1) 钻杆接头或本体坏； (2) 氢脆破坏	(1) 悬重减小； (2) 立压减小而套压不变； (3) 如果断点在井涌点以上，关井立压要比预计的高； (4) 如果断点在井涌点以下则关井立压接近预计值	(1) 如果断点在溢流点以下，降低泵压继续循环至压井完毕； (2) 如果断点在溢流点以上，让溢流继上升运移至地面或至少上升至断点（体积法）； (3) 考虑用上提测试或泵入示踪物来确定断点的位置； (4) 考虑下入打捞设备重新接回钻杆继续压井
钻杆内有漏洞	(1) 冲蚀； (2) 接头或钻杆本体坏； (3) 井下设备如振击器等密封坏； (4) 氢脆破坏	(1) 立压减小而套压不变； (2) 如果漏洞在井涌点以上，关井立压要比预计的高； (3) 如果漏洞在井涌点，则关井立压接近预计值	(1) 如果钻杆上的洞在溢流点以下，降低泵压继续循环至压井完毕； (2) 如果漏洞在溢流点以上，让溢流继上升运移至地面或至少上升至断点（体积法）； (3) 考虑用上提测试或泵入示踪物来确定漏洞的位置； (4) 考虑更换掉有漏洞的钻杆

表 4-7-2 井上复杂问题（地面或水下）

问题	原因	结果	措施
套压过高	(1) 井涌规模较大； (2) 循环出溢流时气体膨胀	(1) 压井过程中关井压力很高； (2) 在地面要处理大量的气体	(1) 如果井涌规模较大则考虑循环前把溢流挤入地层； (2) 以较高的排量在较低的套压情况下循环出气体（低节流压力），处理好返到地面的气体
立压过高	(1) 井涌规模较大； (2) 循环出溢流时气体膨胀； (3) 气体进入钻柱	(1) 压井过程中关井压力很高； (2) 压力可能超过环形防喷器管汇和水龙带的额定压力	(1) 如果井涌规模较大则考虑循环前把溢流挤入地层； (2) 关防喷阀，立回方钻杆，循环前接固井管线
泄漏	(1) 环形防喷器漏； (2) 闸板橡胶漏； (3) 法兰漏	(1) 井内有钻井液或气体跑出； (2) 返出失控； (3) 井眼中出现二次井涌	(1) 关下闸板继续压井或修理漏失； (2) 如果能够到漏失处，垫入堵漏浆和（或）人造橡胶密封材料堵漏； (3) 如果需要则变换流体流程； (4) 考虑打重晶石塞堵住井涌区域
阻流管线漏或断	阻流管线、法兰或阻流阀漏或刺穿	(1) 井内有流体或气体跑出； (2) 返出失控； (3) 造成井中二次井涌	(1) 关 BOP 上的阻流阀，继续用另外一组阻流（压井）管线压井； (2) 关下闸板修理漏失； (3) 如果不能隔离漏失，打入堵漏材料或橡胶堵漏剂堵漏； (4) 有必要的话分流考虑用重晶石堵住溢流地层
金属落物	井中有高研磨性固体返出	(1) 不能减小节流管线的流体的流量； (2) 井中流体或气体跑出； (3) 节流阀关闭后钻杆和套管压力仍然下降	(1) 关闭未断的部分的阀修理损坏区域； (2) 切换到备用节流阀继续压井
钻杆滤网堵	(1) 来自钻井液池或高压管线(水龙带)掉块(杂物)； (2) 堵漏剂	(1) 立压增加而套压不变； (2) 立压突增不能沿钻杆向下循环而套压只有很小的变化或不变； (3) 泵安全阀被憋开	(1) 如果可能的话，关井清堵； (2) 用溢流解堵； (3) 用体积法压井； (4) 找出并考虑清除系统中的易堵材料
钻井泵排水滤网堵	(1) 来自钻井液池的杂物； (2) 堵漏剂	(1) 立压增加而套压不变； (2) 泵安全阀被憋开； (3) 可能降低节流阀的流量； (4) 可能更多的溢流进入井内	(1) 停泵，隔离堵塞区域，清堵； (2) 转到备用泵； (3) 找出并考虑清除系统中的易堵材料
一个泵失效	(1) 电源故障； (2) 机械故障； (3) 上水堵； (4) 刺漏	(1) 可能更多的溢流进入井内； (2) 立压或套压变化； (3) 气体上升	(1) 检查关井压力； (2) 启动备用泵； (3) 检查循环压力； (4) 考虑使用体积法压井； (5) 用固井泵压井
不能循环出流体	机械或其他地面设备问题导致不能循环出溢流	(1) 气体将会上升到地面； (2) 由于气体上升套压将会增加	(1) 监测关井套压及其增压情况； (2) 计算气体的上升速度（压力增加值(psi/min) 除以钻井液压力梯度(psi/ft)）得出气体的上升速度 (ft/min)，用体积法压井

续表

问题	原因	结果	措施
不能关BOP	(1) 储能瓶空； (2) 储能瓶阀关闭； (3) BOP 关闭系统的动力或机械故障； (4) BOP 控制管线或系统漏	井中溢流失控	(1) 检查储能瓶； (2) 检查储能瓶和 BOP 关闭装置的阀和电器开关； (3) 把钻井泵或固井泵接到 BOP 上来关闭 BOP
除气器不工作	(1) 电源或机械故障； (2) 管线堵塞	(1) 井内打入气体或气侵钻井液； (2) 井中可能打入了过重的钻井液； (3) 钻井液可能会遭到严重污染	(1) 关井至除去钻井液池中的气体； (2) 修除气器； (3) 尽可能用钻井液枪和钻井液搅拌器除去气体； (4) 使用带压钻井液比重计； (5) 优化钻井液流变性以便气体排出
阻流管线或管汇堵	(1) 岩屑或固体颗粒； (2) 重晶石被溢流顶出	(1) 立压增加套压降低； (2) 返出减少或无返出	(1) 通过阻流管线返循环； (2) 使用备用的阻流或压井管线； (3) 关井清理管汇
阻流阀堵	(1) 岩屑或固体颗粒； (2) 结冰了； (3) 遥控阀意外关闭	(1) 立压增加套压降低； (2) 返出减少或无返出	(1) 反复开关阻流阀； (2) 使用备用阻流管线和（或）阻流阀； (3) 通过阻流阀返循环
泄漏或压井管线断	压井管线、压井管线法兰或压井阀泄漏或刺漏	(1) 井内流体或气体跑出； (2) 返出失控； (3) 形成第二次井涌	(1) 关掉 BOP 上的压井阀继续用另一个阻流管线压井； (2) 关下闸板修理漏失； (3) 如果漏失无法隔离，泵入堵漏浆或橡胶堵漏材料堵漏； (4) 有必要的话分流； (5) 考虑打重晶石堵住溢流地层

4.7.15 深水井控需要考虑的主要因素

(1) 静液柱压力损失。当隔水管脱开或其他原因漏失时，隔水管内的钻井液静液柱将会由海水来代替，如果防喷器是打开的，由于静液柱压力的减小可足以导致井涌。这个问题在深水作业中就更加明显。例如，若隔水管内的原浆密度如果是 14lb/gal，在 1500ft 水深的井上脱开 1570ft 隔水管将会丧失 480psi 的静液柱压力，计算公式为：$0.052 \times (14\text{lb/gal} \times 1570\text{ft} - 8.5\text{lb/gal} \times 1500\text{ft}) = 480\text{psi}$。

显然像这样的压力损失发生在渗透性好的裸眼地层且原来的过平衡压力不等于或超过 480psi 就会发生溢流。隔水管存在脱开或其他原因漏失而导致压力丧失的可能性，这也是水下防喷器需配备储能器以便能够快速关闭的原因之一。

(2) 气体在关闭的海底防喷器下聚集。当一口井用盲板/剪切闸板关井后，如果钻开一个或多个渗透性好的地层，井内所有点的压力将会形成一种初始压降，这种压降来自于关在防喷器井里面的钻井液滤失。

这个压力到零后，作用在钻开的渗透性好的地层的静液柱压力大于它们的各自空隙压力，井内的这种压力降将允许钻开一个气层里的气体进入井内而钻井液向另外一个钻开层渗漏。这种现象不管闸板下面的压力是否为零都可能发生，进入井内的气体将通过钻井液柱上升并最终聚集到关闭的防喷器下。

以上所述现象无论在陆地上的井还是海上的井都会导致气体聚集在井下塞或套管外封隔器下面，如果这些过程具备进一步发展的条件，聚集在防喷器或井下塞子下面的气体的压力将远高于防喷器或井下塞上面静液柱的压力。井队在回接海底防喷器或钻井下塞时应该做好处理下面聚集的高压气体的准备。

(3) 如何释放 BOP 下面的聚集气体。压井完毕后，隔水管必须改用压井钻井液来循环。如果处理不当，聚集在 BOP 下面的气体可能会导致严重的问题。具体请参考国际钻井承包商协会（IADC）深水井控指导大纲。

虽然气体在 BOP 下面时的体积很小，但接近地面时就可能导致实实在在的井涌，应该有控制地释放掉 BOP 下面的聚集气体，具体步骤如下：

①关一组闸板封井，下闸板或中闸板（关闭的闸板上面要有一个从压井管线向阻流管线的有效通道）。

②用漂浮泥浆基钻井液（水，柴油，……）从压井管线向阻流管线替出压井重浆，顶替过程中要保持节流阀处的回压等于阻流和压井管线之间的压差。

③返出干净时停泵。

④关压井阀。

⑤从阻流管线泄压，释放基液和气体。

⑥当不再有流体返出时，关闭分流器，打开灌浆管线从上面灌浆，打开环空，从压井管线回收返出的钻井液。

⑦井眼稳定时，沿隔水管向上循环重浆。

(4) 万能防喷器。由于万能防喷器上的隔水管已充满钻井液，要关闭已受钻井液柱压力的万能防喷器，这种情况使用的关闭压力通常建议比万能防喷器在地面大气压条件有所增加。这个增加值由万能防喷器的设计和控制系统与它连接方法共同来决定，使用时要考虑厂家提供的数据。

(5) 水下长节流管线。目前已有很多有关深水井控遇到的节流管线压力损失的论文，大部分作者建议通过做一系列试验来求出节流管线压力损失因素，最后得出解决这个问题的方法是降低泵速从而使它造成的压降不至于影响到压井。由于所有的压井程序都是通过控制放喷条件（节流阀开度和溢流流速）来保持一定的立压，而环空、阻流管线或节流阀实际摩阻压降都是次要的。最重要的是要有正确的立压。压井作业时另外一个长节流管汇效应来自于由密度差引起的不同流体快速置换。

气体井涌循环时，气体进入阻流管线，在气体由环空快速填充进相对较小的阻流管线时，环空中的静液柱压力就会明显减少，如果要保持井底压力不变，就需要增加较多的环空压力来补偿这种压力损失。单单这环空的压力并不会带来什么问题，但是，它改变的速度确会引起其他连锁反应。在常规压井作业中，人工调节节流阀的速度不足够来保持所必需的环空压力，因而，立压就会降低，井底压力下降后就会引起第二次井涌。

当溢流进入阻流管线时，应该关井以便稳定井内压力。如果立管压力读数为 0，这意味着立管内的压力处于平衡或过平衡状态，这时应慢慢开泵直到立管表有 50～100psi 的正压力。然后，循环排气时用尽可能低的可控泵速——哪怕是要切换到固井泵来循环，循环时应考虑使用 1/4～1/2 的常规泵速，在这样的泵速下就可用手工操作节流阀来保持预期的 50～100psi 的泵压。

（6）把钻具接头坐挂在闸板防喷器上的操作程序。

打开补偿器，关闸板，坐钻具接头到闸板上，补偿器在中位时，调节补偿器压力使闸板只承受闸板防喷器下面钻具的部分重量。配好钻具长度，以便在坐钻柱到闸板上以后能保持方钻杆下防喷阀在转盘面以上。

在打开运动补偿器状态下坐钻杆接头到闸板上的步骤：

（1）选定悬挂闸板（悬挂钻杆接头的闸板）上面的钻杆接头，确保所选择的钻杆接头挂在闸板后，在可预测的最大井涌和潮位时方钻杆下防喷阀仍在转盘面以上，以便于操作。

（2）以较小的操作压力关闭悬挂闸板。

（3）小心下放钻柱，使接头坐到悬挂闸板上面，提高关闭压力，锁闸板防喷器。

（4）降低补偿器压力，使它只承受适当的钻柱重量。

进行操作时应考虑以下因素（所有的这些应提前考虑到）：（1）转盘到环形防喷器之间的距离；（2）平台的最大垂向运动，这由平台处的潮汐变化和平台允许的最大升沉来决定；（3）悬挂闸板和环形防喷器之间的距离；（4）防喷器以上钻杆接头的位置；（5）循环头的安装和长度；（6）坐钻柱时钻头相对井底的位置。

参 考 文 献

[1] Orban J J, Zanner K J, Orban A E. New Flowmeter for Kick and Loss Detection During Drilling [C] .SPE 16665, 1987.

[2] David Hargreaves, Stuart Jardine, Ben Jeffryes. Early Kick Detection for Deepwater Drilling: New Probabilistic Methods Applied in the Field [C] .SPE 71369, 2001.

[3] Paul Fredericks, Don Reitsma, Tom Runggai.Successful Implementation of First Closed Loop, Multiservice Control System for Automated Pressure Management in a Shallow Gas Well Offshore Myanmar [C] .SPE/IADC 112651, 2008.

[4] 隋秀香，许寒冰，李相方．声波随钻气侵检测实验研究与应用评价 [J]．天然气工业，2007，27（9）：2007.

[5] Hannegan D, Todd R J, Pritchard D M, et al. MPD-uniquely Application to Methane Hydrate Drilling [C] . SPE/IADC 91560, 2004.

[6] Bern P A, Armagost W K, Bansal R K. Managed Pressure Drilling with the ECD Reduction Tool [C] . SPE 89737, 2004.

[7] Bansal R K, Brunnert D, Todd R, et al. Demonstrating Managed Pressure Drilling with the ECD Reduction Too [C] . SPE/IADC 105599, 2007.

[8] Smith J R, Bourgoyne D A, Shelton J, et al. Reducing Deepwater Drilling Costs (part 2): Riser Dilution and Cost Comparisons [J] . Gas TIPS, 2005, 11 (4): 14–17.

[9] 陈国明，殷志明，许亮斌，等．深水双梯度钻井技术研究进展 [J]．石油勘探与开发，2007，34（2）：246-251.

[10] Bansal R K, Brunnert D, Todd R, et al. Demonstrating Managed Pressure Drilling

with the ECD Reduction Tool [C]．SPE/IADC 105599, 2007.

[11] Terwogt J H, Makiaho L B, Van B N, et al. Drilling and Well Services Pressured Mud Cap Drilling from a Semi-submersible Drilling Rig [C]．SPE/IADC 92294, 2005.

[12] Foster J K, Steiner A. The Use of MPD and an Unweighted Fluid System for Drilling ROP Improvement [C]．DC/SPE 108343, 2007.

[13] Dharma N, Shaun J, Toralde S. Combining MPD with Downhole Valve Enables High Rate Gas Wells [J]．World Oil, 2008, 229 (3)：7.

[14] Niznik M R, Elks W C, Zenilinger S C, et al. Pressurized Mud Cap Drilling in Qatar's North Field [C]．IADC/SPE 122204, 2009.

[15] Calderoni A, Brugman J D, Vogel R E, et al. The Continuous Circulation System—from Prototype to Commercial Tool [R]．SPE 102851, 2006.

[16] Vogel R. Continuous Circulation System Debuts with Commercial Successes Offshore Egypt, Norway [J]．Drilling Contractor, 2006：50-52.

[17] Santos H, Reid P, Jones J, et al. Developing the Micro-flux Control Method—part1：System Development, Field Test Preparation, and Results [C]．SPE/IADC 97025, 2005.

[18] Santos H, Reid P, Leuchtenberg C, et al. Micro-flux Control Method Combined with Surface BOP Creats Enabling Opportunity for Deepwater and Offshore Drilling [C]．OTC 17451, 2005.

[19] Santos H, Reid P, McCaskill J, et al. Deepwater Drilling made more Efficient and Cost-effective：using the Microflux Control Method and a Ultralow Invasion Fluid to open the Mud Weight Window [C]．OTC 17818, 2006.

[20] Santos H, Catak E, Kinder J, et al. First Field Application of Microflux Control show very Positive Surprises [C]．IADC/SPE 108333, 2007.

[21] Santos H, Catak E, Kinder J, et al. Kick Detection and Control in Oil-based Mud：Real Well-test Results using Microflux Control Equipment [C]．SPE/IADC 105454, 2007.

[22] Calderoni A, Girola G, Maestrami M, et al. Microflux Control and E-CD Continuous Circulation Valves allow Operator to Reach HPHT Reservoirs for the First Time [C]．IADC/SPE 122270, 2009.

[23] Calderoni A, Girola G, Maestrami M, et al. Micro-flux Control, E-CD Continuous Circulation Valves Allow Operator to Reach HPHT Reservoirs [J]．Drilling Contractor, 2009, 5：3.

[24] Chustz M J, May J, Wallace C, et al. Managed-pressure Drilling with Dynamic Annular Pressure-control System Proves Successful in Redevelopment Program on Auger TLP in Deepwater Gulf of Mexico [C]．IADC/SPE 108348, 2007.

[25] Reitsma D, Fredericks Paul, Suter R. Modified Automated Pressure-control Technology Offers Smaller Footprint for Land MPD Operations [J]．Drilling Contractor, 2007：82-84.

[26] Mosti I, Flatebø A S. Highly Advanced Multitechnical MPD Concept Extends Achievable HPHT Targets in the North Sea [C]．SPE/IADC 114484, 2008.

[27] Tellez C P, Duno H, Colombine W, et al. Successful Application of MPD Technique in a HP/HT Well Focused on Performance Drilling in Southern Mexico Deep Fractured Carbonates Reservoirs [C]. IADC/SPE 122200, 2009.

[28] Bansal R K, Brunnert D, Todd R, et al. Demonstrating Managed Pressure Drilling with the ECD Reduction Tool [C]. SPE/IADC 105599, 2007.

[29] Dharma N, Toralde J S. Managed Pressure Drilling and Downhole Isolation Technologies Deliver High Rate Gas Well [C]. SPE/IADC 114703, 2008.

[30] Vogel R. Continuous Circulation System Debuts with Commercial Successes Offshore Egypt, Norway [J]. Drilling Contractor, 2006：50-52.

[31] Santos H, Reid P, Jones J, et al. Developing the Micro-flux Control Method-part1：System Development, Field Test Preparation, and Results [C]. SPE/IADC 97025, 2005.

[33] 罗伯特 D 格雷斯. 井喷与井控手册 [M]. 北京：石油工业出版社，2006.

[34] Patrick Isambourg, Armel Simondin, Total Fina Elf, Regis Studer Total Fina Elf Angola E&P, Offsetting Kill and Choke Lines Friction Losses for DeepwaterWell Control：The Field Test [C]. SPE 74470, 2002.

[35] 常志强，等. 高温、高压凝析气井井筒动态分析新方法 [J]. 断块油气田，2006，13（2）：48-50.

[36] 陈华，李志豪，黄建刚. 压回法压井技术在北部扎奇油田的运用 [C]. 西部探矿工程，2008，10：96-98.

[37] 陈玉平. 套管压力在油气井压力控制中的应用 [J]. 西部探矿工程，2004（12）：91-92.

[38] 高永海. 深水油气钻探井筒多相流动与井控的研究 [D]. 东营：中国石油大学（华东），2007.

[40] 林安村，韩烈祥. 罗家16井井喷失控解读 [J]. 钻采工艺，2006，29（2）：20-22.

[41] 卢志红，高兴坤，曹锡玲，等. 气侵期间环空气液两相流模拟研究 [J]. 石油钻采工艺，2008，30（1）：25-28.

[42] 苏堪华，管志川，周广陈. 水平井压井立压控制误差分析与井口套压预测 [J]. 中国石油大学学报：自然科学版，2008，32（1）：51-55.

[43] 孙福街，张小平. 深层高温高压凝析气井压力分布的简便算法 [J]. 石油大学学报：自然科学版，2004，28（6）：57-60.

[44] 王志远，孙宝江. 深水司钻压井法安全压力余量及循环流量计算 [J]. 石油大学学报：自然科学版，2008，32（3）：71-74.

[45] 曾明昌，等. 气井喷漏同存的处理技术研究 [J]. 天然气工业，2005，25（6）：42-44.

[46] 周延军，龙芝辉，李文飞，等. 钻井环空气液两相流动及气相漂移上升速度规律研究 [J]. 油气田地面工程，2009，28（11）：1-3.

第5章 深水钻井完井测试管串设计与工艺

5.1 深水钻井完井测试井筒温度及压力计算

在油气完井测试过程中，油气层产物（油、气、水）或在油管内由下向上流动（开井流动工况下），或在油管内处于静止状态（关井求压工况下）。在井底（产层附近），管内流体温度及压力与产层温度及压力相近。井筒温度及压力的变化，将对完井测试作业带来一系列不利的影响。了解深水完井测试井筒温度及压力的变化规律，计算深水完井测试作业过程中井筒温度及压力，对测试管柱设计和天然气水合物或原油结蜡的预测及防治等具有重要意义。

5.1.1 气液两相管流与井筒传热计算模型

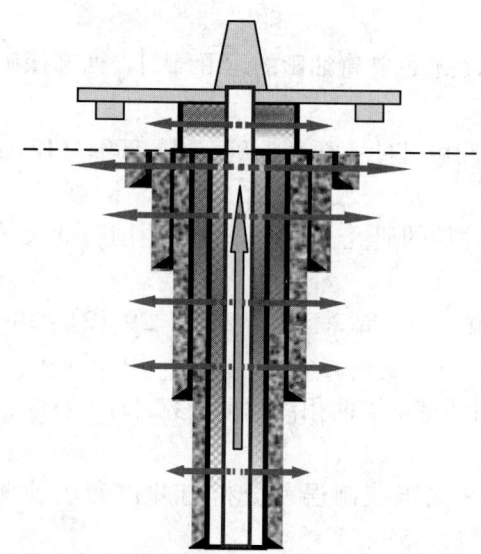

图5-1-1 管内流动与井筒传热物理模型

在深水完井测试过程中，管内流动与井筒传热的物理模型如图5-1-1所示。

整个系统由油管、各层套管、隔水管、油管—套管环空（充填完井液）、套管—套管环空（充填水泥或钻井液）、油管—隔水管环空（充填完井液）、套管—地层环空（充填水泥）、半径为∞的地层和海水等部分组成。

5.1.1.1 基本假设条件

（1）产层流体流入时的温度和压力保持恒定。

（2）产层流体在井筒内作一维稳定流动。

（3）流动状态下，井筒内（从油管内壁到第二界面）的传热为稳定传热；静止状态下，井筒内传热为非稳定传热。

（4）地层和海水传热为非稳定传热。

（5）所有井深方向的热交换忽略不计。

（6）忽略摩擦热和动能的影响。

（7）已知地温梯度、海水温度分布，地层温度是井深的线性函数。

（8）油管、套管同心。

5.1.1.2 气液两相管流压力梯度微分方程

以井口为原点，沿油管轴向为z轴正向，建立如图5-1-2所示的坐标系。

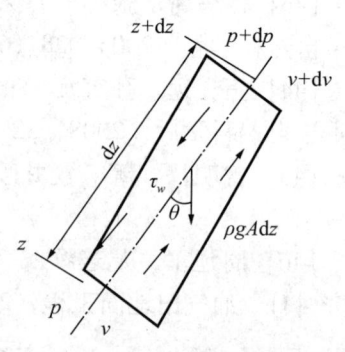

图5-1-2 井筒坐标系

在图 5–1–2 所示的单位长度控制体内，一维稳定流动满足以下动量守恒方程：

$$-A\mathrm{d}p - f\frac{\rho v^2}{2d}A\mathrm{d}z - \rho g A\mathrm{d}z\cos\theta = A\rho v\mathrm{d}v \tag{5-1-1}$$

将式（5–1–1）改写成微分形式：

$$-\frac{\mathrm{d}p}{\mathrm{d}z} - f\frac{\rho v^2}{2d} - \rho g\cos\theta = \rho v\frac{\mathrm{d}v}{\mathrm{d}z} \tag{5-1-2}$$

式（5–1–2）还可以写成：

$$-\frac{\mathrm{d}p}{\mathrm{d}z} = \left(\frac{\partial p}{\partial z}\right)_1 + \left(\frac{\partial p}{\partial z}\right)_2 + \left(\frac{\partial p}{\partial z}\right)_3 \tag{5-1-3}$$

即总压力梯度等于摩阻、位差和加速度压力梯度三者之和。

式中：ρ 为流体密度，kg/m³；v 为流体流速，m/s；z 为井深，m；p 为流体压力，MPa；g 为重力加速度，取 9.81m/s²；θ 为井斜角，(°)；f 为摩阻系数，无因次；A 为流通面积，m²。

（1）摩阻压力梯度。

$$\left(\frac{\partial p}{\partial z}\right)_1 = f\frac{\rho v^2}{2d} = f\frac{(G/A)v}{2d} \tag{5-1-4}$$

式中，G 为混合物的质量流量，kg/s。

（2）位差压力梯度。

$$\left(\frac{\partial p}{\partial z}\right)_2 = \rho g\cos\theta \tag{5-1-5}$$

气液两相流的密度为：

$$\rho = \rho_l H_l + \rho_g(1 - H_l) \tag{5-1-6}$$

由式（5–1–5）和式（5–1–6）可得：

$$\left(\frac{\partial p}{\partial z}\right)_2 = \left[\rho_l H_l + \rho_g(1 - H_l)\right] \tag{5-1-7}$$

式中：ρ_l 为液相密度，kg/m³；ρ_g 为气相密度，kg/m³；H_l 为持液率，m³/m³。

对油、气、水多相流动，液相密度可按下式计算：

$$\rho_l = c_o\rho_o + c_w\rho_w \tag{5-1-8}$$

式中：c_o 和 c_w 分别为油、水混合物的体积含油率和体积含水率。

（3）加速压力梯度。

$$\left(\frac{\partial p}{\partial z}\right)_3 = \rho v\frac{\mathrm{d}v}{\mathrm{d}z} \tag{5-1-9}$$

对气液两相流，有：

$$v = v_{sl} + v_{sg} \tag{5-1-10}$$

$$\begin{cases} v_{sl} = \dfrac{Q_l}{A} = \dfrac{G_l}{\rho_l A} \\ v_{sg} = \dfrac{Q_g}{A} = \dfrac{G_g}{\rho_g A} \end{cases} \tag{5-1-11}$$

式中：v 为混合物的平均流速，m/s；v_{sl} 和 v_{sg} 分别为液相和气相的折算速度，m/s；Q_l，Q_g 分别为液相和气相的体积流量，m³/s；G_l，G_g 分别为液相和气相的质量流量，kg/s。

整理后有：

$$\left(\dfrac{\partial p}{\partial z}\right)_3 = -\rho v\left[\dfrac{1}{\rho_g^2}\left(\dfrac{G_g}{A}\right)\dfrac{d\rho_g}{dz}\right] \tag{5-1-12}$$

根据气体状态方程，有：

$$\rho_g = \dfrac{Mp}{ZRT} \tag{5-1-13}$$

式中：M 为气体分子量，kg/mol；T 为流体温度，K；Z 为气体偏差系数，无因次；ρ_g 为气体密度，kg/m³；R 为通用气体常数，$R=8314$ J·mol。

$$\dfrac{d\rho_g}{dz} = \rho_g\left(\dfrac{1}{p}\dfrac{dp}{dz} + \dfrac{1}{M}\dfrac{dM}{dz} - \dfrac{1}{Z_g}\dfrac{dZ_g}{dz} - \dfrac{1}{T}\dfrac{dT}{dz}\right) \tag{5-1-14}$$

上式可以简化为：

$$\dfrac{d\rho_g}{dz} = \dfrac{\rho_g}{p}\dfrac{dp}{dz} \tag{5-1-15}$$

将式（5-1-15）代入式（5-1-12）得：

$$\left(\dfrac{\partial p}{\partial z}\right)_3 = -\dfrac{\rho v v_{sg}}{p}\dfrac{dp}{dz} \tag{5-1-16}$$

将式（5-1-4）、式（5-1-7）和式（5-1-16）代入式（5-1-3），得：

$$-\dfrac{dp}{dz} = \dfrac{\dfrac{fGv}{2dA}\left[\rho_l H_l + \rho_g(1-H_l)\right]g\cos\theta}{1-\left\{\left[\rho_l H_l + \rho_g(1-H_l)\right]vv_{sg}\right\}/p} \tag{5-1-17}$$

式（5-1-17）即为气液两相管流压力梯度微分方程式。

5.1.1.3　气液两相管流温度梯度微分方程

在图 5-1-2 所示的单位长度控制体内，一维稳定流动满足以下能量守恒方程（微分形式）：

$$G\left(\dfrac{dh}{dz} + v\dfrac{dv}{dz} + g\cos\theta\right) = q \tag{5-1-18}$$

式中：h 为比焓，J/kg。

（1）比焓梯度微分方程。

由于

$$dH = \left(\dfrac{\partial h}{\partial T}\right)_p dT + \left(\dfrac{\partial h}{\partial p}\right)_T dp = C_p dT - C_p \alpha_J dp$$

所以，比焓梯度 $\dfrac{dh}{dz}$ 可由下式计算：

$$\frac{dh}{dz} = C_p \frac{dT}{dz} - C_p \alpha_J \frac{dp}{dz} \tag{5-1-19}$$

式中：C_p 为流体的定压比热，J/(kg·K)；α_J 为焦耳-汤姆逊系数，K/Pa。

（2）速度梯度微分方程式对气液两相流动，速度梯度可按下式计算：

$$\frac{dv}{dz} = -\frac{v_{sg}}{p}\frac{dp}{dz} \tag{5-1-20}$$

综合式 (5-1-19)、式 (5-1-20)，可得气液两相管流温度梯度微分方程式：

$$\frac{dT}{dz} = \frac{1}{C_p}\left[\frac{q}{G} + \left(\frac{vv_{sg}}{p} + C_p \alpha_J\right)\frac{dp}{dz} - g\cos\theta\right] \tag{5-1-21}$$

5.1.1.4 井筒传热计算模型

根据基本假设条件，可得单位长度控制体在单位时间内向周围地层或海水传递的热量为：

$$q = U_t(T - T_e) \tag{5-1-22}$$

式中：q 为单位长度控制体在单位时间内向周围地层或海水传递的热量，J/(m·s)；U_t 为单位长度控制体的总传热系数，W/(m·K)；T_e 为地层或海水的原始温度；K。

根据井筒周围环境的不同，可以将海洋深水井筒分为上、下两部分，泥线以上部分井筒处于海水的浸泡之中；泥线以下部分井筒则被地层所包围。井筒传热过程如图 5-1-3 所示，可能的传热方式有导热、对流换热和热辐射（气体介质）3 种。

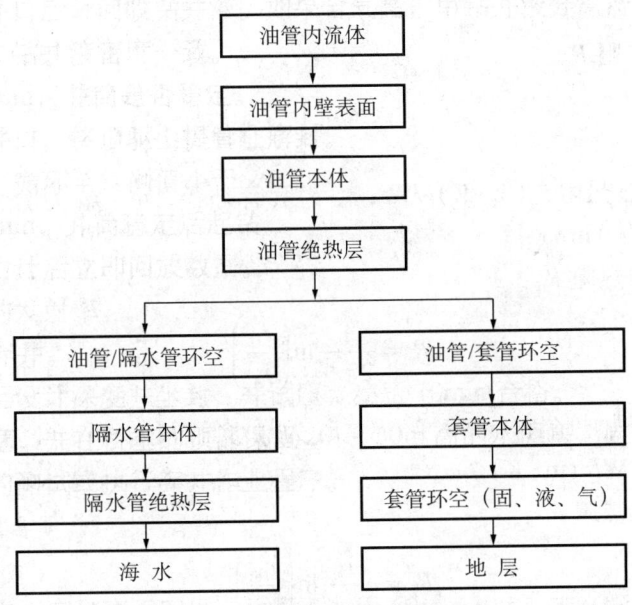

图 5-1-3 海洋深水井筒传热过程

油管内流体通过上井筒向海水传热时，必须克服管内流体向油管内壁表面对流传热热阻 R_0、油管导热热阻 R_t、油管绝热层导热热阻 $R_s^{(t)}$、油管外环空流体传热热阻 $R_{af}^{(t)}$、隔水管

导热热阻 R_r、隔水管绝热层导热热阻 $R_s^{(r)}$ 和海水对流换热热阻 R_w。将各热阻串联，即可得到总热阻。总传热系数等于总热阻的倒数，即：

$$q = \frac{T - T_e}{R_0 + R_t + R_s^{(t)} + R_{af}^{(t)} + R_r + R_s^{(r)}} \tag{5-1-23}$$

油管内流体通过下井筒向周围地层传热时，必须克服管内流体向油管内壁表面对流传热热阻 R_0、油管导热热阻 R_t、油管绝热层导热热阻 $R_s^{(t)}$、油管外环空流体传热热阻 $R_{af}^{(t)}$、各层套管导热热阻 R_c、套管外水泥环导热热阻 $R_{ac}^{(c)}$、套管外流体传热热阻 $R_{af}^{(c)}$ 和地层导热热阻 R_G 等，则总传热系数为：

$$q = \frac{T - T_e}{R_0 + R_t + R_s^{(t)} + R_{af}^{(t)} + \sum_i R_c(i) + \sum_j R_{ac}^{(c)}(j) + \sum_k R_{af}^{(c)}(k)} \tag{5-1-24}$$

(1) 管内流体向油管内壁表面对流传热热阻 R_0：

$$R_0 = \frac{1}{2\pi r_{ti} h_f} \tag{5-1-25}$$

式中：R_0 为油管内流体对流换热热阻，(m·K)/W；h_f 为油管内流体（油、气、水混合物）的对流换热系数，W/(m²·K)；r_{ti} 为油管内径，m。

(2) 油管导热热阻 R_t：

$$R_t = \frac{1}{2\pi \lambda_t} \ln\left(\frac{r_{to}}{r_{ti}}\right) \tag{5-1-26}$$

式中：R_t 为油管导热热阻，(m·K)/W；r_{to} 为油管外径，m；λ_t 为油管导热系数，W/(m·K)。

(3) 套管导热热阻 R_c：

$$R_c = \frac{r_{ti}}{\lambda_c} \ln\left(\frac{r_{co}}{r_{ci}}\right) \tag{5-1-27}$$

式中：R_c 为套管导热热阻，(m·K)/W；r_{co} 为套管外径，m；r_{ci} 为套管内径，m；λ_c 为套管钢材导热系数，W/(m·K)。

(4) 隔水管导热热阻 R_r：

$$R_r = \frac{1}{2\pi \lambda_r} \ln\left(\frac{r_{ro}}{r_{ri}}\right) \tag{5-1-28}$$

式中：R_r 为隔水管导热热阻，(m·K)/W；r_{ro} 为隔水管外径，m；r_{ri} 为隔水管内径，m；λ_r 为隔水管导热系数，W/(m·K)。

(5) 绝热层导热热阻 R_s：

$$R_s = \frac{1}{2\pi \lambda_s} \ln\left(\frac{r_{so}}{r_{si}}\right) \tag{5-1-29}$$

式中：R_s 为隔热层导热热阻，(m·K)/W；r_{so} 为隔热层外径，m；r_{si} 为隔热层内径，m；λ_s 为隔热层导热系数，W/(m·K)。

(6) 水泥环导热热阻 R_{ac}：

$$R_{ac} = \frac{1}{2\pi\lambda_s}\ln\left(\frac{r_{aco}}{r_{aci}}\right) \tag{5-1-30}$$

式中：R_{ac} 为水泥环导热热阻，(m·K)/W；r_{aco} 为水泥环外径，m；r_{aci} 为水泥环内径，m；λ_c 为套管钢材导热系数，W/(m·K)。

(7) 环空流体传热热阻 R_{af}：环空中为流体介质时，其传热包括导热、自热对流传热和辐射传热（气体）3种方式。

综合考虑对流和导热，采用当量导热系数法计算。其计算公式为：

$$\frac{\lambda_{fe}}{\lambda_f} = 0.049(Gr\cdot Pr)^{0.333}Pr^{0.074} \tag{5-1-31}$$

$$R_{fe} = \frac{1}{2\pi\lambda_{fe}}\ln\left(\frac{r_{afo}}{r_{afi}}\right) \tag{5-1-32}$$

式中：R_{fe} 为综合考虑对流和导热的当量导热热阻；λ_f 为环空液体介质的物理导热系数，W/(m·K)；λ_{fe} 为环空液体介质的当量导热系数，W/(m·K)；Pr 为普朗特数，为反映流体传递动量与传递热量能力的相对大小的物性参数，无因次；Gr 为格拉晓夫数，为反映自然对流换热强弱的准则数，无因次。

$$Gr = \alpha g(T_{afo}-T_{afi})(r_{afo}-r_{afi})^3\frac{\rho_{af}^2}{\mu_{af}^2} \tag{5-1-33}$$

式中：α 为膨胀系数，K^{-1}；T_{afo}，T_{afi} 分别为环空外壁温度和内壁温度，K；r_{afo}，r_{afi} 分别为环空外径和内径，m；ρ_{af} 为环空流体密度，kg/m³；μ_{af} 为环空流体黏度，Pa·s。

气体介质辐射传热热阻计算公式如下：

$$R_{hr} = \frac{\left(\dfrac{1-\varepsilon_{afi}}{2\pi r_{afi}\varepsilon_{afi}} + \dfrac{1}{2\pi r_{afi}} + \dfrac{1-\varepsilon_{afo}}{2\pi r_{aoi}\varepsilon_{afo}}\right)}{\sigma(T_{afi}^2+T_{afo}^2)(T_{afi}+T_{afo})} \tag{5-1-34}$$

式中：R_{hr} 为气体辐射传热热阻；ε_{afi}，ε_{afo} 为环空内壁面和外壁面的黑度（或称为发射率），无因次；σ 为斯蒂芬－波尔兹曼常数，亦称辐射常数，$\sigma = 5.67\times10^{-8}$ W/(m²·K⁴)。

当环空中为液体介质时，传热热阻等于当量导热热阻，即：

$$R_{af} = R_{fe} \tag{5-1-35}$$

当环空中为气体介质时，传热热阻由当量导热热阻和辐射传热热阻并联构成，即：

$$R_{af} = \frac{R_{fe}R_{hr}}{R_{fe}+R_{hr}} \tag{5-1-36}$$

(8) 地层导热热阻 R_G：由于地层传热为非稳态传热，严格地讲属于三维非稳态传热，其解析解较难得出或直接应用。最早由 Ramey 给出近似公式，即时间函数公式：

$$R_G = \frac{f(t)}{2\pi\lambda_G} \tag{5-1-37}$$

Ramey 公式按照径向一维非稳态导热处理，当半径趋于无穷远时温度为常数，井径处看成是恒热流边界条件。这样，整个模型相当于传热学中无限大介质中线热源加热的问题，该问题可以得到解析解。随着研究的深入，发现 Ramey 公式当时间比较短时误差较大，另外，实际的井筒传热模型并不是严格的恒热流或者恒壁温条件。故许多学者针对 Ramey 的公式提出了一些改进，其中以 A.R.Hasan 和 C.S.Kabir 推荐的经验公式精度较高。

$$f(t) = 1.1281\sqrt{t_D}\left(1 - 0.3\sqrt{t_D}\right) \quad (10^{-10} < t_D \leqslant 1.5) \quad (5-1-38)$$

$$f(t) = (0.4063 + 0.5\ln t_D)\left(1 + \frac{0.6}{t_D}\right) \quad (t_D > 1.5) \quad (5-1-39)$$

$$t_D = \alpha_G t / r_h^2 \quad (5-1-40)$$

式中：λ_G 为地层导热系数，W/(m·K)；α_G 为地层热扩散系数，m²/s；r_h 为井径，m。

（9）海水对流换热热阻：海洋深水井筒传热部分处于海水的浸泡之中，所处的环境不是地层而是海水，故最外层的热阻不是地层热阻而是海水与隔水管外表面的对流换热热阻，用 R_w 表示。有：

$$R_w = \frac{1}{2\pi r_{rs} h_w} \quad (5-1-41)$$

式中：R_w 为海水流换热热阻，(m·K)/W；h_w 为海水的对流换热系数，W/(m²·K)；r_{rs} 为隔水管隔热层外径，m。

5.1.2 流体力学特性参数及热物性参数计算

5.1.2.1 气液两相流特性参数计算

（1）流量。

①质量流量。它表示单位时间内流过过流面积的流体质量。对于气液两相流动而言，有：

$$G = G_l + G_g \quad (5-1-42)$$

式中：G 为两相混合物的质量流量，kg/s；G_l 为液相的质量流量，kg/s；G_g 为气相的质量流量，kg/s。

对于一维稳定流动，根据质量守恒定律，有：

$$G = \rho v A = 常数 \quad (5-1-43)$$

②体积流量。它表示单位时间内流过过流断面的流体体积。对于气液两相流动而言，有：

$$Q = Q_l + Q_g \quad (5-1-44)$$

式中：Q 为两相混合物的质量流量，kg/s；Q_l 为液相的质量流量，kg/s；Q_g 为气相的质量流量，kg/s。

（2）流速。

①实际速度。

$$v_g = Q_g / A_g \quad (5-1-45)$$

$$v_l = Q_l / A_l \quad (5-1-46)$$

式中：v_g，v_l 分别为气相、液相实际速度，m/s；A_g，A_l 分别为气相、液相在过流断面上所占的面积，m²。

②折算速度。由于实际速度很难计算，故在气液两相流体力学中引用了折算速度。折算速度是一种假象速度，它是假定管子的全部过流断面只被两相混合物中的一相占据时的流动速度。

$$v_{sg} = Q_g / A \tag{5-1-47}$$

$$v_{sl} = Q_l / A \tag{5-1-48}$$

式中：v_{sg} 和 v_{sl} 分别为气相、液相的折算速度，m/s。

③两相混合物速度（流量速度）。

$$v = \frac{Q}{A} = \frac{Q_g + Q_l}{A} = v_{sg} + v_{sl} \tag{5-1-49}$$

(3) 含气率和含液率。

①质量含气率和质量含液率。

质量含气率
$$x = \frac{G_g}{G} = \frac{G_g}{G_g + G_l} \tag{5-1-50}$$

质量含液率
$$1 - x = \frac{G_l}{G} = \frac{G_l}{G_g + G_l} \tag{5-1-51}$$

②体积含气率和体积含液率。

体积含气率
$$\beta = \frac{Q_g}{Q} = \frac{Q_g}{Q_g + Q_l} \tag{5-1-52}$$

体积含液率
$$1 - \beta = \frac{Q_l}{Q} = \frac{Q_l}{Q_g + Q_l} \tag{5-1-53}$$

③真实含气率和真实含液率。真实含气率，又称为界面含气率或孔隙率，它是指在两相流动的过流断面上，气相面积占过流断面总面积的份额，即：

$$\phi = \overline{A} = \frac{A_g}{A_g + A_l} \tag{5-1-54}$$

真实含液率，又称截面含液率或持液率，它是指在两相流动的过流断面上，液相面积占过流断面总面积的份额，即：

$$H_l = 1 - \phi = \frac{A_l}{A} \tag{5-1-55}$$

(4) 密度和黏度。

①流动密度。它表示单位时间内流过过流断面的两相混合物的质量与体积之比，即：

$$\rho' = \frac{G}{Q} = \frac{G_g + G_l}{Q} \quad (kg/m^3) \tag{5-1-56}$$

两相混合物的流动密度反映两相介质在流动时的密度，与两相介质的流动有关。它常用于计算两相混合管流的沿程阻力损失和局部阻力损失。

两相混合物的流动密度与各相的密度以及体积含气率之间有以下关系：

$$\rho' = \frac{\rho_g Q_g + \rho_l Q_l}{Q} = \beta \rho_g + (1-\beta) \rho_l \tag{5-1-57}$$

② 真实密度。

$$\rho = \phi \rho_g + (1-\phi) \rho_l \tag{5-1-58}$$

③ 两相混合物黏度。

$$\mu = \phi \mu_g + (1-\phi) \mu_l \tag{5-1-59}$$

式中：ρ'，ρ 分别为两相混合物的流动密度、真实密度，kg/m^3；ρ_g，ρ_l 分别为气相、液相的密度，kg/m^3；μ_g，μ_l 分别为气相、液相的黏度，$Pa \cdot s$。

(5) 持液率的计算。

① 流动型态的确定。气液两相流动的流动型态有多种多样。流动型态不同，其持液率也将不同。根据美国托尔萨大学 Beggs 和 Brill 教授给出的 Beggs-Brill 模型，可将流动型态分为 4 种，即分散流（包括泡状流、雾状流）、分离流（包括层状流、环状流）、间歇流（包括弹状流或团状流、段塞流、翻腾流）和过渡流。流型划分依据弗鲁德数 Fr 和 4 个无因次量。即：

$$\begin{cases} Fr = \dfrac{v^2}{gd} \\ L_1 = 316\beta_l^{0.302} \\ L_2 = 9.252 \times 10^{-4} \beta_l^{-2.4684} \\ L_3 = 0.1 \beta_l^{-1.4516} \\ L_4 = 0.5 \beta_l^{-6.738} \end{cases} \tag{5-1-60}$$

其中

$$\beta_l = 1 - \beta \tag{5-1-61}$$

式中：β_l 为体积含液率。

流动型态判别准则如下：

分离流

$$\beta_l < 0.01 \ \& \ Fr < L_1 \ \text{或} \ \beta_l \geqslant 0.01 \ \& \ Fr < L_2 \tag{5-1-62}$$

间歇流

$$0.01 \leqslant \beta_l < 0.4 \ \& \ L_3 < Fr < L_1 \ \text{或} \ \beta_l \geqslant 0.4 \ \& \ L_3 Fr \leqslant L_4 \tag{5-1-63}$$

分散流

$$\beta_l < 0.4 \ \& \ Fr \geqslant L_1 \ \text{或} \ \beta_l \geqslant 0.4 \ \& \ Fr > L_4 \tag{5-1-64}$$

过渡流

$$\beta_l \geqslant 0.1 \quad \& \quad L_2 < Fr < L_3 \tag{5-1-65}$$

②截面持液率的计算。两相流当地密度计算一般采用当地持液率 H_l 或真实含气率 ϕ 计算的方法。所谓持液率就是管内流动的两相流体中液相占据的流道面积占管道截面积的份额。真实含气率又是气相占据的流道面积与管道截面积之比。持液率与真实含气率二者之和等于 1，只要给出其中一个，另一个也唯一确定。真实含气率与体积含气率不同，只有气液两相流速相同时二者相等。Beggs-Brill 模型计算倾斜管持液率的方法是先计算水平流动的持液率，然后再做倾角修正。

Beggs-Brill 根据实验数据建立了不同流型的水平流动持液率的经验关系：

分离流
$$H_l(90) = \frac{0.98(1-\beta)^{0.4846}}{Fr^{0.0868}} \tag{5-1-66}$$

间歇流
$$H_l(90) = \frac{0.845(1-\beta)^{0.5361}}{Fr^{0.0173}} \tag{5-1-67}$$

分散流
$$H_l(90) = \frac{1.065(1-\beta)^{0.5824}}{Fr^{0.0609}} \tag{5-1-68}$$

过渡流采用插值法计算，有：

$$\begin{cases} H_{l\text{分离}} + (1-a)H_{l\text{间歇}} \\ a = (L_3 - Fr)/(L_3 - L_2) \end{cases} \tag{5-1-69}$$

倾斜两相管流的持液率可表示为：

$$H_l(\theta) = H_l(90)\Psi \tag{5-1-70}$$

$$\psi = 1 + c\left\{\sin[1.8(90-\theta)] - \frac{1}{3}\sin^3[1.8(90-\theta)]\right\} \tag{5-1-71}$$

式中：$H_l(\theta)$ 为井斜角为 θ 时的持液率，m^3/m^3；$H_l(90)$ 为水平管流的持液率，m^3/m^3；Ψ 为倾斜校正系数，无因次；c 为系数，水平流动时 $c=0$，向上流动时 $c=c^-$，向下流动时 $c=c^+$。不同流型的系数 c 的取值列于表 5-1-1。

表 5-1-1　不同流型的系数 c

流型	c^+	c^-
分离流	$\beta\ln\left[\dfrac{0.011L_v}{(1-\beta)^{3.768}Fr^{1.614}}\right]$	
间歇流	$\beta\ln\left[\dfrac{2.96(1-\beta)^{0.305}Fr^{0.0978}}{L_v^{0.4072}}\right]$	$\beta\ln\left[\dfrac{4.7L_v^{0.1244}}{(1-\beta)^{0.3692}Fr^{0.5056}}\right]$
分散流	0	

表 5-1-1 中，L_v 为液相折算速度准则数，按下式计算：

$$L_v = v_{sl}\left(\frac{\rho_l}{g\sigma}\right)^{0.25} \tag{5-1-72}$$

$$v_{sl} = \frac{Q_l}{A} = \frac{(1-\beta)Q}{A} \tag{5-1-73}$$

式中：v_{sl} 为液相折算速度，m/s；σ 为表面张力，N/m。

5.1.2.2 沿程阻力系数的计算

根据实验结果，Beggs-Brill 得出了气液两相流动的沿程阻力系数，有：

$$f = f'e^s \tag{5-1-74}$$

$$f' = \left[2\lg\left(\frac{Re'}{4.5233\lg Re' - 3.8215}\right)\right]^{-2} \tag{5-1-75}$$

$$Re' = \frac{\left[\rho_l Q_l/Q + \rho_g(1-Q_l)/Q\right]vd}{\mu_l Q_l/Q + \mu_g(1-Q_l)/Q} \tag{5-1-76}$$

$$\begin{cases} s = \dfrac{\ln Y}{\left[-0.0523 + 3.182\ln Y - 0.8725(\ln Y)^2 + 0.01853(\ln Y)^4\right]} \\ s = \ln(2.2Y - 1.2) \qquad (1 < Y < 1.2) \end{cases} \tag{5-1-77}$$

$$Y = (Q_l/Q)/H_l^2(\theta) \tag{5-1-78}$$

式中：f 为"有滑脱"的沿程阻力系数，无因次；f' 为"无滑脱"的沿程阻力系数，无因次；s 为指数，无因次；Re' 为"无滑脱"的雷诺数。

5.1.2.3 定压比热容和焦耳—汤姆逊系数的计算

对气液两相流动，混合物比焓为气、液两单相比焓之和，即：

$$\frac{dh}{dL} = \frac{G_g}{G}\frac{dh_g}{dL} + \frac{G_l}{G}\frac{dh_l}{dL} \tag{5-1-79}$$

$$\frac{dh_g}{dL} = -\alpha_{Jg}C_{pg}\frac{dp}{dL} + C_{pg}\frac{dT}{dL} \tag{5-1-80}$$

$$\frac{dh_l}{dL} = -\alpha_{Jl}C_{pl}\frac{dp}{dL} + C_{pl}\frac{dT}{dL} \tag{5-1-81}$$

将式（5-1-80）、式（5-1-81）两式代入式（5-1-79），可得：

$$\frac{dh}{dL} = -\frac{G_g C_{pg}\alpha_{Jg} + G_l C_{pl}\alpha_{Jl}}{G}\frac{dP}{dL} + \frac{G_g C_{pg} + w_l C_{pl}}{G}\frac{dT}{dL} \tag{5-1-82}$$

比较式（5-1-22）和式（5-1-82），可以得出气液两相流的平均比热容和焦耳—汤姆逊系数（以下简称焦—汤系数）如下：

$$C_p = \frac{G_g C_{pg} + G_l C_{pl}}{G} \tag{5-1-83}$$

$$\alpha_J = \frac{G_g C_{pg}\alpha_{Jg} + G_l C_{pl}\alpha_{Jl}}{GC_p} \tag{5-1-84}$$

对于不可压缩液体，其焦—汤系数可按下式计算：

$$\alpha_{Jl} = -\frac{1}{C_{pl}\rho_l} \tag{5-1-85}$$

气体比热容 C_{pG} 和焦—汤系数 α_{Jg} 均可以根据 SHBWR 状态方程求得。

5.1.2.4 气液两相管流对流换热系数的计算

（1）单相流。单相流的对流换热系数分层流和湍流两种工况计算：

层流
$$h_0 = 3.656\frac{\lambda_f}{d_i} \tag{5-1-86}$$

湍流
$$h = \frac{\lambda_f}{d_{ti}} \frac{0.5f_r(Re-1000)Pr}{1+12.7(0.5f_r)^{0.5}(Pr^{2/3}-1)} \tag{5-1-87}$$

式中：λ_f 为管内流体的物理导热系数，W/(m·K)；Pr 为普朗特数；f_r 为摩擦系数，$f_r = 0.3164Re^{0.25}$。

（2）多相流。

多相流计算相对复杂，其公式不是很统一。Kim–Ghajar 给出计算公式如下：

$$h_0 = (1-\beta)h_l\left[1 + C\left(\frac{x}{1-x}\right)^m\left(\frac{\beta}{1-\beta}\right)^n\left(\frac{Pr_g}{Pr_l}\right)^p\left(\frac{\mu_g}{\mu_l}\right)^q\right] \tag{5-1-88}$$

式中：h_l 为液相对流换热系数；Pr_l，Pr_g 分别为液相和气相的普朗特系数。

其他系数和指数的取值见表 5–1–2。

表 5–1–2 Kim–Ghajar 公式中系数和指数取值

流型	C	m	n	p	q
段塞流、泡状流	2.86	0.42	0.35	0.66	−0.72
环雾流	1.58	1.4	0.54	−1.93	−0.09
分层流（水平两相流）	27.89	3.1	−4.44	−9.65	1.56

5.1.3 井筒温度及压力计算程序

5.1.3.1 气液两相管流温度及压力模型的求解方法

气液两相管流压力梯度模型和温度梯度模型并非相互独立。在计算温度时，需要知道压力和定压比热容、焦—汤系数及总传热系数等物性参数，而这些参数均为压力和温度的函数。在计算压力时，需要知道温度和压缩因子、摩阻系数、流体密度等物性参数，这些参数也是压力和温度的函数。因此，压力和温度之间相互耦合，不能单独计算，需采用迭代法耦合求解。

压力梯度微分方程和温度梯度微分方程中的所有参变量，如密度、流速、热量损失、定压比热、摩阻系数等、焦—汤系数等均为深度 z、压力 p 和温度 T 的函数，因此可以将方程中的右函数分别记作 $F_1(\cdot)$、$F_2(\cdot)$，则可得到井筒压力及温度梯度的微分方程组：

$$\begin{cases} \dfrac{\mathrm{d}p}{\mathrm{d}z} = F_1(z,p,T) \\ \dfrac{\mathrm{d}T}{\mathrm{d}z} = F_2(z,p,T) \end{cases} \tag{5-1-89}$$

已知起点 z_0 截面的井筒流体压力 p_0、温度 T_0，构成此方程组的初始条件。对于这类常微分方程组，可应用计算精度较高的四阶龙格—库塔法进行数值求解。对 z 取步长 Δz，由已知初始值（z_0，p_0，T_0）和函数规则 $F_1(\cdot)$ 与 $F_2(\cdot)$ 建立数值：

$$\begin{cases} A_i = F_i(z_0,p_0,T_0) \\ B_i = F_i\left(z_0+\dfrac{\Delta z}{2},p_0+A_i\dfrac{\Delta z}{2},T_0+A_i\dfrac{\Delta z}{2}\right) \\ C_i = F_i\left(z_0+\dfrac{\Delta z}{2},p_0+B_i\dfrac{\Delta z}{2},T_0+B_i\dfrac{\Delta z}{2}\right) \\ D_i = F_i(z_0+\Delta z,p_0+C_i\Delta z,T_0+C_i\Delta z) \\ i=1,2 \end{cases} \tag{5-1-90}$$

节点 $z_1=z_0+\Delta z$ 的函数值 p_1 和 T_1 为：

$$\begin{cases} p_1 = p_0+\Delta p = p_0+\dfrac{\Delta z}{6}(A_1+2B_1+2C_1+D_1) \\ T_1 = T_0+\Delta T = T_0+\dfrac{\Delta z}{6}(A_2+2B_2+2C_2+D_2) \end{cases} \tag{5-1-91}$$

若 z_1 未达到预计终点，再将（z_1，p_1，T_1）作为下一步计算的初始值，重复上述步骤，如此连续向前推算，直到预计终点。

5.1.3.2 深水完井测试井筒温度及压力计算程序

采用计算机高级程序设计语言 FORTRAN95，编制了井筒温度及压力计算程序，程序框图如图 5-1-4 所示。采用微软公司的面向对象的、运行于 .NETFramework 之上的高级程序设计语言 Visual C# 2005，开发了井筒温度及压力计算程序。

5.1.4 实例计算与验证

某井基本参数如下（SPE-109765）：井深 4450m、垂深 3962.4m、水深 853.4m、海水表面温度为 12.22℃、海床温度为 1.11℃、井底地层温度为 73.33℃、井底压力为 28.84MPa、油管内径为 101.6mm、日产量为 500m³/d、含水率为 49%、含气率为 195.8Nm³/m³、海床以下井筒总传热系数为 5.6785W/（m²·K）、海床以上井筒总传热系数为 11.356W/（m²·K）。

井筒温度及压力预测结果如图 5-1-5、图 5-1-6 所示。本研究预测结果与 A.R.Hasan 等的计算结果基本一致。预测的井口温度及压力与实测值的对比见表 5-1-3，预测精度高达 95% 以上。

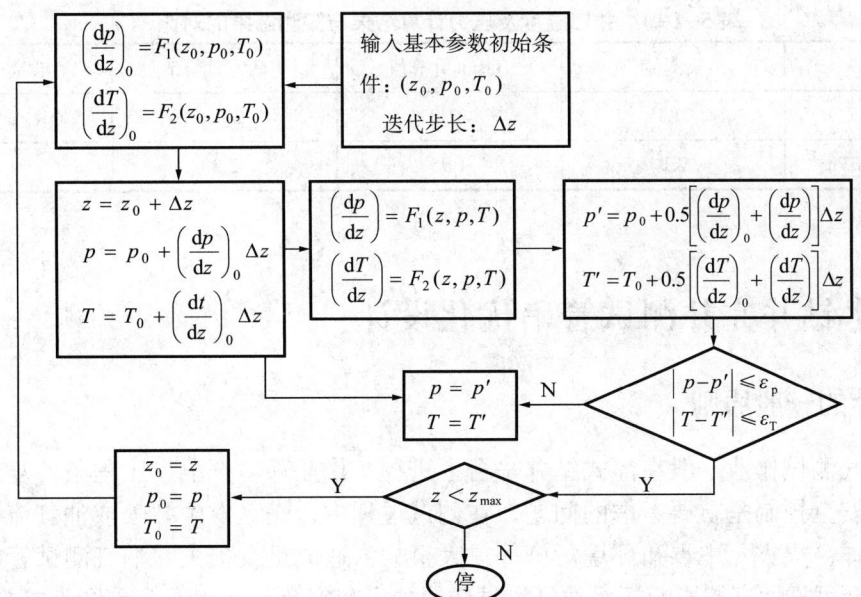

图 5-1-4　井筒温度计压力计算

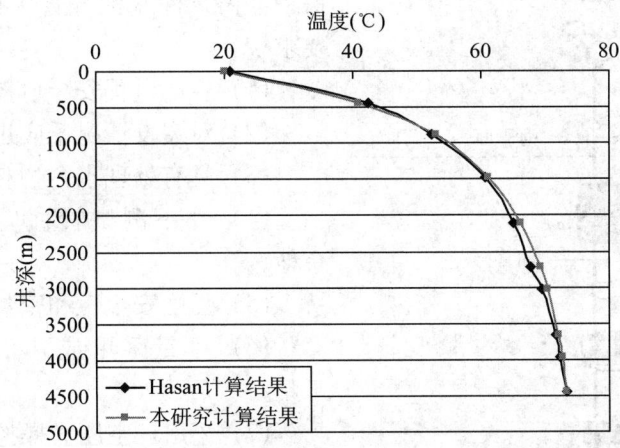

图 5-1-5　算例 2 井筒温度预测结果

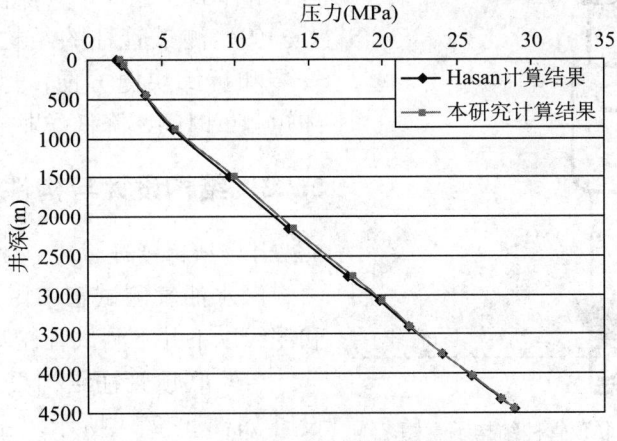

图 5-1-6　算例 2 井筒压力预测结果

表 5-1-3 井口温度及压力计算结果与实测结果的对比

项目	实测值	Hasan 计算值	本研究计算值	误差（%）
井口温度（℃）	21.1	21.0	20.5	2.84
井口压力（MPa）	2.1	1.95	2.2	4.76

5.2 深水钻井完井测试管串优化设计

5.2.1 设计的一般原则

深水油气测试作业一般在浮式钻井平台上进行，作业环境严酷，工程条件复杂，因此测试过程的安全控制是首要考虑的问题。在测试过程中，一旦发生井喷或油气流泄漏，都可能导致爆炸、火灾、中毒和环境污染等重大事故，造成重大损失。油气测试管串的结构合理性和安全可靠性直接影响深水油气测试作业的生产安全、环境安全和作业成本。

为确保深水油气测试作业安全、环保、经济，深水油气管串设计必须满足以下要求：

（1）生产过程安全可控性强。

（2）对突发情况反应迅速。

（3）具有处理水合物和结蜡堵塞的能力。

（4）井下测试管柱应有伸长和缩短的余地。

（5）强度安全性和密封可靠性要高。

（6）尽量采用成熟工具，避免使用新工具。

（7）采用环空压力操控式井下测试工具。

（8）封隔器要承压能力高，安全可靠，坐封和解封工艺简单，操作灵活。

（9）测试管柱的结构组成应尽量简单，安装和拆卸快捷方便，尽量简化操作程序，缩短测试时间，降低作业成本。

5.2.2 结构设计与构件选型

5.2.2.1 结构设计

深水油气测试管串由泥线以上联顶管柱和泥线以下井下测试管柱两大部分组成。

（1）联顶管柱结构设计。联顶管柱结构设计如图 5-2-1 所示。主要部件包括流动

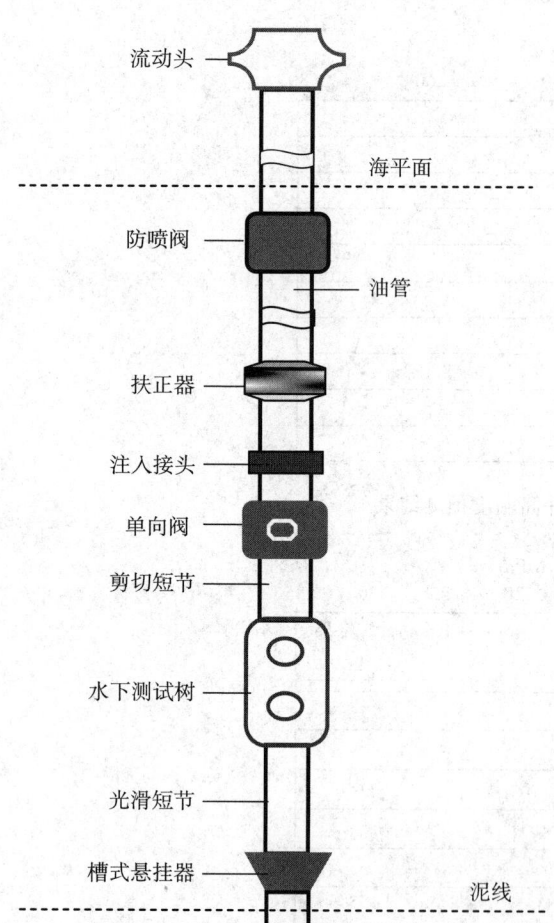

图 5-2-1 泥线以上联顶管柱结构示意图

头、防喷阀、扶正器、单向阀、剪切短节、水下测试树、滑动短节、油管及槽型悬挂器等。

①流动控制头。用于连接测试管柱与地面管汇,在平台上对油气流进行控制。

②防喷阀。用于在密封状态下安全进行电缆或钢丝作业,当井口防喷管的长度不能满足电缆仪器长度要求,将防喷阀置于钻台面下一定深度的位置;在撤装井口时将防喷管阀关闭,防止流体喷出。

③扶正器。用于控制泥线以上管柱下部变形。

④注入接头。用于注入水合物抑制剂或防蜡剂。

⑤单向阀。用于紧急撤离时控制管内流体倒流,防止流体进入海内造成污染。

⑥剪切短节。用于紧急情况切断管柱。

⑦水下测试树。水下测试树是在浮动式钻井平台进行油气测试的重要部件之一,它与地面控制系统一起实现各执行机构的开关动作,在井口处控制油气流动和关井。在紧急情况下,测试树能够迅速关井并快速断开上部管柱,实施井筒与平台的分离,以保证平台的安全撤离和井筒安全。

⑧光滑短节。用于喷和防喷器关井密封。

⑨槽型悬挂器。用于坐挂泥线以下测试管柱。

⑩油管。用于给油气流动提供良好的通道。

(2) 井下测试管柱结构设计。深水油气完井测试一般采用射孔—测试联作作业方式。井下测试管柱主要由伸缩短节、上部反循环阀、下部反循环阀、放样阀、测试阀、测量仪托筒、振击器、安全接头、旁通阀、封隔器、筛管、点火头及射孔枪工具构成。射孔与测试联作测试管柱基本结构设计如图5-2-2所示。常规测试管柱基本结构设计如图5-2-3所示。

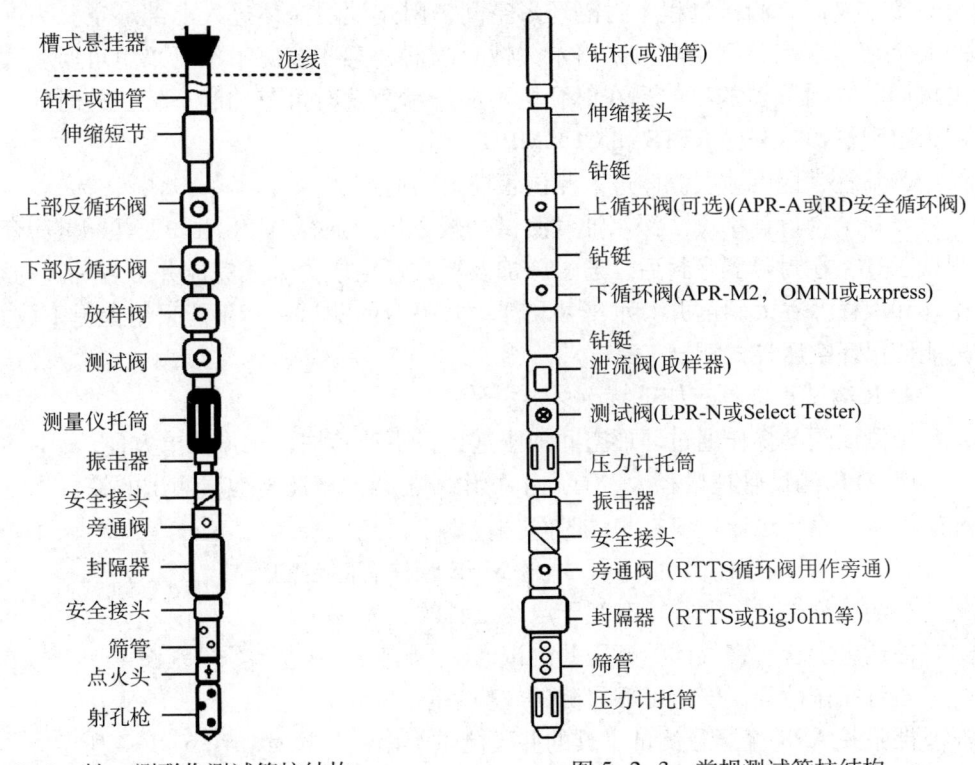

图 5-2-2 射-测联作测试管柱结构   图 5-2-3 常规测试管柱结构

①伸缩短节。在浮动式钻井平台或高温、高压井的测试中，由于受海浪或温度变化的影响，测试管柱会产生纵向位移和伸缩。为消除上述影响，可采用伸缩短节对管柱的伸缩进行补偿，确保在测试过程中封隔器承受足够的压力，防止造成测试工具的损坏。

②反循环阀。深水完井测试管柱上一般安装两个反循环阀，用于测试管柱下入时的管内外压力平衡、开井、关井及测试完成后的反循环压井作业。上部反循环阀一般作为安全备用，其开启压力高于下部反循环阀，当下部反循环阀不能正常打开时，可加压打开上部反循环阀。目前常用的循环阀有：ExpressTM 循环阀、OMNITM 循环阀、RTTS 循环阀及 RD 安全循环阀等。

③放样阀。放样阀用于放出位于测试阀和反循环阀之间的地层流体样品。在反循环孔打开的同时，循环阀的球阀和测试阀的球阀关闭，两球阀间圈闭终流动结束时收集的地层液体样品。

④测试阀。测试阀是一种由环空压力控制的全通径阀，测试过程中用于控制地层流入。目前常用的测试阀有 LPR-NTM 测试阀和 Select Tester®Valve 选择可锁式测试阀等。开始测试时，快速地通过钻井泵向环空加压至压力预定值并保持加压一定时间则可打开测试阀。

⑤测量仪器托筒。用于安放压力计、温度计等测量仪器。

⑥振击器。当振击器下部管柱被卡或封隔器不能正常解封时，可通过振击器振击接卡。

⑦安全接头。安全接头是可选的紧急补偿装置。当封隔器被卡时，安全接头可以释放封隔器上部的作业管柱及工具。

⑧旁通阀。压力通过旁通阀传递到点火头上以起爆射孔枪。在起下管柱过程中，由于封隔器和套管内壁之间的余隙非常小，旁通阀可减小激动或抽吸压力。

⑨封隔器。测试过程中封隔环形空间，阻止地层流体进入上部环空。为保证测试过程的安全，深水完井测试一般采用永久性封隔器，某些情况下也可采用可回收式封隔器。采用可回收式封隔器的目的是在射孔枪不能正常激发时可节约起下管柱的时间。常用的封隔器为哈利伯顿哈利比 RTTS 和 CHAMP®IV 封隔器。

⑩筛管。提供地层流体进入测试管柱内的通道。

(3) 结构设计举例。深水油气测试一般采用全通径 APR 测试工具，是一套压控式地层测试工具。在封隔器坐封后，通过施加及释放环空压力方式完成井下各种阀的开井、关井、循环和取样。在大斜度井、水平井和浮动式平台的测试中，不能采用上提下放式测试工具，只能使用环空压控式测试工具。

APR 测试工具具有如下特点：

①测试阀的操作通过环形空间加压进行，不动管柱，操作简单方便。

② APR 测试管柱内径大，有利于酸化、压裂、挤注与地层测试的综合作业。在大产量井的测试中流动迅速，节省测试时间。

③ APR 测试管柱组合方面，不像 MFE 管柱有固定的连接。

④测试管柱内全通径，有利于电缆工具的下入。

⑤适用于含有害气体的高压井测试。

⑥可操作性强，安全可靠、测试成功率高。

裸眼井 APR 全通径测试工具的井下测试管串结构设计如图 5-2-4 所示。

基本测试程序如下：

①下井。下井时 LPR-N 测试阀关闭，APR-A 阀、APR-M2 阀的循环孔关闭，APR-M2 阀的球阀打开，RTTS 循环阀打开，封隔器胶筒处于收缩状态。

②封隔器坐封。测试工具下到预定位置后，坐封封隔器，此时 RTTS 循环阀处于关闭状态。

③测试。连接好地面管线，关闭防喷器向环空打压至设计值，打开 LPR-N 测试阀，地层液体通过测试阀流入钻杆内，进入流动期。

④关井。关井测压力恢复时，将环空压力泄至零，LPR-N 阀关闭。流动和关井的次数根据测试情况而定，重复上述打开、泄压过程即可实现。

⑤反循环。APR 测试工具在解封前必须先进行反循环。终流动结束时向环空施加打开 APR-M2 循环阀的操作压力，循环孔打开后可实现反循环。在循环孔打开的同时，APR-M2 阀的球阀和 LPR-N 阀的球阀关闭，两球阀间圈闭终流动结束时收集地层液体样品。如果 M2 阀出现故障不能打开，则向环空继续增压，打开 APR-A 反循环阀，实现反循环，循环时要控制好循环压力，防止 LPR-N 阀打开，并保护循环孔。

⑥起出。关井结束后，上提管柱并施加拉力，将 RTTS 循环阀打开。平衡封隔器上下方的压力，封隔器的胶筒收缩。此时，LPR-N 阀仍然关闭，APR-M2 或 APR-A 阀的循环孔打开，继续起管柱把工具起出井眼。

图 5-2-5 所示为套管井全通径 APR 测试管串结构设计。与裸眼测试工具相比，管串中增加了射孔枪、点火头、减振器等。射孔枪可采用液压、投棒两种方式引爆。其他工具操作方式和功能与裸眼井测试管柱相似。

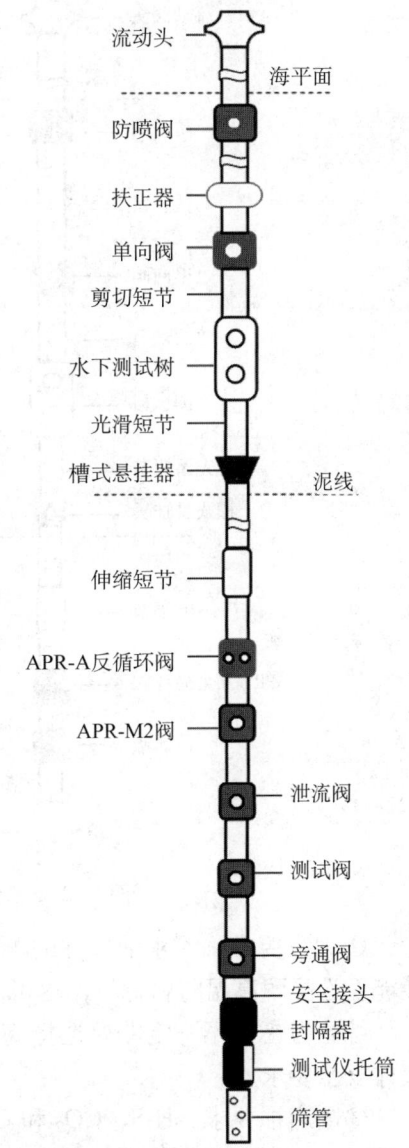

图 5-2-4 裸眼井 APR 全通径测试管柱结构设计

如果存在高温、高压、腐蚀、井筒质量差等复杂问题，一般选用永久式封隔器，可长期有效控制地层流体，保护上部井筒。高危井 APR 全通径测试管串结构设计如图 5-2-6 所示。

5.2.2.2 构件选型

（1）油管的选择。在选择深水完井测试油管时，应对井况作认真分析，并综合考虑井深、压力、温度、环境载荷和介质等各种工况的影响，为实现油气生产的最佳效益，选用相应品种、规格、质量等级以及特殊要求的油管，保证油管在服役中预期的安全可靠性。

①尺寸要求。一般情况下，泥线以上油管尺寸较大，泥线以下油管尺寸较小。对于高温、高压、高产井，尽量选用大尺寸厚壁油管。兼顾管柱的强度和通径，当泥线以下管柱比较长时，可采用复合型管柱。

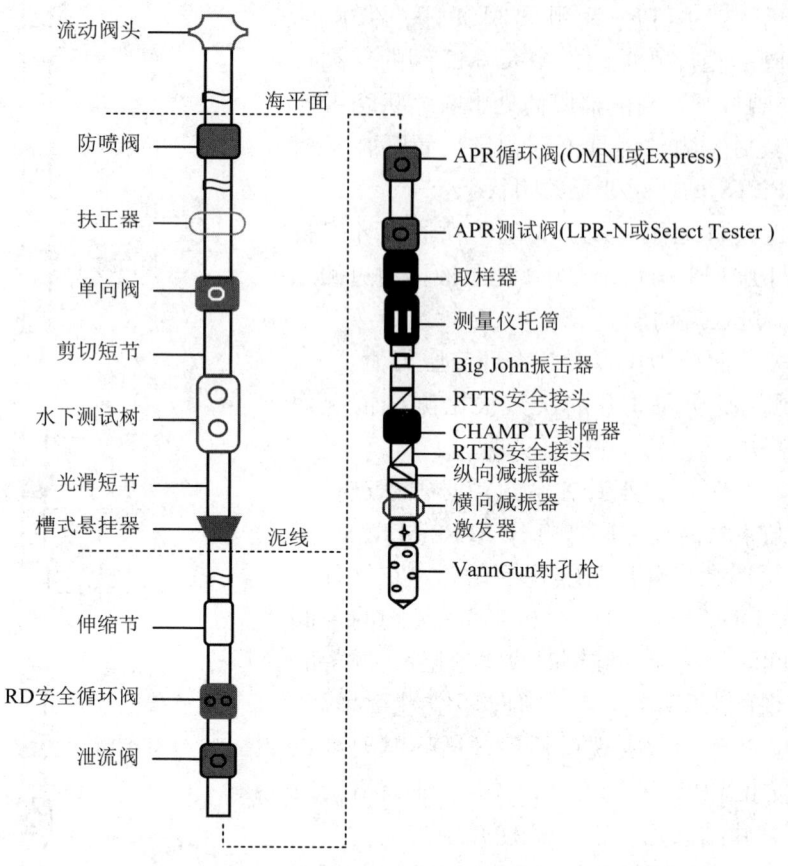

图 5-2-5 套管井 APR 全通径测试管串结构设计

②钢级要求。深水油气井的测试油管钢级选择，需要考虑地层流体腐蚀和材料的高温性能，选择耐高温防腐材料，尽可能选择材料参数受温度影响小的油管。

综合考虑，不一定非要选择高强度油管，但应注意到与其他井下工具的匹配性，达到整体安全要求。

③耐腐蚀要求。H_2S，CO_2 和 Cl^- 等不同腐蚀介质环境，对油管性能要求不同。对耐蚀油管按 ANSI/NACE TM0177 以及有关标准进行 720 h 硫化氢应力腐蚀开裂试验、理化性能试验及非腐蚀介质条件下的全尺寸评价试验。

④质量要求。所选择的油管生产厂应取得 API 会标使用权和 GB/T 19001 体系认证。

⑤环境要求。所选择油管在高温环境中使用时，应对高温下的材料性能提出要求。

⑥连接要求。选用非 API Spec 5B 规定的特殊螺纹连接油管时，应明确提出抗黏扣、复合承载能力及密封性能的要求，除执行 API Spec 5CT 和有关技术条件外，还应按特定的到货验收条件和 API RP 5C5 进行螺纹及密封面检验和全尺寸评价试验。

选用的油管全部完成加工的螺纹应装上外螺纹和内螺纹保护器，螺纹保护器的材料性能以及使用等方面应符合 API Spec 5CT 规定。

如果温度（压力）异常、有腐蚀性介质、井比较深，应选用金属对金属密封的高级螺纹连接。

⑦生产厂家要求。选用新产品、新供应厂家及特殊用途或者非 API Spec 5CT 油管，

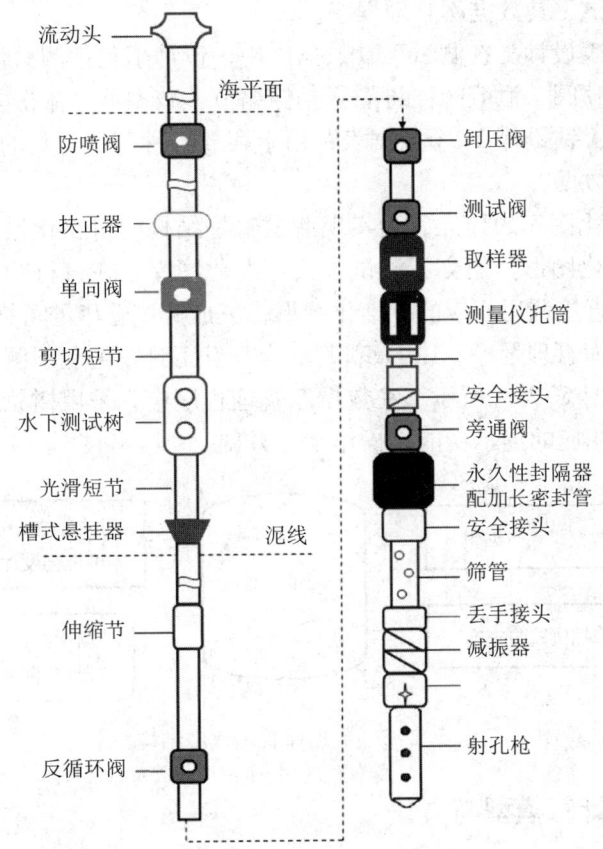

图 5-2-6 高危井 APR 全通径测试管串结构设计

应执行用户驻厂监督与到货商检相结合的商品检验方式。

油管选型应综合考虑行业规范、相关指南、温度、压力、产量、腐蚀性、测试工艺、经济性等因素。

（2）井下工具的选择。选择井下工具时，应遵循以下原则：

①尺寸匹配性。多数工具的结构复杂，外径较大，要考虑其可下入性，即要考虑套管内径、裸眼直径和狗腿度；封隔器、锚等工具，具有径向动作，既要考虑适用套管或裸眼，又要考虑适用的最大和最小井眼尺寸；工具两端的螺纹尽量选择同样扣型，减少转换接头。

②功能匹配性。有些工具功能单一，有些工具可完成两种以上功能。综合考虑功能的互补性，可以有效应对不同工艺要求。

③控制参数匹配性。多数井下工具靠环空与油管内压力变化执行动作，所以要设置压力等级。要认真分析每件工具的压力等级，防止控制压力接近，产生误动作。

④承载能力。每件工具都应由商家提供承温、承压、抗拉能力。

⑤抗腐蚀性。每件工具都应由商家提供是否使用于 H_2S 和 CO_2 环境。

（3）深水完井测试工具数据库。为实现对整个测试过程的安全控制，深水完井测试管柱由一系列实现某种特殊功能的测试工具所组成。了解和掌握各种测试工具的性能参数和功能是测试管柱结构设计的前提和基础。为了在测试管串设计中方便地查询和选择各种测试工具，在 WindowsXP/2000 操作系统下，以 Access 数据库系统作为开发平台，建立测试工具数据库，编制测试工具数据库管理程序。

①测试工具数据表设计。在测试工具数据库中，设计了包括测试树、测试阀、循环阀、旁通阀、单向阀、放喷阀、泄流阀、封隔器、伸缩节、减振器、振击器、调火头、射孔强、流动头、油管及钻杆、钻铤等27个数据表，用于存放各种测试工具的型号、生产厂家、几何尺寸及性能参数等数据。

②测试工具标准化图库的建立。为实现测试管柱结构的可视化设计，对每种类型的测试工具，绘制了标准化图形，建立了测试工具标准化图库。在进行管柱结构设计时，可根据测试工具的名称，直接调用相应的标准化图形，完成测试管串的可视化设计。

③测试工具数据库管理程序。以Delphi7.0为开发工具，编制了测试工具数据库管理程序，程序结构设计如图5-2-7所示。在数据库管理程序中，采用树状结构实现对各类工具的查询和编辑，并有相应的提示功能，操作十分方便。

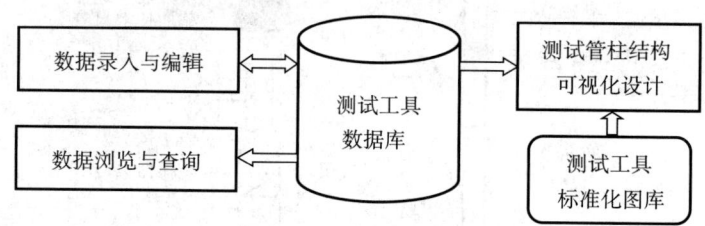

图5-2-7　数据库管理程序结构

5.2.3　受力与变形计算模型与方法

5.2.3.1　受力与变形的特点

影响测试管串受力与变形的因素包括：重力、管内外流体压力、流体流动黏滞力、温度、顶部钩载与悬挂重量、底部封隔器约束方式、测试规程参数等。管串的力学分析与计算非常复杂，主要表现为：

（1）多种效应并存。

（2）螺旋变形具有重要作用。

（3）影响因素多，计算难度大。

（4）管串受力与变形只能预测，无法实测。

从管串下入井中开始，管串的受力与变形情况就不可能实时检测，而只能通过前期对地层温度、压力、产物的初步了解和测试过程中井口压力、温度、流量等数据进行测算。

5.2.3.2　受力与变形的计算模型

（1）重力效应的计算。测试管串入井，即产生重力效应。管串重力产生的轴向拉力可按下式计算：

$$F = qL\cos\alpha - 0.1 A_s L \rho_f \tag{5-2-1}$$

式中：F为管串重力一起的轴向拉力，kg；q为每米油管质量，kg/m；L为管串长度，m；α为井斜角，（°）；A_s为管串横截面积，cm²；ρ_f为井内流体密度，g/cm³。

由轴向拉力或压力产生轴向应变，有：

$$\varepsilon_\mathrm{F} = \frac{F}{EA_\mathrm{s}} \tag{5-2-2}$$

式中：E 为弹性模量，GPa，钢为 205.94GPa。

（2）膨胀效应的计算。管串内外压力引起的轴向应变可按下式计算：

$$\varepsilon_\mathrm{p} = \frac{2v}{E} \cdot \frac{p_\mathrm{o} R^2 - p_\mathrm{i}}{R^2 - 1} \tag{5-2-3}$$

式中：v 为泊松比，钢为 0.3；p_o 为管外环空压力，MPa；p_i 为管内压力，MPa；R 为油管外径与内径之比。

（3）温度效应的计算。测试管串任一轴向位置温度升高 ΔT，则引起的轴向应变为：

$$\varepsilon_\mathrm{T} = \beta \Delta T \tag{5-2-4}$$

式中：β 为热膨胀系数，m/（m·℃）；ΔT 为温度升高或降低值，℃。

（4）屈曲效应的计算。设封隔器处为坐标原点，向上为正，轴向力以压力为正。任一井深油管横截面真实轴向力为 F，则虚轴向力为：

$$F_\mathrm{f}(x) = F(x) + p_\mathrm{i}(x) A_\mathrm{i} - p_\mathrm{o}(x) A_\mathrm{o} \tag{5-2-5}$$

考虑油管内外流体压力后，油管螺旋屈曲判别式为：

$$F_\mathrm{f} \geq 5.55 \left(EIw^2 \right)^{1/3} \tag{5-2-6}$$

式中：I 为管柱的轴惯性矩；w 为单位长度油管的浮重。

螺旋屈曲使管柱轴向缩短，有：

$$d(\Delta x)_\mathrm{b} = -\frac{F_\mathrm{f} r^2}{4EI} \Delta x \tag{5-2-7}$$

式中：r 为油管外环空间隙；Δx 为油管微段长度。

油管屈曲引起的弯曲应力为：

$$\sigma_\mathrm{b} = \frac{Dr F_\mathrm{f}}{4I} \tag{5-2-8}$$

式中：D 为油层套管内径。

（5）活塞效应的计算。在管柱变截面及测试阀等处存在受力面积差，流体压力作用会引起附加轴向力，尤其在测试过程中，管柱内外压力的变化比较大，活塞效应非常明显。活塞力的计算公式为：

$$F_\mathrm{v} = p_\mathrm{o}(A_\mathrm{o2} - A_\mathrm{o1}) - p_\mathrm{i}(A_\mathrm{i2} - A_\mathrm{i1}) \tag{5-2-9}$$

活塞力引起的轴向应变为：

$$\varepsilon_\mathrm{v} = \frac{F_\mathrm{v}}{EA_\mathrm{s}} \tag{5-2-10}$$

5.2.4 强度设计模型与方法

5.2.4.1 结构强度及密封试验

室内试验包括：确定试验方案与试验流程、材料理化性能试验、螺纹参数检测和上卸扣试验、复合加载气密封和挤毁试验、材料高温性能试验等。

依据轴向载荷下的油管串密封性能试验，获得轴向载荷下的深水作业压力控制；获得不同轴向载荷工况下油管挤毁性能的变化图表；温度影响材料性能，尤其在150℃以上高温时对油管性能影响明显增加，因此在南海深水油管串设计时必须考虑温度对材料性能的影响，按照高温下的材料性能折减系数重新设计验证油管串结构完整性；油管的选用除满足标准规定外，还必须满足作业深水工况要求。

根据试验成果，反映在深水测试管柱的使用上需注意：

（1）依据作业液和产出气液的成分，选择合适的油管材料和钢级，再考虑作业载荷因素，匹配适宜的油管螺纹接头。

（2）深水测试管串设计时必须考虑高温对管串强度的影响，应采用高温下的强度参数进行测试管串设计。

（3）因泥面以上海浪层流波动等影响，深水测试管串设计时还应考虑弯曲剪切载荷的作用，应通过全尺寸实物试验评价管串在弯曲等复合载荷下的密封完整性和结构强度完整性，测试管串作业时，应注意管串接头的落点，尤其是在水下井口和水面附近应避开油管接头（弯曲严重区）。

（4）根据轴向载荷下的油管串密封性能试验实验结果，控制深水测试管串轴向作业载荷和作业压力。

（5）根据不同轴向载荷工况下油管挤毁性能的变化图表，观察油套环空压力的变化，调节深水完井测试管串内作业压力。

5.2.4.2 管串强度失效分析

（1）深水测试管串强度失效的影响因素。

①地层流体。地层流体因素包括温度、压力、腐蚀性、水合物等。

②管柱变形。

③海况。

④管串自身性质。

（2）测试管串强度失效类型。测试管串基本失效类型有：轴向变形过量、永久性螺旋屈曲、轴向拉力强度失效、抗内压强度失效、抗外挤强度失效。

（3）危险工况确定。

①泥线以上管串。遭遇台风时，一般停止测试，等待或撤离。测试危险工况是地面关井阶段，此时管内压力大，再加上管串悬重和动态载荷，需要进行双轴强度计算。在隔水管下端的球形柔性接头附近，管串可能受到较大弯曲应力和接触压力，所以需要计算相应的弯曲应力和接触压力，进行强度分析，如图5-2-8所示。

②泥线以下管串。海底井口处管串承受的最大轴向拉力等于管串的悬重。关井阶段，管内压力大，管串上端受双轴应力作用，是最危险的部位。

管串受到的最大外挤力可能发生在如下情况：当海底井口附近油管泄漏时，高压油气窜入环空，则油管下端受到的内外压差为油-套环空的液柱压力；当井下关井或井底管串堵塞时，井口没有控制油管内压力，造成下部油管承受环空压力。

油管内压失效的最大可能情况是，在井口关井时，环空压力失去控制，此时环空顶部压力很低，造成油管抗内压强度失效。

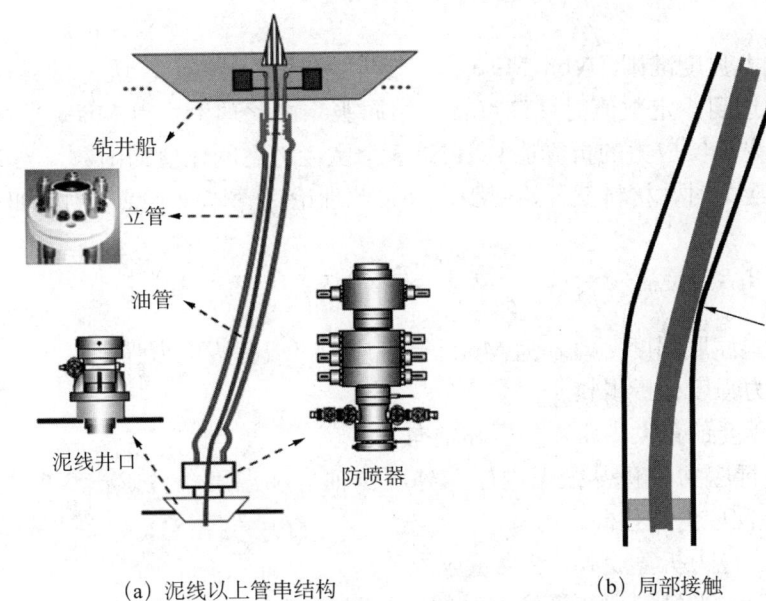

(a) 泥线以上管串结构　　　　(b) 局部接触

图 5-2-8　遭遇台风时泥线以上管串的弯曲变形

永久性螺旋屈曲发生的工况是开井流动阶段和井口关井情况。

轴向变形过量发生在如下情况：地层异常高压 + 井口关井，可能引起管柱缩短，上提封隔器；地层异常高温，管柱轴向伸长过量，引起弯曲变形，下压封隔器。

5.2.4.3　强度分析模型

测试管串强度计算可选用单轴强度与三轴应力强度共用的方法。单轴强度方法比较直观，直接通过管串工作中承受的最大轴向力、最大内压力、最大外压力与额定承载能力对比得到。考虑到深水测试管串在多数工况下承受复合载荷作用，所以需要进行三轴强度计算。

（1）轴向应力计算。当管柱处于单向拉伸或压缩载荷状态，其中轴向应力就等于轴向载荷除以管柱截面积，即：

$$\sigma_z = F_z / \left[\frac{\pi}{4} \left(d_o^2 - d_i^2 \right) \right] \tag{5-2-11}$$

式中：F_z 为轴向力；σ_z 为轴向应力；d_o 为油管外径；d_i 为油管内径。

此外，当油管弯曲时，轴向应力中应算入最大弯曲应力。

（2）周向应力和径向应力计算。对于给定的油管，当已知承受的内压和外压的数值时，其周向应力和径向应力可由拉梅公式计算，有：

$$\sigma_\theta = \frac{p_i d_i^2 - p_o d_o^2}{d_o^2 - d_i^2} + \frac{(p_i - p_o) d_i^2 d_o^2}{d_o^2 - d_i^2} \cdot \frac{1}{d^2} \tag{5-2-12}$$

$$\sigma_r = \frac{p_i d_i^2 - p_o d_o^2}{d_o^2 - d_i^2} - \frac{(p_i - p_o) d_i^2 d_o^2}{d_o^2 - d_i^2} \cdot \frac{1}{d^2} \tag{5-2-13}$$

式中：σ_θ 为周向应力；σ_r 为径向应力；p_i 为油管内压力；p_o 为油管内压力；d 为管壁内一点

处的直径。

(3) 三轴应力强度准则。Von Mises 准则又称变形比能理论，认为材料一点的应力状态对应的畸变能达到一定数值时，该点就开始屈服。由此理论可得 Mises 当量应力（不是真实的应力，而是真实应力的折算值），它是 3 个主应力之间差值的函数。当 Mises 当量应力超过单轴屈服应力时，材料就开始屈服。基于此理论，管体任一点应满足如下条件：

$$Y_\text{p} \geq \sigma_\text{VME} = \frac{1}{\sqrt{2}} \left[(\sigma_z - \sigma_\theta)^2 + (\sigma_\theta - \sigma_r)^2 + (\sigma_r - \sigma_z)^2 \right]^{1/2} \quad (5-2-14)$$

式中：Y_p 为管材料屈服强度；σ_VME 为 Mises 当量应力（或称为应力强度）。

(4) 三轴应力强度分析步骤。

①确定预期承受的最大内压、外压和轴向力。

②对管串进行应力分析，根据内压、外压、轴力和温度条件求出 3 个方向的主应力（即轴向应力、周向应力和径向应力）。

③把这 3 个主应力折算成 Mises 当量应力。

④然后把 Mises 当量应力和管柱钢材的屈服强度相比较，如果当量应力小于钢材的屈服强度，则此段管串满足强度要求。

5.2.4.4　强度分析方法

管串强度分析主要包括轴向抗拉强度、抗内压（外挤）强度、复合强度分析。

(1) 管串抗轴向力强度。测试期间，管串下端一般可以轴向移动，使海底井口处油管的最大轴向拉力等于其下管串的悬重，不会有附加的轴向拉力，从而使管串抗拉强度计算得到简化。

在解封封隔器时，油管除承受自身悬重外，还要承受附加轴向拉力，是必须校核的工况。

油管的最大轴向拉力等于管串的悬重，附加解封封隔器上提力以及遇到阻卡时许可的上提力。

据此可以根据油管本体和螺纹连接的强度，确定油管的抗拉安全系数。

(2) 管串内外流体压力强度。在海底井口，有压力控制管线控制油 – 套环空压力。此压力值要保证套管安全、封隔器上下压差合理、油管安全。同时需要综合考虑环空流体密度、井筒温度变化、井口受力和密封性。油管受到的最大外压可能发生在如下情况：

①当海底井口附近油管泄漏时，环空高压油气窜入环空，则油管下端受到的内外压差为油—套环空的液柱压力。

②当井下关井或井底管柱堵塞时，井口没有控制油管内压力，造成下部油管承受环空压力。

③最糟糕的情况是油 – 套环空压力控制失效，例如环空压力升高时无法卸压、或是环空压力降低时无法有效充压，则套管、封隔器、井口和油管都有可能发生问题。

油管内压失效的最大可能情况是，在井口关井时，环空压力失去控制，此时环空顶部压力很低，造成油管抗内压强度失效。

(3) 复合载荷作用强度分析。

①泥线以下。油管上端受较大的轴向拉力，同时又受内外压力的作用，所以除校核油管的单轴强度外，还要校核油管在内外压差和轴向力同时存在时的强度。油管下端受力相

对复杂，一般有轴向压力、内外压差和弯曲应力。工程中测试油管出现的问题多在下端，而不是上端，其中最重要的原因是下端管串因螺旋屈曲引起的弯曲应力。

②泥线以上。浮式钻井设备和隔水管配合使用时，隔水管的动态变形没有确定的规律性，油管受钻井船和隔水管的约束，随着隔水管的变形规律而摆动。所以油管的载荷包括轴向力、内外压力、弯曲应力。其中轴向力包括静态的悬挂力和摆动引起的动态轴向力；弯曲应力主要来自管柱随隔水管摇摆的弯曲变形。油管上端受较大的轴向拉力，同时又受内部高压的作用，所以在油管强度校核时，主要考虑内外压差和轴向拉力同时存在的强度。油管下部在轴向力与内外压力共同作用下的有效应力，要小于上部。

5.2.5 优化设计软件

(1) 软件环境。

①软件开发环境。MicroSoft Windows XP，Professional 版本 2003；Service Pack3，Intel (R) Core (TM) 2 Duo CPU，T6670 @ 2.20GHz、2.19GHz，1.99GB 内存物理地址扩展。

②软件运行环境。MicroSoft Windows XP，MicroSoft Windows 2000 及以上版本，内存 256K 以上，主频 1G 以上。

(2) 软件功能。针对深水油气完井测试管串开发，具有如下主要功能：深水完井测试井下工具库管理、深水完井测试管串结构优化组合、测试过程中流温流压计算、测试管串安全分析、基础信息与分析结果的输入输出。

(3) 软件结构设计。软件结构与程序流程如图 5-2-9 所示。

(4) 软件功能模块设计。深水油气测试管串设计软件设计由文件管理、基础数据输入、管串结构设计、井筒温度与压力计算、安全评价、工具库管理和帮助等 7 个功能模块组成。

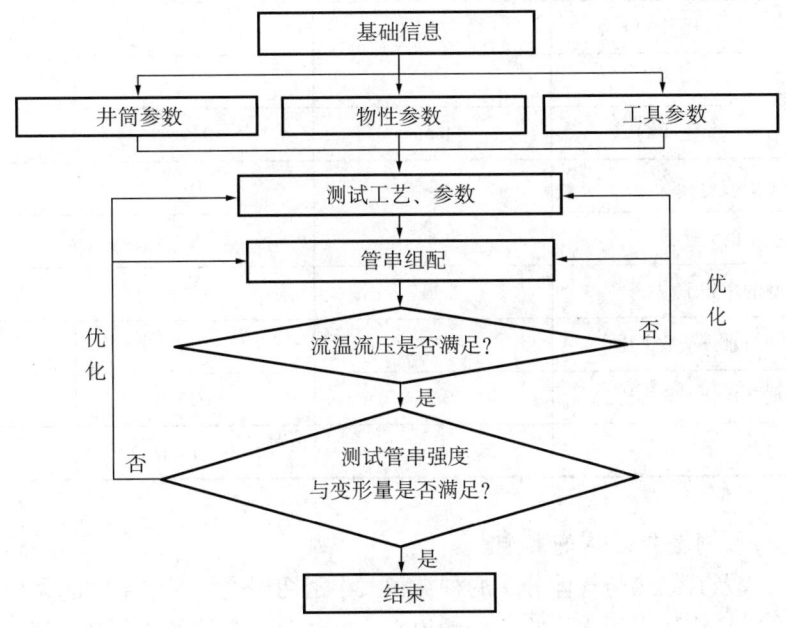

图 5-2-9 深水完井测试管串设计软件流程图

5.3 深水钻井完井测试井筒水合物与结蜡预测及防控

5.3.1 水合物预测

天然气水合物的形成,是危及深水完井测试作业安全的主要问题之一。海洋深水低温、高压环境,提供了形成天然气水合物的温度、压力条件。测试作业中一旦形成水合物,将造成井内管串和井口流动管线堵塞,危及井筒、井口装置及地面测试设备安全,影响测试作业的正常进行。有效防治气体水合物的堵塞,首先要了解可能形成水合物的区域。预测水合物的形成,应掌握天然气水合物的形成条件和井筒温度及压力分布。

5.3.1.1 气体水合物的晶体结构

5.3.1.1.1 天然气水合物的结构与类型

天然气水合物(NGH)是天然气与水在高于冰点的低温和适当的压力下形成的一种外观像冰,但晶体结构却与冰不同的笼形化合物。在水合物中,作为主体的水分子通过氢键网络形成不同形式的笼子,作为客体的气体分子则被包络在笼中。主体分子和客体分子之间通过范德华力相互吸引,形成稳定的结构

已经确定的天然气水合物晶体结构有 3 种,分别称为 Ⅰ 型、Ⅱ 型和 H 型。3 种水合物晶体结构如图 5-3-1 所示,其结构特性参数见表 5-3-1。

表 5-3-1 三种水合物晶体结构参数

结构类型		Ⅰ 型	Ⅱ 型	H 型
晶体结构		体心立方体	金刚石立方体	简单六面体
小笼 S	结构	5^{12}	5^{12}	5^{12},$4^35^66^3$
	直径(Å)	7.82	7.8	—
大笼 L	结构	$5^{12}6^2$	$5^{12}6^4$	$5^{12}6^8$
	直径(Å)	8.66	9.36	—
每个晶胞中的小笼数		2	16	3,2
每个晶胞中的大笼数		6	8	6
每个晶胞的水分子数		46	136	34
晶胞中小笼数与水分子数之比		1/23	2/17	3/34,1/17
晶胞中大笼数与水分子数之比		3/23	1/17	3/17
晶胞分子式		$S_2L_6 \cdot 46H_2O$	$S_{16}L_8 \cdot 136H_2O$	$S_3S'_2L_1 \cdot 34H_2O$

5.3.1.1.2 客体分子对晶体结构的影响

水合物的形成及其结构与气体分子的种类和大小密切相关。笼中空间的大小与客体分子必须匹配,才能形成结构稳定的水合物。一般说来,客体分子与笼的直径比(RMC)接近 0.9 左右时,形成的水合物比较稳定,太大或太小都不能形成稳定的水合物。高溶解度的气体,如氨、

氯化氢等，无论其分子大或小，都不能形成水合物。至于形成哪一种水合物结构，主要由客体分子的大小决定。另外也受客体分子形状、温度、压力、有否水合物促进剂等因素的影响。

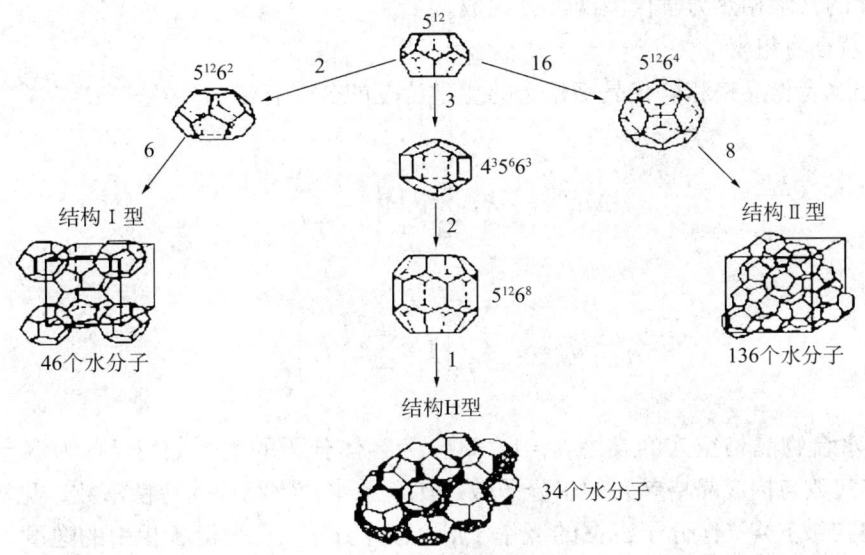

图 5-3-1　三种水合物的晶体结构

天然气通常是由多种气体，如 H_2S，CH_4，CO_2，C_2H_6，C_3H_8，iC_4H_{10} 和 nC_4H_{10} 等组成的混合物，同时含有形成Ⅰ型、Ⅱ型两种结构的组分，但一般只形成一种结构（Ⅰ型和Ⅱ型中较为稳定的结构）的水合物，其结构取决于混合物的组成。气体混合物中最大的分子，通常决定所形成水合物的结构类型。含有丙烷和丁烷等的天然气混合气，一般形成Ⅱ型结构水合物，不含丙烷以上重组分的天然气，一般形成Ⅰ型结构水合物。

5.3.1.2　气体水合物热力学模型

预测气体水合物的热力学模型是以相平衡理论为基础的。含水合物的体系一般有水合物、气相和水相共存，并有热力学相平衡关系。一般把气体、水与水合物三相共存时的温度和压力称为水合物热力学平衡条件。水合物生成的压力、温度条件的计算，就是求解微量水合物存在条件下的水合物—气—水三相平衡问题。

根据相平衡准则，平衡时多组分体系中的每个组分，在各相中的化学位相等。由于水的挥发度低，气相中的水含量也很低，因此，通常以水相作为考查对象。在平衡状态下，水在水合物相 H 中的化学位应等于水在富水相或冰相 α 中的化学位，即：

$$\mu_w^H = \mu_w^\alpha \tag{5-3-1}$$

式中：μ_w^H 为水在水合物相 H 中的化学位；μ_w^H 为水在平衡共存的水相或冰相 α 中的化学位。

若以水在完全空的水合物相 β（晶格空腔未被水分子占据的假定状态）中的化学位 μ_w^β 为基准态，则式（3-1）可以写成：

$$\mu_w^\beta - \mu_w^H = \mu_w^\beta - \mu_w^\alpha \tag{5-3-2}$$

或者

$$\Delta\mu_w^{\beta-H} = \Delta\mu_w^{\beta-\alpha} \tag{5-3-3}$$

由此可见，预测水合物形成条件的热力学模型是由描述固态水合物相热力学模型和描述与其共存的富水相热力学模型两部分组成。

5.3.1.2.1 水合物相模型

计算空水合物晶格和填充晶格相态的化学位差的公式有：

$$\Delta\mu_w^{\beta-H} = -RT\sum_{i=1}^{2} v_i \ln\left(1 - \sum_{j=1}^{NC} \theta_{ij}\right) \tag{5-3-4}$$

$$\theta_{ij} = C_{ij}f_j \Big/ \left(1 + \sum_{j=1}^{NC} C_{ij}f_j\right) \tag{5-3-5}$$

式中：i 为水合物晶格空穴的类型，$i=1$，2；j 为客体分子的类型数目；v_i 为水合物晶格单元中 i 型空穴数与构成晶格单元的水分子数之比，系水合物结构的特性常数，见表 5-3-2；θ_{ij} 为 i 型空穴被 j 类气体分子占据的概率；f_j 为客体分子 j 在平衡各相中的逸度，由状态方程计算；C_{ij} 为客体分子 j 在 i 型空穴中的 Langmuir 常数，它反映了水合物空穴中客体分子与水分子之间相互作用的大小；NC 为气体混合物中可生成水合物的组分数目。

表 5-3-2 v_i 数值表

	晶格结构 I	晶格结构 II
小空腔（$i = 1$）	2/23	2/17
大空腔（$i = 2$）	3/23	1/17

5.3.1.2.2 相模型

（1）纯水相模型。对于纯水相（液态水或冰），Marshall 等（1964）提出计算 $\Delta\mu_w^{\beta-\alpha}$ 的公式：

$$\frac{\Delta\mu_w^{\beta-\alpha}}{RT} = \frac{\Delta\mu_w^0}{RT_0} - \int_{T_0}^{T} \frac{\Delta h_w}{RT^2} dT + \int_{T_0}^{T} \frac{\Delta V_w}{RT}\left(\frac{dp}{dT}\right) dT \tag{5-3-6}$$

式中：Δh_w 为水在完全空的水合物晶格与纯水相之间的摩尔比焓差；ΔV_w 为水在完全空的水合物晶格与纯水相之间的摩尔体积差；$\Delta\mu_w^0$ 为在 T_0（通常取 273.15K）和零压条件下，水在完全空的水合物晶格与冰之间的化学位差。

（2）富水相模型。对于含烃类溶质的富水相，Holder 等（1980）假定 ΔV_w 与温度无关，在对式（5-3-6）进行简化后提出 $\Delta\mu_w^{\beta-\alpha}$ 的计算公式为：

$$\Delta\mu_w^{\beta-\alpha} = \frac{\Delta\mu_w^0}{RT_0} - \int_{T_0}^{T} \frac{\Delta h_w}{RT^2} dT + \int_{0}^{P} \frac{\Delta V_w}{RT} dp - \ln a_w \tag{5-3-7}$$

$$\Delta h_w = \Delta h_w^0 + \int_{T_0}^{T} \Delta C_{pw} dT \tag{5-3-8}$$

$$\Delta C_{pw} = \Delta C_{pw}^0 + b(T - T_0) \tag{5-3-9}$$

式中：Δh_w^0 为 T_0=273.15K 时水在空水合物晶格与纯水相之间的摩尔比焓差；ΔC_{pv}^0 为 T_0=273.15K 时水在空水合物晶格与纯水相之间的比热容差；b 为比热容的温度系数；a_w 为富水液相中水的活度。

水的活度 a_w 可按下式计算：

$$a_w = f_w^\alpha / f_w^0 = \gamma_w x_w \tag{5-3-10}$$

式中：f_w^α 为富水相中水的逸度；f_w^0 为相同条件下纯水的逸度；γ_w 为富水相中水的活度系数；x_w 为富水相中水的浓度。

对于冰相，γ_w=1.0，x_w=1.0，a_w=1.0。

$\Delta \mu_w^0$，Δh_w^0，ΔV_w 和 ΔC_{pw} 均需通过实验数据回归求得，对不同的水合物结构需取不同的数据，见表 5-3-5。

表 5-3-3 式 (5-3-7) ~式 (5-3-10) 的物理常数 (Yang-Guo, 1996)

参　　数	单位	Ⅰ型水合物	Ⅱ型水合物
$\Delta \mu_w^0$（液）	J/mol	1120	931
Δh_w^0（液）	J/mol	−4297	−4611
Δh_w^0（冰）	J/mol	1714	1400
ΔV_w（液）	cm³/mol	4.6	5.0
ΔV_w（冰）	cm³/mol	3.0	3.4
ΔC_{pw}（液）	J/(mol·K)	$T > T_0$: −34.583+0.189($T-T_0$) $T < T_0$: 3.315+0.0121($T-T_0$)	$T > T_0$: −36.861+0.181($T-T_0$) $T < T_0$: 1.029+0.00377($T-T_0$)

对于不含抑制剂（醇类或电解质）的富水相，活度系数 $\gamma_w \to 1.0$。在低压下烃类及氮气等气体在水中溶解度很小，x_w 近似看做是 1.0，因此可取 $a_w \approx x_w$=1.0。但在高压下，则需根据烃类气体在水中的溶解度 x_j 求取 x_w。

5.3.1.2.3 水合物热力学平衡条件计算模型

水合物热力学平衡条件计算方程：

$$\frac{\Delta \mu_w^0}{RT_0} - \int_{273.15}^{T} \frac{\Delta H_0 + \Delta C_p (T - T_0)}{RT^2} dT + \int_0^P \frac{\Delta V}{RT} dp = \ln \gamma_w x_w - \sum_i v_i \ln\left(1 - \sum_j \theta_{ij}\right) \tag{5-3-11}$$

对于水的不同初始相态，分别作如下讨论：

(1) α 态为冰。此时 ΔV，ΔH，ΔC_p 和 $\Delta \mu$ 分别代表空水晶格与冰之间的差值，同时式 (5-3-11) 等号右边第一项将会消失。

(2) α 态为液态水。此时 ΔV，ΔH，ΔC_p 和 $\Delta \mu$ 分别代表空水晶格与液态水的差，由于碳水化合物、氮气、硫化氢在水中的溶解度很小，可以忽略不计，因此式 (5-3-11) 等号右边第一项等于零。

（3）水蒸气。当形成水合物的物质为水蒸气时，逸度可以通过热力学的状态方程模型求出。

利用上述方法，可计算水在水合物态与水在纯水态的化学位之差（$\mu_w^a - \mu_w^H$）和对应的压力与温度，从而得到水合物热力学平衡压力—温度曲线。

5.3.1.3 热物性参数计算

在水合物计算中，涉及了逸度系数、活度系数、绝热指数、压缩因子等参数，这些参数需要热力学组分模型进行计算。

根据气液相参数计算方法，组分模型又可分为利用状态方程作为模型和利用液相逸度系数作为模型。逸度系数模型对气相采用状态方程计算，对液相采取逸度系数计算，可以比较准确地计算液相参数。但逸度系数模型用于高压工况下计算液相参数会有较大偏差。状态方程模型对气液相采用同种方法计算，适用的压力和温度范围较宽，而且随着状态方程的不断改进，对气液相都可以得到满意的计算结果。

5.3.1.4 气体水合物形成条件计算程序

根据水合物热力学模型，利用 VC++6.0 编制水合物形成条件计算程序，图 5-3-2 为计算程序框图。

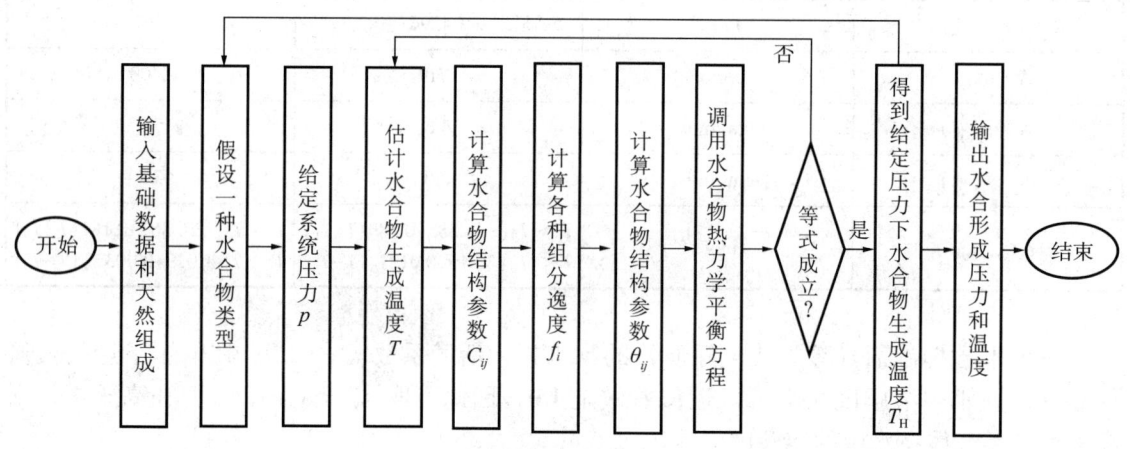

图 5-3-2　水合物形成条件计算程序框图

5.3.1.5 井筒水合物分析软件

（1）软件运行环境。操作系统：中文 Windows2000/XP；文档处理软件：Office2003。

（2）软件结构。深水完井测试井筒水合物分析软件包括井的基本参数输入、水合物形成条件预测、井筒温度及压力计算、井筒水合物预测、抑制剂计算、报告生成和组分数据库等 7 个功能模块，总体结构如图 5-3-3 所示。

（3）软件功能及特点。

①给定天然气和水的组成，可确定水合物形成压力—温度条件。

②模拟计算井筒压力—温度，建立井筒压力—温度剖面。

③根据水合物形成条件和井筒压力—温度分布，预测井筒内水合物形成区域。

④优选抑制剂，计算抑制剂用量和成本。

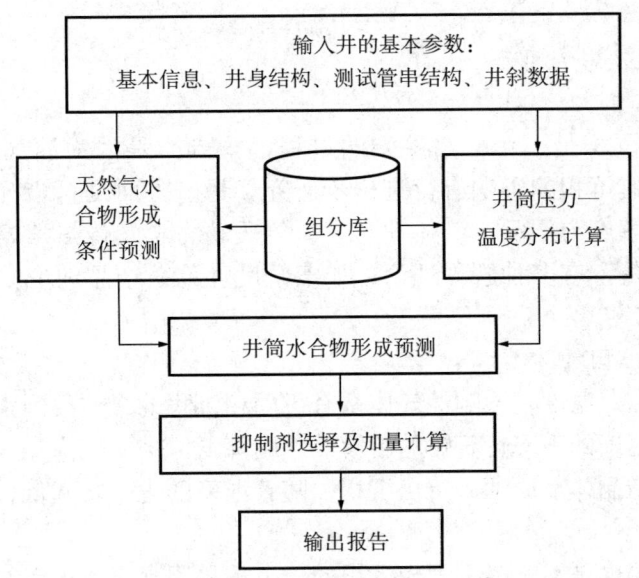

图 5-3-3 深水完井测试井筒水合物分析流程图

⑤提供数据备选、选项卡和信息提示等功能，为客户输入常用数据提供了方便。

⑥提供电子表格、Word 文档、图形等形式的输入与输出功能。

⑦用户界面友好，可视化程度高。系统运行可靠，操作简单，使用方便。

5.3.1.6 实例计算与验证

纯甲烷气水合物形成条件预测。纯甲烷气体和加入 20% 甲醇后的水合物形成条件计算结果与实验实测结果的对比如图 5-3-4 所示。由图可知，计算结果和实验结果十分吻合，具有很高的计算精度。

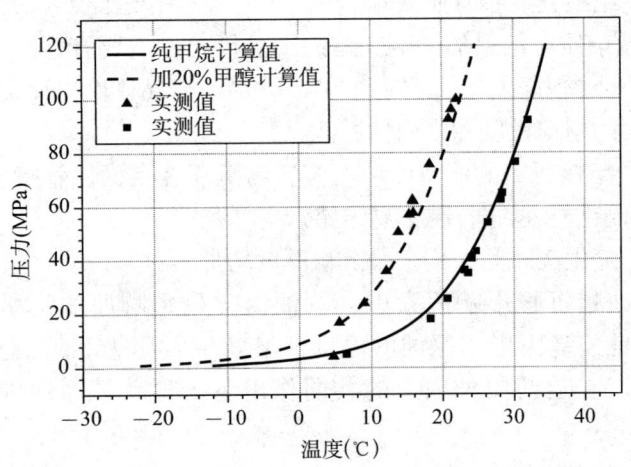

图 5-3-4 甲烷气水合物形成条件的计算结果与实验结果的对比

5.3.2 结蜡预测

油气体系中蜡质等有机固相的沉积一直是石油界所面临的严峻问题，尤其在海洋深水低温环境下，含蜡原油的结蜡问题更加突出，将严重影响生产的正常进行和海底集输系统的安全运行。

5.3.2.1 蜡沉积机理及影响因素

5.3.2.1.1 蜡沉积机理

原油中石蜡的沉积是一个非常复杂的过程,一方面是因为油气体系的组成十分复杂,各种组分对石蜡沉积的影响有待进一步研究;另一方面是石蜡沉积过程涉及很多理论问题,如蜡的溶解度与结晶、流体动力学、传质动力学及传热学等。目前,对石蜡沉积机理尚不完全清楚,有多种解释理论,如溶解度理论、结晶理论、扩散理论和相平衡理论等。

5.3.2.1.2 蜡沉积影响因素

(1) 原油的温度。温度是影响油气体系有机固相沉积的最重要因素。高温时石蜡都溶解在原油中,随着温度的下降,石蜡的溶解度急剧降低,当温度降低到析蜡点(沉积点或浊点)时开始有石蜡晶体从原油中析出沉积,随着温度的进一步降低,大量石蜡从原油中析出。

(2) 压力。压力也是影响有机固相沉积的一个重要因素。对一定的油气体系,当其组成恒定时,压力对石蜡沉积也有较大的影响。压力的改变,直接影响轻质组分在原油中的含量和石蜡在原油中的溶解度。

(3) 油气体系的组成。油气烃类体系的组分特征和组成特征是影响石蜡沉积最为关键的内在因素。油气烃类体系的组分、组成的巨大差别,就使得不同体系中多相平衡,特别是固相有机物质析出发生的情况十分复杂,且差别很大。

(4) 流动速度。实践表明,如果液体流动速度增加,则管壁上的结蜡量减少。流速大时,可使结晶保持悬浮状态,使其来不及沉积在管壁上就被液流带走。

(5) 含水率。含水率对油井结蜡程度的影响目前尚难以定量分析。但研究表明,随着油井含水量的增加,结蜡程度会有所减轻。

(6) 泥砂及机械杂质对结蜡的影响。蜡的结晶析出,需要有好的结晶中心。原油中的细小砂粒和机械杂质会成为石蜡析出结晶的核心,易于蜡晶体聚集长大,加重结蜡程度。

(7) 油管内表面的粗糙程度和表面性质。

粗糙的管壁减少结蜡所需的能量而使石蜡容易沉积在上面。管壁愈粗糙,则愈容易产生结蜡。油管内表面亲水性越强,越不易结蜡。

(8) 生产时间。随生产时间的增长蜡沉积厚度增加。

综上所述的原油蜡沉积影响因素中,原油组分是影响原油结蜡的内部因素,而原油中含蜡是本质,是关键因素,原油的温度、溶解气及压力和液流流速等是外部因素,是重要的影响因素。在这些内外因素的共同作用下,导致了原油中的石蜡析出,产生沉积。

5.3.2.2 蜡沉积热力学模型

5.3.2.2.1 热力学模型的依据和假设

(1) 热力学模型的依据。通过热力学模型研究原油蜡沉积问题基于流体相平衡研究。目前对流体相平衡理论的研究主要有两个途径:①从状态方程出发,采用状态方程统一计算气、液、固各相的逸度和逸度系数,结合多相相平衡理论,预测多相平衡问题;②以溶液理论为基础,对液相和固相计算活度系数解决多相相态问题,而气相仍采用状态方程进行描述。

(2) 热力学模型的假设。物理简化和相应的假设。

体系组分的假设：固体高分子质量组分以石蜡族烃系为主，但任何体系中都含胶质—沥青质，不过假设其化学组成和复杂的分子结构不掩盖主体组分的结果，并且被近似看作石蜡族烃；有机固相无论分散，还是聚集，都不表现分子缔合作用；胶束结构可以忽略，并且没有高分子质量组分的典型结晶现象；构成有机固相的物质，无论以何种方式划分重组，只要在不破坏分子结构和化学组成的情况下，其分子质量就不随任何外界条件而改变；当体系以分散物态存在时，总认为处于真实溶液状态，所析出的有机固相是多组分物质的混合物质，而且具有正规性质。

体系热力学条件的假设：研究对象的体系处于静态，不分析研究其热动力学情况；体系无论是由温度、压力等热力学条件的变化，还是加入工作剂而引起的组分组成的变化，是以相态变化为表现形式；研究体系只存在物理相态变化过程，无任何化学反应；热力学平衡在体系各处瞬时完成，即不存在温度梯度和压力梯度；假定体系所依存的介质影响可被忽略，即毛细管力、重力的作用可以忽略，且储层多孔介质的影响很微弱，即表面润湿性、吸附作用可以忽略不计。

5.3.2.2.2 模型的热力学判据

要判断一个体系各相是否达到平衡状态，需要衡量它是否满足一定的热力学条件，即热力学的相平衡判据。对一个多相封闭系统，其中每一个相均可以认为是整个封闭系统中的一个敞开系统。对于一个封闭系统，在不同的约束条件下，应用热力学内能 V、焓 H、亥姆霍兹能 A 和吉布斯自由能 G 均能获得多相平衡热力学判据。而由此进一步结合强度参数，如温度 T、压力 p 和化学位 μ，可获得更为实用的相平衡热力学判据。

5.3.2.2.3 气—液—固三相相平衡热力学模型

根据热力学相平衡原理，体系内各组分 i 在气、液、固三相中的逸度的表示，与多相平衡热力学判据，当气、液、固三相处于热力学相平衡时，油气体系中每一组分在各相中的逸度应相等，可推导出气、液两相平衡和固、液两相平衡的平衡常数表达式，再结合气、液、固三相相平衡时的平衡常数 k 定义，可以推导气—液—固三相相平衡的热力学闪蒸计算模型：

$$\begin{cases} \sum_{i=1}^n x_i^{\mathrm{V}} = \sum_{i=1}^n \dfrac{z_i k_i^{\mathrm{VL}}}{V(k_i^{\mathrm{VL}}-1) + S(k_i^{\mathrm{SL}}-1) + 1} = 1 \\ \sum_{i=1}^n x_i^{\mathrm{L}} = \sum_{i=1}^n \dfrac{z_i}{V(k_i^{\mathrm{VL}}-1) + S(k_i^{\mathrm{SL}}-1) + 1} = 1 \\ \sum_{i=1}^n x_i^{\mathrm{S}} = \sum_{i=1}^n \dfrac{z_i k_i^{SL}}{V(k_i^{\mathrm{VL}}-1) + S(k_i^{\mathrm{SL}}-1) + 1} = 1 \end{cases} \quad (5-3-12)$$

5.3.2.2.4 热力学模型中的参数计算

在处理计算过程中发现，热力学模型中存在很多的热力学参数，需要在进行模型计算之前通过一定的方法得到这些参数。

(1) 确定油气烃类体系重组分组成及热力学性质。经过计算求出重馏分中各延伸组分的组成、相对分子质量、相对密度、实沸点、临界参数等热力学性质。

(2) 选取状态方程。pR 方程在计算饱和蒸汽压、饱和液体密度等方面有更好的精度，是工程相平衡计算中最常用的方程之一。

书中在求解油气烃类体系中蜡质等有机固相沉积问题时，就是采用了 pR 状态方程进行描述，求解气相和液相中各组分的逸度、逸度系数和平衡常数。

（3）确定逸度平衡方程参数。

①组分在气相、液相中的逸度系数计算。对气相和液相的逸度选取的 pR 状态方程求解。

②组分在固相中的活度系数。用正规溶液理论对固体混合物的非理想性进行校正，得到固相的活度系数。

③固相标准态逸度计算。

5.3.2.2.5　三相平衡热力学模型求解方法

气—液—固三相相平衡计算的热力学闪蒸模型［式（5-3-12）］是一个高度非线性的方程组，在计算时可以采用 Newton-Raphson 迭代法进行求解。

根据多相平衡热力学判据，当气、液、固三相处于热力学相平衡时，油气体系中每一组分在各相中的逸度应相等，即：$f_i^V = f_i^L = f_i^S$。计算结束后，需要结合逸度平衡方程参数，对各相逸度进行判断。

具体计算步骤如下：

（1）计算油气体系的组分组成和热力学参数等数据。

（2）对重质组分利用连续热力学分布函数方法进行特征化处理计算，得到重质组分中各单碳数组分的组成及其热力学参数。

（3）给定热力学计算的温度和压力条件。

（4）利用 Wilson 公式为平衡常数 k_i^{VL} 和 k_i^{SL} 赋初值。

（5）按照牛顿迭代法的思想对气—液—固三相热力学相平衡模型进行求解计算，得到各相的摩尔分数数据。

（6）进行各相逸度平衡判断，若相等得到在各个压力条件下析蜡温度以及各个温度条件的析蜡情况；否则替换平衡常数 k_i^{VL} 和 k_i^{SL} 返回重新计算。

5.3.2.3　结蜡条件计算程序编制

根据蜡沉积热力学模型及其求解方法，利用微软公司的高级程序设计语言 Visual C# 2005，编制结蜡条件计算程序，程序框图如图 5-3-5。

5.3.2.4　井筒结蜡分析软件

（1）软件运行环境。

操作系统：中文 Windows2000/XP；文档处理软件：Office2003。

（2）软件结构。深水完井测试井筒结蜡分析软件包括井的基本参数输入、井筒温度及压力计算、结蜡条件计、井筒结蜡预测、物性数据库和报告生成等 6 个功能模块，总体结构如图 5-3-6 所示。

（3）软件功能及特点。

①给定原油体系组成，可准确预测结蜡的压力—温度条件。

②模拟计算井筒压力—温度，建立井筒压力—温度剖面。

③根据结蜡条件和井筒压力—温度分布，预测井筒内结蜡区域。

④油气物性数据库为油气物性数据录入、查询和程序调用提供了方便。

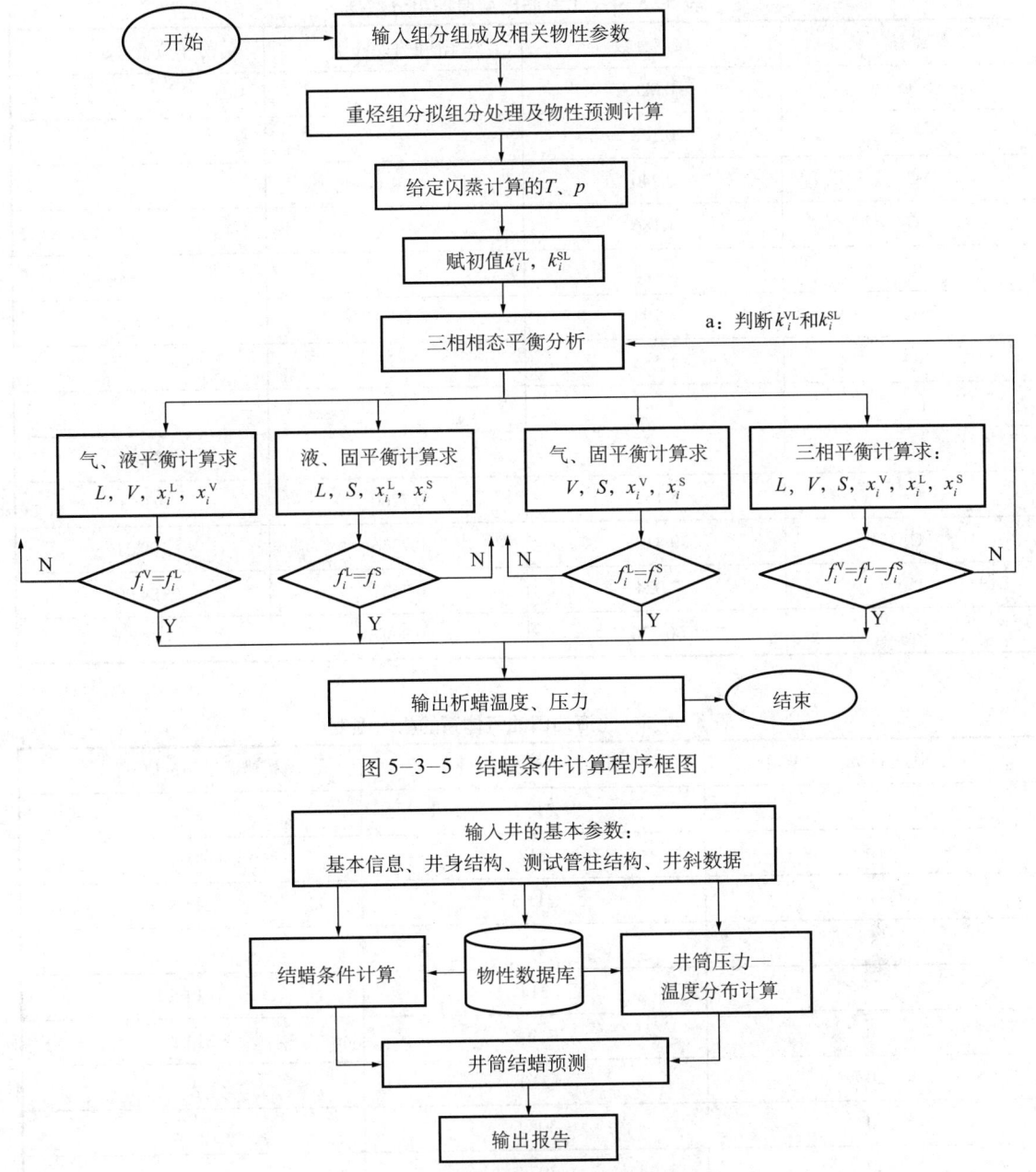

图 5-3-5　结蜡条件计算程序框图

图 5-3-6　深水完井测试井筒结蜡分析程序框图

⑤提供了数据备选、选项卡和信息提示等功能，为客户输入常用数据提供了方便。

⑥提供了电子表格、Word 文档、图形等形式的输入与输出功能。

⑦用户界面友好，可视化程度高。系统运行可靠，操作简单，使用方便。

5.3.2.5　实例计算与验证

以北海油田某原油体系蜡沉积计算为例。

北海油田某组原油体系组分和组成数据列于表 5-3-4 中，析蜡温度结算结果与实测结果的对比见表 5-3-5 和图 5-3-7。

表 5-3-4 北海油田某原油组分数据

组分	摩尔分数	密度（g/cm³）	分子质量（g/mol）
CO_2	0.028	—	—
C_1	0.128	—	—
C_2	0.240	—	—
C_3	1.186	—	—
iC_4	1.235	—	—
nC_4	3.792	—	—
iC_5	1.586	—	—
nC_5	2.567	—	—
C_6	5.235	0.6701	84.40
C_7	8.152	0.7260	93.58
C_8	9.418	0.7346	109.21
C_9	7.024	0.7621	124.00
C_{10+}	60.730	0.8997	345.63

表 5-3-5 北海油田油气体系的析蜡温度

压力（MPa）	析蜡温度计算值（K）	析蜡温度测量值（K）
1	317.5	
1.5	317	318.7
4	315.5	315.8
5	315	—
7	314	314.5
10	312.8	314.2
20	310	—
30	308.5	—
40	307.8	—
50	307.3	—

从图 5-3-7 可以看出，析蜡点温度的计算值和实验测量值相差不大，比较吻合。当体系压力从 1MPa 升至 50MPa 时，析蜡点温度从 317.5K 降至 307.3K，表明随着体系压力升高，油气体系的石蜡沉积温度降低。

由于深水完井测试过程中的低温环境，油气体系的温度降低比较快，冷却速度快，加之我国海上油田原油多具有高黏、易凝、高含蜡等特点，必然会存在蜡沉积的问题。为保证测试结果，更好地评价油气产能和指导油气开发，必须做好蜡沉积预测工作。通过以上算例分析，书中所采用的三相相平衡热力学预测模型比较准确，能够用来进行这方面的预测计算工作。

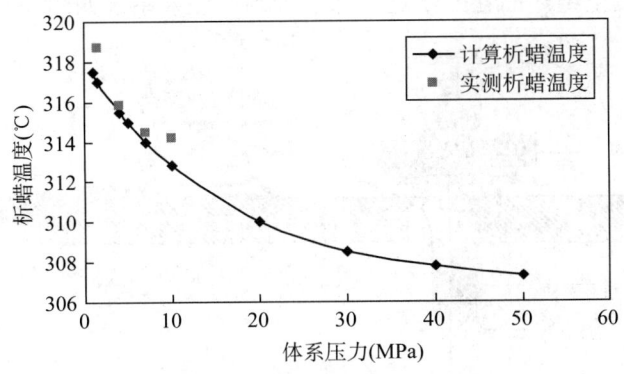

图 5-3-7 北海油田油气体系析蜡温度对比

5.3.3 水合物与结蜡防控

深水完井测试作业环境及工况与陆地或浅水相比有很大不同。深水完井测试在浮式平台上进行，场地面积小，离岸距离远。井口装置位于海底泥线处，平台到水下井口的距离长，泥线附近温度低。在遇到台风或特殊海况时，往往要求钻完井装置迅速撤离井位，以确保安全。

深水完井测试作业中采用的防止水合物和结蜡方法应满足：(1) 能有效抑制水下井口及其上下测试管柱内水合物的形成或结蜡；(2) 不能对测试作业、安全操作造成负面影响；(3) 具有应付可遇到的各种意外情况的能力，保证人员、设备和井筒的安全；(4) 设备体积小，重量轻，便于运输、吊装、拆卸和维修；(5) 能承受高温、高压、耐 H_2S 和海水腐蚀；(6) 操作方便，运行可靠，成本低。

在深水完井测试中多采用真空绝热油管和注入抑制剂相结合的方法，以真空绝热油管为主，注入抑制剂为辅助方案，防治井筒水合物和结蜡。

5.3.3.1 真空绝热油管防治井筒水合物和结蜡

真空绝热油管是一种"管中管"结构，两管环空抽真空，并添加吸附氢气的吸气剂，内管外壁涂覆反射绝热层。

真空是理想的绝热体。在两管之间形成真空，就会使内外管之间的气体对流及热传导减到最小程度。在内管的外壁上提供一层反射绝热层，又使得热辐射减到最小。根据实验，真空绝热油管的热传导率可控制在 0.001Btu/ (h·ft·°F)，而普通油管的热传导率约为 30 Btu/ (h·ft·°F)。流体流过 1500m 的真空绝热油管，温度下降约 6℃，而流过等长的普通油管温度则降低 45℃。

在深水完井测试中，可在泥线上下低温区域用一定长度的真空绝热油管代替普通油管，降低地层流体的散热速度，保持地层流体以较高的温度流向井口。如果流体温度能达到水合物形成温度以上，就可以避免水合物的形成或结蜡。即使流体温度不能达到水合物形成温度或者结蜡温度以上，也可以大大减小过冷度，降低水合物抑制剂或者防蜡剂的加量。

5.3.3.2 抑制剂辅助防治井筒水合物和结蜡

当采用真空绝热油管仍然不能避免井筒内水合物形成或结蜡时，注入抑制剂作为一种辅助方案，可以弥补真空绝热油管的不足。深水抑制剂注入系统如图 5-3-8 所示。

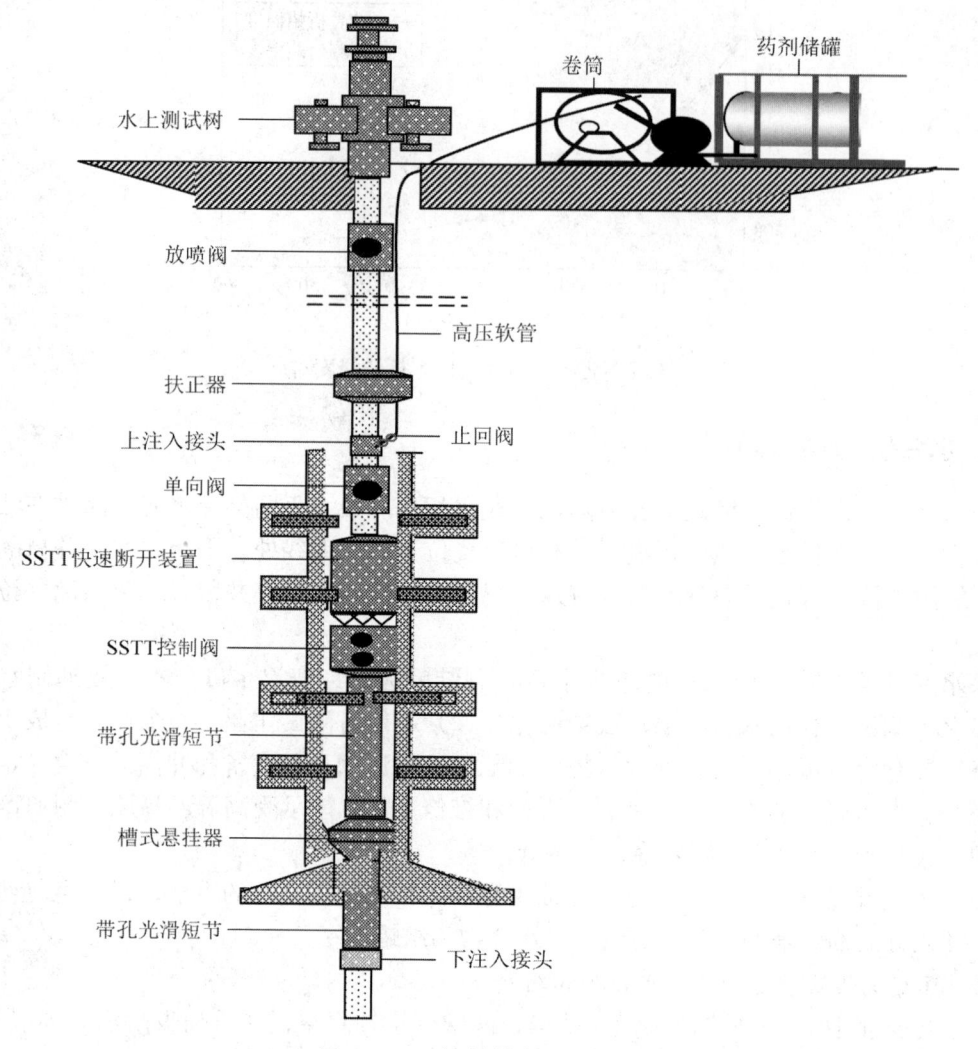

图 5-3-8 抑制剂注入系统设计

5.3.3.2.1 热力学抑制剂

热力学抑制剂，也称为防冻剂，是目前国内外最常用的水合物抑制剂。常用的热力学抑制剂有甲醇、乙二醇、二甘醇等醇类，以及氯化钠、氯化钾、氯化钙等无机盐类。

（1）醇类热力学抑制剂。常用热力学抑制剂有甲醇、乙二醇和二甘醇等。深水完井测试作业中应优先选用乙二醇作为水合物抑制。

（2）无机盐类热力学抑制优选。常用无机盐类水合物抑制剂主要有氯化钠、氯化钾和氯化钙。

5.3.3.2.2 动力学抑制剂

动力学抑制剂是 20 世纪 90 年代以来发展起来的经济实用且环保的新型水合物抑制剂。它与热力学抑制剂的作用机理不同，不能改变水合物形成的热力学平衡条件，而是通过抑制剂的特殊结构形成氢键与水合物晶体结合,影响水合物的结晶、阻止晶核的生长、延缓水合物形成的时间(即增加水合物的诱导时间),达到动力学控制水合物的目的,使管线中的流体可以在低于水合物形成温度(过冷度,一般为 0～4℃,)下流动,而不会产生水合物堵塞问题。这类抑制剂的突出优点是加入浓度低,通常小于 3%(质量分数),用量少。而传统的热力学抑制剂在水溶液中的浓度一般为 10%～50%,用量较大。

目前的动力学抑制主要是一些水溶性聚合物,包括酰胺类聚合物、酮类聚合物、亚胺类聚合物和共聚物等。投入使用的动力学抑制剂有 N-乙烯基吡咯烷酮(PVP)、N-乙烯基己内酰胺(PVCap)和 N-乙烯基吡咯烷酮、N-乙烯基己内酰胺和 N,N-二甲基异丁烯酸乙酯的三元共聚物(VC-713)。其中,PVCap 被认为是使用效果较好的一种。

5.3.3.3 新型低剂量水合物抑制剂

热力学抑制剂是世界上应用最广泛的水合物抑制剂,但要在高浓度下才能达到较好的抑制效果。一般加量为 10%～60%,用量大,成本高。动力学抑制剂具有加量少(一般小于 1%)、用量小、环保性好的优点,但其抑制效果受过冷度的限制,要求过冷度不超过 8～9℃。在过冷度大于 10℃的情况下,目前开发的动力学抑制剂将失去作用,甚至效果相反。如果能将热力学抑制剂和动力学抑制剂有机地结合在一起,优势互补,既能降低抑制剂用量,又可以提高低温抑制效果。如:

(1) PVCap 与甲醇复配。
(2) PVCap 与乙二醇复配。
(3) PVCap 与 NaCl 复配。
(4) PVCap 与甲醇和 NaCl 三元复配。
(5) 新型低剂量水合物抑制剂配方。

实验研究表明,动力学抑制剂 PVCap 与热力学抑制剂复配后,既可以降低热力学抑制剂的加量,又可以提高动力学抑制剂的过冷度,可在较高过冷度下有效抑制抑制水合物的形成。

5.4 深水钻井完井测试工艺技术

5.4.1 影响测试参数获取的储层因素

5.4.1.1 地层出砂对测试参数获取的影响

(1) 出砂对渗流状况的影响。出砂的排除可局部改善渗流状况,储层骨架破坏造成出砂,在储层或近井地带可以堵塞地层,劣化流体渗流。

(2) 水砂复合对渗透率的影响。水侵和出砂都会劣化储层近井渗流,两者的复合对渗流影响更甚。在实际气藏开发中,地层产水后,储层中黏土矿物遇淡水极易膨胀和运移,胶结变差,储层更易出砂。

在水砂复合伤害的情况下,气藏的绝对渗透率 K 和气相相对渗透率降低 K_{rg} 同时降低,气体绝对渗透率在双因子的作用下急剧降低。水砂复合对近井的影响如图 5-4-1 所示。

(3) 出砂对测试表皮的影响。当近井地带出砂时,砂粒被防砂屏障阻挡不能进入井筒,但同时也在近井区域形成砂堵,随着出砂量的增加,近井筒地带堵塞程度逐渐上升,这在

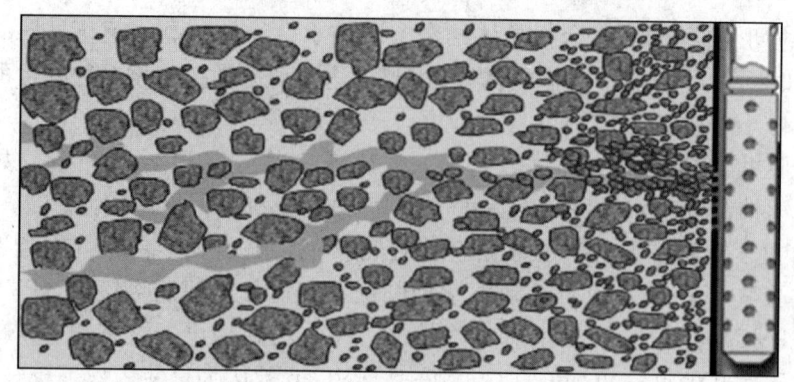

图 5-4-1　水砂复合对近井的影响示意图

一定程度上就降低了气井的打开程度,增大了近井区域的表皮系数,降低了气井产能。

近井地带孔隙堵塞程度随着出砂量的增加逐渐增加,初始阶段孔隙堵塞程度对表皮系数影响比较小,但随着堵塞程度的升高近井地带的孔隙度和渗透率急剧降低,造成近井地带表皮系数急剧升高,气体流动阻力急剧上升(图 5-4-2)。

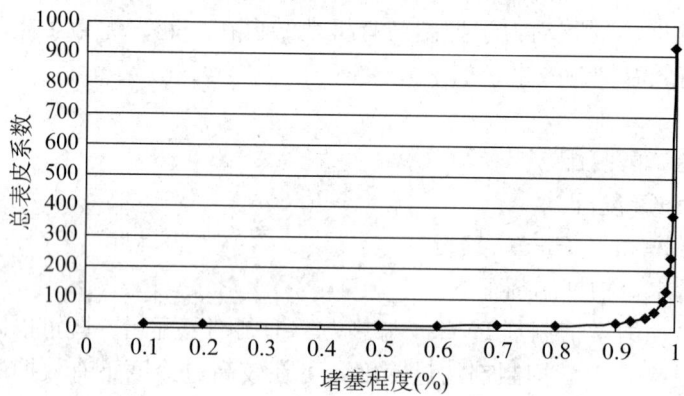

图 5-4-2　表皮系数与出砂堵塞程度关系曲线

在出砂伤害初期由于储层高孔高渗近井地带堵塞对产量伤害程度不是很大;但随着出砂堵塞程度的增加,当出砂堵塞程度超过 50% 时,气井产能急剧降低,出砂堵塞程度增加 10%,气井产能降低约 10%。所以高孔高渗储层出砂堵塞会增加近井地带的表皮系数,对气井产能造成极大伤害(图 5-4-3)。

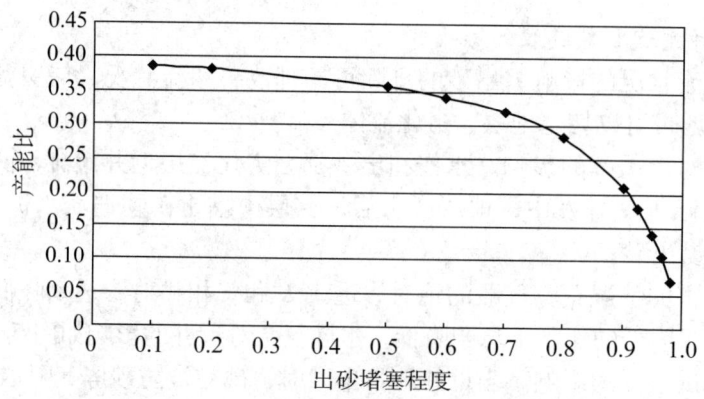

图 5-4-3　近井地带出砂堵塞程度对产能的影响

5.4.1.2 地层产水对测试参数获取的影响

在深水油气藏测试过程中,地层水(边水、底水)的侵入将增加地层中含水饱和度,从而使得油相或气相渗透率下降,降低储层渗流能力。测试过程中气井出水,则气相相对渗透率的急剧降低,必将影响气井产能评价和预测的准确性,同时对储层造成极大的伤害。

(1)出水对测试渗透率的影响。水侵入地层,水膜就会变厚,对天然气的渗流阻力增大,降低储层气相渗透率。

宏观上分析,储层水侵对均质地层伤害较小。对于非均质气藏,裂缝或大孔道是主要水窜通道,水很难进入低渗高压孔隙,而是绕过低渗孔隙带,沿裂缝或大孔隙推进,加重储层非均质性,并形成水封气区。

(2)出水对近井表皮的影响。气藏开发过程中,底水的水锥以及间歇关井井筒积液的反渗等,都会在近井周围形成一道含水饱和度很高的"水墙"。

该区域会对储层的渗流形成较大的影响,井筒周围渗透率变化可用 Muskat 模型转化为表皮系数来衡量,有如下关系式:

$$s_a = (K/K_a - 1) \ln(r_a/r_w) \tag{5-4-1}$$

式中:K 是地层渗透率;K_a 是从井筒半径 r_w 扩展到半径 r_a 的区域之间的渗透率。

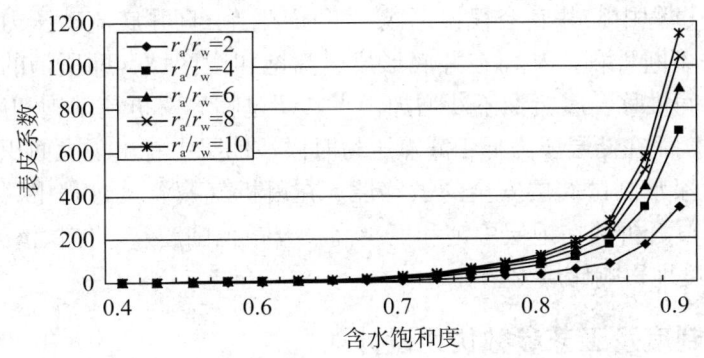

图 5-4-4 表皮系数随含水饱和度变化曲线

图 5-4-4 表明:

①近井地带的表皮系数和近井地带含水饱和度密切相关,在相同的水侵范围内,生产中的表皮系数和水侵区的含水饱和度呈指数关系,在含水饱和度较高的情况下,表皮系数迅速增大。

②在低含水饱和度时,不同水侵范围内表皮系数相差较小,说明即使很小范围内的水侵也会形成较大的表皮系数。因此,要主意避免底水锥进和井筒积液反渗问题。

③如果近井地层存在水侵高含水饱和度区,则气井生产的地层渗流阻力增大,不利于正常的间歇开关井。

5.4.1.3 原油脱气对测试参数获取的影响

地层压力一般高于饱和压力,随着生产,井底流压会低于饱和压力,井筒周围出现局部脱气。这种局部脱气现象往往被人们忽视,脱气之后对测试渗透率产生影响,从而影响对产能的评价。当地层压力高于泡点压力时,没有气相存在;在地层压力低于泡点压力的阶段,随地层压力缓慢降低,气泡体积缓慢增加,气泡产生的贾敏效应使得油相渗透率急剧降低。此时，由于气液（油）界面张力大于气泡张力，气泡还不会聚合，单相气体渗流不明显，因此，气相渗透率值较低。随地层压力进一步降低，气泡张力逐渐接近或大于气液界面张力，气泡开始不断聚合并逐步形成气体通道，气相渗透率开始增加。但由于气泡聚合引起局部（微观）气液移动，使得气体通道极不稳定，影响了气体渗流，所以气相渗透率增加较缓慢，贾敏效应和气体通道使得油相渗透率持续缓慢降低。随着气体的进一步析出，气泡张力克服气液界面张力，气泡形成连续相，气相相对渗透率逐渐增大，油相相对渗透率逐渐减小。

5.4.1.4 凝析气藏反凝析对测试参数获取的影响

（1）深水凝析气藏三区油气分布理论。凝析油的聚集和流动是一个逐渐形成的过程，当流动压力低于露点压力时，凝析油就会在储层中反凝析出来。多孔介质的干燥表面对凝析油会产生强烈的吸附作用，从而导致凝析油在多孔介质内不断地堆积。随着凝析油饱和度不断增加，一旦达到临界凝析流动饱和度时，凝析油开始流动，储层流动因而表现出两相流动特征。

（2）深水凝析气藏测试过程凝析油聚集及渗流特征。在凝析气藏测试或生产过程中，存在凝析油气体系在多孔介质中的相态变化。其相变特征与多孔介质中毛细凝聚效应、吸附、润湿、毛细管压力和油气界面张力等因素相关。

在测试或生产过程中，井底会很快形成一低压区，一旦井底流动压力低于露点压力，凝析油开始析出并不断堆积，从而在井底形成一高饱和度区域，即所谓的"凝析油堆积"现象。随着生产时间推移，凝析油不断增加，当其超过临界凝析流动饱和度时，储层开始形成油气两相流动。而在储层压力低于露点压力时候，地层中将出现大面积反凝析液分布。

（3）反凝析对深水测试储层安全的敏感性。在凝析气藏测试过程中，测试压差越大，地层压力下降越多，凝析油在地层中饱和度越高，分布范围越广，储层渗流能力劣化程度越高，从而极大程度地影响储层安全。

5.4.2 测试工作制度及工艺参数优化设计

5.4.2.1 合理测试压差优化设计

（1）出砂地层的合理测试压差设计。出砂地层测试原则是测试压差不能大于地层临界出砂压差。有效地评价地层临界出砂压差，是出砂地层的合理测试压差设计的必要条件，也是最关键的一步。

①通过岩石变形及破坏过程中渗透率变化规律的实验进行分析，不同疏松程度的岩心应力对渗透率损害的形式。

②通过现有的出砂临界压差预测模型，进行气层出砂临界生产压差的界定。

（2）应力敏感地层合理测试压差设计。对于任一固定的储层岩石应力敏感系数而言，低渗透变形介质气藏的采气指数有一个最大值，该值所对应的生产压差就是合理的生产压差，超过该压差，岩石变形对储层的伤害就越来越严重。

$$(b-x)\ e^x-1=0 \tag{5-4-2}$$

其中
$$x=-\alpha_K\ [\Delta p-G\ (r_e-r_w)]$$

$$b=1+\alpha_K G\ (r_e-r_w)$$

可以看出，岩石的应力敏感性越强，即岩石应力敏感系数 α_K 的值越大，合理生产压差就必须越低。

求合理生产压差比较复杂，采用数学方法对应力敏感系数与合理生产压差之间的变化关系进行拟合，二者之间满足乘幂函数关系，表示为：

$$\Delta p = 1.2067 \alpha_K^{-0.4634} \tag{5-4-3}$$

可以利用该式求得具有任意应力敏感系数时的合理生产压差。

（3）出水地层合理测试压差设计。在出水地层测试，进行测试压差设计时主要考虑怎样避免底水锥进。底水锥进时的极限压差主要分考虑和不考虑毛细管力两种情况。

① 不考虑毛细管力情况下，极限压差的确定为：

$$\Delta p_{\max} = (p_e - p_{wf}) \leqslant (h-b) \times \gamma_w \tag{5-4-4}$$

② 考虑毛细管力情况下，极限压差的确定为：

$$\Delta p_{\max} = (p_e - p_{wf}) \leqslant (h-b-h') \times \gamma_w \tag{5-4-5}$$

（4）反凝析地层合理测试压差设计。

① 测试压差与凝析油分布的关系。凝析气藏凝析油分布一般会随着生产压差的增大在空间上从井身向远井带扩展。随着生产时间的推移，凝析油分布扩展的范围也会增大。低渗凝析气藏的凝析油主要分布在井筒附近，生产压差对凝析油的分布没有很大影响。

② 测试压差与产量的关系。根据理想气藏稳定渗流原理，生产压差越大，产量越大。可凝析气藏生产压差越大，产量不一定越大。因为理想气藏在进入拟稳态后渗流阻力是不变的，而凝析气藏若压差过大，反凝析出凝析液伤害地层越严重，降低的气相渗透率越大，渗流阻力也越大，产气量不一定越大。

在反凝析的凝析气藏测试时，要考虑地层反凝析的影响，尽量使测试压差小于气藏露点压力。

5.4.2.2 合理测试流量优化设计

为避免在测试过程中伤害地层，测试配产的合理十分重要，基于上几节内容，按照合理的测试压差设计测试流量。

深水测试前，应根据地质、钻井、测井、录井等资料以及相关的出砂、应力敏感等实验报告，确定待测油气藏出砂、变形、出水、发生反凝析液等可能，亦即对深水测试储层安全性进行评价，在此基础上，对深水测试进行合理的配产。为了避免在测试过程中伤害地层，测试合理配产的确定，除了与不同的生产目的、开采方式和供需关系相协调外，应需致力于以下目标：（1）避免破坏井底和伤害储层，造成测试井大量出砂；（2）避免破坏井底和伤害储层，造成储层变形；（3）测试期间不出水或不引起早期爆性水淹；（4）井底附近地层没有显著的反凝析现象；（5）生产井井口不生成气体水合物（气井测试）；（6）生产井具有足够的携液能力。

5.4.2.3 气藏合理测试工作制度设计

（1）测试点数的确定。测试模型是基于理想气藏，实际气藏偏离理想气藏非常大。因此，应该根据实际气藏的特点确定测试点数。

①两点法原则。一个气藏,如果在测试过程中渗透率、平均黏度、气体平均压缩因子等都基本为常数,即气藏接近于理想气藏,则各测试点之间具有线性关系,可以采用两个测试点建立产能方程。

②多点法原则。测试过程中,理想气体的工作制度变化可大可小;实际气藏的工作制度设计应充分考虑储层的安全,选用多点法进行测试。如新井或探井,没有建成地面管线,应该以获得有用资料所需的最小气量进行试井;低渗透气藏气井产量大时比产量较小时更不容易达到稳定流动状态,也应尽量选择小气量试井。

③一点法原则。

a. 国外一点法试井应用原则。

i. 确定在一定井口压力下的稳定供气能力。国外一点测试法包括供气量试井和确定最大允许量或一口井的合同最高产气量的试井。国外一点法试井并不用于确定储层无阻流量和气井产能方程。

ii. 已知产能方程中的一个系数求取另一个系数。对于开发井,认为储层的有些参数变化不大,需要确定另一个参数,采用一点法简单却可靠。如果两个参数均未知,严格地讲是不能采用一点法进行测试的。

b. 国内一点法试井应用现状。国内一点法试井理论依据是二项式产能方程。在计算无阻流量时,有:

$$p_e^2 = Aq_{AOF} + Bq_{AOF}^2 \tag{5-4-6}$$

与二项式产能方程相除可得:

$$\frac{p_r^2 - p_{wf}^2}{p_r^2} = \alpha \frac{q_g}{q_{AOF}} + (1-\alpha)\left(\frac{q_g}{q_{AOF}}\right)^2 \tag{5-4-7}$$

其中

$$\alpha = \frac{A}{A + Bq_{AOF}}$$

若令:

$$q_D = \frac{q_g}{q_{AOF}}$$

$$p_D = \frac{p_r^2 - p_{wf}^2}{p_r^2}$$

则有:

$$p_D = \alpha q_D + (1-\alpha)q_D^2$$

通过求解可得:

$$q_D = \frac{\alpha\left[\sqrt{1 + 4\left(\dfrac{1-\alpha}{\alpha^2}\right)p_D} - 1\right]}{2(1-\alpha)} \tag{5-4-8}$$

式中:q_{sc} 为标准状态下的产气量,m³/d;K 为渗透率;μ 为气体黏度;Z 为气体偏差因子;T 为气层温度,K;h 为气层有效厚度,m;r_w 为井底半径,m;r 为距井轴的任意半径,

m；p_r 为 r 处的压力，MPa；p_{wf} 为井底流压，MPa；A 为层流系数；B 为紊流系数；a 为一个一点法的产能系数；q_{AOF} 为无阻流量；p_e 为地层压力；q_g 为产气量；q_D 为产气量与无阻流量的比值，无量纲。

式（5-4-6）为常用气井一点法试井产能计算公式。在已知变量 a 以后，只需测出一个稳定流量下的井底流压数据和地层压力数据，即可利用式（5-4-8）计算气井的无阻流量和产能方程。该方法有创新，在气田开发中起了重要作用。

（2）不同测点压差与产量的确定。气藏产能试井要求每一工作制度下的压力和产气量保持稳定，但由于工作制度设计不合理和储层物性等多方面的原因，试井过程中的工作制度不易保持稳定。常用的气井产能试井模型为：

$$q_{sc} = \frac{774.6Kh\left(p_e^2 - p_{wf}^2\right)}{T\bar{\mu}\bar{Z}\left(\ln\frac{0.472r_e}{r_w} + S + Dq_{sc}\right)} \qquad (5-4-9)$$

各种分析和计算得出，试井过程中在其他参数不变情况下，将变化的产气量或压力仅进行简单处理就带入方程进行计算，会导致试井解释结果不准确。

5.4.3 测试方案优化设计软件

深水油气完井测试工艺参数优化设计软件，使用可视化 Windows 开发工具 VisualC++ 6.0 语言编写，可以在 Windows 各种版本环境下运行。

5.4.3.1 软件系统结构及工作流程

软件系统应用数据动态链接技术获得测试井地质信息、测井信息、管柱参数、井下工具以及施工工况数据等，实现开放式数据通信，动态处理和录入，使数据管理更灵活、完备；以导向方式组织数据流程，降低设计复杂度，易用性增强。软件工作流程如图 5-4-5 所示。

5.4.3.2 软件功能

软件功能包括：文件管理、数据输入功能、数据更新、试井类型确定、测试点数确定、压力计选型、合理测试压差设计、合理测试流量设计、最短测试时间设计、测试垫类型及高度设计、井底流压、流量自动计算、井口流压、流温自动计算、分析结果输出。

5.4.3.3 软件主要模块

（1）文件管理模块。
（2）基础数据输入模块。
（3）测试工作制度设计模块。
（4）测试工艺参数优化模块。

5.4.4 测试工艺技术规程

5.4.4.1 使用范围及参考标准

深水油气完井测试工艺技术规程规定了深水油气完井测试全过程工序环节、施工准备和控制程序及相关的安全、技术措施要求。技术规程既作为深水油气完井测试设计、现场施工的执行工作标准，也作为检查、考核施工技术质量的依据。

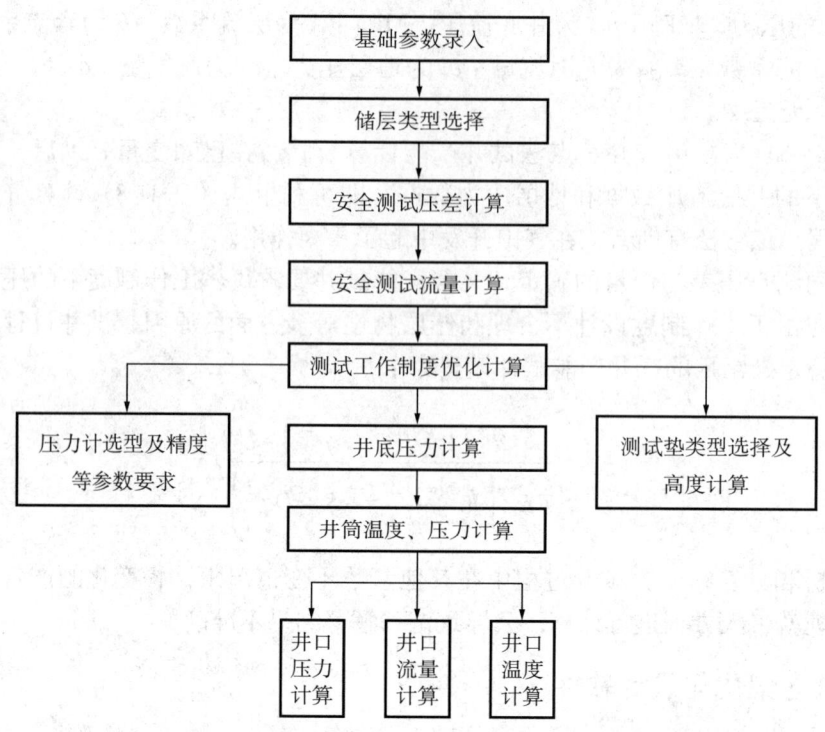

图 5-4-5　深水油气完井测试方案优化设计软件设计总体原理框图

常见参考标准：

SY/T 5099—1985《石油下井仪器温度、压力分级及其匹配》。

SY/T 5098—1991《石油下井仪表用计时器技术条件》。

SY 6303—2008《海上石油设施动火作业安全规程》。

SY 6560—2011《海上石油设施电气安全规程》。

SY 6429—2010《浅海石油天然气作业消防规程》。

SY 6564—2011《海上石油作业系物安全规程》。

5.4.4.2　测试施工条件

（1）海上试井对施工场地要求：能够摆放试井作业绞车，并周围留有 1m 范围的操作空间。

（2）海上试井对能见度的要求：能见度小于 10m 时，停止施工。

（3）海上试井对天气情况要求：在风力达到 6 级或 6 级以上时，应停止施工；在有雷电、暴雨、冰雹等恶劣天气，应停止施工。

（4）试油设备应符合发证检验机构要求，并具备防火、防爆、防腐、防冻、防污染、防热辐射的能力。

（5）平台应备有密度符合设计要求、液量大于井筒容积 2 倍的压井液。

（6）测试期间，压井管线应与钻井泵相连，钻井泵应处于完好状态。

5.4.4.3　测试工序

（1）下入钻头+刮管器+钻铤+钻杆刮管到要求的人工井底，循环干净，替入海水，起钻。

(2) 下入悬挂器打压坐封。

(3) 按管柱设计下入测试管柱。

(4) 坐封，校深。

(5) 安装井口，试压。

(6) 投棒射孔、开关井。

(7) 压井，起测试管柱。

(8) 封隔测试层，转入下一层测试或弃井。

5.4.4.4 测试前的准备

(1) 测试设备的陆地准备。

①所有井下及地面的测试设备在送往平台之前都必须经测试监督检查，具体项目如下：

a. 设备的合格证书。

b. 作业前的检验证书，这些证书与设备一起送上平台。

c. 所有设备经压力试验及功能测试合格，且有记录。

d. 所有的计量仪表经校验合格。

e. 分离器孔板按厂家试验程序进行压力试验并校验。

f. 准备合格的孔板一套。

g. 准备合格的固定油嘴一套。

h. 准备好井下及地面所有配套接头，并验收检查合格。

i. 所有油、气、水的样瓶检验合格。

j. 所有井下工具进行压力试验，环空压力响应（APR）和全通多功能循环开关阀（OMNI）工具进行功能试验合格。

k. 所有井下工具丈量、通径，并组装好。

②测试联合作业技术（TCP）用的雷管和弹药要分装于两个防水箱内，放射性接头要经过地面检测合格。

③召开各方有关负责人员参加的测试动员会。

(2) 测试设备平台上的准备。

①在吊测试设备上平台前，检查吊车的钢丝绳。

②所有的短节要清洗、检查、通径。

③测量、记录所有井下工具的长度、内径和外径。

④确保每个要使用的变扣已与相应的工具连接。

⑤确保钻杆用的压井阀（TIW）已在钻台上合适的位置，并试压合格。

⑥准确丈量每个井下工具的长度，调配好测试管柱。

⑦测试前让每个人都熟悉测试作业程序及应急程序，及时通知安全通道、逃生路线、危险区域的变动情况。

⑧明确每个岗位在出现紧急情况时的职责。

⑨制定应急临时弃井程序。

⑩测试前及测试期间，要定期检测 H_2S 以及可燃气体探测报警系统。

(3) 测试井口装置的安装。

①井口由设备管理单位负责检查、清洗、组装和试压，其零部件必须齐全完好，操作灵活。

②井口装置试压合格后，应填写合格卡片一式二份。一份随设备送井场建设工程技术员验收；一份留底备查。设备调用，移交时卡片随设备同行。

③井口组装及现场安装好后，都应进行清水试压，稳压15min以上，无渗漏为合格。有条件时应进行强度试压，试压必须符合技术规定。

④井口装置安装操作程序。

a. 检查油管螺纹是否完好，最大外径能否通过井口防喷器及双法兰短节，直径、锥度和高度是否与特殊四通吻合，钢圈密封环有否缺陷和损坏。

b. 下完最后一根油管后，接上油管挂，再接提升油管（或钻杆）将油管挂坐于测试井口装置特殊四通内。

c. 倒出提升单根，拆全套液压防喷器。如地层压力过高或拆装封井器时间过长，可在油管挂上接回压阀。

d. 如油管挂上有回压阀，必须先检查井口是否有压力，先泄压后再卸回压阀。

e. 清洗好钢圈槽、钢圈并涂好黄油后，用钢丝绳吊装采气井口装置坐于特殊四通上。

f. 装齐全部螺栓，对角紧平，拧紧。

g. 吊装井口装置时防撞击，保护好丝杆。吊装时严禁用高悬锚头，以防吊装时间过长，悬绳被绕断，造成伤亡和设备事故。

h. 连接、固定好井口装置至分离器段放喷、测试管线。

⑤井口装置必须使用 $1/2 \sim 5/8$ in 钢丝绳四方对角绷紧，以防止在高压施工中发生较大的震动而损坏井口。

⑥试压，一号总闸以上用清水试压至工作压力，30min 井口压降不超过 0.5MPa 为合格。

⑦井口装置所有配件必须齐全，如因遗失和损坏，补充配件必须符合防腐和强度要求。

⑧压力表缓冲器（油封）必须按规定要求加足液压油，并保证各螺纹的密封。

⑨井口装置必须进行保养，平板阀应定期注入密封脂，螺栓螺纹应涂好防锈油（黄油）闸阀应戴好阀杆保护套。

(4) 防喷测试管线的安装。

①安装原则。

a. 分离器距井口距离在 15m 以上。

b. 放喷测试管线管口距井口、贮油罐和生活区等距离均要求在 50m 以上，并要求避开上空电力线和电话线。

c. 放喷管线不允许穿越生活区。

d. 放喷排液出口点应利于残酸、废液的排放，有利于环境保护。

②放喷、测试管线组合。

a. 放喷、测试管线必须满足放喷排液，油气水测试，压井以及钻井液回收和特殊情况下的应急控制等条件。

b. 常规情况下的完井测试要求接 3 条管线，其中油管接两条（一条放喷、一条测试），套管接一条（作为特殊施工应急使用）。

c. 气水同产井,在分离器后加接一条井液、残液的回收管线。
d. 特殊高压井在测试井口装置的另一翼应加接一条备用放喷管线。
e. 特殊工艺井及超高压井,可采用专用地面流程或三级降压放喷测试装置。
f. 测试管线必须经过分离器,并在管线上装流量计。
g. 放喷测试管口应安高空燃烧筒。
③ 分离器、流量计及放喷测试管线的安装要求。
a. 分离器。
i. 分离器安装位置应距井口 15m 口以上。
ii. 分离器筒体与地面垂直,并用金属基墩和地脚螺栓固定。
iii. 用 $3/8 \sim 5/8$ in 钢丝绳四方对角绷紧。
iv. 分离器必须加装安全阀,安全阀灵敏可靠,开启压力为最高工作压力的 90% ~ 100%。在无安全阀的情况下,分离器必须装一只紧急泄压阀,分离器工作期间必须坚持有专人观察压力变化和操作泄压阀。
v. 分离器进出口处必须用压板地脚螺栓固定。
vi. 分离器安装好使用前必须先进行清水试压,试压压力为分离器工作压力的 100% ~ 150%。
b. 流量计。
i. 使用临界速度流量计时,下流管线内径应大于上流管线内径,如 $\phi 73mm$ 放喷管线使用 2in 流量计时,下流管线要求采用包括 $\phi 88.9mm$ 在内的以上油管,但长度不超过 30m。
ii. 流量计尽可能安装在平直的地方,前后 1m 范围内不允许有较大阻力的弯管。
iii. 孔板直径最好选择在流量计内径的 20% ~ 60% 之间。
iv. 孔板要求光洁度高,无伤痕,无毛刺,安装时必须喇叭口朝向下流方向,孔板应加铅密封垫。
v. 流量计上装上流和下流压力表,以及上流温度计。
vi. 流量计处要考虑保温。
c. 管线。
i. 放喷测试管线、弯头、短节及其他配件等均必须符合防腐要求。
ii. 放喷测试管线安装必须平直,不允许有小于 90° 的直弯。
iii. 管线必须采用螺纹或法兰连接,在井场以内及靠近油罐、发电房等位置不允许焊接。含硫气井所有管线不允许直接焊接。
iv. 放喷测试管线出口距井口和人员住房距离不少于 50m,放喷点火口附近无易燃易爆物和机器设备,上空无电力线及电话线。如因环境限制,必须采取临时拆除等措施。
v. 排放处油污必须在施工前清除。
d. 固定。
i. 放喷管线应用金属支架固定。
ii. 放喷测试管线在平直处每 10 ~ 15m 应使用一个金属支架,在转弯和出口处应使用双卡。
iii. 如放喷测试管线走向和原钻井放喷管线相同,可用双压板卡于原管线上,但不允许采用捆绑办法。

ⅳ. 由于环境限制，放喷管线悬空长度超过 10m，必须采用钻杆支撑，用压板、地脚螺丝固定。

e. 试压。

ⅰ. 放喷测试管线使用前必须用清水冲洗和试压。

ⅱ. 管线试压 25～30MPa，分离器按铭牌工作压力进行试压，不刺不漏为合格。

ⅲ. 试压过程中和试压区周围不允许有人聚集和走动。

5.4.4.5 测试作业程序

（1）准备。

①下钻头+刮管器+钻铤+钻杆刮管到人工井底，并在射孔层位来回清刮 3 次，循环干净后，替入海水。

②套管试压，合格后起钻。

③ BOP 试压：BOP 试压（MPa）、稳压（min）。

④下悬挂器+钻杆打压坐封，丈量抗磨补芯到闸板的距离。

（2）下入测试管柱。

①下测试管柱前召开一次专门的安全会议。

②按设计的测试管柱下入。

③射孔枪、井下工具的安装上扣分别在 TCP 及井下工程师的指导下进行。

④下完井下工具后，用海水试压，稳压时间 10min。

⑤下至水下部分时，水下树及防喷阀必须功能试验合格后方可下入。

⑥开补偿器将悬挂器坐在抗磨补芯上，由电测人员进行校深作业，根据误差，调整管柱坐封，再次校深，误差小于 0.50m 为合格。

⑦安装井口及流动头。

⑧连接井口流动管线及压井管线。

（3）开井测试前的准备。

①召开一次安全会议，就有关测试的注意事项、危险性向船上的每一个员工阐明，并就可能出现的紧急情况、分工等事项让每一个人都清楚。

②关 BOP 的中闸板，套管环空用一个指定的钻井泵加压，应急压井系统处于待用状态。

③检查从井口到燃烧臂的放喷管线应畅通，分离器进口关闭。

④值班拖轮起锚到上风处巡航。

⑤启动冷却水系统。

⑥消防泵处于备用状态。

⑦保持环空压力，当压力超过指定范围时，卸压到指定范围内。

⑧启动锅炉，点燃燃烧头并保留火种。

⑨广播通知全体员工，各岗位人员到位。

⑩确保供测试设备用的压缩空气处于良好状态，没有钻井总监的许可不能切断。

⑪压风机已启动。

（4）初开井和初关井。

①初开井及初关井的工作制度执行《××井测试地质设计》。
②环空加压打开 LPR-N 阀，井口投棒射孔。
③地层流体到达地面后，及时检查流体内是否有 H_2S 及 CO_2。如果 H_2S 的含量大于 0.0119mg/L，关井。
④初关井求取原始地层压力。
⑤安装电缆防喷管，连接好井下接收器下井。
⑥下工具串至预定深度时，定位键控制装置将锁定在定位锁定装置上。
⑦接收器将接收来自 PLS 托筒发射的信号，通过电缆传到计算机。

(5) 终开井和终关井。
①启动压风机、锅炉；值班拖轮起锚到上风处巡航。
②启动平台的冷却水系统。
③平台的消防水处于备用状态。
④燃烧头点火系统工作正常。
⑤各岗位人员就位。
⑥打开井下测试阀终开井，开井期间保持环空压力，开井时间由地质监督确定。
⑦井下流体干净后进入分离器处理计量。
⑧开井期间按测试地质监督的要求求产、取样。
⑨终关井指令由测试监督下达，终关井时根据地面直读压力的数据决定关井时间。

(6) 压井起测试管柱。
①环空加压打开 RD 阀。
②用钻井液反循环压井，用可调油嘴控制返出量。
③钻井液返到井口后，回收钻井液。如果含气高，用钻井液分离器除气。
④循环至进出口钻井液密度一致。
⑤停泵观察 15min，井筒是否稳定。
⑥稳定后，拆井口，接顶驱上提管柱解封。
⑦正循环压井，循环至气测值小于 2%。
⑧停泵观察 30min，井筒稳定后起钻。
⑨起出井下压力计后立即回放数据。
⑩检查射孔枪的发射率。
⑪层间封隔及弃井。
⑫电缆下桥塞至设计深度并坐封，并试压，稳压 10min 合格。
⑬下钻注水泥塞，并在桥塞的顶部保留 20～30m 高的水泥塞，候凝后试压 10min。
⑭准备下一层的测试或执行弃井作业程序。

5.4.4.6 完井测试准备

(1) 场地准备。
①场地平整，中心应稍高于四周，面积不小于 60m×30m，排水管线必须畅通。
②有足够容量的排污池和污水废液处理装置。
③值班室及辅助用房距井口及排污池（排污管口）距离不小于 50m。

(2) 水电准备。

①水罐容量不少于井筒容积的 2 倍，供水流量满足大型压裂酸化施工需要。
②储备好能满足压井性能符合要求的钻井液，数量不少于井筒容积的 1.5 倍。
③井场应有数量足够的探照灯。井架及井口只能安防爆灯，防爆灯和探照灯电路应分开。
④发电房及电器开关距井口、排污口不少于 30m，电路必须由专业人员安装，不准使用裸线，线路不得有漏电和打火现象，同时发电机需装避雷装置。
⑤供排水系统正常，施工中能保证正常供水。

（3）油管准备。
①油管送往井场后，试油队应按油管卡片检查规格、规范、钢级、壁厚、数量是否与设计相符，有无变形、弯曲、螺纹损伤等。
②分类排列整齐、编号，由工程、地质两次丈量无误后进行编号登记入册。
③油管入井前必须清洗螺纹，检查油管内径是否畅通。
④用作完井测试作业的入井油管，严禁用作钻水泥塞、磨铣井下落物（采用螺杆钻具除外）以及超过允许安全负荷等施工作业。
⑤含硫气井油管、接头、工具必须具备防硫条件。

（4）入井工具及配件准备。
①根据套管内径和设计的要求，合理选用井下工具，井下工具的最大外径一般应小于套管内径 5～8mm。特殊工具可小于 4～6mm。
②送往井场的井下工具及配件必须齐全。送前由管理单位进行检查，试压合格后才能发送。
③送往进场的井下工具、配件，井队应进行验收检查并做好记录。入井前应绘制草图，标明尺寸大小及管柱井深位置。
④送至井场的井下防硫工具、配件，必须有明显的防硫标记，入井前应进行认真校对。
⑤送至井场的工具、配件，现场施工负责人和井队技术员应进行验收，清理数量规范，妥善保管，以防丢失。如差、缺配件应及早反馈信息，以免贻误工作。

（5）安全环保设备、器材、工具准备。
①凡完井试油井必须按要求配备足够的灭火机等消防器材和安全防护用品。
②测试施工人员必须保证人手一套防毒面具，每个施工队必须按要求配齐氧气呼吸器，防毒面具及氧气呼吸器药品应定期检查。
③在井场和防火重点部位明显处设立禁火标志牌，放喷排液期间在井场的几个关键位置设置风向标。
④井场以内不允许吸烟和使用明火，随时保证储备水罐水满，供水系统完好、畅通。
⑤排污池必须有足够的容量，污水池面上的浮油必须在放喷前处理干净。
⑥准备充足的污水、残酸处理材料。

5.4.4.7　井下测试仪器作业

（1）机械压力计要求。
①压力计精度等级及技术特性必须符合 SY/T 5099—2007《石油测井仪器环境试验及可靠性要求》和 SY/T 5100 的规定。
②压力计卸去压力后 2min 内笔尖能回到基线。

③压力计使用的时钟符合 SY/T 5098—1991《石油下井仪表用计时器技术条件》技术条件要求。

④仪器零件应清洁，各部分连接紧密不漏。外观检查不得有碰伤、腐蚀、变形等现象。

(2) 储存式电子压力计要求。

①石英压力传感器测试：在 0～47.31MPa（6000psi）/0～68.95MPa（10000psi），量程范围内的精度为 ±0.02%。

②应变式压力传感器测试：在 0～20.68MPa（3000psi）/0～47.31MPa（6000psi）压力范围内精度为 ±0.5%。

③将压力计与测量短节（压力计托筒等）正确连接后，经过上电自检、预测试数据回放和测试过程参数设置等步骤，确认压力计能够正常工作后方可下井。

(3) 永置式毛细管测压装置要求。

①传压筒类型与尺寸选择：根据井内状况选择同心式传压筒、空心式传压筒或双筒式传压筒以及不同材质的传压筒，根据下井深度、井下压力变化范围计算传压筒尺寸。

②传压筒检测：毛细钢管接口完好无损；引压孔畅通，连接部件密性可靠，传压筒下井前，打压至地层压力的 1.5 倍，稳压 30min 不降。

③毛细钢管检测：根据下井深度选择比设计长度长 100m 的毛细钢管。毛细钢管下井前，打压 68.95MPa（10000psi），稳压 30min 不降。

④地面管线装置检测：密封后在 68.95MPa（10000psi）时稳压 30min，压力无下降。

⑤测试安全吹扫装置检测：试压 68.95MPa（10000psi）时稳压 30min，压力不降。

⑥压力传感器要求：在 0～47.31MPa（6000psi）/0～68.95MPa（10000psi），量程范围内的精度为 ±0.02%。

⑦测试氮气瓶压力，不低于 10.35MPa（1500psi）。

⑧检测压力数据记录仪和数据回放仪运行正常。

⑨测试软件、打印绘图软件运行正常。

(4) 测试仪器出入井操作。

①下入仪器时，速度要慢，待仪器平稳下到井口以下 20～30m 后方可加速，但速度不许超过 100m/min，并应控制平稳。

②下放仪器过程中随时检查测深仪、指重仪工作情况和下放速度。

③当仪器下至距设计深度 100m 时，应减慢下放速度。

④上起仪器过程中注意测深仪计数器的运转情况，当仪器起至距井口 150m 时应减速，当仪器距井口 20m 时应使用最低速度上提管柱。

(5) 毛细管测压装置下井操作。

①根据井场平台地形，安装毛细钢管滚筒，固定平稳。

②将井下同心（偏心）传压筒根据工程设计连接在井下生产管柱上。

③将毛细管与传压筒密封连接，传压筒随生产管柱下入油井预定深度（尽可能接近油层中部）。

④在每根油管节箍处，安装高强度测试管线保护器，同时每根油管中部安装橡胶保护器，毛细管紧固在油管外壁，防止起下过程的碰撞损坏。

⑤传压筒根据预设吹扫时间间隔表进行安全吹扫，防止井液进入毛细管，并注意记录

压力的变化。

⑥将毛细钢管穿越封隔器时，应先进行安全吹扫，然后割断毛细管，并用 1/8in 堵头堵住，防止气体泄漏。

⑦将毛细钢管穿越封隔器后使用连接接头快速连接，然后进行安全吹扫，检查连接处的密封情况。

⑧将毛细钢管穿出油管悬挂器、井口套管闸门或井口上法兰，然后连接井口控制针阀。

⑨井下安装完毕，将毛细钢管从进口控制针阀连接到地面安全吹扫装置和资料录取装置。

(6) 资料录取操作。

①机械式压力计测试资料的读取。按压力计拆卸操作规程，取出压力计内的记录卡片，并检查卡片质量，读取并记录测量压力和温度数据。

②存储式电子压力计测试资料的回放。按压力计拆卸操作规程，取出压力计并连接好数据电缆，在程序控制下逐个读出数据，并将读出的数据输给计算机，在计算机控制下进行图表处理。

③毛细管测压装置测试资料监测。用信号传输线将数据记录仪和数据回放仪连接好，打开数据回放仪电源开关，启动软件系统，待建立联系后，对测量井进行采集时间、采集间隔的设置，选择程序的"数据存储"项，对测量井进行数据回放。

5.4.4.8 射孔—测试联作

(1) 通井（刮管）至射孔底界以下 15m 左右，封隔器坐封井段重复刮屑 3 次，以保证坐封质量。

(2) 用清水或优质完井液替出井内泥浆，按设计要求采用气举或液氮等办法降低井内回压。

(3) 按设计要求排炮和装射孔枪。

(4) 下射孔——测试联作管串（油管或钻杆）。

(5) 校正射孔深度，保证射孔位置准确，同时保证封隔器坐封位置在套管上下节箍中部位置。

(6) 接测试井口（如装采气井口装置，先试坐求压缩距，用油管短节调整油管长度，再装采气井口装置）。

(7) 坐封隔器，连接放喷、测试管线。

(8) 射孔（采用机械投棒式或液压启爆式按设计确定）。

(9) 按设计要求进行测试。

(10) 取全取准资料之后，打开循环阀压井，解封，起出全部管柱。

(11) 应录取的相关射孔资料：时间、层位、井段、厚度、枪型、孔数、孔密、发射率、压井液性质、油—气—水显示等。油管传输射孔应注明射孔枪位置和校对后的位置及压井液液面深度。

5.4.4.9 诱喷与排液

(1) 清水替喷。

①替喷前应对井口装置、放喷测试管线、分离器等认真进行检查，未达安全技术要求，不得进行替喷作业。

②准备足够的清水,清水储备不足或供水系统未搞好,无法做到一次替完井筒钻井液和同时进行洗井作业时,不得进行替喷作业。

③准备工作必须充分,替喷要求连续作业。

④井筒为高密度泥浆时,采用低密度钻井液过渡或采用前置高黏隔离液隔开高密度钻井液和清水,以防止和减缓加重剂沉淀。

⑤对于低压易漏失的产层,采用正替反洗的诱喷方法。对于高压产层,在条件允许的情况下,尽可能采用反替反洗的诱喷方法。

⑥替喷油管的下入深度一般要求下至气层顶界以上 5～15m,裸眼井油管下至套管鞋以内 5～10m。

⑦替喷过程中如出现喷势,应控制出口流量,继续把井筒钻井液替完,如喷势较大,可停止替喷,转入放喷排液作业。

⑧井下有封隔器替喷作业时,应控制施工压力和排量在封隔器开启压力内,防止封隔器胀开,将钻井液挤入地层。进行反替喷作业时,控制压力和流量,防止流速过快,刺坏封隔器,同时注意控制工作压力,防止挤毁上部套管和油管。

⑨替喷开始排量应小,循环畅通后再逐渐加大排量,并控制好回压防止钻井液被挤入地层,如果循环不通严禁硬挤。

⑩替喷应录取的资料:时间、替喷方式、泵压、排量、替喷液性质、井浆性质、注入量、漏失量、回收井浆量、油—气—水显示等。

(2) 放喷。

①放喷过程中必须考虑油层套管的抗挤强度,严格控制排液深度,防止套管被挤毁。

② API 系列套管抗挤安全系数一般取 1.125,对于高压、复杂井,钻进及处理复杂时间较长的井,安全系数应适当提高。

③放喷一般采用针形阀控制油管放喷,不允许用生产闸门作为控压闸门。开关顺序为:开井时,先全开生产闸门,再开针阀。关井时,先关针阀,再关生产闸门。

④放喷管口附近设置风向标,施工人员处于上风口。排出废液必须进入污水处理池,天然气必须点火燃烧。

⑤放喷应录取的资料:时间、放喷工作制度、油压、套压、喷出物情况等。

(3) 气举排液。

①对于替喷之后仍不能自喷的油气井,可采用气举的办法进行诱喷。

②气举采用从套管环间反循环注入高压压缩空气,利用压缩空气把井筒积液从油管排出。

③气举要严格控制掏空深度,以防止损坏套管。

④若井内有天然气时,必须先排出环间天然气,再注入一定量的清水以隔离天然气和压缩空气,以防止天然气和空气混合以后引发爆炸事故。

⑤气举排液结束以后,立即放掉井筒内的压缩空气和天然气的混合物,放喷时管口严禁点火。

⑥气举(混气水)排液应录取的资料:时间、排液方式、压风机台数、每周注入水排量、进出口液量、排出液性质、油压、套压、油—气—水显示、液面深度等。

(4) 液氮助排。

液氮排液是一种效果较好的比较安全的排液方法。

①施工步骤。

方法一：

a. 开油管放压。

b. 从套管环空注入液氮。

c. 根据气举压力，计算出掏空深度。

d. 根据掏空深度结合套管强度，如掏空深度低于允许值则可全部排放环空液氮；如大于允许值，则根据允许掏空值和纯气举时最小控制值保留一定氮气压力。

e. 控制回压，间断排液。

方法二：

a. 开油管放压。

b. 从环空同时注入液氮和清水（也可以液氮和清水分段注入）。

c. 待油管开始返出混水气时，停止注入清水，继续注完液氮。如液氮注完仍未见混水气返出，可继续注入清水，直至返出混水气为止。

d. 控制套压在允许值范围内，间隙放喷。

方法三：

a. 开套管开油管，从油管接好泵注管线。

b. 从油管内用液氮泵注入液氮，同时用压裂车注入清水。

c. 用压裂车顶清水，将液氮和清水混合液推到油管中部位置。

d. 间歇开关井，控制放喷。

e. 若不喷，可环间注入一定量清水，以促成混合液上返。

②控制排液深度，防止套管损坏。

③液氮排液应录取的资料：时间、注入液氮量、油压、套压、注入液排量、总量、排出液性质、油—气—水显示、液面深度等。

（5）诱喷排液应在套管强度允许范围内作业，尽量减小液柱对油气层的回压。对干层和低渗透层，在套管强度允许的情况下，根据设备能力确定。

（6）试油、试气燃烧时，燃烧臂方向在平台当时风向的下风处。

（7）燃烧时，平台受热大的部分应经常喷洒海水冷却，并定时检查甲板边缘温度；当甲板温度超过50℃时，应停止燃烧。

（8）开井放喷时，守护船应在平台周围巡逻。

（9）污水、废液不得入海。

5.4.4.10 测试求产作业

（1）气井测试视产量大小。可用垫圈流量计或临界速度流量计。

（2）用临界速度流量计测试时，孔板直径应选择在流量计内径的20%～60%范围内，下流压力应小于或等于上流压力的0.546倍，否则为测试不合格。

（3）孔板要求光洁度高，无伤痕，无毛刺。

（4）气井，待井筒积液喷尽后即可求产，求得一个高回压下（即最大关井压力75%以上）的产量。测试数据符合表5-4-1值视为基本稳定。

表 5-4-1 气井测试稳定标准值

测试产量（$10^4 m^3/d$）	>30	10~30	5~10	<5
稳定时间（h）	2	4	6	>6
压力波动（MPa）	0.1	0.1	0.1	0.1
产量波动（%）	10	10	10	10

(5) 气水同产井，经分离器放喷，定时连续取样分析，前后3个取样氯离子含量变化范围不超过5%，为水性稳定，即可进行求产。

(6) 自喷油水井，排出井筒积液，证实为地层水后，可进行油水产量测试和求取压力资料。

(7) 间喷井，确定合适的工作制度后，定时（定压）开井测试。连续3个间喷周期产量波动范围在10%~20%。

(8) 非自喷井，在套管允许掏空深度条件下尽可能降低回压。排出井筒积液或地层水性一致后，即可用定深、定时、定次、定压或其他方法取得24h的产量，波动范围小于20%。

(9) 低产井，经排液后，达到设计掏空深度或诱喷排液深度值，间隔24h，液面上升小于300m，可采用探液面及井底取样方法，确定产层产能。

(10) 测压力。

①在套管及井口强度允许范围内求得最大关井压力及压力恢复数据。关井在24h内变化范围小于0.05MPa即为稳定。低渗小产量油井、气井因求取时间过长，若无上试层位，可交采油（气）队继续求得。

②水层求压可用清水洗井后憋压的办法，并用井口压力资料推算水层压力。

③有条件的井测压的同时应测得地层温度资料。

④特殊油气井（层），必须进行生产动态测井或特殊测井，测井方法及资料应符合设计要求。

⑤气井测试，均应现场录取硫化氢和二氧化碳含量并取气样做出全分析数据。

(11) 测试求产应录取的资料：孔板直径，油、气、水产量，油压，套压，流压，静压，压力恢复曲线，上压，上温，下压，油、气、水分析资料，累计油、气、水产量等。

5.4.4.11 深水油气完井工具测试时间及压差控制

(1) 完井工具测试时间的控制。标准测试是由两次流动和两次关井组成，有时也需要三次流动和三次关井或更多，每次测试的时间可根据现场实际情况确定。

①初流动：目的是为了排除储层井壁周围侵入的钻井液，而不是从地层中排出大量流体的测试，该阶段流动时间一般为5~15min。

②初关井：目的是获得低井筒储积效应的井底压力恢复数据或原始地层压力。该阶段时间应不低于60min。根据钻柱测试资料解释后，只要初流动时间不超过5min，在一般的钻杆测试中，关井60~90min就可满足半对数分析求参数的要求，但对低渗透测试层，关井时间须加长。

③终流动：让地层产出一定量的地层流体，至少在终关井之前，地层流体能够到达测

试工具取样室，可以计算产出等于井底口袋体积地层流体所需时间，该阶段测试的主要目的是测得地层流体产量、流体样品。

④终关井：至少应大于终流动时间，如井下条件和压力计有效时间允许，则终关井要达到两倍以上的终流动时间。终关井的目的是测得压力恢复数据，以便求取地层参数，判断储层结构特征。

⑤测试时间的分配因测试层的不同而有所区别，开发井测试时间分配较易确定，新探区裸眼测试井的时间分配较困难，需要一个经验积累的过程。以两开两关为例满足资料解释要求的测试时间见表5-4-2。

表5-4-2 完井工具测试时间分配预测表

阶　　段	时间（min）	目　　的
初流动	5～10	排除井壁附近的钻井液
初关井	60～90	求产层原始压力
终流动	120～240	测产量、取得产层流体样品
终关井	240～480	测压力恢复数据，求地层参数
合　计	425～780	

（2）完井工具测试压差的控制。

①控制测试测压差的因素。

对测试压差的控制主要是通过研究测试垫来进行的，在测试中，不管是水垫或气垫都要使用合理，测试时，测试垫过多，对地层产生的回压过大，就会阻止流体向井中流动，这会造成流体产量难以确定。测试垫过少，对地层产生的回压过小，井壁易垮塌。在以下4种情况下应该使用测试垫：

a. 保护管柱及连接螺纹的密封效果。测试层太深或钻井液密度较高时，管柱内外压差较大，为防止管柱刺坏需要使用测试垫（当测试层液柱压力小于35MPa时，一般不用测试垫）。

b. 保护封隔器。控制封隔器上下的压差，在初流动开始时，为了控制封隔器上下的压差，防止流动刺穿封隔器，需要使用测试垫，在井底温度正常时，对裸眼井测试控制的压差是45MPa或更小，对套管井测试，压差一般控制在70MPa以内。

c. 防止地层垮塌。防止地层垮塌最有效的办法就是控制测试压差。测试井段夹有泥岩或页岩时，可适当降低测试压差。

d. 防止管柱受腐蚀。测试有腐蚀性流体的层段，当测试层含有腐蚀性流体时，应使用能防腐蚀的测试垫，以保护管柱不受腐蚀。

②测试压差的确定原则。测试压差是封隔器上、下方承受的钻井液柱压力与测试液垫压力的差值。其现场测试压差设计取值的原则：

a. 以测试工具及井下管柱的密封能力作上限参考。

b. 以地层能够取得的最佳的流动效果所需要最小负压作为实际生产压差的下限。

c. 综合考虑全井测试条件、储层性质、油层套管强度等因素，择优确定测试压差。

③测试压差的原则控制方法。

a. 计算测试器处钻井液柱压力或测试层地层压力。
b. 根据岩性情况及井下工具情况,确定测试压差。
c. 根据测试压差,从测试管柱内加入适当的测试液垫(一般为清水或液氮)。
d. 如果测试压差较大,测试管柱内加满清水后,还不能达到要求,则从井口控制头向测试管柱内加压至设计压差止,在井口关闭条件下,打开测试阀,然后控制回压进行放喷测试。
e. 井口控制回压,以保证测试压差在测试要求范围内。

比较坚硬的碳酸盐岩,裸眼井测试压差一般控制在 30~45MPa;这类地层如果进行套管测试一般只考虑测试管柱及工具的承压能力,一般控制在 35~70MPa。两者均主要考虑环空钻井液和管柱内测试液垫之间的压差。

5.4.4.12 封隔器完井作业

(1) 井眼应具备的条件。

①油层套管应刮管、通井、保证井眼畅通、井壁干净。特别是封隔器坐封段应反复刮管,彻底清除套管壁黏附物,以保证封隔器能顺利入井,坐封良好。

②井底干净无沉淀物,裸眼井或产层射开后,起下管柱前,应循环排除井内气侵钻井液,杜绝起下工具出现溢流、井喷后患。

③多层开采井,固井质量要好,层间无孔隙或裂缝连通,保证层间不窜漏。

(2) 测试管柱应满足的条件。

①管柱强度应满足各个施工环节的需要。

②管柱最小内径应满足生产测井、过油管射孔、连续油管作业、绳索作业等工具的顺利下入。

③管柱变径处杜绝有直台阶,应倒圆角过渡,防止从管内下入工具时遇阻。

④与滑套连接的管柱,在位移器开关滑套的行程内杜绝存在变径台阶,必须是等直径管柱,以保证能顺利打开和关闭滑套。

(3) 完井封隔器管柱中主要工具最佳下入位置确定。产层为裸眼者封隔器应坐在套管鞋以上 100m 井段,产层为射孔完成,封隔器应坐在射孔顶界以上 80~200m 井段范围为宜。

(4) 生产测试管柱设计原则。

①生产测试管柱应尽量简单,因深井测试管柱在井下的工作环境恶劣,其结构造复杂,隐患越多。

②对生产测试管柱在各种工况下,管柱的变形及受力分析必须进行详细的计算。

③对含腐蚀气体的高温高压油气井和含腐蚀气体情况不清的高温高压油气井,生产测试管柱都必须抗腐蚀。

④整个管柱须按复杂情况考虑,从难从严,要能经受得住高压、高温、高产量、高腐蚀分压的考验,杜绝各种事故,做到稳妥安全。

⑤封隔器生产测试管柱必须做到下得去、坐得严、起得出。

⑥整个生产测试管柱各组成部分的内径不能有死台阶,要便于工具或仪器下入管柱内和起出管柱。

⑦生产测试管柱的功能,能满足特定测试工艺的需要,能最大限度地获得产量、求得

地层压力、流体性质等各项地质资料，保护油层套管，延长气井开采周期，提高勘探开发的整体效益。

5.4.4.13 防火防爆要求

（1）基本危害划分。石油天然气具有易燃、易爆性。燃烧的3个条件为：①有可燃物质存在（石油、天然气或其他物质）；②有助燃物质存在（常见的为空气、氧气）；③有能导致燃烧的能源即点火源，如撞击、摩擦、明火、静电火花、雷击等。

可燃气体或液体与空气混合物，在一定范围内遇有火源才能发生爆炸，这个遇有火源能发生爆炸的浓度范围称为"爆炸浓度极限"。几种易燃气体和液体在空气中的爆炸浓度极限如下：

①天然气（以甲烷为主）5%～17%；

②车用汽油 1.58%～6.48%；

③煤油 1.4%～7.5%；

④酒精 3.3%～19.0%。

（2）防火防爆规定。

①井口及油罐附近不允许有火源出现，井口、油罐及钻井液罐附近电源开关应用防爆型。

②井场之内和油罐周围严禁烟火。

③放喷、测试管线出口点火位置尽可能选择开阔地。

④放喷管口在放喷前必须点火，天然气排出之后立即进行燃烧。

一般情况下不允许不点火，特殊情况下可采取防爆、防火措施（如喷水降温、出口选择在高处及通风易扩散处等），以降低天然气在空气中的浓度及周围的温度。以及疏散周围的人员和消灭附近火源等措施。

⑤气举排液结束后，应立即开井，排出井内空气和天然气的混合物，以减少混合物在井内发生爆炸的可能性。

⑥按井场安全标准，配齐灭火器材和消防用工具，并做到专人管理，定期检查。

（3）石油工业常用的灭火器使用要求。灭火器有很多种类型，按充装灭火剂类型划分为清水灭火器、碱性灭火器、化学泡沫灭火器、空气泡沫灭火器、二氧化碳灭火器、干粉灭火器和卤代烷灭火器等7种；按灭火器重量和移动方式划分为手提式灭火器、背负式灭火器和推车式灭火器3种；按灭火器的加压方式划分为化学反应式灭火器、储气瓶式灭火器和泵浦式灭火器3种，泵浦式在我国使用很少。石油工业中常用的有泡沫灭火器、干粉灭火器、二氧化碳灭火器和卤代烷灭火器。

①泡沫灭火器。泡沫灭火器可扑灭A类物质火灾，也可扑灭B类物质初期火灾，但不能扑灭带电设备和轻金属的火灾。

化学泡沫灭火器的筒体中装有碳酸氢钠水溶液（俗称外药），在瓶胆中装有硫酸铝水溶液（俗称内药），使用时灭火器颠倒，使两种分装水容易混合，发生化学反应。

反应生成的二氧化碳，一方面形成泡沫，另一方面使筒内压力上升，成为泡沫喷出的驱动力。反应生成的氢氧化铝成胶状，分布在泡沫上，使泡沫有一定黏性黏附在燃烧物质上，隔绝空气，遮住火焰的辐射，同时覆盖在燃烧物质上的泡沫析出的水，对燃烧物质表面有一定冷却作用。由于泡沫覆盖在燃烧物质表面上能隔绝空气，并有冷却作用而使火熄灭。

②干粉灭火器。指灭火器内部充装的是干粉灭火剂的灭火器。由于灭火器内充装的灭火剂种类不同，扑救初期火灾的类型也不同。碳酸氢钠干粉灭火器适合于扑救易燃液体、可燃气体的火灾磷酸铵盐干粉灭火器除可扑救上述两种物质的初起火灾外，还能扑救固体物质的初起火灾。干粉灭火剂的绝缘性能好，因此还能扑救带电设备的初起火灾。

干粉灭火器开启后，筒体内的干粉灭火剂在二氧化碳气体和氧气的压力下，从出粉管经喷嘴喷出。干粉灭火剂喷出后，形成一股夹着加压气体的雾状粉流射向燃烧物。当与火焰接触后，可以吸收大量火焰中的活性基因，使火焰中的活性基因数量急剧减少，从而中断燃烧的连锁反应，使火焰熄灭，达到灭火的目的。

③二氧化碳灭火器。二氧化碳灭火器主要适合于扑救精密仪器、贵重设备、档案资料及带电设备火灾。

二氧化碳灭火器分为手提式和车推式两种，手提式二氧化碳灭火器最大总质量不超过28kg。推车式超过28kg。

二氧化碳灭火时，当压下瓶阀的压把，内部的二氧化碳灭火剂由虹吸管下端流进瓶阀，经喷筒连接管到喷嘴喷出，喷出的二氧化碳迅速汽化为二氧化碳气体，经喷射喇叭口的引导，被集中喷射出去。二氧化碳气体是一种惰性气体，既不燃烧也不助燃，因此当二氧化碳灭火剂喷到燃烧物质上后，能减少空气中氧的含量，当二氧化碳达到足够浓度后，能将火窒息而扑灭。

④卤代烷灭火器。灭火器内充装卤代烷灭火剂的称卤代烷灭火器。其品种较多，目前使用较广泛的是1221卤代烷灭火器。

卤代烷灭火器适合于扑救可燃气体和可燃液体的初起火灾。卤代烷灭火剂绝缘性较高，具二氧化碳灭火器的特点，比二氧化碳灭火效力高两倍。

卤代烷灭火器开启之后，卤代烷灭火剂在上部氮气压力作用下，从虹吸管进入喷嘴喷出，当卤代烷灭火剂喷到燃烧处时，由于燃烧产生的溴离子与燃烧产生的氢基结合，使燃烧的连续反应停止，从而将火焰熄灭。

因1221灭火剂有一定毒性，因此，在使用过程中操作者应处于上风位置，在窄小房间灭火时，灭火后操作者应迅速拆离，以防止1221对人体的伤害。

(4) 动火作业安全规程。深水油气完井测试过程中如果需要进行动火作业，必须严格执行SY 6303—2008《海上石油设施动火作业安全规程》。

(5) 消防措施。深水油气完井测试过程中必须时刻注重采取消防措施，主要内容包括：

①消防组织：海上测试作业必须建立消防领导小组或指定负责消防工作的人员，监督各项消防制度的执行，检查消防工作，组织消防应急训练和演习，在应急状态下实施消防应急程序。

②制度和资料：要制定逐级防火责任制、生产岗位责任制、值班巡检制度、用火用电制度、易燃易爆品防火制度等。

③编制、记录并保存消防组织机构网络图、人员名单及消防分工、逃生布置图、消防重点部位平面图、消防设施器材布置图等。

④燃烧火炬出口端应具有点火、冷却和熄灭的可靠设施。

⑤开井燃烧前，应根据当时风向选择在平台下风处燃烧火炬。

⑥海上试油试气作业前应对平台上的消防器材、冷却系统进行检查，并进行防喷演习和消防演习。

其他未尽事宜可参照 SY 6429—2010《浅海石油天然气作业消防规程》执行。

5.4.4.14　安全和环保要求

（1）测试前。

①测试前由钻井总监和测试监督负责召开一次测试作业交底会，向各专业公司负责人和关键岗位人员介绍测试作业方案和安全要求。

②测试前对防喷器试压合格。

③测试前进行一次安全防火和弃船演习。

④每层射孔和开井测试前通知守护船起锚在平台上风处巡航。

⑤射孔、开关井和测试结束，由钻井总监通知守护船和公司有关部门。

⑥测试前把一切易燃易爆物品移放于安全位置保护好，并做好防护措施。

⑦测试前对平台所有防毒、防火、救生器材进行一次检查和试运转，确保处于待用状态。

⑧测试前检查船舷消防水喷淋孔眼是否畅通。

⑨测试前检查分离器弹簧安全阀起跳及复位是否正常。

⑩射孔弹、雷管应贮存在远离测试作业区并易于抛弃的位置。

⑪检查平台有线广播系统和警报系统，确保正常运转。

⑫做好防毒措施，检查准备好检测仪器和防毒器材。

（2）测试期间。

①开井测试期间，切断非必要设备的电源，给全部测试设备提供足够的动力。

②开井期间，注意检查产出的流体是否含有 H_2S 和 CO_2，如有 H_2S 或 CO_2 应立即报告钻井总监。

③开井测试期间，井队要有专人负责消防降温系统和检查安全防护措施。井产油气在顺风方向燃烧臂放喷燃烧，服务公司派专人负责观测风向和油气燃烧情况。

④射孔和开井放喷燃烧油气期间，禁止直升机起降。

⑤射孔和开井放喷期间，生活区外禁止电气焊或一切明火作业或行为。

⑥电缆射孔及下桥塞作业期间，停止一切无线电联系。

⑦开井测试期间，使用吊机要经钻井总监和测试监督同意。

⑧起吊物品不能经过测试设备上空。

⑨开井测试期间，随时关闭生活区和机舱进出口门。

⑩测试中的落海原油，量大时先收集，量小时喷洒消油剂。普通型消油剂每次用量不得超过 0.7～0.9t。

⑪没有落海的溢油气只能回收处理，不能洒消油剂后冲入海。防止污染海洋。

⑫测试期间，打开散装罐的排气管线。

⑬测试期间，对航空燃料罐进行水喷淋冷却。

⑭测试期间，保证平台与基地、平台与值班船之间的通信畅通。

⑮密切注意天气预报，若在近 5 天内有台风经过作业的海域，则不进行新层位的测试。

⑯测试期间如果需要防台，按下列程序执行：

a. 停止测试，打开井下循环阀进行压井。

b. 若时间允许，起出测试管柱，下桥塞封堵测试层位，在桥塞顶部打一段水泥塞。

c. 若时间不允许，关闭水下采油树球阀，测试管柱从水下采油树脱开，起出水下采油树上面的管柱，关闭盲板封井，做好防台撤离准备工作。

⑰对于特浅油气层的测试，用加重钻杆或钻铤，加重测试管柱，防止环空加压时测试管柱上移损坏防喷器闸板芯。

5.4.4.15 应急预案

（1）安全系统硬件组成。井口安全控制系统由液压、气压控制柜，测试井压力、温度和阀位信号检测控制柜，ESD 紧急关断和 RTU 远程控制柜，以及检测和执行回路等组成，测试井使用一个进气气源和一个供液箱，然后集中回油。测试井的检测和执行回路包括高低压传感器、易熔塞、井口压力温度传感器、液压泵，井下和地面安全阀等。

作业时，地面安全阀完全开启后，应继续打开地面开向排液阀，接着打开气动泵驱动阀，以备作业关井时用。

（2）井口安全控制系统特点及主要功能。井口安全控制系统采用气动液压控制原理，具有众多其他类型控制系统无法比拟的优势。主要表现在以下几点：①系统功率消耗小；②先导控制回路稳定性高，几乎无能耗；③安全阀液压控制压力精度高；④关井响应时间快；⑤关井顺序控制准确可靠；⑥高低压传感阀的精度高，响应快；⑦在火灾关井时压力安全排放、无污染；⑧控制柜系统无电源引入，在停电状态地面控制系统能够保证 3 天的可靠的工作能力，控制柜有不锈钢材料制成，具备防尘、防雨、防盗功能。

井口安全控制系统是一个完全气压逻辑控制的多井安全阀控制系统，具备以下功能：

①井口安全控制系统在出现 H_2S 浓度超标或任何一井发生火灾时都能同时关闭单井或多井的功能。

②能实现开井时手动依次打开井下安全阀和地面安全阀；关井时，依次关闭地面安全阀和井下安全阀。完全关井时，地面安全阀和井下安全阀的先后关井时间在 0～60s 内可调节。

③每口井的地面安全阀和井下安全阀的液压控制回路能够实现完全相互独立的自动补压功能，以维持安全阀的正常开启。

④井口作业时，当紧急情况需要关闭井口时，井口安全控制系统在依次关闭地面安全阀和井下安全阀的过程中，同时迅速提供较大的液力使地面安全阀在关闭时产生较大剪切力将井下作业的钢丝绳（3.175mm）剪断，实现井口完全快速关闭。

⑤井下安全阀和地面安全阀控制回路相互独立，互不干涉，作业时快速大流量液压系统与正常生产时高压小流量液压系统完全分离。在井口作业时，作业液压系统和生产液压系统同时工作，当进入正常生产阶段时，关闭作业液压控制系统，只需让生产液压系统工作即可。

⑥井口安全控制系统能够采集到测试井的地面安全阀开关状态信号、井下安全阀开关状态信号、ESD 远程关断控制信号、井口压力和井口温度信号、套管压力和套管温度信号等，并通过 RTU 传送至中控室。同时也能够由中控室直接控制 ESD 紧急关断柜，关闭井口地面安全阀。

(3) 井口ESD关断联锁控制。

①井口发生火灾或爆炸。井口发生火灾或爆炸时，安装在测试井口上的易熔塞将被损坏，从而触发井口ESD紧急关断自动执行机制，由ESD紧急关断柜自动关闭井口和井下安全阀。同时，井口安全控制系统将地面、井下安全阀的阀位状态信号和熔断塞阀位状态信号自动发送给中控室。

②平台下方H_2S含量超标。当平台安全系统检测到井口方井池内H_2S含量超标时，自动向井口控制系统的ESD紧急关断柜发出紧急关断控制信号，关闭对应测试井的地面或井下ESD紧急关断阀。同时，井口安全控制系统将地面和井下安全阀的阀位状态信号自动发送给中控室。

③测试井口H_2S含量超标。当平台安全系统检测到测试井口H_2S含量超标时，自动向井口控制系统的ESD紧急关断柜发出紧急关断控制信号，关闭对应测试井的地面ESD紧急关断阀。同时，井口控制系统将地面和井下安全阀的阀位状态信号自动发送给中控室。

④测试井场可燃气体含量超标。当平台安全系统检测到测试井场可燃气体含量超标时，自动向井口控制系统的ESD紧急关断柜发出紧急关断控制信号，关闭井场全部生产井的地面ESD紧急关断阀。同时，井口控制系统将地面和井下安全阀的阀位状态信号自动发送给中控室。

(4) 测试人员紧急撤离措施。当测试现场出现紧急情况时，测试人员可参照SY 6502—2010《海洋石油作业人员逃生和救生管理规定》中的相关规定紧急撤离。

5.5 HG1井完井测试工程设计

5.5.1 HG1井地层及邻井资料

(1) HG1井是南海海域第一口深水初探井，位于海南省西沙群岛金银岛正西约140km。

该井钻探目的为预探琼东南盆地华光凹陷中部背斜带1号构造，了解地层层序，落实含油气情况。钻探主要目的层为古近系渐新统陵水组，兼探古近系渐新统崖城组和新近系中新统三亚组和梅山组。完钻层位为渐新统崖城组，完井方法为套管完井。

(2) 邻井——YC13-1-1井钻探成果。

完钻层位：中生界三叠系，完钻井深：3822.2m。

地质分层：上中新统（黄流组）底界（3302.0m），中中新统（梅山组）底界（3573.6m），上渐新统（陵水组）底界（3794.6m），中生界三叠系（3822.2m，未穿）。

DST测试结果：

①陵水组：3728.4~3738.2m井段，累计产水11.6bbl。

②陵水组：3702~3696m井段、3687~3681m井段、3664~3659m井段，1/2in油嘴，产气452517m^3/d，见油，产水14bbl/d；

③陵水组：3574~3586m井段，5/8in油嘴，产气626845m^3/d，产水43bbl/d；

④梅山组：3334.3~3339.8m井段，有气显示；

⑤梅山组：3302.0~3309.1m井段、3313.6~3318.2m井段，有气显示。

5.5.2 HG1井完井测试井筒温度与压力模拟计算

井筒温度与压力分布及其变化是测试管串设计、测试方案设计和气体水合物与结蜡分析及防控的依据。根据邻井（YC13-1-1）的钻探成果，预测HG1井的产层流体为天然气，产气量为50～100m³，最大体积含水率$1m^3/10^4m^4$。储层温度为150℃，地层压力为56.56MPa。海水温度如表5-5-1所列。

表5-5-1 HG1井海水温度数据

海水深度（m）	温度（℃）	海水深度（m）	温度（℃）
0	30	700	10
100	26	800	9
200	22	900	8
300	19	1000	7.1
400	16	1100	6.5
500	13.5	1200	6.2
600	11.5	1260	6.0

模拟计算结果得出：井内流体温度及压力分布与产气量、测试工况（开井流动、关井求压）和测试工作制度有关：

（1）在开井工况下，井内流体温度随流量的增大而增大，压力则随流量的增大而减小。当产气量一定时，井内流体压力分布与开井时间无关，井内流体温度随开井时间的增长而略有增大，但变化不大。

（2）在关井工况下，井内流体压力与流量和关井时间无关，井内流体温度则随关井时间的增长而减小。但关井超过一定时间后，井内流体温度接近环境（海水和地层）温度。

（3）井内温度变化幅度主要取决于流量和关井时间。产气量为$100\times10^4m^3$，开井20h与关井20h的温差达83℃。

5.5.3 HG1井完井测试方案设计

5.5.3.1 影响测试参数获取的储层因素分析

（1）地层出砂对HG1井测试参数获取的影响。主要目的层陵水组一段为细砂岩、粉砂岩，其孔隙度为8.0%～18.3%，从砂岩的性质来看，具有出砂的潜在因素。

陵水组二段为粉砂岩—细砂岩、细砂岩，在测试过程当中，如果压差过大，比较容易造成出砂。

陵水组三段主要为砂砾岩、砾状砂岩、粗砂岩、泥岩，岩性较好，测试过程当中，如果压差不是过大的话，不大容易出砂。

因此，HG1井潜在出砂层位陵水组一段、陵水组二段，在测试压差过大后，砂粒从远井地带运移到近井地层，在孔隙的喉道处沉积下来，使得渗流结构发生变化，造成近井地带渗透率降低，不能真实地反应地层的渗透率，造成测试产量降低。

同时砂粒被防砂屏障阻挡不能进入井筒，但同时也在近井区域形成砂堵，随着出砂量的增加，近井筒地带堵塞程度逐渐上升，这在一定程度上就降低了气井的打开程度，增大了近井区域的表皮系数。

（2）地层产水对 HG1 井测试参数获取的影响。根据邻井 YC13-1-1 井的 DST 测试结果，陵水组一段产水，二段既产气又产水，在产气量为 452517m³/d 时，产水量为 14bbl/d，产水率为 0.044%。由于水产量很小，对测试影响较小。

陵水组三段产气量为 626845m³/d，产水量为 43bbl/d，产水率 0.095%，水产量很小，对测试影响较小。

根据临井 DST 测试的结果，其产水比较小，初步推断 HG1 井在测试期间出水，但是产水量很小，基本上认为其为凝析水。

（3）凝析气藏反凝析对 HG1 井测试参数获取的影响。根据邻井的测试结果，在陵水组、梅山组，只发现气藏显示，没有产油，初步认为 HG1 井为干气藏，不产油，无需考虑凝析气藏对测试参数获取的影响。

因此，测试期间，影响 HG1 井测试参数获取的主要地层参数为地层出砂对储层参数的获取，主要目的层为细砂岩、粉砂岩，应充分考虑。

5.5.3.2 测试方案设计

由于 HG1 井为探井，产能情况未知，故本次测试以井口油压为基准，测试方案如图 5-7-1 所示。

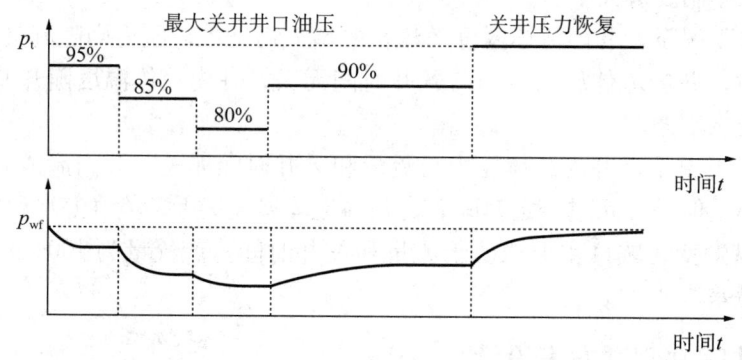

图 5-5-1　HG1 井完井测试方案

（1）第一个工作制度选用井口油压为最大关井井口油压的 95%，生产 1~2 天，确保流压及产气量稳定。

（2）第二个工作制度选用井口油压为最大关井井口油压的 85%，生产 1~2 天，确保流压及产气量稳定。

（3）第三个工作制度选用井口油压为最大关井井口油压的 80%，生产 1~2 天，确保流压及产气量稳定。

（4）第四个工作制度选用井口油压为最大关井井口油压的 90%，生产 3~4 天，确保流压及产气量稳定。

HG1 井测试设计数据列于表 5-7-2。稳定求产的标准如下：

(1) 气产量≥50×10⁴m³/d 时，井底压力与产量连续稳定 2h 以上。
(2) 10×10⁴m³/d≤气产量<50×10⁴m³/d 时，井底压力与产量连续稳定 4h 以上。
(3) 5×10⁴m³/d≤气产量<10×10⁴m³/d 时，井底压力与产量连续稳定 8h 以上。

表 5–5–2　HG1 井回压测试设计数据表

开关井顺序	开井时间	设计井口油压 （最大关井井口油压压力的百分数）
初始关井		
开井 1	1～2 天，保证流压、产量稳定	95%
开井 2	1～2 天，保证流压、产量稳定	85%
开井 3	1～2 天，保证流压、产量稳定	80%
开井 4	3～4 天，保证流压、产量稳定	90%
关井		100%

注：若产能测试后进行关井压力恢复测试，建议第四个工作制度稳产相当长时间，以保证测取完整的双对数试井曲线。

技术要求如下：
（1）按 SY/T 5440—2000《天然气井试井技术规范》进行施工设计、准备，取全取准储层流体样品、压力、温度等各项资料。
（2）必须采用长时间、耐高温、高精度电子压力计，获取井底压力、温度资料。
（3）压力计尽可能靠近产气层中部，测准原始地层压力、地层温度，取准稳定的井底流压和气产量数据，为获得准确的产能方程提供可靠参数。
（4）必须在井口或三相分离器处采取新鲜的流体样品。
（5）每个稳定工作制度下取气样、水样现场化验；日产气量、日产水量必须用检验合格的计量器具测量。
（6）按规范要求采送流体（气、水）组分性质和高压物性分析样品，对地层水总矿化度、Cl^- 等进行连续化验分析。
（7）延时测试段达到稳定流动的标准是 8h 内气井井底流压变化量不超过该时间段初始点流压的 0.5%，测试过程中气井产量根据压力变化情况，适当调整。当井口压力下降速度小于 0.17MPa/ 月时，可适当调高产量；若气井出水，必须降低气井产量，控制水锥。

另外，鉴于以往某些井存在井口油压或井口温度存在计量不准确的现象，在测试过程中，要保证压力、温度、产量等数据精确精细测量。
（1）开井过程中生产工作制度保持稳定，不要再改变。
（2）精确测量开井时地面气水产量及对应温度、油压、套压。
（3）下压力计测井筒流压、流温剖面。
（4）全程测量井下压力，同时在地面测量油压与套压。在开井或关井 2～4h 内，希望每 10min 录取一次油压与套压及相应温度数据，之后，可以每小时录取一次数据。
（5）关井压力恢复结束后，上提压力计过程中测井筒静压、静温剖面。
（6）测量压力温度过程中，请严格按照作业规范待相应数据稳定后进行记录。

5.5.4 HG1井完井测试管串设计

HG1井完井测试基础数据：井深4650m、泥线深度为1260m（平均海平面）、测试层位深度为4500m、测试层位压力为56MPa（井底压力系数1.24）、测试层位温度为150℃（地温梯度4.4℃/100m）、封隔器坐封深度为4430m、测试液为海水、测试液密度为1.06g/cm³、最大放喷产量为100Nm³。

5.5.4.1 测试管串结构设计

HG1井完井测试管柱结构设计如图5-5-2所示，结构参数如下。

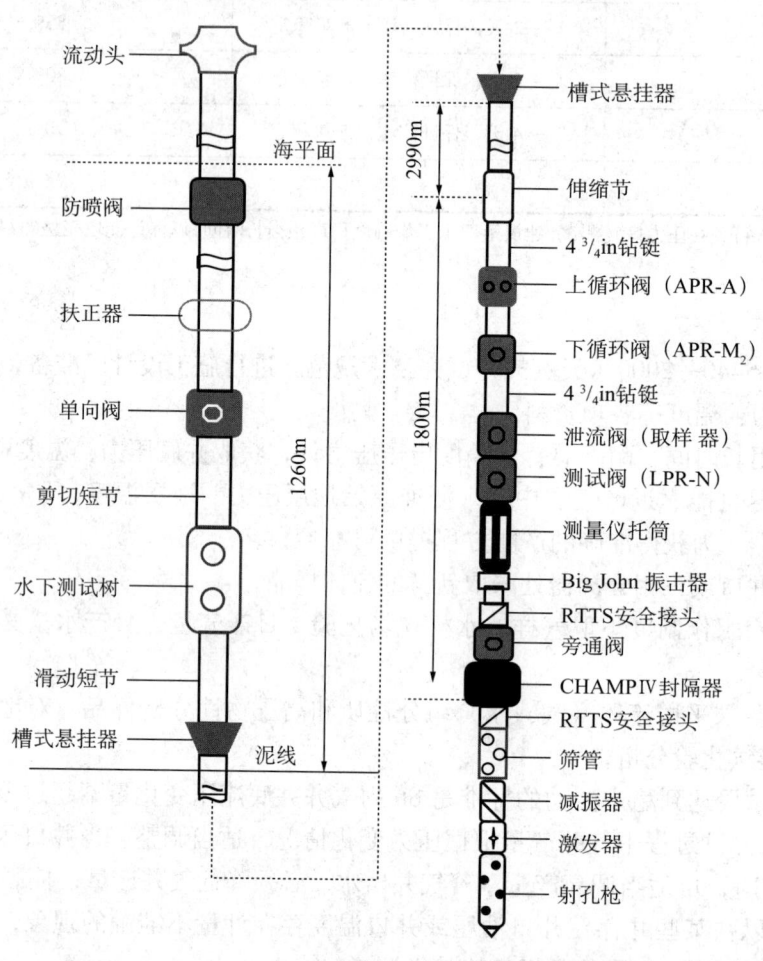

图5-5-2 HG1井完井测试管柱结构设计

（1）泥线以上管柱：4$\frac{1}{2}$in油管，钢级JFE-95S，线重0.32kN/m，长度1200m。
（2）伸缩节深度：4250m。
（3）泥线至伸缩节管柱：4$\frac{1}{2}$in油管，钢级JFE-95S，线重0.32kN/m，长度2990m。
（4）伸缩节至封隔器：4$\frac{3}{4}$in钻铤，线重0.73kN/m，长度180m。
（5）伸缩节总伸缩距：6m。
（6）封隔器坐封深度：4430m。

（7）其他井下工具类型及参数根据实际情况确定。

5.5.4.2 管柱变形量及强度计算

（1）管柱下入工况。假设管柱下到位时油管温度与地温平衡，计算得到各因素引起的管柱伸长。由温度效应引起的管柱伸长量为1.827m，由轴向力效应引起的管柱伸长量为3.230m，由膨胀效应引起的管柱伸长量为0.280m，由总伸长量引起的管柱伸长量为5.337。

管柱下到位而封隔器坐封前管柱的轴向力分布如图5-5-3所示，对应的管柱下到位时关键位置安全系数如表5-5-3所列。

表5-5-3 管柱下到位时关键位置安全系数

校核位置	管柱上端				管柱下端			
校核项目	抗内压	抗外挤	拉伸	强度	抗内压	抗外挤	拉伸	强度
泥线以上管柱	—	—	1.40	2.31	9.39	9.68	2.02	3.14
泥线以下油管柱	9.39	9.68	2.02	3.14	2.81	2.87	43.91	21.82
伸缩节以下钻铤	—	—	—	—	—	—	—	—

注：抗内压安全系数按外掏空计算；抗外挤安全系数按内掏空计算；强度安全系数按三轴等效应力与材料屈服强度比值。材料屈服750MPa。

封隔器坐封后，泥线以下管柱坐挂在海底井口，泥线以上管柱由平台张力器提拉。在此过程中，需要调整管柱长度和顶部张力，以达到最佳工艺状态。

假设管串安放完毕时，平台张力器对泥线以上管柱提拉力为50t。计算得管柱轴向力分布如图5-5-4所示。此时泥线悬挂器处油管轴向力为97 kN，封隔器受到的向下压力为134.7kN。

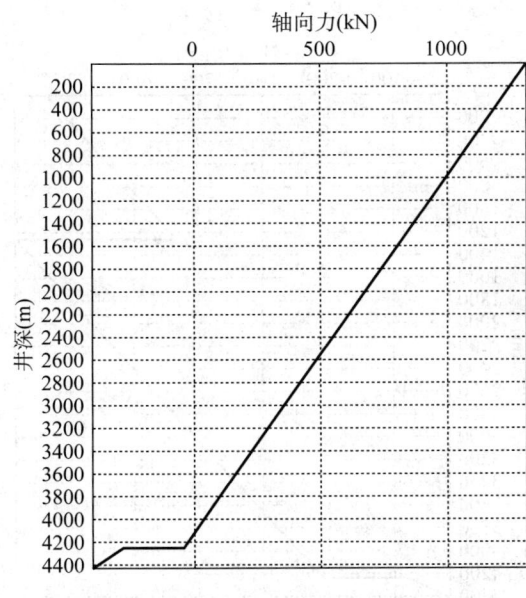

图5-5-3 管柱下到位时轴向力分布

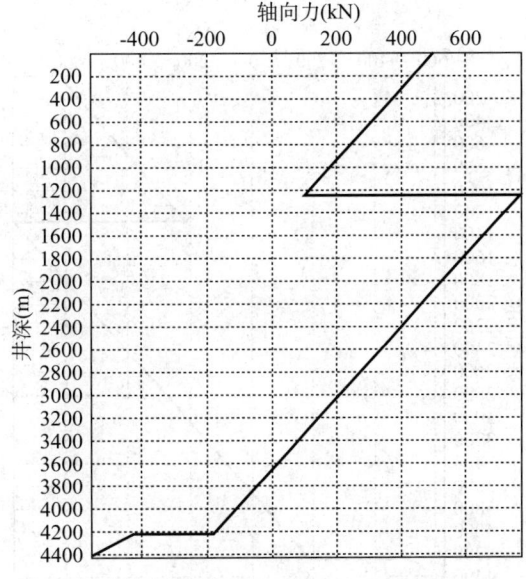

图5-5-4 管串安放完毕时轴向力分布

管串关键位置安全系数不小于表 5-7-3 中的数据。

假设使用的伸缩节总伸缩距为 6.0m，管柱坐挂后伸缩节拉开 3.0m，并将此时的状态作为后面计算的基础。

(2) 射孔工况。假设引爆射孔枪时，油管内加压 20MPa，环空控制压力为 0。

计算得到：射孔压力引起管柱伸长 -0.26m；伸缩节上提余量 2.74m，下放余量 3.26m；封隔器受到的合力为向上推 113.7kN。

管柱的轴向力分布如图 5-5-5 所示，对应的管柱强度如表 5-5-4 所列。

表 5-5-4　射孔时管柱关键位置安全系数

校核位置	管柱上端				管柱下端			
校核项目	抗内压	抗外挤	拉伸	强度	抗内压	抗外挤	拉伸	强度
泥线以上管柱	6.37	—	2.96	4.96	3.80	9.68	8.34	7.81
泥线以下油管柱	3.80	9.68	2.39	3.85	1.95	2.87	10.13	7.99
伸缩节以下钻铤	—	—	—	—	0.89①	1.28	2.84	15.24

①伸缩节以下钻铤抗内压安全系数是按外掏空时的计算结果。

(3) 放喷工况。取环空控制压力为 0；井口流动温度为 110℃，井口流动压力为 28MPa；海底井口流动温度为 130℃，海底井口流动压力为 35MPa；井底流动压力为 50MPa；油管内流体平均密度 0.2g/cm³。

计算得到：放喷引起管柱总伸长 2.09m；伸缩节上提余量 5.09m，下放余量 0.91m；封隔器受到的合力为向下压 171.3kN。

管柱的轴向力分布如图 5-5-6 所示，对应的管柱强度如表 5-5-5 所列。

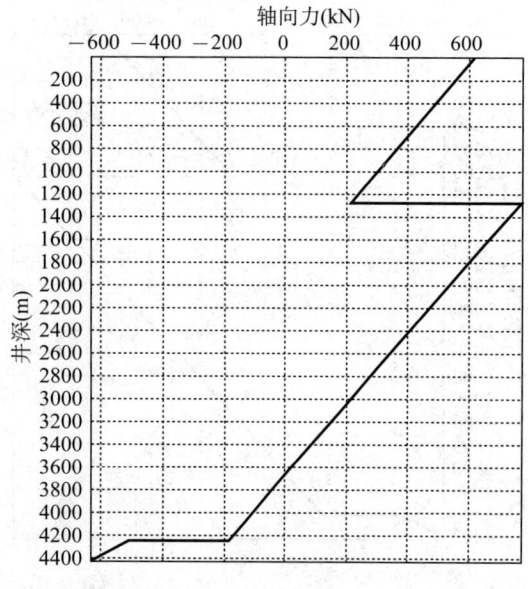

图 5-5-5　射孔时管柱轴向力分布

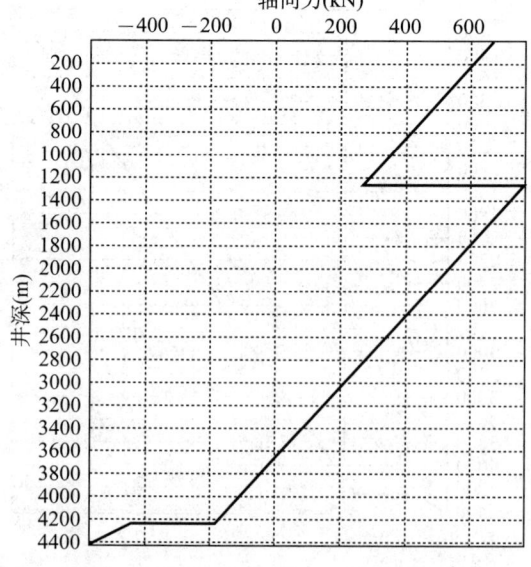

图 5-5-6　放喷工况管柱轴向力分布

表 5-5-5　放喷工况管柱关键位置安全系数

校核位置	管柱上端				管柱下端			
校核项目	抗内压	抗外挤	拉伸	强度	抗内压	抗外挤	拉伸	强度
泥线以上管柱	4.55	—	2.74	4.31	3.64	9.68	6.81	7.08
泥线以下油管柱	3.64	9.68	2.39	3.83	2.59	2.87	10.13	39.46
伸缩节以下钻铤	—	—	—	—	1.20①	1.28	3.18	49.11

①伸缩节从以下钻铤抗内压安全系数是按外掏空时的计算结果。

(4) 井下关井工况。考虑到后续循环压井需要，按井下关井计算符合工程要求。

假设井底压力 56MPa，油管内流体压力为标准气压。

计算得到：井下关井初期管柱总伸长 2.75m；井下关井初期伸缩节上提余量 5.75m，下放余量 0.25m；长期井下关井伸缩节上提余量 3.37m，下放余量 2.63m；封隔器受到的合力为向上推 314.0kN。

管柱的轴向力分布如图 5-5-7 所示，对应的管柱强度如表 5-5-6 所示。

表 5-5-6　井下关井工况管柱关键位置安全系数

校核位置	管柱上端				管柱下端			
校核项目	抗内压	抗外挤	拉伸	强度	抗内压	抗外挤	拉伸	强度
泥线以上管柱	—	—	3.69	6.08	—	5.40	18.89	5.58
泥线以下油管柱	—	9.68	2.39	3.23	—	2.87	10.13	3.59
伸缩节以下钻铤	—	—	—	—	1.07①	1.28	7.25	28.15

①伸缩节以下钻铤抗内压安全系数是按外掏空时的计算结果。

(5) 井口关井工况。考虑到水合物堵塞、地面紧急关断等问题，相当于平台井口关井。

假设井底压力 56MPa，井口压力 46MPa，油管内流体平均密度 0.2g/cm³。

计算得到：井口关井初期管柱总伸长 2.08m；井口关井初期伸缩节上提余量 5.08m，下放余量 0.92m；长期井口关井伸缩节上提余量 2.72m，下放余量 3.28m；封隔器受到的合力为向下压 45.7kN。

管柱的轴向力分布如图 5-5-8 所示，对应的管柱强度如表 5-5-7 所列。

表 5-5-7　井口关井工况管柱关键位置安全系数

校核位置	管柱上端				管柱下端			
校核项目	抗内压	抗外挤	拉伸	强度	抗内压	抗外挤	拉伸	强度
泥线以上管柱	2.77	—	2.35	3.17	2.63	5.40	4.82	5.57
泥线以下油管柱	2.63	9.68	2.39	3.48	2.34	2.87	10.13	17.10
伸缩节以下钻铤	—	—	—	—	1.09①	1.28	3.06	31.25

①伸缩节以下钻铤抗内压安全系数是按外掏空时的计算结果。

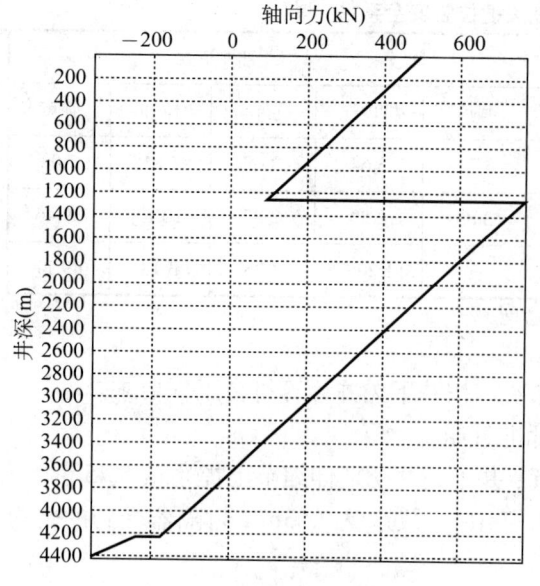

图 5-5-7 井下关井工况管柱轴向力分布　　　图 5-5-8 井口关井管柱轴向力分布

(6) 管柱安全性综合评价。

强度方面计算结果：

①伸缩节以下钻铤，计算的抗内压安全系数最低。但因计算条件是外掏空，实际对该井不会出现，因此不作为依据。

②油管最小安全系数是管串下入后安放前油管上端的安全系数，数值是 1.4。考虑到起钻时需要附加 10t 以上拉力，实际在整个测试过程中，油管上端的安全系数在 1.3 左右。

变形量方面计算结果：

①如果伸缩节的伸缩距足够大，可以自由伸缩，则在主要测试阶段伸缩节的状态如图 5-5-9 所示。其中两种关井工况的左侧数值为关井初期伸缩节位置，右侧数值为长时间关井伸缩节位置。

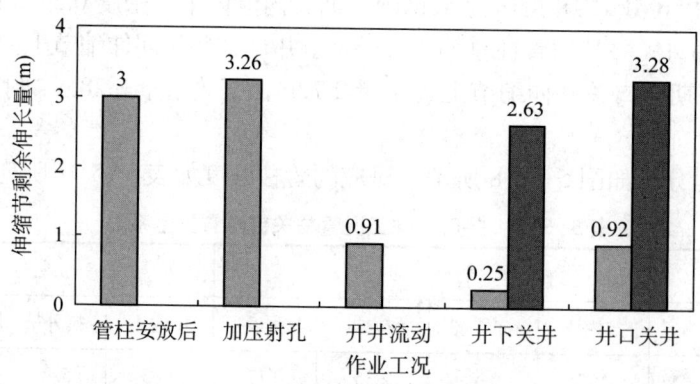

图 5-5-9 主要测试阶段伸缩节的状态

②考虑到作业期间的不确定性，应至少使用 3 只伸缩节。

关于张力器张力：如果张力器对油管上端张力保持 50tf，则在井下关井时，槽式悬挂器上面管柱张力约 10tf，其他工况下此处张力较大。

关于封隔器受力：在井下关井时，封隔器受到的液压和测试油管柱的轴向合力是向上推 32t 左右，为最大值，需要特别注意。

5.5.5 HG1 井完井测试中水合物的预测及防治方案

5.5.5.1 水合物形成预测

预测 HG1 井天然气的摩尔组成为：CH_4—90%，C_2H_6—5%，C_3H_8—1%，N_2—2%，CO_2—2%。地层水含盐量：NaCl—6%，KCl—1%，$CaCl_2$—2%。产气量 $100 \times 10^4 Nm^3/d$，气水比为 $1m^3/10^4 Nm^4$。利用深水完井测试水合物与结蜡分析软件对 HG1 井在完井测试过程中井筒内形成气体水合物的可能性及水合物形成区域进行了分析，预测结果如图 5-5-10 所示。泥线及以上油管内温度随关井时间的变化如图 5-5-11 所示。由图可以看出：

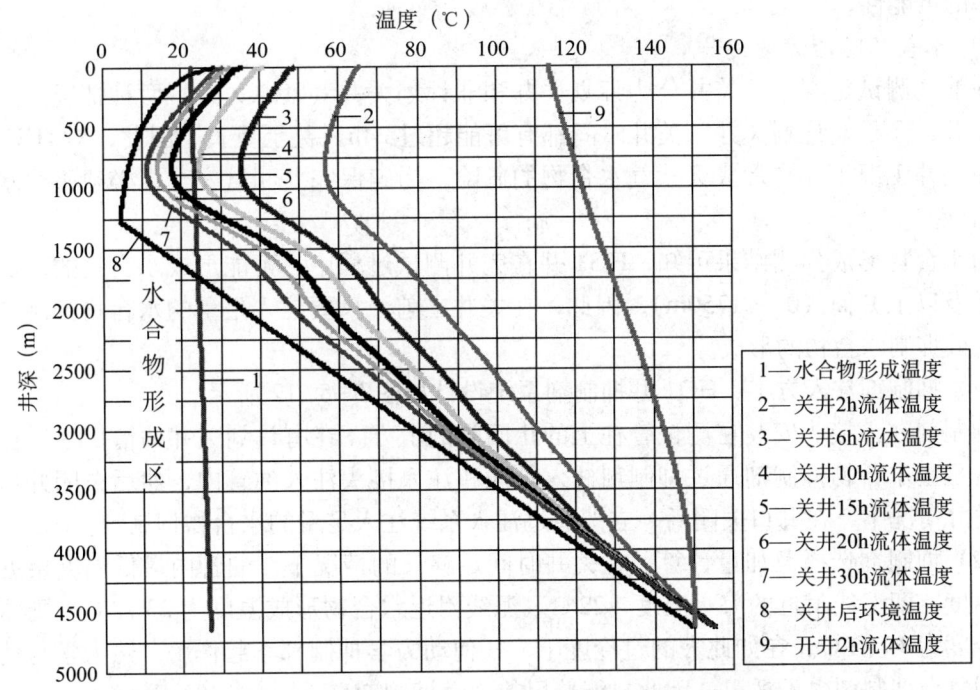

图 5-5-10　HG1 井完井测试过程中气体水合物形成预测结果

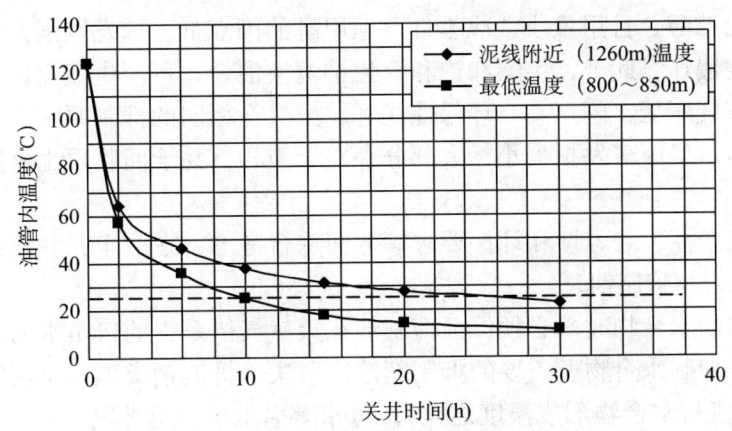

图 5-5-11　泥线及以上油管内温度随关井时间的变化

(1) 在 0～1750m 的井深范围内，天然气水合物的形成温度为 22.5～24.2℃。

(2) 开井流动工况下，由于流速快（100×10^4 Nm³/d），地层温度较高（150℃），泥线（1260m）附近及以上油管内温度很快达到 110℃ 以上，大大高于水合物形成温度。因此，在开井流动工况下，井筒内不可能形成水合物。

(3) 关井后，随着关井时间的增长，井内流体温度逐渐降低，在井深 800～850m 范围内，油管内温度达到最低。在泥线（1260m）附近，当关井时间超过 24h 后，油管内温度将低于水合物形成温度。在 800～850m 井段，当关井时间超过 10h 后，油管内温度将低于水合物形成温度。

当关井时间足够长时，油管内温度将与环境温度趋于一致，此时在 0～1750m 的井深范围内，油管内温度都低于水合物的形成温度。因此，关井工况下，井筒内存在形成水合物堵塞的可能性。

5.5.5.2 水合物防治方案设计

在油气测试过程中，关井分为计划关井和非计划关井（紧急关井）两种情况。无论是计划关井，还是非计划关井，关井时间都有可能超过 24h，甚至更长。因此，对 HG1 井而言，在关井工况下存在形成天然气水合物的危险。为确保完井测试安全，必须采取水合物防治措施。

由水合物形成预测结果可知，HG1 井在完井测试过程中，可能形成水合物的区域在泥线附近及以上井筒（0～1750m）。因此，在关井之前，只要注入足量的水合物抑制剂，就可以有效抑制水合物的形成。

(1) 抑制剂注入方案。HG1 井抑制剂系统设计如图 5-5-12 所示。

抑制剂注入接头安装在测试管柱上的止回阀的上方。在有计划关井的情况下，在关井前，将足量水合物抑制剂通过抑制剂注入管线和注入接头注入油管内，然后关闭井口。在紧急关井情况下，在井口关闭后，立即通过注入系统注入足量的水合物抑制剂。

(2) 抑制剂选择及加量计算。在关井时间足够长的情况下，油管内最低温度接近环境最低温度，即泥线附近的海水温度 4.22℃。泥线附近水合物形成温度为 23.73℃，则体系最大过冷度为 19.51℃。在如此大的过冷度下，任何动力学抑制都不起作用，热力学与动力学抑制剂复合抑制剂也不适用，因此只能选用热力学抑制剂。

甲醇和乙二醇作为一种高效的热力抑制剂已成功使用多年，应用广泛。甲醇对水合物的抑制效果优于乙二醇，且用量小，成本低。但甲醇的闪点低、挥发性强、蒸汽压高、毒性最强、容易燃烧爆炸。此外，甲醇和饱和氯化钠溶液混合，可产生氯化钠沉淀。乙二醇较甲醇沸点高，蒸气压低，闪点高，环保性能好。虽然在相同的抑制要求下用量较甲醇大（约为甲醇的 2 倍），但因蒸发损失小，大部分存在于液相，易于回收再生重复使用，可降低成本。

从抑制性、安全性、兼容性和环保要求等方面综合考虑，在深水完井测试作业中推荐采用乙二醇作为水合物抑制剂。

采用抑制剂抑制水合物时，必须保证抑制剂在天然气体系中的自由水内达到抑制水合物所需要的浓度。抑制水合物所需要的抑制剂浓度取决于抑制剂类型和水合物形成温度降（即体系温度最低值与水合物形成温度之差），可用著名的哈默施米特（Hammer Schmidt）计算：

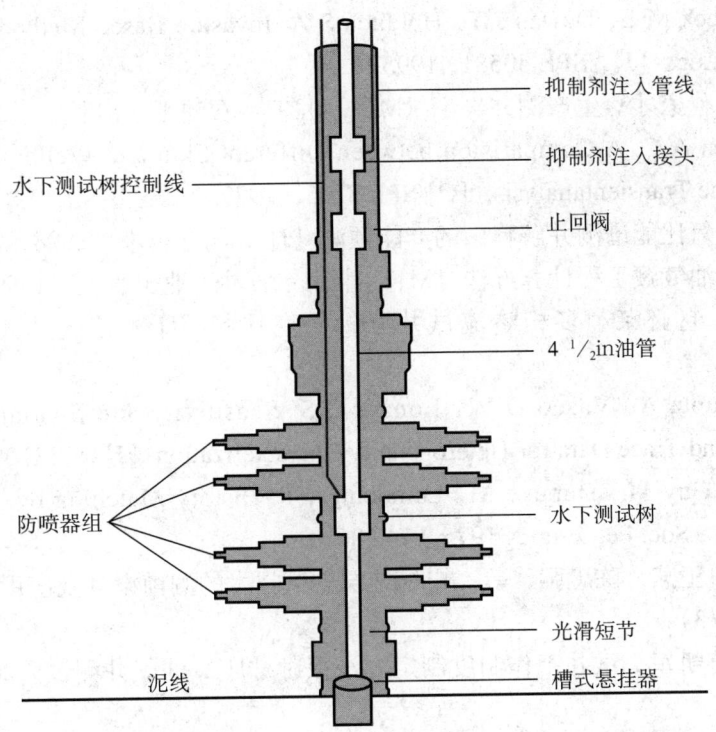

图 5-5-12 HG1 井抑制剂系统设计

$$\Delta T = \frac{KX}{M(100-X)} \tag{5-5-1}$$

式中：ΔT 为水合物形成温度降，K；M 为抑制剂的分子质量，g/mol，乙二醇的相对分子质量为 62；K 为抑制剂类型常数，甲醇为 1297，乙二醇为 2222；X 为抑制剂质量浓度，%。

利用式（5-5-1）可计算出在过冷度为 19.51℃下，抑制水合物形成所需要的乙二醇质量浓度为 35.25%。

设天然气中的自由水含量为 W_w，天然气产量为 Q_g、抑制剂贫液浓度 X_L，则抑制剂液相用量的计算公式如下：

$$W_L = \frac{XW_w Q_g}{X_L - X} \tag{5-5-2}$$

式中：W_L 为抑制剂（贫液）注入速率，kg/d；X 为抑制水合物需要的抑制剂浓度（富液浓度）；X_L 为抑制剂贫液浓度；W_w 为天然气中自由水含量，包括天然气携带的游离水（可按 0.5~1.5m³/d 连续出水考虑）和天然气水蒸气在井筒最低温度下的析出水，kg/10⁴m³；Q_g 为天然气产量，10⁴m³；

已知 HG1 井天然气产量为 100×10⁴Nm³，自由水含量为 1000kg/10⁴Nm³，乙二醇贫液浓度为 80%，由式（5-5-2）可计算得乙二醇贫液加量为 78.771t/d。

参 考 文 献

[1] 林加恩. 实用试井分析方法 [M]. 北京：石油工业出版社，1996.

[2] Semmelbeck M E, Dewan J T, Holditch S A. Invasion Based Method For Estimating Permeability From Logs [J]. SPE 30581, 1995.

[3] 郭海敏, 代家才. 生产测井导论 [M]. 北京：石油工业出版社, 2003.

[4] Gringarten A C. A Comparision between Different Skin and Wellbore Storage Type Curve for Early Time Transientanalvsis. [C] SPE 8205, 1979.

[5] 林梁. 碳氧比能谱测井解释中的产能预测 [J]. 测井技术. 1998, 22 (1)：5-11.

[6] 陈元千. 油气藏工程计算方法 [M]. 北京：石油工业出版社, 1990：21-25.

[7] 李晓平, 赵必荣. 多相渗流试井分析研究现状 [J]. 油气井测试, 2002, 11 (2)：10-12.

[8] Datta-Gupta A, Vasco D W, Long J C S. Sensitivity and Spatial Resolution of Transient Pressure and Trace Data for Heterogeneity Characterization [J]. SPE 30589, 1995.

[9] Chavent, Guy M., Dupuy, M, Lemonnier, P. History Matching by Use of Optimal Control Theory [J]. Soc. Pet. Eng. J. 1975：74-86.

[10] 罗兴平, 王燕, 陈忠强, 等. 电缆地层测试技术的测前设计及应用 [J]. 国外测井技术, 2004, 9 (3).

[11] 张雁, 蒋凯军. 试井工作制度制定方法探讨 [J]. 油气井测试. 2004, 13 (5)：34-37.

[12] 吴亚红, 刘长印. 低渗稠油油藏地层测试工作制度优化研究 [J]. 石油天然气学报. 2007, 29 (3)：307-309.

[13] 罗冰. 深层天然气地层测试设计存在的问题及建议 [J]. 江汉石油职工大学学报. 2006, 19 (4)：47-49.

[14] 胡法龙, 肖立志, 张元中, 等. 电缆地层测试最小测试时间的确定 [J]. 地球物理学进展. 2006, 21 (4)：1221-1226.

[15] 张文忠. 气井产能试井设计与分析方法研究 [D]. 北京：中国地质大学, 2005.

[16] 马素俊, 程时清, 赵继勇等. 特低渗透、超低渗透油藏试井设计可行性研究 [J]. 油气井测试, 2009, 19 (1).

[17] 樊栓狮, 刘锋, 陈多福. 海洋天然气水合物的形成机理探讨 [J]. 天然气地球科学. 2004, 15 (5)：524-530.

[18] 孙长宇, 陈光进, 郭天民. 多相混输管线中的水合物抑制研究现状 [J]. 天然气工业, 2003, 23 (5)：105-108.

[19] 刘华, 李相方, 等. 普光气田采气井口水合物预测与防治技术 [J]. 天然气工业, 2007 (5)：88-90.

[20] 隋秀香, 郭旗, 李相方. 油气井测试出砂监测技术 [J]. 天然气工业, 2004 (5)：110-112.

[21] 程时清, 李相方, 等. 大排量泵抽式地层测试器产能确定方法 [J]. 钻采工艺, 2005, 28 (5)：73-77.

[22] 覃斌, 李相方, 程时清. 考虑气液两相流的凝析气井生产动态研究 [J]. 新疆石油地质, 2004 (4)：423-426.

[23] 高宝奎, 高德利. 高压引起的测试油管变形分析 [J]. 中国海上油气（工

程），2002，14（1）：35-36.

[24] 高宝奎，高德利．高温高压测试管柱变形增量计算模型［J］．天然气工业，2002，22（6）：52-54.

[25] 林梁．电缆地层测试器资料解释理论与地质应用［M］．北京：石油工业出版社，1994.

[26] 覃斌，李相方，等．考虑反凝析影响的凝析气井产能试井问题［J］．新疆石油地质，2005，26（1）：83-86.

[27] 李敬松，李相方，等．凝析气藏试井分析研究现状及展望［J］．油气井测试，2004，13（2）：1-4.

[28] 刘华，李相方，等．井口产量不当调节对气藏产能预测影响的研究［J］．天然气工业，2007（2）：95-97.

[29] 王志伟，李相方，等．凝析气藏气液相变三区扩展模型研究［J］．西安石油大学学报：自然科学版，2005，20（5）：25-28

[30] 刘一江，李相方，等．凝析气藏合理生产压差的确定［J］．石油学报，2006，27（2）：85-88.

[31] 石德佩，李相方，等．考虑相变的凝析气井产能方程［J］．石油钻采工艺，2006 28（4）：67-70.

[32] 康晓东，李相方，刘一江，等．凝析气藏高速多相渗流机理与数值模拟研究［J］．工程热物理学报，2005（2）：261-263.

[33] 石德佩．高温高压含水凝析气相态特征研究［J］．天然气工业，2006，26（3）：95-97.

[34] 康晓东，李相方，等．考虑流动边界影响的气井非达西效应评价［J］．中国石油大学学报（自然科学版），2006，30（1）：82-85.

[35] 王志伟，李相方．凝析气相变微观孔隙模型实验研究［J］．工程热物理学报，2006（2）：251-254.

[36] 石德佩，李相方，刘一江．考虑相变的凝析气井产能方程［J］．石油钻采工艺，2006（4）：68-70.

[37] Thieu V, Frostman L M.Use of Low-Dosage Hydrate Inhibitors in Sour Systems［J］．SPE 93450, 2005.

[38] Li XiangFang, Qin Bin, Cheng ShiQing. Gas Condensate Two Phase Flow Performance in Porous Med［J］．Petroleum Science, 2004（3）：49-55.

[39] Gao Deli, Gao Baokui. A Method for Calculating Axial Behavior of Tubing in HPHT Wells［J］．Journal of Petroleum Science and Engineering, 2004：183-188.

[40] Thompson L G, Reynolds A C. Well Testing for Radially Heterogeneous Reservoirs under Single and Multiphase flow Conditions［J］．SPE, 1997.

[41] 万扣兆．海上天然气藏测试技术研究［D］．北京：中国石油大学（北京），2005.

[42] 李效波．深水完井油气测试中原油析蜡预测方法研究［D］．山东：中国石油大学（华东），2009.

[43] 石军太，李相方，隋秀香，等．高温高压凝析气井测试工作制度及生产压差设计

[J]．油气井测试．2009，18（1）：12-15．

[44] 吴木旺．复合射孔与DST联作技术在海上探井测试中的应用[J]．石油钻采工艺，2007，29（6）：102-104．

[45] 宁多全．海上电磁随钻测试创新技术在南部北海的应用[J]．国外测井技术，2004，19（4）．

[46] 高喜龙．海上注水井测试技术研究及应用[J]．油气井测试，2006，5（3）：49-51．

《智慧管网理论与技术体系》编写组

组　　　长：李　莉
副 组 长：杨玉锋　马云宾
成　　　员：聂超飞　高海康　盖健楠　蔡永军　薛鲁宁
　　　　　　苗　青　杨宝龙　刘　硕　张希祥　常景龙
　　　　　　任　武　马剑林　戴联双　刘建武　杨黎鹏
　　　　　　顾晓婷　祁惠爽　孙延波　温　凯　白路遥
　　　　　　刘宏业　刘罗茜　杨　琦　康　阳　闫　锋
　　　　　　崔秀国　贾韶辉　张新建　张　斌　李秋扬
　　　　　　杨　瑞　温　文　吴　岩　吴志峰　雷铮强
　　　　　　李亮亮　史博会　施　宁　连江桥　林　嵩
　　　　　　吴　超　刘　阳　赵慧莹　孙大微　周　芮
　　　　　　陆洋帆　潘文菊　惠旭超　乔　丹　张书勇
审稿专家组：张对红　冯庆善　陈朋超　吴志平　宫　敬
　　　　　　席志国　艾慕阳　聂中文

前 言

近年来，在人工智能、区块链、移动互联网、大数据、超级计算等新理论、新技术以及经济社会发展强烈需求的共同驱动下，智能制造、智能电网、智能核电、智能交通等概念层出不穷。智能化是未来工业领域的发展趋势和必然选择，是工业领域战略性和颠覆性的技术创新，是继蒸汽技术革命、电气技术革命、信息技术革命后的第四次工业革命。

油气管网是国家重要的基础设施，是现代能源体系和综合交通运输体系的重要组成部分。当前，能源革命和数字化转型发展对油气管网产生深刻的影响。智慧管网采用互联网、大数据、超级计算等新技术，在实现油气管网系统要素数字化的基础上，通过不断地完善油气管道领域知识库，形成具有自学习功能，并能够进行分析判断和自主决策，提升管网系统感知、存储、分析、知识与算法、信号及预警、决策、执行等方面的能力。

油气管网是复杂、开放的系统，与环境和社会存在着大量信息、能量交换与耦合。国内油气管道行业相关机构和人员在智慧管网领域开展了大量研究和探索，对油气管网智能化发展形成了一定认识。本书是在充分借鉴行业专家学者研究成果的基础上，依托国家石油天然气管网集团有限公司级课题"智慧管网理论和技术体系研究"，明确了智慧管网的内涵特征、基础理论和技术架构，对油气管网智能化建设、智慧运维、智能调控、数字孪生体和知识图谱构建等核心技术要点进行阐述，对揭示智慧管网建设运行基本原理和制订智慧管网建设运行方案具有一定的指导作用。

智慧管网的建设与运行在国内外尚无可借鉴的成熟经验，未来的发展也将是一个需要逐步探索、深化认知、应用实践和持续改进的过程。本书编写过程中，国内外相关研究机构和有关专家学者就智慧管网定义、内涵与外延等核心内容的确定提供了较大的帮助，在此表示诚挚感谢。

由于笔者水平有限，本书难免存在不足，敬请读者批评指正。

CONTENTS

目 录

第一章　概述 … 1
第一节　智慧管网发展背景 … 1
第二节　智慧管网的定义、内涵与特征 … 7
第三节　智慧管网发展蓝图 … 12
第四节　智慧管网体系架构 … 13

第二章　智慧管网理论体系 … 16
第一节　信息物理融合系统研究现状 … 16
第二节　油气管网能量—信息—物理系统的概念 … 18
第三节　管网 ECPS 的体系结构 … 21
第四节　油气管网 ECPS 模型 … 25

第三章　智慧管网技术体系 … 28
第一节　智能安全运维技术体系 … 28
第二节　智能调控技术体系 … 46
第三节　智能建设技术体系 … 60
第四节　智慧管网评价体系 … 87

第四章　面向智慧管网的数字孪生体构建与应用方法论 … 103
第一节　数字孪生体技术现状分析 … 103
第二节　管网数字孪生体总体发展目标与体系架构 … 115
第三节　管网数字孪生体应用服务开发及关键技术体系 … 122
第四节　管网数字孪生体建设过程中的典型场景 … 133

第五章　面向智慧管网的知识图谱构建与应用方法论 … 137
第一节　方法论的提出背景 … 137

第二节　理论支撑 …………………………………………………… 139
第三节　智慧管网 M 知识模型架构………………………………… 142
第四节　实施路线 …………………………………………………… 149
第五节　知识库构建与应用案例 …………………………………… 157

第六章　智慧管网与能源互联网融合发展…………………………… 159
第一节　能源互联网综合能源系统 ………………………………… 159
第二节　能源互联网的特征与基本架构 …………………………… 161
第三节　面向能源互联网的智慧管网 ……………………………… 163
第四节　智慧管网技术发展展望 …………………………………… 165

参考文献……………………………………………………………………… 167

第一章 概　述

第一节　智慧管网发展背景

随着全球能源结构转型和科技进步，能源领域数字化和智能化建设已在如火如荼地推进。我国国家战略明确提出要构建新型能源体系，优化能源结构，提升能源使用效率，推动能源生产和消费的绿色低碳转型等。系列目标的实现要求能源领域在数字化和智能化方面进行深度革新，以实现能源的智能调度、精准管理和高效利用。

一、智慧管网相关基础技术现状及应用

党的十九大报告指出"加快建设制造强国，加快发展先进制造业，推动互联网、大数据、人工智能和实体经济深度融合""加强应用基础研究，拓展实施国家重大科技项目，突出关键共性技术、前沿引领技术、现代工程技术、颠覆性技术创新，为建设科技强国、质量强国、航天强国、网络强国、交通强国、数字中国、智慧社会提供有力支撑"。

党的二十大作出"深入推进能源革命，加强煤炭清洁高效利用，加大油气资源勘探开发和增储上产力度，加快规划建设新型能源体系""优化基础设施布局、结构、功能和系统集成，构建现代化基础设施体系""加强重点领域安全能力建设，确保粮食、能源资源、重要产业链供应链安全"等系列部署。

2024年7月，党的二十届三中全会审议通过《中共中央关于进一步全面深化改革　推进中国式现代化的决定》，高度重视新质生产力发展，提出"完善推动新一代信息技术、人工智能、航空航天、新能源、新材料、高端装备、生物医药、量子科技等战略性产业发展政策和治理体系，引导新兴产业健康有序发展""健全促进实体经济和数字经济深度融合制度""推进传统基础设施数字化改造"等。在能源领域，发展新质生产力的新动能关键在于不断加快能源

科技创新步伐，深化科技创新与产业创新融合，尤其是深化大数据、物联网、人工智能等新一代信息技术在能源领域的应用，推进能源数字化智能化发展。

人工智能、大数据的到来，让"数据驱动"为核心的智能应用成为全球新趋势，特别是挖掘大数据隐含的战略价值引起世界各国的高度重视，许多国家相继出台国家战略，推动人工智能和大数据在互联网、工业制造、军事装备以及专业工程等领域的应用发展。国务院印发了《新一代人工智能发展规划》，为我国的人工智能技术和产业发展设立了目标和蓝图，人工智能的发展已经上升到国家战略层面。智能技术的发展将在各个方面和层面对社会经济和产业产生冲击和变革。

近年来，我国从中央部委到地方企业等陆续出台政策，布局数字孪生建设，配套措施也在紧锣密鼓地落实，数字孪生技术正加速进入普及、开发和推广期。行业层面，当前数字孪生得到了十多个行业关注并开展了应用实践。除在制造领域被关注和应用外，近年来数字孪生还于电力、医疗健康、城市管理、铁路运输、环境保护、汽车、船舶、建筑等领域开展研究，并展现出巨大的应用潜力。国家电网等电力能源产业相关企业，针对构建数字孪生体的能源互联网模型、数字孪生电厂、数字孪生电网等方向开展垂直一体化理论研究及实践探索。

随着人工智能技术发展，知识图谱逐步应用到智能搜索、智能问答、个性化推荐、内容分发等领域。知识图谱是人工智能领域的分支，是大数据时代知识表示最重要的一种方式。知识图谱的应用从通用领域逐步走向各个行业领域，逐渐实现在智慧金融、智慧医疗、智慧能源、智能制造等众多领域的落地应用和深度融合，同时在各行业的数字化转型过程中，跨领域、行业或产业的知识图谱也逐渐获得关注。

中国石油天然气集团有限公司（简称中国石油）完成智能油田建设的规划设计，打造了勘探开发认知计算平台。勘探开发认知计算平台以油气知识图谱、机器学习等技术为核心建立智能协同研究环境，按照数据、算法、算力和场景四个关键因素进行设计，从数据处理，到机器学习，到模型发布，到推理应用，提供了一站式 AI 开发环境。中国石油在勘探开发领域已经完成了 15 个信息系统的集中建设，制定了统一的数据模型标准，实现了 45 万口油气水井、500 个油气藏、7000 个勘探工区、60 多年历史数据的集中统一管理，存储的数据总量超过 1.6PB。中国石油勘探开发研究院以现有的信息化成果为基础，充分利用知识图谱、自然语言处理、深度学习、区块链等新一代信息技术和方法，研发勘探开发知识成果管理和共享平台及相关软件工具产品，构建勘探开发专业知识图谱库，实现知识成果的智能搜索和智能问答，研发知识成果智能推送与共享交流的应用服务，打造代表性的上游勘探开发业务应用场景，建立起勘探院线上知识成果共享中心，并制定知识共享与协同研究下一步建设发展规划。

中国石油化工集团有限公司（简称中国石化）在知识库构建方面进行了长期深入的工作。制定了知识管理总体规划，采用先试点后推广的实施策略，基于石化智云基础云平台，建设以云计算、大数据、物联网等技术为支撑的智能油气田应用云，以智能单井—智能区块—智能油气田的业务主线，开展智能化业务应用，实现全面感知、集成协同、预警预测和分析优化四项能力。建立了勘探开发知识体系，覆盖油田八大业务领域、57个一级业务、1000多个业务活动。打造云架构的知识管理平台中国石化知识管理（SINOPEC Knowledge Management，SKM），实现知识全生命周期管理，面向业务场景实现四大应用模式："石油百度"实现一站式石油知识检索与服务；"项目应用"，项目前期成果可借鉴，过程成果可沉淀，最终成果可复用；"专题应用"，形成跨组织的开放虚拟团队，与志同道合者想法碰撞，促进学习；针对个人打造了"个人知识空间"。构建了一个庞大的油气知识库，汇集了内外部1000个知识源，形成了千万级节点，构建了800万量级知识库，涵盖了所有的勘探开发领域；打造了石油领域的专家资源库，梳理入库867名领域专家，涵盖22个专业领域。

在油气管道领域尚未开展系统的知识体系研究工作。中国石油在数据和知识积累方面积累了一定基础，建立了天然气与管道科技服务平台、标准信息管理系统，根据油气储运技术体系对积累的科研成果进行了较细致分类，包括工程设计施工、材料与装备、油气输送与储存、运行维护、决策与管理五大技术领域，广泛收集国内外天然气与管道相关技术标准。

国内外相关行业都将智能化水平评估作为智能化发展的重要支撑。以智能制造和智慧城市为例，中国电子技术标准化研究院发布了《智能制造能力成熟度模型白皮书（1.0）》。该模型从生命周期、系统层级和智能功能三个维度，对智能制造的核心特征和要素进行提炼总结，归纳为"智能+制造"两个维度，最后展现为一维的形式，即设计、生产、物流、销售、服务、资源要素、互联互通、系统集成、信息融合、新兴业态10大类核心能力以及细化的27个域。该模型中对相关域进行从低到高五个等级（规划级、规范级、集成级、优化级、引领级）的分级与要求。根据使用者的不同需求，可分为整体成熟度模型和单项能力模型。智慧城市方面，《智慧城市评价模型及基础指标评价体系》（GB/T 34680—2017）规定了智慧城市评价指标体系的总体框架、一级指标、二级指标评价要素及分项评价指标的设立原则、设立要求和描述要求。《智慧城市时空基础设施 评价指标体系》（GB/T 35775—2017）规定了智慧城市时空基础设施的评价体系框架、评价指标及评价方法，适用于智慧城市时空基础设施建设与服务效果的评价。时空基础设施的核心建设内容包括：时空基准、时空大数据、时空信息云平台和支撑环境。依据建设内容的分析与分解，时空基础设施的评价指标体系设计为两个层级，包括七个一级指标和41个二级指标。《新型智慧城市评价指标》（GB/T 33356—2022）规定了新型智慧城市评价指标的指标体系、指标说明和指标权重，评价指标分为客观指标（其中成效类指标三大项13小项、引导性指标四大项七小项）和主观指标。

二、国内管道智能技术发展现状及应用

油气管网是国家重要的基础设施，是现代能源体系和综合交通运输体系的重要组成部分。当前能源革命和数字化转型发展将对油气管网产生深刻的影响，2017年以来，国内油气管道行业相关机构和人员在智慧管网领域开展了大量研究和探索，中国石油提出了"智能管道、智慧管网"发展思路，对油气管网智能化发展形成了一定认识。国家石油天然气管网集团有限公司（简称国家管网集团）提出了打造"智慧互联大管网"的战略目标，各部门、所属企业不同程度地开展了智慧管网技术攻关和工程实践活动。智慧管网的建设与运行在国内外尚无可借鉴的成熟经验，未来的发展也将是一个需要逐步探索、深化认知、应用实践和持续改进的过程。

2017年起，我国在现有油气长输管道行业技术基础上针对在役管道以及新建管道开展了多种探索性的管道数字孪生体建设方案。中俄东线充分利用管道（站场）设计、采购、建设等阶段产生的大量工程期数据，建立静态数字孪生模型，并针对模型数据标准、模型轻量化以及场景应用进行了大量的技术研发与创新，同步开发了智能管道可视化交互系统，实现了建设期多源动静态数据集成展示。中缅管道通过运用测量、激光扫描、三维建模等技术，收集、校验与对齐在役长输管道数据，恢复建设期（包含设计、采办、施工）及部分运行期数据，构建站场设备、建筑及管道的数字三维模型，搭建了站场数据资产库和管道线路数据资产库。国家管网集团依托中国石油智慧管网重大科技专项"智慧管网数字孪生体应用技术研究"，构建管道数字孪生体的顶层设计，并在

工信部 2020 年《数字孪生体应用白皮书》中以行业案例的形式发布。

2020 年，国务院国资委发布《关于加快推进国有企业数字化转型工作的通知》，要求贯彻落实习近平总书记关于推动数字经济和实体经济融合发展的重要指示精神，促进国有企业数字化、网络化、智能化发展，提升产业基础能力和产业链现代化水平。根据国家发改委发布的《中长期油气管网规划》，到 2025 年我国管道总里程将达到 24×10^4 km，同时将"提升标准化、智能化水平"作为未来发展的重点。2023 年，《国家能源局关于加快推进能源数字化智能化发展的若干意见》提出推动油气与新能源协同开发，提高"源、网、荷、储"一体化智能调控水平，强化生产用能的新能源替代。推动油气管网的信息化改造和数字化升级，推进智能管道、智能储气库建设，提升油气管网设施安全高效运行水平和储气调峰能力。以数字化智能化用能加快能源消费环节节能提效。推进能源行业大数据监测预警和综合服务平台体系建设，打造开放互联的行业科技信息资源服务共享体系，支撑行业发展动态监测和需求布局分析研判，服务数字治理。推动能源装备智能感知与智能终端技术突破。推动面向能源装备和系统的数字孪生模型及智能控制算法开发，提高能源系统仿真分析的规模和精度。

中俄东线北段、中段围绕"全数字化移交、全智能化运营、全生命周期管理"开展了探索性工程实践、示范性应用与信息化建设，形成了天然气管道 24 项智能化技术。中俄东线基于云设计平台实现了数字化设计，应用电子标签技术实现设备物资的数字化采购，依托项目成本管理（Project Cost Management，PCM）系统与智能工地实现了智能化施工管理；开展了一键启停、计量交接电子化、控制功能优化和站场智能视频巡检等成熟技术的应用与前沿技术的探索，初步形成了站场全面集中远控的关键技术方案；站场管理方面开展了站场关键设备压缩机组、自控系统、计量设备和电气系统的远程诊断，线路管理方面开展了一体化监测与预警，特别在智能化视频监控、智能阴保远程监控等方面，取得了技术性突破。新疆煤制气外输管道在设计数字化交付平台、建设期工程管理平台、运营期智能化管理系统集成开发等方面开展了系列工程实践，编制完成了贯穿管道工程建设及运营的全生命周期标准规范文件体系，包括编码规定、数据规定、文件清单等五大类规范。中俄东线、新气管道等智能化试点实施，为我国未来智能管道、智慧管网的建设和运行提供了经验。

2020 年，国家管网集团编制了"十四五"智慧管网规划，提出了"1 4 4 1"规划部署，即一套管道系统智能化方案，包含工程建设、线路、站场、调控等八个方面的智能化方案；四项共性基础工作，包括智慧管网科技攻关、信息化部署、标准体系和通信传输网络部署；四个关键平台，包括物联管网、数字平台、数字孪生体和知识库；一套在役储运设施智能化提升示范工程，包括天然气管道、输油管道和液化天然气（Liquefied Natural Gas，LNG）接收站智能化提升示范工程。

三、国外管道智能技术发展现状及应用

美国哥伦比亚管道集团（Columbia Pipeline Group，CPG）智能管道解决方案基于通用电气的 Predix 工业互联网平台构建，充分整合了企业内外部数据资源，利用 Pipeview Integrity（PVi）、Smallworld GIS 等管道管理工具，实现了管道的完整性管理、动态风险评估与数据可视化。哥伦比亚管道集团智能管道解决方案通过实际应用，使企业在资产管理、风险预测、综合状态检测、事件通知四个方面达到了一定的智能化水平。该方案从哥伦比亚管道集团的现状与挑战入手，充分应用先进技术，对管道运行的关键数据进行整合和分析，实现天然气集输的智能化。哥伦比亚管道集团企业内部数据涵盖地理信息、工作管理、管道内检测、阴极保护、监控控制、运行调度、管道风险与高后果区等 12 种数据，外部数据包括美国地质调查局、美国国家海洋与大气局、土壤调查地理数据库、谷歌数据四种来源。智能管道解决方案将分散的不同系统、数据库、档案室的数据连接起来，进行预测分析，实现预知性维护和效率提升。

意大利的 SNAM 天然气管道公司是意大利和欧洲最大的天然气经营服务商，在欧洲运营的管道总里程超过 7×10^4 km，意大利本土管道里程 3.33×10^4 km，其中包括 2900 余处远程监控区域，7000 多个天然气直接出口，每分钟产生 25000 个天然气数据，各项数据逐年稳定增长，为管道管理带来了更大的挑战，包括实时采集能力不足与数据分析能力有待提升两方面。自 2012 年 SNAM 公司以数据采集与监视控制（Supervisory Control And Data Acquisition，SCADA）系统升级改造为抓手，开展了系列数据采集与整合的处理工作。升级后的 SCADA 系统覆盖天然气运输过程中的各个重要位置，为调控系统提供实时的数据并进行数据处理与远程控制。SCADA 系统还与泄漏探测系统、气体检测系统、火灾探测系统、音频视觉警报系统、闭路电视系统、门禁系统和数据库进行了整合，结合监控大屏显示天然气管网的总体视图，可根据需求提取特定位置管道状态信息与过程管理信息等综合数据，实现了生产

和安全一体化高效管控。天然气调控核心是 SCADA 系统，SNAM 调控中心包括一体化 SCADA 系统、控制室以及监控大屏系统，同时在通信网络和通信系统中引入智能化组件；天然气调控中心高效运行有两方面要求，一是对现场设备的运行控制，二是对调运方案和资产的管理。远程控制系统是调控中心的重要操作工具，可执行远程测量和远程控制的功能，保障调控中心运行安全。远程测量可获取管道相关的功能数据，包括压力、流量、温度、气体质量、阀门和压缩机状态等远程测量数据。远程控制用于调整设备运行参数，使其功能适应运行需求，如压缩站的远程控制就是由调控中心进行直接管理。调控中心管理约 1410 套专业控制系统，由远程控制系统进行测量与控制，与各地区操作中心的专家相互配合，保障 7d×24h、全管网覆盖的监控与行动。SIMONE 模型能够对管网与场景进行模拟，管网模拟针对系统设备自身与设备互连进行模拟，场景模拟则基于特定管网配置对天然气运输过程进行模拟。SIMONE 天然气模拟与测算能够提升管网的数据收集、停气管理、资产管理，并且有利于卓越运营和员工培训。

北美地区的 Trans Canada 公司为了满足能源管理的业务需求，提升运营效率，依托 GeoFind 系统建设，有效整合了不同阶段、不同功能的业务系统和数据库，建立了统一的管道资产空间数据平台，不仅实现了设备资产的空间展示及动态分析，还实现了跨业务的信息共享，发挥了数据融合的价值，提升了企业的整体运营效率。

挪威船级社（Det Norske Veritas，DNV）使用数字孪生技术优化管道运行，可以将长输油气管网、压缩机组、泵机组等油气管道设备设施进行智能化模拟，构建一个集合管道全生命周期的数据和专家平台，通过该智能化平台可以使管道运营机构具备强大的数据分析和故障诊断能力。

第二节　智慧管网的定义、内涵与特征

一、定义

智能管道在标准统一和管道数字化的基础上，以数据全面统一、感知交互可视、系统融合互联、供应精准匹配、运行智能高效、预测预警可控为目标，通过"端＋云＋大数据"体系架构集成管道全生命周期数据，实现管道的可视化、智能化管理，具有全方位感知、综合性预判、一体化管控、自适应优化的能力。

智慧管网是基于工业互联网平台，在智能管道基础上建成油气流、数据流、信息流互联互通的油气管网系统，形成具备泛在感知、自适应优化能力的新型管网基础设施；建成与实体管网精准映射、同生共长的数字孪生管网；建立油气管网知识体系和"管网大脑"，形成综合智能辅助决策平台；支撑以数据和知识为核心的数字化、智能化和平台化管理的油气管网系统。

二、内涵与特征

油气管网系统的管理对象主要包括管网资产、输送介质和用户三个方面，智慧管网建设重点围绕"安全、高效、价值"开展，在标准统一和管道数字化基础上，通过智能传感器的部署，精准感知运营状态和内外部环境；通过泛在感知建、运、维等阶段的能量流、资金流、物流、业务流形成的海量数据和知识，构建基于大数据和知识图谱的分析计算模型，提升人机对话水平，在多目标决策中能够统筹全局智能辅助决策，支撑管网安全输送和高效运营。

其内涵与特征可从如下四个方面表述。

（一）管网新型能力方面特征与内涵

（1）智能化支撑油气管网安全目标的实现。油气管网系统安全包括本质安全和公共安全两个方面，通过数字化和智能化技术应用，形成管网系统泛在感知、状态评价、应急处置等新型安全能力。

泛在感知：通过智能传感、工业视频、边缘计算等技术设备快速感知管道线路、站场设备、周边环境安全状态，实现实时监测与远程诊断。

状态评价：构建风险特征库和失效数据库，建立数据和失效指标之间的特征模型，依托边缘计算，实现精准预测、智能预警和超前预警；基于多源异构数据，评估系统安全水平，保障公共安全。

应急处置：构建案例库、应急演练情景库、应急处置预案库等，基于系统风险仿真、远程指挥等手段提升应急处置能力。建立基于物联网的应急资源共享平台，提升紧急情况下应急资源调配敏捷性。

（2）智能化支撑油气管网高效目标的实现。

生产参数感知：通过加装介质流动参数感知设备、增加油气管网关键节点工艺参数感知设备，实时掌握管道内外生产运行状态。

仿真与优化：通过全时域、全系统在线仿真与优化，高效形成运行优化方案，奠定油气管网智能运行基础。

智能调控：挖掘管网运行大数据，建立人机结合的管网自适应优化机制，保障管网运行处于最优状态。

劳动生产率：利用海量数据和智能化平台，提供端到端的数据服务和业务服务，通过数据驱动业务流程和决策，形成端到端、点对点的扁平化管理模式，推动管理模式变革，提升劳动生产率。

（3）智能化支撑油气管网价值目标的实现。通过数字化、智能技术应用，提升用户满意度和社会效益，从而提升管网系统的价值。

用户满意度：在数字化、智能化发展趋势下，油气管网通过加快建设数字化、智能化营销网络，实现用户需求的实时感知、分析和预测，推进用户服务敏捷化。

社会价值：智能油气管网通过与能源产业链上下游、工业互联网、数字政府对接沟通，打造能源生态，支撑治理能力现代化和能源战略转型。

（二）业务场景方面特征与内涵

工程建设智能化发展方面，开展数字化协同设计平台和智能工地建设，实现设计、施工全过程管控，实现数字化虚拟资产的实时交付和具备泛在感知能力的实体资产的同步交付。

线路智能化以"全面感知，风险可控"为总体目标，从风险源头全面感知管体、重点部位及周边环境状况；以业务为驱动实现管理智能化提升，动态、实时和准确地识别管道内外风险，实现安全预警交互可视和决策智能反馈，使管道风险全面可控。

站场智能化以"全面感知，风险可控"为总体目标，综合采用视频智能识别、设备运行参数监测等技术，实现对站场安全状态的全方位感知；集成大数据、人工智能技术，对站场感知数据融合分析，实现站场环境的安全管控；以风险管控为核心建立健全设备完整性管理体系，实现关键设备的智能诊断。

智能调控方面，以集中调控为基础，将远程通信、工业控制、仿真优化、大数据、机器学习等先进技术与油气管道调控系统有机融合，构建运行决策与执行高度科学和自动化的一体化调控体系，实现调控过程中状态信息数字化、调度运行最优化、操作控制自动化、预警应急及时化。

应急管理智能化以"应急资源共享、应急处置快速响应"为总体目标，将大数据、人工智能等技术进行融合应用，实现异常事件接警、响应、解除全程敏捷化处置，提升应急响应速度，将事故影响程度降到最低水平。

LNG接收站智能化基于数字工厂的思路,重点开展自动化水平提升和感知智能化提升,接收站所有静态数据可通过可视化模型进行展示,关键设备特征参数、安全状态参数可感知,围绕接收站安全状态、生产运行状态、设备健康状态等开发模型和算法,通过对关键业务数据的分析挖掘,实现预测预警及辅助决策。

储气库智能化以储气库数字化、智能化为中心,实现数据从地下到地上、建设到运营的自动采集、传输、校验与储存;实现在线实时监测、生产异常预警、注采系统一体化动态分析、注采运行优化、数据可视化分析等,提升储气库管理水平。

(三)管理目标方面特征与内涵

通过智慧管网建设形成油气管网新型能力,依托新型基础设施,建设管网系统全面感知、综合预判、智能优化、应急处置、敏捷服务等五大新型能力。在提高生产质量、效率和运营水平的同时,把一线人员从危险、偏远、艰苦作业现场解放出来,实现少人、无人作业。

通过智慧管网建设,实现管理水平的五大变革:数据由零散分布向集中统一共享转变;平面管理向三维可视化管理转变;资源调配由局部优化向全时段、全局优化转变;精细管理向精准管理转变;人工判断决策管理向人机结合判断决策管理转变。

(四)平台建设方面特征与内涵

运用5G、云计算、区块链、人工智能、数字孪生、北斗通信等新一代信息技术,构建适应油气管网业务特点和发展需求的新型基础设施,主要包含"四个平台",即物联管网平台、数字平台、管道数字孪生体平台、知识库平台。通过建设新型基础设施,支撑油气管网全过程、全要素的连接和融合,支撑管网新型能力建设。

(1)物联管网平台。在泛在感知能力基础上,对采集传输的各类物联数据进行标准化处理,包括标准接口、协议解析、计算处理等,将处理结果纳入数字平台管理,支撑工程建设、完整性管理、生产调运的远程监测和大数据专业分析等应用。研发并推广感知终端设备、数据传输技术,形成泛在感知体系,实现数据全面采集及传输。对采集传输的物联数据实现标准化接入、转换、处理,由国家管网集团数据中心和边缘计算节点分级管理。以精准感知、实时监测能力建设为主线，搭建物联管网。应用"云边端"协同模式，推动物联网上云，实现资产运维实时监测。管道线路物联网方面，建设管体应力应变监测、地质灾害监测、智能阴保、视频监控、光纤振动、光纤应变、光纤测温等物联系统；站场方面，建设工业电视及其智能识别系统、周界安防、管道振动监测、可燃气体检测、管道腐蚀（壁厚）监测、关键设备远程监测等物联系统。有序在人口密集型高后果区、大型河流穿越处、易滑坡地段、易打孔盗油区典型路口建设实施视频监控系统。统一各监测系统的数据通信协议和数据接口协议，统一数据采集类型、频次、传输方式以及预警预报阈值，实现各数据集成应用。

（2）数字平台。遵循全面协同、云化服务、开放生态、智慧运营、敏捷高效、安全可控等六项原则，整合内外部能力，积累数字资产，使能效率提升，构建层次分明、功能清晰、架构统一的国家管网集团数字平台，输出"应用场景化、能力服务化、数据融合化、架构标准化、资源共享化"五大能力。

（3）管道数字孪生体平台。以数据、模型、技术、知识的集成融合为基础，构建与实际管道系统精准映射、同生共长、行为一致、迭代优化的数字模型，实现在管道全生命周期内进行全要素描述、全方位分析、洞察力预测及综合性决策，最终实现管道全业务链的智能化升级和协同运转。以管道数字孪生体的构建和应用为结合点，将全生命周期、全业务链的数据和模型标准化、集成化，形成综合信息流。依托于仿真和 AI 融合形成的计算引擎，引导管网感、传、知、用各层级的智能化由量变到质变提升。依托知识网络，实现管道全业务链的信息共享，形成新型协同运转的业态模式。实际管道全业务链下各应用场景以管道数字孪生体作为核心媒介，依托各个业务之间标准统一的数据和模型，共享知识以实现不同业务间的协同工作，最终实现泛在融合的智慧管网生态圈。

（4）知识库平台。构建智慧管网工程建设、资产完整性、生产运营、安全环保、科技信息等关键业务的知识算法，建立基于知识库的智能决策平台，形成管网"智慧大脑"，在管道综合性预判和一体化管控等典型场景开展应用，为各项需求和功能提供智能决策支撑服务。依托知识图谱等相关技术手段实现知识高效管理、精准检索、智能推荐，结合数字孪生体、全生命周期数据，实现智能分析、智能预测、可视化辅助决策；实现知识共享、复用，知识与生产业务交互反馈，知识与数据共同支撑生产业务需求。

第三节　智慧管网发展蓝图

智慧管网发展思路：全面感知管道线路、站场等关键业务领域动态数据；建立一体化数据传输网络，将采集的数据传输到数字平台；基于数字平台建立数字孪生体和知识库智能化平台；构建安全运维、生产运行、工程建设等关键业务智能化应用；从科技、标准等方面建立智慧管网支撑体系，联合上下游企业、监管机构等打造能源生态。总体发展蓝图如图1-3-1所示。

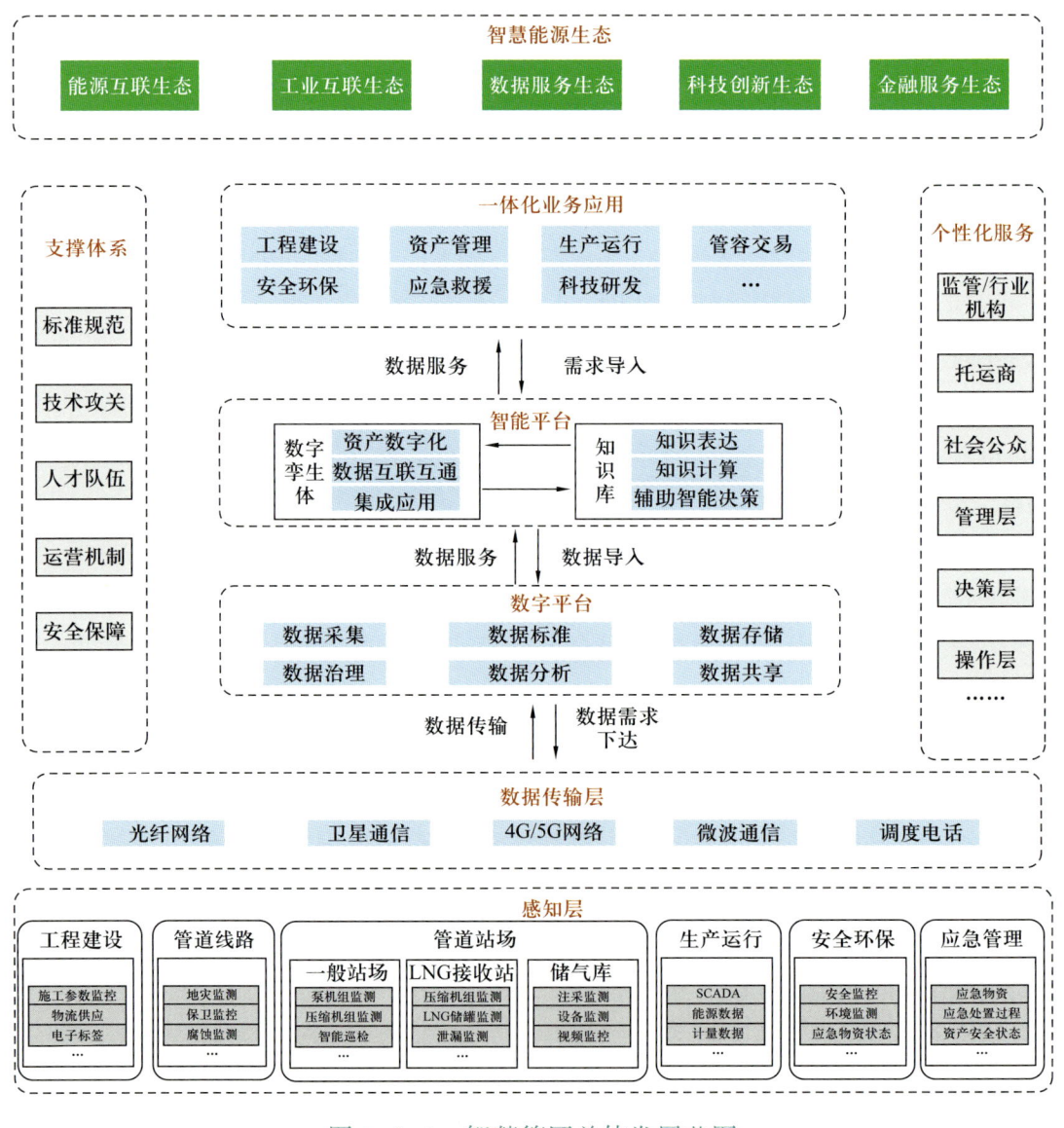

图1-3-1　智慧管网总体发展蓝图

针对不同业务领域的智能化需求，智慧管网建设将立足管道技术发展水平，紧密结合大数据、人工智能等行业技术的进步，依次推进，不断扩展。技术发展方面，依托大数据、人工智能等技术的发展，采用"技术研发、示范应用、技术再提升"的方式，通过部署重大科技专项，攻克泛在感知、数字孪生、知识体系等关键技术。工程实施方面，依据中俄东线的建设经验，推进新建管道智能化建设；遵循"先示范再推广"的思路，逐步实施在役管道智能化提升。通过技术发展和工程实施，形成管道智能化建设运行系列关键技术和标准体系，支撑打造智慧互联大管网。

近期发展目标是攻克制约智慧管网发展的关键技术难题，围绕智慧管网实际应用场景，加快突破油气管网感知、大数据分析、在线仿真、智能调控、数字孪生体、知识图谱等关键前沿技术，解决当前制约智慧管网发展的关键技术问题，打造形成国际先进、安全可控的智慧管网技术，构建智慧管网建设运行标准体系，重点加强智慧管网基础数据标准体系建设。形成智慧管网关键核心技术，开展物联管网、数字平台、数字孪生体、知识库四个关键智能化平台总体架构搭建。初步形成具备自适应优化能力的管网智能调控体系，基本形成综合性预判能力，初步实现智能辅助决策。公司安全运行水平和劳动生产率有效提升。

远期发展目标是基于工业互联网平台，建成油气流、数据流、信息流互联互通的"全国一张网"，形成具备泛在感知、自适应优化能力的管网基础设施；采用数字孪生技术，建成与实体管网精准映射、同生共长的数字管网，实现管网基础设施在物理和虚拟世界的数字信息协同、感知控制协同以及知识智能协同。深入开展数据挖掘，形成系统的知识体系，建成"管网大脑"，各个业务系统之间由数据交互逐步转向知识交互，实现跨部门跨业务的智能辅助综合决策。逐步建立以数据和知识为核心的数字化、智能化和平台化管理体系，使管网安全水平和运行效率取得跨越式发展。

第四节　智慧管网体系架构

智慧管网体系架构采用面向过程和面向对象相结合的方式，突出业务牵引，"技术—数据—标准"一体化，形成具有管网特色的体系架构，如图1-4-1所示。

智慧管网技术体系可概括为"5+15+N"，主要包括五大领域、15个技术方

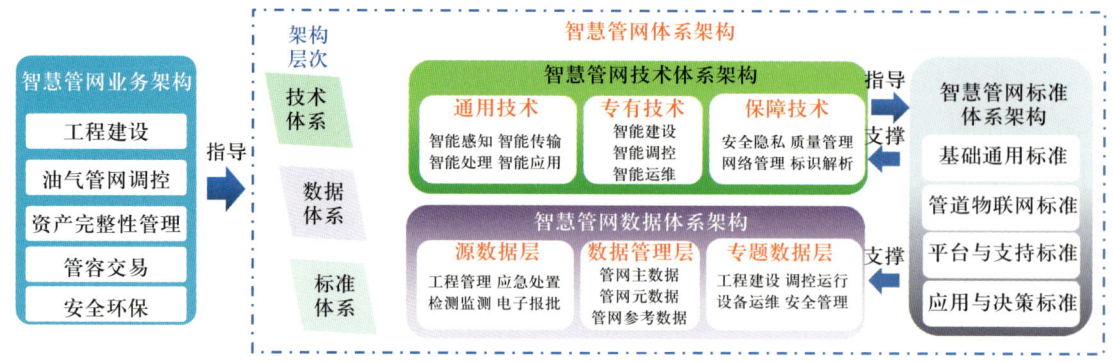

图 1-4-1　智慧管网体系架构示意图

向、N 项智能化核心技术。其中，管道建设、管道运维、生产运行三个领域技术体系主要面向物理实体管道；数据体系和知识体系两个领域主要面向数字虚拟管道；15 个技术方向分别为数字化设计、智慧供应链、施工智能化、智能调控、仿真优化、生产管理、线路智能化、站场智能化、安全与应急智能化、数据治理、大数据应用技术、数字孪生、知识数字化、知识图谱、知识库构建。技术体系架构如图 1-4-2 所示。

智慧管网总体数据架构以"数据中台"为基础，由数据源、数据中台、数据应用三部分组成。数据源包含企业内部业务系统数据、传感数据、互联网数据、第三方数据及协同办公数据；数据中台包含数据采集、存储计算、数据资产及资产运营；数据应用包含效能评价、风险评估、数据分析、智慧调度以及创新业务应用、领导驾驶舱等，共同构建管道安全监测中心。数据中台是智慧管网数据汇聚、共享和应用的服务平台，是构建智慧管网数据生态的核心系统，具备数据采集、数据整合、数据存储、数据计算、数据应用、统一的数据管理、统一的安全监控、统一的开发部署与运维管理等能力，提供大数据平台、数据仓库、实时数据库、数据治理工具、文档型数据库、数据分析建模工具、数据共享服务工具、数据安全工具、数据可视化、商业智能（Business Intelligence，BI）工具平台及工具，遵循平台统一、应用自主的原则为国家管网集团各层级提供数据、应用、工具的共享服务，各类数据分析应用都将基于数据中台进行实现。

基于智慧管网技术体系和业务智能化提升需要，融合新建智能管道和在役管道智能化升级要求，分层次、分步骤构建智慧管网标准体系，逐步制定智慧管网建设和运行所需的基础通用、管道物联网、平台与支持技术、应用与决策管理等领域技术标准。

图1-4-2 智慧管网技术体系架构示意图

第二章 智慧管网理论体系

第一节 信息物理融合系统研究现状

信息物理融合系统（Cyber-Physical Systems，CPS）通过集成先进的感知、计算、通信、控制等信息技术和自动控制技术，构建物理空间与信息空间中人、机、物、环境、信息等要素相互映射、适时交互、高效协同的复杂系统，实现系统内资源配置和运行的按需响应、快速迭代、动态优化。信息物理融合系统定位为支撑两化深度融合的一套综合技术体系，这套综合技术体系包含硬件、软件、网络、工业云等一系列信息通信和自动控制技术，这些技术的有机组合与应用，构建起一个能够将物实体和环境精准映射到信息空间并进行实时反馈的智能系统，作用于生产制造全过程、全产业链、产品全生命周期，重构制造业范式。

美国在 CPS 的研究上起步较早。在 2006 年 2 月发布的《美国竞争力计划》中，信息物理融合系统即被确立为重要研究项目。次年 7 月，美国总统科学技术顾问委员会在《挑战下的领先——竞争世界中的信息技术研发》报告中，把 CPS 列为八大关键信息技术之首，美国的 CPS 研究由此开启。2008 年，美国成立 CPS 指导小组，在其《CPS 执行概要》中将 CPS 应用于能源、交通、医疗、农业、大型建筑设施和国防等领域。美国国家科学基金会连续多年把 CPS 作为科研重点，批准 CPS 相关研究项目 130 余项，投入了大量资助经费。美国的 CPS 研究主要集中在嵌入式与自动化、网络化与信息安全、信息基础设施等方面。如：麻省理工学院设计了基于移动机器人的分布式智能机器人花园，为提高 CPS 节点间的自主交互和高效实时通信建立了基础；宾夕法尼亚大学工程学院研究的汽车导航软件 Groove Net，能够同时支持对真实车辆与虚拟车辆的运行监控，为车辆 CPS 的构建和自治导航的优化搭建了建模及仿真测试平台。在美国，CPS 在智能电网、新型智能生物医疗设备、物流和供应链优化、城市下水道网络、抗灾预警等领域也均有一定的应用。

德国在工业领域较早提出了明确的 CPS 发展战略。CPS 是德国工业 4.0 的核心概念，德国设想按照建立"智能工厂"和"智能生产模式"两大主题，促进未来企业以 CPS 的形式建立全球网络，整合其机器、仓储系统和生产设施；通过集成软件、传感器和通信系统，实现人、设备与产品的实时连通、相互识别和有效交流，从根本上改善从制造、工程、材料使用到供应链和生命周期管理的工业过程。德国工业 4.0 的立意，是以信息物理融合系统为基础打造本国制造业的核心竞争力，从而奠定在世界下一代工业中的领先地位。目前，欧盟在系统构架、系统建模、系统安全、服务质量（Quality of Service，QoS）和应用案例等方面取得了一些探索性研究成果。

CPS 是多领域、跨学科不同技术融合发展的结果。尽管 CPS 已经引起了国内外的广泛关注，但 CPS 发展时间相对较短，不同国家或机构的专家学者对 CPS 理解侧重点也各不相同，具体见表 2-1-1。

表 2-1-1　业内主要机构和专家对 CPS 的认识

机构或学者	观点认识
美国国家科学基金会	CPS 是通过计算核心（嵌入式系统）实现感知、控制、集成的物理、生物和工程系统。在系统中，计算被"深深嵌入"到每一个相互连通的物理组件中，甚至可能嵌入到物料中。CPS 的功能由计算和物理过程交互实现
美国国家标准及技术协会 CPS 公共工作组	CPS 将计算、通信、感知和驱动与物理系统结合，并通过与环境（含人）进行不同程度的交互，以实现有时间要求的功能
德国国家科学与工程院	CPS 是指使用传感器直接获取物理数据和执行器作用物理过程的嵌入式系统、物流、协调与管理过程及在线服务。它们通过数字网络连接，使用来自世界各地的数据和服务，并配备了多模态人机界面。CPS 开放的社会技术系统，使整个主机的新功能、服务远远超出了当前嵌入式系统具有控制行为的能力
Smart Americausi	CPS 是物联网与系统控制相结合的名称。因此，CPS 不仅仅是能够"感知"某物在哪里，还增加了"控制"某物并与其周围物理世界互动的能力
欧盟第七框架计划	CPS 包含计算、通信和控制，它们紧密地与不同物理过程，如机械、电子和化学，融合在一起

续表

机构或学者	观点认识
美国辛辛那提大学 Jay Lee 教授	CPS 以多源数据的建模为基础，以智能连接（Connection）、智能分析（Conversion）、智能网络（Cyber）、智能认知（Cognition）和智能配置与执行（Configuration）的 5C 体系为构架，建立虚拟与实体系统关系性、因果性和风险性的对称管理，持续优化决策系统的可追踪性、预测性、准确性和强韧性（Resilience），实现对实体系统活动的全局协同优化
加利福尼亚大学伯克利分校 Edward A. Lee	CPS 是计算过程和物理过程的集成系统，利用嵌入式计算机和网络对物理过程进行监测和控制，并通过反馈环实现计算和物理过程的相互影响
中国科学院 何积丰院士	CPS 从广义上理解，就是一个在环境感知的基础上，深度融合了计算、通信和控制能力的可控可信可扩展的网络化物理设备系统，它通过计算进程和物理进程相互影响的反馈循环实现深度融合和实时交互来增加或扩展新的功能，以安全、可靠、高效和实时的方式监测或者控制一个物理实体

从 2009 年起，信息物理融合空间开始引起国内关注。在当年举办的多个网络控制技术论坛和计算机大会上，CPS 在工业领域的应用多受重视。国家自然科学基金、"973 计划"和"863 计划"都将其作为支持重点；武汉大学、清华大学、同济大学、西北工业大学等结合物联网和云计算，研究了 CPS 网络互联和自主交互等技术，对 CPS 的普适化网络环境开展了探索性研究，对 CPS 科学基础及其关键技术、战略布局、分领域应用等进行了研讨。

第二节　油气管网能量—信息—物理系统的概念

基于工信部 2017 年《信息物理系统白皮书》中 CPS 的定义，结合油气管网的特点，给出油气管网能量—信息—物理系统（Energy-Cyber-Physical Systems，ECPS）的定义：通过集成先进的感知、计算、通信、控制等信息技术和自动控制技术，构建能量空间、物理空间与信息空间中人、机、物、环境、信息、能耗、能源等要素相互映射、实时交互、高效协同的复杂系统，是将信息系统、物理系统及能量流连接在一起，构成的一种大型的、异构的、分布式实时系统，进而实现系统内资源配置和运行的按需响应、快速迭代、动态优化，为构建基于工业互联网的油气管道快速感知、实时监测、超前预警、联动处置及系统评估等五种新型能力提供理论和技术支撑。具体如图 2-2-1 所示。

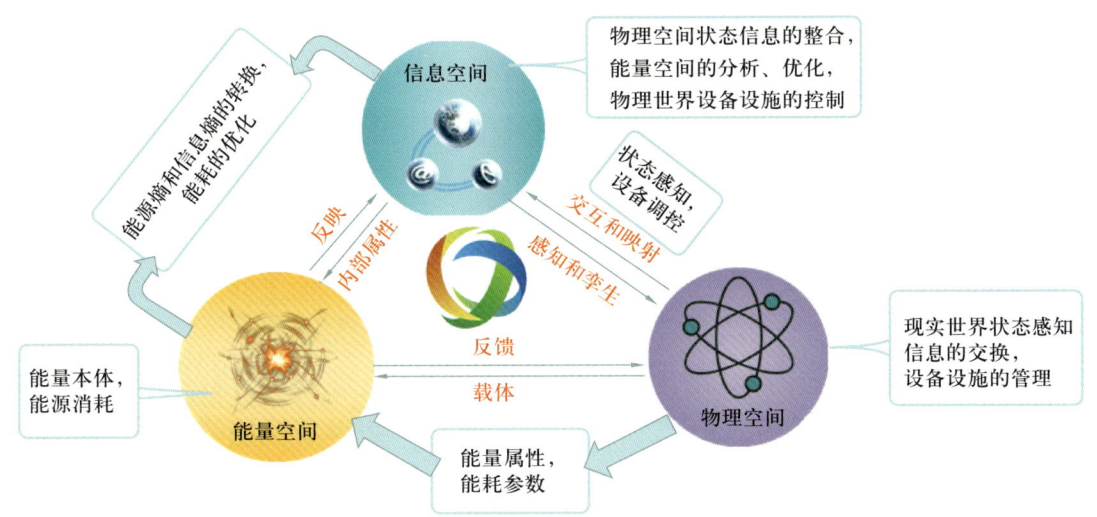

图 2-2-1 油气管网 ECPS 结构示意图

油气管网能量—信息—物理系统以数据为核心要素，以油气管道全业务流程为主线，包含硬件、软件、网络、工业云等一系列信息通信和自动控制技术，这些技术的有机组合与应用，构建起一个能够将物实体和环境精准映射到信息空间并进行实时反馈的智能系统，作用于油气管网生产管理全过程、全链条、全生命周期，建立涵盖油气管道全产业链感知、全要素大数据分析的技术体系，重构油气管网智能化范式。

油气管网是一种典型的复杂大规模的管道网络，油气管网 ECPS 是支撑油气领域信息化和工业化深度融合的一套综合技术。在深度融合的信息系统与物理系统中，驱动数据在其中自动流动，实现对资源的优化配置。在系统的有机运行过程中，通过数据自动流动对物理空间中的物理实体逐渐"赋能"，实现对特定目标资源的优化。

油气储运设施规模大、分布广、风险较高，传统的管理模式亟待升级转型。在以"工业互联网＋安全生产"为核心的数字化转型的过程中，已经拥有大量的感知技术体系，在管网 ECPS 的建设进程中，不仅需要囊括这些完备的感知技术体系，还要建立一套规范，融合多种通信协议，打通彼此之间的数据孤岛。最后形成具有多源性、融合性、可视性、安全性、自治性五个特征的管网 ECPS。

（1）多源性是指整个油气管网的感知信息的来源是多对象、全周期、全方位的，为创新型、智慧化的油气管网系统提供数据支撑。

（2）融合性是指管网的感知方式、感知阶段、感知范围能够高度地融合起来，彼此互通互联，形成一套完整的感知体系。

（3）可视性是指各传感器获取到的信息以及其他非结构化的信息都将以数据或者一种动态的孪生模型展示出来，并且各数据间可见的、不可见的内在联系也将以数据化的形式展现出来。

（4）安全性是指系统可以通过对获取信息的分析，识别异常信息，判断或预测可能发生的故障或事故，及时做出决策。同时也指整个管网的 ECPS 可以有效抵御网络攻击，防止信息系统反过来影响到物理系统。

（5）自治性是指在自优化自配置的过程中，大量现场运行数据及控制参数被固化在系统中，形成知识库、模型库、资源库，使得系统能够不断自我演进与学习提升，提高应对复杂环境变化的能力。

油气管网 ECPS 的本质可以从感知、控制和信息处理三个层面进行分析。在感知层面，管网 ECPS 强调对管道及站场运行数据的实时泛在感知，并支持其他信息系统的设备运行监测诊断、泄漏监测、第三方损坏预警、地质灾害预警等数据分析应用；在控制层面，管网 ECPS 强调多接入边缘计算，将多种接入形式的部分功能、内容和应用一同部署到靠近接入侧的网络边缘，通过靠近用户处理业务，配合内容、应用与网络的协同，提供低时延且安全可靠的服务；在信息处理层面，管网 ECPS 在获取感知信息后，针对物理环境和网络中用户需求的改变，自动调整内部关联与模型，将指令通过人机界面或者执行器和驱动设备传送给物理层各组件，实现物理系统、信息系统、能量系统的高度融合，提高资源配置效率，实现资源优化。具体包含以下四方面的内容。

（1）状态感知。状态感知是对外界状态的数据获取。状态感知通过传感器、物联网等一些数据采集技术，将这些蕴含在管网内部物理实体背后的数据不断地传递到信息空间，使得数据不断"可见"，变为显性数据。比如，当某些传感器监测到油气的运输状态或者站场的一些运行情况时，这些信息会转换为一个个可视化的数据。所以状态感知是对数据的初级采集加工，是管网 ECPS 信息表现形式和载体，是信息获取的原始素材。状态感知是数据自动流动闭环的起点，也是数据自动流动的源动力。

（2）实时分析。实时分析是对管网 ECPS 内外部感知采集数据的进一步理解，是将感知的数据转化成认知的信息的过程，是对原始数据赋予意义的过程，也是发现物理实体状态在时空域和逻辑域的内在因果性或关联性关系的过程。大量的显性数据尽管能够将管网的运行状态可视化出来，但是其并不一定能够直观地体现出物理实体的内在联系。这就需要经过实时分析环节，利用数据挖掘、机器学习、聚类分析等数据处理分析技术对数据进一步分析估计使得数据不断"透明"，将显性化的数据进一步转化为直观理解的信息。此外，在这一过程中，人的介入也能够为分析提供有效的输入。

（3）科学决策。科学决策是对管网内外部物理实体信息的综合处理，是根据积累的经验、对现实的评估和对未来的预测，为了达到明确的目的，在一定的条件约束下，所做的最优决定。在这一环节，管网 ECPS 能够权衡判断当前时刻获取的所有来自不同系统或不同环境下的信息，形成最优决策来对物理空间实体进行控制。分析决策并最终形成最优策略是管网 ECPS 的核心关键环节。管网 ECPS 可以对多源异构的信息进一步融合、分析与判断，使得信息真正地转变成知识，并且不断地迭代优化形成系统运行所需的知识库。

（4）精准执行。精准执行是对决策的精准物理实现。在管网 ECPS 信息空间分析并形成的决策最终将会作用到管网 ECPS 物理空间，而物理空间的实体设备只能以数据的形式接收信息空间的决策。因此，执行的本质是将信息空间产生的决策转换成物理实体可以执行的命令，进行物理层面的实现。输出更为优化的数据，使得物理空间设备运行更加可靠，资源调度更加合理，最终实现系统内资源配置和运行的按需响应、快速迭代、动态优化。

第三节　管网 ECPS 的体系结构

根据《信息物理系统白皮书》对 CPS 的分析，CPS 的实现具有层次性，可分为单元级、系统级、体系级三个层次。单元级是具有不可分割性的信息物理系统最小单元。通过"一硬"（如具备传感、控制功能的机械臂和传动轴承等）和"一软"（如嵌入式软件）就可构成"感知—分析—决策—执行"的数据闭环，具备了可感知、可计算、可交互、可延展、自决策的功能。系统级是"一硬、一软、一网"的有机组合。信息物理系统的多个最小单元（单元级）通过工业网络（如工业现场总线、工业以太网等，简称"一网"），实现更大范围、更宽领域的数据自动流动，就可构成智能生产线、智能车间、智能工厂，实现了多个单元级 CPS 的互联、互通和互操作，进一步提高制造资源优化配置的广度、深度和精度。体系级是多个系统级 CPS 的有机组合，涵盖了"一硬、一软、一网、一平台"四大要素。体系级 CPS 通过大数据平台，实现了跨系统、跨平台的互联、互通和互操作，促成了多源异构数据的集成、交换和共享的闭环自动流动，在全局范围内实现信息全面感知、深度分析、科学决策和精准执行。

基于 CPS 的通用定义，通过分析油气管网业务流程及其设备和智能化技术需求，构建了油气管网 ECPS 体系框架图，如图 2-3-1 所示。

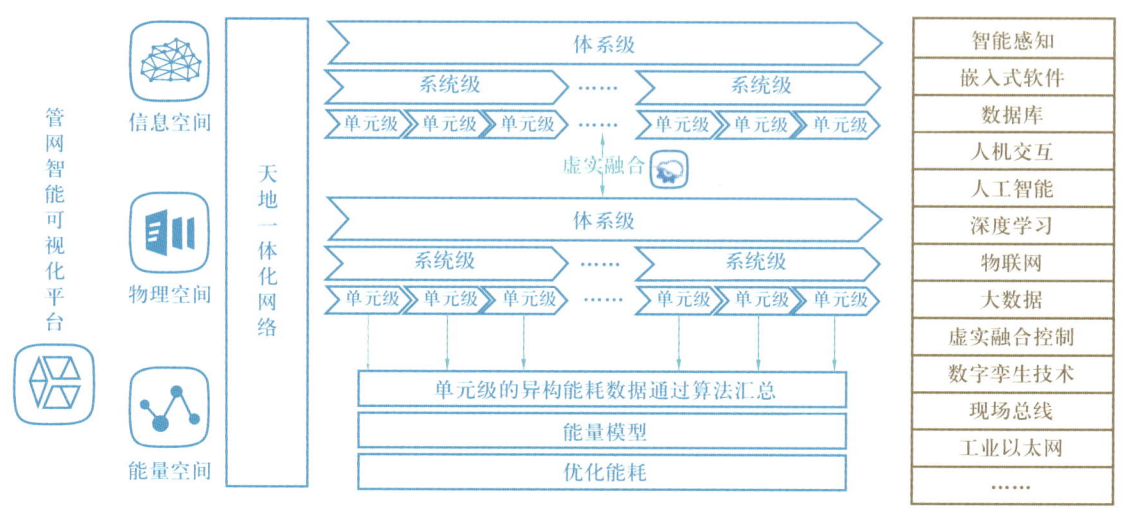

图 2-3-1　油气管网 ECPS 体系框架示意图

管网 ECPS 体系以物理空间、信息空间、能量空间为支撑，基于工业网络、物联网网络、天地一体化网络，实现油气管网管道、管道周边环境、站场、设备设施的实时监控，并参照 CPS，形成单元级、系统级、体系级三个层次的 ECPS。

一、体系级 ECPS

在系统级 ECPS 的基础上，体系级 ECPS 通过云服务、大数据等平台，在管网体系内，实现跨系统、跨平台的互联、互通和互操作，促成了多源异构数据的集成、交换和共享的闭环自动流动，在全局范围内实现信息全面感知、深度分析、科学决策和精准执行。可以说是多个系统级 ECPS 有机地组合成体系级 ECPS，如通过地质灾害监测系统、管道泄漏监测系统、自控运维系统、风险评价系统、地质灾害评价系统、数字管道系统之间的协作，采集地质灾害信息、管道状态信息，通过体系级 ECPS 主要实现数据的汇聚，从而对内实现管网高效运行、灵活控制与逐步优化，体系级 ECPS 架构如图 2-3-2 所示。

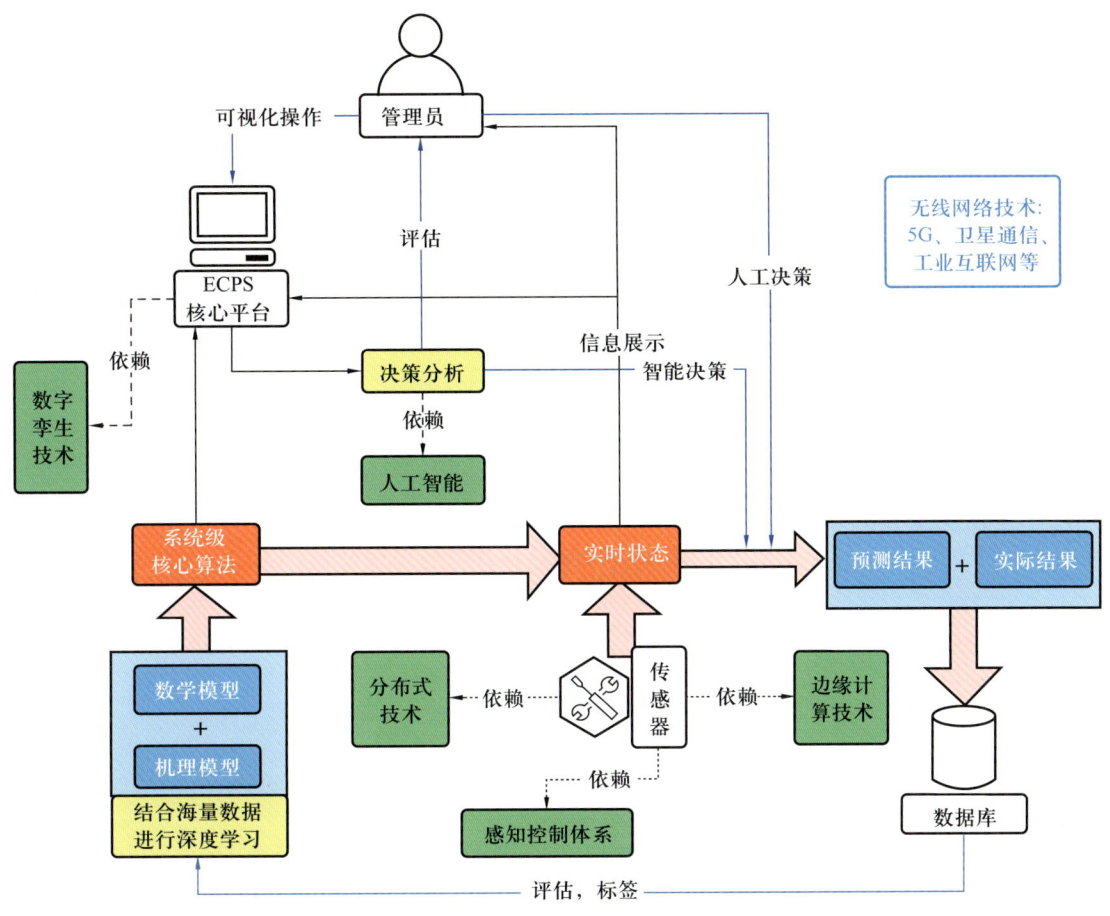

图 2-3-2 体系级 ECPS 架构示意图

二、系统级 ECPS

在管网的生产运行中，单个的人、机、物是不可能完成任何一个业务的，都必须是多个人、机、物共同协调完成。以管道损坏为例，如果一条管道受到了冲击，或者因为其他原因而造成管道的损坏，那么发生事故的管道数据就会被发送到工作人员电脑当中，同时通过各传感器监测到的数据，也能为其提供相应的维修数据。按照数据派遣相对应的维修人员，调整管压，改变短时间内的运输策略。这些活动都是由多个 ECPS 单元共同起作用的结果，这些 ECPS 显然一起形成一个系统。

系统级 ECPS 由数个 ECPS 基本单元组成，信息通过站场的通信总线或者其他工业网络在更广的范围和更大的领域交互传输，实现了多个单元级 ECPS 的互联、互通和互操作。系统级 ECPS 基于多个单元级 ECPS 的状态感知、信息交互、实时分析，实现了局部制造资源的自组织、自配置、自决策、自优化。在单元级 ECPS 功能的基础上，系统级 ECPS 还主要包含互联互通、即插即用、边缘网关、数据互操作、协同控制、监视与诊断等功能，系统级 ECPS 架构如图 2-3-3 所示。

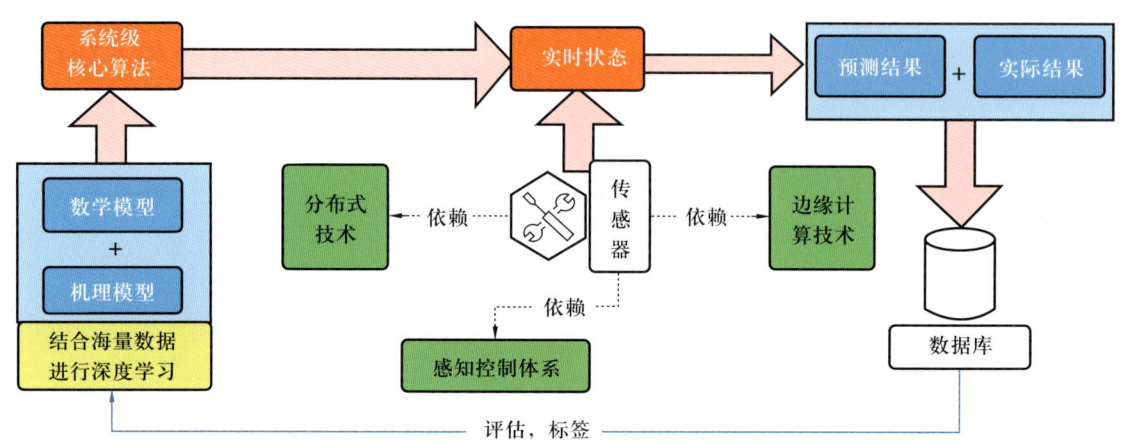

图 2-3-3 系统级 ECPS 架构示意图

三、单元级 ECPS

单元级 ECPS 是具有不可分割性的 ECPS 最小单元，其本质是通过软件对物理实体及环境进行状态感知、计算分析，并最终控制物理实体，构建最基本的数据自动流动的闭环，形成物理世界和信息世界的融合交互。同时，为了与外界进行交互，单元级 ECPS 应具有通信功能。单元级 ECPS 是具备可感知、可计算、可交互、可延展、自决策功能的 ECPS 最小单元，一个与服务器联网的监测设备、一套运用边缘计算的分布式管网设备等都可以作为管网 ECPS 中的一个基本单元。一个 ECPS 基本单元由物理实体和信息层组成，如图 2-3-4 所示。

物理实体主要包括人、机、物等。物理实体通过和传感器、执行器等装置进行操作交互，能够监测、感知内外部的信号、油气储运状态、站场设备情况和自然灾害等，同时经过执行器能够接收控制指令并反过来对物理实体施加控制作用。

能量属性代表了当前单元级 ECPS 在能量空间中的具体表现，是系统级 ECPS 进行资源调配、能耗优化的数据基础。

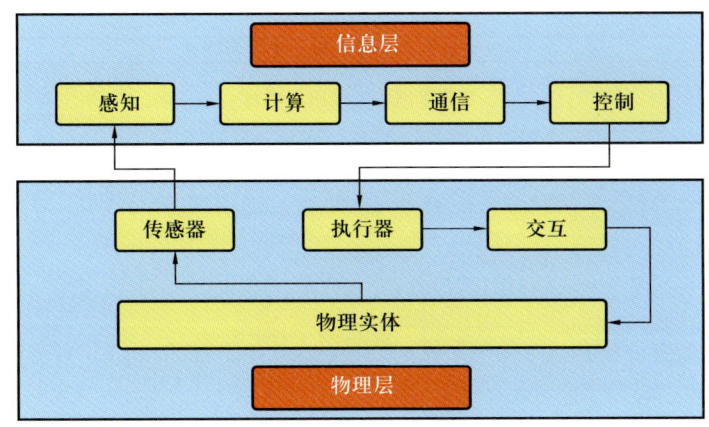

图 2-3-4 单元级 ECPS 架构示意图

信息层主要包括感知、计算、控制和通信等功能，是物理世界中物理装置与信息世界之间交互的接口。物理装置通过信息层实现物理实体的"数字化"，信息世界可以通过信息层对物理实体"以虚控实"。信息层是物理装置对外进行信息交互的桥梁，通过信息层从而使得物理装置与信息世界联系在一起，物理空间和信息空间走向融合。

基于上述分析，最终形成了三层结构的管网 ECPS 体系结构图，如图 2-3-1 所示。

在管网 ECPS 中的数据流、信息流、能量流主要有物理系统的传感、监控数据；信息控制作用下，物理系统产生的相关数据；虚拟人工系统数据、社会计算数据及人工系统的建模、推理和控制。由于其复杂性，所以传统建模很难实现，形成了"建模鸿沟"的客观现象。传统的仿真和控制也无法实现精准的模拟。需要分析其结构特点，采用非线性的理论、方法和技术，实现系统建模。天地一体化网络以互联网、物联网、卫星物联网等技术为支撑，整合工业网络，实现管网 ECPS 体系的通信支撑。

第四节 油气管网 ECPS 模型

在油气管网中，油气管网运输的油和气是能源的一种，在能量空间中表现为能量本体。管网体系运行过程会消耗能量，在能量空间中表现为能量损耗。基于此基本常理，利用能耗分析系统结合油气能源的能量计算形成整个油气管网的能量空间，将其与 CPS 耦合，最终形成 ECPS。油气管网 ECPS 理论模型如图 2-4-1 所示。

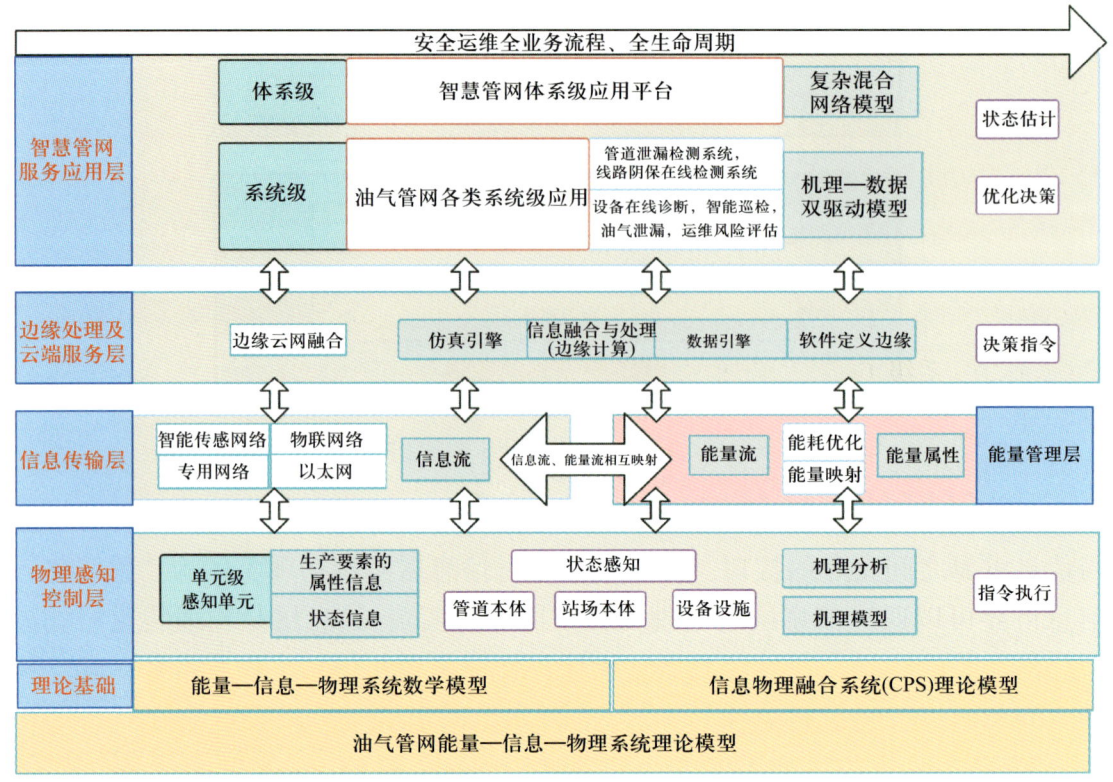

图 2-4-1　油气管网 ECPS 理论模型

该模型以 ECPS 数学定义和信息物理融合系统理论模型为基础理论，为整体的理论模型奠定了理论基础。

该模型采用 ECPS 体系机构分层指导思想，形成了物理感知控制层、信息传输层、能量管理层、边缘处理及云端服务层和智慧管网服务应用层的层次划分，符合 ECPS 结构形式，具有广泛的适用性。

在物理感知控制层主要由单元级微小感知单元构成，用来感知生产要素的属性信息和状态信息，和能量管理层和信息传输层可以相互映射，进行机理分析和建立机理模型，能对整个系统进行指令执行，状态感知不仅可以对管道本体进行感知，还包括站场本体和设备设施。

在信息传输层主要传输 ECPS 的信息流，主要通过智能传感网络、物联网络、专用网络和以太网。能量管理层主要传输 ECPS 的能量流，体现该系统的能量属性。信息流和能量流可以相互映射。信息传输层和能量管理层都可以和边缘处理及云端层进行相互映射。

在边缘处理及云端服务层，主要执行决策指令，采用边缘云网融合技术，融合了仿真引擎、信息融合与处理、数据引擎和软件定义边缘技术，可以和智慧管网服务应用层进行相互映射。

在智慧管网服务应用层由体系级 ECPS 和系统级 ECPS 构成，系统级 ECPS 包括油气管网各类系统及应用，有管道泄漏检测系统和线路阴极保护在线监测系统，能实现设备在线诊断、智能巡检、油气泄漏和生产运行风险评估的功能，这一部分主要由机理—数据双驱动模型构成，实现整个系统的优化决策和状态估计；系统级 ECPS 为智慧管网体系级应用平台，由复杂混合网络模型构成，体系级 ECPS 由系统级 ECPS 构成。

油气管网 ECPS 理论模型以能源互联网为发展目标，以储能系统与能源网络的对接为指导，探索了储能系统并入能源互联网的可能性，为石油天然气类储能系统融入能源互联网提供了理论支持。

第三章 智慧管网技术体系

第一节 智能安全运维技术体系

一、智能安全运维现状分析

(一) 国外管道智能安全运维现状

1. 美国哥伦比亚智能管道

美国哥伦比亚管道集团应用智能管道解决方案（Intelligent Pipeline Solution，IPS）。IPS 于 2014 年面世，是通用电气和埃森哲在 2013 年达成全球战略联盟后推出的首个行业解决方案，旨在帮助管道运营商实现资源的最优化配置，降低意外事件的发生概率。IPS 的核心是基于 GE Predix 的工业互联网平台，是工业互联网平台及其理念首次在全球管道领域的应用。IPS 对多项数据源进行了整合，既包括企业内部的地理信息系统、调控中心、作业管理系统、直呼系统（One-Call System），也涵盖了美国国家海洋和大气管理局、美国地质调查局等外部数据源。此外，IPS 还集成了管道本体属性、风险评估结果、管道内检测结果、计划性评估、高后果区定位、泄漏历史记录、直呼系统标示、应急阀门位置、地质沉降与断层等数据。IPS 用户可以通过分级筛查功能从不同角度查看数据，从而快速定位到所关注的重点区域及问题，评估威胁并采取补救措施。IPS 具有了云基础设施的基本功能，哥伦比亚管道集团在整个企业范围内，对其超过 24000km 的洲际管道实现了近乎实时的监测，包括管道威胁监测、风险管控及情境感知。

2. 加拿大 Enbridge 公司管道智能化

为实现管道的可视化管理，加拿大 Enbridge 公司联合微软和 Finger Food

公司开发了管道数字孪生技术，将管道数据以 3D 形式呈现，用户通过 3D 视图实时检测管道及管道周边区域发生的任何变化，更好地发现管道存在的潜在危险，包括管道缺陷及由地面移动引起的管道应变，并可对管道的虚拟图像进行旋转、放大和扩展，对管道附近的一些重点区域则以热图（Hot Map）形式呈现，热图信息包括区域内地质情况及其随时间变化状况。该技术还可对管道周边的每一个边坡斜度进行全息展示，通过该技术，用户可清晰观测管道随地面运动而发生的移动情况。

3. 意大利 SNAM 管道公司

意大利 SNAM 公司通过 SCADA 系统升级，实现了所辖天然气管网各重要位置实时数据的有效传输与储存，并成立了一个专门团队，将不同专业领域的知识结合在一起，优化参数选择，采用多组动态模型集成的人工神经网络系统，实现了对天然气管网输量的精确预测，其管道智能化升级改造思路对管道行业未来发展方向提供了指引。

（二）国内其他行业智能运维现状

1. 智慧高铁发展现状

近年来，高铁智能化技术的发展在我国取得了巨大进步，已成为高铁行业的关键发展方向，通过将基于建筑信息模型（Building Information Model，BIM）的智能建造标准体系协同设计技术与智能选线应用相结合，初步建成建设与运维一体化的故障预测与健康管理（Prognostics and Health Management，PHM）体系，实现了更高效、更安全、更便捷的运营。在智能建造方面，全面应用雷达遥感技术，完成勘察、设计、施工一体化技术全过程过渡，形成了完善的 BIM 智能建造标准体系。在基础设施智能运维方面，激光雷达、摄像头等传感器与人工智能技术相结合，实现了列车的自动化控制和运行优化，通过视频监控、智能传感器和人工智能算法，实现了对轨道、车辆和设备的实时监测，提高了运行安全性和事故预防能力，随着物联网技术的广泛应用，为高铁设备的监测与维护提供了强大支持，实现了设备的远程监控、故障诊断和预防性维护，提升了列车的运行效率和安全性。在智能综合运输服务方面也得到了极大改善，实现了运行图、席位、票价等铁路服务柔性化、多样化，全面推行综合交通融合的全程畅行，高铁智能安保体系实现立体化。乘客可以通过手机应用程序实时获取列车信息、购票预订等服务，提高了出行的便捷性和舒适度。在智能调度方面，初步建成新一代信息技术与智能运营应用体系，完成大脑平台方面智能高铁顶层设计，形成数据存储与数据管理关键技术体系。通过对大数据分析技术的深入应用，根据运行数据的分析结果，可以实现运行计划的优化、票价制定的精准和设备维护的智能化，进一步提升了高铁运输的效率和服务质量。

智慧高铁实现了数字化设计，构建了高铁物联网，实现了设备的远程监控，初步建成新一代信息技术与智能运营应用体系，完成大脑平台方面智能高铁顶层设计，为智慧管网建设提供了有益参考。

2. 智慧电网发展现状

在智慧电网领域，国家电网在智能化建设过程中提出了"数据一个源，电网一张图，业务一条线"的数据融合与共享理念。为了更好地落实该理念，国家电网将"电网天然一张图"转化为"信息关联一张图"，构建与互联网搜索引擎类似的、可提供快速便捷数据查询访问服务的高效数据关联索引图，为内外部应用提供数据共享服务，实现数据"即时获取"，解决专业壁垒凸显、跨专业流程不贯通、数据共享实时性不强、数据价值未充分挖掘等数据共享共用问题。通过将原来的以应用为核心逐渐转变成以数据为中心，实现数据应用分离、功能扩充容易、数据结构多样、集成成本合理，把数据中台和"电网一张图"的数据引擎融合在一起，形成数据生成层、管理层、应用层相互分离，并进行数据层扩充、管理层扩展、应用层扩大，实现数据和知识的统一表达，支撑低成本定制化应用和开放性应用的开发。引入了互联网技术的精髓——"关联索引图"来构建电力企业"互联网搜索"型数字引擎，从而提升数据使用价值，提升全网分析控制能力。

智慧电网全面建成了电力物联网，统一的数据平台，在此基础上，开展分析模型的构建和应用，开发了电网知识图谱，针对六类主要的电力设备，知识图谱的实体规模约为7万个，实现了电网的实时监测、控制、模拟和预测。通过将信息化与物联网、大数据等技术深度融合，实现了电网数据的全面感知、高效传输、智能处理、优化运行和智能维修管理。

3. 智慧城市发展现状

智慧城市建设在我国受到高度重视，从国家层面发布了一系列相关政策文件，为智慧城市建设提供了明确的发展方向。例如，《数字中国建设整体布局规划》的印发标志着数字中国战略的深入实施，智慧城市作为数字中国的核心载体，得到了政策的大力支持；与此同时，各地政府也积极出台相关规划和行动计划，推动智慧城市项目的落地实施，各地智慧城市试点数量逐步增加，应用细分领域范围也在不断扩大，形成一系列可供参考的行业技术标准规范。

在安全与运维方面，智慧城市融合了5G、物联网、人工智能、大数据等新一代新兴信息技术，以数据为载体动态把握城市需求和发展变化，为城市长期维护治理和可持续发展提供智能化支持，涉及的应用领域广泛，包括城市治理、智慧交通、智慧供水供热、智慧安防、智慧建设等，为城市绿色、和谐、高效发展提供智能化解决方法，实现了管理流程的智能化、网络化和可视化。

城市智能运行体系以城市感知平台为核心，面向各类传感设备和人两类感知主体，通过一套理论框架、一套技术产品和一套运营模式，实现"全域感知、精准掌控、合理布局和稳定有效"四大业务目标。理论框架为技术产品的构建提供理论基础，技术产品是理论框架和运营模式的载体，运营模式确保整个体系的持续运行、长期有效。

通过连接物联网平台、视联网平台、已有的业务系统和政民互通通道，收集并发送信息，数据信息系统通过物联网平台统一接入到智慧城市平台，通过各自相关业务系统，利用政民互通通道，基于灵活配置的方式实现采集信息分析和对设备的管控。首先，运营模式收集各部门的业务需求，统筹规划、集中建设和使用城市智慧平台。其次，所有的感知数据先集中接入到城市互联平台，再向外提供服务接口。各政务部门和企业按需购买智慧服务。最后，建设方使用集中智慧平台开展数据接入、运行管理和系统运维等工作。遇到困难时，可以联合多部门协同处置问题。

目前，智能城市建设以城市感知体系为基础，初步构建了智慧城市平台，在多个城市开展了相关的应用。例如，作为中国电信与华为合作打造的智慧城市典范，厦门5G City通过构建"一网、一云、一平台"的智能信息化基础设施，实现了城市管理的智能化和精细化；腾讯研究院和腾讯云联合打造的长沙城市超级大脑，为长沙市的数字政务、城市治理等领域提供了全面解决方案，提升了城市管理和服务的智能化水平；华为基于"一城一云"理念建设的武汉云，为武汉市的智慧城市建设提供了坚实的云基础设施支撑，推动了城市数字化转型的深入发展。这些应用完善了可持续的商业模式和参与方之间的协作关系，显著提升了城市各参与机构的工作效率，增强了问题处置和协同的能力，并增加了城市的经济收益和就业，确保感知系统持续稳定、长期有效，对国家数字经济的发展，对数字中国战略的落地有着至关重要的作用。

二、发展目标与体系架构

（一）发展目标

以油气管网本质安全提升、降本增效为目标、构建"能量—信息—物质"三场统一的油气管网安全体系，全面采集管道本体、管道上安装的相关设备与附属设施及周边的数据，重点对"双高"地区（高后果区、高风险段）进行监控，为后续的预测预警、智能分析提供数据基础，实现油气管网系统全过程、全要素、全生命周期的运行维护，推行风险预控、关口前移、应急兜底，从而达到系统本质安全、提质增效的目标，最终实现管道的安全、稳定、卓越运营。

（二）管网智能安全运维业务对象要素及流程分析

油气管网运维动力机组（管网压缩机、输油泵机组、储气库压缩机组等）是油气系统的"心脏"，运维风险高、事故影响大。虽然国内外学者在先进感知策略、智能分析算法、智能推理模型以及监测系统等方面做了大量研究，但严苛工况下油气管网安全运维仍存在亟须解决的瓶颈难题。因此，建立油气管网安全运维理论体系和技术体系，首要任务是进行管网安全运维业务对象要素及流程分析，确保理论体系的全面，准确。

油气管网安全运维的主要业务包括以下八个方面。

1. 管道检测

管道是油气运输系统的重要组成部分，管道检测能确保管道运输的正常运行。油气管道较之于其他种类管道具有管网密集、设备众多等特点，因此其管理水平要求高、检测难度大，具体检测包括以下内容：

（1）管道防腐层检测；
（2）管道本体壁厚及缺陷检测；
（3）管道焊缝表面及内部检测；
（4）阴极保护检测；
（5）管道应力分析。

2. 管道数字化仿真计算

管网仿真计算系统模拟建立了多级管网系统模型，实现了高压管网系统的稳态和瞬态分析。在建模过程中的管道连通性问题通过系统自检功能，可以快捷、精准地查找到问题所在，逐一修正。通过管网仿真模拟系统，可以对管网规划、改造、增量需求等设计工作进行准确设计，并指导做出相应决策。

3. 管道评估

管道长期埋于地下，随着时间的推移、土壤腐蚀、地面沉降、塌陷等原因将会导致管线的腐蚀或破坏，从而发生管道泄漏、爆炸等事故，造成环境污染。为防止上述情形出现，可以对管道外腐蚀情况进行综合评估，并根据检测结果提出相应整改意见，具体检测及评估项目如下：

（1）管道外防腐层完整性检测及评估；
（2）管道阴极保护系统有效性评价；
（3）杂散电流干扰调查及排流方案设计；
（4）腐蚀环境调查；
（5）管体腐蚀评价。

4. 储罐检测及评价

储罐既是管道输送系统的起点，也是管道输送系统的终点。采用国际上先进的漏磁检测技术和最先进的三维扫描检测仪器对储罐进行检测。通过检测可以直观、准确地记录下储罐上的每一处腐蚀缺陷，根据缺陷的位置采取针对性的修补措施，防止储罐出现穿孔、泄漏现象，并且对储罐当前的运行状况做出准确的报告，为储罐大修提供科学的依据。

5. 管道阴极保护设计及施工

阴极保护是管道安全运行的重要保障手段，也是长输管道系统不可或缺的组成部分。对各种复杂工况运行条件的管道进行阴极保护设计以及施工，可以确保管道的安全运行。

6. 管道泄漏检测

输送管道泄漏不但造成资源浪费，更重要的是泄漏介质对环境的污染，进而引起重大安全事故。引进国际先进的泄漏检测技术，能够精确地定位管道泄漏点位置，为管道维修及安全运行提供快速、准确的技术支持。

7. 智能化数据采集及系统建立

智能化数据采集及系统建立：针对管网场景，建立以智能传感器为端侧采集，以物联网为数据传输，以智能平台为数据存储分析的智能化数据采集及系统。

8. 高后果区识别

高后果区识别是管道完整性管理的关键环节，也是预防和防范管道安全事故的重要手段。通过开展高后果区识别，可以辨识管道安全风险，明确管理重心，合理配置资源，并制定有针对性的风险减缓措施，为实现管道安全管理模式从"被动应对"转向"事前预防"夯实基础。

（三）管网智能安全运维体系架构

油气管网智能安全运维理论体系赋能油气管网安全运维业务过程，为油气管网全方位感知、综合性预判、一体化管控、自适应优化提供了理论基础，为提升安全运维过程的数据处理与分析、系统优化、管网运营风险评估提供了理论保障。油气管网安全运维理论体系以能量—信息—物理系统为核心，以运维对象为基础，聚焦管网运维业务流程，构建油气管网安全运维理论体系，实现赛博空间与物理空间、能量空间之间基于数据自动流动的提拉支撑体系，为实现安全运维过程资源配置、动态优化提供理论支撑。

在智慧管网安全运维发展目标的指引下，以服务基于工业互联网的油气管网安全体系为目标，依托能量—信息—物理的油气管网安全运维理论模型，结合油气管网"业务—功能—实施"体系建设对于理论的需求，基于业务维度、智慧维度、能力维度构建油气管网安全运维"1-2-3-5-7"理论体系，并明确各维度具体内容，如图3-1-1所示。

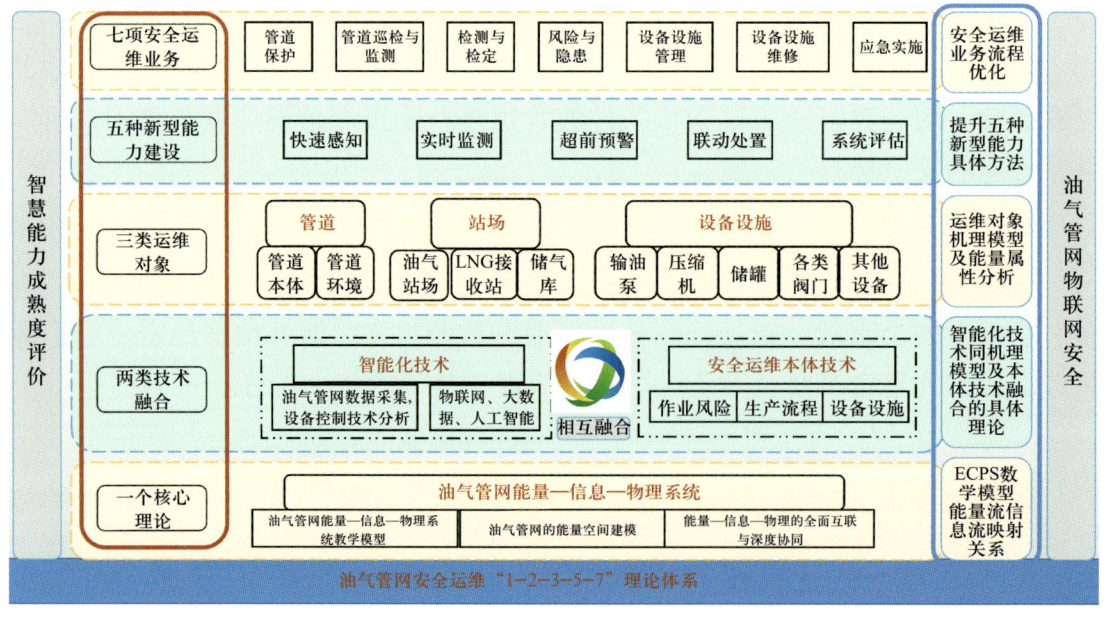

图 3-1-1 油气管网安全运维"1-2-3-5-7"理论体系示意图

油气管网安全运维"1-2-3-5-7"理论体系是由一个核心理论、两类技术融合、三类运维对象、五种新型能力建设、七项安全运维业务所构建的安全运维理论体系。

三、技术路线

能源互联网中存在诸多的非线性随机现象和多尺度动态特征，通过对这些复杂现象和特征深入研究，可以揭示能源互联网在不同运行条件下的行为模式和变化规律，为预测和预防潜在的运行问题提供科学依据，以及为能源互联网的优化设计提供新的思路和方法，通过改善网络结构和优化控制策略，能够提高能源利用效率和系统稳定性。

（一）感知层技术构建

智慧管网安全运维系统的感知层是智慧管网系统建设的重要一环。通过合理布局传感器和物联网网关、实现高精度数据采集和稳定可靠的数据传输，可以实现对管网运行状态的全面感知和实时监测，对提高管网运行的安全性和可靠性、降低维护成本和难度具有重要意义。感知层通过气体探测器（如可燃气体监测仪）、压力监测仪、流量监测仪、振动监测仪、温度传感器等各类传感器实时采集管网运行中的各项参数和状态信息，包括气体浓度、压力、流量、振动、温度等，为后续分析、处理和决策提供基础。感知体系建设包括以传感器为核心的感知和以人和移动设备为核心的感知两个方面，如图3-1-2和图3-1-3所示。

感知层的构建包括以下原则。

全面覆盖：感知层的构建需要确保对管网运行状态的全面覆盖，包括各个关键节点和区域。通过合理布局传感器和物联网网关，实现对管网运行状态的全方位监测。

高精度采集：传感器需要具备高精度采集能力，能够准确反映管网运行中的各项参数和状态信息。同时，物联网网关也需要具备高效的数据处理能力，确保数据的准确性和实时性。

稳定可靠：感知层设备需要具备良好的稳定性和可靠性，能够在恶劣环境下长期稳定运行。同时，还需要具备故障自诊断和自动恢复能力，降低维护成本和难度。

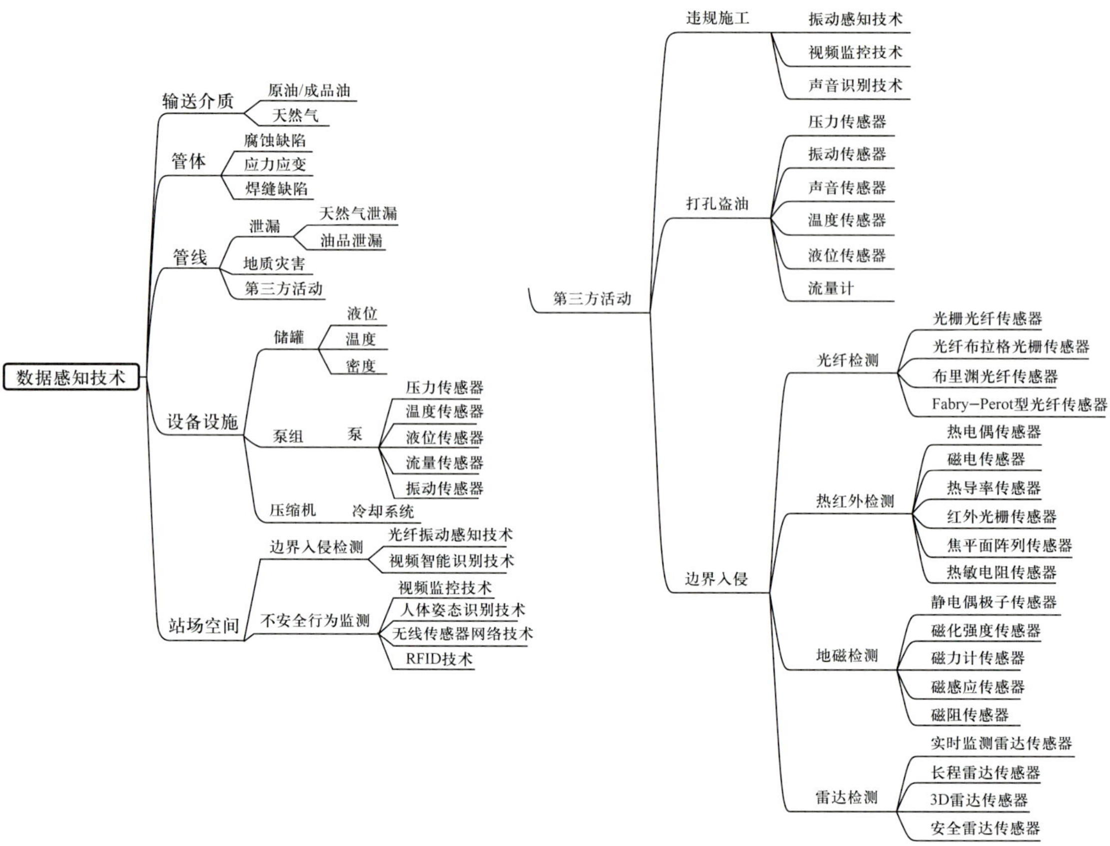

图 3-1-2 以传感器为核心的感知组成示意图

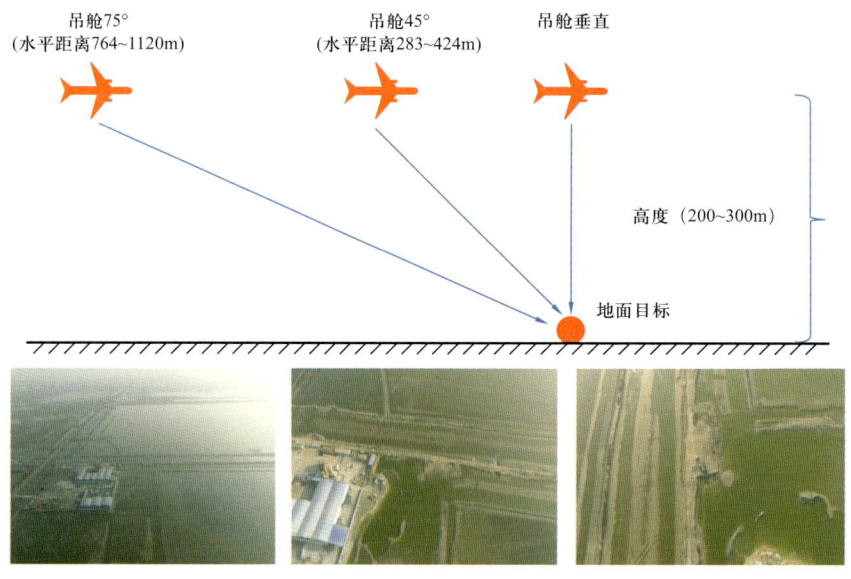

图 3-1-3 以人和移动设备为核心的感知示意图

易于扩展：随着管网规模的扩大和技术的不断发展，感知层需要具备良好的可扩展性。通过模块化设计和标准化接口，可以方便地增加新的传感器和物联网网关，满足未来管网运行管理的需求。

感知对象主要是为了明确管网需要感知的主体，从业务流程层面，油气输送涉及油气介质、管道本体、管线环境、场站环境、设备设施等感知对象。

介质：包括原油、成品油、天然气三类感知对象。

管体：主要包括腐蚀缺陷、应力应变、焊缝缺陷等感知对象。

管线：主要包括介质泄漏、地质灾害、第三方活动等感知对象。

场站空间：主要包括边界入侵、人员不安全行为、气体泄漏、油品泄漏等感知对象。

设备设施：主要包括泵组、压缩机、储罐等设备的状态参数的感知。

（二）传输层技术构建

在传输网络层，通过搭建定制化场景多源异构网络架构，如图3-1-4所示，从网络整体架构、组网方式及设备功能、网络融合管理、网络功能块四个方面，完成管网定制化网络架构方案设计，明确了网络系统的统一构建思路。

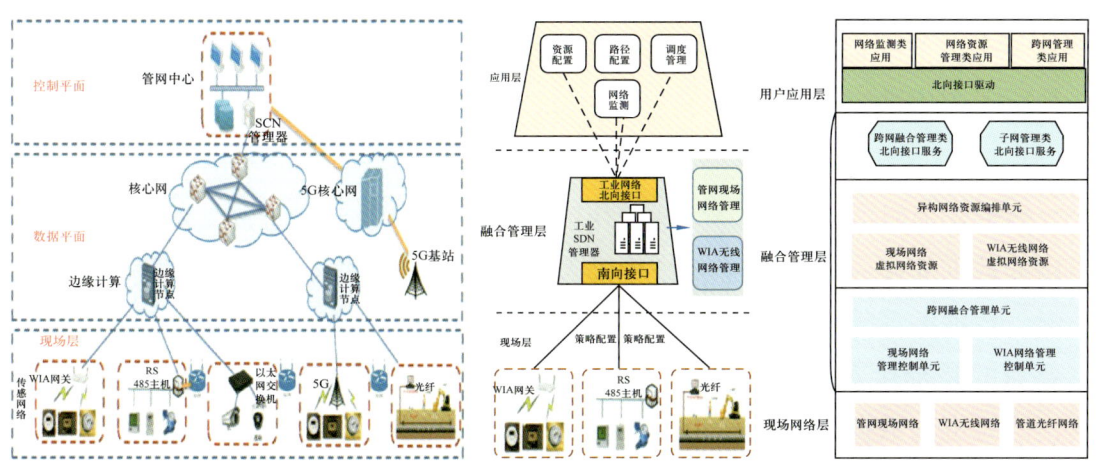

图3-1-4　定制化网络架构方案示意图

数据传输是将从数据感知中获取的数据传送到后续的处理和分析系统的过程。数据传输可以通过有线或无线方式进行，包括局域网、广域网、无线传感网、云平台等。在数据传输过程中，需要考虑数据传输的速度、稳定性和安全性，合理选择传输方式和协议。

（三）认知层技术构建

在认知层，形成多源数据融合管网认知模型"一张图"总体架构（图3-1-5）：针对管网全业务场景，进行数据需求、模型需求等分析，形成多源数据融合管网认知模型"一张图"。

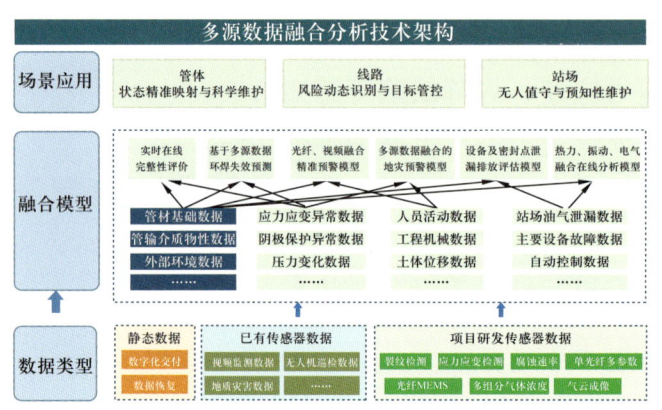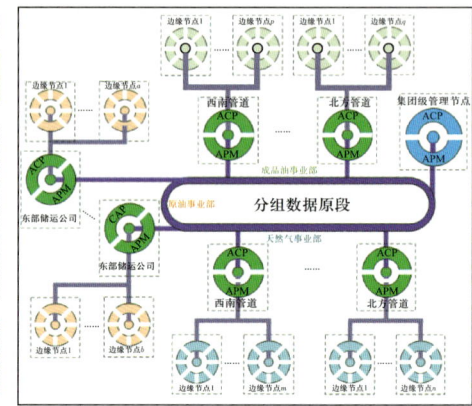

图3-1-5　管网认知模型"一张图"总体架构示意图

智能认知是对收集到的数据进行处理、挖掘和分析的过程，分析的方法可以包括统计分析、机器学习、深度学习等方法，以提取数据中的模式、趋势、异常等有价值的信息。通过数据分析，可以得出对业务和决策有意义的结论，并为后续的场景应用提供支持。

1. 数据字典

数据字典是一个集中的、结构化的文档或数据库，用于定义和描述系统中使用的数据元素。它包含了系统中涉及的数据项、数据属性、数据类型、数据长度、数据关系等详细信息，为数据库设计提供了一致的数据定义和描述。其主要目的是提供对数据的清晰和一致的定义，帮助用户更好地理解和使用数据，同时也为数据库开发和维护提供了标准化的参考。数据字典记录了数据的结构、格式、含义、约束等信息，使数据更具可理解性和可操作性。

2. 数据筛选

数据筛选是数据处理过程中的一项关键任务，其根据特定的条件和标准来选择数据集合中的数据记录。数据筛选的目的是提取出符合我们所需的特点或条件的数据子集，以便于后续的分析和运算。通过筛选，可以快速、高效地从大量的数据中捕捉到所关注的数据，有效减少冗余和无关数据对后续数据分析造成的干扰。

1）数据清洗

数据筛选是数据清洗的重要步骤之一。在数据清洗过程中，需要识别和处理数据中的异常值、缺失值、重复值等问题，通过筛选出满足条件的数据记录，可以方便我们对数据进行清洗和修复。

2）数据分析和统计

在数据分析和统计过程中，常常需要从大量的数据中筛选出满足特定条件的数据子集，以进行进一步分析、建模或可视化等操作。通过合适的数据筛选方法，可以提取出与分析目的相关的数据，从而获得准确和有用的分析结果。

3）数据挖掘

数据挖掘是从大量的数据中发现潜在模式和关联的过程。在数据挖掘中，经常需要对数据进行筛选，以便于发现和提取潜在的有意义的数据子集，从而进行模式识别、聚类、分类等任务。

4）可视化和报表生成

在数据可视化和报表生成过程中，需要根据特定条件和需求对数据进行筛选，以选择出最具有代表性或最感兴趣的数据子集。通过筛选出关键数据，可以帮助生成清晰、简洁和易于理解的可视化图表或报告。

3. 数据存储

数据存储是指将数据保存在某种介质（如硬盘、数据库、云存储等）中以便长期保存和随时访问的过程。在信息时代，数据存储是数据管理的重要环节，其涉及数据的结构、组织、安全性和可扩展性等多个方面。数据存储的目的是方便数据的保留、管理、共享和检索。通过数据存储，可以有效地存储和组织大量的数据，使其能够随时被访问和利用。

数据存储介质是指用于存储数据的物理介质或技术，常见的数据存储介质有磁盘存储、固态存储、光盘存储、磁带存储、云存储等。

4. 智能算法分析

针对油气管道安全运维领域的具体应用场景、可用数据和问题需求，数据分析算法通常结合物联网、大数据、云计算、人工智能等先进技术，实现对油气管道运行状态的实时监控、数据分析和风险评估，从而确保管道的安全稳定运行。

1）智能检测与识别算法

人工智能识别算法能够精准识别油气管道运行中的各种异常情况，包括管道泄漏、外力破坏、地质灾害等。这些算法通过深度学习、机器学习等技术，对采集到的数据进行处理和分析，从而实现对潜在风险的提前预警。

图像识别算法：利用高清摄像头和图像识别算法，监测管道沿线的异常情况，如人工、机械挖掘施工等。

声音识别：通过声音传感器和声音识别算法，检测管道泄漏等声音异常，实现对微小泄漏的精准识别。

异常检测：运用机器学习算法，如孤立森林、局部异常因子（Local Outlier Factor，LOF）等，对预处理后的数据进行异常检测，识别出与正常模式不符的数据点，作为潜在风险的预警信号。

2）数据分析与预测算法

（1）数据分析。

统计分析：对管道运行数据进行统计分析，计算平均值、标准差、趋势线等统计指标，了解管道运行的基本规律。

聚类分析：将管道运行数据按照相似度进行分组，发现数据中的异常模式和趋势，为故障诊断提供依据。

关联规则挖掘：分析管道运行数据之间的关联关系，发现数据之间的因果关系和相关性，为优化运维策略提供支持。

（2）预测算法。

时间序列预测：利用时间序列数据（如管道压力、流量等）进行预测分析，预测管道未来的运行状态和潜在风险。

机器学习预测：构建机器学习模型（如随机森林、梯度提升树等），对管道运行数据进行训练和学习，预测管道故障的发生概率和时间。

3）风险评估与决策支持算法

（1）风险评估。

模糊综合评价：结合专家经验和历史数据，构建模糊综合评价模型，对管道运行风险进行定量评估。

贝叶斯网络：利用贝叶斯网络进行风险传播分析，计算各风险因素对管道整体安全的影响程度。

（2）决策支持。

优化算法：运用遗传算法、粒子群优化等优化算法，对运维策略进行优化，降低运维成本和提高运维效率。

智能调度：根据风险评估结果和运维策略优化结果，实现运维任务的智能调度和资源配置。

4）边缘计算与云计算结合

在油气管道智慧安全生产运维中，边缘计算与云计算的结合能够显著提高数据处理的效率和实时性。边缘计算设备能够在数据源头进行初步处理和分析，减少数据传输的延迟和带宽需求；而云计算则能够提供强大的计算能力和存储资源，支持更复杂的数据分析和挖掘任务。通过边云协同，实现对油气管道运行状态的实时监控、快速响应和智能决策。

（四）应用层技术构建

应用层是将数据分析的结果应用于实际业务、决策和智能系统中的过程。数据应用可以包括基于数据的决策支持系统、智能预测、自动化控制等应用场景。通过数据应用，实现智能化的决策和优化，提高效率、安全性和可靠性。安全运维应用技术是油气管网安全运维理论体系构建的核心要素，也是油气管网安全运维理论体系的服务对象，包含七大安全运维业务应用，如图3-1-6所示。

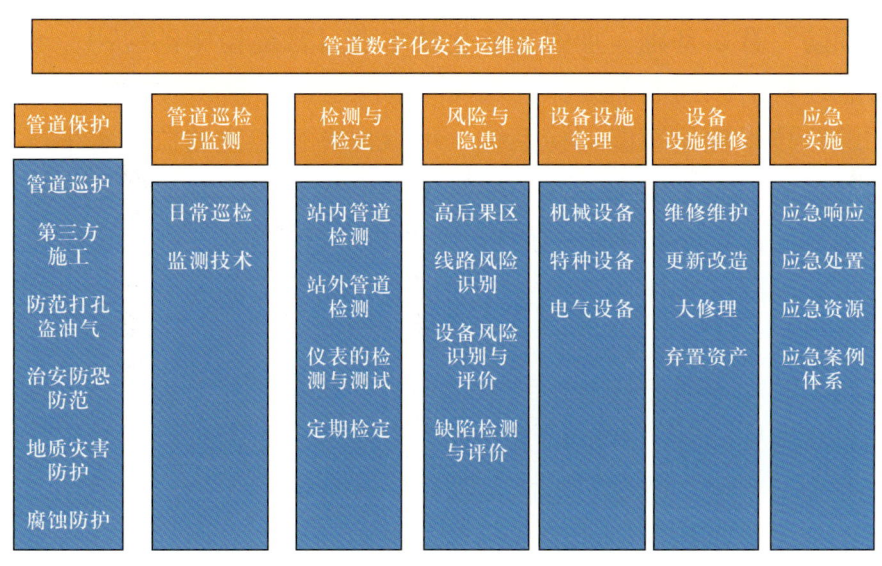

图 3-1-6 管网智能安全运维业务应用

1. 管道保护运维业务

管道是油气运输系统的重要组成部分，管道保护能确保油气输送的正常。

油气管道较之于其他种类管道具有管网密集、设备众多等特点，因此其管理水平要求高，检测难度大。

管道巡护、第三方施工监测、防范打孔盗油、地质灾害防护、腐蚀防护的理论提升也将为管道维修及安全运行提供快速、准确的技术支持。

管道巡护：通常是指管道企业安排或委托专门人员定期对管道设施进行巡查、保护，并按规定对管道本身状况和管道附近影响或可能影响管道安全的人为活动及自然因素，及时发现、制止、纠正、记录、报告处理的全过程。

地质灾害防护：对管道工程建设、输送系统安全和运维环境造成危害的地质作用或与地质灾害有关的灾害造成的影响进行防护。

阴极保护检测系统：石油、天然气长输管道多采用防腐涂层和阴极保护技术来防止防腐层的老化，通过恒电位仪或牺牲阳极的方式向管道施加负电位，使管道对地构成阴极，形成防护、减缓腐蚀。阴极保护测试桩是油气管道阴极保护在线监测系统中必不可少的装置，主要用于阴极保护效果和运行参数的检测。

2. 管道巡检与监测运维业务

管道巡检是预防和防范管道安全事故的重要手段，强化监测技术的理论研究，优化日常巡检流程和内容，将为实现管道安全管理模式从"被动应对"转向"事前预防"夯实基础。加强智能化技术在日常巡检中的应用，通过理论研究提升智慧巡检的识别准确度，有效提高管网巡检质量和效率。

利用综合技术构建智能巡检系统，可以提高智能化的监控水平。在进行系统建设的过程中，需要根据油气长输管道的巡检要求，对系统功能进行持续的优化和完善，还需要对技术的应用形式进行正确的选择。在保证监控质量的基础上，尽可能地降低整体建设成本，为油气传输管道的安全运行提供有效的技术支撑。

巡检与监测功能属于智能系统中"感知"功能的突出表现，具体包括环境感知、设备状态感知等，多应用于管道安全运维工作内容中，使用如摄像头等设备实现安全运维的"感知"功能，随着一些智能设备的成熟使用，具备更多感知、操作及人机协作功能的设备将会是未来的发展方向。在进行系统建设的过程中，需要根据油气长输管道的巡检要求，对系统功能进行持续地优化和完善，还需要对技术的应用形式进行正确地选择。在保证监控质量的基础上，尽可能地降低整体建设成本，为油气传输管道的安全运行提供有效的技术支撑。

3. 检测与检定运维业务

保证计量准确性与一致性是当前管道检测、仪表检测与测试的关注重点。在尽量减少校准的前提下，如何降低传感器测量偏离程度是检测与检定业务提升的难点。

物联网精确感知理论研究是研制高精度标准器的关键基础。保证管网物理系统庞大的传感器准确性整体保持在一个合理区间是理论研究的重要方向。

管道内检测是指利用管输介质驱动检测器在管道内运行，实时检测和记录管道的变形、腐蚀等损伤情况，并准确定位的作业。油气管道大多埋地敷设，通过管道内检测可事先发现各种缺陷和损伤，了解各管段的危险程度，可预防和有效减少事故并节约管道维修资金，是保证管道安全的重要措施。

仪表的检测与测试：针对管道泄漏问题，如果管道在运行的过程中出现了泄漏，那么就可能会对自动化仪表的工作状态造成影响，譬如较为常见的倒灌和关闭阀门，都会在一定程度上影响自动化仪表的工作，如果产生的负面影响比较大，甚至还会触发一系列的报警信号。自动化仪表虽然有着比较高的精确度、比较快的反应速度，但是如果在管道运输的过程中出现了少量的泄漏问题或者慢性泄漏，那么就很难发挥自动化仪表的积极作用，所以说需要同具体的检测方法结合起来。

4. 风险与隐患运维业务

高后果区识别、线路风险识别、设备风险识别与评价、缺陷检测与评价是管道完整性管理的关键环节，是预防和防范管道安全事故的重要手段。

基于机器学习方法理论研究，可以有效提高高后果区、线路风险、设备风险中威胁源识别准确率。

高后果区识别：如果管道发生泄漏会严重危及公众安全或对环境造成较大的破坏，高后果区识别时主要考虑管道泄漏后对周边人员的伤害和对环境的不利影响，基于识别准则，采用定性的方法进行分析。

管道风险评价：考虑泄漏后果时，还需要考虑泄漏后的管道停输影响和财产损失，并一般采用半定量的方法或定量的方法进行分析，所以考虑得更全面、更有深度，也复杂很多。为了识别油气管道存在的风险，更好地进行风险管控，提出了许多解决方案，如人工定期巡检、无人机巡检等，一些地方采用建立检测点的方案，即沿油气管道每隔一段距离设置一个检测点，通过检测点来检测管道内的压力、流速等，再将这些检测数据以有线或无线的方式发送至监控总站，监控总站根据检测点的数据判断油气管道是否存在风险。

5. 设备设施管理运维业务

随着信息化的不断发展，油气管网运维的设备设施类型和数量也随之增加。快速大量增加的设备设施造成设备管理的复杂度增加。通过加强机械设备、特种设备、电气设备管理流程优化，建立完备的设备资产台账，实现设备综合台账、设备运行数据采集、设备故障报警管理、设备维修保养记录管理、备品备件管理等，可以有效提高管网运维的工作效率，有效管理设备维修成本，防止巨大的成本亏损，并可以为设备维修维护及预测性维护提供基础支撑。

积极应用机械设施：机械设施的应用是管理过程最关键的一环，能够有效削减设备应用成本。实践表明，采取成本管理是最有效的举措。控制机械设施应从静态管理变成动态管理。采取动态化管理产品故障，若在应用设备与养护设备过程中，发现设备产生的异常或是不正常振动，应立刻召集维修者进行修理，项目结束后才可以统计成本。在设备应用时加强维修管理，能有效管理设备维修成本，防止巨大的成本亏损。

电气设备管理：电气设备的安全运行是至关重要的，并且对场站而言，这也是促进其发展的根本因素。工作人员要加强对场站电气设备管理的力度，对其中的维护和检查工作进一步完善。与此同时，更需要工作人员对电气设备中的运行因素进一步明确，才能有针对性地采取处理措施，为输油长输管道场站电气设备的安全运行打下坚实基础，为社会的经济发展做出贡献。

6. 设备设施维修运维业务

在复杂载荷和复杂环境的共同作用下，服役油气管道设备设施会逐渐产生腐蚀、疲劳、断裂、磨损等各种模式或多模式共存的失效事故，从而造成严重的经济损失和不良社会影响。

油气管网设备设施如压缩机、输油泵机组、储气库压缩机组是油气管网安全运行的关键，相应设备的维修维护、更新改造的过程管理及成本控制也是油气管网运维的重要内容。

加强设备故障报警管理、设备维修计划排定、维修保养流程管理，基于设备基本参数、维修保养历史记录，以及理论的提升，可以建立油气管网设备设施典型故障模式谱图库，完善设备设施故障知识库、规则库，不断更新油气管网系统设备设施在线自适应精确诊断。

当设备出现故障后，须经检测设备进行检测，如无检测设备，可通过传统的故障判断方法和手段，结合设备的结构和工作原理，确定可能发生故障的部位。在柴油发电机、各类空气压缩机、输油泵、燃料油泵的修理中，对活塞与缸套配合间隙、主从动齿轮啮合间隙、轴承轴向和径向间隙等都有相应的规范要求，在维修时进行测量，对不符合间隙要求的零部件要进行调整或更换。有些零部件外部特征不明显，若不了解其结构及安装注意事项，在实际工作中易装反。在装配零部件时掌握零部件的结构及安装方向，按其相应的规范要求进行装配。

总而言之，管道输油设备维修是一项系统性、细致性、重要性的工作，我们务必充分认识到管道输油设备维修的重要现实意义。在对其进行维修时，注重细节，严格遵守相关的操作规范，注意输油管道设备维修的时效性，不断提高输油管道设备维修水平。

7. 应急实施运维业务

由于自身工艺特点，油气管网行业具有较高的危险性，有可能会面临突发性紧急事故。为了保护人员，使财产损失、环境破坏减小到最低程度并有利于生产恢复，事故发生前的应急准备工作、发生期间和发生后立即采取的应急响应行动具有十分重要的意义。应急响应、应急处置、应急资源、应急案例体系是应急实施过程中风险控制、确保职业健康安全管理的重要因素。

应急管理针对突发事故，从预防与应急准备、监测与预警、应急处置与救援到事后恢复与重建等方面进行全方位、全过程的管理，强调的是综合化。而油气管道由于面对的突发事故种类多、情况多变、时间紧迫，可能造成的后果无法估量，为了避免事态升级，以及人员伤亡、设备设施损坏、周围生态环境破坏、生产中断等不同程度的不良后果发生，从油气管道公司的立场出发，将突发事故发生作为正常运行和应急状态的界限，将风险监测、风险评估、模拟演练、预案修订等作为正常运行部分，将应急救援、响应等作为应急状态的部分。一旦发生油气管道突发事故，企业结合事故位置、发生强度、可能存在的潜在危险因素等各种采集到的第一信息来判定当前事故所处的危险等级，并及时根据现场情况和可能衍生的危险趋势做出合理的分级预警。因此，预警和应急响应是应急管理体系的核心部分。

第二节 智能调控技术体系

一、智能调控现状分析

国内天然气管道在调控方面主要借鉴国外调控先进经验，经过近年来的发展逐渐掌握了适合本土化需求和发展方向的调控架构，并逐渐实现了 SCADA 系统、调压设备、人工智能等方面的国产化和实际应用。国内天然气管网智能调控案例的体系架构主要分为智能决策层和智能控制层（图 3-2-1）。智能决策层重在"调"，智能控制层重在"控"，二者相互依托，通过数据传递、耦合及回归将两层架构紧密连接并协调控制，提高管网调控的智能化水平。管网运行关键设备管理智能化是指搭建设备管理平台，分析关键设备（压缩机组、调压撬、流量计、分离器等）的性能，实时监控关键设备的运行状态，实现关键设备管理的智能化，为运行和优化及操作提供支持。

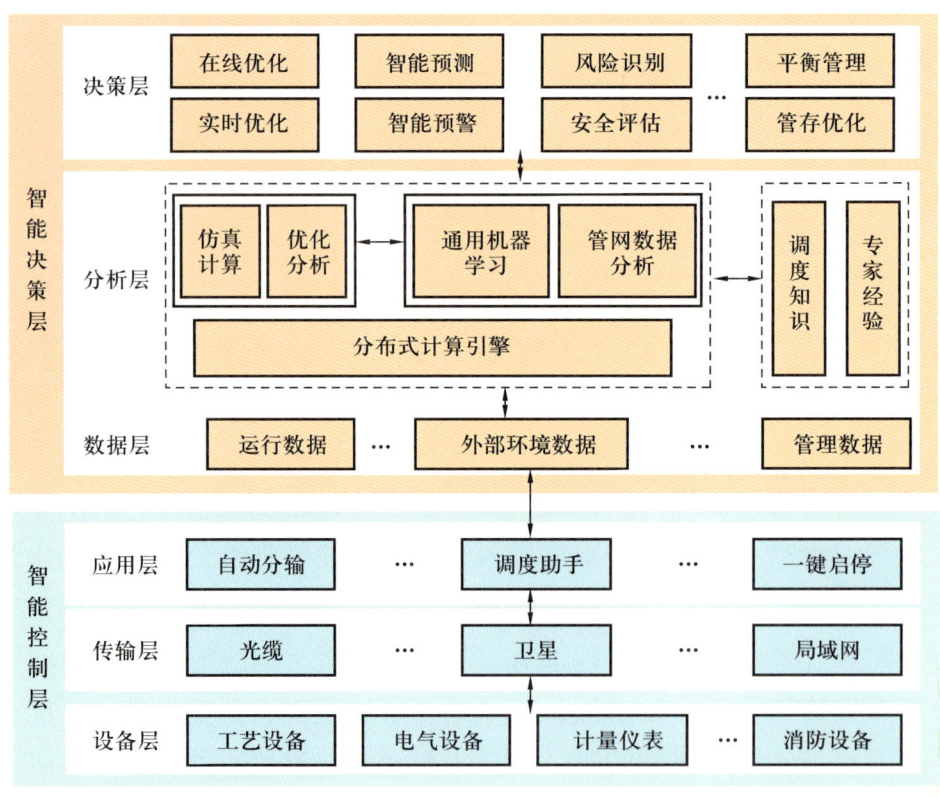

图 3-2-1　天然气管网智能调控体系架构设计示意图

国外天然气行业发展较早，经过长时间的发展已经积累了较为成熟和完整的调控经验，调控流程、设备和框架均很完善。国外天然气智能调控有专业管道咨询系统 Lagosa，该系统在线测量数据保持管道系统的 UniSim 动态模型时刻运行，作为对现实可能发生工况的预测和补充，并每 10min 自动更新一次。该模型的副本被用于预测未来的性能指标，调控中心基于预测结果接受或改变天然气的输送进程，以满足管道调控的需求。指定的天然气流量数据通过碳氢化合物核算系统自动送入 Lagosa 系统。通过基于 MS Share point 的 Web 界面，用户与系统进行交互，并对天然气输送进程进行更改或批准。Lagosa 利用了灵活的生产企业框架，系统中 Web 界面的管路系统如图 3-2-2 所示。国外调控的发展方向主要在于研究开发工业调控软件以及辅助插件，开发调控软件的优势在于开放的程序语言环境与丰富的历史调控经验，可训练多样化的人工智能为调控中心提供辅助决策建议，多样化的辅助插件以提高管线数据处理效率，并且所设计的智能调控系统稳定性强，应用性好，搭配多样化的智能助手可实现多场景下的天然气调控目标。

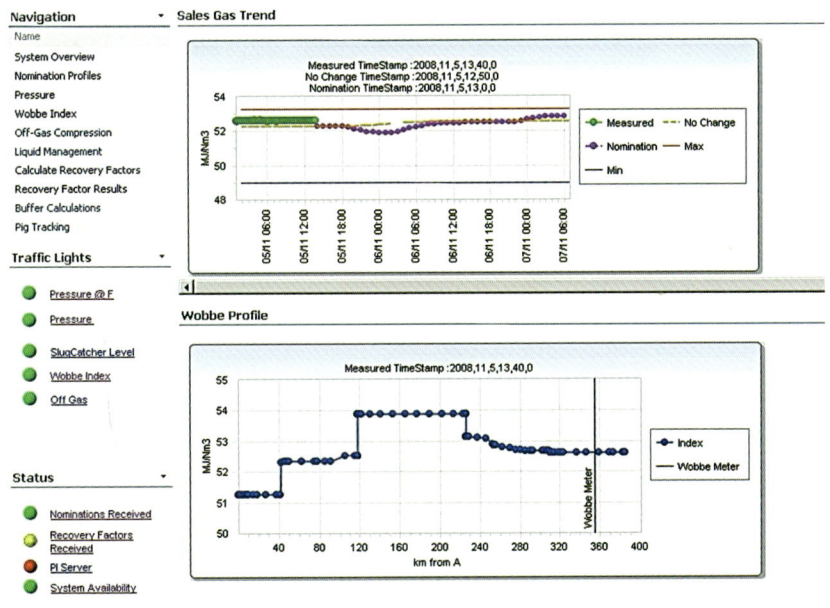

图 3-2-2　Lagosa 系统中 Web 界面的管路系统示意图

国内原油管道智能化建设架构包括建设层次、方法及技术等多方面，在该总体框架下提出原油管道智能化辅助建设的总体架构如图 3-2-3 所示，分为数据感知层、数据传输层、数据存储与标准化层、辅助决策层以及控制层。其中，管道智能化运行是智慧管网系统的核心业务，辅助决策系统则是支撑管道智能化运行的中枢。辅助决策系统集成和协调 SCADA 系统运行实时数据的通信和交互,既是在线仿真、预测、优化、预演、预警与人机混合决策的基础软硬件平台,也是统筹规划、分步实施建设智慧管道赖以依托的基础。从我国原油管道目前的情况和工艺运行状态来看,首先需要进行自动化和数字化完善;同时确定数字体和智能体的应用场景,从线路、站场、管道及管网系统三大层面入手,将管道数字体积木化,确定承插原则、边界及外界数据的融入规则、建设规划等。在此基础上,确定智能调控构架和统一数据平台,在生产运行系统关联各种属性、动态数据及数字和机理模型,实现预设功能。从而实现原油管道关键运行参数的在线监测、分析与评价。

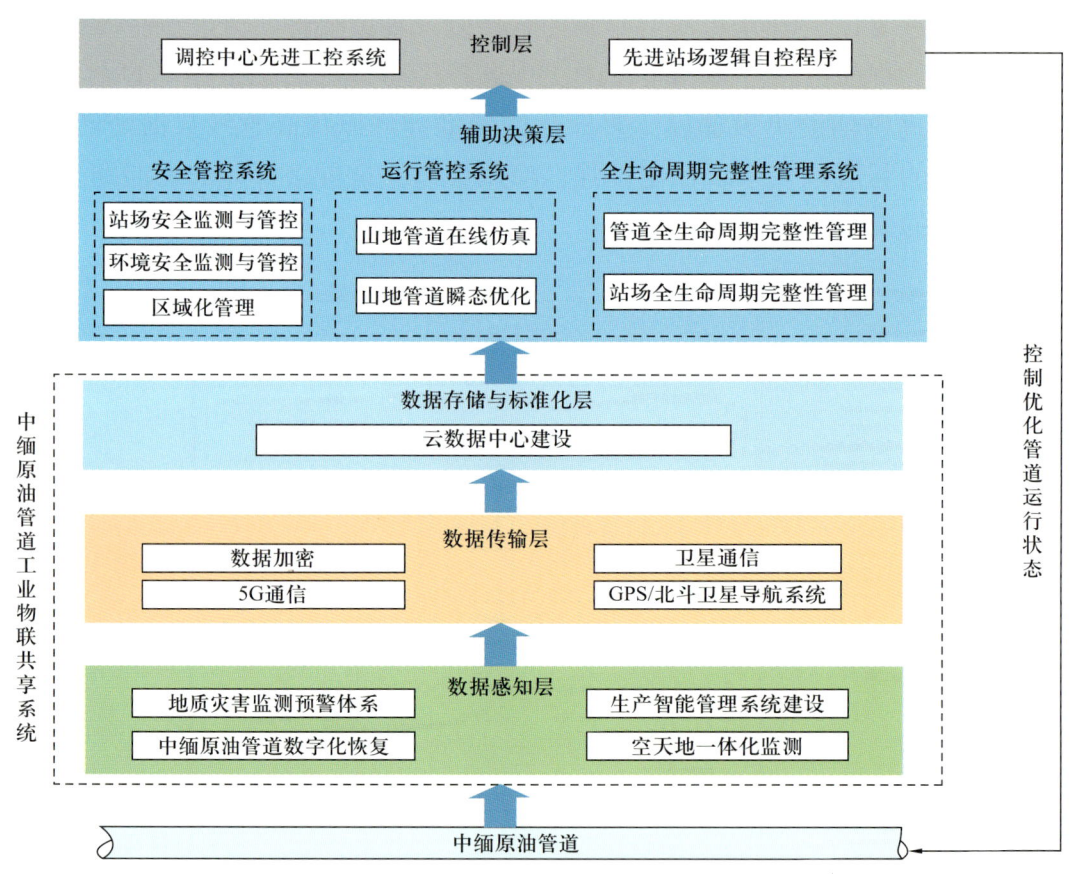

图 3-2-3　国内原油管道智能化建设实施方案总体架构示意图

国外原油管道智能化具备三大特征,即对自身状态和外界信息的自主感知能力,对自身安全状态和外部威胁事件的自主分析与认知能力以及对设备的精准执行与动作能力。基于此研发的原油智能调控案例为全球首个基于工业互联网的"智能管道解决方案",该方案基于 Predix TM 预测性管道管理平台

（Pipeline Management）解决方案与业务流程优化、系统集成、变革管理能力，帮助管道运营商实现资产完整性管理、运营效率及业务优化等方面的提升。该方案拥有三大管道运行智能决策优化平台，即 GEPVI 管道完整性管理平台、GE Predix 工业物联网平台和 GE Samllworld GIS 资产管理平台，提出了物联网技术在智能管道领域的全面应用方案，如图 3-2-4 所示。使用云与大数据技术对数据进行存储、运算及分析，使用 GEP Vi 软件基于管道和环境数据进行风险识别与评估，使用 GE Smallworld GIS 对数据进行可视化分析，实现数据集成并可视化，对设备进行完整性管理，对管道面临的风险进行动态评估，支持风险主动报告。

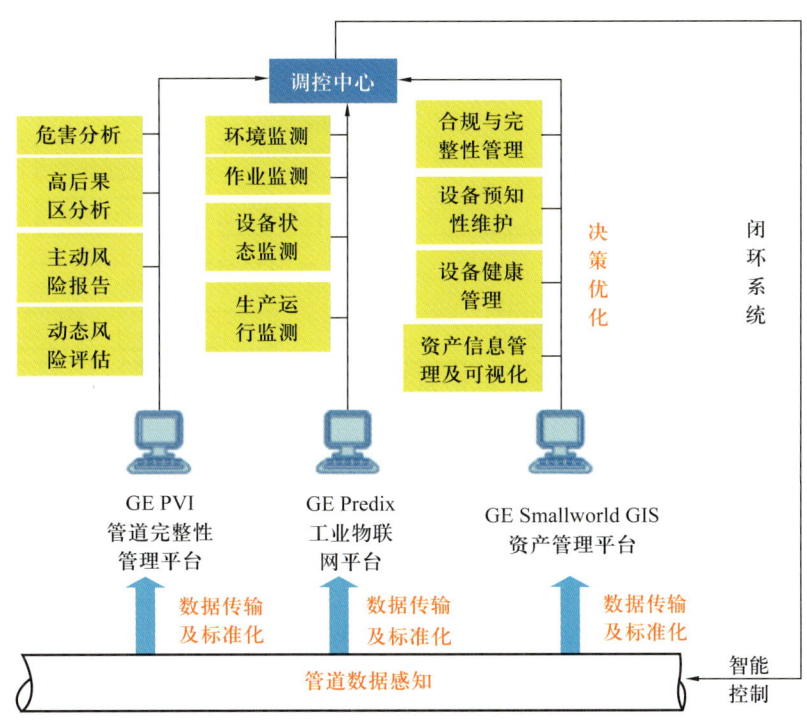

图 3-2-4　国外原油管道智能化建设架构示意图

国内成品油管网建设空间较大。由于成品油具有输送品种多、批量大、分输点多等特点，其特殊之处在于混油控制、混油处理、混油界面跟踪以及适用于多进出的成品油管道调度计划编制等。所以构建成品油智能调控架构时，需要注重成品油管道本身特性，针对以上管道安全问题进行深入探讨和研究。国内智慧成品油管道体系架构参考物联网、云计算及人工智能的结构，采用"端＋云＋大数据"的实现方式，总体可分为感知层、传输层、数据层、算法层以及应用层，如图 3-2-5 所示。国内正在逐步构建成品油智能调控框架，其智能调控需要从数据全面统一、感知交互可视、系统融合互联、供应精准匹配、运行智能高效、预测预警可控入手,利用信息化手段实现管道的可视化、智能化管理,具有全方位感知、综合性预判、一体化管控、自适应优化的能力。

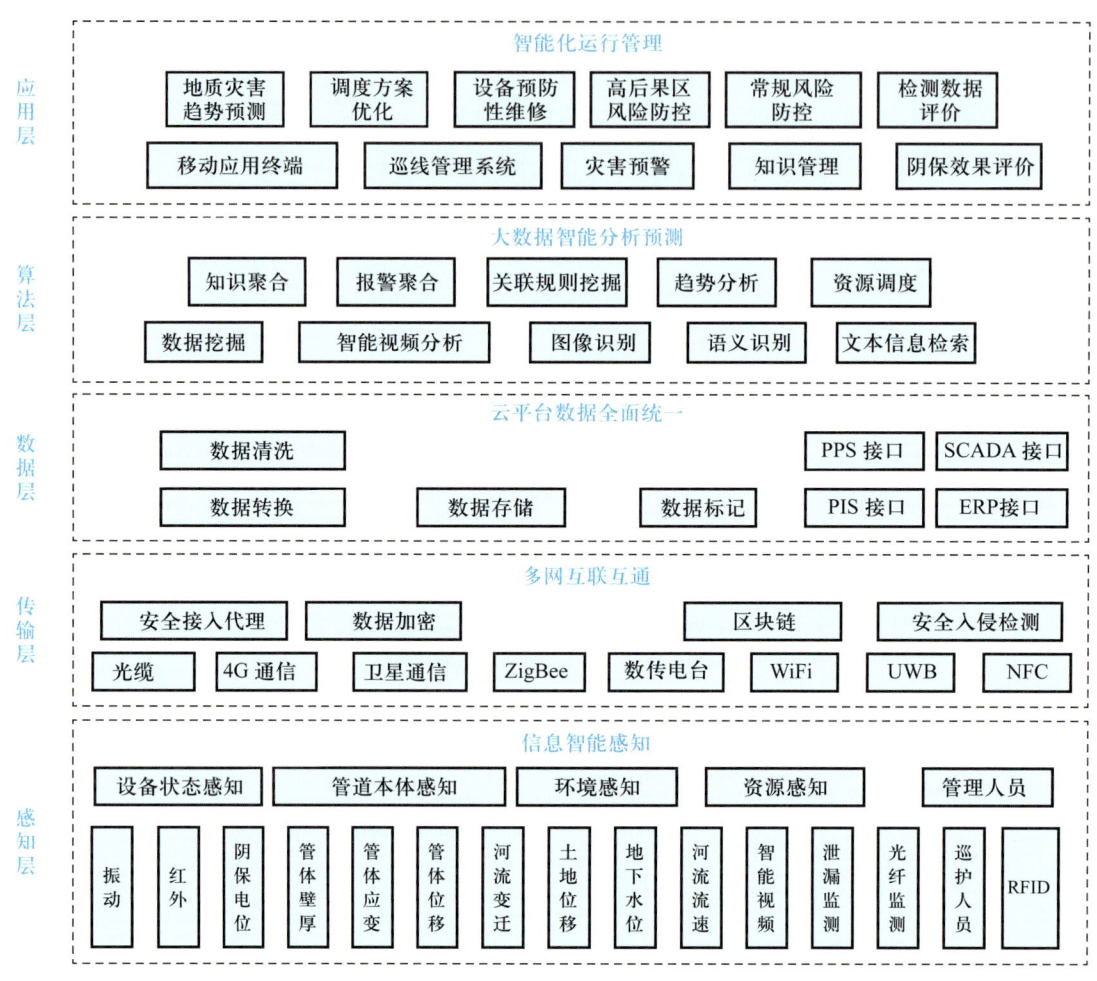

图 3-2-5　智慧成品油管道体系架构示意图

PIS—管道完整性管理系统(Pipeline Integrity Management System);UWB—超宽带(Ultra-Wideband);NFC—近场通信(Near Field Communication)

国外油气管道公司尚未建立完整成品油管道智能调控框架,但针对智能化某些关键技术的发展,国外一些油气管道公司已经达到了较高水平。针对油气上游勘探开发和中游输送领域,国外提出了 Pipelines 4.0 的数字化解决方案。Pipelines 4.0 贯通管道价值链,是针对压缩、自动化和控制以及电气基础设施的全集成数字化解决方案,Smart Pumping 软件是其中的一个组件,可降低管道能耗费用,且具有消减瞬变压力、改进流量稳定性、提高开泵方案系统效率及优化泵机组维修保养策略等功能。应用 Smart Pumping 软件提供的高级数据分析、人工智能及机器学习等工具可统筹考虑各泵站的运行方案，从而改进和优化所辖管道的负荷管理、运行能耗及批次计划。目前国外智能调控正逐步扩大业务场景，以实现安全、经济、高效等目标。

当下智能调控发展方向主要集中于物联网、机器人、设备管理、工业互联网平台等方面，但尚无较系统、规模化、大面积的智能化调控应用案例。真正现代化的智能调控应该是可持续发展的，并充分利用目前已有或正在开发的安全可靠及经济高效的技术，其建设重心在于综合应用新技术改进调控系统。国内目前优化调控问题的做法是推进石油天然气改革，把管道作为运输基础设施，脱离上游供应和下游销售企业"独立运营"。为实现管道管理体制改革的目标，国内正在从以下三个方面着手：一是逐步完善管道监管体制；二是调动上游勘探开发和下游终端使用企业之间充分竞争；三是不断完善管输体系。我国油气管道企业的"独立运营"，需要国家宏观层面组建独立的监管机构、各相关企业配套改革和市场完善。目前油气管网调控面临的问题主要包括管道系统智能调度问题、天然气需求预测问题、设备控制问题等。

（一）管道系统智能调度问题

油气管道智能调度利用智能化技术对管道运行进行实时监测和分析，从而实现精细化、智能化的调度管理。通过数据感知和传输，收集并整合多种数据源。结合数据应用智能算法进行模型建立和预测，实现对管道运行状态的实时评估和异常检测。通过辅助决策和控制，优化调度方案，并确保管道运行的安全可靠性。这种智能调度方式能够提高管道运输效率、降低成本，同时减少人为操作误差和事故风险，为油气管道管理带来显著的技术进步和经济效益。国内外智能调度方案特点做法见表 3-2-1。

表 3-2-1 国内外智能调度方案特点

国内外现状	特点做法
国内	利用仿真计算、大数据分析等新一代智能技术，参考物联网、云计算及人工智能的结构，采用"端 + 云 + 大数据"的实现方式，实现了在线优化、实时优化、智能预测预警、平衡管理等功能，通过智能决策解决调度问题，为设备管理优化和运营决策提供支持
国外	开发调控中心包括一体化 SCADA 系统、控制室以及监控大屏系统，同时引入智能化组件到通信网络和通信系统；研发 IPS

（二）天然气需求预测问题

需求预测利用历史数据、经济指标、气象数据等多维信息，运用数据分析和机器学习技术，对未来一段时间内的油气需求进行准确预测。通过建立合适的模型，可以考虑季节性变化、经济发展趋势、气候等影响因素，以预测不同时间段的天然气需求量和峰谷变化。这种预测有助于油气管道运营商合理调配供应，提前做好生产计划和能源调度，以优化管道的运行效率和资源利用率。国内外需求预测方案特点做法见表3-2-2。

表 3-2-2　国内外需求预测方案特点

公司名称	特点做法
国内	对历史大数据进行统计计算，预测管网未来一段时间进销量，辅助调控人员决策；建立融合机理模型与数据驱动模型的站场状态动态估计方法
国外	设计非线性优化系统解决天然气需求预测问题，根据不同平台历史和需求产气量预测天然气的数量和质量

（三）设备控制问题

油气管道设备控制指通过数据感知、算法运算和优化决策等手段，对油气管道运行中的各种设备进行监控和控制，以达到精细化、智能化的管理目标。通过对设备状态的实时监测和分析，可以快速发现故障、异常情况，进行预警和处理，以最大限度地降低因设备故障而造成的生产损失和安全风险。此外，可以利用智能算法和决策支持系统，对设备参数进行优化调整，从而最大限度地实现油气管道的自动化和智能化运营。国内外设备控制方案特点做法见表3-2-3。

表 3-2-3　国内外设备控制方案特点

公司名称	特点做法
国内	油气调控中心搭建设备管理平台，分析设备性能，实时监控设备运行状态，实现设备管理的智能化；关键设备管理智能化的应用可逐步实现压缩机和站场一键启停
国外	调控中心控制系统覆盖天然气运输过程中的重要位置，为调控系统提供实时数据；通过实时监测反应状态，补充人工进行远程控制

目前我国在构建油气管道智能调控架构方面取得了卓有成效的进展，与国外先进技术水平间的差距日趋缩小。无论是石油还是天然气，其智能调控基础

体系架构基本相同，不同之处在于天然气管道面向未来"全国一张网"架构管道智能调控运行体系，同时需要重点关注调峰问题和天然气管道水合物形成的冰堵现象等；原油管道需要重点关注老旧原油管道技术升级，以及水击现象和稠油安全输送等问题；成品油管道需要重点关注油品批次计划的制定和跟踪、油品界面监测以及油品质量衰减规律等，智能化解决调度问题。

二、发展目标与体系架构

（一）发展目标

从油气管网的发展趋势和技术演进来看，智能调控是管网科学运行的前进方向，应坚持"需求驱动、目标导向"的发展原则，将先进的智能化技术与调控业务迫切需求紧密结合，推动传统人力驱动物理模型的调控升级为数据驱动的物理调控，极大提升智能化的效率和质量，更好地满足"全国一张网"新形势下运行管理的需求。智能调控体系架构应满足业务驱动、数据共享、技术先进、架构管控等编制原则。业务驱动是指充分考虑各级各类智能调控业务人员的需求，满足各级用户智能调控管理需求。数据共享是指从智能调控业务层面出发，通过智能数据治理机制保障使用强加密算法、强制的身份验证和访问控制等措施确保智能调控数据的高效性和准确性。技术先进是指整合现有智能调控信息系统，评估数字孪生技术、物联网技术、人工智能等先进技术在智能调控业务中的应用场景，实现高级技术的共享和中央化应用管理。架构管控是指转变管理模式，推进集中调控、远程监测、自动维护维修等智能化管理新模式，运行管理由人工操作向系统智能转变，提升主动预测和故障检测水平，实现智能调控系统与管道业务流程的紧密融合。

为推进国内油气管道智能调控的建设，其体系架构将实现以下目标。

（1）顺应油气管道数字化、智能化的趋势，积极深化对智能化的认知，提高人工智能结合管网调度综合应用新理念、新理论及新技术的能力。对标国外调控先进理念，补齐短板，重点实现现有控制逻辑标准化和规范化、输送及其辅助系统一键启停、自动分输等技术，逐步达到调控无人操作，为智能化奠定基础。

（2）智能调控系统依赖于生产经营的稳定性，包括通信设备和云服务等，生产经营中的任何问题都可能影响系统的正常运行。油气管网智能调控需要适应多种能源类型和能源来源，灵活调整供应链以满足市场需求，推动可再生能源的集成。

（3）通过信息化、科技研究和工程建设相结合的方式，从能量、信息、价值三个层面对油气管网管理水平进行智能化提升，形成全方位感知、综合性预判、自适应优化、一体化管控，快速适应自然环境、资源市场、资产状况的动态变化。

（4）油气管网智能调控需要大量实时数据支持，数据的收集、传输、存储和清洗等环节均依赖物理设备高度的精确性和可靠性。参考国内外智能化管道优秀建设方案，从安全管理的本质需求出发，充分考虑当前技术发展现状与实施的可行性，运用成熟的工业控制与信息技术，深化管道基础数据与实时数据的应用。

（5）虽然智能调控系统可以实时获取大量数据和初步的分析结果，但高级决策制定仍然需要人工参与，如何合理结合人工和智能决策是调控系统实现智能化的一个重要挑战。推进调控系统智能化，需要不断融合各领域先进技术并实现技术交叉，构建并完善知识网络，在此基础上不断梳理优化管理体系，全面支持科学高效的专业决策和综合决策。

（二）体系架构

2020年5月，国家发改委发布"数字化转型伙伴行动"倡议，提出加快打造数字化企业，构建数字化产业链，培育数字化生态。数字化和工业化交叉融合将成为能源行业高质量发展的重要途径，管道工业迫切需要顺应信息化、数字化、智能化变革，推动管道传统技术与人工智能、物联网、5G通信等深度融合，全力推进管网调控智能化建设，以更高层级的需求和更宽领域的拓展为管道技术开辟新方向、确立新目标。在此背景下提出了油气管网智能调控技术体系。

为支撑智能调控能力形成，需要全面实现智能化技术提升和架构改造，解决现有信息系统功能应用相互孤立、数据无法有效共享的问题。参考能源互联网的三层结构，即能量层、信息层和价值层，形成油气管网智能调控技术体系。（1）能量层：打破感知壁垒，对管道本体、周边环境、管输介质、设备状态、流动状态、资源等进行数据采集，其作用体现在监测实时工况，采集管网数据，以便进一步分析优化。（2）信息层：打破信息壁垒，将有线和无线通信、数据清洗、数据转换、数据储存、数据标记、云计算、优化预测等智能化技术应用到油气调控系统中，打造"传输—处理—分析"一体化信息结构，促进油气资源的数字化和开放协同。（3）价值层：提升调控产业价值，打造基于油气管网的共享经济，创新经营管理、生产管理和生产执行模式，促进智能调控的共建、共享、共赢。

根据国内外智能调控现状分析，将智能调控体系架构能量层、信息层和价值层进一步细化为感知层、传输层、数据层、知识层、应用层。如图 3-2-6 所示，其中能量层实体化为感知层，信息层细化为传输层、数据层、知识层，价值层落到实际形成应用层。

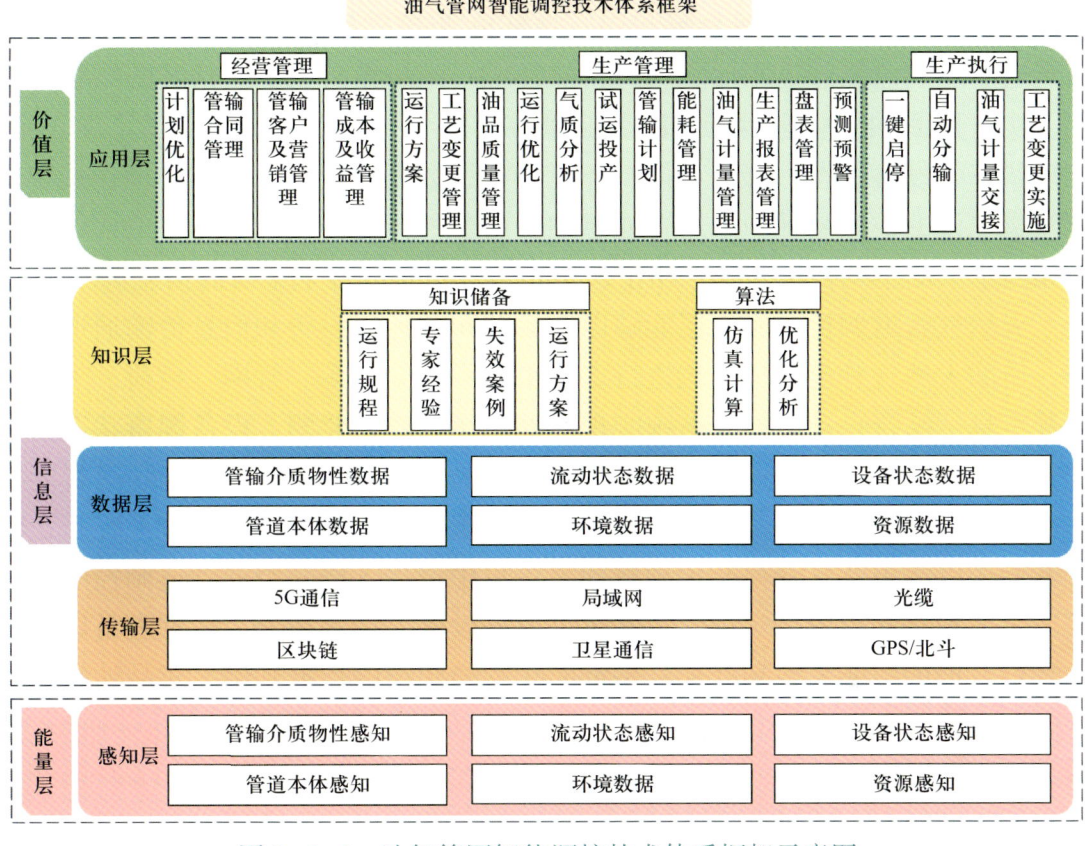

图 3-2-6 油气管网智能调控技术体系框架示意图

该技术体系以集中智能调控为骨架，通过感知层、传输层、数据层、知识层、应用层展开。油气管道的感知层通过传感器网络等实现对介质物性、流动状态、设备状态、管道本体、环境和资源等方面的实时感知和监测；传输层中有线通信技术与无线通信技术的综合利用可以解决远程管道环境下的通信难题，实现全球性的通信覆盖和高效的数据传输；数据层综合数据清洗、数据转换、数据存储与数据标记四大功能，为管道系统的智能化决策提供了基础；知识层分为知识储备与算法，结合算法模型与智能决策技术为油气管网提供了关键的决策支持；应用层根据下游用户特性提供个性化管输路径等方案，结合上层所提供的智能决策，对经营管理、生产管理与生产执行做出合理指导。

三、技术路线

（一）能量层

智能调控的能量层即为感知层，在实际调控框架中承担感知作用，主要负责建立全面监测管道本体、周边自然环境、站场设备、工艺状况的物联网系统，实时监测油气管网运行工况。能量层通过各种感知手段，实现管输介质、流动状态、设备状态、管道本体、环境和资源数据的智能采集和处理，是智能化管道建设的数据基础。采用智能感知，由各种传感器或传感器网关构成，作用相当于人的感觉神经末梢，用于识别物体和过程，并采集所需信息。

天然气管道调控的能量层能够以广泛分布的传感设备和信息传输通道为基础，借助天然气管道各类终端进行多维采集和感知气源、管网、负荷、外部环境等信息，结合自动化控制系统实现压缩机运行效率监测、设备健康状态监测和输气效率监测等，并通过低时延、高可靠的信息通信网络，融合管道智能感知技术架构，完成异常工况识别、紧急情况下一键应急操作、正常工况下一键日常操作以及天然气管存余量预测预警等集中调控工作。原油管道调控的能量层通过各种感知手段，实现管道本体、设备设施、周边环境、管理人员以及储备物资数据的智能采集和处理，是智能化管道建设的数据基础。成品油管道调控的能量层实时监测管道接收站的压力、温度、界面监测信息和数据收集等，通过全面信息感知和智能化处理，提升管道调控的效率和准确性，为管道调控提供更多的数据支持和决策依据。

（二）信息层

油气管网智能调控的信息层是整个系统的核心组成部分，信息层包含传输层、数据层和知识层，扮演着汇聚、处理和应用各类数据的关键角色。将信息从感知层汇总，通过传输层进行可靠传递，并将其转化为有意义的知识，以支持管道系统的决策制定和智能控制。信息层不仅是数据的仓库，更是智能化决策的引擎，将数据转化为洞察力，帮助运营者更好地管理和维护复杂的油气管道网络，确保能源供应的连续性，同时降低了事故风险和运营成本。

传输层用于保证管道数据的有效传输，方便运维人员巡线，保障智能化管道的正常通信，需要实现对管道站场及沿线的传输网络全覆盖。天然气管道调控的传输层借助天然气管网各类终端所采集气源、管网、负荷、外部环境等数据信息，结合自动化控制系统实现感知和操作的协同，并通过低时延、高可靠的信息通信网络与智能决策层交互耦合；原油管道调控的传输层采用三维激光扫描与建模技术恢复管道建设期和运行期数据，构建与本体一致的虚拟管道，提高管道安全运营水平，为实现管道智能化运营奠定基础；成品油管道智能调控的传输层可以实时监测管道运行状态，优化调度策略，确保供需平衡和管道的高效运行。

数据层构建及应用集成各智能化技术，与机理模型和大数据分析相结合实现运行趋势预测和潜在风险发现。天然气管道的数据层结合分析技术构建基于云计算的天然气大数据中心，数据中心涵盖天然气数据的完整性管理，充分利用云计算、大数据、物联网、地理信息等新一代信息技术，开展数据标准规范和安全保障体系建设；原油管道的数据层根据各类信息系统的可靠性、可扩展性、安全性需求，通过数据治理、数据资产图谱分析等进行数据标准化处理，并建立数据湖和数据中台；成品油管道数据层的关键是获得数据样本，并驱动实现智能算法。基于海量的多种维度和多种尺度的数据和数据的智能算法，预测未来的成品油需求、市场变化等，可为调度决策提供依据。

知识层构建覆盖油气管网管理及技术的知识网络，使用人工智能技术发掘隐性知识实现知识网络动态更新，与管理体系结合支持科学决策。天然气管道调控的知识层利用仿真优化算法和模型库，对拟实施的调度方案进行仿真测试，根据气源和 SCADA 系统的管网监测状况进行调度优化，最后输出符合运行规律的燃气管网单层及多层等多种方式的调度调控方案；原油管道和成品油管道调控的知识层结构类似，通过建立关键设备故障诊断与预测模型，实现站场泵机组、流量计等关键设备故障预判、预测性维护。建立输油管道泄漏监测与溢油评估模型，实现管道泄漏溢油扩散模拟及后果动态评估、管道泄漏溢油预测预警和漏油污染范围预测，为应急抢险决策提供指导。

（三）价值层

价值层即为应用层，在调控体系框架中承担实际应用的功能。价值层结合行业具体需求，利用生产数据开展业务应用与分析，为管理决策层提供依据。价值层为各业务领域各层级用户定制数据和知识集合支持专业应用，根据下游用户特性提供个性化管输路径等方案。价值层的各种业务平台均采用智能算法提供的结果，将管道整个控制流程分为经营管理、生产管理、生产执行，为油气管网的各个方面提供了全面的支持。

天然气管道调控价值层的整个控制流程分为事前计划、事中控制和事后评估。事前计划中调控系统要根据调度计划进行管道运行优化，具体为调节管道沿途压缩机站机组运行以调节管输天然气流量。事中控制主要包括信息监测、管道正常运行操作，管道动态流量压力温度分析、在线预测、异常判断、应急处理等功能，这是整个天然气管道调控框架最后的执行层。事后评估包括统计分析和评估总结，主要是为了整合调控经验和数据，将历史经验数据放入知识库，以供人工智能和操作人员学习。原油管道调控的价值层包括自动记录调度各类操作，统计操作次数及工作量，分析操作规律，特别是可自动操作的工作量；成品油管道调控的价值层包括实际管输应用与经营管理，其建设核心在于结合管道、站场智能化运行状态调整的需求，丰富和完善管道、站场逻辑控制功能，这些控制逻辑基于实时数据关联的机理模型进行耦合，实现对设备的精准执行控制，进而实现管道系统的整体最优运行。

四、智能调控愿景

结合目前国内"全国一张网"的管网布置局势，以及对天然气、原油与成品油管道输送需求进行分析，搭建先进、实用性强的油气管网调控发展现状技术体系，主要包括能量层、信息层与价值层，基于以上内容基础，对智能调控画像进行规划。规划构想包含运行管理一体化、调度运行最优化控制、操作标准化智能、调控体系的建设，代表了未来油气管网智能调控的发展方向。

（一）运行管理一体化

供应链一体化优化管理：制定全面的规划，包括生产、输送、储存和分销等环节，确保各个环节之间协调一致，不同环节的数据能够互相集成和共享。根据上下游的预测产量和需求，分析各区域管道平衡约束条件，结合区域能耗总量控制，利用数据分析和预测模型来预测油气市场需求，以便调整资源供应链的调度计划和控制计划。

计量一体化管理：高效计量是确保油气收发过程中资源计量准确性的关

键因素，对于资源管理、成本控制和合规性至关重要。自动化数据采集和记录系统，以减少人为错误和提高数据的可靠性；利用网络技术手段，实现计量交接业务线上完成、自动完成，逐步向计量管理区域化转变；将计量人员资质管理、计量设备检验检定管理、流量计远程诊断纳入统一信息化管理，提升计量业务信息化覆盖率。

（二）调度运行最优化

天然气管网一体化运行优化：针对天然气干线、储气库和 LNG 接收站组成的"全国一张网"，以仿真优化为基础，将数据分析和调度经验有机结合，降低人工参与度和管网运行能耗。积极应对变化的市场和技术趋势，定期评估和改进运输调度策略，全面提升调度运行中方案制定和方案执行的智能化水平。

原油管道流动安全与高效性分析与评价：基于油品流动、工况、环境的数据全面感知，辅以室内实验验证和生产运行大数据分析，开展针对安全与高效的分析计算，显著提升原油管道正常运行、清管、停输再启动等过程安全性，实现原油流动安全状态实时自动分析与评价。

成品油管道界面监测和油品质量控制：通过大数据分析技术对国家管网集团所辖成品油管道历史运行数据、批次数据和油品检测数据进行处理和分析，实现不同来源油品管输过程关键质量指标衰减值智能预测，实时掌握成品油管道油品指标和混油界面变化情况，有效提升成品油输送质量和批次方案智能化水平。

（三）控制操作标准化

智能管道调度系统研发：以智能管道调度系统研发为重点，完成天然气管网调控系统和配套技术国产化，重构适配国内大规模管网并支持高性能计算的底层逻辑，整合现有仿真软件统一标准；开展原油、成品油管道中控系统国产化试点建设，逐步提高管网工控系统软、硬件产品国产化水平，对齐国家管网集团所辖油气管道自控系统水平。

自控逻辑智能评测与标准化：完善的自控逻辑需要深入理解系统工作原理、精确的数据采集、高效的控制策略和严格的测试和验证过程。开发控制逻辑智能在线评测技术，辅助实现无人站场、一键启（停）输、工况自适应调整等核心调控功能，将各种复杂控制操作逻辑标准化。

全面远控及全流程自动化控制标准化：按照全流程自动化控制逻辑，对油气管道实现用户用气量自动分输、全面水击保护、压气站（泵站）一键启停和全线一键启（停）输等功能，达到全面远控目标。在此基础上，建立具备自动监测、自动预警、自动调节等特征的全流程自动化控制技术统一标准。

综上所述，应基于业务驱动、数据共享、技术先进、架构管控等原则开展油气管网调控智能化的建设工作，即建设可持续扩展和自优化的体系架构，以追求系统的整体最优化为目标，使系统保持先进性的同时实现智能化和自优化的功能。技术体系以集中智能调控为骨架，通过能量层、信息层、价值层展开。各层面以集中调控为基础，实现调控过程中状态信息数字化、调度运行最优化、操作控制自动化、预警应急及时化的功能，预测在未来会实现运行管理一体化、调度运行最优化、控制操作标准化等应用场景，旨在提高管道系统的安全性、效率和可持续性，以满足不断增长的能源需求和应对环境挑战。

第三节　智能建设技术体系

智慧管网建设技术体系框架，包含勘察设计、物资采购、工程施工、建设管理四个主要领域，是智能工程建设的技术基础，为智慧管网的最终实现提供支撑（图3-3-1）。

基于智慧管网工程建设的技术创新需求，将工程建设作为智慧管网的一个板块，自上而下划分为领域、方向、关键智能技术、支撑五个层面，具体可概括为四大领域、七个方向、N项智能应用、一个平台支撑。

一、数字化设计

20世纪90年代，在油气管道工程设计领域，我国完成了从手工绘图到计算机辅助设计（Computer Aided Design，CAD）的转变，CAD开始成为日常设计工具，很多专业结合实际需求开发了多种类型的CAD软件，有效提高了设计效率和质量。21世纪初，三维设计软件等数字化设计工具开始运用，使工程设计逐步进入到三维时代和数字化时代，经过多年的发展，三维设计软件已经广泛推广。在集成设计方面从单专业设计发展到多专业集成，在协同设计方面也从本地协同扩展到异地协同，分散式设计逐渐向着多专业多维度的集成化、协同化设计转变。